문제 해결력을 키우는

정역학

오충석 지음

한빛아카데미
Hanbit Academy, Inc.

지은이 **오충석** ocs@kumoh.ac.kr

현재 국립금오공과대학교 기계시스템공학부 교수로 재직 중이다. 연세대학교 기계공학과에서 학사, KAIST 기계공학과에서 석 · 박사 학위를 취득했으며, 삼성자동차 중앙연구소에서 3년간 근무하였다. 미국 존스홉킨스대학교, 미국 일리노이대학교 어바나샴페인 캠퍼스, 미국 노스웨스턴대학교에서 방문교수를 역임하였다. 저서로는 『개념이 보이는 고체역학』(시그마프레스, 2019년), 역서로는 『재료역학』(시그마프레스, 2008년)이 있다.

문제 해결력을 키우는 정역학

초판발행 2021년 7월 16일
2쇄발행 2024년 7월 18일

지은이 오충석 / **펴낸이** 전태호
펴낸곳 한빛아카데미(주) / **주소** 서울시 서대문구 연희로2길 62 한빛아카데미(주) 2층
전화 02-336-7112 / **팩스** 02-336-7199
등록 2013년 1월 14일 제2017-000063호 / **ISBN** 979-11-5664-546-7 93550

총괄 박현진 / **책임편집** 김평화 / **기획 · 편집** 김은정 / **진행** 심진성
디자인 표지 박정화 내지 최연희, 박정우 / **전산편집** 정지혜, 디자인앤 / **제작** 박성우, 김정우
영업 김태진, 김성삼, 이정훈, 임현기, 이성훈, 김주성 / **마케팅** 김호철, 심지연

이 책에 대한 의견이나 오탈자 및 잘못된 내용은 출판사 홈페이지나 아래 이메일로 알려주십시오.
파본은 구매처에서 교환하실 수 있습니다. 책값은 뒤표지에 표시되어 있습니다.

홈페이지 www.hanbit.co.kr / 이메일 question@hanbit.co.kr

문제 해결력을 키우는

Statics

정역학

오충석 지음

한빛아카데미
Hanbit Academy, Inc.

정역학에서 정을 떼자!

역학 학습에 어려움을 겪고 있는 학생들을 대상으로 상담을 진행하다 보면, 많은 경우 그 어려움의 원인이 '정역학'에 있음을 알게 된다. 정역학은 힘, 모멘트, 평형의 세 가지 개념에 기초하고 있어 어찌 보면 단순하고 쉽게 여길 수도 있지만, 이를 다양한 문제 해결에 적용하기 위해서는 부단한 노력이 필요하다. 이 책의 집필 목적을 한 마디로 '**정역학에서 정 떼기**'로 표현하고 싶다. 수많은 정역학 관련 명저들이 존재함에도 불구하고 이 책을 집필할 용기를 낸 것은 독자들이 이 책을 프리즘 삼아 햇빛에 잠재되어 있는 일곱 빛깔 무지개 색을 찾아내는 데 일조하고 싶은 작은 소망 때문이었다. 독자들이 힘(R), 모멘트(G), 평형(B)의 개념을 적용해 수많은 색들을 만들어 낼 수 있기를 기대한다. 정역학에서 '정'을 떼는 순간 새로운 정 역학(正 力學)의 문이 열릴 것이다.

이 책의 특징

정역학의 영어 알파벳 STATICS를 기반으로 이 책의 주요 특징과 활용법을 소개한다.

Strategy 이 책의 제목은 정역학이지만, 실질적으로는 기계 · 건축 · 토목공학의 입문서로 볼 수 있다. 따라서 PART 1을 필수적으로 학습한 뒤, PART 2에서 필요한 내용을 선별해 학습하면 될 것이다. 독자들의 동기부여 학습motivational learning을 위해 PART 3에서는 정역학이 다른 분야에 어떻게 활용되는지 엿볼 수 있게 하였다. 재료역학, 동역학, 진동학을 학습하는 독자는 정역학을 복습하고 관련 분야를 예습하는 데 활용하면 유익할 것이다.

Thinking 독자들의 문제 해결(또는 생각하는) 능력을 기르기 위해 먼저 장별 학습목표와 절별 학습포인트를 제시하였다. 이를 통해 목표 지향적 학습goal-oriented learning을 할 수 있을 것이다. 또한 책의 내용을 막연히 따라가다 보면 학습 내용에 대해 생각할 시간을 갖지 못하는 경우가 많으므로 내용 사이사이에 잠시 멈춰 학습한 내용에 대해 생각해볼 수 있도록 Static Think를 삽입하였다. 모든 예제에도 Think 단계를 넣어 문제와 결과에 대해 다시 한 번 생각해볼 수 있는 시간을 갖도록 하였다.

Analysis, ACT 눈과 귀로 보고 들은 지식의 잔존률은 자신이 직접 분석, 계산 및 생각하면서 몸소 체득한 지식에 비해 현저히 낮다고 알려져 있다. 스스로 학습하는 능력을 기르기 위해 이 책에 수록한 모든 예제들은 Analyze, Compute, Think의 3단계에 걸쳐 풀이하였다. B, G, R 3색을 이용해 다양한 색을 만들어 내듯이 실천학습action learning을 통해 다양한 문제에 대해 ACT를 반복하다 보면 문제 해결력이 향상될 것이다.

Theory 공학 문제를 해결하는 데 있어 정역학을 적재적소에 활용하기 위해서는 다양한 이론들을 이해 및 적용할 수 있는 지식기반 학습knowledge-based learning이 이루어져야 한다. 이를 위해 이 책에서는 대략 8개의 **법칙**, 9개의 **원리**, 6개의 **정리**를 소개 및 활용하고 있다. 이론은 공구함에 들어 있는 공구처럼 평소에 사용법을 잘 익혀두면 언젠가 유용하게 사용될 것이다.

Intuition, Imagination, Interest, Industry 학습자들이 문제 해결력을 기르기 위해서는 산업체와 일상생활에서 접할 수 있는 실제 문제들에 관심self-directed learning을 갖고 다양한 측면에서 접근하고 생각해보는 노력이 필요하다. 이 책에서는 대부분의 문제들에 대해 힘과 모멘트의 방향을 실제 작용 방향으로 나타내도록 유도했으며, 유한요소해석 결과를 활용해 전체 구조물에 발생하는 힘이나 반력 등을 한눈에 직관적으로 파악할 수 있도록 하였다. 예제와 연습문제problem-based learning는 주변에서 쉽게 맞닥뜨릴 수 있는 상황을 수록하고자 노력했으며, 실제 문제와 그에 대한 모델을 제공하였다.

Continuity, Comparison 역학을 어렵게 느끼는 이유 중의 하나는 이전에 학습한 내용을 잊어버리고 새로운 내용을 접하기 때문이다. 이 책에서는 이전 장이나 절에서 유도했던 식이나 사용했던 그림들을 자주 언급함으로써 은연중에 복습이 되도록 하였다. 명확한 개념 이해를 돕기 위해 표, 그림, 계층도 또는 다이어그램 등을 활용하여 대비되는 용어나 개념들을 비교 설명comparison learning하였다.

Synthesis, Summary 실제 공학 문제들을 해결하기 위해서는 다양한 지식이나 경험이 종합적으로 필요한 경우가 많다. 이러한 정보 종합 능력을 키우기 위해 각 장 말미에 해당 장의 내용을 종합적으로 복습 및 적용blended learning해볼 수 있도록 각 장의 수식이나 주요 내용 요약과 함께 〈종합예제〉를 수록하였다.

감사의 글

수십 년간 사회를 위해 일할 수 있는 기회를 제공해 준 금오공과대학교, 바쁜 시간을 쪼개어 교정을 수행해 준 김재환 교수, 책의 기획에서 출판까지 섬세하고 전문적으로 안내해 주신 김은정 님과 한빛아카데미㈜, 곁에서 물심양면으로 지원해 주시는 장인 · 장모님, 저의 오늘이 있게 해주신 부모님, 오랜 집필 기간 동안 곁에서 응원해 준 아내와 가족들, 그리고 글을 쓸 수 있는 건강한 심신과 작은 달란트를 허락하신 하나님. 당신들이 있어 이 작은 책이 세상의 빛을 보게 되었습니다. 무엇보다 졸작을 구독해 주시고 부족한 부분을 지적해 주시는 독자 분들에게 감사드리며, 이 책이 여러분들의 꿈을 실현하는 데 미소 힘 크기만큼이라도 보탬이 되었으면 하는 바람입니다.

지은이 **오충석**

도입글

해당 장의 내용이 실생활이나 공학에 어떻게 적용되고 왜 필요한지 소개합니다.

학습목표

각 장에서 학습할 주제와 목표를 제시합니다.

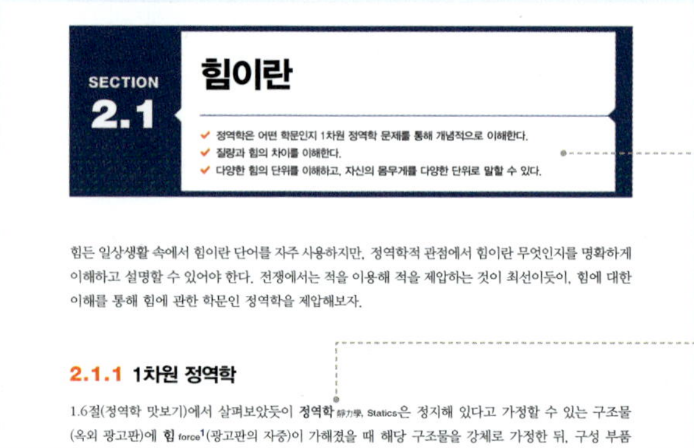

학습포인트

목표지향 학습을 위해 해당 절에서 학습할 주요 내용을 소개합니다.

주요 용어

핵심이 되는 용어, 법칙, 원리, 정리 등을 한눈에 볼 수 있도록 강조하여 나타냅니다.

예제

본문에서 다룬 개념을 적용한 문제와 그에 대한 상세한 풀이를 제시합니다. 3단계 풀이를 통해 문제를 구체화하고 해결하는 과정을 연습합니다.

1 Analyze 문제 해결을 위한 전략 세우기

2 Compute 구체화된 전략을 토대로 정확히 계산하기

3 Think 생각에 생각을 더해 응용력 키우기

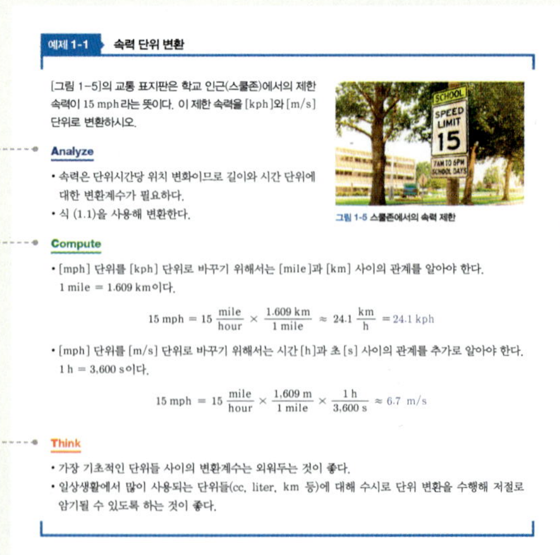

Static Think_05

[그림 3-10]에 나타낸 자유물체도를 그리는 데 주로 사용된 뉴턴의 법칙은 무엇인지 생각해보시오.

3.2.2 자유물체도 그리는 방법

2차원 물체에 대한 자유물체도를 좀 더 체계적이고 효율적으로 그리는 방법[4]을 제안한다. 이를 위해 [그림 3-11]과 같이 무거운 짐을 트럭에 싣기 위해 경사면을 이용하는 경우를 고려해보자.

그림 3-11 화물 트럭에 짐을 싣고 있는 작업자

4 자유물체도를 그리는 표준화된 절차는 존재하지 않으므로, 자신에게 가장 편하고 적합한 절차를 스스로 찾아 활용하는 것이 바람직하다.

Static Think

본문에서 설명한 개념을 간단한 질문을 통해 확인합니다. 예시 답안(하나의 생각)은 본문 끝에 QR 코드로 제시합니다.

각주

내용 이해도를 높이기 위해 참고 내용이나 관련 정보를 각주를 통해 부연 설명합니다.

CHAPTER 03 | 종합예제

사각 상자 내부에 무게가 서로 다른 2개의 실린더를 [그림 3-38(a)]와 같이 쌓아놓았다. 이 경우 두 실린더의 길이가 동일하므로 [그림 3-38(b)]와 같이 2D로 모델링할 수 있다. 모든 접촉면들을 매끄럽다고 가정했을 때 다음 물음에 답하시오.

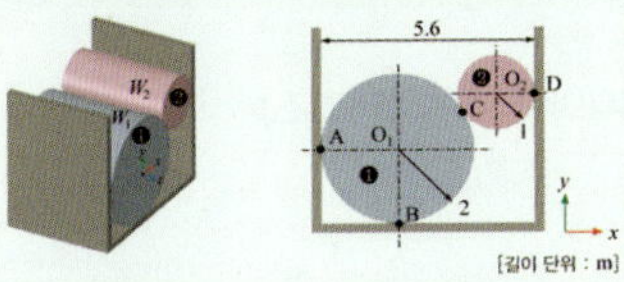

(a) 3차원 형상 (b) 2차원 형상

그림 3-38 상자 내에 쌓아놓은 2개의 실린더

종합예제

각 장이 끝날 때마다 본문에서 다룬 주요 내용을 다시 한 번 정리합니다.

연습문제

해당 장에서 학습한 내용을 얼마나 이해했는지 연습문제를 통해 확인합니다. 기초 문제부터 공학 응용, 심화 문제까지 풀어보며 응용력을 기를 수 있습니다.

CHAPTER 08 | 연습문제

8.16 18개의 이력부재로 구성된 직사각형 입체트러스의 점 A, B, D에 x, y, z 방향으로 각각 1 kN의 힘을 [그림 8-44]와 같이 인가하였다. 밑면의 네 모서리 E ~ H를 볼-소켓으로 지지했을 때, 이 트러스의 안정 및 정정 여부를 판단하시오. 또한 무력부재들을 모두 찾아보시오. [길이 단위 : m] 8.4절

HINT 무력부재의 수는 8개이다.

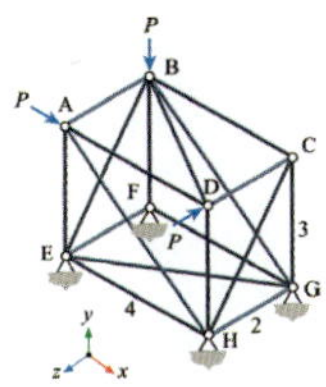

그림 8-44

학습 편의를 위한 관련 절 표기

8.17 [문제 8.16]의 [그림 8-44]에서 무력부재가 아닌 부재들 내부에 발생하는 내력들을 모두 구하시오. 8.4절

HINT 인장 부재의 수는 3개이다.

문제 풀이에 도움이 되는 HINT 제시

심화 문제 표시

***8.18** [그림 8-45(a)]의 로봇 암 끝단에 500 N의 힘과 100 N·m 크기의 모멘트가 작용하고 있으며, 이를 [그림 8-45(b)]와 같이 6개의 부재로 간략 모델링하였다. 로봇 암 원점에 사용할 회전 모터를 선택하기 위해서는 원점에 대한 모멘트의 크기를 알아야 한다. 모멘트의 크기 M_O를 구하시오. [길이 단위 : mm] 8.1~8.3절

■ 강의 보조 자료

한빛아카데미 홈페이지에서 '교수회원'으로 가입하신 분은 인증 후 교수용 강의 보조 자료를 제공받을 수 있습니다. 한빛아카데미 홈페이지 상단의 〈교수전용공간〉 메뉴를 클릭하세요.

http://www.hanbit.co.kr/academy

■ 저자 소통 사이트

독자들과 직접 소통할 수 있는 저자 소통 사이트를 운영합니다. 책에서 미처 제공하지 못한 자료나 정보를 추가적으로 제공하고, 혹시 있을 수 있는 오류에 대한 수정 사항을 제공합니다. 또한 책의 내용에 대한 질문이나 제안 등을 수렴하고자 합니다.

https://ocskit.wixsite.com/statics

■ 연습문제 해답

이 책은 대학 강의용 교재로 개발되었으므로 연습문제 풀이는 제공하지 않습니다. 단, 정답은 아래의 경로에서 내려받을 수 있습니다.

한빛아카데미 홈페이지 접속 → [도서명] 검색 → 도서 상세 페이지의 [부록/예제소스]

■ 권장 스케줄표

이 책을 한 학기(3학점, 15주 기준)에 모두 소화하기에는 다소 버거울 수 있습니다. 기계공학과 건축 및 토목(건토)공학 분야에 대해 권장 스케줄을 세 가지씩 제안하니, 수업 환경에 따라 적절하게 활용하시기 바랍니다.

부	PART 1					PART 2				PART 3		
장	01	02	03	04	05	06	07	08	09	10	11	12
주제	정역학 기초	1차원 힘	2차원 힘	2차원 모멘트	평면 트러스	면적 1차 모멘트	면적 2차 모멘트	3차원 힘과 모멘트	에너지와 마찰	재료 역학	동역학	진동학
기계①	1, 2	3	4, 5	6, 7	9*	10, 11	12, 13		14*			
기계②	1, 2	3	4	5, 6	7*	9	10, 11	12*	13	14*(택1)		
기계③	1, 2	3	4	5	6	7	9	10, 11	12, 13	14*(택1)		
건토①	1, 2	3	4, 5	6, 7	9, 10	11, 12	13, 14					
건토②	1, 2	3	4	5, 6	7	9, 10	11, 12	13*		14*		
건토③	1, 2	3	4	5	6	7	9	10, 11	12	13	14(택1)	

숫자 : 수업 주차 | * 표시 : 해당 장의 일부 내용에 대한 간략 소개 중심으로 진행 권장

(8주차 : 중간고사 | 15주차 : 기말고사)

목차

지은이 소개 **2**
지은이 머리말 **4**
이 책의 구성 **6**
이 책의 사용 설명서 **8**

PART 1 평면에서 기초 다지기

Chapter 01 정역학 기초

1.1 단위 20
- 1.1.1 단위의 중요성 **20**
- 1.1.2 기호와 단위 **21**
- 1.1.3 기본 단위 **22**
- 1.1.4 단위 변환 **23**

1.2 스칼라와 벡터 27
- 1.2.1 스칼라 **27**
- 1.2.2 벡터 **28**
- 1.2.3 스칼라와 벡터 비교 및 표현 **29**

1.3 강체와 질점 32
- 1.3.1 강체 **32**
- 1.3.2 질점 **33**
- 1.3.3 강체와 질점의 비교 **34**

1.4 무게중심, 질량중심, 도심 36
- 1.4.1 무게중심과 질량중심 **36**
- 1.4.2 도심 **37**

1.5 뉴턴의 법칙 39
- 1.5.1 뉴턴의 제1법칙 : 관성의 법칙 **39**
- 1.5.2 뉴턴의 제2법칙 : 가속도의 법칙 **40**
- 1.5.3 뉴턴의 제3법칙 : 작용－반작용 법칙 **41**
- 1.5.4 뉴턴의 세 가지 법칙 비교 **42**

1.6 정역학 맛보기 45

연습문제 **51**

Chapter 02 1차원 힘

2.1 힘이란 58
2.1.1 1차원 정역학 58
2.1.2 힘과 힘의 단위 59
2.2 힘의 분류 62
2.2.1 물리적 분류 62
2.2.2 분포에 따른 분류 63
2.2.3 뉴턴의 제3법칙에 따른 분류 66
2.3 힘의 전달성 원리 68
2.3.1 힘의 효과 68
2.3.2 힘의 전달성 원리 69
2.4 1차원 힘 평형 72
2.4.1 뉴턴의 제3법칙과 좌표계 72
2.4.2 1차원 힘 평형 73
2.5 도르래 75
2.5.1 도르래의 활용 75
2.5.2 도르래의 원리 76
종합예제 79
연습문제 82

Chapter 03 2차원 힘

3.1 힘 벡터 및 힘의 성분 90
3.1.1 2차원 정역학 90
3.1.2 힘 벡터 및 합력 91
3.2 자유물체도 97
3.2.1 자유물체도란 97
3.2.2 자유물체도 그리는 방법 98
3.2.3 2차원 힘의 모델링 및 표시 100
3.3 2차원 힘 평형 105
3.3.1 좌표계 선택 105
3.3.2 파스칼의 원리 108

3.4 라미의 정리 112
3.4.1 공점력계 부재의 내력 112
3.4.2 라미의 정리 113
종합예제 117 연습문제 121

Chapter 04 2차원 모멘트
4.1 모멘트란 128
4.1.1 평면 비공점력계 128
4.1.2 모멘트의 필요성 130
4.1.3 모멘트의 단위, 부호 및 계산 132
4.2 짝힘과 모멘트 135
4.2.1 짝힘이란 135
4.2.2 짝힘(모멘트)의 표시 136
4.2.3 힘의 전달성 원리 137
4.3 모멘트의 종류 139
4.3.1 좌표계에 따른 모멘트 표시 139
4.3.2 모멘트의 작용 효과 140
4.3.3 부하의 종류에 따른 부재 명칭 142
4.4 비공점력계의 평형 144
4.4.1 비공점력계의 모멘트 평형 144
4.4.2 2차원 비공점력계의 정적 평형 145
4.5 지레의 원리 148
4.5.1 지레의 원리 148
4.5.2 지레의 종류 150
종합예제 154 연습문제 156

Chapter 05 평면트러스
5.1 이력부재의 진화 164
5.1.1 관심 대상의 확장 164
5.1.2 이력부재 165
5.1.3 이력부재 수의 증가 166

5.2 평면트러스 173

5.2.1 트러스 173

5.2.2 평면트러스 174

5.2.3 트러스의 종류 176

5.3 평면트러스 해석 179

5.3.1 부재와 절점 179

5.3.2 트러스 해석 절차 180

5.3.3 무력부재 찾기 181

5.4 절점법 184

5.4.1 워런 트러스 해석 184

5.4.2 하우 트러스 해석 186

5.4.3 프래트 트러스 해석 188

5.4.4 세 가지 트러스 비교 188

5.4.5 기타 트러스 해석 189

5.5 단면법 193

5.5.1 단면법의 필요성 및 해석 절차 193

5.5.2 부재 수가 많은 트러스 해석법 196

종합예제 199 연습문제 202

PART 2 평면에서 입체로 도약하기

Chapter 06 면적 1차 모멘트

6.1 분포력 210

6.1.1 집중력과 분포력 210

6.1.2 연속체의 무게중심 211

6.2 면적 1차 모멘트 214

6.2.1 힘의 1차 모멘트 214

6.2.2 모멘트 평형 215

6.2.3 면적 1차 모멘트와 도심 216

6.3 단순 형상의 도심 218

6.3.1 삼각형의 도심 218

6.3.2 원 일부분의 도심 221

6.3.3 2차 함수 형상의 도심 **224**

6.3.4 선형 부재의 도심 **224**

6.4 복합 형상의 도심 226

6.4.1 복합 형상의 분포력에 의한 모멘트 평형 **226**

6.4.2 $\alpha+\beta$ 복합 형상의 도심 **228**

6.4.3 $\alpha-\beta$ 복합 형상의 도심 **230**

6.5 파푸스의 정리 233

6.5.1 도심을 이용한 표면적 계산 **233**

6.5.2 도심을 이용한 체적 계산 **235**

종합예제 237 **연습문제 241**

Chapter 07 면적 2차 모멘트

7.1 면적 2차 모멘트 248

7.1.1 정수압 **248**

7.1.2 정수압에 의한 모멘트 **249**

7.1.3 질량 관성모멘트 **250**

7.1.4 면적 2차 모멘트 **251**

7.2 단순 형상의 면적 2차 모멘트 253

7.2.1 원형 단면 부재 **253**

7.2.2 직사각 단면 부재 **254**

7.2.3 삼각형 단면 부재 **256**

7.2.4 평행축 정리 **257**

7.3 복합 형상의 면적 2차 모멘트 259

7.3.1 $\alpha+\beta$ 복합 형상의 면적 2차 모멘트 **259**

7.3.2 $\alpha-\beta$ 복합 형상의 면적 2차 모멘트 **261**

7.3.3 회전 반경 **263**

7.4 면적 상승 모멘트 265

7.4.1 면적 상승 모멘트 **265**

7.4.2 축 회전에 따른 면적 상승 모멘트 **266**

종합예제 272 **연습문제 276**

Chapter 08 3차원 힘과 모멘트

8.1 3차원 문제 282
8.1.1 실제 구조물 모델링 282
8.1.2 3차원 벡터 283
8.1.3 벡터의 내적 286
8.2 3차원 힘과 모멘트 288
8.2.1 세 방향 힘과 모멘트 288
8.2.2 3차원 위치, 힘, 모멘트 벡터 289
8.2.3 바리뇽의 정리 292
8.3 3차원 평형 295
8.3.1 3차원 부재들의 특징 295
8.3.2 3차원 평형 297
8.4 입체트러스 301
8.4.1 입체트러스 301
8.4.2 입체트러스의 구성 요소 302
8.4.3 안정성 및 (부)정정 여부 판별 303
8.4.4 절점법과 단면법 304
8.4.5 무력부재 304
종합예제 308
연습문제 312

Chapter 09 에너지와 마찰

9.1 에너지와 일 320
9.1.1 에너지와 일 320
9.1.2 힘에 의한 일 321
9.1.3 모멘트에 의한 일 323
9.1.4 가상일의 원리 324
9.2 마찰 328
9.2.1 마찰 현상 328
9.2.2 마찰계수 330

9.3 건식마찰 응용 335
9.3.1 유마찰 케이블 및 벨트 335
9.3.2 원판 마찰 339
9.3.3 쐐기 342
9.3.4 사각나사 345
종합예제 349
연습문제 353

PART 3 관련 학문 엿보기

Chapter 10 재료역학

10.1 재료역학 기초 362
10.1.1 정역학과 재료역학 362
10.1.2 재료역학 문제 해결 과정 364
10.1.3 응력과 변형률 366
10.1.4 후크의 법칙과 인장시험 368
10.2 프레임과 기계 369
10.2.1 구조물의 분류 369
10.2.2 프레임 및 기계 해석 370
10.2.3 내력과 저항 모멘트 373
10.2.4 축력 선도, 전단력 선도, 굽힘 모멘트 선도 374
10.3 정역학 활용 379
10.3.1 평면응력 및 응력변환 379
10.3.2 전단력에 의한 전단응력 381
10.3.3 면적 2차 모멘트 활용 382
종합예제 386
연습문제 390

Chapter 11 동역학

11.1 질점의 동역학 398
11.1.1 동역학과 정역학 398
11.1.2 변위, 속도, 가속도 399
11.1.3 달랑베르의 원리 401
11.1.4 일-에너지 원리 404
11.2 2차원 동역학 407
11.2.1 2차원 운동 407
11.2.2 상대운동 410
11.2.3 운동방정식 411
11.2.4 에너지와 일 415
종합예제 419 연습문제 423

Chapter 12 진동학

12.1 진동학 기초 430
12.1.1 동역학과 진동학 430
12.1.2 진동 응용 431
12.1.3 자유도 432
12.1.4 진동계의 기본 요소 433
12.1.5 진동계 해석 과정 434
12.2 1자유도 진동계의 지배방정식 436
12.2.1 스프링 436
12.2.2 감쇠기 438
12.2.3 1자유도 진동계의 지배방정식 440
12.3 2자유도 진동계의 지배방정식 444
12.3.1 2자유도 진동계 444
12.3.2 2자유도 진동계의 지배방정식 445
종합예제 448 연습문제 452

찾아보기 457

PART 1

평면에서 기초 다지기

Chapter 01_정역학 기초
Chapter 02_1차원 힘
Chapter 03_2차원 힘
Chapter 04_2차원 모멘트
Chapter 05_평면트러스

흔히 "시작이 반이다."라는 명언을 이용해 시작의 중요성을 강조하지만 시작만 하고 전진하지 못하면 결과적으로는 아무것도 남지 않게 된다. 정역학을 처음 접하는데 시작부터 너무 전문적이고 복잡한 내용을 접하면 지레 겁먹게 되고, 섣불리 앞으로 나아가지 못하는 경우가 많다. 이러한 문제를 보완하고자 PART 1까지는 정역학 학습에 있어서 필수적이면서도 기초적인 내용들만을 수록하였다. 1장에서는 모든 공학 학습에 있어서 기초적인 핵심 개념들을 일상생활에서 접할 수 있는 내용을 중심으로 기술하였다. 특히 1.6절(정역학 맛보기)에서는 하나의 문제를 통해 전체적인 정역학 해석 과정을 경험해 보도록 구성하였다. 2장에서는 가장 단순한 1차원 문제를 이용해 힘의 특성과 평형의 개념을 다루고, 3장에서는 이를 한 차원 더 발전시켜 2차원 힘에 대해 다룬다. 특히 정역학 학습의 핵심인 자유물체도를 다룬다. 4장에서는 힘의 일종으로도 볼 수 있는 모멘트를 다뤄 2차원 평형의 마침표를 찍는다. 5장은 4장까지 학습한 내용을 실제 문제인 트러스에 적용해보면서 개념과 직관력을 기를 수 있도록 하였다.

세계 주요 도시들을 여행하며 오래된 건축물이나 초고층 빌딩들을 보면 자신도 모르게 탄성을 지르게 된다. 그러나 그 구조물들을 떠받치고 있는 땅속의 기초는 간과하기 쉽다. 건물을 짓기 전에 다수의 말뚝을 땅속에 깊이 박아 놓아야 건물이 안전하듯이 정역학의 기반을 탄탄하게 다져놓으면 다른 역학 관련 학문들을 익히는 데 큰 도움이 된다. 이러한 기초 과목인 정역학을 익히는 데도 필요한 기초 사항들이 있으며, 이들을 먼저 이해하고 활용할 수 있어야 더 높은 단계로 도약할 수 있다.

CHAPTER
01
정역학 기초
Foundation for Exploring Statics

단위 1.1
스칼라와 벡터 1.2
강체와 질점 1.3
무게중심, 질량중심, 도심 1.4
뉴턴의 법칙 1.5
정역학 맛보기 1.6
연습문제

학습목표

- 단위의 중요성을 인지하고, 단위 변환을 정확하게 수행할 수 있다.
- 스칼라량과 벡터량의 차이를 이해하고, 각각의 예를 5가지 이상 들 수 있다.
- 강체와 질점, 무게중심, 질량중심, 체적중심 및 도심의 개념과 차이를 이해할 수 있다.
- 뉴턴의 세 가지 법칙을 이해하고, 정역학과의 연관성을 파악할 수 있다.
- 정역학 맛보기를 통해 정역학 문제 해결 과정을 대략적으로 파악할 수 있다.

SECTION 1.1

단위

- 단위의 중요성을 인지하고, 기호와 단위의 표준 표기법을 익힌다.
- SI 단위계와 US 상용 단위계의 차이를 이해하고 기초 양들 사이의 관계를 익힌다.
- 단위 변환을 정확하고 효율적으로 수행할 수 있는 방법을 익힌다.

공학에서 10, (−)273, 1,000, 20,000 등의 숫자 자체만으로는 그 숫자들이 어떤 물리량을 나타내는지 알 수 없기 때문에 아무런 의미가 없다. 이러한 숫자들에 적합한 단위를 부여해 10 mm, (−)273 ℃, 1,000 kg, 20,000 Pa 등과 같이 나타내면 숫자들은 비로소 본연의 의미를 갖게 된다.

1.1.1 단위의 중요성

많은 공학 입문서 제1장에 빠지지 않고 등장하는 내용 중의 하나가 바로 **단위** unit이다. 단위는 공학뿐만 아니라 일상생활에 있어서도 매우 중요하다. 만약 영미권 여행객이 한국에서 운전 중 [그림 1−1(a)]와 같은 과속 기준인 숫자 70을 보고 자신의 습관대로 70 miles/h(≈ 112.6 km/h)[1]로 운전하면 과속 단속에 걸릴 것이고, 영미 지역을 운전하는 한국 운전자가 [그림 1−1(b)]와 같은 고속도로에서의 과속 기준인 숫자 70을 한국 기준에 따라 70 km/h(≈ 43.5 miles/h)[2]로 운전하면 뒤따르는 운전자들이 매우 답답해할 것이다. 이와 같이 어떤 물리량들을 정확히 표현하기 위해서는 숫자와 함께 그 숫자가 갖는 의미를 정확히 나타내야 하는데, 이때 필요한 것이 단위이다. 그림 (a)의 70은 70 km/h를, 그림 (b)의 70은 70 miles/h를 의미한다. 두 경우의 숫자는 동일하지만, 그 숫자가 의미하는 바는 많이 다르다.

(a) 과속 기준 표시(한국)

(b) 고속도로 속력제한(미국)

그림 1-1 국가 및 지역에 따라 다른 의미를 갖는 속력 제한 표시

1 줄여서 [mph]로 나타내지만 종종 [MPH]로 나타내기도 한다. 1mile ≈ 1.609km이다.

2 영어로 'kilometers per hour'로 읽기 때문에 줄여서 [kph]로 나타내기도 한다.

설계자들 간의 단위 사용 오류로 인해 막대한 인적 · 물적 손실이 발생하기도 한다.[3] 1999년 미국 항공우주국(NASA)에서 발사한 화성 기후 궤도선 Mars climate orbiter의 경우, 제작사인 록히드마틴 Lockheed Martin 사에서는 추진기 thruster 데이터를 미국 힘 단위인 파운드 pounds를 사용한 반면, NASA에서는 국제 표준 단위인 뉴턴 Newtons을 사용하면서 발생한 계산 오류로 인해 1.25억 달러가 투입된 탐사선이 손실되었다. 이와 같이 단위는 공학 계산 및 설계에 있어서 매우 중요한 사항이므로 늘 염두에 두고 정확하게 사용해야 한다.

1.1.2 기호와 단위

[그림 1-1(a)]에서의 70은 "시속 70 km", "시간당 70 km 이동", "속력 70 km/h"와 같이 여러 가지 방법으로 표현할 수 있다. 그러나 이와 같이 서술형으로 정보를 교환할 경우 의사소통 과정에서 오류가 생기기 쉽고 수식으로 표현하기 불편한 문제가 발생한다. 정역학을 포함한 공학의 경우 다양한 물리량들을 영문자나 그리스 문자 등을 이용해 간략하게 표현하는데 이를 **기호** symbol라고 한다. 예를 들어, 70 이라는 물리량을 기호로 $v = 70\ \text{km/h}$와 같이 나타내는 것이다. 여기서 'v'는 속력[4]을 나타내는 기호이고, 'km/h'는 단위가 되며, 70 은 해당 물리량인 속력의 크기를 나타낸다. 이러한 기호는 원칙적으로 사용자가 원하는 대로 자유롭게 정의하고 사용할 수 있다. 즉 $v = 70\ \text{km/h}$를 $s = 70\ \text{km/h}$, $d = 70\ \text{km/h}$와 같이 나타내도 된다. 그러나 이렇게 사용자마다 제각기 다른 기호를 사용할 경우 의사소통과 데이터 교환 시 불편하고 오류가 발생할 수도 있기 때문에 학문 분야별로 어느 정도 통일하여 사용하는 경우가 많다.

[그림 1-1]의 70 을 기호(v)와 단위를 이용해 각각 $v = 70\ \text{km/h}$와 $v = 70\ \text{miles/h}$로 나타낼 수 있다. 그러나 이 경우 두 가지 물리량의 단위나 크기가 서로 다르므로 동일한 기호를 사용하면 혼동될 수 있다. 이와 같이 동일한 종류의 물리량이 다수 개 존재할 경우, 아래첨자 subscript나 위첨자 superscript를 병행하여 사용한다. 위 값들을 아래첨자를 포함한 기호를 이용해 $v_1 = 70\ \text{km/h}$와 $v_2 = 70\ \text{miles/h}$로 나타낼 수 있고, 비로소 두 가지 서로 다른 크기를 갖는 양을 명확하게 구분할 수 있게 된다. 또한 $v_1 = 70\ \text{km/h}$를 $v_1 = 70\text{km/h}$와 같이 숫자와 단위를 붙여서 나타내면 해석하기에 따라 $v_1 = 70{,}000\ \text{m/h}$로 받아들일 수도 있고, 숫자와 단위를 한눈에 구분하기 어렵기 때문에 숫자와 단위 사이에는 반드시 공백(" ")을 넣어 구분해야 한다.

한국의 경우 가정용 교류 전압은 220 Volts[5]이다. 이를 전압 voltage을 나타내는 기호로 V를 사용해 나타내면 V = 220 V가 되어 기호와 단위의 구분이 어려운 문제가 발생한다. 이와 같은 혼동을

3 Helier Cheung & Stephen Mulvey (2014), Great miscalculations : The French railway error and 10 others, https://www.bbc.com/news/magazine-27509559

4 기호는 해당 물리량과 관련된 영어의 첫 글자를 이용하는 경우가 많다. 속력(speed)은 속도(velocity)의 크기를 나타내므로 속도의 영어 첫 글자인 v를 주로 사용한다.

5 축약 단위로서 [V]를 주로 사용한다.

피하기 위해 기호는 기울임꼴(이탤릭체) italic font[6]을 사용하고, 단위는 기울이지 않은 정자 roman font를 사용하는 것이 원칙이다. 따라서 위와 같은 전압 표시는 $V = 220\ \mathrm{V}$와 같이 나타내면 해당 물리량을 보다 정확하게 나타낼 수 있다. 하지만 동일한 의사소통 과정에서 속도 velocity, 체적 volume, 전압 voltage 등이 모두 필요할 경우, 이들을 모두 동일한 영어 첫 글자인 V를 이용해 나타내면 오히려 혼동될 수 있다. 이러한 경우에는 문서나 의사소통 첫머리에 서로 다른 기호나 첨자를 사용해 기호를 정의해 놓는 것이 일반적이다.

Static Think_ 01

아래 식들 중에서 기호와 단위가 올바르게 표현된 것을 찾아보고, 바르지 않은 것들의 경우 그 이유를 생각해보시오.

① $v = 100kph$　　② $\mathrm{m} = 50\ g$　　③ $V = 20\ \mathrm{cm}^3$　　④ $t\ = 30\mathrm{ms}$

1.1.3 기본 단위

■ SI 단위계

공학(특히 역학)에서 가장 많이 사용되는 단위계는 국제 표준인 SI **단위계**[7]이다. 이 단위계는 [그림 1-2]에서와 같이 **길이**(m) length, **질량**(kg) mass, **시간**(s) time을 **기본 단위** basic unit로 하고, 다른 물리량들의 단위는 이들 세 기본 단위들의 조합으로 유도된다. 이 단위계에 사용되는 세 가지 기본 단위의 머리글자를 따서 MKS **단위계**라고도 한다.

기본 단위(MKS)	
물리량 (기호)	단위
길이 (L)	[m]
질량 (m)	[kg]
시간 (t)	[s]

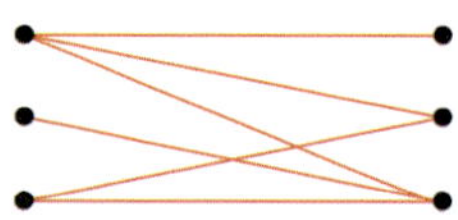

유도 단위	
물리량 (기호)	단위
면적 (A)	$[\mathrm{m}^2]$
속력 (v)	[m/s]
힘 (F)	$[\mathrm{kg \cdot m/s^2}] \equiv \mathrm{N}$

그림 1-2 국제 표준(SI) 단위계에서의 기본 단위와 세 가지 유도 단위

[그림 1-2]에서 유도 단위를 이해하기 위해서는 해당 물리량의 기본 정의를 알고 있어야 한다. 예를 들어, 두 변의 길이가 a [m]와 b [m]인 직사각형의 면적area은 $A\ =\ a \times b$가 되므로 면적의 단위는 길이를 두 번 곱한 $[\mathrm{m}^2]$이 되고, 속력은 단위시간당 이동한 거리distance이므로 단위는 길이를 시간으로 나눈 [m/s]가 된다. 힘force에 대한 정의와 단위는 추후 설명한다.

6 "기호는 항상 기울여 쓴다."라고 알고 있으면 좋다.

7 SI는 국제단위계(The International System of units)를 의미하는 프랑스어(Le Système International d'Unités)의 약자이다. 국제 표준을 초기에 프랑스 주도로 제정한 관계로 프랑스어를 기준으로 약어가 설정되었다.

■ US 상용단위계

전 세계적으로 표준 단위계인 SI 단위계가 가장 널리 사용되고 있지만 영미권을 비롯한 몇몇 국가들에서는 **US 상용단위계** US customary unit를 사용하고 있다. 이 단위계는 [그림 1-3]에서와 같이 길이(ft) length, 힘(pounds 또는 lbf) force, 시간(s) time을 기본 단위로 사용한다. 이 단위계에 사용되는 세 가지 기본 단위의 머리글자를 따서 **FPS 단위계**라고도 한다. SI 단위계와의 가장 큰 차이는 기본 단위로서 질량이 아닌 힘을 사용한다는 점이다.

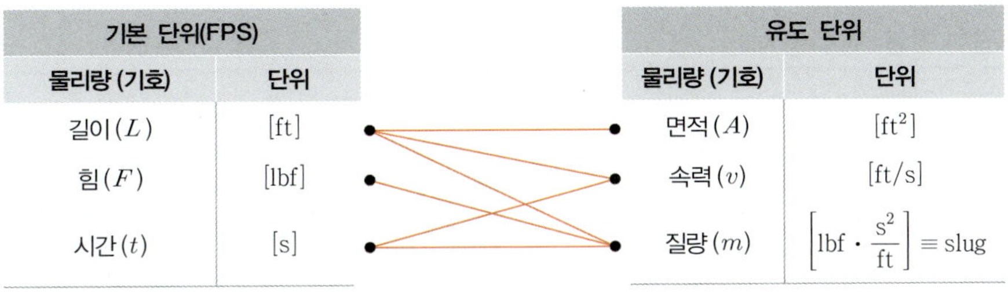

그림 1-3 US 상용 단위계에서의 기본 단위와 세 가지 유도 단위

SI 단위계와 US 상용단위계에서 사용되는 대표적인 몇 가지 물리량들을 [그림 1-4]에 나타내었다.

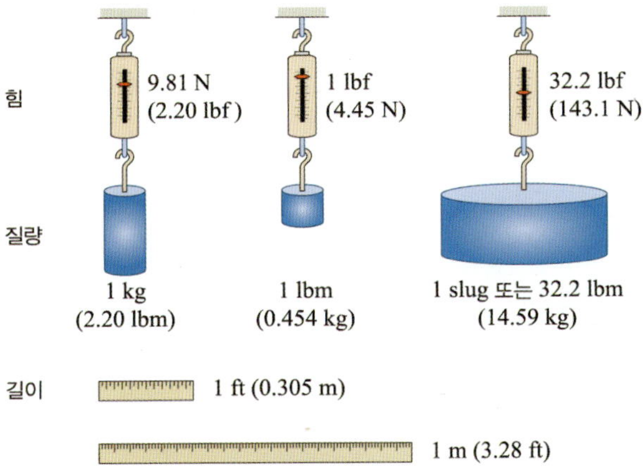

그림 1-4 MKS 단위계와 FPS 단위계에서 힘, 질량, 길이 비교

1.1.4 단위 변환

서로 다른 언어를 사용하는 사람들이 의사소통을 원활하게 하려면 통역이나 번역 translation이 필요하듯이 서로 다른 단위를 사용하는 공학자들이 데이터나 자료를 공유할 때는 **단위 변환** unit conversion이 필수적이다. 단위 변환은 각종 프로그램이나 단위 변환표 등을 사용해도 되지만 기본적인 단위 변환은 직접 할 수 있어야 한다. 단위를 정확하고 체계적으로 변환하기 위해서는 식 (1.1)에서와 같이 기본 단위 a, b, c로 구성된 단위1 에 등가인 양($a = \alpha A$, $b = \beta B$, $c = \gamma C$)을 계속 곱해 기본 단위 A, B, C로 구성된 단위2 로 바꾸는 방법을 권장한다. 이 식에서 α, β, γ는 기본 단위들

사이의 변환계수 conversion factor로서 단위 변환 전에 알고 있어야 하며, 변환계수를 분자가 아닌 분모에 넣어서 변환해도 된다.

$$\begin{aligned} \text{단위}1(a,\ b,\ c) &= \text{단위}1(a,\ b,\ c) \times \frac{\alpha A}{a} \times \frac{\beta B}{b} \times \frac{\gamma C}{c} \\ &= \alpha\beta\gamma \times \text{단위}1 \\ &= \text{단위}2(A,\ B,\ C) \end{aligned} \tag{1.1}$$

예제 1-1 속력 단위 변환

[그림 1-5]의 교통 표지판은 학교 인근(스쿨존)에서의 제한 속력이 15 mph라는 뜻이다. 이 제한 속력을 [kph]와 [m/s] 단위로 변환하시오.

그림 1-5 스쿨존에서의 속력 제한

Analyze

- 속력은 단위시간당 위치 변화이므로 길이와 시간 단위에 대한 변환계수가 필요하다.
- 식 (1.1)을 사용해 변환한다.

Compute

- [mph] 단위를 [kph] 단위로 바꾸기 위해서는 [mile]과 [km] 사이의 관계를 알아야 한다. 1 mile = 1.609 km이다.

$$15 \text{ mph} = 15 \frac{\text{mile}}{\text{hour}} \times \frac{1.609 \text{ km}}{1 \text{ mile}} \approx 24.1 \frac{\text{km}}{\text{h}} = 24.1 \text{ kph}$$

- [mph] 단위를 [m/s] 단위로 바꾸기 위해서는 시간 [h]과 초 [s] 사이의 관계를 추가로 알아야 한다. 1 h = 3,600 s이다.

$$15 \text{ mph} = 15 \frac{\text{mile}}{\text{hour}} \times \frac{1{,}609 \text{ m}}{1 \text{ mile}} \times \frac{1 \text{ h}}{3{,}600 \text{ s}} \approx 6.7 \text{ m/s}$$

Think

- 가장 기초적인 단위들 사이의 변환계수는 외워두는 것이 좋다.
- 일상생활에서 많이 사용되는 단위들(cc, liter, km 등)에 대해 수시로 단위 변환을 수행해 저절로 암기될 수 있도록 하는 것이 좋다.

[예제 1-1]에서 알 수 있듯이 단위 변환을 위해서는 관련되는 단위들 간의 관계(예를 들어 1 mile = 1.609 km)와 더불어 'km'에서의 'k(ilo)'가 '1,000'을 의미함을 알고 있어야 한다. 이를 **접두어** prefix라고 한다. 접두어는 작거나 큰 수들을 쉽게 식별할 수 있도록 단위 앞에 알파벳 문자를 붙여 나타낸다.

[그림 1-6]은 공학적으로 많이 사용하는 접두어들을 관련된 제품들과 함께 정리한 것이다. 그림 왼쪽에서부터 1 fs는 10^{-15} s, 1 pF은 10^{-12} Farad[8], 1 nm는 10^{-9} m, 1 μg은 10^{-6} g, 1 mL는 10^{-3} L, 1 cm는 10^{-2} m, 1 kWh는 10^{3} Wh, 1 MB는 10^{6} bytes, 1 GB는 10^{9} bytes, 1 TB는 10^{12} bytes를 각각 의미한다. 그림에서 10^{-6}을 의미하는 마이크로 micro의 경우 첫 글자인 'm'을 그대로 쓸 경우 10^{-3}을 의미하는 밀리 milli와 중복되므로, 이 경우에 한해 m에 해당하는 그리스 소문자인 μ[9]를 사용한다.

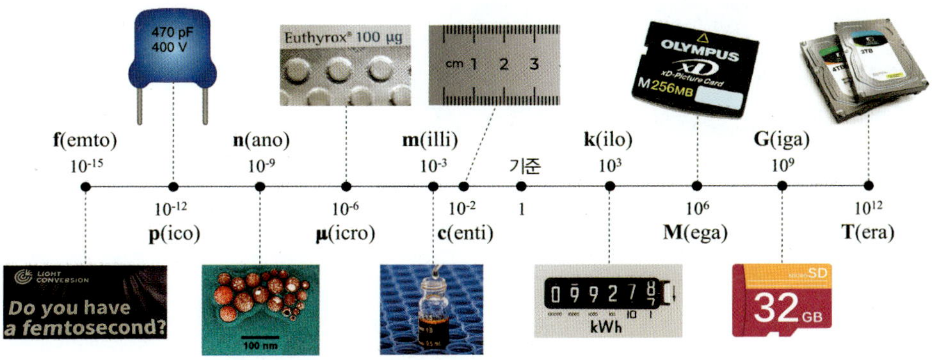

그림 1-6 단위와 함께 사용되는 접두어와 관련 제품

접두어 사용 시 주의할 점 중의 하나는 대문자(주로 큰 수를 나타냄)와 소문자를 구분해서 써야 하는 것이다. 예를 들어, 1 mg은 10^{-3} g을 의미하는 반면에 1 Mg은 10^{6} g을 나타낸다. 즉 1 Mg(= 10^{3} kg = 10^{6} g) = 10^{9} mg의 관계가 된다. 동일한 알파벳을 쓰고 있지만 소문자와 대문자에 따라 실제 의미하는 바는 천지차이이다. 또한 접두어는 단위의 일부분이기 때문에 기울여 쓰면 안 된다. 1mile, 1.609 *km*, 1 *mg*, 1 *Mg* 등은 모두 잘못된 표현이므로 각각 1 mile, 1.609 km, 1 mg, 1 Mg으로 나타내야 한다.

동일한 단위계에서는 접두어와 해당 물리량의 정의만 알고 있으면 비교적 수월하게 단위 변환을 할 수 있으나, 서로 다른 단위계에서의 단위 변환은 동일한 물리량들 사이의 상호관계(예를 들어, 앞서 언급하였던 1 mile = 1.609 km)를 사전에 알고 있어야 한다. 여기서는 기본 단위 중의 하나인 길이에 대해 간단한 예를 통해 살펴보자. 현재 영미권에서 주로 사용하고 있는 길이 단위의 기본은 'foot [ft]'이다. 영어 단어에서 알 수 있듯이 오래전 도량형이 통일되지 않았을 때 서양에서는 신장이 매우

8 Farad([F])은 충전기(capacitor)의 용량을 나타내는 단위로서, 전기 및 전자공학에서 사용되는 기본 단위 중의 하나이다.
9 μ로 쓰고 마이크로(micro)라고 읽는다.

큰 사람의 발 길이를 기준으로 길이를 측정하였다.[10] 그러나 사람마다 발 길이가 달라 1foot의 실제 길이는 지역마다 차이가 있었기 때문에, 미국에서는 1959년에 1ft=0.3048 m로 통일하였다. 로마 시대에는 숫자 12가 많이 쓰였기 때문에[11] 1 foot [ft]의 1/12을 1inch [in][12]로 정의하였고, 1 ft의 3배를 1 yard [yd], 1 yard의 1,760배를 1 mile로 정의하여 사용하였다. 참고를 위해 영국에서의 inch, foot, yard를 [그림 1-7]에 나타내었고, US 상용 길이 단위와 SI 길이 단위를 [표 1-1]에 비교하였다. 근사적으로는 4 in ≈ 100 mm, 1 ft ≈ 30 cm, 1 yd ≈ 0.9 m, 1 mile ≈ 1.6 km 정도로 보면 된다.

그림 1-7 영국에서의 표준 길이(런던 Greenwich)

표 1-1 US 상용 길이 단위와 SI 길이 단위 비교

US 상용 길이		SI 길이	근사 예
1 inch [in]	1/12 ft	25.4 mm	500원 동전의 직경
1 foot [ft]	기준	0.3048 m	마이클 조던의 발 길이
1 yard [yd]	3 ft	0.9144 m	야구 배트의 길이
1 mile [mi]	1,760 yd	1.609 km	금문교가 있는 Golden Gate 해협의 폭

Static Think_02

자신의 키가 US 상용 단위계로 얼마인지 계산해보시오.

10 한국에서는 발 대신 팔을 기준으로 길이를 측정하였다. 필기구를 손으로 집었을 때 팔꿈치에서 손끝까지의 길이를 1자 또는 1척(尺)이라 하며 대략 30.3 cm 길이이다. 따라서 삼척동자는 키가 3척(약 90cm)인 어린아이를 일컫는다.

11 이러한 이유로 1년도 12개월로 나누게 된 것이다.

12 인치(inch) 단위는 오래된 영어인 'ince'에서 유래되었고, 'ince'는 로마시대 foot의 1/12을 의미하는 라틴어 'uncia'에서 유래되었다.

SECTION 1.2 스칼라와 벡터

- ✔ 스칼라의 특징을 이해하고 이 범주에 해당하는 예들을 들 수 있어야 한다.
- ✔ 벡터의 특징을 이해하고 이 범주에 해당하는 예들을 들 수 있어야 한다.
- ✔ 스칼라와 벡터의 차이점에 대해 이해하고, 각각의 표기법을 익힌다.

지구상의 생물을 동물과 식물로 분류한 뒤 각각의 특징을 이해하면 사자와 선인장의 차이를 쉽게 설명할 수 있는 것처럼, 정역학에서 다루는 물리량들을 스칼라와 벡터로 분류한 뒤 각각의 특징을 이해하면 힘과 압력의 차이를 명확하게 구분하고 설명할 수 있다.

1.2.1 스칼라

미국 시카고 Chicago에서 로스앤젤레스 Los Angeles까지 자동차로 여행을 계획하기 위해 지도상에서 두 도시를 입력한 다음 경로를 산정해 보면 [그림 1-8(a)]와 같이 경로에 따라 소요되는 시간 time과 거리 distance를 알 수 있다. 그 중 미국 남부 지역을 통과하는 경로를 택할 경우 거리는 2,122 miles(약 3,414 km)이고 31시간 동안 운전해야 한다. [그림 1-8(b)]와 같이 주변과 압력이 다른 기체나 액체를 담아둘 목적으로 사용하는 구조물을 **압력용기** pressure vessel라고 한다. 이 압력용기의 압력을 측정하기 위해 압력계를 설치하는데, 압력계를 용기 하나당 한 개만 설치하는 경우도 많다.[13] 이는 압력용기의 임의의 위치에서 압력을 측정하면 압력용기 전체의 값으로 볼 수 있음을 의미한다. 이와 같이 어떤 물리량의 상태를 **크기** magnitude만 가지고도 충분히 파악할 수 있는 경우, 그 물리량을 **스칼라량** scalar quantity이라고 한다.

(a) 미국 시카고에서 로스앤젤레스까지의 거리

(b) 압력용기와 압력계

그림 1-8 스칼라량의 예 1 : 거리와 압력

13 하나의 압력계만 설치할 경우 압력계의 오작동이나 고장으로 인해 문제가 발생할 소지가 크기 때문에 실제로는 여러 개의 압력계를 설치한 뒤 이들을 동시에 모니터링한다.

운전자들의 과속단속을 위해 교통 경찰관들은 속력 측정기 speed gun를 사용하고, 도로에는 [그림 1-9(a)]와 같은 과속단속용 카메라 speed camera가 사용된다. 그림에서 과속 기준이 60 kph이므로 운전자는 과속단속에 걸릴 것이다. 이러한 속력 측정기들은 자동차의 전·후진과 무관하게 단위시간당 이동한 거리(즉, 속력)의 크기만 측정하므로 속력은 스칼라량임을 알 수 있다. 다시 말해, 운전자가 후진으로 과속을 해도 단속에 적발된다. SI 단위계에서는 질량이 세 가지 기본 단위 중의 하나인데, [그림 1-9(b)]에 표준 질량 standard mass의 예를 나타내었다. 이러한 질량은 장소나 기타 조건에 무관하게 항상 일정한 값을 가져야 하므로 질량도 스칼라량이다.

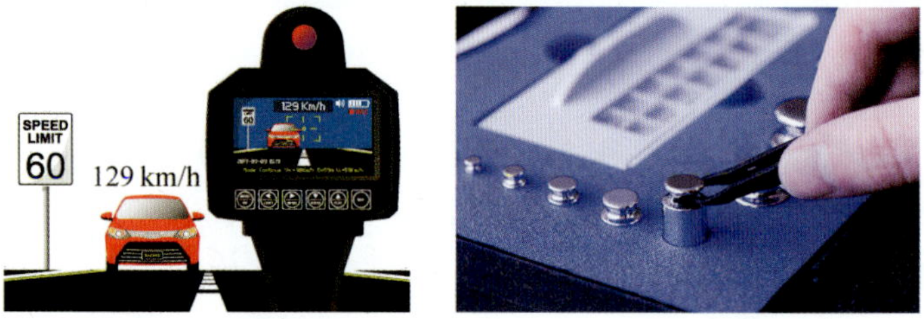

(a) 과속단속 카메라 (b) 표준 질량

그림 1-9 스칼라량의 예 2 : 속력과 질량

1.2.2 벡터

한 여행객이 [그림 1-10(a)]와 같이 광화문에 있다고 가정했을 때, 300 m 거리(크기)를 어느 **방향** direction으로 이동하는지에 따라 최종 위치가 달라진다. 이 여행객이 광화문에서 300 m 북쪽으로 이동하면(변위가 생기면) 경복궁에 다다르게 되고, 다시 300 m 남쪽으로 이동하면 원 위치가 되며, 이 과정에서 600 m 의 거리를 이동하게 된다. 한 사람이 [그림 1-10(b)]와 같이 물체를 당기면 pull 그 물체는 오른쪽으로 이동하고, 반대로 밀면 push 왼쪽으로 이동한다. 즉 동일한 크기의 힘을 인가하더라도 힘의 작용 방향에 따라 물체의 거동(힘의 효과)이 달라지는 것이다. 이와 같이 어떤 물리량의 작용 효과가 그 물리량의 크기뿐만 아니라 작용하는 방향에도 관계될 때 그 물리량을 **벡터량** vector quantity이라고 한다.

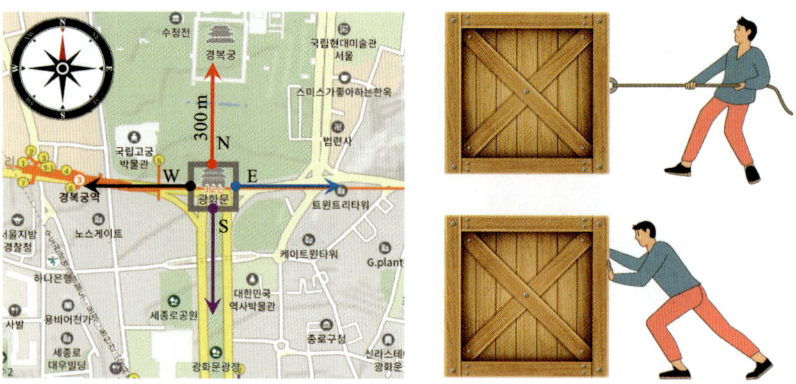

(a) 기준점으로부터의 변위 (b) 힘의 효과

그림 1-10 벡터량의 예 1 : 변위와 힘

Static Think_ 03

속력 speed과 속도 velocity의 차이에 대해 생각해보시오.

[그림 1-11(a)]에서 M과 W는 동일한 속력인 5 km/h로 걷고 있으나 두 사람 사이의 거리는 시간이 지남에 따라 계속 멀어질 것이다. 이 경우 두 사람의 속력만 가지고는 두 사람의 거동을 설명하기 힘들기 때문에 속력(크기)과 함께 이동 방향이 추가로 필요하며, 이를 간편하게 나타내기 위해 **속도** velocity라는 용어를 사용한다. 즉 M은 5 km/h의 속력을 가지고 동쪽으로 이동하고 있고, W는 동일한 속력으로 서쪽으로 이동하는 것이다. 앞서 질량은 항상 일정한 크기를 갖기 때문에 스칼라량임을 설명하였다. 하지만 다른 거대한 물체(지구, 달)와의 인력을 나타내는 **무게** weight[14]는 [그림 1-11(b)]에서 알 수 있듯이 측정 위치에 따라 다른 값을 보인다. 따라서 속도와 무게는 벡터량임을 알 수 있다.

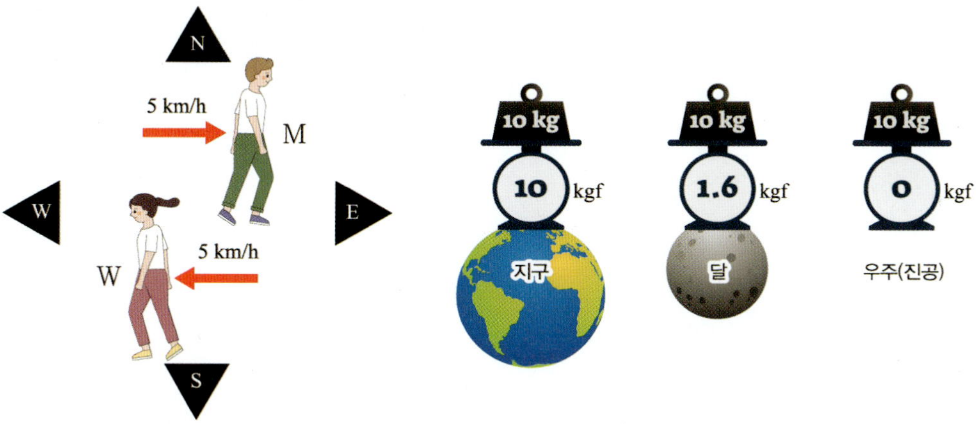

(a) 두 사람의 속도　　(b) 질량(스칼라)과 무게(벡터)

그림 1-11 벡터량의 예 2 : 속도와 무게

1.2.3 스칼라와 벡터 비교 및 표현

스칼라와 벡터의 차이 및 각각에 대한 몇 가지 대표적인 물리량들을 [표 1-2]에 정리하였다. '시간'은 과거로 돌이킬 수 없기 때문에(또는 흐르는 방향을 이미 알고 있기 때문에) 스칼라량으로 분류한다. 스칼라량을 나타내는 방법은 [표 1-2]에 나타냈듯이 1.1.2절의 기호 표현 방법과 원칙적으로 같다. 즉, 기호를 정의해 기울여 쓰면 된다. [그림 1-9(a)]에서 차량의 속력은 $v_{\mathrm{car}} = 129\ \mathrm{km/h}$와 같이 기호, 크기(숫자) 및 단위로 나타내면 된다. 길이가 스칼라량이므로 길이의 제곱인 면적이나 세제곱인 체적 또한 스칼라량이 된다. '온도'는 열적 평형상태인 공간에서 위치에 관계없이 일정하기 때문에 스칼라량이다. '에너지'에 대해서는 9장에서 자세히 다루기로 한다.

14 지구상에서는 중력의 방향을 알고 있으므로 무게를 스칼라로 취급하는 경우도 있으나 중력가속도가 바뀌면 무게도 바뀌게 되므로 벡터로 보는 것이 더 합리적이다.

반면에 벡터는 스칼라와 구분하기 위해(즉, 방향성을 표현하기 위해) [표 1-2]와 같이 해당 물리량의 기호 위에 화살표($\vec{V}$)를 붙여 나타내거나, 해당 기호를 로마자 볼드체(V)[15]로 나타낸다. [그림 1-11(a)]에서 M과 W의 상태를 정확하게 기술하기 위해서는 좌표가 필요하다. 편의상 수평 방향으로만 이동한다고 가정하고 오른쪽 방향을 (+)로 설정하면, 두 사람의 속도는 '$\mathbf{v}_W = (-)5\mathbf{i}$ km/h' 또는 '5 km/h(서쪽)', '$\mathbf{v}_M = (+)5\mathbf{i}$ km/h' 또는 '5 km/h(동쪽)'과 같이 나타내면 된다. 여기서 **i**는 기준 좌표 오른쪽 방향으로 향하는 크기가 1인 벡터로서 **단위벡터** unit vector라고 한다. **가속도** acceleration는 속도 벡터(**v**)를 스칼라량인 시간(t)으로 나눈 양이며, **운동량** momentum은 속도 벡터(**v**)에 스칼라량인 질량(m)을 곱한 양으로서 모두 벡터량이 된다. 모멘트에 대해서는 4장에서 자세히 다루기로 한다. 어떤 벡터량(**V**)의 크기는 모두 스칼라량이며, V, $|\mathbf{V}|$, $|\vec{V}|$와 같이 나타내기로 한다.

표 1-2 스칼라와 벡터 비교 및 표기 방법

비교 항목	스칼라 S	벡터 $\vec{V}$, **V**
크기	○	○
방향	×	○
기준 / 좌표	×	○
대비 예	거리(distance) d	변위(displacement) **u**
	압력(pressure) p	힘(force) **F**
	속력(speed) v	속도(velocity) **v**
	질량(mass) m	무게(weight), $\mathbf{W} = m\mathbf{g}$
기타 예	시간 t, 온도 T, 면적 A, 체적 V, 에너지 E	가속도 **a**, 모멘트 **M**, 운동량 $m\mathbf{v}$
상호관계	스칼라 ⊂ 벡터, 벡터의 크기 → 스칼라, $|\mathbf{F}| = F$	

스칼라량의 사칙연산은 대수학algebra에서 다루는 일반적인 수와 동일하게 처리하면 되며, 사칙연산의 결과 또한 스칼라량이 된다. 스칼라량(S_1, S_2, S_3)의 경우 덧셈과 곱셈에 관한 교환법칙과 분배법칙은 식 (1.2)에서와 같이 일반 수와 동일하게 성립한다. 벡터량에 대해 덧셈, 뺄셈, 곱셈은 정의되지만 나눗셈은 정의되지 않는다. 벡터량($\mathbf{V}_1$, $\mathbf{V}_2$, $\mathbf{V}_3$)의 덧셈에 대해서는 교환법칙과 분배법칙이 식 (1.3)에서와 같이 성립한다. 벡터 연산에 대해서는 3장과 8장에서 자세히 다룬다.

$$\begin{gathered} S_1 + S_2 = S_2 + S_1 \\ S_1 \times S_2 = S_2 \times S_1 \\ S_1 \times (S_2 + S_3) = S_1 \times S_2 + S_1 \times S_3 \end{gathered} \tag{1.2}$$

$$\begin{gathered} \mathbf{V}_1 + \mathbf{V}_2 = \mathbf{V}_2 + \mathbf{V}_1 \\ \mathbf{V}_1 \times (\mathbf{V}_2 + \mathbf{V}_3) = \mathbf{V}_1 \times \mathbf{V}_2 + \mathbf{V}_1 \times \mathbf{V}_3 \end{gathered} \tag{1.3}$$

15 이 책에서 벡터량은 볼드체 로마자를 써서 나타내기로 한다.

예제 1-2 스칼라와 벡터

역학이는 집에서 경로 A를 따라 상점까지 걸어갔다가 쇼핑을 마치고 경로 B를 통해 집으로 돌아왔다. 역학이의 이동 상황을 스칼라와 벡터로 기술해보시오.

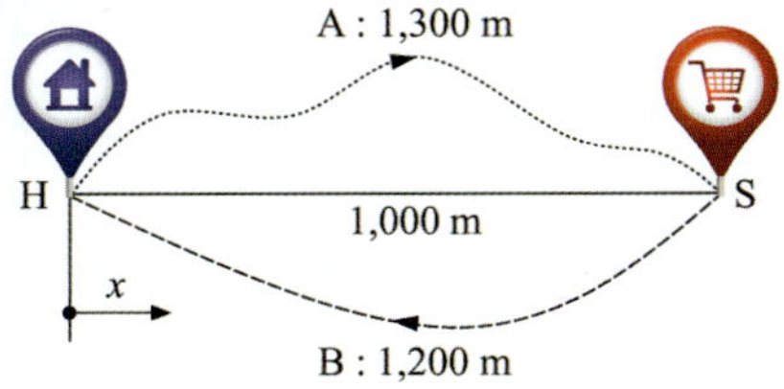

그림 1-12 거리와 변위

Analyze

- 스칼라량은 크기만 기술하면 된다.
- 벡터량을 기술하기 위해서는 좌표와 방향이 필요하다.

Compute

- 역학이는 집(점 H)에서 경로 A를 따라서 1,300 m의 거리(스칼라, $S_{\mathrm{H-S}}$)를 이동해 상점(점 S)에 도착한 후, 경로 B를 따라서 1,200 m의 거리(스칼라, $S_{\mathrm{S-H}}$)를 걸어 집으로 돌아왔다. 따라서 이동한 총 거리(스칼라)는 2,500 m이다.

$$S = S_{\mathrm{H-S}} + S_{\mathrm{S-H}} = (1{,}300 + 1{,}200)\ \mathrm{m} = 2{,}500\ \mathrm{m}$$

- [그림 1-12]와 같이 집을 원점으로 잡고 오른쪽 수평 방향을 x 좌표로 설정하면, 역학이에게는 $\mathrm{D}_{\mathrm{H-S}} = 1{,}000\,\mathrm{i}$ m의 변위(벡터)가 발생했다가 $\mathrm{D}_{\mathrm{S-H}} = (-)1{,}000\,\mathrm{i}$ m의 변위(벡터)가 생겨 최종 변위는 0이 된다.

$$\mathrm{D} = \mathrm{D}_{\mathrm{H-S}} + \mathrm{D}_{\mathrm{S-H}} = 1{,}000\,\mathrm{i} - 1{,}000\,\mathrm{i} = 0$$

Think

거리 distance와 변위 displacement는 유사하게 사용되지만, 거리는 스칼라량을, 변위는 벡터량을 나타내는 데 사용되는 점에 주의하자.

SECTION 1.3

강체와 질점

- ✔ 강체의 정의와 도입 필요성에 대해 알아본다.
- ✔ 질점의 정의와 도입 필요성에 대해 알아본다.
- ✔ 정역학 문제 해결 시 강체와 질점을 각각 어느 경우에 적용하는지 알아본다.

유능한 공학자는 어려운 문제를 쉽게 풀고, 무능한 공학자는 쉬운 문제를 어렵게 푼다. 실제 모든 구조물들은 변형체이지만 효율적인 해석을 위해 강체나 질점으로 모델링하는 경우가 많다. 좋은 공학자가 되기 위해서는 복잡한 구조물들을 간략하게 모델링해 문제를 수월하게 해결하는 연습을 많이 하는 것이 필요하다.

1.3.1 강체

작업자가 무거운 피아노를 [그림 1-13(a)]와 같이 밀고 있을 때 피아노가 움직이지 않는다고 가정하면, [그림 1-13(b)]와 같이 왼쪽이 고정된 물체 중앙에 힘(F)을 가하는 것으로 간략하게 모델링할 수 있다. 이 경우 우리 눈으로 식별하기는 어렵지만 피아노는 국부적으로 **변형** deformation된다.

(a) 피아노를 미는 작업자

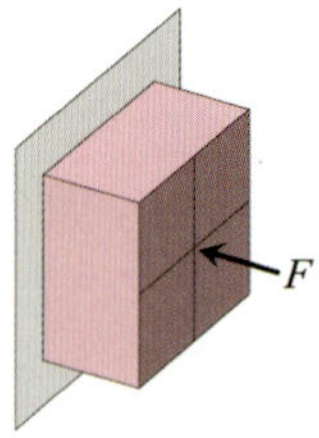

(b) 피아노에 대한 단순 모델 및 미는 힘

그림 1-13 피아노를 미는 작업자와 피아노에 대한 단순 모델

피아노를 어떤 재료로 모델링하는지에 따른 변형 상태를 [그림 1-14]에 세 가지 경우로 나누어 나타내었다. [그림 1-14]의 (a)는 피아노를 매우 연한 soft 재질로 가정한 경우로서, 힘을 가한 지점을 중심으로 변형이 크게 발생함을 알 수 있다. 그림 (b)는 (a)에 비해 상대적으로 경한 hard 재질로 가정한 경우이며, (a)에 비해 상대적으로 변형이 적다. 마지막으로 그림 (c)는 어떠한 힘이 가해지더라도 변형되지 않는 가상의 재질로 가정한 경우이며, 그림에서 볼 수 있듯이 변형이 전혀 없다. 이와 같이 어떤 부하를 받는 구조물(또는 물체)이 부하의 크기에 관계없이 변형되지 않는다고 가정한 **가상의 물체**를 **강체** rigid body[16]라고 한다.

16 한자로는 剛體로 쓴다. 강(steel)으로 된 물체를 나타내는 강체(鋼體)나 약하지 않은 강한 물체를 나타내는 강체(强體)와 혼동하지 않아야 한다.

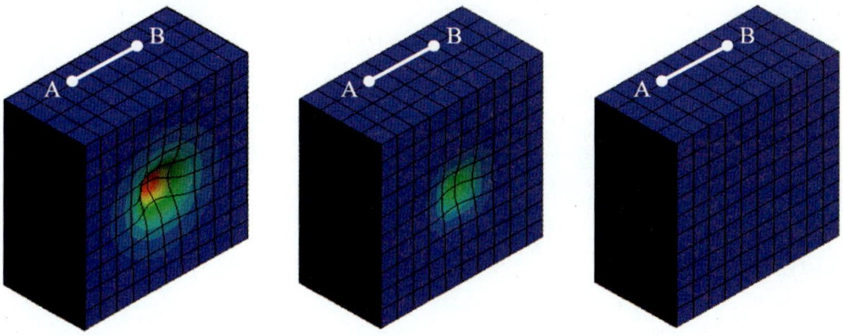

(a) 연한 재료　　(b) 경한 재료　　(c) 강체

그림 1-14 변형체 (a), (b)와 강체 (c)

실제 모든 구조물들은 변형체인데 강체의 개념은 왜 필요할까? 그 이유를 살펴보자. [그림 1-14]에서 알 수 있듯이 동일한 크기의 힘(입력)이 가해지더라도 재료의 종류에 따라 변형(출력) 양상은 달라지지만, 힘이 가해진 지점에서 충분히 떨어진 곳에서는 그 차이가 미미하다. [그림 1-14]에서 직선으로 표시한 $\overline{AB}$는 세 경우 모두 차이가 거의 없음을 알 수 있다. 이와 같이 어떤 물체에 힘이 가해졌을 때, 힘이 가해진 지점에서 충분히 떨어져 있는 지점에서의 거동은 국부적인 거동에 크게 영향을 받지 않는데, 이를 **생브낭의 원리** Saint-Venant's principle[17]라고 한다. **생브낭의 원리**를 이용하면 해석이 어려운 변형체의 반력을 해석이 상대적으로 수월한 강체로 두고 구할 수 있는 장점이 있다. 예를 들어, [그림 1-14(a)]와 같은 변형체의 왼쪽 고정 부분에서의 반력만을 알고자 하는 경우, 해당 물체를 [그림 1-14(c)]와 같이 강체로 모델링하면 더 쉽게 해석할 수 있다.

1.3.2 질점

한 사람이 [그림 1-15(a)]와 같은 구형 물체를 굴려 [그림 1-15(b)]와 같은 상태가 되었다고 가정했을 때, 물체 내의 임의의 두 점 사이의 거리가 이동 후에도 변하지 않는다면(즉, $\overline{AA} = \overline{A'A'}$, $\overline{BB} = \overline{B'B'}$, $\overline{CC} = \overline{C'C'}$), 이 물체는 강체로 볼 수 있다. 이러한 강체 구의 이동을 기술하기 위해 $\overline{AA}$, $\overline{BB}$, $\overline{CC}$를 이용하면, 이들이 공간상에서 각각 $\overline{A'A'}$, $\overline{B'B'}$, $\overline{C'C'}$으로 되면서 직선이동과 함께 회전운동까지 생기게 되므로 운동을 기술하기 힘들다. 이 경우 구의 중심점만을 고려하면 G가 G′으로 d만큼 직선 이동한 것으로 볼 수 있다. 이와 같이 강체 내의 임의의 점들을 고려하는 대신 해당 강체의 운동을 대표할 수 있는 한 점만 고려하면 강체의 운동을 기술하는 데 편리할 것이다. 이를 위해 고안된 **가상의 점**(즉, 역학적 계산을 쉽게 수행하기 위해 대상 물체 전체의 질량이나 무게가 집중되어 있다고 가정한 한 점[18]; 그림에서 구의 중심점 G)을 **질점** 質點; material particle[19]이라고 한다.

17 프랑스의 수학자이자 공학자였던 Adhémar Barré de Saint-Venant(1797~1886)이 제안한 원리이다.

18 점은 수학적으로 면적이나 체적이 0이기 때문에 실제로 무게를 가질 수 없지만, 질점은 공학적 응용을 위해 무게나 질량을 갖는다고 가정한 가상의 개념이다.

19 질점은 particle, material point, 질량점(mass point), 집중질량(concentrated mass)으로도 불린다.

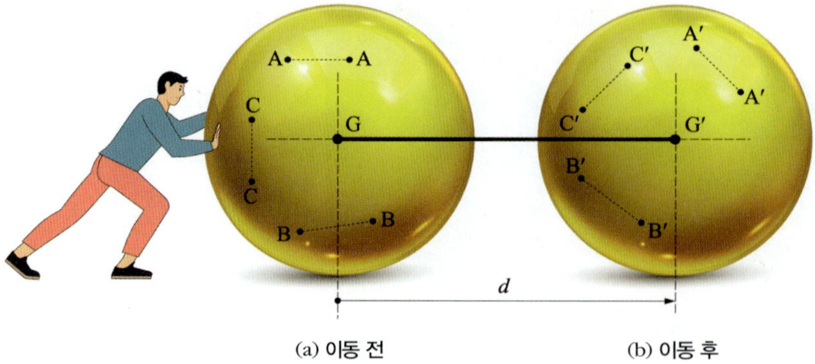

그림 1-15 구의 이동에 따른 물체 내의 상대 위치 변화

1.3.3 강체와 질점의 비교

강체와 질점 모두 실제 물체의 역학적 거동을 간편하게 다루기 위해 도입된 가상의 개념이지만 용도는 조금 다르다. [그림 1-16(a)]에서 두 물체의 무게가 같다고 가정했을 때 오른쪽의 물체는 왼쪽 물체에 비해 넘어지기(회전하기) 쉬울 것이다. 따라서 이러한 경우 두 물체들을 동일한 질점으로 모델링하면 실제 거동을 정확하게 모사하기 어렵다. [그림 1-16(b)]에 나타낸 자동차 휠&타이어 평형 조정 기계 wheel balancing machine의 경우 휠&타이어 회전 시 물체의 불평형성을 검출해야 하므로 전체를 질점으로 모델링하면 안 된다. 즉 그림 (a)와 같이 동일한 무게를 갖더라도 물체의 크기 size와 형태 shape에 따라 해당 물체의 역학적 거동이 달라지는 경우나, 그림 (b)와 같이 물체가 회전하거나 회전이 중요한 경우에는 질점이 아닌 강체로 모델링해야 한다.

그림 1-16 물체를 강체로 모델링해야 하는 경우

반면 [그림 1-17(a)]의 자동차와 같이 오직 수평 방향의 직선 운동만 발생하는 경우에는 [그림 1-17(b)]와 같이 질점으로 모델링해도 물체의 거동을 충분히 설명할 수 있다. 또한 [그림 1-18(a)]와 같은 농구공의 운동은 [그림 1-18(b)]와 같이 질점으로 모델링해도 농구공의 운동을 근사적으로 추적할 수 있다. 정역학에서는 실제 물체를 **강체**로 모델링한 뒤, 모든 무게가 하나의 점에 작용하는 것으로 하여 문제를 해결하는 경우가 많다.

(a) 수평 방향으로 차를 미는 사람

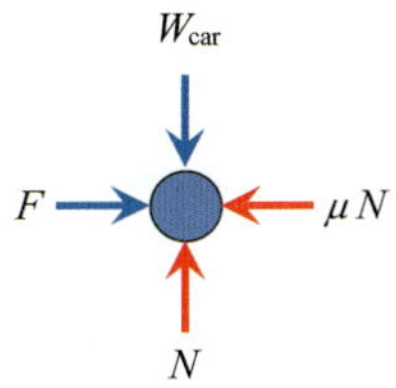

(b) (a)의 질점 모델

그림 1-17 물체를 질점으로 모델링해도 되는 경우 1

(a) 농구공의 포물선 운동

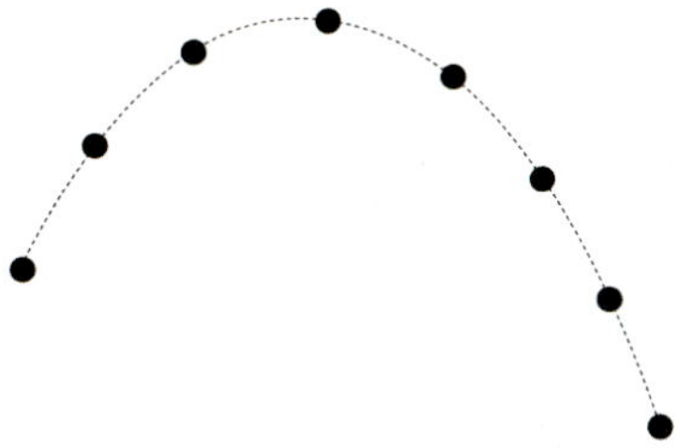

(b) 농구공의 질점 모델

그림 1-18 물체를 질점으로 모델링해도 되는 경우 2

SECTION 1.4

무게중심, 질량중심, 도심

- ✔ 무게중심, 질량중심, 체적중심, 도심 등의 차이에 대해 이해한다.
- ✔ 구조물의 형상으로부터 중심이 대략 어디에 놓이게 될지 직관적으로 유추할 수 있다.
- ✔ 정역학에서 도심이 왜 많이 사용되는지 설명할 수 있다.

정역학을 비롯한 공학에서 여러 가지 중심들이 많이 사용되는데 이들 중심들이 왜 필요한지와 어디에서 유래되었고 어떤 과정을 통해 변천되었는지 이해한 후 정역학 문제 해결에 활용할 수 있어야 한다.

1.4.1 무게중심과 질량중심

강체의 운동을 대표할 수 있는 질점으로서 **무게중심**(CG) center of weight, center of gravity이 주로 사용된다. [그림 1-19(a)]에서 위쪽에 놓인 6개의 돌들이 수평을 유지한 상태에서 움직이지 않는 것은 그들 전체의 무게중심이 아래 받침돌과의 접점에 놓여 있기 때문이다. 그림에서 기호 ◐는 무게중심을 나타낸다. [그림 1-19(b)]의 하단에 무게중심을 알고 있는 물체를 나타내었다. 이 물체의 무게중심을 지나는 세 선(❶~❸)을 그은 후 해당 선들의 끝 점을 위쪽에 매달면 그림의 위쪽과 같이 된다. 다시 말해, 그림 (b)에 나타낸 선들은 해당 물체의 무게를 절반으로 나누는 선들이다.

(a) 윗돌 6개 전체의 무게중심

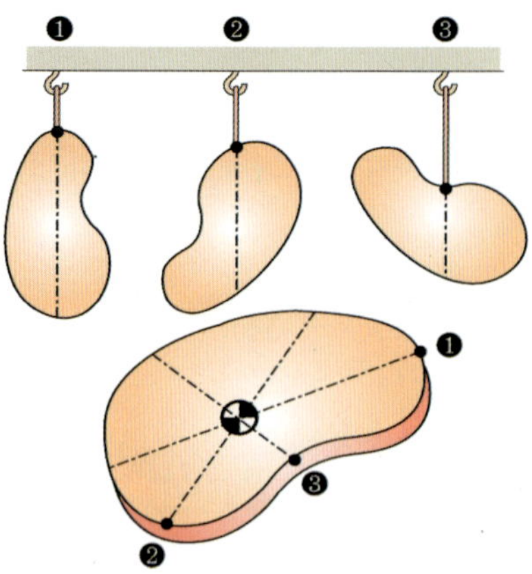

(b) 무게중심점 및 매달기

그림 1-19 여러 가지 물체들의 무게중심

[그림 1-20]의 엔진 커넥팅로드 connecting rod의 예에서 알 수 있듯이, 공학 구조물들은 여러 가지 재료로 구성된 부품들을 결합하여 만든다. 이들 부품들 중 동일한 재료로 제작된 두 가지 부품(커넥팅로드 및 커버)의 무게중심점을 구해 그림에 작은 3차원 좌표 triad로 표시하였다.[20] 두 가지 부품 모두 깊이 방향과 상하 방향으로 각각 대칭이므로 무게중심점은 해당 방향의 중앙에 위치하며, 좌우 방향을 기준으로는 왼쪽으로 편중되어 있음을 알 수 있다.

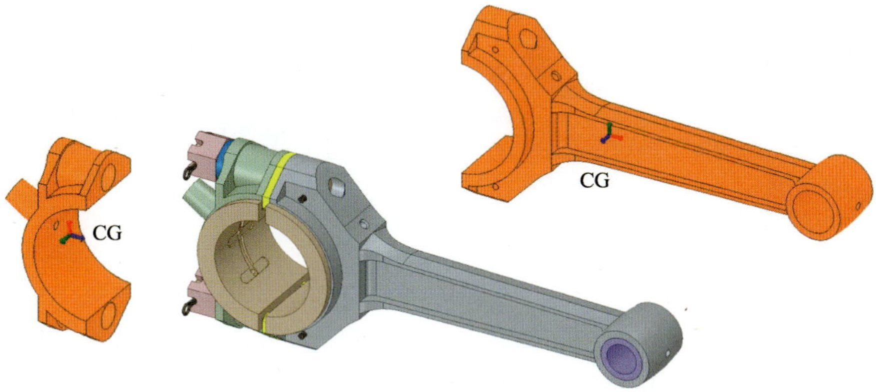

그림 1-20 엔진 커넥팅로드(우)와 커넥팅로드 커버(좌)의 무게중심

1.2.3절에서 무게는 벡터량임을 배웠고 [표 1-2]에 나타낸 바와 같이 무게 $W = m\mathbf{g}$가 된다. 만약 동일한 위도상에 위치해 있어 중력가속도가 일정하다면 질량과 무게는 동일한 양상으로 변하게 되며, 이 경우 무게중심은 **질량중심** center of mass과 일치하게 된다. 즉 동일한 중력가속도인 위치에서 [그림 1-19]와 [그림 1-20]에 나타낸 CG는 무게중심인 동시에 질량중심이 되는 것이다.

1.4.2 도심

실제 사용되는 공학 구조물들은 [그림 1-20]에서와 같이 모두 입체이다. 복사용지로 사용되는 종이조차도 두께가 100 μm 내외인 입체 구조물이다. 하지만 이러한 구조물들을 항상 입체적으로 나타내고 3차원적으로 다루는 것은 공학 학습과 해석에 있어서 매우 번거로운 일이다. 특히 [그림 1-20]과 [그림 1-21]에서와 같이 대칭면(축)을 갖는 구조물의 경우 깊이 방향과 상하 방향의 무게중심이 대칭면에 있음을 알 수 있으므로 굳이 입체적으로 다룰 필요가 없다. 예를 들어, [그림 1-21(b)]의 정면도만 고려해도 무게중심 정보를 얻을 수 있으므로, 역학 해석 시 구조물들을 입체 대신 평면상에 도시하여 나타내는 경우가 많다.

20 무게중심점을 3차원적으로 나타내기 위해 기호인 ◐ 대신 3차원 직각 좌표계를 나타내는 작은 참조 좌표계(triad)를 사용하였다.

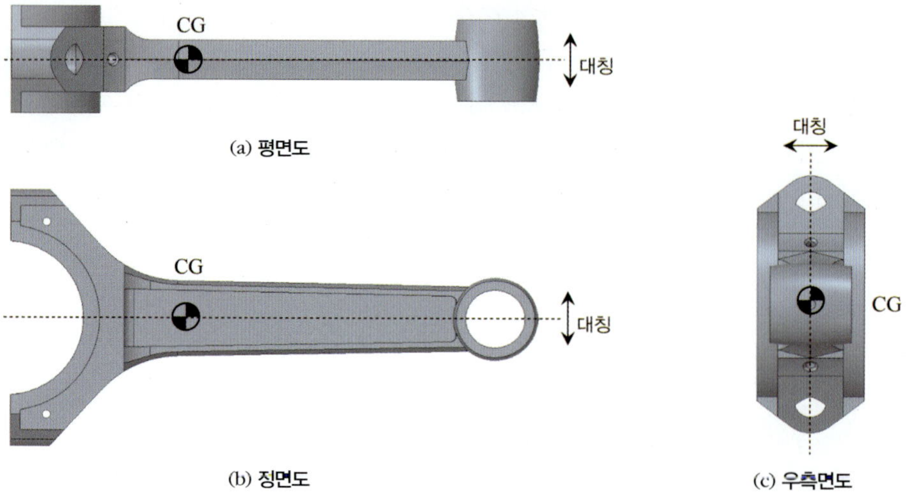

그림 1-21 커넥팅로드의 대칭성과 정투상도[21]

각종 중심의 개념을 보다 쉽게 이해하기 위해 [그림 1-22(a)]와 같이 한 변의 길이가 52 mm 이고 두께가 10 mm 인 정삼각형 구조물을 살펴보자. 재료를 2024 알루미늄 합금(밀도 $\rho = 2.78\ \text{mg/mm}^3$)으로 가정하면 전체 무게는 약 32.55 gf가 되며 **무게중심**은 그림 (a)와 같다. 이 물체가 중력가속도 ($g = 9.80665\ \text{m/s}^2$)가 일정한 곳에 놓여 있을 경우 무게를 중력가속도로 나누면 그림 (b)와 같이 질량 32.55 g이 되며, 무게중심은 **질량중심**이 된다. 추가로 이 구조물을 이루고 있는 재료의 **밀도**(ρ)density가 일정한 경우 질량을 밀도로 나누면 그림 (c)와 같이 체적으로 생각할 수 있으며, 질량중심은 **체적중심** center of volume이 된다. 마지막으로, 이러한 입체 구조물의 두께가 일정한 경우 체적을 두께로 나누면 그림 (d)에서와 같이 면적 area으로 생각할 수 있으며, 이 면적(또는 평면 그림)의 중심을 **도심** 圖心, centroid[22]이라고 한다. 결론적으로 도심은 평면상의 그림을 이용해 실제 입체 구조물의 역학적 거동을 쉽게 해석하기 위한 방편이라고 생각하면 된다. 어떤 구조물에 대칭면(축)이 있을 경우 도심은 항상 대칭면(축)상에 위치하게 된다.

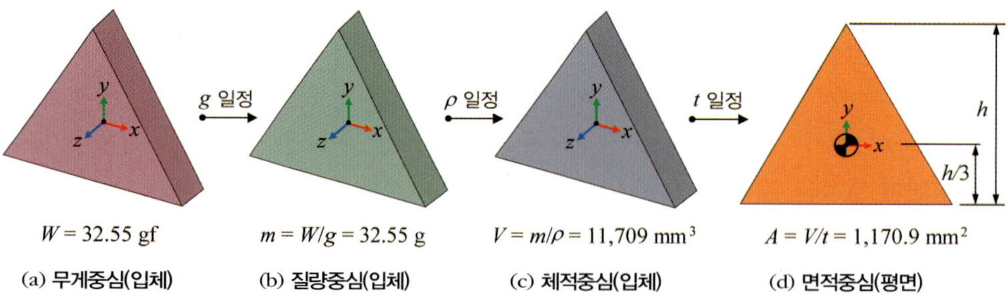

그림 1-22 각종 중심 비교

---

21 정투상도(orthographic projection drawing)는 물체를 직각인 세 방향에 투영해 그리는 제도법이며, [그림 1-21]은 (정면도, 우측면도, 평면도로 나타내는) 3각 투상도로 나타낸 것이다.

22 도심의 위치를 구하는 방법은 6장에서 별도로 다룬다.

SECTION 1.5

뉴턴의 법칙

✔ 뉴턴의 세 가지 법칙들을 일상생활에서의 현상들을 중심으로 이해한다.
✔ 뉴턴의 세 가지 법칙들을 비교 설명할 수 있어야 한다.
✔ 정역학에서 뉴턴의 법칙들이 어떻게 적용되는지 이해한다.

물리학자 뉴턴은 이 세상에 없지만 우리가 그의 법칙들을 이해하고 활용하는 한 늘 우리와 함께 한다고 볼 수 있다. 공업역학에서 중요한 법칙인 뉴턴의 운동 법칙들을 단순 암기하지 말고, 일상생활에서 일어나는 현상을 통해 이해하는 노력이 필요하다.

1.5.1 뉴턴의 제1법칙 : 관성의 법칙

아이작 뉴턴 Isaac Newton, 1642~1727은 1687년 그의 저서 『자연 철학의 수학적 원리』[23]에서 힘과 물체의 운동에 관한 세 가지 법칙을 정립하였다. 그 중 첫 번째는 **관성의 법칙** law of inertia으로 알려져 있는 '**뉴턴의 제1법칙**'이다. [그림 1-23(a)]에서와 같이 컵 위에 마찰이 적은 판재를 올려놓고 그 위에 동전을 올려놓은 상태에서 판재에 수평 방향으로 충격력 impact force을 가할 경우, 저마찰 판재는 [그림 1-23(b)]와 같이 수평 방향으로 빠져나가고 상대적으로 무거운 동전은 정지 상태에서 컵 속으로 떨어진다. 즉 정지해 있던 동전은 계속 정지해 있으려고 하는 성질로 인해 판재를 따라 이동하지 않고 제자리에 있으려다가 컵 속으로 떨어지는 것이다. 또한 [그림 1-24]에서와 같이 일정 속도로 움직이던 물체는 그 속도로 계속 움직이려는 성질이 있다. 뉴턴은 이와 같은 물체의 **정성적** qualitative인 성질을 다음과 같이 기술하였다. "어떤 물체에 힘이 가해지지 않는 한 정지해 있는 물체는 계속 정지해 있으려고 하고, 일정한 속도로 움직이고 있는 물체는 그 속도로 계속 움직이려 한다." 물체의 이러한 성질을 **관성** inertia이라고 한다.

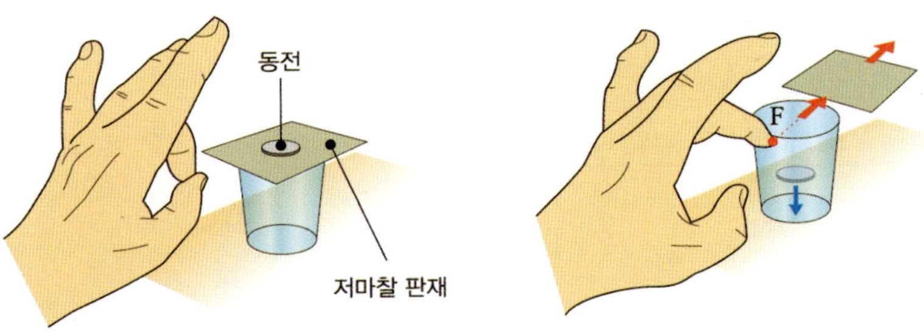

(a) 저마찰 판재 위에 정지해 있는 동전　　(b) 판재에 순간적인 수평 힘 인가

그림 1-23 정지해 있던 물체의 관성

23 Philosophiæ Naturalis Principia Mathematica (mathematical principles of natural philosophy)

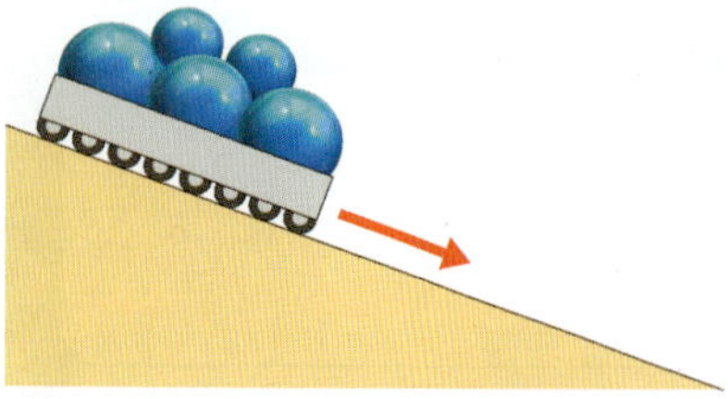

(a) 일정한 속도로 이동

(b) 카트 정지 시 일부 볼은 계속 운동

그림 1-24 일정한 속도로 움직이던 물체의 관성

Static Think_ 04

정지해 있던 버스가 출발할 때 몸이 뒤로 움직이는 이유를 생각해보시오.

1.5.2 뉴턴의 제2법칙 : 가속도의 법칙

[그림 1-25]에서와 같이 초기에 정지($v_A = 0$)해 있던 질량 m인 물체를 마찰을 무시할 수 있는 경사면에 놓았을 때, 물체는 점 B까지 가속되어 속도 v_B에 다다른 다음에는 등속 constant velocity으로 움직인다. 이 경우 구간 A-B에서는 질량 m인 물체에 중력이 작용해 가속이 일어나는데, 이러한 현상을 **'뉴턴의 제2법칙'**이라고 한다. **뉴턴의 제2법칙**은 물체의 가속도와 관련되어 있기 때문에 **가속도의 법칙** law of acceleration으로도 불린다. 따라서 물체와 접촉면 사이의 마찰을 무시할 경우 구간 A-B에서는 제2법칙이, 점 B 이후에는 제1법칙이 적용된다고 볼 수 있으며, 이를 식으로 나타내면 식 (1.4)와 같다. 즉 어떤 물체에 가해진 모든 힘들의 합[24]은 질량 m인 물체에 a만한 가속도를 발생시킨다. 이러한 원리로 질량 m인 물체를 가속시키기 위해서는 그에 비례하는 힘이 필요하다.

$$\sum F = ma \tag{1.4}$$

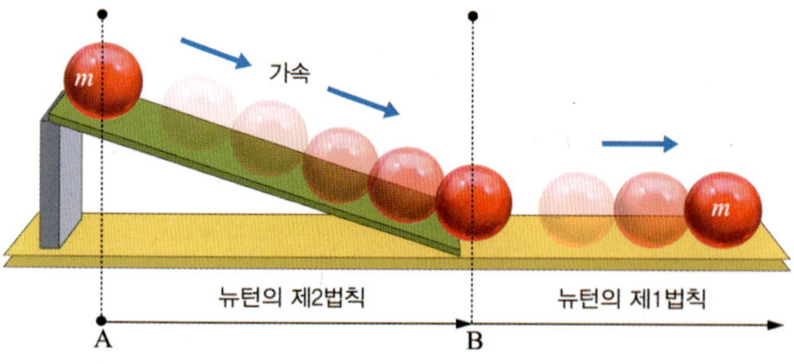

그림 1-25 경사면에 놓인 질량 m 인 물체의 운동(마찰 무시)

24 힘에 관한 자세한 설명은 2장에서 다룬다.

Static Think_ 05

한 물체의 가속도가 0이면 해당 물체는 어떠한 물리적 상황이 될지 생각해보시오.

1.5.3 뉴턴의 제3법칙 : 작용 – 반작용 법칙

[그림 1–26]의 **뉴턴의 진자** pendulum, cradle 중 1 번을 들었다가 놓으면 **뉴턴의 제2법칙**에 의해 가속되어 2 번 진자의 왼쪽에 힘을 가하고, 또 이와 동시에 정지해 있던 2 번 진자에 의해 동일한 크기의 반발력이 발생하여 1 번 진자는 그 자리에 정지하게 된다. 그림 (b)와 같이 2 번 진자에 전달된 힘은 동일한 원리로 3, 4, 5번 진자들을 순차적으로 거쳐 최종적으로 6 번 진자에 전달된다. 그림에서 알 수 있듯이 6 번 진자를 제외한 나머지 진자들의 경우 2 개의 동일한 크기의 힘이 반대 방향으로 작용하고 있어 제자리에 머물게 되지만, 6 번 진자의 경우 오른쪽으로 가해진 힘 F만 존재하므로 **뉴턴의 제2법칙**에 의해 가속도 a로 오른쪽으로 운동하게 된다. 이와 같이 어떤 물체에 힘이 가해지면 action 그 물체에는 그 힘과 크기가 같고 방향이 반대가 되는 **반작용력** reaction force이 발생하게 된다. 이를 **'뉴턴의 제3법칙'**이라 하고, **작용–반작용의 법칙** law of action & reaction이라고도 한다. 이 법칙을 다르게 표현하면, "단독으로 존재하는 힘은 존재하지 않는다."라고도 할 수 있다. 뉴턴의 진자들 중 1 번은 운동을 하다가 정지하고, 6 번은 정지해 있다가 운동을 시작하지만, 2 번부터 5 번까지는 정지 상태를 계속 유지한다. 따라서 1 번과 6 번 진자에는 **뉴턴의 제2법칙**과 **뉴턴의 제3법칙**이, 나머지 진자들에는 **뉴턴의 제1법칙**과 **뉴턴의 제3법칙**이 적용된다고 볼 수 있다.

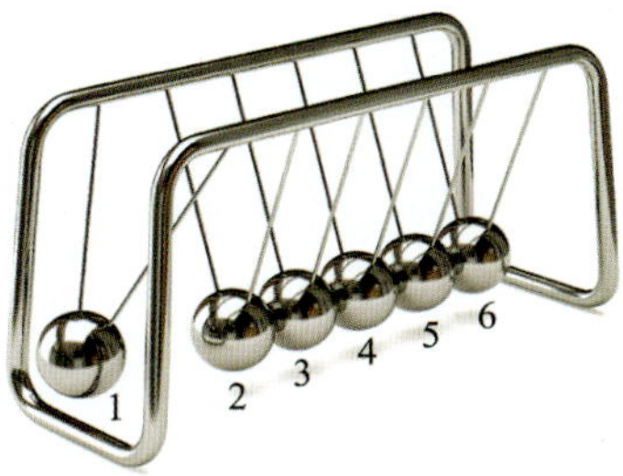

(a) 뉴턴의 진자

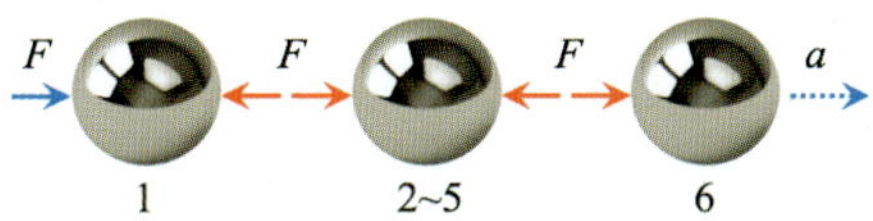

(b) 힘의 전달[25]

그림 1-26 뉴턴의 진자와 힘의 전달

Static Think_ 06

[그림 1–26(a)]에서 진자 1을 들었다 놓았을 때 일정 시간이 지나면 모든 진자가 정지하게 되는데, 그 이유를 생각해보시오.

25 이 책에서는 작용과 반작용의 구분을 위해 가급적 한 계에 작용된 힘(또는 모멘트)은 파란색으로, 작용된 부하에 의해 계에 발생되는 반작용 힘(또는 모멘트)은 붉은색으로 표시한다.

1.5.4 뉴턴의 세 가지 법칙 비교

뉴턴의 운동 법칙들을 개별적으로만 살펴보는 것보다 세 가지 법칙들의 특징을 동시에 비교해보면 각각의 법칙들을 보다 명확하게 이해할 수 있다. 세 가지 법칙들을 중력을 제외한 추가적인 힘의 작용 여부, 운동(움직임) 발생, 정성(량)성, 고전 역학적 관점 및 정역학과의 관련성 측면에서 각각 비교하여 [표 1-3]에 정리하였으며, 이에 대해 두 가지 예를 통해 살펴보기로 한다.

표 1-3 뉴턴의 세 가지 법칙 비교

비교 항목	뉴턴의 제1법칙	뉴턴의 제2법칙	뉴턴의 제3법칙
다른 명칭	**관성**의 법칙	**가속도**의 법칙	**작용 – 반작용**의 법칙
힘 관여	×	○	○
운동	○, ×	○	○, ×
기술	정성적	정량적	정량적
고전 역학	정역학 / 동역학	동역학	정역학 / 동역학
정역학 관련성	보통	낮음	높음
축구공			
쇼핑카트			

먼저 축구 경기를 통해 세 가지 법칙을 살펴보자. 축구 경기가 시작되면 축구장 중앙에 계속 정지해 있으려는(제1법칙, 정성적) 축구공을 한 선수가 발로 차(힘을 가해) 상대방 진영으로 이동시킨 다음(제2법칙, 정량적), 골대에 골을 넣으면 그 반작용으로 인해 그물망이 흔들린다(제3법칙). 다음으로 쇼핑카트의 예를 통해 세 가지 법칙을 살펴보자. 정지해 있거나 운동 중인 쇼핑카트는 계속 정지해 있거나 동일한 속도로 움직이려 하고(제1법칙), 쇼핑한 물건들을 담은 쇼핑카트를 밀어 움직이게 하려면 더 큰 힘이 필요하며(제2법칙), 사람과 쇼핑카트 사이에는 항상 작용과 반작용력이 공존하게 된다(제3법칙). 정역학에서는 기본적으로 정지해 있거나 정지해 있는 것으로 간주할 수 있는 물체에 부하(입력)가 가해졌을 때 물체와 지지부 사이 또는 물체 내부의 반작용(출력)에 관심을 두고 있으므로 제3법칙이 가장 밀접하게 관련되어 있다고 볼 수 있다.

예제 1-3 뉴턴의 제2법칙

승용차(질량 1,000 kg) 운전자가 [그림 1-27(a)]와 같이 100 kph로 정속 주행 중 갑자기 바뀌는 신호등을 보고 급제동하여 5초 후에 그림 (b)와 같이 완전히 정지하였다. 공기 저항은 무시할 때, 차에 발생하는 평균 감속도[m/s^2]를 구하시오.

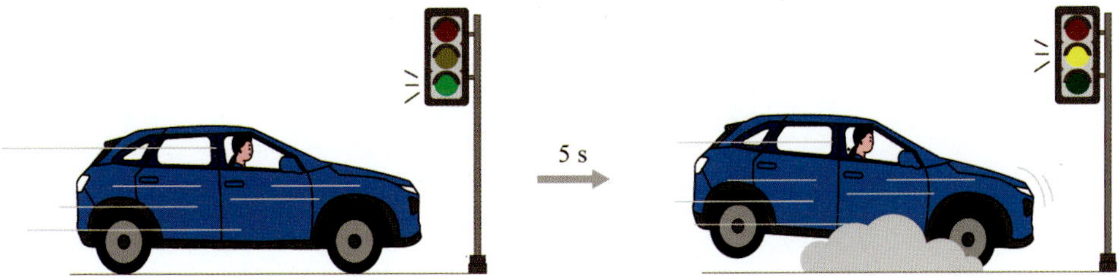

(a) 정속 주행(100 km/h) (b) 정지(0 km/h)

그림 1-27 정속 주행 중이던 차의 급제동

Analyze

- 급제동으로 인해 속도 변화(가 · 감속)가 생긴 것이므로 **뉴턴의 제2법칙**을 적용한다.
- 역학에서 시간에 따른 물리량의 변화는 대부분 시간이 더 흐른 상태(t_2에서의 물리량)에서 이전의 상태(시간 t_1에서의 물리량)를 빼서 산정한다.
- 차는 직선운동만 하므로 차와 운전자 전체를 질점으로 간주하여 [그림 1-17(b)]와 같이 모델링하면 된다.

Compute

급제동으로 인해 차는 감속된다. 평균 **감속도** deceleration는 정지 후 속도(0 kph)에서 제동 전 속도(100 kph)를 뺀 다음 제동에 소요된 시간으로 나누면 된다.

$$a = \frac{v_2 - v_1}{t_2 - t_1} = \frac{(0-100)\ \text{km/h}}{(5-0)\ \text{s}}$$
$$= (-)20 \frac{\text{km}}{\text{h} \cdot \text{s}} \times \frac{1{,}000\ \text{m}}{1\ \text{km}} \times \frac{1\ \text{h}}{3{,}600\ \text{s}}$$
$$= (-)5.56\ \text{m/s}^2$$

Think

가속도를 포함한 동역학 문제는 11장에서 자세히 다룬다.

예제 1-4 뉴턴의 제3법칙

질량 10 kg 인 책상 위에 무게 2 lbf 인 책이 책상의 중심에 놓여 있다. 바닥면에 의해 책상 다리 하나에 발생하는 반력의 크기(R)를 [N] 단위로 구하시오.

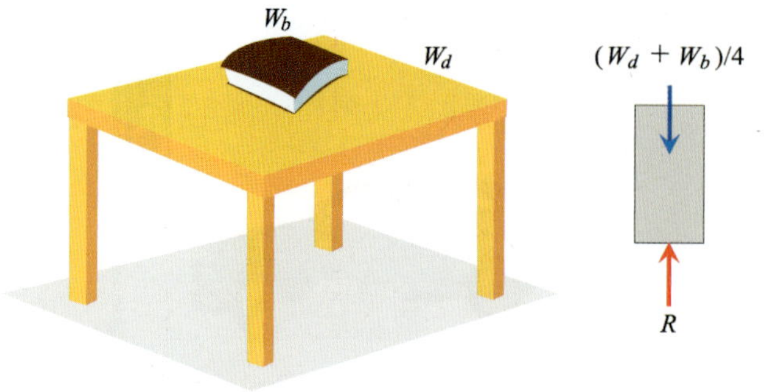

(a) 책상 위에 놓인 책 (b) 책상 다리 모델

그림 1-28 책상 중앙에 놓인 책에 의한 반력

Analyze

- 책이 책상의 정중앙에 위치하므로 책상 다리 하나에는 전체 무게의 1/4이 작용한다.
- 주어진 단위가 제각각인 경우 최종 단위계에 맞춰 단위 변환을 해야 한다.
- 책상과 책의 무게(자중)가 작용력이 되고, 바닥면에 의해 책상 다리에 발생하는 힘이 반작용력(반력)이 된다.

Compute

- 책상의 질량이 10 kg이므로 책상 desk의 무게 W_d는 질량에 중력가속도를 곱해 구하면 된다.

$$W_d = m_d g = (10\,\text{kg}) \times (9.81\,\text{m/s}^2) = 98.1\,\text{kg}\cdot\text{m/s}^2 = 98.1\,\text{N}$$

- 책의 무게는 US 상용 단위계인 lbf로 되어 있어 SI 단위계로 단위 변환을 해야 한다.

$$W_b = (2\ \text{lbf}) \times \frac{45\,\text{kgf}}{100\,\text{lbf}} \times \frac{9.81\,\text{N}}{1\,\text{kgf}} \approx 8.8\,\text{N}$$

- 책상 다리 하나에 작용하는 힘을 그림 (b)와 같이 모델링하면 반력은 다음과 같다.

$$R = \frac{W_d + W_b}{4} = \frac{98.1 + 8.8}{4} = 26.7\,\text{N}$$

Think

- 물체의 회전 성향이 없는 경우 힘만 고려하면 된다.
- 중력가속도($9.80665\,\text{m/s}^2$)는 대략의 계산 시 $9.81\,\text{m/s}^2$으로 두고 계산하면 된다.

SECTION 1.6

정역학 맛보기

- ✔ 1장에서 학습한 내용들이 정역학 문제 해결 시에 어떻게 적용되는지 체험해본다.
- ✔ 정역학 문제를 해결하기 위해 어떤 추가 지식들이 필요한지를 알아본다.
- ✔ 일반적인 정역학 문제의 풀이 과정을 파악한다.

마트에서 식료품을 사기 전에 시식을 통해 먼저 맛을 보듯이, 정역학에 관한 본격적인 학습에 앞서 하나의 전형적인 문제 해결 과정을 통해 정역학을 맛보는 것이 필요하다. 산에서 길을 잃지 않으려면 먼저 산의 형세와 숲을 먼저 살펴보고 진입하는 지혜가 필요하다.

■ 문제 설정

우리는 종종 [그림 1-29(a)]와 같은 옥외 광고용 구조물을 접한다. 이 구조물은 광고판 자체의 **자중**(10 lb) dead weight [26]에 의해 넘어지지(전복되지) 않도록 물통 받침대에 물을 채워 지지하는 방식을 사용한다. 받침대는 점 A와 점 B에서 원형 바퀴에 의해 지면에 단순 지지되어 있다고 가정했을 때, 광고판이 넘어지지 않기 위한 물의 최소 체적liter을 구해보자. 광고판과 물통 받침대의 무게를 제외한 다른 부재들의 무게는 모두 무시한다. 물의 밀도(ρ_w)는 1 기압 및 상온인 대기 중에서 1 g/cm^{3}이다.

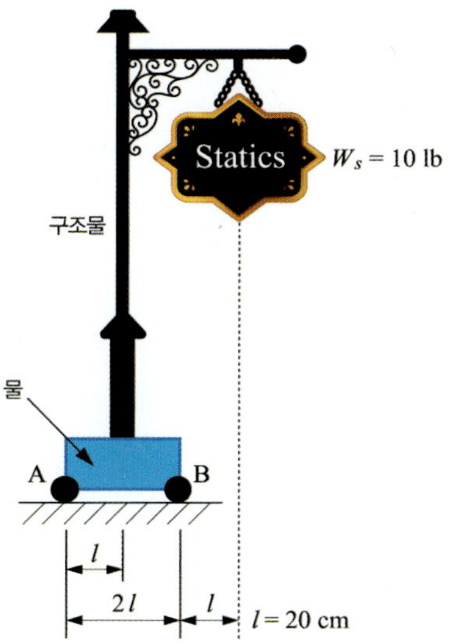

(a) 물통 받침대 문제

(b) 역기(22 lb)와 몸무게(100 lb)

그림 1-29 옥외 임시 광고판 및 무게 기준

26 힘과 힘 단위에 대한 자세한 설명은 2장에서 다룬다.

다음 단계들을 통해 광고판이 넘어지지 않기 위한 물의 최소 체적을 구해보자.

1 단위 변환(1.1절)

받침대에 넣어야 할 물의 양(체적)을 구하는 문제이므로 전체 단위를 kg 기반의 단위로 바꾸는 것이 좋다. 먼저 US 상용 단위계로 주어진 광고판의 무게를 kgf 단위로 바꾸기 위해서는 두 무게(힘 단위) 사이의 관계(1 lb = 0.4536 kgf)[27]를 알고 있는 것이 좋지만 자주 사용하지 않을 경우 잊기 쉽다. 헬스장 등에 가면 [그림 1−29(b)]와 같은 역기 barbell를 자주 보게 되는데 많은 경우 역기의 무게를 그림에서처럼 US 상용 단위와 SI 단위(22 lb ≈ 10 kgf)[28]를 함께 표시하므로, 이를 이용해 단위 변환을 할 수 있다. 한국 6학년 여학생의 몸무게 평균[29]은 46 kgf[30]이며, 이를 US 상용단위로 변환하면 약 100 lb가 된다. 여기서는 기억에 용이한 후자의 관계를 이용해 단위 변환을 하면 식 (1.5)에서와 같이 광고판의 무게는 약 4.6 kgf가 된다. 식에서 W_s는 광고판의 무게를 나타내는 기호이다.

$$W_s = 10\ \text{lb} = (10\ \text{lb}) \times \frac{46\ \text{kgf}}{100\ \text{lb}} = 4.6\ \text{kgf} \tag{1.5}$$

2 스칼라와 벡터(1.2절)

문제에서 주어진 치수(l, $2l$)는 거리이므로 스칼라량이고, 물의 양도 체적 volume으로 구하면 되므로 역시 스칼라량이다. 정역학 문제를 해결하려면 기초적인 물리량들 사이의 관계들을 알고 있어야 한다. 문제에서 물의 밀도가 주어졌는데 실제로는 물의 체적을 구해야 하므로 밀도, 질량, 체적 사이의 관계인 식 (1.6)을 알고 있어야 한다. 이 식을 통해 스칼라량과 스칼라량의 사칙연산을 통해 얻어진 양 또한 스칼라량이 됨을 알 수 있다.

$$\rho_w = \frac{m}{V} \quad \rightarrow \quad V = \frac{m}{\rho_w} \tag{1.6}$$

반면에 점 A와 점 B에서의 힘과 광고판의 무게는 힘의 크기와 함께 방향도 중요하기 때문에 벡터량이다. 벡터량을 나타낼 때는 화살표의 방향에 특히 주의해야 한다.

3 자유물체도(3장 이후)

[그림 1−29(a)]와 같이 관심 대상 구조물이 주변 구조물들과 상호 작용하고 있을 때, 이 모든 구조물들을 통틀어 **계** system라고 한다. 정역학 문제를 해결하기 위해서는 관심 대상 구조물만을 전체 시스템에서 분리해 그리는 것이 효과적인데 이를 **자유물체도** free body diagram라고 한다. 광고판 관련 구조물 전체를 바닥면에서 분리해 그린 자유물체도를 [그림 1−30]에 나타내었다. 그림 (a)는 광고판과 광고판 지지대를 분리해 따로 그린 것이고, 그림 (b)는 광고판을 포함한 전체 구조물을

---

27 [kg]은 질량, [kgf]는 무게(또는 힘)의 단위임에 주의하자.

28 그림에서 역기의 무게가 22 LBS와 10 KG로 표시되어 있는데 실제로는 22 lb(f)와 10 kg(f)로 나타내야 한다.

29 2019년 교육부 통계 자료를 인용하였다.

30 물의 최소 체적을 구하는 문제이므로 100 lbf를 45 kgf보다 46 kgf로 근사하는 것이 바람직하다.

하나의 계로 보고 그린 자유물체도이다. 자유물체도를 그릴 때 실제 구조물과 똑같이 그릴 필요는 없고 그림 (c)와 같이 외형 선이나 손으로 자유롭게 freehand sketch 그려도 무방하다.

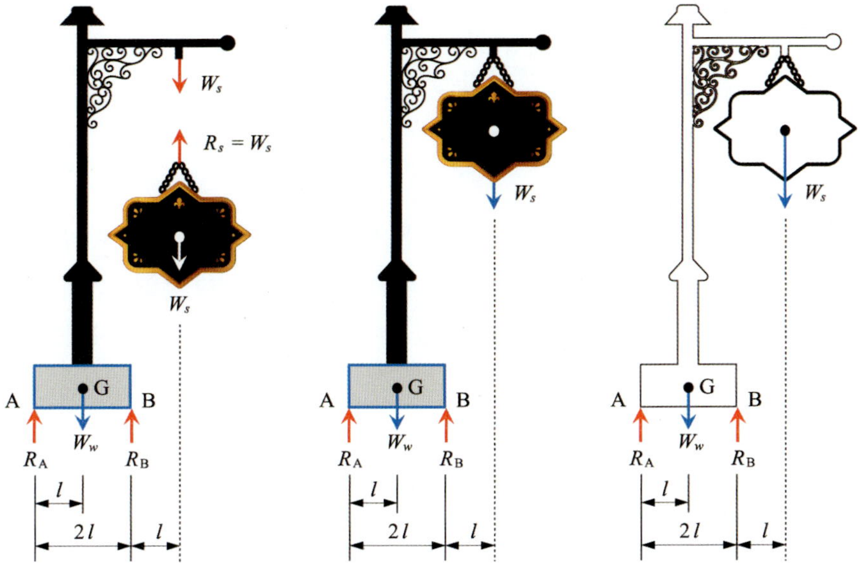

(a) 두 부분으로 분리　　(b) 전체 계　　(c) 개략도

그림 1-30 옥외 임시 광고 구조물에 대한 자유물체도

4 뉴턴의 제3법칙(1.5절)

뉴턴의 법칙들 중 정역학에서 가장 많이 사용되는 것은 **작용-반작용의 법칙**으로 봐도 된다. [그림 1-30(a)]에서 광고판 자체 무게(W_s)가 구조물에 작용하면 그 작용력과 크기가 같고 방향이 반대인 반작용력($R_s = W_s$)이 지지대와 광고판 사이에 발생된다. 또한 이 반작용력은 지지대에 아래 방향으로 작용해 두 점 A와 B에 위 방향의 반작용력을 발생시킨다. 지지대의 관점에서 보면 광고판 무게(W_s)와 물통 받침대 무게(W_w)가 함께 작용하여 두 점 A와 B에 반력(R_A, R_B)을 발생시킨다. [그림 1-30(b)]에서는 전체를 하나의 구조물로 보기 때문에 광고판과 지지대 사이의 반력은 고려할 필요가 없다. 앞으로 이러한 유형의 문제에 대해서는 주로 그림 (b)나 (c)와 같은 자유물체도를 이용한다.

5 강체와 질점(1.3절)

주어진 문제의 경우 물체의 넘어짐(회전)과 관련되기 때문에 전체를 하나의 질점으로 모델링하면 안 되고, [그림 1-30]의 그림 (b)나 (c)와 같이 구조물 외형을 개략적으로 나타낸 강체로 모델링해야 한다.

6 무게중심, 도심(1.4절)

[그림 1-30]에서 타원형 광고판과 직사각형 물통 지지대는 좌우 및 상하 대칭형이므로 무게중심은 해당 물체의 중앙에 놓이게 된다. 또한 구조물의 두께는 고려하지 않고 있으므로, 해당 무게중심은 도심과 같게 된다. 이 경우 부품은 외형을 갖는 강체로 모델링하였지만, 해당 부품의 전체 무게는 각각의 무게중심(또는 도심, G) 점에 작용하는 것으로 생각하고 문제를 해결한다.

7 힘 평형(2장 이후)

정지해 있는 물체가 계속 정지해 있으려면(**뉴턴의 제1법칙**) 그 물체에 작용하는 모든 힘의 합은 0 이 되어야 한다. 따라서 [그림 1-30(a)]에서 광고판이 정지해 있으려면 식 (1.7)이 만족되어야 하고, 이로부터 $R_s = W_s$의 관계를 얻을 수 있다. 식에서 아래 첨자 V는 수직 vertical 방향을 의미한다. 하지만 이 관계로부터 얻을 수 있는 새로운 정보가 없으므로 문제 해결에 도움이 되지 않는다.

$$\sum F_V = R_s - W_s = 0 \quad \rightarrow \quad R_s = W_s \tag{1.7}$$

[그림 1-30(c)]의 자유물체도에 대해 수직 방향의 힘 평형 조건을 적용하면 식 (1.8)을 얻을 수 있으나, 이 식에서 W_s를 제외한 나머지 양들은 미지수 unknown이므로 문제를 해결할 수 없다.[31] 그림에서 수평 방향의 힘 평형을 추가로 고려할 수 있으나 작용하는 힘 자체가 없기 때문에 추가적인 정보를 주지 못한다.

$$\begin{aligned} \sum F_V &= R_{\mathrm{A}} + R_{\mathrm{B}} - W_w - W_s = 0 \\ R_{\mathrm{A}} + R_{\mathrm{B}} &= W_w + W_s \end{aligned} \tag{1.8}$$

8 모멘트 평형(4장 이후)

한 구조물이 회전하지 않고 정지해 있으려면 작용하는 힘에 임의의 기준점으로부터의 거리를 곱한 양인 모멘트의 합이 0 이 되어야 한다. 이때 기준점은 임의의 점을 선택해도 되지만 미지수가 많은 점을 선택하는 것이 유리하다. 예를 들어 [그림 1-30(c)]에서 점 B를 기준으로 잡고 모멘트 평형을 적용한 후 양변을 길이 l로 나누면 식 (1.9)의 아래 식을 추가로 얻을 수 있다. 그러나 식 (1.8)과 식 (1.9)를 모두 사용하더라도 미지수가 3 개이므로 여전히 문제가 해결되지 않는다.

$$\begin{aligned} \sum M_{\mathrm{B}} &= W_w \times l - R_{\mathrm{A}} \times (2l) - W_s \times l = 0 \\ W_w - 2R_{\mathrm{A}} &= W_s \end{aligned} \tag{1.9}$$

9 물리적인 직관력(책 전체)

생물학자들의 주장에 의하면 인간의 뇌는 과학과 논리를 담당하는 좌뇌와 창의력과 직관력을 담당하는 우뇌로 구성되어 있다고 한다. 많은 정역학 학습자들은 좌뇌가 담당하는 부분들에 치중하는 경향이 있으나, 우뇌가 담당하는 부분들(특히 직관력)을 소홀히 해서는 안 된다.

옥외 광고 구조물 예에서 알 수 있듯이 지식적으로 동원할 수 있는 모든 가용 자원들인 단계 1 부터 단계 8 까지를 모두 사용하더라도 최종적인 답을 구할 수 없다. 이때 필요한 것이 **직관력** intuition과 **상상력** imagination이다. [그림 1-30]에서 알 수 있듯이(또는 일상생활에서의 경험상) 물 받침대의 무게가 무거울수록 쉽게 넘어지지 않는다. 따라서 당초 문제에서도 언급하였듯이 이 문제는 물의 최소량을 구하면 된다. 그럼 최소량을 어떻게 구하면 될지 상상해보자. 직관적으로 볼 때 이 구조물의 경우 전복이 된다면 시계방향으로 넘어질 것이며, 넘어지기 바로 직전에 점 A가 지면에서 떨어져 반력이 순간적으로 0 ($R_{\mathrm{A}} = 0$)이 될 것이다. 이것이 문제 해결의 핵심 중의 하나인 셈이다. 이 조건을 추가로

31 선형대수학에서 미지수가 3개이면 식도 3개여야 문제를 해결할 수 있다.

적용하면 [그림 1−30(b)]는 [그림 1−31]과 같은 자유물체도로 바뀌고, 식 (1.9)로부터 $W_w = W_s$의 해를 얻을 수 있다.

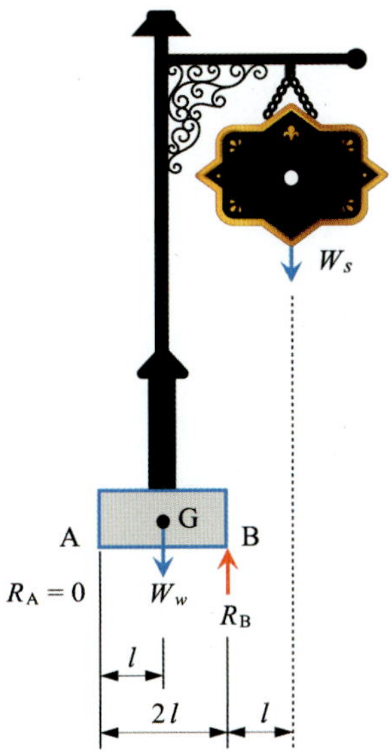

그림 1-31 직관력을 동원한 수정 자유물체도

10 최종 문제 풀이

정역학적 지식들과 직관력을 동원해 $W_w = W_s = 4.6\,\text{kgf}$의 관계를 도출하였다. 즉 평형을 유지하기 위해서는 최소 무게 4.6 kgf(또는 질량 4.6 kg)의 물이 필요하다. 이를 밀도, 질량, 체적 간의 관계에 대입하면 식 (1.10)과 같이 평형을 유지하기 위한 물의 최소량은 4.6 ℓ[32]임을 알 수 있다.

$$m_w = \rho_w V_w = 4{,}600\text{ g}$$
$$V_w = \frac{m_w}{\rho_w} = \frac{4{,}600\text{ g}}{1\text{ g/cm}^3} = 4{,}600\text{ cm}^3 = 4{,}600\text{ cc} = 4.6\ \ell \quad (1.10)$$

■ 정역학 로드맵

하나의 정역학 문제를 대상으로 정역학 문제 해결 과정을 단계별로 살펴보았으며, 이를 기반으로 일반적인 정역학 문제 해석에 적용할 수 있는 로드맵을 [그림 1−32][33]에 작성하였다. 가장 먼저 주어진 문제를 정확하게 파악하고, 이를 바탕으로 문제 해결에 적합한 모델을 세운 다음, 관심 물체에 대해 자유물체도를 그린다. 자유물체도는 역학 문제 해결에 있어서 필요불가결한 정보를 제공하므로 많은 연습을 통해 익숙하게 작성할 수 있도록 해야 한다. 자유물체도에 표시한 작용 및 반작용 부하를 대상으로 힘 평형과 모멘트 평형 조건을 적용하여 문제에서 요구하는 결과를 도출한 뒤 직관력과 상상력을 동원해 결과의 적합성을 검토하면 된다.

---

32 SI 단위계에서 체적의 단위로 mm^3, cm^3, m^3이 많이 쓰인다. $1\,cm^3$는 영어로 '1 cubic cm'이고 이를 줄여서 1 cc라고 한다. 또한 1,000 cc를 1 liter라고 하므로 1 cc = 1 mℓ의 관계가 된다.

33 [그림 1−32]에서 파란색으로 나타낸 것은 [그림 1−29]에 주어진 옥외용 광고판 문제 풀이 과정을 예로 나타낸 것이다.

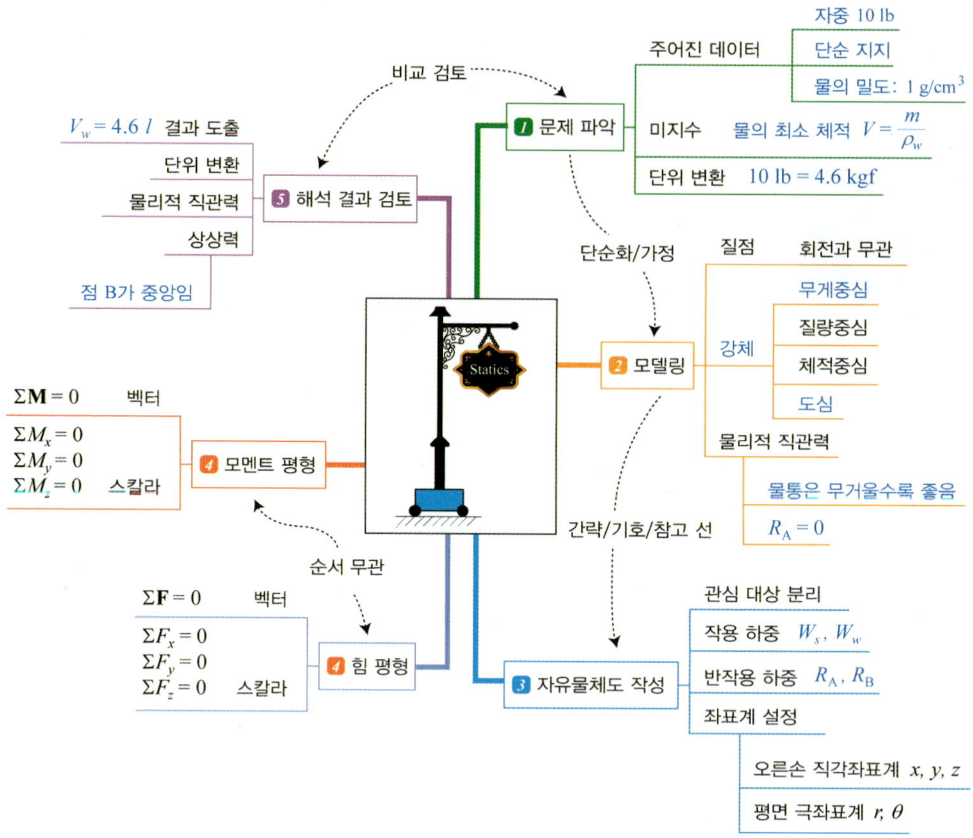

그림 1-32 정역학 문제풀이 과정

[Static Think]에 대한
하나의 생각 (1장)

CHAPTER 01 | 연습문제

1.1 지구의 평균 반지름은 [그림 1-33]과 같이 측정했을 때 6,371 km로 알려져 있다. 만약 지구 표면에 70 mph로 달릴 수 있는 고속도로가 있다고 가정했을 때, 지구를 한 바퀴 운전하려면 약 며칠이 걸리겠는지 구하시오. 소수점 첫째자리에서 반올림한다. 1.1절

1.2 지구와 태양과의 평균 거리는 2013년 기준으로 149,597,870,700 m로 정의되어 있으며, 빛의 속력(광속, c)은 299,792,458 m/s이다. [그림 1-34]에서와 같이 태양을 떠난 빛이 지구에 다다를 때까지 걸리는 시간은 몇 초인지 구하시오. 1.1절

그림 1-33

그림 1-34

1.3 중력가속도(g)는 9.80665 $\mathrm{m/s^2}$이다 이를 US 상용 단위계($\mathrm{ft/s^2}$)로 변환해 소수점 셋째자리까지 나타내시오. 1.1절

1.4 US 상용 단위계에서 질량은 힘, 길이, 시간으로 유도되는 물리량이다. 질량 단위로 사용되는 1 slug는 1 lbf의 힘에 의해 1 $\mathrm{ft/s^2}$의 가속도가 생기는 질량으로 정의된다. 1 slug는 SI 단위계에서 몇 kg인지 소수점 둘째자리까지 구하시오. 중력가속도는 [문제 1.3]에서 구한 값을 활용한다. 1.1절

1.5 압력pressure은 힘을 작용하는 면적으로 나눈 양이다. 대표적인 세 가지 압력 $1\ \mathrm{N/m^2}\ (=\mathrm{Pa})$, $1\ \mathrm{lb/in^2}\ (=\mathrm{psi})$, $1\ \mathrm{kgf/mm^2}$을 크기순으로 나열하고, 세 압력 값들 사이의 관계식도 유도하시오. 1.1절

***1.6** 밑면을 고정한 상태에서 유체의 윗면을 [그림 1-35]에서와 같이 Δx만큼 이동시키는 데 필요한 힘(F)은 면적(A), 이동 속도(u), 점성계수(μ)에 비례하고, 거리(h)에 반비례한다. 즉 $F=\mu\dfrac{Au}{h}$의 관계가 있을 때 SI 단위계에서 점성계수의 단위를 구하시오. 1.1절

1.7 섭씨Celsius 온도와 화씨Fahrenheit 온도 값의 두 가지 전형적인 예는 다음과 같다.

$$0\ ℃ = 32\ °F,\ 16\ ℃ = 61\ °F$$

이 두 가지 데이터를 이용하여 섭씨온도(x ℃)를 화씨온도(y °F)로 단위 변환할 수 있는 일반적인 선형 식을 만드시오. 1.1절

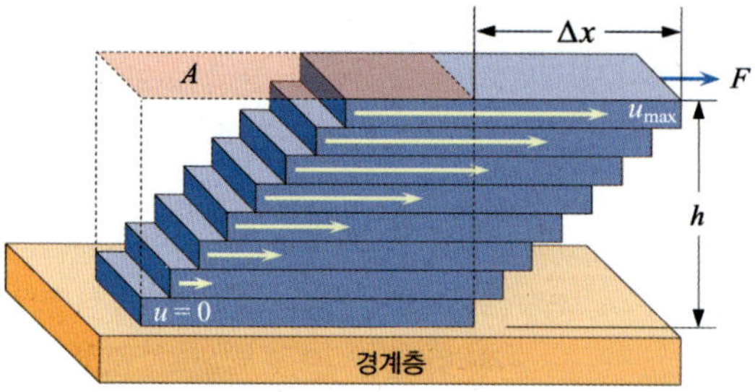

그림 1-35

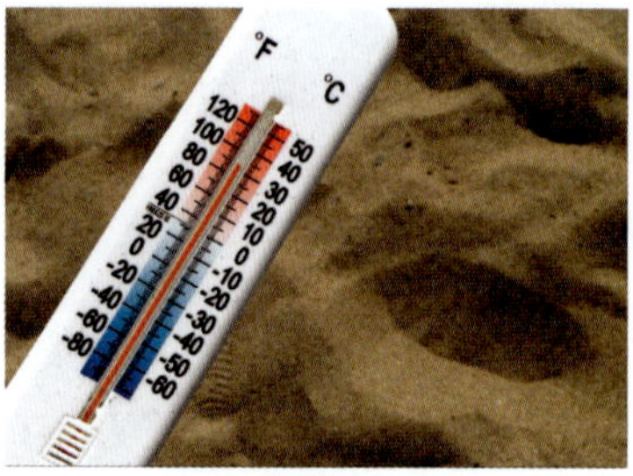

그림 1-36

1.8 다음 물리량 중에서 스칼라량인 것들을 모두 고르시오. 1.2절

변위, 밀도, 에너지, 온도, 모멘트, 속력, 가속도, 감속도, 압력, 체적, 운동량, 거리

HINT 스칼라량은 총 7개 있다.

1.9 한 사람이 [그림 1-37]에서와 같이 점 A에서 출발해 동쪽으로 점 B까지 4 km 걸어간 다음, 북쪽으로 3 km를 더 걸어 점 C에 도착하였다. 이 사람이 걸은 거리와 변위를 스칼라와 벡터를 이용해 각각 나타내시오. 1.2절

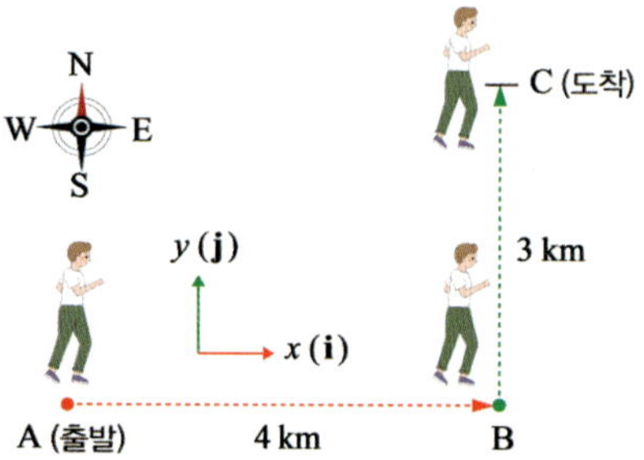

그림 1-37

1.10 소년이 [그림 1-38]에서와 같이 크로케croquet 놀이를 하고 있다. 소년이 잡고 있는 망치와 볼만 따로 떼어내어 강체와 질점으로 각각 모델링하고, 관련되는 모든 힘들을 나타내 보시오. 그림과 같이 순간 정지해 있는 것으로 가정한다. 1.3절

그림 1-38

1.11 밀도가 서로 다른 두 재료 A와 B로 구성된 [그림 1-39]의 물체들 중 질량중심과 도심이 일치하지 않는 것을 고르시오. 깊이방향 두께는 일정한 것으로 가정한다. 1.4절

① A ② B ③ A B ④ A B

그림 1-39

1.12 다음 설명 중 올바르게 설명된 것을 고르시오. 1.4절

① 동일한 위치에서는 무게중심과 질량중심은 항상 같다.
② 다양한 재료로 구성되어 있는 구조물의 질량중심과 체적중심은 항상 같다.
③ 체적중심과 도심은 항상 같다.
④ 밀도가 다른 두 재료로 이루어진 구조물의 역학적 거동은 도심으로 설명할 수 있다.

1.13 동일한 두께의 나무판재를 잘라 [그림 1-40]과 같이 정사각형, 정삼각형, 정육각형 및 원의 $1/4$을 정사각형으로 대체한 도형으로 구성된 모빌을 제작하려고 한다. 그림에 나타낸 모빌이 모두 수평을 이루게 하기 위한 치수 b, c, d를 a의 함수로 나타내시오. 1.4절

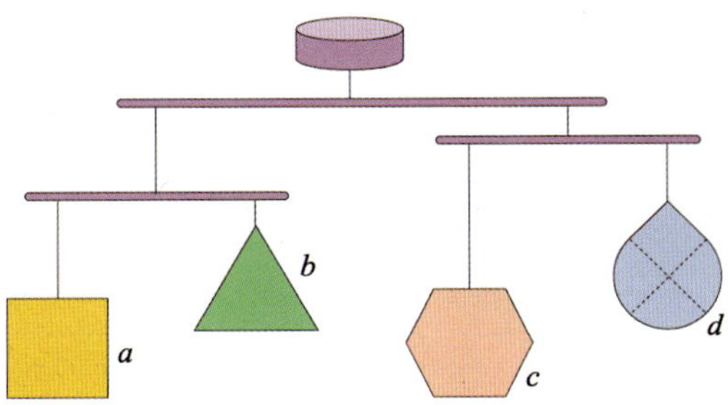

그림 1-40

1.14 뉴턴의 세 가지 법칙들 중 물체의 정성적qualitative인 거동을 설명한 것을 고르시오. 1.5절

① 뉴턴의 제1법칙 ② 뉴턴의 제2법칙 ③ 뉴턴의 제3법칙

1.15 질량 100 g인 모델 로켓 발사 시 [그림 1-41]과 같이 $50\ \mathrm{m/s^2}$의 가속도가 발생하였다. 로켓의 발사 순간 발생한 추진력[N]을 계산하시오. 1.5절

1.16 몸무게가 100 lbf인 스카이다이버skydiver가 자유낙하하다가 [그림 1-42]와 같이 낙하산을 펼친 순간 위쪽으로 $10\ \mathrm{m/s^2}$의 가속도가 발생하였다. 이때 스카이다이버가 받은 힘[N]을 계산하시오. 1.5절

그림 1-41

그림 1-42

1.17 혈압血壓은 혈관을 따라 흐르는 혈액이 혈관의 벽에 주는 압력으로서 단위는 현재까지도 mmHg를 주로 사용한다. 1 mmHg는 1 토르Torr라고도 하는데, 이것은 이탈리아의 과학자 토리첼리E. Torricelli; 1608~1647의 이름을 따서 만든 단위로서 1 mm의 수은 기둥이 주는 압력이며 133.322 Pa에 해당된다. [그림 1-43]에서 보이는 사람의 수축기(120 mmHg)와 이완기(80 mmHg) 혈압을 기압 단위로 나타내 보시오. 1 기압은 760 mmHg이다. 1.1절

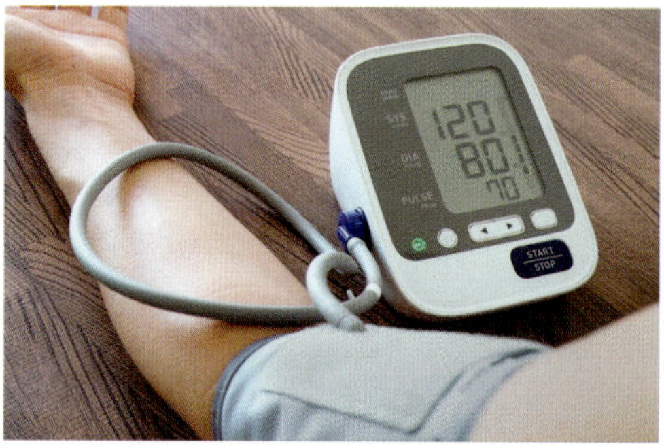

그림 1-43

*1.18 다음은 가상 기사의 일부분이다. 잘못 기술된 부분을 찾아 맞게 교정 proofreading해 보시오. 1.1절

> 대기 중의 온도(T)는 일정하지 않고 고도(h) attitude에 따라 감소한다. 고도가 0m인 위치에서의 온도가 15 °C일 때, 고도 11 Km까지는 1Km 높아질 때마다 온도는 약 6.5 ℃ 만큼 증가한다. 이를 식으로 나타내면 $\Delta\mathrm{T}[℃] = (-)\dfrac{6.5\ ℃}{1{,}000\ m} \times (\Delta \mathrm{h\ m})$와 같이 나타낼 수 있으므로 고도 10 km에서의 온도는 약 -50 ℃가 된다.

HINT 오류는 총 9군데 있다.

눈 덮인 높은 산에서 신선한 공기를 마주하며 스키를 타본 경험이 있다면 케이블카의 고마움을 알 것이다. 케이블카 안에서 케이블이 끊어질지도 모른다는 상상을 해본 적이 있을지 몰라도 실제로는 케이블 절단에 의한 사고는 극히 드물다. 1차원 힘 부재인 케이블은 인류의 역사와 궤를 같이 하고 있어 그에 대한 이해도와 활용도 모두 매우 높다. 1차원 힘 부재에 대한 철저한 이해를 통해 고차원 정역학 문제를 다루기 위한 기초를 마련해보자.

CHAPTER 02

1차원 힘

One Dimensional Forces

힘이란 2.1
힘의 분류 2.2
힘의 전달성 원리 2.3
1차원 힘 평형 2.4
도르래 2.5
종합예제
연습문제

학습목표

- 1차원 힘의 특징 및 힘의 단위를 이해하고 활용할 수 있다.
- 힘을 물리적 특징과 분포 양상에 따라, 또 뉴턴의 제3법칙의 관점에서 분류할 수 있다.
- 힘의 전달성 원리를 이해하고, 1차원 힘 평형 문제에 적용할 수 있다.
- 힘 평형을 이용하여 1차원 정역학 문제의 반력과 내력을 구할 수 있다.
- 도르래의 원리를 1차원 정역학적 관점에서 이해하고, 관련 문제를 해결할 수 있다.

SECTION
2.1

힘이란

- ✔ 정역학은 어떤 학문인지 1차원 정역학 문제를 통해 개념적으로 이해한다.
- ✔ 질량과 힘의 차이를 이해한다.
- ✔ 다양한 힘의 단위를 이해하고, 자신의 몸무게를 다양한 단위로 말할 수 있다.

힘든 일상생활 속에서 힘이란 단어를 자주 사용하지만, 정역학적 관점에서 힘이란 무엇인지를 명확하게 이해하고 설명할 수 있어야 한다. 전쟁에서는 적을 이용해 적을 제압하는 것이 최선이듯이, 힘에 대한 이해를 통해 힘에 관한 학문인 정역학을 제압해보자.

2.1.1 1차원 정역학

1.6절(정역학 맛보기)에서 살펴보았듯이 **정역학** 靜力學, Statics은 정지해 있다고 가정할 수 있는 구조물(옥외 광고판)에 **힘** force[1](광고판의 자중)이 가해졌을 때 해당 구조물을 강체로 가정한 뒤, 구성 부품 사이(광고판과 지지대), 부품 내부(지지대 중간), 또는 구조물과 상호작용하고 있는 지지부(바닥면)와의 사이에 발생하는 다양한 힘을 구하는 데 사용되는 학문이다. 즉 **정역학**은 **힘을 위한** for the force, **힘에 의한** by the force, **힘의** of the force **학문**이라고 봐도 무방하다.

[그림 2-1]에 나타낸 두 장의 사진을 동시에 봤을 때 왠지 모르게 그림 (a)의 암벽등반가가 그림 (b)에 비해 안전해 보인다. 그림 (a)의 경우 주변 지지대(암벽)가 있어 암벽등반가가 정지해 있는 느낌이 드는 반면, 그림 (b)의 경우는 아래로 떨어질 것 같은(즉, 동적인) 느낌이 들기 때문이다.

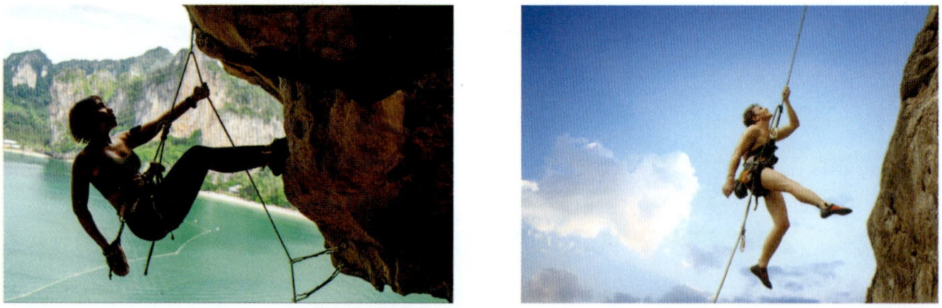

(a) 주변 지지대에 고정된 줄　　(b) 주변 지지대가 보이지 않는 줄

그림 2-1 줄에 매달려 있는 두 암벽등반가

1 '힘든 하루'를 영어로 하면 'a hard day'이므로 정역학에서의 주인공인 힘(force)과는 다른 의미이다. 이와 같이 일상생활 속에서 자주 접하는 단어의 의미로 인해 새로운 용어 학습에 어려움을 겪는 경우가 종종 있는데, 이러한 의미적인 관성을 이겨내야 한다.

[그림 2-1(b)]에서 암벽등반가의 몸무게를 W로 가정했을 때 암벽등반가가 아래로 떨어지지 않기 위해서는 무엇인가가 위에서 등반가를 잡아 당겨야 할 것이며(위 방향의 힘 T), 이를 [그림 2-2(a)]에 나타내었다. [그림 2-1(b)]에 비해 보다 안전하게 보일 것이다. 문제를 보다 간략화하기 위해 등반가의 몸무게가 줄의 끝 점 A에 모두 작용한다고 가정하면(사람을 질점으로 가정하면), [그림 2-2(b)]와 같이 모델링할 수 있다. 이와 같이 모델링했을 경우, 작용하는 모든 힘들이 동일 선상에 놓이며, 이러한 힘계를 **공선력계** 共線力系, collinear force system라고 한다. 여기서는 이와 같은 문제들을 다루는 정역학을 편의상 **1차원**(1D) one dimensional **정역학**이라고 하자.

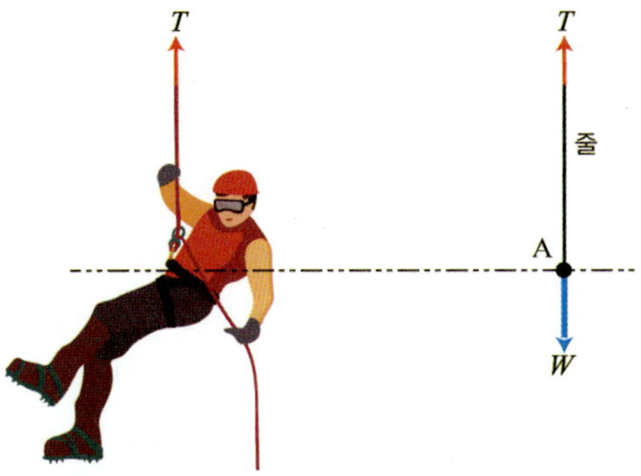

(a) 줄에 매달려 있는 암벽등반가 (b) 질점 모델

그림 2-2 줄에 매달려 있는 암벽등반가와 질점 모델

Static Think_ 01

1차원 정역학으로 모델링할 수 있는 문제를 세 가지 이상 생각해보시오.

2.1.2 힘과 힘의 단위

뉴턴의 운동 법칙을 기초로, 강체 구조물에 작용하는 힘의 성질을 살펴보자. 먼저 **뉴턴의 제1법칙**에 의해 힘은 정지해 있는 물체를 이동시키거나 일정 속도로 움직이고 있는 물체의 속도를 변경(또는 가·감속)시킬 수 있다. **뉴턴의 제2법칙**을 고려했을 때 힘은 질량 m인 물체에 a만한 가속도를 생성시킨다. 또한 **뉴턴의 제3법칙**에 의해 물체에 가해진 힘(작용력)은 그 힘과 크기가 같고 방향이 반대인 힘(반작용력 또는 반력)을 생성시킨다. 정지해 있는 강체만으로 대상을 제한하면 정역학에서 힘은 물체에 **반력** reaction force만을 생성시킨다고 봐도 무방하다.

SI 단위계에서 세 가지 기본 단위는 길이[m], 질량[kg], 시간[s]이다. 이 기본 단위들과 **뉴턴의 제2법칙**인 식 (1.4)에 의해 힘이 정의된다. 즉 1 kg 의 질량을 갖는 물체에 1 m/s^2 의 가속도를 생성시킬 수 있는 힘을 1 Newton 이라 정의하고, 단위는 [N] [2]을 사용한다. 반면, US 상용 단위계에서의

2 운동법칙을 정립하여 고전 역학 발전에 기여한 뉴턴(I. Newton)을 기리기 위해 단위를 [N]으로 쓰고 "뉴턴(Newton)"이라고 읽는다.

기본 단위는 길이[ft], 힘[lb][3], 시간[s]이다. US 상용 단위계에서는 SI 단위계에서와는 달리 힘이 기본 단위 중의 하나이기 때문에 역으로 질량에 대한 정의가 추가로 필요하다. 스칼라량으로 나타낸 **뉴턴의 제2법칙**인 식 (2.1)에 의해 질량은 식 (2.2)와 같이 정의된다. 즉 1 lb 의 힘이 작용할 때 1 ft/s^2 의 가속도가 생기는 질량을 1 **slug**로 정의한다.

$$\begin{aligned} F &= ma \\ 1\text{ N} &\equiv (1\text{ kg}) \times (1\text{ m/s}^2) = 1\text{ kg} \cdot \text{m/s}^2 \end{aligned} \tag{2.1}$$

$$\begin{aligned} m &= \frac{F}{a} \\ 1\text{ slug} &\equiv \frac{1\text{ lb}}{1\text{ ft/s}^2} = 1\,\frac{\text{lb} \cdot \text{s}^2}{\text{ft}} \end{aligned} \tag{2.2}$$

US 상용 단위계에서 혼동하기 쉬운 힘과 질량 단위에 대해 좀 더 살펴보자. 먼저 US 상용 단위계에서 힘은 기본 단위이기 때문에 단위는 [lb]를 사용한다. 그러나 힘의 단위임을 보다 명확하게 표현하기 위해 단위 뒤에 힘을 표시하는 'f'를 덧붙여 [lbf] 또는 [lb_f]로 사용한다. 즉 [lb], [lbf], [lb_f][4]는 모두 힘을 나타내는 동일한 단위이다. 반면에 질량의 단위로 사용되는 [lbm 또는 lb_m]은 1lb의 힘을 가했을 때 1g(≈ 32.2 ft/s^2)의 중력가속도가 생기는 질량이며, [slug]와는 식 (2.3)과 같은 관계가 성립한다.

$$\begin{aligned} 1\text{ slug} &= \frac{1\text{ lb}}{1\text{ ft/s}^2} \\ &= \left[\frac{1\text{ lb}}{1\text{ ft/s}^2}\right] \times \left[\frac{(1\text{ lbm}) \times (32.174\text{ ft/s}^2)}{1\text{ lb}}\right] \\ &= 32.174\text{ lbm} \end{aligned} \tag{2.3}$$

한국에서 힘의 단위는 현재까지 SI 단위[N]와 US 상용 단위[lb]가 혼용되고 있으며,[5] 그에 덧붙여 [kgf][6]도 많이 사용된다. '1 kgf'는 '1 kg'의 질량에 1g(≈ 9.81 m/s^2)의 중력가속도를 발생시키는 힘으로서 [N]과는 식 (2.4)와 같은 관계가 성립한다. 정역학에서 많이 사용되는 질량과 힘 단위들의 상대적인 크기를 비교하여 [그림 2-3][7]에 나타내었다. 질량의 경우 1 slug > 1 kg > 1 lbm 이고, 힘의 경우 1 kgf > 1 lb > 1 N이다.

$$\begin{aligned} 1\text{ kgf} &= (1\text{ kg}) \times (9.80665\text{ m/s}^2) = 9.80665\text{ kg} \cdot \text{m/s}^2 \\ &= 9.80665\text{ N} \approx 9.81\text{ N} \end{aligned} \tag{2.4}$$

---

3 [lb] 또는 [lbf]로 쓰고 "파운드(pound)"라고 읽는다.

4 세 단위 중 어느 것을 사용해도 좋지만 간략화를 위해 [lb]가 가장 널리 쓰인다.

5 현재도 자동차 타이어 압력은 "pounds per square inch"를 의미하는 psi가 많이 사용된다.

6 "킬로그램중"으로도 읽는다.

7 1장의 [그림 1-4]에 나타낸 질량과 힘에 대한 비교도 참조하자.

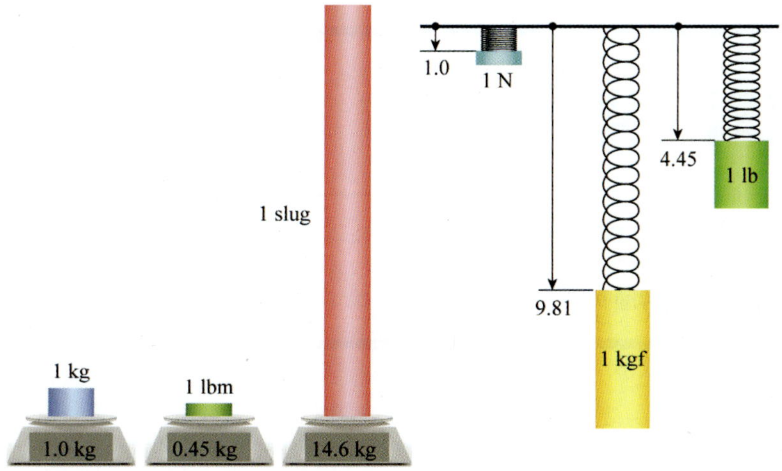

(a) 질량의 상대 비교　　　(b) 힘(또는 무게)의 상대 비교

그림 2-3 여러 단위계에서 사용되는 질량과 힘의 크기 상대 비교

예제 2-1 여러 단위계에서의 몸무게

질량이 60 kg인 사람의 몸무게를 [kgf], [N], [lb]의 힘(무게) 단위를 이용해 나타내시오.

Analyze

식 (2.4), [그림 1-4] 또는 [그림 2-3]에 주어진 단위 변환 계수를 활용한다.

Compute

- 질량 60 kg 인 사람의 몸무게는 60 kgf로 칭하면 된다. 이 경우 몸무게를 단순히 "60 kg"으로 말하면 질량과 혼동될 수 있기 때문에 엄밀하게는 "60 kgf" 또는 "60 kg 중"으로 말하는 것이 좋다.
- 식 (2.4)를 이용하면 [kgf] 단위를 [N] 단위로 변환할 수 있다.

$$60\ \text{kgf} = (60\ \text{kgf}) \times \frac{9.80665\ \text{N}}{1\ \text{kgf}} \approx 588\ \text{N}$$

- [그림 2-3]에 주어진 변환 계수를 이용하면 [kgf] 단위를 [lb] 단위로 변환할 수 있다.

$$60\ \text{kgf} = (60\ \text{kgf}) \times \frac{9.80665\ \text{N}}{1\ \text{kgf}} \times \frac{1\ \text{lb}}{4.45\ \text{N}} \approx 132\ \text{lb}$$

Think

- 자신의 몸무게를 여러 단위계로 알고 있으면, 이를 기준으로 힘의 단위를 여러 가지 방법으로 수월하게 변환할 수 있다.
- 100 lb = 45.36 kgf 의 관계를 알고 있으면 힘에 관한 단위 변환을 쉽게 할 수 있다.

SECTION 2.2

힘의 분류

- 힘을 물리적 정의와 분포 종류에 따라 분류할 수 있다.
- 힘을 뉴턴의 제3법칙에 따라 분류할 수 있다.
- 압력의 정의와 단위를 이해하고, 힘과 단면적을 이용해 압력을 구할 수 있다.

한 사람을 국적, 인종, 사용 언어, 성별, 학력, 지업 등 다양한 기준에 의해 분류할 수 있는 것처럼, 힘도 분류 기준에 따라 다양한 명칭으로 불린다. 동일한 힘을 다른 이름으로 부른다고 해서 힘 자체가 변하는 것은 아니지만, 원활한 공학적 의사소통을 위해서는 다양한 분류 기준에 따라 불리는 서로 다른 명칭에 대한 이해가 필요하다.

2.2.1 물리적 분류

역학에서 다루는 여러 가지 힘들을 물리적인 특성에 따라 분류해 [그림 2-4]에 나타내었다.

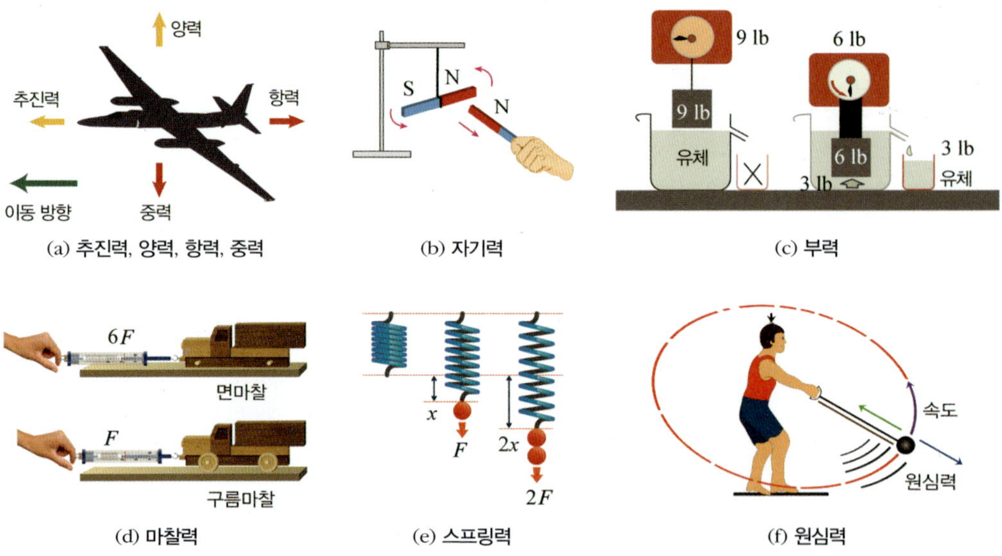

그림 2-4 물리적 특성에 따른 힘의 분류

비행기가 그림 (a)에 나타낸 이동 방향으로 날고 있다고 가정했을 때, 비행기에는 다음과 같은 힘들이 작용한다. 먼저 비행기와 지구 사이의 인력에 의해 생기는 **중력** gravity force 또는 **자중** dead weight이 있고, 이 자중을 이겨내고 부양하기 위해서는 위쪽 방향의 힘인 **양력** lift이 필요하다. 또한 비행을 방해하는 저항력인 **항력** drag을 이겨내고 비행기가 앞으로 진행하기 위해서는 엔진에 의한 **추진력** thrust이 필요하다. 영구자석이나 전자석의 경우 그림 (b)와 같은 **자기력** magnetic force이 존재하고, 고체를 유체에 넣으면 그림 (c)와 같이 유체가 고체를 밀어내는 힘인 **부력** buoyant force이 발생한다. 물체와 지지면 사이가 매끄럽지 않으면 그림 (d)와 같이 힘을 가하는 방향과 반대 방향으로 **마찰력** friction force[8]이 발생하고, 선형 스프링의 경우 늘어난 길이에 비례하여 그림 (e)와 같이 **스프링력** spring force[9]이 발생한다. 마지막으로, 그림 (f)와 같이 물체를 회전시킬 경우 물체가 중심에서 외부로 이동하려고 하는 **원심력** centrifugal force이 발생한다. 이와 같이 다양한 종류의 힘들이 존재하지만, 정역학에서는 개별 힘들의 특성을 고려하지 않고 이들 힘들이 대상 구조물에 어떻게 작용하는지만 고려한다. 그림에 나타낸 힘들 중에서 정역학적 해석에 가장 많이 필요한 것은 **중력과 마찰력**이다.

[그림 2-4]에 열거한 힘들을 물리적인 특성 중의 하나인 접촉 여부로도 분류할 수 있다. 즉 힘이 하나의 물체에서 다른 물체로 접촉을 통해 전달될 경우의 힘을 **접촉력** contact force이라 하며, 양력, 항력, 추진력, 부력, 마찰력, 스프링력 등이 이에 해당된다. 반면에 두 물체가 접촉하지 않고도 힘이 전달될 수 있는데 이를 **비접촉력** noncontact force이라 하고, 중력, 자기력 등이 이에 해당된다.

2.2.2 분포에 따른 분류

[그림 2-5(a)]와 같이 좌우에서 동일한 크기의 힘 F로 잡아당기고 있는 대칭인 구조물의 중앙을 선 A-A를 따라 가상절단한 뒤, 힘 F가 절단 길이 l을 따라 균일하게 나뉜다고(분포된다고) 가정하고, 가상절단한 왼쪽에 작용하는 힘을 표시하면 [그림 2-5(b)]와 같이 된다. 이 경우 절단면에 발생하는 힘은 식 (2.5)에서와 같이 단위가 [N/m]인 물리량이 되며, 이러한 경우의 힘 f를 **선 분포하중** line distributed load[10]이라고 한다. 이에 비해 F와 같이 어느 한 점에 집중적으로 가해진다고 가정할 수 있는 힘을 **집중력** concentrated force이라고 한다.

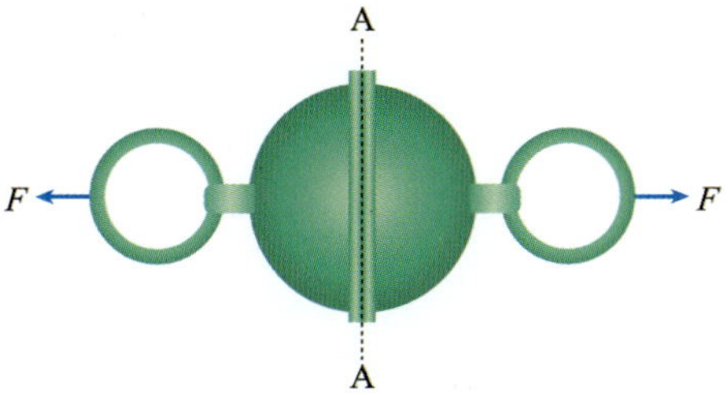

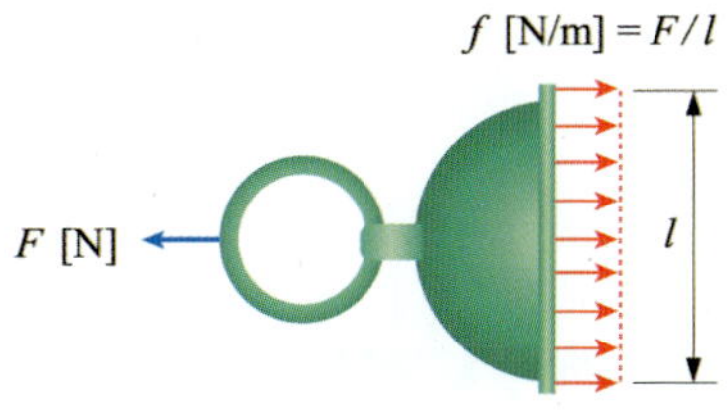

그림 2-5 집중력과 선 분포하중

8 마찰력의 경우 별도의 언급이 없는 한 정역학에서는 정지 마찰력(및 마찰계수)만을 다룬다. 마찰에 대해서는 9장에서 자세히 다룬다.

9 정역학에서는 모든 물체를 강체로 간주하므로 변형의 크기에 비례하는 스프링력은 존재할 수 없으나, 스프링력이 공학적으로 널리 사용되므로 참조하기 위해 나타내었다.

10 '선 분포력'이라고도 하지만, 이 책에서는 단위가 [N]인 물리량만을 힘으로 부르기로 한다. 하중(또는 부하)은 힘, 온도 등 구조물에 변화를 일으킬 수 있는 모든 것들을 총칭하므로, 힘도 부하의 일종이다.

$$F = f \times l \ [\mathrm{N}]$$
$$f = \frac{F}{l} \left[\frac{\mathrm{N}}{\mathrm{m}}\right] \tag{2.5}$$

[그림 2-5(a)]의 중앙에 있는 것이 선이 아닌 원판 disk이라면 집중력 F는 [그림 2-6(a)]와 같이 원판의 전체 면적(단면적)에 걸쳐 분포되고, 그 크기가 일정하다고 하면 단위는 식 (2.6)과 같이 $[\mathrm{N/m^2}]$[11]인 물리량이 된다. 이때의 하중 p를 **면적 분포하중** area distributed load 또는 **압력** pressure 이라고 한다.

$$F = p \times A \ [\mathrm{N}]$$
$$p = \frac{F}{A} \left[\frac{\mathrm{N}}{\mathrm{m}^2} \equiv \mathrm{Pa}\right] \tag{2.6}$$

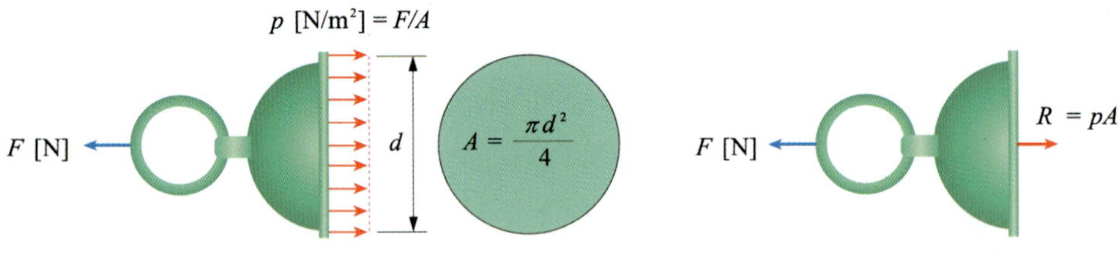

(a) 면적 분포하중 (b) 작용력과 반작용력

그림 2-6 집중력(F), 면적 분포하중(p), 작용력(F), 반작용력(R)

길이와 직경이 동일한 철근들이 [그림 2-7(a)]와 같이 쌓여 있을 때, 밑면이 받는 하중을 길이 방향(① 방향)으로 모델링하면 그림 (b)와 같이 크기가 일정한 1차원 균일 분포하중으로 볼 수 있다. 이를 **균일 선 분포하중** uniform line distributed load이라고 한다. 반면에 길이 방향과 수직인 방향(② 방향)으로 보면 하중이 일정하지 않고 위치에 따라 변하는데, 이를 **불균일 분포하중** nonuniform distributed load이라고 한다. 불균일 분포하중은 그림 (c)와 같이 중앙에서 그 크기가 최대인 **직선 선 분포하중** linearly distributed load으로 모델링할 수 있다. 이와 같이 불균일 분포하중은 그 분포 양상에 따라 더 세분화할 수 있다.

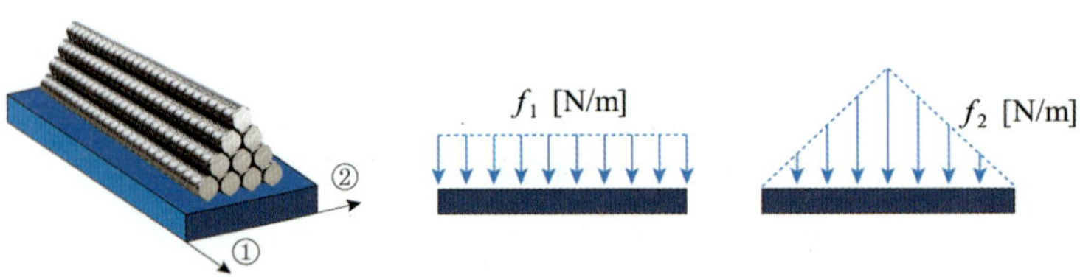

(a) 적층되어 있는 철근 (b) ① 방향 분포 하중 (c) ② 방향 분포 하중

그림 2-7 균일 및 불균일 선 분포하중

Static Think_ 02

실제 정의에 100 % 부합하는 집중력과 선분포하중이 존재하는지와 그렇게 생각하는 이유에 대해서도 생각해보시오.

11 줄여서 [Pa]로 쓰고 "파스칼(Pascal)"이라고 읽는다.

예제 2-2 동일한 압력을 주는 기둥 형상 설계

반경 r인 원기둥, 한 변의 길이가 a인 정사각기둥, 세 변의 길이가 모두 b인 정삼각기둥 각각에 동일한 집중력 F를 인가했을 때, 지면에 동일한 압력이 발생하도록 a와 b를 r의 함수로 나타내시오.

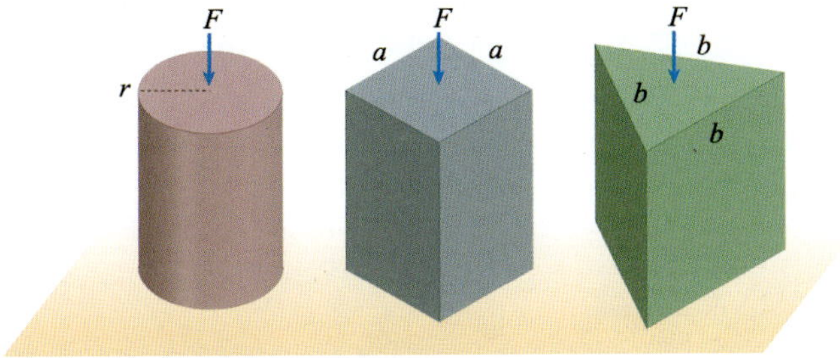

그림 2-8 다양한 단면을 갖는 기둥에 작용하는 힘

Analyze

- 원기둥에 발생하는 압력을 식 (2.6)을 이용하여 구한 후 다른 두 기둥들과 비교한다.
- 동일한 힘이 가해질 때 동일한 압력이 발생하기 위해서는 단면적이 동일해야 한다.

Compute

- 원기둥의 단면적은 주어진 반경을 이용해 구한다.

$$A_1 = \pi r^2$$

- 정사각기둥의 단면적은 두 변의 길이를 곱해 구한다. 이 값이 원기둥의 단면적과 같으면 동일한 압력이 발생한다.

$$A_2 = a^2 = \pi r^2 = A_1$$

$$a = \sqrt{\pi}\, r \approx 1.772\, r$$

- 정삼각기둥의 단면적은 다음과 같이 구하면 되며, 이 값이 원기둥의 단면적과 같으면 동일한 압력이 발생한다.

$$A_3 = \frac{b \times (b \sin 60°)}{2} = \frac{\sqrt{3}}{4} b^2 = \pi r^2 = A_1$$

$$b = \sqrt{\frac{4\pi}{\sqrt{3}}}\, r \approx 2.694\, r$$

Think

- 문제 해결 전략을 먼저 세운 후 풀이를 시작하는 것이 좋다.
- 반경에 수(예 $r = 10\,\text{mm}$)를 넣어 세 경우의 단면적이 모두 같은지 확인한다.

2.2.3 뉴턴의 제3법칙에 따른 분류

[그림 2-2]에서 암벽등반가의 몸무게 W나 [그림 2-6]에서 원판의 손잡이에 가한 집중력 F와 같이 구조물에 물리적 변화를 가져온 직접적인 원인이 되는 힘(입력)을 **작용력** applied force이라고 하고, 작용력에 의해 구조물과 그 구조물을 지지하고 있는 제3의 지지물 사이에 발생하는 힘(출력)을 **반작용력** reaction force 또는 줄여서 **반력**이라고 한다. **뉴턴의 제3법칙**에 의해 [그림 2-2]에서 반력 T는 W와 크기가 같고, [그림 2-6(b)]에서 R은 F와 크기가 같게 된다. 이 관계를 식 (2.7)과 같이 나타낼 수 있다.

$$\begin{aligned} W &= T \\ F &= R \end{aligned} \tag{2.7}$$

무게 W인 추를 [그림 2-9]의 (a)에서와 같이 어린이가 **줄** rope과 **도르래** pulley를 이용해 움직이지 않게 잡고 있을 때, 어린이가 가하는 힘은 그림 (b)와 같이 줄 끝에 집중력 F로 표현할 수 있다. 이러한 줄은 오직 잡아당겨질 때만 힘을 전달할 수 있으므로 힘의 방향은 그림 (c)에 나타낸 힘 T와 같이 항상 줄 끝에서 바깥쪽으로 향하게 되며, 이를 **인장력** tension force이라고 한다. 이때 어린이가 가하는 힘(F)과 물체의 자중(W)은 측정이 가능하며, 이러한 종류의 힘들을 **외력** external force이라고 한다. 만약 줄의 일부분을 그림 (b)의 파선 A-A를 따라 가상으로 절단[12]하면 그림 (c)와 같이 나타낼 수 있으며, 이때 줄에 생기는 힘(T) 또한 F와 같이 줄의 외부로 향하는 인장력이 된다. 이와 같이 물체의 일부분을 가상으로 절단했을 때, 물체 내부에 발생하는 힘을 **내부 반력** internal reaction force 또는 간단히 **내력**이라고 한다. **뉴턴의 제3법칙**에 의해 [그림 2-9]에 존재하는 힘들 사이에는 식 (2.8)의 관계가 성립해야 한다.

$$F = W = T \tag{2.8}$$

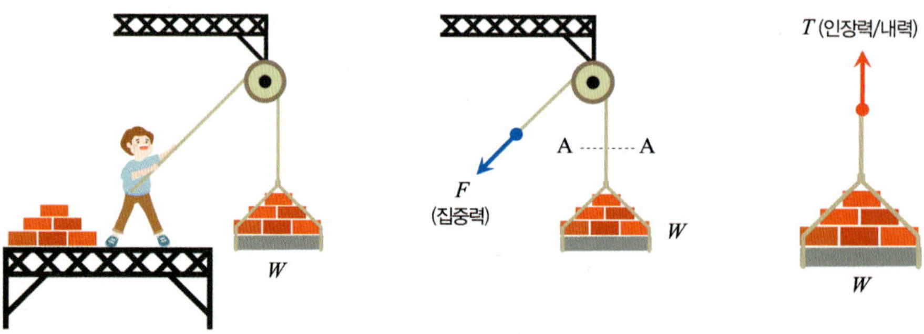

(a) 줄을 잡아 당기고 있는 어린이 (b) 어린이의 힘 대체 (c) 인장력 / 내력

그림 2-9 도르래와 줄을 이용해 무게 W인 짐을 잡아 당기는 어린이

12 이와 같은 해석 방법을 가상절단법(virtual cutting method)이라고 부른다. 이에 대해서는 3장의 자유물체도 부분에서 상세히 설명한다.

[그림 2-9(b)]에서 짐과 도르래 사이에서 줄의 어느 부분을 가상절단하더라도 줄에 작용하는 힘은 항상 [그림 2-9(c)]와 같이 된다. 이와 같이 부재에 항상 한 쌍의 힘만이 존재하는 경우를 **두 힘 부재** 또는 **이력부재** two force member라고 한다. 특히 줄 rope, 현 string, 체인 chain 등과 같이 항상 인장력만 전달할 수 있는 이력 부재들을 **인장 이력부재**라고 하며, 각각의 사용 예를 [그림 2-10]에 나타내었다. 그림에 나타낸 이력부재들은 길이에 비해 직경이나 두께가 무시할만한 크기의 부재들로서 1 차원 이력부재로 볼 수 있다. 또한 [그림 2-11]과 같이 2 차원 형상을 갖는 부재라도 자중을 무시할 수 있고 두 힘이 같은 선상에 놓이면 이력부재로 볼 수 있으므로 1 차원 힘으로 간주해 해석할 수 있다. 마찬가지 원리로 3 차원 형상을 갖는 입체 구조물이라도 오직 두 힘만 작용하고 두 힘이 같은 선상에 있으면 1 차원 힘으로 해석해도 된다.

(a) 텐트용 벌림 줄

(b) 가야금 현

(c) 선박 정박용 체인

그림 2-10 이력부재(1차원)

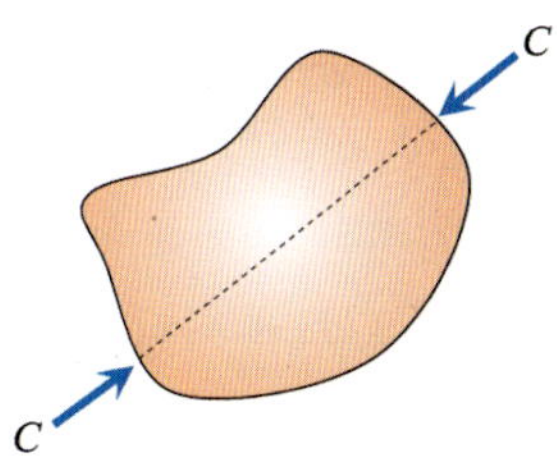

(a) 압축 이력부재

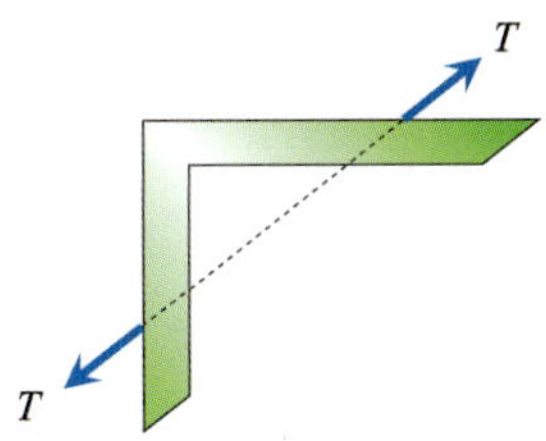

(b) 인장 이력부재

그림 2-11 이력부재(2차원)

Static Think_ 03

[그림 2-12]의 부재들 중 이력부재가 아닌 것을 찾고, 그 이유에 대해 생각해보시오.

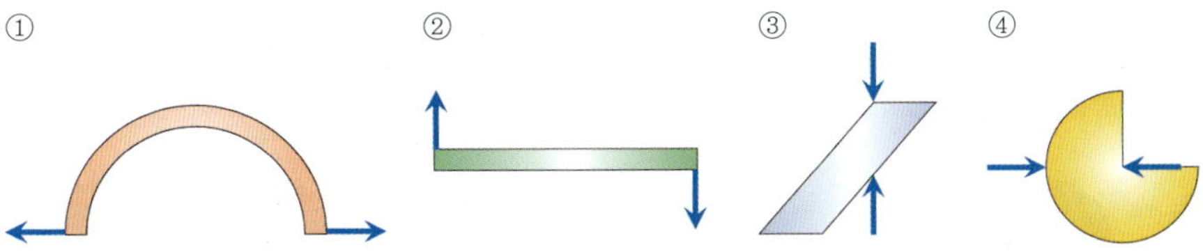

그림 2-12

SECTION 2.3

힘의 전달성 원리

- ✔ 물체에 힘이 가해질 때 어떤 효과가 생길 수 있는지 설명할 수 있다.
- ✔ 힘의 전달성 원리가 무엇인지 이해하고, 어느 상황에 적용할 수 있는지 안다.
- ✔ 힘의 전달성 원리를 1차원 정역학 문제 풀이에 적용할 수 있다.

공학 문제를 효율적으로 해결하는 데 있어서 가장 중요한 것 중의 하나는 문제에 설정된 가정과 문제에서 요구되는 것이 무엇인지를 정확히 파악하는 것이다. 동일한 물체를 해석할 때 변형체로 보느냐 강체로 보느냐에 따라 문제의 난이도와 결과가 달라진다. 힘의 특성과 효과를 정확히 파악한 뒤 해당 문제를 물리적으로 적합하게 모델링해야 한다.

2.3.1 힘의 효과

힘은 정지해 있거나 이동 중인 물체를 이동 또는 가 · 감속시키고, 물체를 진동시키거나 변형을 야기하는 등의 다양한 효과를 낸다. 예를 들어 [그림 2-13(a)]의 미키마우스 얼굴의 턱 부분을 고정시킨 후 [그림 2-13(b)]와 같은 위치에 동일한 집중력을 인가했을 때 얼굴 모양은 [그림 2-14]와 같이 변화된다. 그림에서 알 수 있듯이 얼굴을 변형체라고 가정하면 힘을 가하는 위치에 따라 얼굴의 모양과 표정이 달라짐을 알 수 있다. 즉 힘은 가해지는 위치에 따라 효과가 다르게 나타난다.

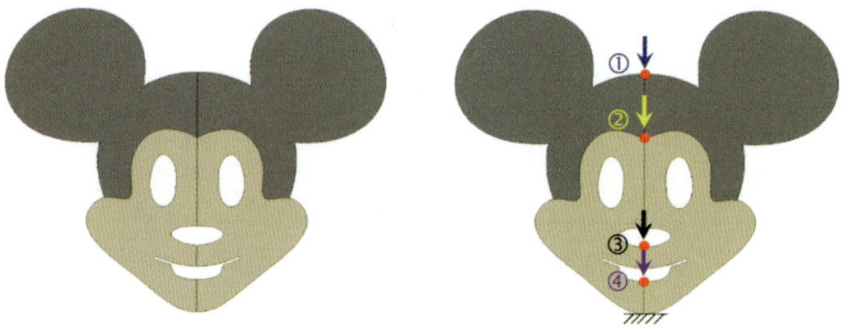

(a) 미키마우스 얼굴 모델 (b) 힘의 작용 위치

그림 2-13 미키마우스 얼굴 모델과 힘을 가하는 위치

(a) 힘 위치 ① (b) 힘 위치 ② (c) 힘 위치 ③ (d) 힘 위치 ④

그림 2-14 힘 작용 위치에 따른 미키마우스 얼굴 변화

힘은 벡터량이므로 힘의 크기와 작용 방향에 따라 효과가 다르게 나타난다. [그림 2-15]에서 그림 (a)와 같은 원기둥의 밑면을 고정한 후 윗면 전체에 y 방향으로 $(+)P$의 인장력을 가하면 그림 (b)와 같이 균일하게 늘어남을 알 수 있고, 반대로 $(-)P$의 압축력을 윗면 전체에 가하면 그림 (c)와 같이 균일하게 줄어든다. 그림 (d)와 같이 윗면 전체에 y 방향으로 $(+)2P$의 인장력을 가하면 변형도 2 배가 되며, 그림 (b)와 모든 조건을 동일하게 하되 힘을 윗면 중앙 부분에만 국부적으로 가하면 그림 (e)와 같이 그림 (b)와는 전혀 다른 변형 거동을 보인다. 그러나 (b)와 (e)의 경우 원기둥 밑면에 발생하는 반력의 크기(P)는 같으므로 강체에 발생하는 반력을 해석하는 정역학적 관점에서는 동일한 문제로 취급할 수 있다. 이상에서 살펴본 힘의 물리적 효과를 식 (2.9)에 정리하였다.

$$\text{힘의 효과} = f(\text{작용 위치, 크기, 방향, 작용 면적}) \tag{2.9}$$

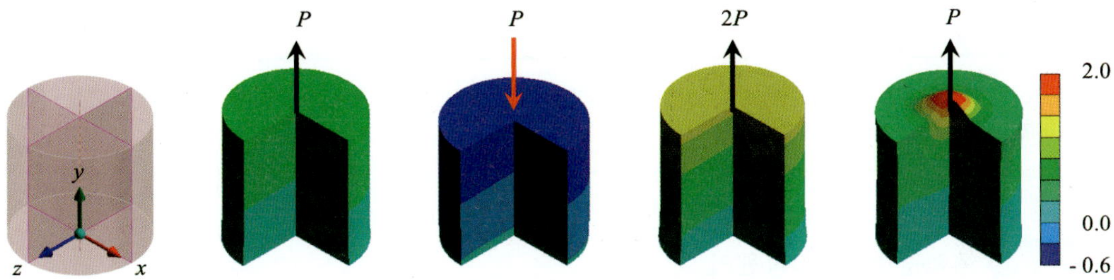

그림 2-15 힘의 작용 방향, 작용 면적 및 크기에 따른 원기둥의 변형거동

2.3.2 힘의 전달성 원리

정역학에서는 모든 물체를 변형이 없는 강체로 보고 작용력에 대한 반력에만 관심을 갖는다. 즉 [그림 2-16]에서 위치 ①~④에 힘 F를 인가할 경우 미키마우스 턱 부분에 발생하는 반력이 동일하므로, 정역학적 관점에서 모든 힘의 효과는 같다고 볼 수 있다. 다시 말해, 동일한 크기의 힘이 선 A-A를 따라 작용할 경우 이 힘들의 효과는 모두 동일하다. 이때 힘이 작용하는 선 A-A를 힘의 **작용선**line of action이라고 한다. 이를 일반화하면, "정역학적 관점에서 동일한 크기의 힘이 힘의 작용선상의 임의의 위치에 작용하더라도 그 효과는 같다."고 할 수 있다. 이를 **힘의 전달성 원리** principle of transmissibility라고 하며, 이는 정역학 문제 해결 시 힘을 계산이 편리한 위치로 옮겨 생각할 수 있어 매우 유용하게 사용된다. 힘의 전달성 원리에 따라 등가인 힘들을 [그림 2-17]에 나타내었다. 그림에서 위쪽과 아래쪽은 각각 정역학적으로 등가인 상태이다.

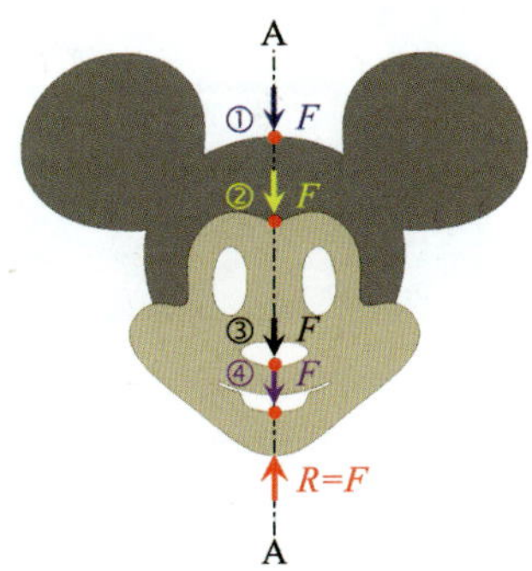

그림 2-16 힘의 작용선과 전달성 원리

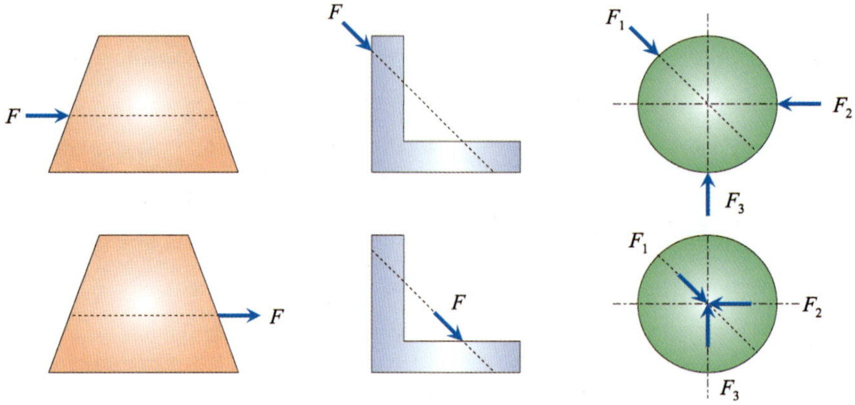

그림 2-17 힘의 전달성 원리에 의한 등가인 힘(위=아래)

Static Think_04

[그림 2-16]의 미키마우스 얼굴을 변형체로 보더라도 턱에서의 반력은 힘의 작용 위치에 크게 영향을 받지 않는 것을 무슨 원리라고 하는지 생각해보시오(1장 참조).

예제 2-3 1차원 힘의 전달성 원리

[그림 2-18(a)]에서와 같이 휴식을 취하고 있는 사이클 경기자를 앞에서 200 N의 힘으로 당기고, 뒤에서 150 N의 힘으로 밀고 있다. 자전거와 지면과의 마찰은 없는 것으로 가정하고, 수평 방향 힘들의 합력을 구하시오. 수직 방향의 힘은 모두 무시한다.

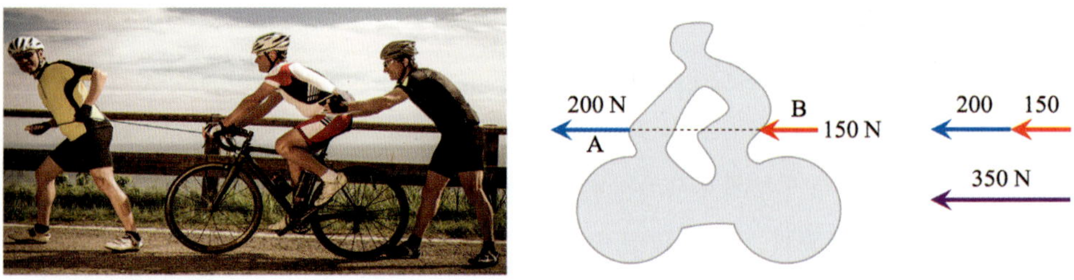

(a) 앞에서 끌고 뒤에서 미는 조력자들 (b) 작용력 (c) 힘의 합

그림 2-18 1차원 힘계 모델

Analyze

- 자전거와 자전거를 타고 있는 사람을 하나의 강체로 보고 해석한다.
- 자중을 비롯한 모든 수직 방향의 힘은 무시하고 해석한다.
- 모든 수평 방향 작용력들은 동일한 힘의 작용선 위에 놓인다고 가정한다.

Compute

- 자전거와 사람을 하나의 강체로 보고 수평 방향으로 작용하는 힘들을 표시하면 [그림 2-18(b)]와 같다.
- 1차원 힘의 전달성 원리에 의해 점 B에 작용하는 힘 벡터의 화살표 끝을 힘의 작용선을 따라 점 A에 작용하는 힘 벡터 끝으로 옮길 수 있으며, 이렇게 옮긴 벡터는 [그림 2-18(c)]와 같이 나타낼 수 있다.
- 두 힘이 동일 작용선상에 놓이고 방향이 같으므로 두 힘을 단순히 더하면 수평 방향의 합력이 된다.

$$R = (200 + 150)\ \mathrm{N} = 350\ \mathrm{N}$$

Think

- 문제의 힘 벡터는 작용선상에서 어느 위치로 이동시키더라도(미끄러져 작용하더라도) 정역학적으로 동일한 효과를 주며, 이러한 벡터를 **미끄럼 벡터** sliding vector라고 한다.
- 실제로는 수평 방향의 힘과 더불어 수직 방향의 자중과 노면에서 바퀴를 통해 미는 수직 반력이 존재한다.

SECTION 2.4

1차원 힘 평형

- 뉴턴의 제3법칙을 이용해 1차원 정역학 문제의 반력(또는 내력)을 구해본다.
- 좌표계의 필요성과 오른손 직각좌표계가 어떻게 정의되는지 이해한다.
- 힘 평형 조건을 이용해 1차원 정역학 문제의 반력(또는 내력)을 구해본다.

법원을 지날 때 쉽게 볼 수 있는 '정의의 여신상'의 왼손에는 법전이, 오른손에는 어느 한쪽으로도 기울어져 있지 않은 공평 저울이 들려 있다. 이와 마찬가지로 정역학자의 왼손에는 정역학 책이, 오른손에는 평형식이 들려 있어야 한다. 그 정도로 평형식은 정역학의 근간이 된다고 할 수 있다.

2.4.1 뉴턴의 제3법칙과 좌표계

정역학에서는 모든 물체들을 강체로 가정한 뒤 작용력에 대한 반력을 구하는 것이 가장 주된 주제[13] 중 하나이다. 2.3절까지 다뤘던 1차원 정역학 문제들의 경우 **뉴턴의 제3법칙**에 의해 식 (2.7), 식 (2.8)의 결과를 얻을 수 있었다. 이 두 식들의 우변 항들을 좌변으로 모두 옮기면 식 (2.7′), 식 (2.8′)과 같은 변경된 식들을 얻을 수 있다.

$$W = T \qquad F = R \tag{2.7}$$

$$F = W = T \tag{2.8}$$

$$W - T = 0 \qquad F - R = 0 \tag{2.7′}$$

$$F - W = 0 \quad \text{또는} \quad F - T = 0 \tag{2.8′}$$

식 (2.7′)과 식 (2.8′)에서 공통적인 사항은 우변이 0이라는 점이다. 그러나 한 가지 문제점이 발생하는데, 식 (2.7′)에서는 동일한 종류의 물리적 힘인 중력 W[14]가 (+)항으로 되어 있는 반면에 식 (2.8′)에서는 (−)항으로 표시되어 일관성이 떨어진다는 점이다. 이와 같이 동일한 물리량을 나타낼 때 경우에 따라 부호가 바뀌면 문제 풀이나 물리적 의미 고찰 시 헷갈릴 수 있다. 따라서 이러한 문제점을 보완하기 위해 기준 좌표와 (+) 방향에 대한 정의가 필요하므로, 이 책에서는 공학 문제 해결에 가장 널리 활용되는 [그림 2-19]와 같은 좌표계를 사용하기로 한다.

13 모멘트는 4장 이후에 소개하므로 그 전까지는 힘만을 주로 다룬다.

14 중력은 항상 위에서 아래 방향으로 작용한다.

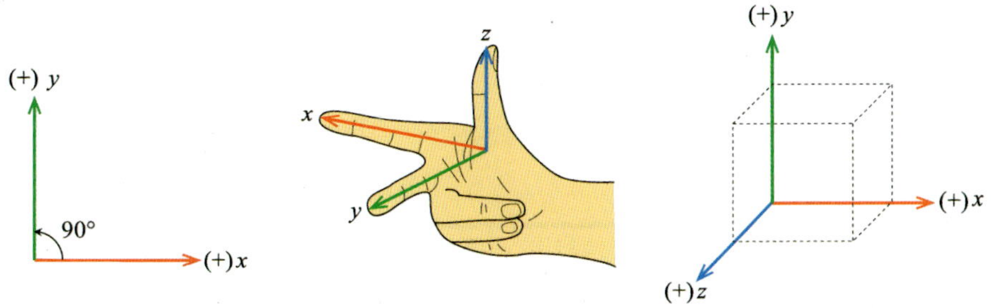

(a) 2차원 좌표 (b) 오른손 법칙 (c) 3차원 오른손 직각좌표계

그림 2-19 오른손 직각 좌표계

2 차원의 경우 [그림 2-19(a)]와 같이 수평 방향을 x 축으로 하고, 오른쪽 방향을 (+)로 설정한다. 다음으로 x 축을 반시계방향(CCW) counterclockwise으로 90° 회전시킨 수직 방향 축을 y 축으로 하고, 위 방향을 (+)로 한다. 앞으로 각도는 이와 같이 반시계방향을 (+) 각도로 약속한다. 3 차원[15]의 경우 먼저 그림 (a)와 같이 x-y 좌표를 설정한 뒤, 그림 (b)와 같이 오른손 검지 index finger를 x 축 방향으로, 중지 middle finger를 y 축 방향으로 뻗었을 때 엄지 thumb가 가리키는 방향을 (+)z 축으로 한다. 이렇게 하면 x-y-z 축들이 그림 (c)에서와 같이 사각형 rectangle의 세 모서리에 놓이게 된다. 세 축의 (+) 방향을 오른손 right hand을 기준으로 설정하였기 때문에, 이러한 좌표계를 **오른손 직각좌표계** right-handed Cartesian, rectangular coordinate system[16]라고 한다.

2.4.2 1차원 힘 평형

2.4.1절에서 정의한 오른손 직각좌표계를 기준으로 [그림 2-2(b)], [그림 2-6(b)], [그림 2-9(c)]에 작용하는 모든 힘들을 해당 좌표축과 함께 수식으로 정리하면 다음 식들과 같다. 수식에서 알 수 있듯이 수식 아래 방향으로 작용하는 중력의 경우 일관되게 (−) W로 표시됨을 알 수 있다.

$$\begin{aligned} y &: T - W = 0 \\ x &: R - F = 0 \end{aligned} \tag{2.7''}$$

$$y : F - W = 0, \quad F - T = 0 \tag{2.8''}$$

식 (2.7″)과 식 (2.8″)을 살펴보면 등식의 우변은 항상 0[17]이고, 좌변에는 해당 구조물에 작용하는 모든 힘들의 합임을 알 수 있으므로, 이 식을 일반화하면 식 (2.10)과 같이 나타낼 수 있다. 즉, 해당 좌표축 방향으로 작용하는 모든 힘들을 부호와 크기를 고려하여 더하면 항상 0이 된다. 이를 **정적 힘 평형식** static force equilibrium equation이라고 한다. 1 차원 정역학에서는 이 두 식들 중 하나만으로도 원하는 반력을 결정할 수 있다.

---

15 1차원 정역학에서 3차원 좌표가 필요하지는 않으나, 좌표는 모든 공학의 기본이므로 미리 설명한다.

16 반대로 왼손을 기준으로 하는 **왼손 직각좌표계**, 원형 실린더 형상을 기본으로 하는 **원통좌표계**(cylindrical CS) 및 구를 기준으로 하는 **구면좌표계**(spherical CS)도 있으나, 기초 역학에서는 많이 사용되지 않아 자세한 설명은 생략한다.

17 힘이 '0'이라는 것은 뉴턴의 제1법칙과 제2법칙에 의해 정지해 있는 물체는 계속 정지해 있고, 움직이는 물체는 일정 속도로 움직이는 것을 의미한다.

$$\sum F_x = 0 \qquad (2.10)$$
$$\sum F_y = 0$$

예제 2-4 줄다리기

[그림 2-20(a)]는 왼쪽의 세 명과 오른쪽의 한 명이 줄다리기를 하고 있으며 정지 상태임을 나타낸다. 왼쪽의 세 사람 A, B, C는 각각 50 lb, 20 kgf, 200 N의 힘으로 줄을 당긴다고 가정했을 때, 오른쪽 사람 S는 얼마의 힘[N]으로 줄을 당겨야 하는지 구하시오. 숫자는 [N] 단위로 소수점 첫째자리까지만 나타낸다.

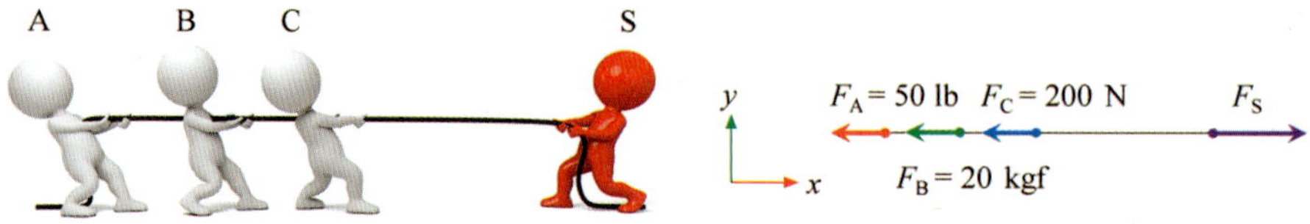

(a) 3:1 줄다리기 (b) 줄에 작용하는 모든 힘

그림 2-20 줄다리기와 힘 평형

Analyze

- 단위가 제각각이므로 모든 단위들을 [N]으로 변환한다.
- 줄은 인장 이력부재이므로 [그림 2-20(a)]는 그림 (b)와 같이 모델링할 수 있다.
- 힘 평형식 (2.10)을 이용한다.

Compute

- A가 당기는 힘 F_A를 [N] 단위로 변환하면 다음과 같다.

$$F_A = (50\,\text{lb}) \times \frac{45.36\,\text{kgf}}{100\,\text{lb}} \times \frac{9.80665\,\text{N}}{1\,\text{kgf}} = 222.4\,\text{N}$$

- B가 당기는 힘 F_B를 [N] 단위로 변환하면 다음과 같다.

$$F_B = (20\,\text{kgf}) \times \frac{9.80665\,\text{N}}{1\,\text{kgf}} = 196.1\,\text{N}$$

- x 방향의 힘 평형을 적용하면 S가 당기는 힘 F_S를 바로 구할 수 있다.

$$\sum F_x = F_S - (F_A + F_B + F_C) = 0$$
$$F_S = (222.4 + 196.1 + 200)\,\text{N} = 618.5\,\text{N}$$

Think

- 단위 변환은 모든 문제 풀이에 있어서 가장 기본적인 단계이므로 철저히 연습하자.
- 문제에 적합한 좌표를 설정하고 힘의 부호에 주의하자.

SECTION
2.5

도르래

- ✔ 도르래가 일상생활에서 어떻게 활용되고 있는지 살펴본다.
- ✔ 움직도르래와 고정도르래의 역할에 대해 이해한다.
- ✔ 도르래의 원리를 이용해 여러 개의 도르래로 이루어진 문제를 해결할 수 있다.

중량물을 들어 옮길 수 있는 크레인과 같은 기계가 없었던 고대시대에 피라미드 같은 웅장한 건축물들을 지은 것을 보면 인간의 능력과 창의성에 대해 경이로움을 느끼게 된다. 고대시대에 인류는 어떻게 이처럼 무거운 물체들을 옮길 수 있었을까? 이 질문에 대한 답의 일부를 도르래에서 찾아보자.

2.5.1 도르래의 활용

앞서 [그림 2-9]에서 살펴보았듯이 마찰을 무시할 수 있는 도르래에 줄을 매달아 사용하면 [그림 2-21(a)]와 같이 힘의 크기는 그대로 유지하면서($F = W$) 힘의 작용 방향을 원하는 대로 바꿀 수 있는 장점이 있어, 그림 (b)와 같이 깊은 우물에서 물을 안전하게 긷는 데 활용되어 왔다. 헬스클럽 fitness club에 설치되어 있는 그림 (c)와 같은 운동 기기들에는 운동을 하는 사람들이 편하게 운동할 수 있도록 수많은 도르래들이 사용되고 있다. 또한 사람의 힘만으로는 들어 옮기기 어려운 중량물 heavy load은 [그림 2-22]에서와 같이 다수의 도르래와 케이블을 이용한 구조물을 사용하여 수월하게 옮기기도 한다.

(a) 힘의 방향 전환　(b) 우물에서 물 긷기　(c) 체육시설 운동기기

그림 2-21 도르래를 이용한 힘의 방향 전환

Static Think_ 05

[그림 2-21(a)]에서 도르래와 줄 사이에 마찰이 있다면 F와 W 사이에는 어떤 관계가 있을지 생각해보시오.

(a) 고대의 도르래 이용

(b) 조선소에서의 도르래 이용

그림 2-22 도르래를 사용한 중량물 옮기기

2.5.2 도르래의 원리

[그림 2-21(a)]에서와 같이 **고정도르래** fixed pulley 1 개를 사용할 경우 마찰을 무시하면 케이블에는 항상 동일한 인장력이 걸린다. [그림 2-23]에서와 같이 고정도르래 수를 4 개로 늘려 무게 W인 중량물을 들어 올리는 시스템을 생각해보자. 이 케이블에 가상절단법을 적용하면, 케이블에는 항상 동일한 인장력이 걸려 최종적으로 $F = W$의 관계가 성립한다. 즉 고정도르래의 경우, 사용한 도르래의 수에 상관없이 도르래 주변 케이블에는 항상 동일한 힘이 발생한다. 따라서 고정도르래는 작은 힘으로 무거운 물체를 들어 올리는 용도로는 사용할 수 없고 방향 전환용이나 케이블 지지용으로만 사용할 수 있다.

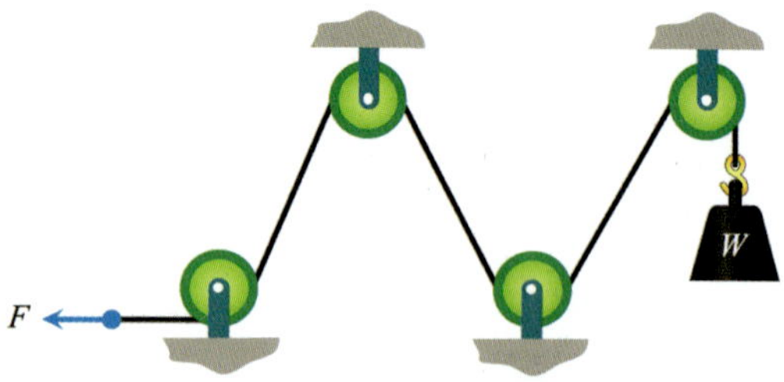

그림 2-23 다수의 고정도르래를 이용한 중량물 들어올리기

이제 [그림 2-24]와 같이 고정도르래 1 개와 **움직도르래** movable pulley 1 개를 같이 사용하는 경우에 대해 살펴보자. 그림 (a)에서 파선 A-A를 따라 케이블을 가상절단한 후 왼쪽 부분만 별도로 나타내면 그림 (b)와 같다. 이 경우 줄에 발생하는 내력(T)은 인장 이력부재의 특성상 F와 크기가 같다. 즉 그림 (b)는 고정도르래 부분이므로 $F = T$가 된다. 다음으로 선 A-A를 따라 가상절단한 오른쪽 부분만을 나타내면 그림 (c)와 같으며, 이 경우 줄에 발생하는 내력(T)은 왼쪽 부분과 크기는 같고 방향만 반대가 된다. 마지막으로 그림 (c)에서 파선 B-B를 따라 한 번 더 가상절단한 후 아래 부분만 나타내면 그림 (d)와 같이 되며, 줄에 발생하는 내력의 크기는 항상 T로서 같게 된다. 그림 (d)에서 무게 W는 작용력(외력)이며 T는 (내부)반력이므로 수직 방향에 대해 힘 평형 조건 식 (2.10)을 적용하면 식 (2.11)과 같은 관계를 얻을 수 있다. 이 식을 통해 알 수 있듯이 움직도르래를 사용하면

적은 힘으로도 무거운 물체를 들어 올릴 수 있다. 이를 **도르래의 원리** principle of pulley라고 한다. [그림 2-25]는 조선시대 화성을 건축할 때 사용했던 거중기 모형이며, 위쪽에 고정도르래 4 개와 아래쪽에 움직도르래 4 개가 사용되었음을 알 수 있다.

$$\sum F_y = 2T - W = 0$$
$$F = T = \frac{W}{2} \tag{2.11}$$

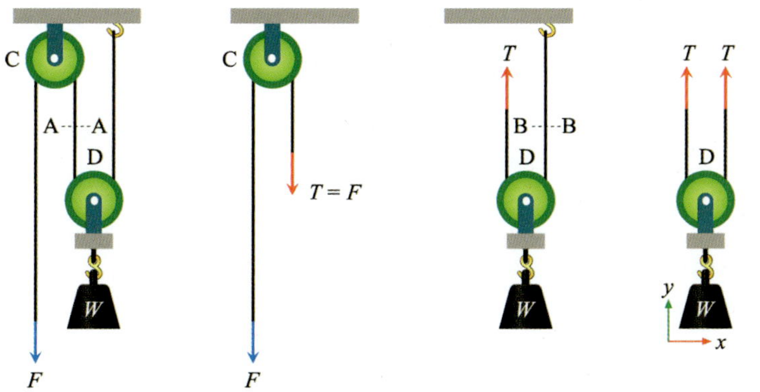

(a) 도르래의 예　(b) 가상절단 1(좌)　(c) 가상절단 1(우)　(d) 가상절단 2

그림 2-24 움직도르래 1개와 고정도르래 1개로 이루어진 구조물

그림 2-25 조선시대 거중기 모형(수원 화성 박물관)

Static Think_ 06

[그림 2-25]의 거중기를 이용하기 위해서는 좌우에 1명씩 최소 2명이 필요한데 왜 이와 같이 설계했을지 생각해보시오.

예제 2-5 고정도르래 2개와 움직도르래 2개로 이루어진 계

고정도르래 2개와 움직도르래 2개로 구성된 [그림 2-26(a)]와 같은 계가 있다. 이 계가 정지해 있기 위해 필요한 힘 F를 무게 W의 함수로 나타내시오.

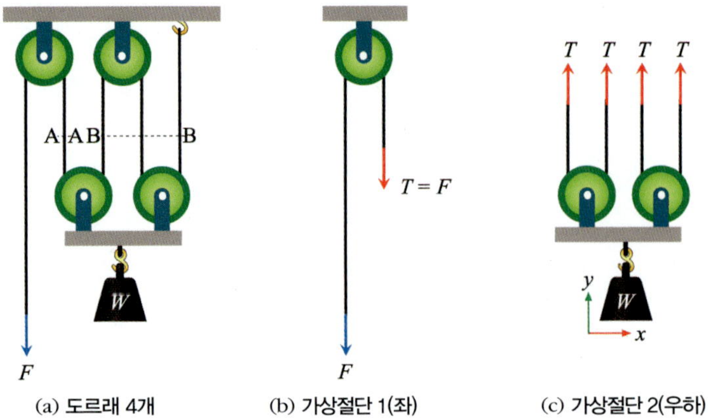

그림 2-26 고정도르래 2개와 움직도르래 2개로 구성된 구조물

Analyze

- [그림 2-26(a)]에서 파선 A-A를 따라 가상절단한 후 왼쪽 부분만 나타내면 [그림 2-26(b)]와 같이 된다. 이 경우는 고정도르래 문제이므로 $F = T$가 된다.
- [그림 2-26(a)]에서 파선 B-B를 따라 추가로 가상절단하여 얻은 오른쪽 아래쪽 부분에 작용하는 힘들을 고려한다.
- 도르래와 줄 사이에 마찰이 없다면 같은 줄에는 항상 동일한 인장력이 발생한다.

Compute

- 모든 줄 내부에 발생하는 내력은 T가 된다.
- 그림 (c)의 자유물체도에 대해 y 방향의 힘 평형을 적용하면 T와 W 사이의 관계를 다음과 같이 구할 수 있다.

$$\Sigma F_y = 4T - W = 0$$

$$F = T = \frac{W}{4}$$

Think

- 힘 F, 움직도르래 수 n, 부하 W 사이에는 $F = \dfrac{W}{2^n}$의 관계가 성립한다.
- 줄은 인장 이력부재이므로 1차원 힘 평형만 적용하면 도르래 문제를 해결할 수 있다.

[Static Think]에 대한
하나의 생각 (2장)

CHAPTER 02 | 종합예제

고정도르래와 움직도르래의 개수 및 배치를 변경하여 [그림 2-27]의 (a)~(d)까지 네 가지 도르래 시스템을 구성하였다. 각각의 경우에 대해 다음 물음에 답하시오. 부하 $W(=300\text{ kN})$를 제외한 다른 부재들의 자중과 부재들 간의 마찰은 없다고 가정한다.

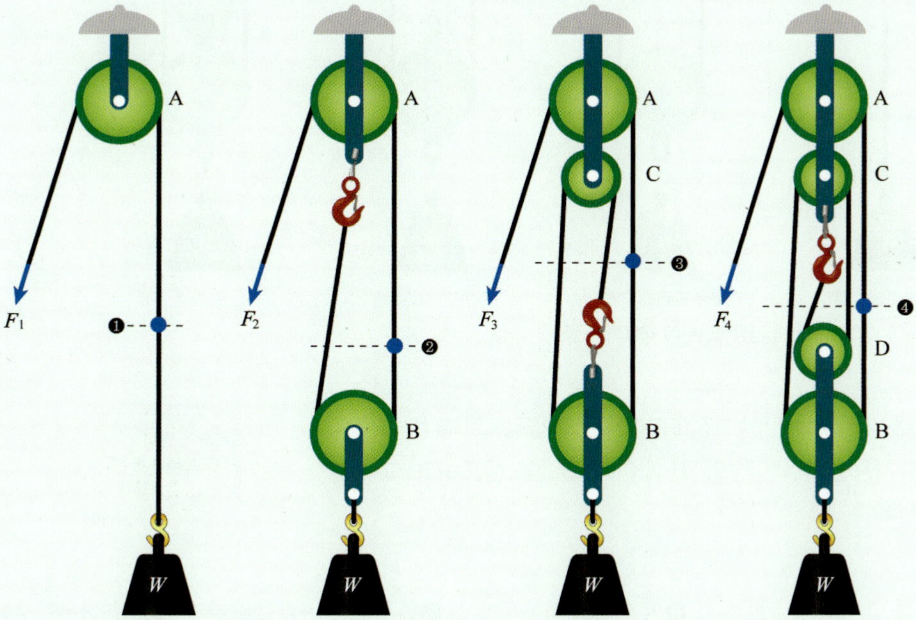

(a) 도르래 1개 (b) 도르래 2개 (c) 도르래 3개 (d) 도르래 4개

그림 2-27 도르래 개수에 따른 힘의 변화

Q1. [그림 2-27(a)]와 같이 고정도르래(A) 1개를 사용한 경우 F_1과 W사이의 관계를 유도하고 그 값을 구하시오.

풀이

도르래에 걸쳐져 있는 줄은 길이 방향으로만 힘이 전달되는 전형적인 인장 이력부재이다. [그림 2-27(a)]에서 힘 F_1은 1차원 힘의 전달성 원리에 의해 줄을 따라서 임의의 위치로 이동할 수 있으므로 ❶의 위치로 이동시킨 다음, 도르래 A와 부하 사이 줄을 점 ❶을 지나도록 가상절단하고, 부하를 포함하는 아래 부분에 작용하는 힘들을 나타내면 [그림 2-28(a)]와 같다.

- 2장 요약
  - ① 1차원 힘
  - ② 공선력계
  - ③ 이력부재
  - ④ 중력
  - ⑤ 집중력
  - ⑥ 반력
  - ⑦ 힘의 전달성 원리
  - ⑧ 가상절단법
- 오른손 직각좌표계

$$\Sigma F_x = 0$$
$$\Sigma F_y = 0 \quad (2.10)$$

[그림 2-28(a)]에 대해 1차원 힘 평형을 고려하면 F_1은 다음과 같이 된다.

$$\Sigma F_y = T - W = 0$$
$$F_1 = T = W = 300\text{ kN}$$

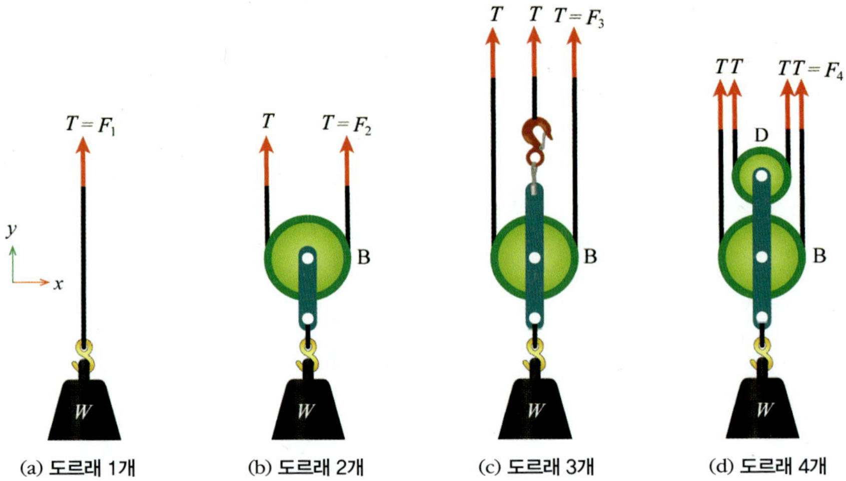

그림 2-28 부하를 포함한 가상절단부에 작용하는 힘

Q2. [그림 2-27(b)]와 같이 고정도르래(A)와 움직도르래(B)를 각각 1개씩 사용한 경우, F_2와 W 사이의 관계를 유도하고 그 값을 구하시오.

> • 도르래의 원리
> • 움직도르래 1개
> $$F = T = \frac{W}{2} \tag{2.11}$$

풀이

[그림 2-27(b)]에서 힘 F_2를 ❷의 위치로 이동시키고, ❷를 통과하는 파선을 따라 가상절단한 후 부하를 포함하는 아래 부분에 작용하는 힘들을 나타내면 [그림 2-28(b)]와 같다. 이에 대해 힘 평형을 고려하면 F_2는 다음과 같고, 이는 [그림 2-24(d)]와 동일한 경우이다.

$$\sum F_y = 2T - W = 0$$

$$F_2 = T = \frac{W}{2} = 150\text{ kN}$$

Q3. [그림 2-27(c)]와 같이 고정도르래(A, C) 2개와 움직도르래(B) 1개를 사용한 경우, F_3와 W 사이의 관계를 유도하고 그 값을 구하시오.

> • 내부반력 = 내력
> • 도르래의 원리
> • 힘의 전달성 원리
> • 미끄럼 벡터
> • 가상절단법

풀이

[그림 2-27(c)]에서 힘 F_3를 ❸의 위치로 이동시키고, ❸을 통과하는 파선을 따라 가상절단한 후 부하를 포함하는 아래 부분에 작용하는 힘들을 나타내면 [그림 2-28(c)]와 같다. 이에 대해 힘 평형을 고려하면 F_3는 다음과 같이 구할 수 있다. 이 경우는 그동안 살펴보았던 도르래와 달리 줄의 끝 부분이 움직이는 경우이다.

$$\sum F_y = 3T - W = 0$$

$$F_3 = T = \frac{W}{3} = 100\text{ kN}$$

Q4. [그림 2-27(d)]와 같이 고정도르래(A, C)와 움직도르래(B, D)를 각각 2개씩 사용한 경우, F_4와 W 사이의 관계를 유도하고 그 값을 구하시오.

- 도르래의 원리
- 힘의 전달성 원리
- 가상절단법

풀이

[그림 2-27(d)]에서 힘 F_4를 ❹의 위치로 이동시키고, ❹를 통과하는 파선을 따라 가상절단한 후 부하를 포함하는 아래 부분에 작용하는 힘들을 나타내면 [그림 2-28(d)]와 같다. 이에 대해 힘 평형을 고려하면 F_4는 다음과 같다.

$$\sum F_y = 4T - W = 0$$

$$F_4 = T = \frac{W}{4} = 75\ \text{kN}$$

Q5. 부하 300 kN을 [lb]와 [tonf] 단위로 변환하시오.

- 단위 변환

$$1\ \text{slug} = \frac{1\ \text{lb}}{1\ \text{ft/s}^2} = 32.174\ \text{lbm} \qquad (2.3)$$

$$1\ \text{kgf} = 9.806\,65\ \text{N} \approx 9.81\ \text{N} \qquad (2.4)$$

$$1\ \text{kip} = 1\ \text{kilo pounds} = 1{,}000\ \text{lb}$$

풀이

$$300\ \text{kN} = (300\ \text{kN}) \times \frac{100\ \text{lb}}{45.36\ \text{kgf}} \times \frac{1\ \text{kgf}}{9.80665\ \text{N}} \approx 67.4\ \text{kip}$$

$$300\ \text{kN} = (300\ \text{kN}) \times \frac{1\ \text{kgf}}{9.80665\ \text{N}} \times \frac{1\ \text{tonf}}{1{,}000\ \text{kgf}} \approx 30.6\ \text{tonf}$$

고찰

[그림 2-28(d)]와 같은 방법으로 산업용 도르래를 제작할 경우 설치 공간 문제가 있어, 실제로는 [그림 2-29]와 같이 하나의 부품에 여러 개의 도르래를 가공한 **도르래 장치** block & tackle를 주로 사용한다.

도르래는 1차원 정역학 문제이지만, 실제 현장에서 많이 사용되는 효율적인 구조물 중의 하나이다.

그림 2-29 실제 산업용 도르래

2.1 다음에 열거된 질량들의 크기를 [g]을 기준으로 비교하고, 크기가 큰 순서로 나열하시오. 2.1절

$$m_1 = 1\ \text{slug},\ m_2 = 1\ \text{kg},\ m_3 = 1\ \text{lbm},\ m_4 = 1\ \text{mg}$$

2.2 다음에 열거된 힘들의 크기를 [N]을 기준으로 비교하고, 크기가 큰 순서로 나열하시오. 2.1절

$$F_1 = 100\ \text{N},\ F_2 = 100\ \text{kgf},\ F_3 = 100\ \text{lb},\ F_4 = 100\ \text{cgf}$$

2.3 [그림 2-30]과 같은 에어버스Airbus 사의 A380-800 항공기의 최대이륙중량(MTOW) maximum take-off weight은 $569{,}000\ \text{kgf}$ 이다. 이 항공기를 이륙시키기 위한 최소 양력[N]을 구하시오. 2.1절

2.4 [그림 2-31]과 같이 타이어의 압력을 점검한 결과 압력이 $40\ \text{psi}\,(=\text{lb}/\text{in}^2)$로 측정되었다. 이 압력을 [Pa] 단위로 변환해보시오. 2.1~2.2절

그림 2-30

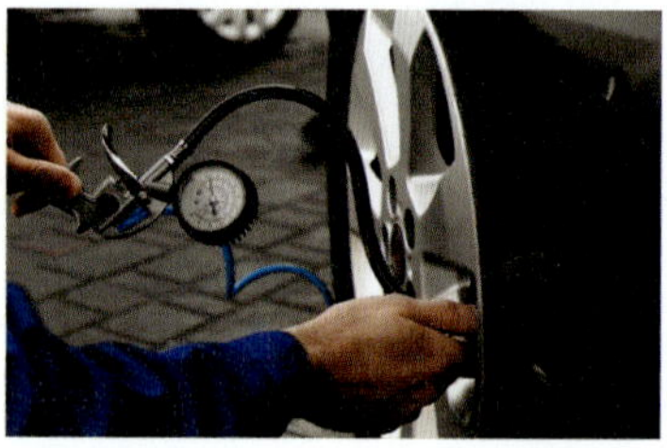

그림 2-31

2.5 보일 Boyle의 법칙을 실험하기 위해 동일한 기체에 대해 피스톤 piston과 실린더 cylinder를 이용하여 [그림 2-32]와 같은 압력 결과를 얻었다. 실린더의 내경(또는 피스톤의 외경)을 $1\ \text{in}$라고 했을 때, 피스톤에 가해야 할 집중력 F [lb]의 크기를 구하시오. 2.2절

HINT 보일의 법칙 : 동일한 기체에 가해주는 압력과 부피는 반비례 한다(pV =일정).

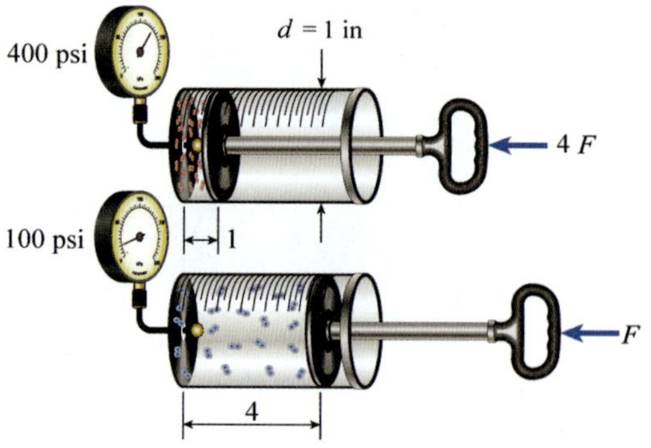

그림 2-32

2.6 굴비 한 마리의 무게가 w 라고 가정했을 때, [그림 2-33]의 점 A와 B에서 줄에 발생하는 내력을 구하시오. 2.3~2.4절

2.7 바닥에 놓인 질량 1 kg 인 나무 트럭에 스프링 저울을 연결해 힘을 천천히 가하면서 나무트럭이 움직이기 시작하는 순간의 힘을 측정한 결과 [그림 2-34]와 같은 결과를 얻었다. 면마찰과 구름마찰 시의 마찰계수를 구하시오. 마찰력은 물체의 무게에 마찰계수를 곱해 구하며, 중력가속도는 $9.81\ \mathrm{m/s^2}$ 으로 계산한다. 2.3~2.4절

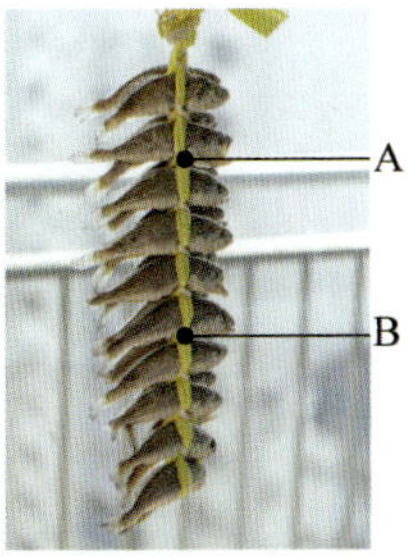

그림 2-33

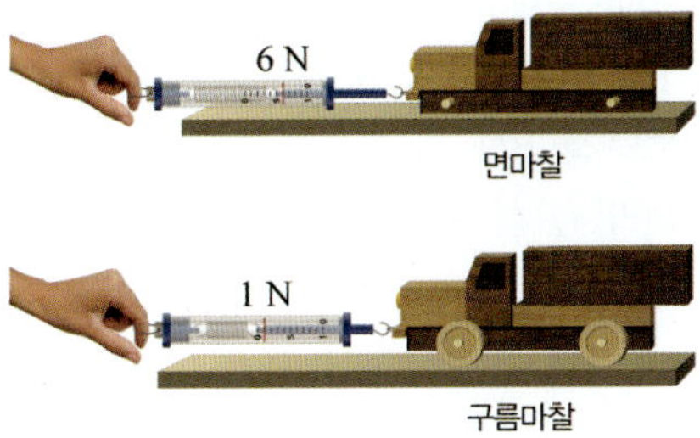

그림 2-34

2.8 [그림 2-35]의 좌표계 중 오른손 직각좌표계가 아닌 것을 모두 고르시오. 2.4절

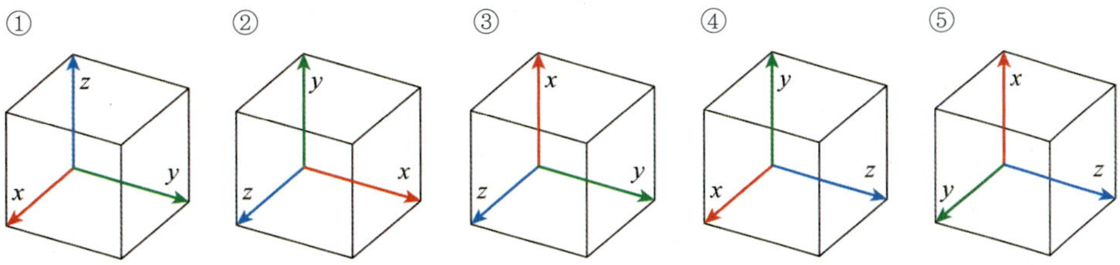

그림 2-35

2.9 [그림 2-36]과 같이 왼쪽(L) 팀과 오른쪽(R) 팀이 줄다리기를 하고 있다. 어느 쪽으로도 움직이지 않기 위해서는 L_2가 얼마의 힘[N]으로 당겨야 하는지 구하시오. 2.1절, 2.4절

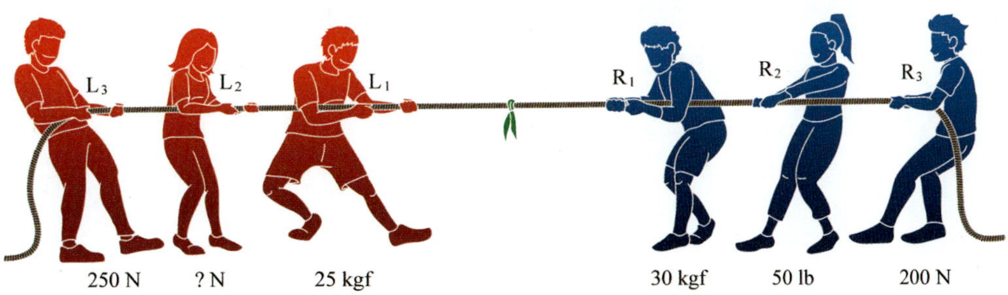

그림 2-36

2.10 [그림 2-37(a)]와 같이 고정도르래 하나를 이용해 무게 100 N인 짐을 지면에서 1 m 들어 올리려고 한다. 점 A에 가해야 할 힘(F_1)과 점 A의 이동거리(s_1)를 구하시오. 2.1절, 2.5절

2.11 [그림 2-37(b)]와 같이 고정도르래와 움직도르래 하나씩을 이용해 무게 100 N인 짐을 지면에서 1 m 들어 올리려고 한다. 점 B에 가해야 할 힘(F_2)과 점 B의 이동거리(s_2)를 구하시오. 2.1절, 2.5절

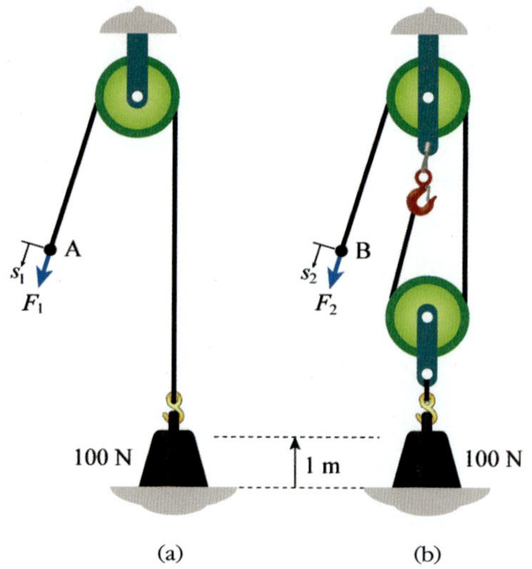

그림 2-37

2.12 [그림 2-38]과 같이 지름 20 mm, 길이 60 cm인 철근 40개를 소형 크레인으로 옮기고 있다. 철근 하나의 1 m당 무게 [N/m]를 구하고, 강철 케이블 $\overline{ACB}$에 발생하는 인장력 [lb]을 구하시오. 철근의 밀도는 7.85 g/cm³이다. 2.2절

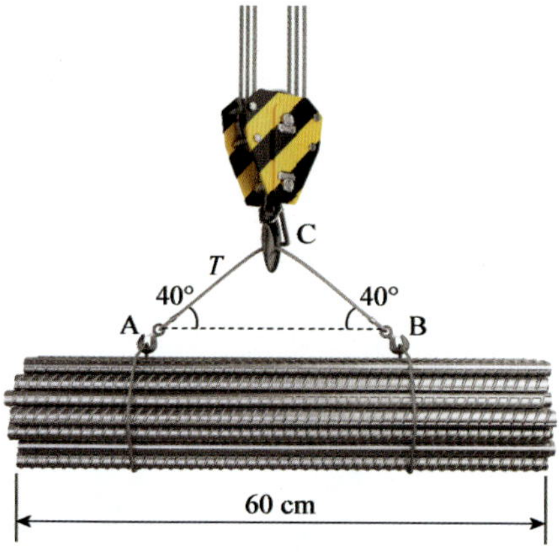

그림 2-38

2.13 습기를 머금고 내린 습설 wet snow의 경우 밀도가 $300\ \mathrm{kg/m^3}$ 에 이른다. [그림 2-39]와 같은 지붕의 면적을 $(10\ \mathrm{m}) \times (20\ \mathrm{m})$ 의 직사각형으로 가정하고, 눈이 $50\ \mathrm{cm}$ 쌓였을 때 눈 전체의 무게 [lb]를 구하시오. 2.2절

그림 2-39

2.14 [그림 2-40]과 같이 마찰계수(μ)가 0.5인 수평면에 놓인 무게 W_1 과 공중에 떠 있는 무게 W_2 가 정적 평형상태가 되기 위한 두 무게 사이의 관계를 구하시오. 나머지 부재들의 무게는 무시한다. 2.4~2.5절

HINT 마찰력은 자중에 마찰계수를 곱해 구하면 된다.

2.15 [그림 2-41]과 같이 고정도르래 1개와 움직도르래 3개를 이용해 무게가 $W = 200\ \mathrm{kgf}$ 인 짐을 들어 올릴 유압 구동기를 구매하고자 한다. 유압 구동기의 최소 힘 [N] 용량을 구하시오. 2.4~2.5절

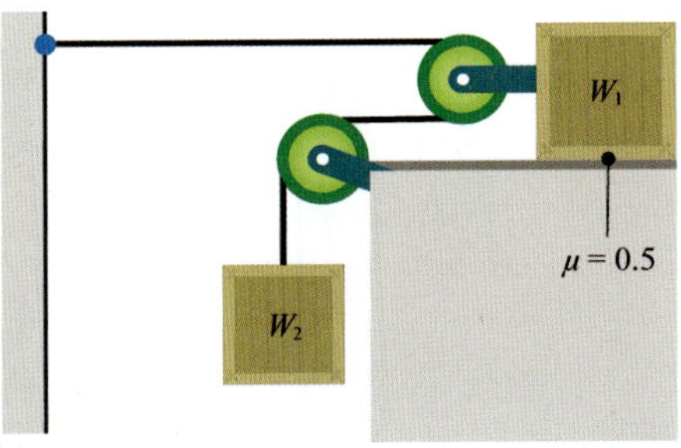

그림 2-40

그림 2-41

2.16 공학적으로 많이 사용되는 도르래의 네 가지 종류를 [그림 2-42]에 나타내었다. 무게 W와 평형을 유지하기 위해 각 도르래에 가해줘야 할 힘($F_1 \sim F_4$)을 W의 함수로 나타내시오. 2.4~2.5절

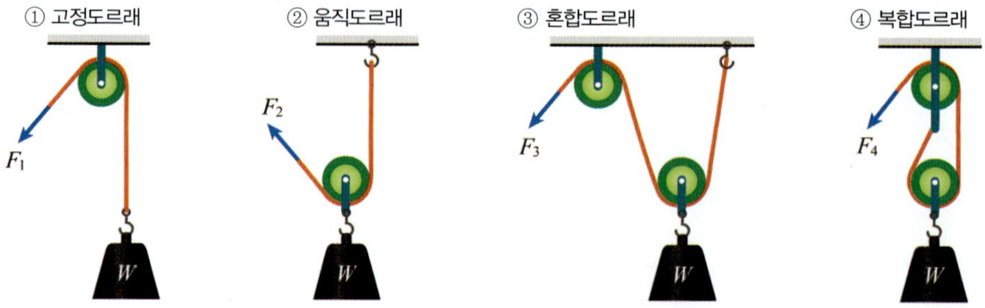

그림 2-42

***2.17** 마찰계수가 0.3인 수평면에 놓인 무게 W의 물체를 [그림 2-43]과 같이 도르래 4개를 이용해 이동시키고자 한다. 정적 평형상태에서 수평 방향으로 가해야 하는 힘 F와 무게 W사이의 관계를 구하시오. 나머지 부재들의 무게는 모두 무시한다. 2.4~2.5절

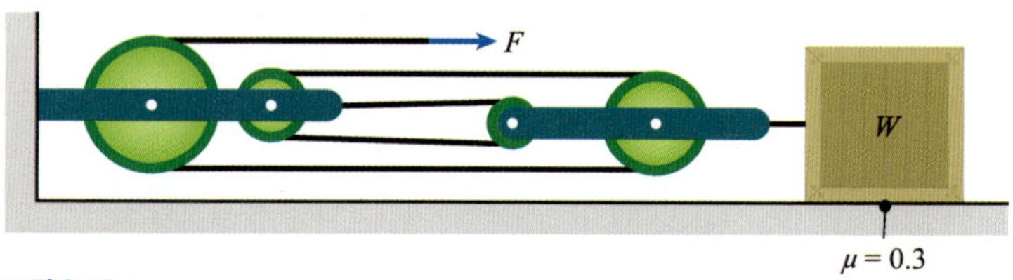

그림 2-43

***2.18** [그림 2-44(a)]와 같이 고정도르래(A, C) 2개와 움직도르래(B) 1개를 이용해 무게 100 N인 짐을 지면에서 1 m 들어 올리려고 한다. 점 G에 가해야 할 힘(F_1)과 점 G의 이동거리(s_1)를 구하시오. 도르래 A와 B의 무게는 20 N, C의 무게는 10 N이며, 다른 부재의 무게와 마찰은 무시한다. 2.1~2.5절

***2.19** [그림 2-44(b)]와 같이 고정도르래(A, C) 2개와 움직도르래(B, D) 2개를 이용해 무게 100 N인 짐을 지면에서 1 m 들어 올리려고 한다. 점 H에 가해야 할 힘(F_2)과 점 H의 이동거리(s_2)를 구하시오. 도르래 A와 B의 무게는 20 N, C와 D의 무게는 10 N이며, 다른 부재의 무게와 마찰은 무시한다. 2.1~2.5절

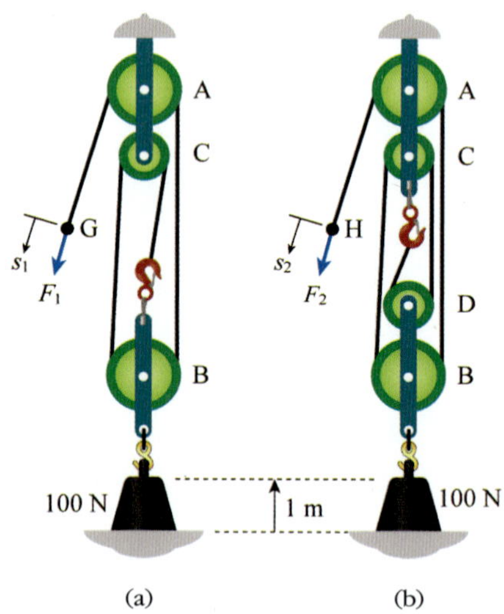

그림 2-44

***2.20** [그림 2–25]의 거중기는 [그림 2–45]와 같이 고정도르래와 움직도르래를 각각 4개씩 사용하여 최대 240 kgf의 무게를 들어 올렸다고 한다. 부하를 제외한 모든 부재들의 무게와 마찰을 무시하였을 때, 좌우에서 가해야 할 힘 F는 얼마인지 계산하시오. 2.1~2.5절

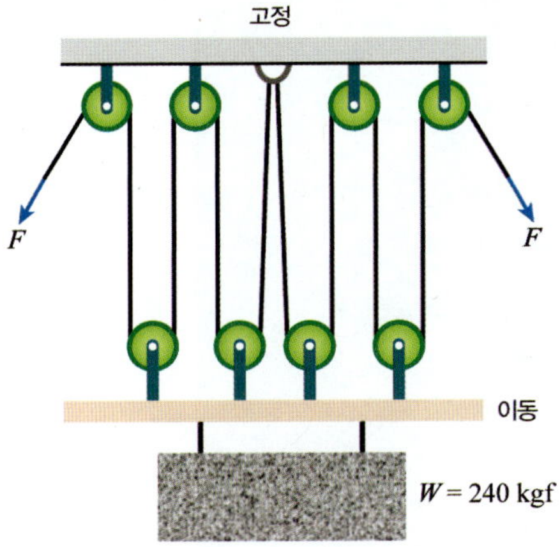

그림 2-45

안전하고 내구성 있는 구조물을 설계, 제작 및 사용하기 위해서는 구조물에 작용하는 힘과 그로 인해 지지부나 구조물 내부에 발생하는 반력이나 내력에 대한 정보가 필요하다. 보트와 크레인 모두 3차원 입체 구조물이지만 정면에서 바라보면 좌우대칭 형상이다. 따라서 이들을 2차원으로 모델링하고 자유물체도와 정적 힘 평형 조건을 적용하면, 로프나 크레인에 걸리는 내력 등의 정보를 3차원으로 다룰 때보다 비교적 수월하게 얻을 수 있는 경우가 많다.

CHAPTER
03
2차원 힘
Two Dimensional Forces

힘 벡터 및 힘의 성분 3.1
자유물체도 3.2
2차원 힘 평형 3.3
라미의 정리 3.4
종합예제
연습문제

학습목표

- 2차원 힘 벡터의 성분과 크기를 계산할 수 있다.
- 2차원 힘 벡터들의 합과 차를 계산할 수 있다.
- 3차원 물체를 2차원으로 모델링하고 적합한 자유물체도를 그릴 수 있다.
- 힘 평형 조건을 이용하여 2차원 공점력계에 대한 반력 및 내력을 계산할 수 있다.
- 라미의 정리를 이해하고 2차원 공점력계 문제 해결에 활용할 수 있다.

SECTION
3.1

힘 벡터 및 힘의 성분

- ✔ 2차원 정역학 문제들의 특징과 2차원 힘 벡터 표현 방법을 익힌다.
- ✔ 힘 벡터의 성분 표현과 벡터들의 합과 차를 구하는 방법을 익힌다.
- ✔ 2차원 공점력계 문제에서 작용력에 대한 반력을 구해본다.

정역학은 힘에서 출발해 힘으로 끝난다고 해도 과언이 아니다. 따라서 힘을 효과적으로 표현하고(벡터, 성분) 다루는(합과 차, 이동) 것은 정역학 학습에 있어서 매우 중요하다. 2 차원 힘 계 문제 중 가장 단순하다고 볼 수 있는 공점력계를 시작으로 2 차원 힘에 대한 탐험을 시작해보자.

3.1.1 2차원 정역학

1 차원 정역학에서는 정지해 있는 강체에 오직 한 방향 힘만 작용할 때, 해당 방향으로 발생되는 반력을 구하기 위해 오직 하나의 힘 평형식만 필요하였다. 그러나 실제 상황에서 1 차원으로 모델링할 수 있는 문제는 제한적이므로, 이 장에서는 힘이 두 방향으로 작용하는 2 차원까지 확장해보기로 한다. 먼저 [그림 3-1(a)]에서와 같이 한 꼬마가 지면 G에 놓여 있는 애완견이 타고 있는 무게 W인 카트를 힘 F로 밀고 있는 경우를 생각해보자. 이 3 차원 물체를 편의상 [그림 3-1]의 (b)~(d)와 같이 2 차원으로 모델링하기로 하고, 힘을 가하는 위치도 위(U), 중간(M), 아래(L)의 세 경우[1]로 나눠 생각한다.

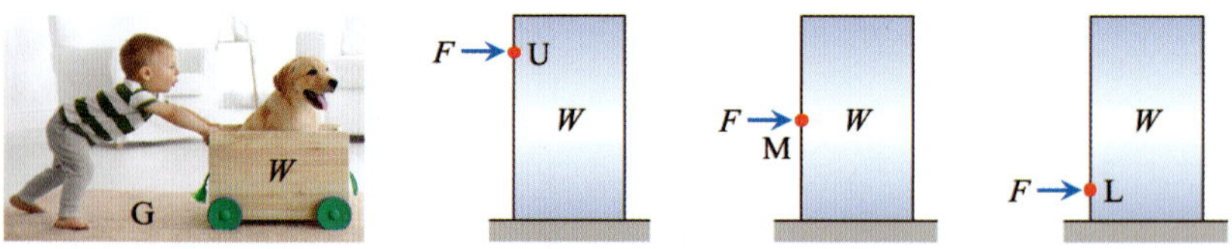

(a) 무게 W인 애완견 밀기 (b) 모델 1 (c) 모델 2 (d) 모델 3

그림 3-1 애완견이 타고 있는 카트에 작용하는 힘

Static Think_ 01

정역학적 관점에서 [그림 3-1]의 (b)~(d)는 동일한 물리적 상황인지와 또 그렇게 판단하는 이유는 무엇인지 생각해보시오.

1 실제 [그림 3-1(a)]의 경우 카트를 경사지게 밀고 있지만 편의상 수평으로 가정하였다.

[그림 3-1]에서 점 U, M, L은 힘 F의 작용선상에 있지 않기 때문에 **힘의 전달성 원리**를 적용할 수 없다. 따라서 실제로 그림 (b)~(d)는 완전히 다른 문제이지만, 그림 (a)에서 카트가 항상 지면 G에 균일하게 닿아 있고 절대 회전하지 않는다는 가정을 추가로 더하면 [그림 3-1(a)]의 문제는 [그림 3-2]의 (a)~(c)와 같은 강체 모델을 넘어 [그림 3-2(d)]와 같이 질점 particle으로 모델링할 수도 있으므로, [그림 3-1]에서 (b)~(d)까지는 같은 문제로 볼 수도 있다. [그림 3-2]에서 R_x는 카트 진행에 저항하는 x 방향의 마찰력, R_y는 지면에서 무게 W를 떠받치는 힘이다. [그림 3-2(d)]에서와 같이 모든 힘들이 하나의 점을 통과하는 경우를 **공점력계** concurrent force system라고 한다. 이 장에서는 **2차원**(2D) two dimensional 정역학 문제 중에서 공점력계를 먼저 다루기로 한다.

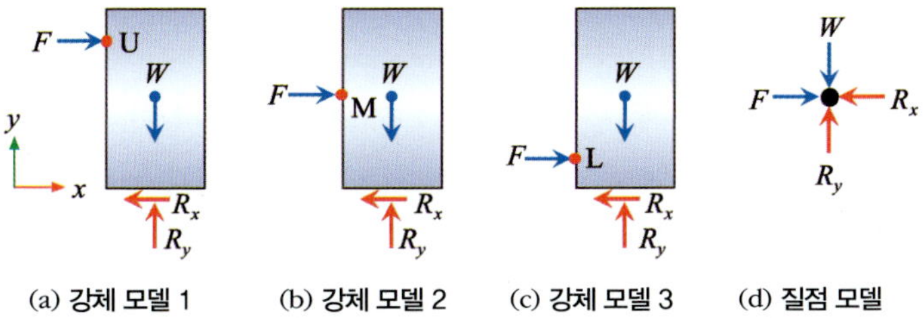

그림 3-2 강체 (a)~(c) 및 질점 모델 (d)

1 차원 정역학 문제에서는 2.4절의 식 (2.10) 중 하나의 힘 평형식만 필요하였으나, 2 차원 공점력계 문제에서는 일반적으로 두 개의 힘 평형식이 모두 필요하다. 예를 들어 [그림 3-2(d)]에서 반력의 크기 R_x, R_y를 구하려면 x축과 y축 방향의 힘 평형식이 모두 필요하며, 이는 식 (3.1)과 같다. 이 식으로부터 반력들은 각각 $R_x = F$, $R_y = W$가 됨을 알 수 있다.

$$\begin{aligned} \sum F_x &= F - R_x = 0 \\ \sum F_y &= R_y - W = 0 \end{aligned} \tag{3.1}$$

Static Think_02

2장에서 다뤘던 공선력계 collinear force system와 공점력계의 차이는 무엇인지 생각해보시오.

3.1.2 힘 벡터 및 합력

1장의 1.2.2절에서 설명한 바와 같이 힘은 대표적인 벡터량이다. [그림 3-3(a)]와 같이 두 명의 작업자가 무게 W인 짐을 옮기고 있다고 가정하자. 앞의 작업자는 짐을 핸드 팔레트 hand-operated pallet truck 손잡이 방향으로 끌고, 뒤의 작업자는 수평 방향으로 밀고 있다고 하면, 짐과 팔레트에 작용하는 힘들은 [그림 3-3(b)]와 같이 나타낼 수 있다. 이 경우 힘 F_r과 바퀴-지면 사이의 마찰력(f_f, f_r)은 x 방향 힘이고, 무게(W) 및 바퀴-지면 사이의 **수직력** normal force(N_f, N_r)은 y 방향의 힘으로 힘 평형식에 쉽게 대입할 수 있지만, F_f의 경우 힘의 방향이 두 축에 대해 기울어져 있어 이에 대한 별도의 처리가 필요하다.

(a) 짐을 옮기는 두 작업자 (b) 핸드 팔레트에 작용하는 힘

그림 3-3 핸드 팔레트를 이용해 짐을 옮기고 있는 두 작업자

[그림 3-4(a)]와 같이 원점(또는 시점) O에서 크기가 F 이고 x축에서 반시계방향으로 각 θ만큼 경사진 방향으로 작용하는 힘 벡터 $\mathbf{F}$ 에 대해 살펴보자. 이 힘 벡터는 [그림 3-4]의 (b)나 (c)와 같이 또 다른 두 힘 벡터의 합으로 나타낼 수 있으며, 이를 **평행사변형 법칙** law of parallelogram이라고 한다. 즉 평행사변형의 대각선을 크기로 갖는 벡터는 이웃하는 두 변의 길이를 크기로 갖는 벡터 합과 같다. 따라서 하나의 힘 벡터와 등가인 두 개의 힘 벡터는 무한히 많지만 그림 (b)와 같이 직각 orthogonal을 이루는 두 벡터로 주로 나타내며, 이를 수식으로 나타내면 식 (3.2)와 같다. 식 (3.2)에서 F_x와 F_y는 각각 직각을 이루는 두 벡터 $\mathbf{F}_x$와 $\mathbf{F}_y$의 크기를 나타내며, 이를 힘 $\mathbf{F}$의 x 방향과 y 방향으로의 **힘 성분** force component 또는 **분력의 크기**라고 한다. 또한 $\mathbf{i}$와 $\mathbf{j}$는 크기가 1 이고 $(+)x$ 방향과 $(+)y$ 방향으로 향하는 단위벡터이다.

$$\mathbf{F} = \mathbf{F}_x + \mathbf{F}_y = F_x\mathbf{i} + F_y\mathbf{j} \tag{3.2}$$

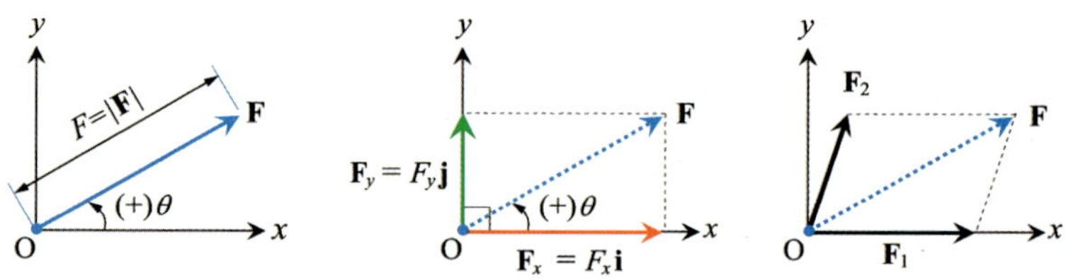

(a) 원점에 작용하는 힘 벡터 (b) 직각좌표계 (c) 임의의 평행사변형

그림 3-4 힘 벡터 표시와 힘의 성분

Static Think_03

식 (3.2)에서 $\mathbf{F}$, $\mathbf{F}_x$, F_x의 차이점에 대해 생각해보시오.

식 (3.2)와 같은 두 벡터의 합은 하나의 벡터를 평행이동시키는 방법으로도 구할 수 있다. 먼저 $\mathbf{F}_x + \mathbf{F}_y$의 경우 뒤쪽에 있는 벡터($\mathbf{F}_y$)를 [그림 3-5(a)]에서와 같이 오른쪽으로 평행이동시켜 $\mathbf{F}_y$의 시점 starting point이 앞쪽 벡터($\mathbf{F}_x$)의 종점(또는 화살표 끝점) terminal point과 일치되게 했을 때, $\mathbf{F}_x$의 시점에서 $\mathbf{F}_y$의 종점으로 향하는 벡터가 합 벡터($\mathbf{F}$)가 된다. 벡터 합의 경우 교환법칙이 성립하므로 $\mathbf{F}_x + \mathbf{F}_y$ 대신 $\mathbf{F}_y + \mathbf{F}_x$로 계산해도 된다. 이 경우에도 뒷쪽에 있는 벡터($\mathbf{F}_x$)를 [그림 3-5(b)]에서와 같이 위로 평행이동시켜 그 벡터의 시점이 앞쪽 벡터($\mathbf{F}_y$)의 종점과 일치되게 했을 때, $\mathbf{F}_y$의 시점에서

F_x의 종점으로 향하는 벡터가 합 벡터(F)가 된다. 그림 (a)와 그림 (b)로부터 두 벡터의 합이 같음을 알 수 있다. 이러한 벡터 합 방법은 [그림 3-4(c)]와 같이 직각이 아닌 임의의 두 벡터에도 적용된다. 이때 힘 벡터 F 의 직각 방향 성분들은 직각삼각형에 대한 삼각함수의 정의에 따라 식 (3.3)과 같이 되며, 이를 [그림 3-5(c)]에 나타내었다.

$$F_x = F\cos\theta, \quad F_y = F\sin\theta \tag{3.3}$$

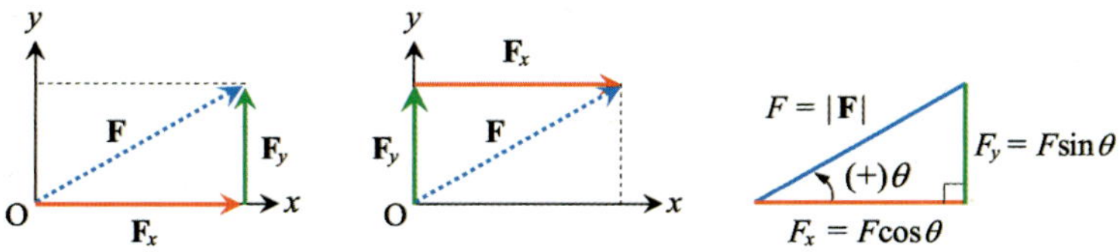

(a) $F_x + F_y$ (b) $F_y + F_x$ (c) 힘의 성분

그림 3-5 힘 벡터의 합과 힘의 성분

Static Think_04

[그림 3-6]의 삼각형에서 $\sin\beta$, $\cos\beta$, $\tan\beta$ 값들을 계산기 없이 암산으로 구해보시오.

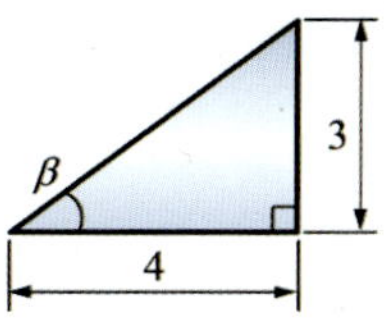

그림 3-6

$x-y$ 평면의 한 점 O에 다수의 힘들이 작용할 때, 이 힘들의 벡터 합을 구하면 전체 힘들의 효과를 하나의 벡터로 대체할 수 있으며, 이를 **합력** resultant force이라고 한다. 합력은 크게 두 가지 방법으로 구할 수 있다. 먼저 각각의 벡터들을 [그림 3-5]에서와 같은 방법으로 순차적으로 평행이동시켜 더하는 방법이다. 예를 들어 [그림 3-7(a)]에 나타낸 세 힘 벡터들(A, B, C)의 합력을 구하고자 할 경우, [그림 3-7(b)]에서와 같이 A를 기준으로 B의 시점을 A의 종점인 ❶로 평행시킨 다음, C의 시점을 B의 종점인 ❷로 평행이동시킨다. 이후 A의 시점 O에서 마지막으로 더한 C의 종점 ❸까지를 이은 벡터 R이 합력이 된다. 벡터의 덧셈에 대해서는 교환법칙이 성립하므로 벡터를 더하는 순서는 중요하지 않다.

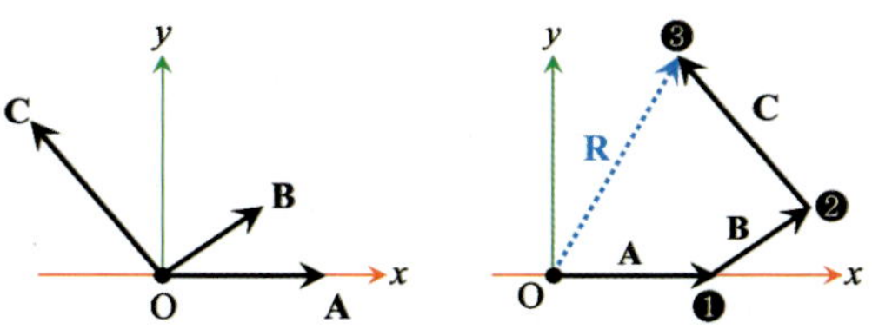

(a) 세 힘 벡터 (b) 벡터 평행이동을 통한 합력

그림 3-7 세 힘 벡터의 합력

[그림 3-7(b)]에서와 같이 벡터 합을 이용해 합력을 구할 경우, 합력의 크기나 방향을 직관적으로 쉽게 확인할 수 있다. 그러나 힘의 수가 많아지면 벡터 합은 작도법에 의존해야 하므로 합력을 체계적으로 구하는 데 한계가 있으며, 8장에서 다루게 될 3 차원 문제로 확장하기 어렵다. 이와 같은 단점을 극복하기 위해 각 벡터들을 [표 3-1]에서와 같이 직각좌표계 성분으로 나눠 성분별로 더하면, 식 (3.4)와 같은 합력 벡터를 구할 수 있다. 합력 벡터의 크기와 합력이 x축과 이루는 각은 식 (3.5)를 이용해 구하면 된다. 이러한 벡터의 성분 합 방법은 작용하는 힘의 수가 많아지더라도 전산화를 통해 쉽게 수행할 수 있고, 3 차원 문제에도 적용 가능하므로, 이 책에서는 주로 이 방법을 사용하기로 한다.

표 3-1 벡터 성분 합을 통한 벡터 합 계산

벡터	성분	
	x	y
A	A_x	A_y
B	B_x	B_y
C	C_x	C_y
R	$R_x = \sum_{i=1}^{n} F_{xi} = A_x + B_x + C_x$	$R_y = \sum_{i=1}^{n} F_{yi} = A_y + B_y + C_y$

$$\mathrm{R} = R_x \mathrm{i} + R_y \mathrm{j} = \sum_{i=1}^{n} F_{xi} \mathrm{i} + \sum_{i=1}^{n} F_{yi} \mathrm{j} \tag{3.4}$$

$$R = |\mathrm{R}| = \sqrt{R_x^2 + R_y^2}$$
$$\theta = \tan^{-1}\left(\frac{R_y}{R_x}\right) \tag{3.5}$$

벡터 차는 벡터 합을 응용하여 수행할 수 있으므로 별도의 설명은 생략하기로 한다.

예제 3-1 닻에 작용하는 세 힘의 합력

배 정박용 닻 ship anchor에 순간적으로 [그림 3-8]과 같은 세 힘이 작용하고 있다. 이 힘들의 합력[kN]을 벡터로 구하고, 합력의 크기와 합력이 x축과 이루는 각도[°]를 구하시오. 합력은 [N] 단위로 정수 자리까지 나타내시오.

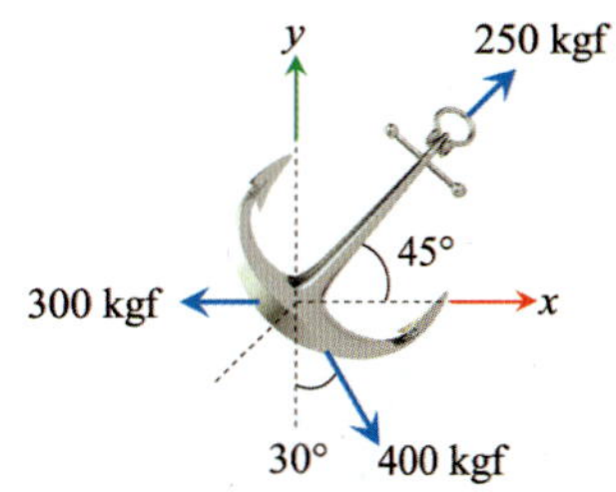

그림 3-8 닻에 작용하는 세 힘

Analyze

- 작용하는 힘들을 [표 3-1]과 같이 성분별로 나타내어 합력을 구한다.
- 식 (3.4)~(3.5)를 이용하여 필요한 정보를 구한다.

Compute

- 세 힘들의 성분을 표로 나타내면 다음과 같다.

힘[kgf]	성분[kgf]			
	x		y	
250	250cos45°	176.78	250sin45°	176.78
300	−300	−300.00	0	0.00
400	400sin30°	200.00	−400cos30°	−346.41
합력	$R_x = \Sigma F_x$	**76.78**	$R_y = \Sigma F_y$	**−169.63**

- 식 (3.4)를 이용해 합력 벡터를 구하면 다음과 같다(1 kgf = 9.80665 N 적용).

$$\mathrm{R} = 76.78\,\mathbf{i} - 169.63\,\mathbf{j}\ [\mathrm{kgf}] = 753\,\mathbf{i} - 1{,}664\,\mathbf{j}\ [\mathrm{N}]$$

- 합력의 크기(R)와 합력 벡터가 (+) x축과 이루는 각도(θ_x)는 각각 식 (3.5)를 이용해 다음과 같이 구할 수 있다.

$$R = \sqrt{R_x^2 + R_y^2} = \sqrt{753^2 + 1{,}664^2} = 1{,}826\ \mathrm{N}$$

$$\theta_x = \tan^{-1}\left(\frac{R_y}{R_x}\right) = \tan^{-1}\left(\frac{-1{,}664}{753}\right) = (-)65.7°$$

Think

- 합력은 작용하는 힘들 중에서 크기가 가장 큰 힘 근처에 위치하게 된다.
- 오른손 좌표계 설정 시 각도는 기준축에서 반시계방향을 (+)로 약속하였기 때문에, 벡터 표현으로 볼 때 합력은 4 사분면에 놓이게 되므로 (+) x축과 이루는 각도는 (−)가 된다.

예제 3-2 힘 벡터의 차

[그림 3-9]의 두 힘 벡터(A, B)의 차(S = A − B)를 벡터 합을 응용하여 구하고, S가 (+)x축과 이루는 각도[°]를 구하시오. 단위는 [N]으로 소수 첫째자리까지 나타내시오.

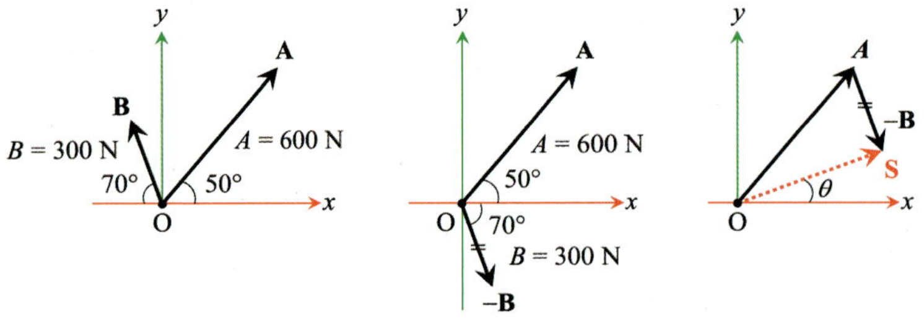

(a) 힘 벡터 A, B　(b) 힘 벡터 A, − B　(c) S = A + (− B)

그림 3-9 두 벡터의 차 계산

Analyze

- 두 벡터의 차 A − B는 A의 성분에서 B의 성분을 빼서 구하면 된다.
- 두 벡터의 차 A − B는 A에 B와 반대 방향의 벡터인 (−)B를 더하는 벡터 합을 통해서도 구할 수 있다.

Compute

- 벡터의 합을 이용한 벡터의 차는 [그림 3-9]의 (b), (c)와 같이 벡터 화살표를 이용해 구할 수 있다.
- 힘 벡터의 수가 2 개이므로 표 대신 아래와 같이 수식을 이용해 계산한다.

$$\mathrm{S} = \mathrm{A} - \mathrm{B} = 600(\cos 50°\mathbf{i} + \sin 50°\mathbf{j}) - 300(-\cos 70°\mathbf{i} + \sin 70°\mathbf{j})$$
$$= 488.3\mathbf{i} + 177.7\mathbf{j}\ [\mathrm{N}]$$

- 벡터의 차 S와 (+)x축이 이루는 각도는 식 (3.5)를 이용해 구한다.

$$\theta_x = \tan^{-1}\left(\frac{S_y}{S_x}\right) = \tan^{-1}\left(\frac{177.7}{488.3}\right) \approx 20°$$

Think

- 두 벡터의 합을 구하는 방법을 응용하면 두 벡터의 차도 구할 수 있다.
- 벡터의 합과 차 계산 시에는 벡터의 성분과 벡터 화살표를 조합해 사용하면 편리한 경우가 많다.

SECTION 3.2

자유물체도

- ✔ 자유물체도가 무엇이며 왜 필요한지 다양한 문제 풀이를 통해 깨닫는다.
- ✔ 자유물체도를 정확하고 효율적으로 그릴 수 있는 방법을 익힌다.
- ✔ 2차원 문제들을 정형화된 범주로 나눠 자유물체도를 쉽게 그릴 수 있는 방법을 익힌다.

자유물체도를 정확하게 그릴 수 있을 때 정역학으로부터 자유로워질 수 있다. 자유는 거저 얻어지지 않고 투쟁을 통해서만 쟁취할 수 있는 것처럼, 자유물체도를 정확하고 효율적으로 그리기 위해서는 많은 노력과 경험이 요구된다.

3.2.1 자유물체도란

정역학의 주된 주제는 대상 구조물에 가해진 작용력(또는 모멘트)에 의해 구조물과 구조물을 지지하고 있는 경계 boundary 또는 구조물 내부에 발생하는 반작용 힘(또는 모멘트)을 구하는 것이다. 이를 위해서는 우리가 관심을 갖는 대상을 그 대상을 포함하고 있는 전체 **계** system로부터 분리해 대상에 작용하는 모든 정보들(힘, 치수 등)을 알아보기 쉽게 그림으로 나타내는 것이 효과적이다. 이렇게 나타낸 그림을 **자유물체도** 自由物體圖, free body diagram[2]라고 한다. 관심 대상은 하나의 부품이 될 수도 있고, 자동차와 같이 하나의 시스템 전체가 될 수도 있다. 자유물체도를 정확하게 그리는 것이 정역학의 절반이라고 해도 과언이 아니다. 또한 자유물체도는 다른 역학 문제 해결에 있어서도 빈번하게 사용되기 때문에 정확하게 그리고 활용할 수 있어야 한다. 별도의 언급은 하지 않았지만 [그림 3-2]에서 이미 자유물체도를 활용하였다.

[그림 3-10(a)]와 같이 고집 센 당나귀를 소년과 소녀가 밀고 당기는 경우를 살펴보자. 그림에서 소년, 당나귀 및 소녀의 몸무게를 알고 있다고 가정했을 때, 각각에 어떠한 힘들이 작용하는지 알아보자. 먼저 관심 대상이 소년이라면 전체 계로부터 소년만을 분리시켜 그려야 하며, 이를 그림 (b)에 나타내었다. 그림에서 소년의 상태는 뒤로 넘어질 것 같아 불안해보이지만 넘어지지 않는 이유는 당나귀와 소년 사이에 위치한 케이블이 소년을 당기고 있기 때문이다. 또한 소년이 당나귀 쪽으로 끌려가지 않는 이유는 케이블이 소년을 끌고 있는 인장력과 반대 방향으로 지면과 소년의 발 사이에 발생하는 **마찰력** friction force[3]이 존재하기 때문이다. 이와 같이 관심 대상인 소년에 작용하는 모든 힘들을 자유물체도로 나타내면 그림 (c)와 같이 된다. 그림에서 F_{fb}와 N_{fb}는 앞발과 지면 사이에 발생하는 마찰력과 **수직항력** normal force을, F_{rb}와 N_{rb}는 뒷발과 지면 사이에 발생하는 마찰력과

2 자유물체도에 대해서는 1.6절(정역학 맛보기)에서 간단히 언급하였다.

3 이 장에서는 마찰력에 대해 간단히 다루고 9장에서 보다 깊게 다룬다.

수직항력을 각각 나타낸다. 동일한 방법으로 당나귀와 소녀에 대한 자유물체도를 각각 그림 (d)와 (e)에 나타내었다. 실제로 당나귀의 네 발에는 서로 다른 마찰력과 수직항력이 발생하지만, 편의상 앞의 두 발과 뒤의 두 발로 나눠 표시하였다. 그림 (c)~(e)로부터 알 수 있듯이, 전체 계인 그림 (a)에서는 파악하기 어려운 힘의 작용 여부와 작용 방향을 한눈에 파악할 수 있다.

그림 3-10 당나귀를 당기는 소년과 미는 소녀

Static Think_ 05

[그림 3-10]에 나타낸 자유물체도를 그리는 데 주로 사용된 뉴턴의 법칙은 무엇인지 생각해보시오.

3.2.2 자유물체도 그리는 방법

2차원 물체에 대한 자유물체도를 좀 더 체계적이고 효율적으로 그리는 방법[4]을 제안한다. 이를 위해 [그림 3-11]과 같이 무거운 짐을 트럭에 싣기 위해 경사면을 이용하는 경우를 고려해보자.

그림 3-11 화물 트럭에 짐을 싣고 있는 작업자

4 자유물체도를 그리는 표준화된 절차는 존재하지 않으므로, 자신에게 가장 편하고 적합한 절차를 스스로 찾아 활용하는 것이 바람직하다.

작업자가 짐을 경사면에 평행한 방향으로 밀고 있다고 가정했을 때, 경사면에 놓인 짐에 대한 자유물체도를 그려보자. 아래 절차를 간단히 'IDC Isolate, Display, & Coordinate 방법'이라 일컫겠다.

[Step 1] 전체 계에서 관심 대상 분리해 그리기 Isolation

[그림 3-11]에서 관심 대상인 경사면 위의 짐만을 전체 계에서 분리하면 [그림 3-12(a)]와 같이 된다. 여기서 관심 대상을 제외한 다른 경계면이나 물체들(경사면, 수평면 등)은 관심 대상(굵은 실선)과 구분될 수 있도록 가급적 다른 종류의 선(가는선, 파선, 점선, 이점쇄선 등)으로 나타낼 것을 권장한다.

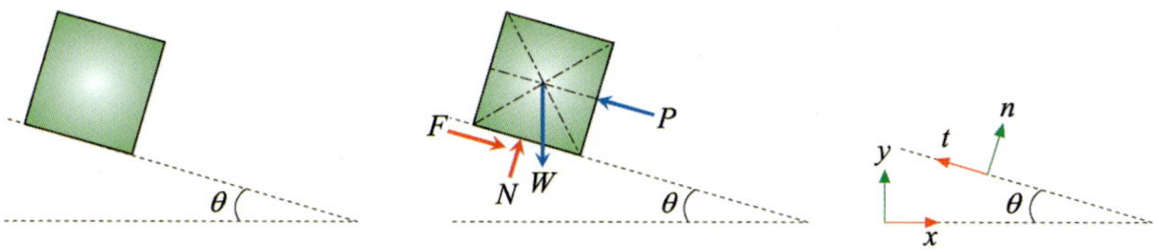

(a) 관심대상 분리해 그리기(I) (b) 모든 부하 표시(D) (c) 좌표계(C)

그림 3-12 경사면 위에 놓인 짐에 대한 자유물체도 그리기

[Step 2] 관심 대상에 작용하는 모든 부하 표시 Display

관심 대상에 작용하는 작용력과 그로 인해 주변 구조물들과의 경계에서 발생하는 반력 등을 방향까지 고려하여 대상 물체에 표시한다. 이때 힘들은 작용력과 반력의 관점에서 고려한다. 먼저 짐의 무게(W)는 작용력(중력)으로서 항상 수직 아래 방향으로 나타낸다. 작업자가 미는 힘(P)은 압축력이고, 이는 문제에서 주어진 대로 경사면과 평행하게 나타낸다. 경사면과 짐 사이의 마찰력(F)은 작용력(P)에 의한 운동을 방해하는 방향으로 나타내고, 수직항력(N)은 경계면에 수직하면서 물체에 압축을 가하는 방향으로 나타낸다. 이러한 힘들을 [그림 3-12(b)]에 나타내었다.

[Step 3] 문제 해결에 적합한 좌표계 선택 Coordinate

관심 대상에 표시한 모든 힘들을 기초로 힘 평형을 이용한 반력 결정에 적합한 좌표를 선택한다. [그림 3-12(c)]에 일반적인 2차원 오른손 직각(x-y) 좌표계와, 경사면에 수직 normal 및 평행한 tangential 오른손 직각(n-t) 좌표계를 나타내었다.

Static Think_ 06

[그림 3-13]에서 턱걸이 하고 있는 사람에 대해 자유물체도를 그렸다. 이 자유물체도의 문제점을 생각해보시오.

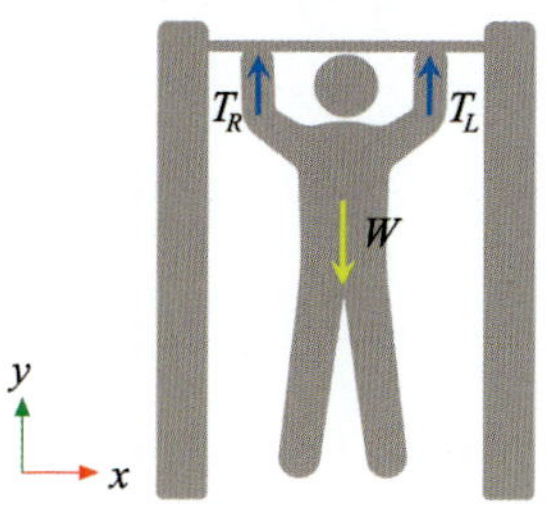

그림 3-13

3.2.3 2차원 힘의 모델링 및 표시

2 차원 물체에 작용하는 힘들의 공통적인 특징들을 사전에 파악하고 있으면 자유물체도를 보다 정확하고 효율적으로 그릴 수 있다. 예를 들어 [그림 3-11]에서 짐의 무게(W)는 항상 수직 아래 방향으로 작용하므로 자유물체도를 그릴 때는 항상 [그림 3-12(b)]와 같이 나타내면 된다.

[경우 1] 2장에서 살펴보았던 이력부재에 대해 알아보자. 이력부재에는 항상 크기가 같고 방향이 다른 두 힘만 작용한다. [그림 3-14]의 그림 (a)에서와 같이 케이블 권취 리일 capstan reel을 옮기고 있다고 할 때, A 부분 케이블만을 가상절단한 후 자유물체도를 그리면 그림 (b)와 같이 된다. 케이블은 이력부재들 중에서도 인장력만을 전달하기 때문에 무게를 무시할 수 있는 케이블에 대한 자유물체도는 항상 그림 (b)와 같이 나타내면 된다. 따라서 케이블을 잡아당기고 있는 오른쪽 작업자를 힘으로 대체하면 그림 (c)와 같이 나타낼 수 있고, 케이블에 의해 작업자에 가해지는 힘은 그림 (d)처럼 된다. 그림 (b)~(d)를 모두 합하면 ○와 □로 나타낸 힘들은 서로 크기가 같고 방향이 반대이므로 상쇄되어 다시 그림 (a)와 같은 상태가 된다. 이와 같은 검사 방법으로 자유물체도를 정확하게 그렸는지 일차적으로 확인할 수 있다.

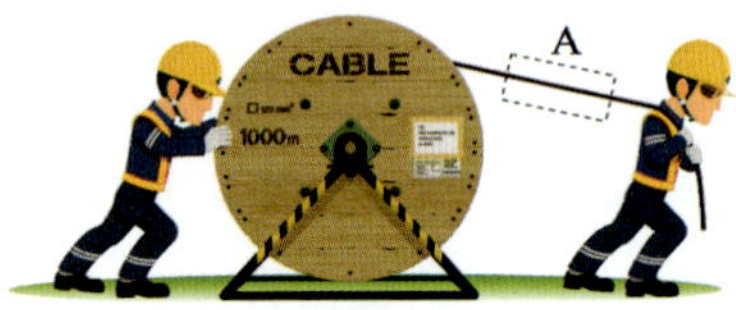

(a) 케이블 권취 리일을 밀고 당기는 작업자들

(b) 케이블에 대한 자유물체도

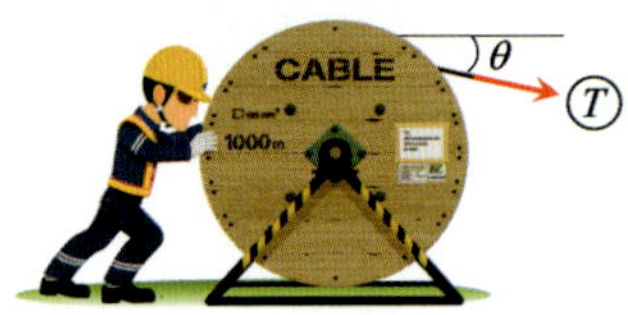

(c) 앞 작업자에 의해 작용하는 힘 표시

(d) 작업자에 가해지는 힘

그림 3-14 케이블 작업 중인 작업자들

[경우 2] 케이블이나 체인 등을 이력부재로 분류하였으나 [그림 3-15]의 (a)나 (b)와 같이 케이블 자체 무게를 무시할 수 없는 경우, 부분 A나 B에 대해 자유물체도를 그릴 때는 [그림 3-14]에서와는 힘의 작용 방향이 다르게 된다. 즉 [그림 3-15(c)]의 위와 같이 힘이 작용하는 경우, 힘의 작용점에는 [그림 3-15(c)]의 아래와 같이 점 C에서 케이블에 접선 방향으로 힘을 표시하면 된다. 케이블에 의해서는 인장력만 인가되는 것은 [경우 1]과 같다.

(a) 무거운 케이블 (b) 전력 케이블 처짐 (c) 작용력 표시

그림 3-15 무거운 케이블에 의해 작용하는 힘

[경우 3] [그림 3-16(a)]의 마찰을 무시할 수 있는 **매끄러운 표면** smooth surface에 놓인 바퀴달린 카트나 안락의자 rocking chair와 같이 2 차원 상에서 점 접촉하는 경우, 수평 방향의 힘이 조금이라도 가해지면 해당 방향으로 움직일 것이다. 따라서 정적 평형상태에서는 접촉점에 수직한 방향의 힘만 존재하며, 이를 **수직항력** normal force이라고 한다. 수직항력은 항상 대상 물체의 접선 방향에 수직으로 작용하며 대상 물체를 향하는 방향(압축력)으로만 작용하게 된다. 이러한 2 차원 롤러와 로커를 그림 (c)와 같이 간략하게 나타내기로 한다.

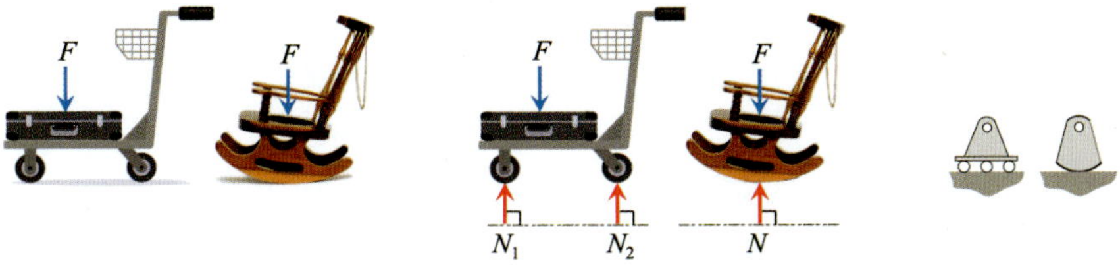

(a) 롤러 및 로커의 예 (b) 수직항력 (c) 2차원 모델

그림 3-16 매끄러운 표면에 놓여 있는 롤러와 로커

[경우 4] 잔디 깎는 기계가 매끄러운 표면이 아닌 [그림 3-17(a)]와 같이 **거친 표면** rough surface에 놓여 있다고 하자. 잔디를 깎기 위해 작업자가 기계에 미는 힘(P)을 가하면 작업자가 가한 힘과 기계의 무게에 의해 수직항력이 발생하고, 면이 거칠기 때문에 기계의 진행을 방해하려는 방향으로 마찰력이 작용한다. 잔디 깎는 기계에 대해 중력을 제외하고 그린 자유물체도를 [그림 3-17(b)]에 나타내었다.

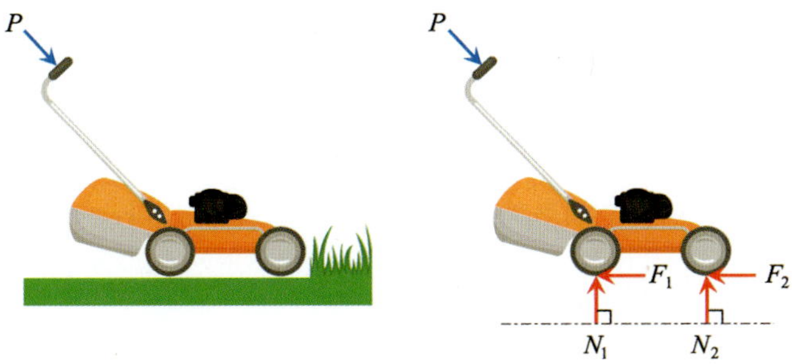

(a) 잔디 깎는 기계 (b) 기계에 대한 자유물체도

그림 3-17 거친 표면에 놓여 있는 잔디 깎는 기계(중력 미표시)

[경우 5] [그림 3-18(a)]와 같이 매끄러운[5] 지지 레일을 따라 움직이는 **스테이지** stage 또는 **슬라이더** slider의 경우 레일의 길이 방향 힘은 무시할 수 있다. 따라서 슬라이더를 [그림 3-18(b)]의 아래와 같이 2 차원으로 모델링하면, 슬라이더에는 그림 (b)의 위쪽에 나타낸 것처럼 레일의 길이 방향에 수직한 압축 수직항력만 존재한다.

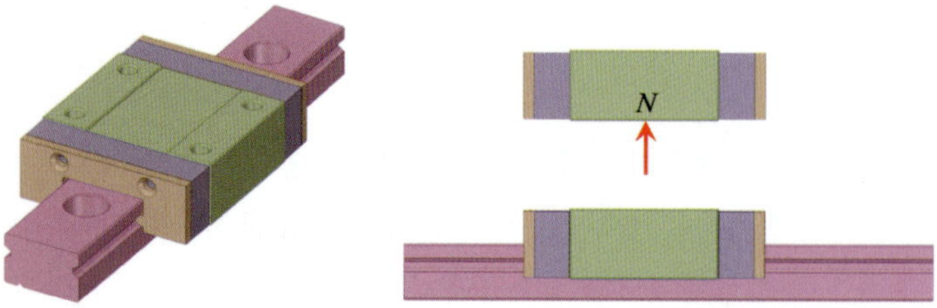

(a) 직선 이송 레일 및 스테이지　　(b) 스테이지에 작용하는 수직항력

그림 3-18 매끄러운 레일을 따라 움직이는 스테이지

[경우 6] 트랙터나 자동차에 농기구나 트레일러를 연결할 때 사용하는 [그림 3-19(a)]와 같은 마찰을 무시할 수 있는 고리 hitch 구조를 살펴보자. 이 구조를 위에서 바라 봤을 때 핀에 의해 [그림 3-19(b)]와 같이 두 방향의 힘을 전달할 수 있다. 이러한 구조를 2 차원 **핀 조인트** pin joint라고 하고 [그림 3-19(c)]와 같이 나타내기로 한다.

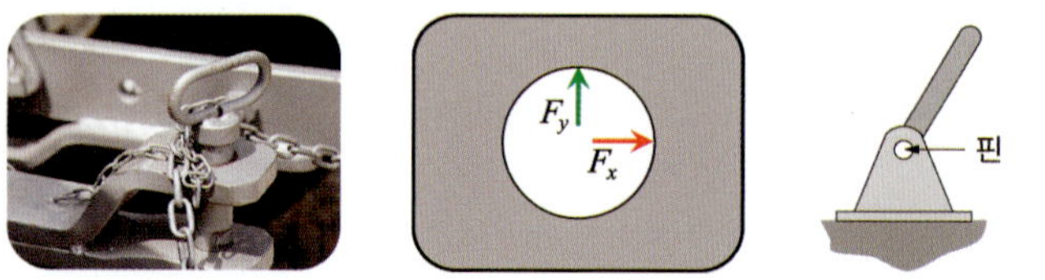

(a) 트랙터 견인 장치　　(b) 핀 조인트에 작용하는 힘　　(c) 2차원 핀 모델

그림 3-19 핀 조인트 구조물 및 작용하는 힘

[경우 7] **스프링 저울** spring balance과 같이 힘에 비례해 스프링이 늘어나거나 줄어드는 경우, 이 스프링을 **선형 스프링** linear spring이라고 한다. 예를 들어, 놀이터에 설치되어 있는 [그림 3-20(a)]와 같은 놀이기구에 힘 F를 인가하였을 때 스프링의 길이가 δ 만큼 줄어들었다고 가정하면, 힘과 변형 사이에는 식 (3.6)의 관계가 성립한다. 식에서 힘과 변형량 사이의 관계를 맺어주는 비례상수 k를 **스프링율** spring rate이라고 하고, 단위는 힘을 길이로 나눈 [N/m]가 된다. 그림 (a)의 놀이기구에 대한 자유물체도를 그리면 그림 (b)와 같다. 스프링은 인장력과 압축력 모두 전달할 수 있다.

$$F = k\delta \tag{3.6}$$

---

5 매끄러운 표면은 마찰을 무시할 수 있는 표면으로 간주한다.

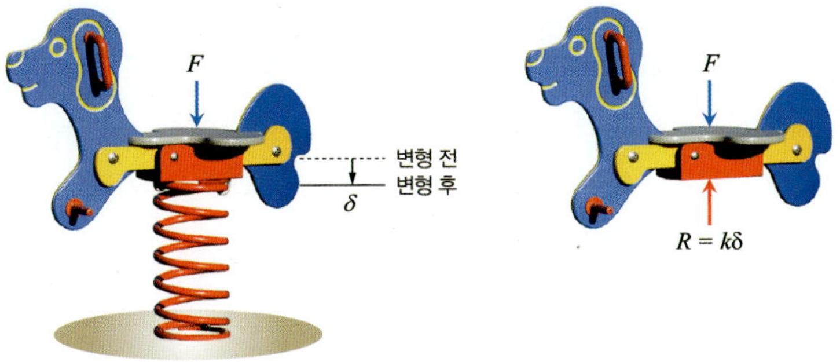

(a) 스프링 놀이 장치 (b) 스프링력

그림 3-20 스프링력을 고려한 자유물체도

[경우 8] 주차장에서 차를 빼야 하는데 차 앞에 다른 차가 병렬 주차되어 있는 경우, [그림 3-21(a)]와 같이 차를 밀어서 일정 거리를 옮겨야 한다. 이 경우 경차보다는 대형차가 옮기기 어렵고, 매끈한 주차장보다 울퉁불퉁한 주차장에 있는 차를 옮기기 어렵다. 그러나 한번 움직이기 시작하면 정지해 있을 때보다 적은 힘을 가해도 쉽게 움직인다. 이와 같은 현상은 고체(노면)와 또 다른 고체(차바퀴) 사이의 마찰력 차이에 기인한다. 이를 **건식마찰** dry friction[6]이라고 하며, 식 (3.7)과 같이 나타낸다. 식에서 N은 마찰력에 수직한 수직항력을 나타낸다. μ_s와 μ_k는 각각 **정마찰계수** static friction coefficient와 **동마찰계수** kinetic FC라고 하며, 일반적으로 $\mu_s > \mu_k$의 관계가 있다. 정역학에서는 정지해 있는 물체의 마찰을 주로 다루므로 별도의 언급이 없는 한, 마찰계수는 정마찰계수만을 일컫는다. [그림 3-21(a)]의 차량에 대한 자유물체도를 그리면 [그림 3-21(b)]와 같이 나타낼 수 있다.

$$F_{friction} = \begin{cases} \mu_s N = \mu N & \text{정마찰} \\ \mu_k N & \text{동마찰} \end{cases} \tag{3.7}$$

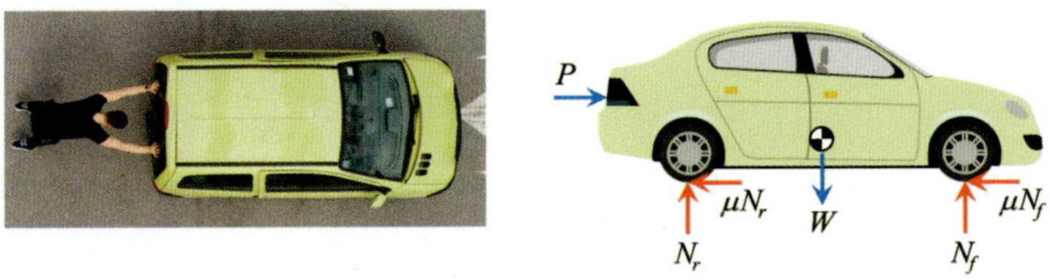

(a) 주차장에서 차 밀기 (b) 승용차에 작용하는 힘

그림 3-21 정지해 있는 승용차 이동 시 작용하는 힘

6 비가 오는 날 차의 제동거리가 길어지는 것은 노면과 차바퀴 사이에서 물이 윤활제 역할을 하기 때문이다. 이와 같이 두 고체 사이에 유체가 개입하는 경우를 습식마찰(wet friction) 또는 유체마찰(fluid friction)이라고 한다. 이 책에서는 건식마찰만 다루기로 한다.

예제 3-3 경사진 트럭 베드 위에 놓인 나무상자에 대한 자유물체도

[그림 3-22]와 같이 트럭 베드를 서서히 들어 올릴 때, 베드 위에 있는 무게 W인 나무상자crate가 미끄러지기 시작하는 각도($\theta_{\min}$)를 구하시오. 베드와 나무상자 사이의 마찰계수는 μ로 두고 계산한다.

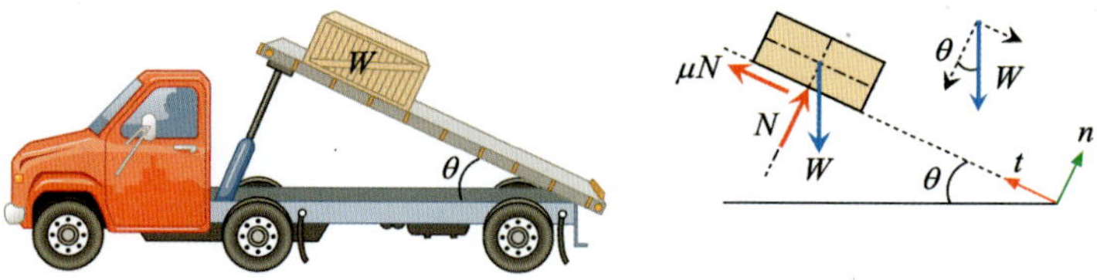

(a) 트럭 베드 위에 놓여 있는 나무상자 (b) 나무상자에 대한 자유물체도와 좌표

그림 3-22 트럭 베드 위에 놓인 나무상자

Analyze

- IDCIsolate, Display, & Coordinate 방법을 이용해 자유물체도를 그린다.
- 문제를 쉽게 해결할 수 있는 좌표계를 설정한다.
- 이 문제는 중력(W), [경우 4 : 거친 표면], [경우 8 : 건식마찰]에 해당된다.

Compute

- 나무상자만 독립시켜 [그림 3-22(b)]와 같은 자유물체도를 그린다.
- 경사면에 수직 및 평행한 n-t 좌표계를 [그림 3-22(b)]와 같이 설정한다.
- 나무상자의 무게 W를 n-t 좌표계 성분으로 나누면 다음 식과 같다. [그림 3-22(b)]의 오른쪽 위에 W와 각도를 식별하기 쉽게 추가로 그려놓았다.

$$W_t = (-)W\sin\theta, \quad W_n = (-)W\cos\theta$$

- n과 t 방향에 대해 힘 평형식 (3.1)을 적용하면, 다음과 같은 과정을 거쳐 나무상자가 미끄러지기 시작하는 각도를 계산할 수 있다.

$$\sum F_n = N - W\cos\theta = 0 \quad \rightarrow \quad N = W\cos\theta$$
$$\sum F_t = \mu N - W\sin\theta = \mu(W\cos\theta) - W\sin\theta = 0$$
$$\mu = \tan\theta$$
$$\theta_{\min} = \tan^{-1}\mu$$

Think

- 미끄러지기 시작하는 각도는 나무상자의 무게와 무관하고 마찰계수에만 의존한다.
- 예를 들어 마찰계수가 0.4인 경우, 각 θ가 21.8°보다 커지면 나무상자는 미끄러지기 시작할 것이다.

SECTION 3.3

2차원 힘 평형

- ✔ 2차원 정역학 문제를 효율적으로 해결하기 위한 좌표계 선택법을 익힌다.
- ✔ 2차원 힘 평형 조건을 이용해 2차원 문제들의 반력을 구한다.
- ✔ 압력과 힘 평형을 이용해 파스칼의 원리를 이해한다.

강체에 외력이 작용할 때 강체와 경계 부위 또는 강체 내부의 반력을 구하는 것이 정역학의 주된 목적이며, 이를 위해 사용할 수 있는 주된 도구 중의 하나가 힘 평형 조건이다. 적합하게 그린 자유물체도와 2 개의 힘 평형식만 있으면 2 차원 공점력계 문제는 쉽게 해결할 수 있다.

3.3.1 좌표계 선택

3.2절에서 관심 대상에 대한 자유물체도를 그린 이유는 물체에 작용하고 있는 외력에 의한 반력을 구하기 위함이다. 이를 위해서는 자유물체도를 기반으로 힘 평형을 적용해야 하는데, 이때 문제 해결에 적합한 좌표계를 선택하는 것이 바람직하다. [그림 3-23(a)]와 같이 경사면을 따라 짐을 밀어 올리는 경우, 짐에 대해 자유물체도를 그리면 그림 (b)와 같다. 이 경우 P와 W를 알고 있을 때, 수직항력(반력) N과 마찰력 R을 구해보자.

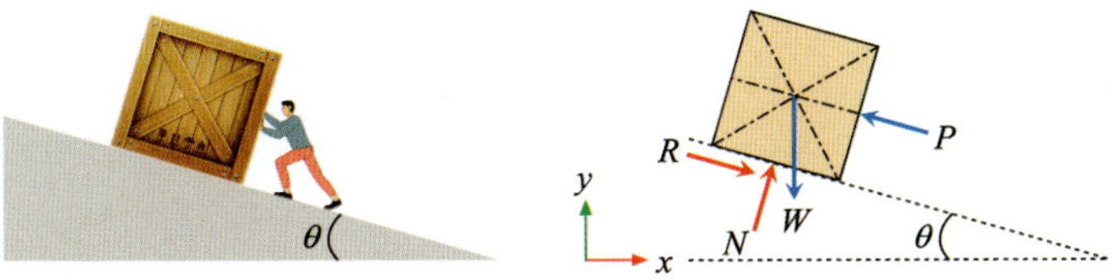

(a) 경사면으로 짐을 미는 사람 (b) 경사면 위의 짐에 대한 자유물체도

그림 3-23 경사면 위에 놓인 짐을 밀고 있는 사람

먼저 수평과 수직을 기본으로 하는 직각좌표계인 x-y 좌표계를 이용해 문제를 풀어보자. [그림 3-23(b)]의 자유물체도를 보았을 때 $(-)y$ 방향의 자중(W)을 제외한 모든 힘들이 x-y 좌표축에 대해 기울어 있어 [그림 3-24]와 같이 x 및 y 방향 성분으로 분력을 잡아야 한다. 그림에서 점선으로 나타낸 힘은 성분으로 나누기 전의 힘을 나타내고, •은 공간이 협소한 곳에 각 θ를 표시한 것이다. 이 자유물체도를 이용해 x 및 y 방향 힘 평형식을 세우면 식 (3.8)과 같다. 이를 미지수인 R과 N에 대해 정리하면, 식 (3.9)와 같은 2 원 1 차 연립방정식이 된다. 식 (3.9)의 두 식을 연립하여 풀면 R과 N을 구할 수 있으며, 이는 식 (3.10)과 같이 된다.

$$\begin{aligned}\sum F_x &= R_x + N_x - P_x \\ &= R\cos\theta + N\sin\theta - P\cos\theta = 0 \\ \sum F_y &= (-)R_y + N_y + P_y - W \\ &= (-)R\sin\theta + N\cos\theta + P\sin\theta - W = 0\end{aligned} \tag{3.8}$$

$$\begin{aligned}R\cos\theta + N\sin\theta &= P\cos\theta \\ (-)R\sin\theta + N\cos\theta &= W - P\sin\theta\end{aligned} \tag{3.9}$$

$$\begin{aligned}N &= W\cos\theta \\ R &= P - W\sin\theta\end{aligned} \tag{3.10}$$

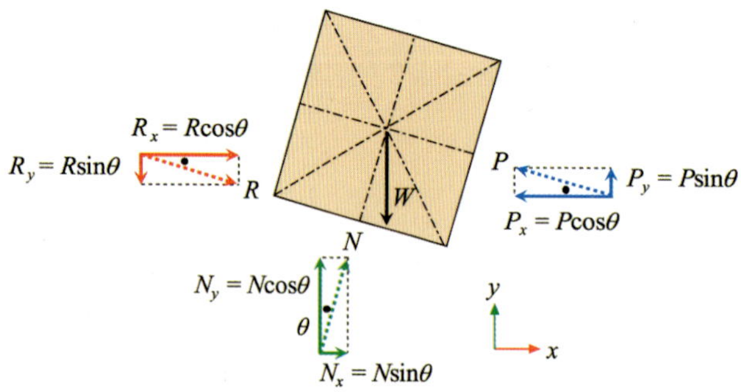

그림 3-24 경사면 위에 놓인 짐에 작용하는 힘의 x, y 방향 성분

Static Think_ 07

식 (3.10)에서 사람이 미는 힘이 없으면($P=0$) 어떻게 될지 생각해보고, [예제 3-3]의 결과와 비교해보시오.

다음으로 경사면에 수직한 축과 평행한 축을 기본으로 하는 직각좌표계인 n-t 좌표계를 이용해 문제를 풀어보자. [그림 3-25(a)]의 자유물체도를 보았을 때 $(-)y$ 방향의 자중(W)을 제외한 모든 힘들이 n-t 좌표 성분으로 되어 있어, 평형을 고려할 때 [그림 3-25(b)]에서와 같이 자중만을 n 및 t 방향 성분으로 나누면 된다. 이 자유물체도를 이용해 n 및 t 방향 힘 평형식을 세우면 식 (3.11)과 같다. 이를 미지수인 R과 N에 대해 정리하면, 식 (3.9)에서와 같이 연립방정식을 풀 필요 없이 식 (3.10)의 결과를 바로 얻을 수 있다. 이로부터 자유물체도를 그리고 힘 평형을 적용할 때 문제에 적합한 좌표계를 선택하는 것이 중요함을 알 수 있다.

$$\begin{aligned}\sum F_n &= N - W\cos\theta = 0 \;\rightarrow\; N = W\cos\theta \\ \sum F_t &= P - R - W\sin\theta = 0 \;\rightarrow\; R = P - W\sin\theta\end{aligned} \tag{3.11}$$

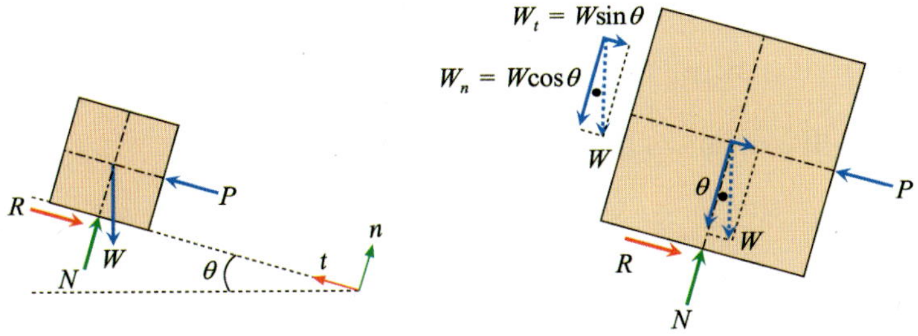

(a) 경사면 위의 짐에 대한 자유물체도 (b) 힘들의 n-t 성분

그림 3-25 경사면 위에 놓인 짐과 n-t 축에 대한 성분

예제 3-4 경사면에 놓인 물체들의 힘 평형

서로 다른 경사각을 갖는 경사면에 놓여 있는 두 상자(W_{30}, W_{45})가 마찰을 무시할 수 있는 도르래와 케이블에 의해 [그림 3-26]과 같이 연결되어 있다. 두 상자가 정적 평형을 이루기 위해서는 W_{30}과 W_{45} 중 어느 것이 더 무거워야 할지 예측해보고, 두 무게 사이의 관계식을 구하시오.

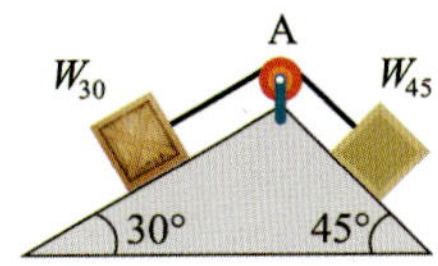

그림 3-26 경사면에 놓여 있는 상자들

Analyze

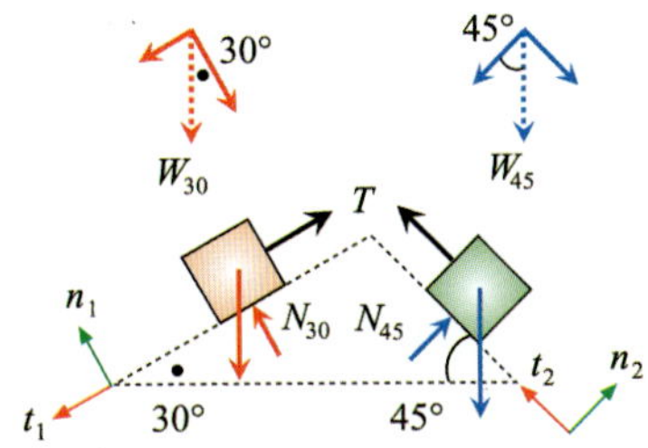

그림 3-27 상자들에 대한 자유물체도와 좌표

- 먼저 자유물체도를 그려야 하는데 관심 대상을 어떻게 정하느냐에 따라 문제의 복잡성이 달라진다. 먼저 두 물체에 대한 자유물체도를 따로 그리기로 하고, 이를 [그림 3-27]에 나타내었다.
- 두 상자가 경사면에 독립적으로 놓여 있는 것이 아니고 케이블로 연결되어 정지해 있는 상태이므로, 상자들과 경사면 사이에 마찰력은 없고 수직항력만 존재한다.
- 일반적인 x-y 좌표계를 선택할 경우 평형식을 세우는 것이 조금 까다로워질 수 있다. 또한 두 경사면과 지면이 이루는 삼각형이 직각삼각형이 아니므로 하나의 통일된 n-t 좌표계를 설정하기도 어렵다. 이 문제에서는 두 경사면에 별도의 수직 및 접선 좌표계를 설정하였다.
- 케이블은 인장 이력부재이며 마찰을 무시할 수 있는 도르래에 의해 지지될 경우 케이블의 위치와 무관하게 항상 같은 인장력이 작용한다.

Compute

- 두 물체의 힘 성분을 경사면에 수직한 성분(W_{30,n_1}, W_{45,n_2})과 평행한 성분(W_{30,t_1}, W_{45,t_2})으로 나누면, 각각의 좌표계에 대해 힘 평형이 만족되어야 한다. 이때 케이블에 의한 인장력 T는 각각의 경사면에 평행한 성분이므로, 이에 대한 힘 평형 조건을 먼저 적용하면 다음 식을 얻을 수 있다.

$$\Sigma F_{t_1} = W_{30}\sin 30° - T = 0$$

$$\Sigma F_{t_2} = T - W_{45}\sin 45° = 0$$

- 위 두 식에서 케이블에 작용하는 인장력 T를 소거하면(또는 두 식을 더하면), 두 물체의 무게 사이의 관계식을 다음과 같이 얻을 수 있다. 이로부터 W_{30}이 W_{45}보다 $\sqrt{2}$ 배(약 1.414배) 커야 함을 알 수 있다.

$$W_{30}\sin 30° = W_{45}\sin 45°$$
$$\frac{W_{30}}{W_{45}} = \frac{\sin 45°}{\sin 30°} = \frac{\sqrt{2}/2}{1/2} = \sqrt{2}$$
$$W_{30} = \sqrt{2}\, W_{45}$$

Think

- 경사면에 놓인 물체의 힘 평형을 힘의 성분으로 나눠 고려할 때는, 계산 시 기초 기하학 basic geometry을 이용해 각을 정확히 산정한 후 사용해야 한다.
- 답을 유추해볼 때 주어진 문제에 대해 생각하는 대신, 좀 더 극단적인 문제로 바꿔 생각하면 유리한 경우가 많다. 예를 들어 [그림 3-26]에서 왼쪽 경사각이 30°가 아닌 1°라고 가정하고, 오른쪽 경사각을 45°가 아닌 89°라고 가정하면, 오른쪽 물체는 거의 수직으로 매달려 있는 경우가 되어 무게 전체가 케이블에 걸리게 된다. 따라서 왼쪽 상자가 더 무겁지 않으면 정적 힘 평형이 만족되지 않는다.

3.3.2 파스칼의 원리

직경이 서로 다른 두 원형 관 circular tube을 구비한 용기에 [그림 3-28(a)]와 같이 **비압축성 유체** incompressible fluid[7]가 채워져 있다. 이때 A 부분에 가하는 힘과 무게 W인 자동차가 놓여 있는 B 부분에 발생하는 힘의 관계를 살펴보자. 유체의 압력은 스칼라량이고, 이는 해당 유체 내부에서 균일하며, 물체에 수직한 방향으로 작용한다.

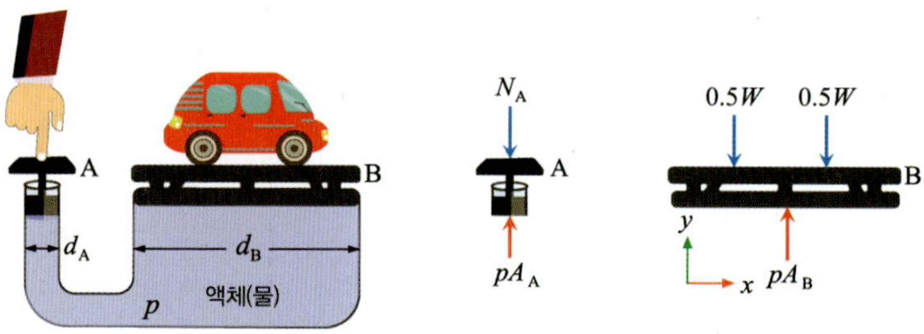

(a) 단면적이 다른 두 원 관 (b) A 부분의 자유물체도 (c) B 부분의 자유물체도

그림 3-28 직경이 서로 다른 두 원 관과 자유물체도

이 계에서 소직경 부분(A)에 대한 자유물체도를 그리면 그림 (b)와 같이 되며, 대직경 부분(B)에 대한 자유물체도는 그림 (c)와 같이 된다. 여기서 차의 무게(W)는 편의상 앞바퀴와 뒷바퀴에 동일하게 분포된다고 가정한다. 이 경우 각각에 대해 y 방향에 대한 힘 평형 조건을 적용하면 식 (3.12)를 얻을 수 있으며, 이 두 식에서 압력(p) 항을 제거하면 식 (3.13)을 얻을 수 있다.

7 압축력을 가했을 때 부피(또는 밀도)가 변하지 않는 유체를 비압축성 유체라고 한다.

$$\sum F_{y,\mathrm{A}} = pA_{\mathrm{A}} - N_{\mathrm{A}} = 0$$
$$\sum F_{y,\mathrm{B}} = pA_{\mathrm{B}} - W = 0 \tag{3.12}$$

$$N_{\mathrm{A}} = pA_{\mathrm{A}} = \left(\frac{W}{A_{\mathrm{B}}}\right)A_{\mathrm{A}} = \left(\frac{A_{\mathrm{A}}}{A_{\mathrm{B}}}\right)W = \left(\frac{d_{\mathrm{A}}}{d_{\mathrm{B}}}\right)^2 W \tag{3.13}$$

식 (3.13)에서 d_{B}를 d_{A}에 비해 크게 하면 A 부분에 가해지는 힘의 크기(N_{A})는 W에 비해 $(d_{\mathrm{A}}/d_{\mathrm{B}})^2$에 비례해 작아진다. 예를 들어, $d_{\mathrm{B}} = 10\,d_{\mathrm{A}}$로 하면 $W = 10$ kN의 자동차를 100 N의 힘으로 들어 올릴 수 있게 된다. 이와 같이 비압축성 유체가 들어있는 용기의 일부분에 가해진 압력이 다른 부분에 전달되는 원리를 **파스칼의 원리** Pascal's principle 또는 **유체 압력 전달원리** transmission principle of fluid pressure라고 한다.

예제 3-5 안전밸브

밀폐된 압력용기 pressure vessel 내의 압력이 일정 값 이상이 되지 않도록 방지하기 위한 안전밸브 safety valve를 [그림 3-29(a)]에 나타내었다. 밸브에 사용된 스프링의 스프링율 $k = 100$ N/mm이고, 스프링의 자유길이(힘을 받지 않았을 때의 조립 전 길이)는 150 mm이다. 이 안전밸브는 얼마의 압력[kPa]에서 열리는지 계산하시오.

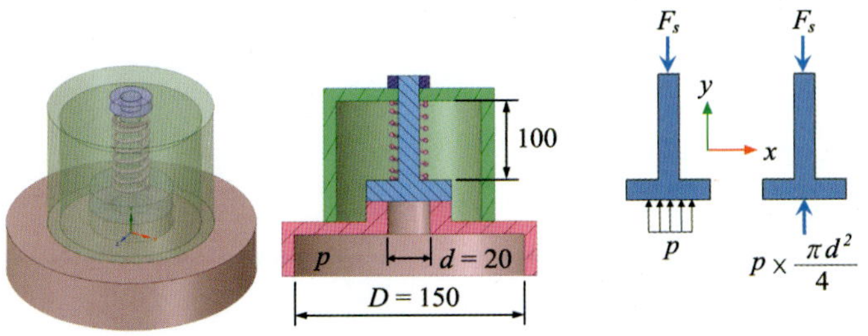

(a) 압력용기 안전밸브 (b) 밸브에 대한 자유물체도

그림 3-29 압력용기 안전밸브 및 자유물체도

Analyze

- 안전밸브에 사용된 스프링은 **압축 코일스프링** compressive coil spring이며, 스프링에 의해 밸브에 가해지는 힘(F_s)의 크기는 식 (3.6)에서와 같이 변형량에 비례하므로 식 (3.6′)과 같이 된다. 식에서 l_i는 변형 전 자유길이이며, l_f는 조립된 상태에서의 길이이다.

$$F_s = k\delta = k(l_i - l_f) \tag{3.6′}$$

- 압력은 압력용기 내에서 일정하고, 안전밸브 밑면 중 [그림 3-29(b)]에서와 같이 직경이 d인 원형 면적에만 작용한다. 압력은 면적 분포하중의 일종이며, 압력 값에 압력을 받고 있는 면적을 곱하면 힘을 얻을 수 있다. 안전밸브에 대한 최종 자유물체도는 [그림 3-29(b)]의 오른쪽과 같이 분포하중을 집중력으로 바꿔 간략화할 수 있다. 실제 스프링력(F_s)은 밸브와 스프링이 접촉하는 아래 경계면에 작용하지만 편의상 윗면으로 옮겨 나타내었다.

Compute

- y 방향의 힘만 존재하므로 y 방향에 대한 힘 평형을 적용하면 다음과 같은 결과를 얻을 수 있다.

$$\sum F_y = \frac{\pi d^2}{4} p - F_s = 0$$

$$p = \frac{F_s}{\pi d^2/4} = \frac{4k(l_i - l_f)}{\pi d^2}$$

$$= \frac{4 \times (100\ \text{N/mm}) \times (150\ \text{mm} - 100\ \text{mm})}{\pi \times (20\ \text{mm})^2} = 15.9\ \frac{\text{N}}{\text{mm}^2}$$

- 압력을 [kPa] 단위로 나타내야 하므로 앞에서 얻은 압력을 단위 변환하면 다음과 같은 최종 답을 얻을 수 있다.

$$p = \left(15.9\ \frac{\text{N}}{\text{mm}^2}\right) \times \left(\frac{1{,}000\ \ \text{mm}}{1\ \ \text{m}}\right)^2 = 15.9 \times 10^6\ \frac{\text{N}}{\text{m}^2}$$

$$= 15.9 \times 10^6\ \text{Pa} = 15{,}900\ \text{kPa}$$

Think

- [그림 3-29(a)]에서 용기의 직경(D)은 문제 해결에 필요 없는 정보이다. 이를 파악하기 위해서는 압력에 의한 힘은 압력이 작용하는 면적에 해당 압력을 곱해 얻어지는 점을 알고 있어야 한다. 불필요한 정보를 걸러내는 것도 공학자의 임무이다.
- 압력과 관련된 문제 풀이 시 앞에서와 같은 단위 변환을 항상 수행하는 것은 번거로운 일이다. 이 경우 1 N/mm^2는 아래 식에서와 같이 1 MPa과 동일하므로, 이 관계를 활용하면 문제를 보다 쉽고 빠르게 해결할 수 있다.

$$1\ \frac{\text{N}}{\text{mm}^2} = 1\ \frac{\text{N}}{(10^{-3}\ \ \text{m})^2} = 1 \times 10^6\ \frac{\text{N}}{\text{m}^2} = 1 \times 10^6\ \text{Pa} = 1\ \text{MPa}$$

예제 3-6 구성 부재들에 대한 자유물체도

[그림 3-30]과 같이 케이블 AB와 부재 BC로 이루어진 구조물의 점 B에 아래 방향으로 100 kgf의 힘이 작용하고 있다. 점 B와 C는 핀 조인트로 연결되어 있다. 부재 자체 무게와 부재들 사이의 마찰은 무시할 때, 모든 점과 모든 부재에 대해 자유물체도를 그린 뒤 관련 힘들을 모두 구하시오.

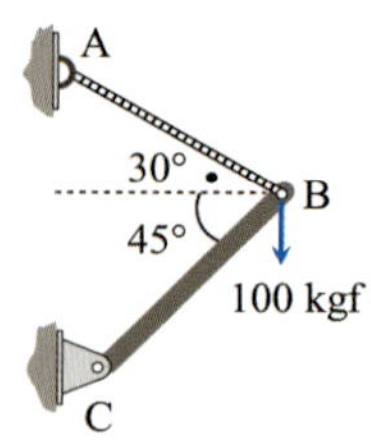

그림 3-30 구조물

Analyze

- 문제의 조건이 3.2.3절의 [경우 1 : 케이블]과 [경우 6 : 핀 조인트]에 해당하므로 이 경우를 기반으로 자유물체도를 그린다.
- **작용과 반작용의 법칙**을 이용해 연결되는 부재들의 힘의 방향을 결정한다.
- 케이블 AB는 인장 이력부재이므로 이 값을 가장 먼저 구하는 것이 좋다.
- 좌표계를 설정한 후 2개의 힘 평형식을 적용해 미지력들을 결정한다.

Compute

- 케이블 AB는 인장 이력부재이므로 이에 대한 자유물체도는 [그림 3-31(b)]와 같이 케이블을 양쪽으로 잡아당기는 것으로 그리면 된다. 따라서 작용-반작용 법칙에 따라 고리 A와 부하 점 B에도 케이블에 발생하는 인장력에 상응하는 힘이 작용해야 하므로 점 A와 점 B에는 [그림 3-31(a)]와 같이 나타내면 된다.

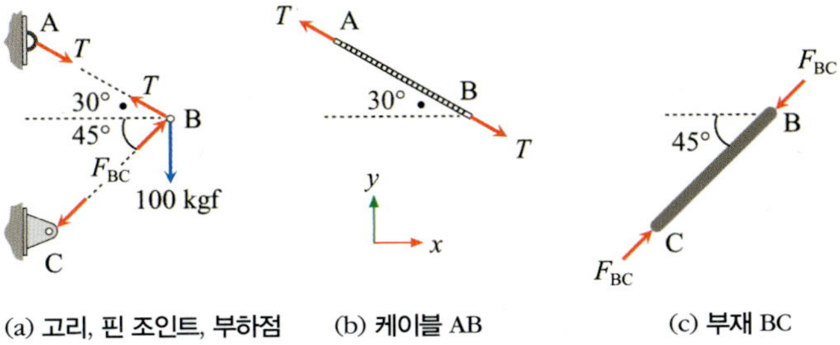

그림 3-31 개별 부재들에 대한 자유물체도와 부재들에 작용하는 힘

- [그림 3-31(a)]에서 부하 점 B를 보면 케이블에 의한 인장력(T)이 왼쪽 위 방향, 부하 10 kgf 가 아래 방향을 향하고 있어, 평형을 이루기 위해서는 부재 BC에 의한 오른쪽 위 방향의 힘이 작용해야 한다. 이를 통해 부재 BC에는 [그림 3-31(c)]와 같이 압축력이 발생함을 알 수 있다. 마지막으로 핀 조인트 C에는 [그림 3-31(a)]와 같은 힘이 작용해야 한다.
- 부하 점 B에 대해 힘 평형을 적용하면, 미지력 T와 F_{BC}를 구할 수 있다.

$$\sum F_{x,\mathrm{B}} = F_{\mathrm{BC}}\cos 45° - T\cos 30° = 0$$

$$F_{\mathrm{BC}}\cos 45° = T\cos 30° = \frac{\sqrt{3}}{2}T$$

$$\sum F_{y,\mathrm{B}} = T\sin 30° + F_{\mathrm{BC}}\sin 45° - 100 = \frac{T}{2} + \frac{\sqrt{3}}{2}T - 100 = 0$$

$$T = 73.2\ \mathrm{kgf}$$

$$F_{\mathrm{BC}} = \sqrt{\frac{3}{2}}\,T = 89.7\ \mathrm{kgf}$$

Think

- 부재 BC의 경우 양단이 핀 조인트로 연결되어 있어 부재 길이 방향에 수직한 힘에는 저항할 수 없다. 즉 부재 BC는 이력부재로서 부재 길이 방향의 힘(본 문제의 경우 압축력)만 전달할 수 있다.
- 시스템을 구성하는 모든 부분에 대해 자유물체도를 그려보면서 힘의 방향과 효과(인장 또는 압축)에 대해 살펴본다.
- 직관력을 동원해 부재에 작용하는 힘의 방향을 예측해보는 노력이 필요하다.
- 공학에 대한 직관력은 2차원 문제를 통해 기르고, 실제 3차원 문제를 다룰 때는 부재에 작용하는 모든 힘의 방향을 무조건 양(+)으로 설정하고 문제를 해결하는 것이 좋다. 3차원 문제들은 8장부터 다룬다.

SECTION 3.4

라미의 정리

- ✔ 공점력계 문제를 힘의 전달성 원리를 이용해 단순화시키는 방법을 익힌다.
- ✔ 기하학과 삼각함수를 이용한 힘 벡터 표시 방법을 익힌다.
- ✔ 라미의 정리가 왜 필요한지 고려해보고 공점력계 문제 풀이에 활용해본다.

개념을 이해한 후에는 문제를 빠르고 정확하게 해결할 수 있는 기법을 익힐 필요가 있다. 힘의 평형과 기초적인 수학 지식(기하학, 삼각함수)을 이용해 미지력들을 쉽게 구할 수 있는 방법을 찾아보자.

3.4.1 공점력계 부재의 내력

부재 AB와 부재 AC를 마찰을 무시할 수 있는 핀으로 [그림 3-32(a)]에서와 같이 벽면에 고정한 후 점 A에서 아래 방향으로 크기 P 인 힘을 가할 때, 각 부재에 발생하는 내력을 구해보자. 3.2절(자유물체도)에서 살펴보았듯이 마찰을 무시할 수 있는 핀으로 연결된 부재들은 이력부재이다. 즉 부재 AB와 부재 AC에는 부재의 길이 방향으로 인장력(또는 압축력)만 발생하게 된다. 이 단계에서 직관력을 이용해 부재에 **인장력** tensile force이 작용하는지 **압축력** compressive force이 작용하는지 파악할 수 있으면 좋지만, 그렇지 못할 경우 각 부재에 발생하는 힘들을 모두 인장력으로 가정하여 자유물체도를 그려도 된다. 이렇게 인장력으로만 가정한 자유물체도를 [그림 3-32(b)]에 나타내었다. 그림에서 알 수 있듯이, 모든 힘들의 방향이 왼쪽과 아래 방향으로 되어 있어 힘 평형이 이루어질 수 없지만, 그대로 둔 채 문제를 해결해보기로 하자.

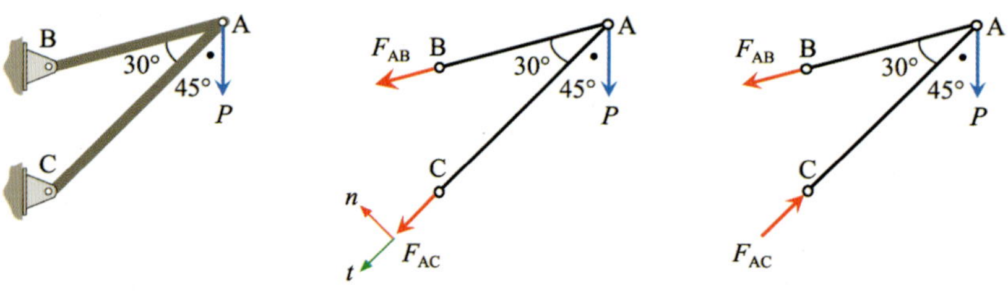

(a) 핀으로 연결된 구조물 (b) 인장력으로만 가정한 자유물체도 (c) 최종 자유물체도

그림 3-32 무마찰 핀으로 연결된 구조물

[그림 3-32(b)]의 자유물체도와 부재 AC를 기준으로 n-t 직각좌표계를 설정한 후, n 방향에 대한 힘 평형 조건을 적용하면 식 (3.14)를 얻을 수 있다. 이 식을 통해 부재 AB에 발생하는 힘을 단번에 알 수 있다. 이로부터 힘 F_{AB}의 방향은 [그림 3-32(b)]에서 설정해 놓은 양의 방향과 같음을 알 수 있다. 다음으로 t 방향에 대해 힘 평형 조건을 적용하면 식 (3.15)를 통해 F_{AC}를 구할 수 있다. 이때 F_{AC}의 부호가 (−)가 되는데, 이는 [그림 3-32(b)]에서 설정한 방향과 반대가 됨을 의미한다. 즉 부재 AC는 압축 이력부재이다. 힘의 방향까지 고려한 최종적인 자유물체도를 [그림 3-32(c)]에 나타내었으며, 이 그림을 통해 부재에 작용 및 발생하는 모든 힘들을 한눈에 파악할 수 있다.

$$\sum F_n = F_{AB}\sin 30° - P\sin 45° = 0$$
$$F_{AB} = \frac{\sin 45°}{\sin 30°}P = \frac{\sqrt{2}/2}{1/2}P = \sqrt{2}P \tag{3.14}$$

$$\sum F_t = F_{AC} + F_{AB}\cos 30° + P\cos 45° = 0$$
$$F_{AC} = (-)F_{AB}\cos 30° - P\cos 45° = (-)\sqrt{2}P \times \cos 30° - P\cos 45° \tag{3.15}$$
$$= (-)\left(\sqrt{2} \times \frac{\sqrt{3}}{2} + \frac{\sqrt{2}}{2}\right)P \approx (-)1.932P$$

3.4.2 라미의 정리

하나의 계를 구성하는 부분 구조물에 작용하는 힘의 크기와 방향을 앞의 [그림 3-32(c)]에 나타내었다. 이에 더해 힘의 크기($P = 100$으로 가정, 단위 생략)까지 고려해 벡터로 나타내면 실제 물리적인 상황을 보다 직관적으로 파악할 수 있으며, 이를 [그림 3-33(a)]에 나타내었다. 그림에서 파선으로 나타낸 벡터는 합력 벡터로서 $\mathbf{R} = \mathbf{F}_{CA} + \mathbf{F}_{AB}$가 되며, 구조물에 가해진 수직 방향 힘 벡터 $\mathbf{P}$와 크기가 같고 방향이 반대이므로 힘 평형을 만족한다. 다른 방법으로 $\mathbf{F}_{AB}$를 [그림 3-33(b)]에서와 같이 평행이동시키면, 각 벡터들의 시점이 다른 벡터의 종점과 만나게 되어, 최종적으로 합력은 0이 된다.

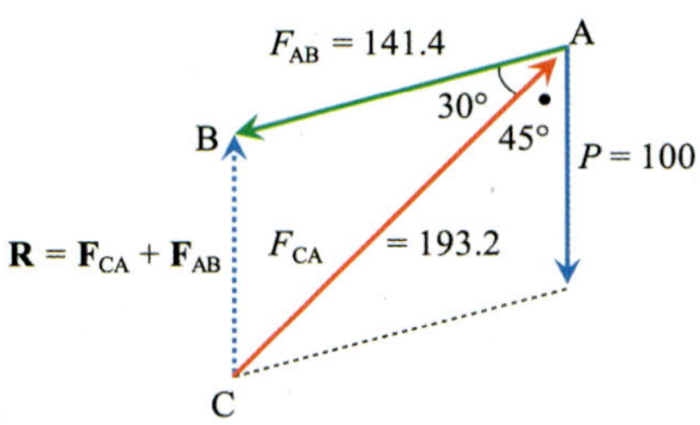

(a) 합력 벡터

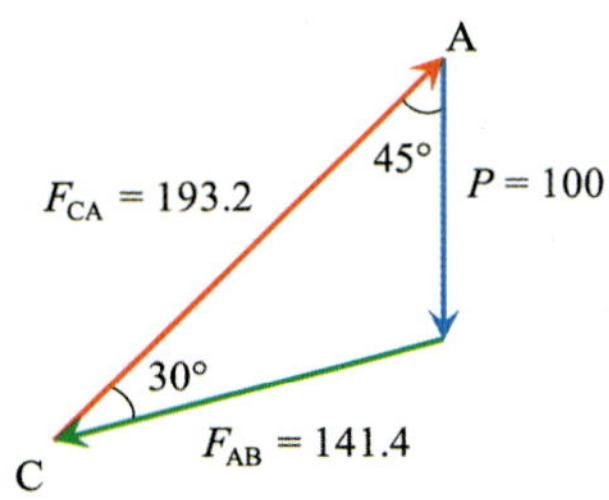

(b) 벡터 삼각형

그림 3-33 힘의 크기까지 고려해 나타낸 힘 벡터들

[그림 3-33(a)]의 벡터를 보다 일반적으로 나타내기 위해 주어진 각도 대신 기호(α, β, γ)를 써서 [그림 3-34(a)]에 나타내었고, 힘의 전달성 원리를 이용해 $\mathbf{F}_{CA}$의 시점을 C에서 A로 옮기면 [그림 3-34(b)]와 같이 된다. 이 경우 삼각형 ADE에 대해 삼각함수의 **사인 법칙** law of sines[8]을 적용하면 식 (3.16)과 같은 관계식을 얻을 수 있다. 또한 사인 함수의 경우 $\sin(180-\alpha)° = \sin\alpha°$, $\sin(180-\beta)° = \sin\beta°$, $\sin(180-\gamma)° = \sin\gamma°$의 관계가 있으므로 식 (3.16)은 식 (3.17)과 같이 바꿔 쓸 수 있다.

$$\frac{P}{\sin\alpha} = \frac{F_{AB}}{\sin\beta} = \frac{F_{CA}}{\sin\gamma} \tag{3.16}$$

$$\frac{P}{\sin(180-\alpha)°} = \frac{F_{AB}}{\sin(180-\beta)°} = \frac{F_{CA}}{\sin(180-\gamma)°} \tag{3.17}$$

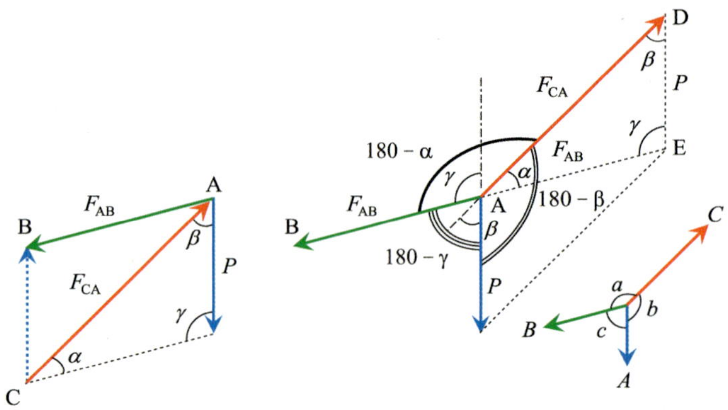

(a) 평형상태인 힘 벡터　　(b) 힘의 전달성 원리를 이용한 벡터 이동

그림 3-34 평형상태인 힘 벡터와 기하학적 검토

[그림 3-34(b)]는 [그림 3-34(a)]에 나타낸 평형상태의 힘 벡터 중 $\mathbf{F}_{CA}$를 힘의 전달성의 원리를 이용해 옮긴 것이다. 이 그림에서 $(180-\alpha)° = a$, $(180-\beta)° = b$, $(180-\gamma)° = c$로 치환하고, 벡터의 크기들을 $P \to A$, $F_{AB} \to B$, $F_{CA} \to C$로 대체하여 [그림 3-34(b)]의 아래에 나타내었다. 이를 식 (3.16)과 식 (3.17)을 참조하여 위에서 간략화한 기호를 이용해 나타내면 식 (3.18)과 같이 되는데, 이를 **라미[9]의 정리** Lami's theorem라고 부른다. 즉 서로 겹치지 않는 정적 평형상태인 세 힘이 공점력계를 형성할 때, 세 힘의 크기(A, B, C)와 사잇각(a, b, c) 사이에 식 (3.18)의 관계가 성립한다는 원리이다. **라미의 정리**를 이용해 공점력계 문제를 해결하기 위해서는 모든 힘들을 이동시켜 한 점에서 만나게 하고, [그림 3-34(b]와 같이 힘의 방향이 한 점에서 모두 외부로 향하게 이동시켜야 한다.

$$\frac{A}{\sin a} = \frac{B}{\sin b} = \frac{C}{\sin c} \tag{3.18}$$

8 삼각형의 세 변과 세 내각 사이의 관계를 나타내는 법칙이다.

9 프랑스의 수학자 및 신학자인 Bernard Lamy(1640~1715)의 영어식 이름이다.

예제 3-7 천정과 벽에 고정한 전등

무게 10 N인 전등을 [그림 3-35(a)]와 같이 무게를 무시할 수 있는 전선 AO와 BO로 고정하였다. 전선 AO와 BO에 발생하는 반력(또는 내력)을 구하시오.

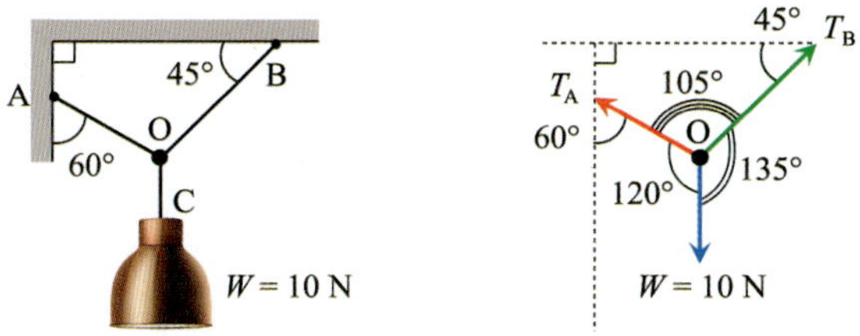

(a) 케이블에 매달려 있는 전등　　(b) 점 O에 대한 자유물체도

그림 3-35 벽과 천정에 케이블로 고정한 전등과 자유물체도

Analyze

- 문제의 조건이 3.2.3절의 [경우 1: 케이블]에 해당하므로 이들을 기반으로 자유물체도를 그린다.
- 모든 힘들이 한 점 O에서 만나는 공점력계이다.
- 직관적으로 OA, OB, OC에 모두 인장력이 발생하므로 라미의 정리를 활용한다.

Compute

- 기하학적으로 세 힘들이 이루는 사잇각을 산정하면 [그림 3-35(b)]와 같다.
- 라미의 정리인 식 (3.18)을 이 문제에 적용하면 다음과 같은 관계식을 얻을 수 있으며, 이를 풀면 T_A와 T_B를 바로 알 수 있다.

$$\frac{T_A}{\sin 135°} = \frac{T_B}{\sin 120°} = \frac{10\text{ N}}{\sin 105°}$$

$$T_A = 7.32\text{ N},\quad T_B = 8.97\text{ N}$$

Think

- 라미의 정리로부터 가장 큰 사잇각(예 135°)에 해당하는 힘의 크기(T_A)가 가장 작음을 알 수 있다.
- 자유물체도를 그리고 2차원 힘 평형식을 적용해 문제를 해석하는 것보다 라미의 정리를 이용하면 보다 빠르게 답을 구할 수 있는 장점이 있다.

[Static Think]에 대한 하나의 생각 (3장)

예제 3-8 블록 위의 실린더

무게 100 N인 실린더가 사잇각이 105°인 블록 위에 놓여 있다. 모든 면이 매끄럽다고 가정했을 때, 실린더와 블록의 접점 A와 B에서의 수직항력[N]을 구하시오.

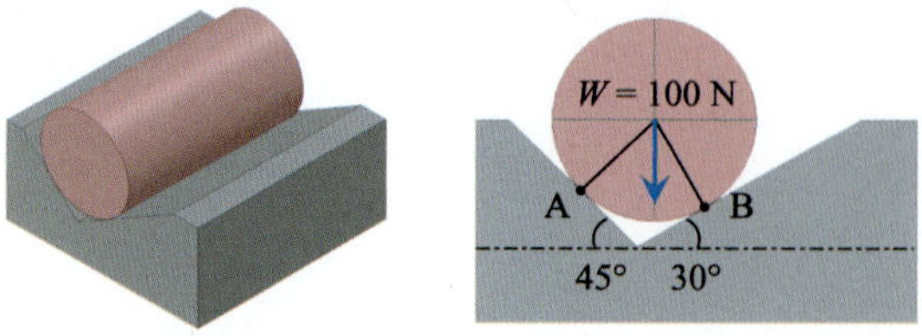

(a) 블록과 실린더 입체 모델 (b) 정면에서 바라본 2D 모델

그림 3-36 블록 위에 얹혀 있는 실린더

Analyze

- 문제의 조건이 3.2.3절의 [경우 3 : **매끄러운 표면**]에 해당하므로 수직항력과 중력만 고려한다.
- 실린더에 작용하는 모든 힘들이 한 점에서 만나는 공점력계이다.
- 힘의 크기만 구할 때는 **라미의 정리**를 활용하는 것이 편리하다.

Compute

- 실린더에 대한 자유물체도를 그리면 [그림 3-37(a)]와 같다.

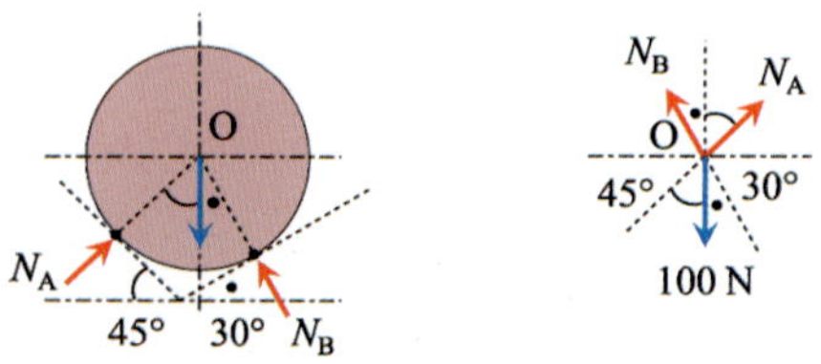

(a) 실린더에 대한 자유물체도 (b) 힘 위치 이동

그림 3-37 실린더의 자유물체도 및 힘 이동

- 공점력계이므로 **라미의 정리**를 이용하기 위해 N_A와 N_B를 [그림 3-37(b)]와 같이 이동시킨다. 세 힘들의 사잇각들은 기하학적으로 결정한다.

$$\frac{N_A}{\sin 150°} = \frac{N_B}{\sin 135°} = \frac{100\text{ N}}{\sin 75°}$$

$$N_A = 51.76\text{ N},\ N_B = 73.20\text{ N}$$

Think

- 가장 큰 사잇각(150°)에 해당하는 힘(N_A)의 크기가 가장 작다.
- 직관적으로 각도가 작은 경사면에 더 큰 수직항력이 생긴다. 극단적인 경우로 30° 경사면이 0°가 되면 $N_A = 0$, $N_B = 100$ N이 될 것이다.
- 해석(또는 계산) 결과가 물리적으로 의미가 있는지를 생각해보는 습관을 갖자.

사각 상자 내부에 무게가 서로 다른 2 개의 실린더를 [그림 3-38(a)]와 같이 쌓아놓았다. 이 경우 두 실린더의 길이가 동일하므로 [그림 3-38(b)]와 같이 2D로 모델링할 수 있다. 모든 접촉면들을 매끄럽다고 가정했을 때 다음 물음에 답하시오.

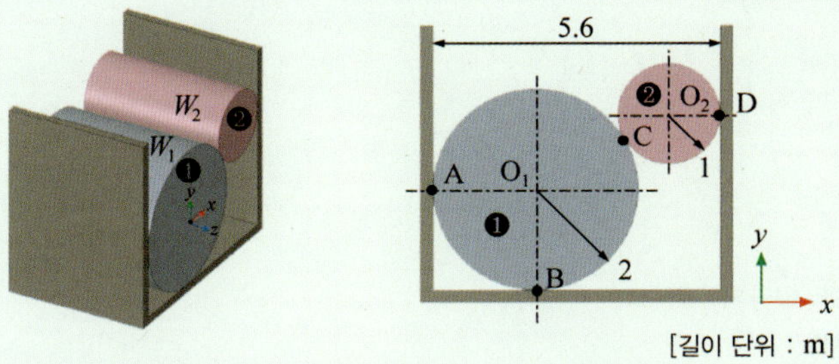

(a) 3차원 형상 (b) 2차원 형상

그림 3-38 상자 내에 쌓아놓은 2개의 실린더

Q1. 2개의 실린더들을 하나의 계로 간주해 자유물체도를 그리시오.

풀이

자유물체도는 IDC 방법으로 그리면 된다.

① **전체 계에서 관심 대상만 분리(I)**
2 개의 실린더들만 케이스에서 분리하여 하나의 물체로 그린다.

② **정보 표시(D)**
2 차원 모델 중 [경우 3: 매끄러운 표면]에 해당하므로, 세 점 A, B, D에서의 수직항력과 실린더 무게만 표시하면 된다.

③ **좌표계 선택(C)**
직각좌표계로 충분하다.

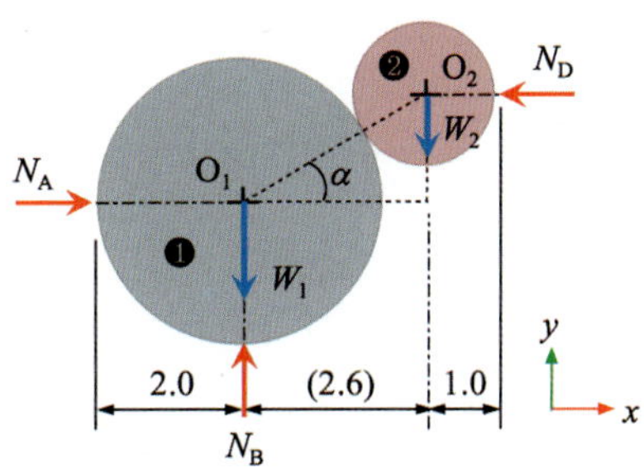

그림 3-39 실린더 전체에 대한 자유물체도

Q2. 실린더 ❶과 실린더 ❷에 대해 각각 자유물체도를 그리시오.

- 작용력 : W_1, W_2
- 반력 : $N_A \sim N_D$

풀이

실린더 2 개를 하나의 계로 보면 [그림 3-39]에서와 같이 주변 상자에 의해서만 수직항력이 발생하지만, 실린더들을 모두 독립시키면 [그림 3-40]과 같이 두 실린더 사이에 발생하는 수직항력(N_C)도 고려해야 한다. 자유물체도에 표시하는 반력은 관심 대상과 그 대상 주변 물체들과의 상호작용을 나타내는 것이므로 분리시켰을 때만 표시해야 한다. 이때 N_C의 작용 방향을 나타내기 위해 각을 나타내는 기호 α를 써서 나타내고, 두 실린더들의 중심 $\overline{O_1O_2}$를 빗변으로 하는 직각삼각형을 그려 놓으면 정보 파악에 유리하다. 자유물체도를 정확히 나타내기 위해서는 삼각형의 성질 등과 같은 기하학에 대한 기초 지식이 필요하다.

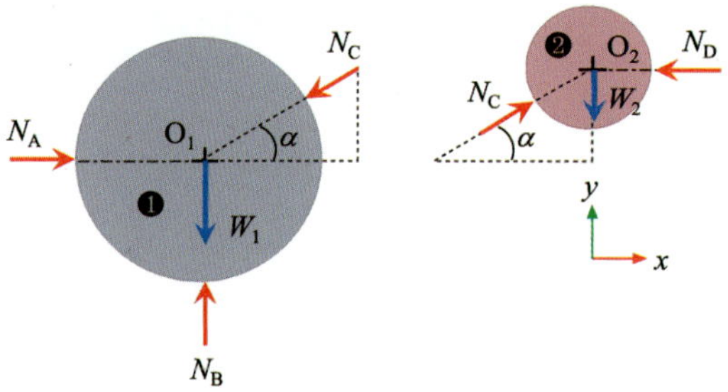

(a) 실린더 ❶의 자유물체도 (b) 실린더 ❷의 자유물체도

그림 3-40 2개의 실린더 각각에 대한 자유물체도

Q3. 두 실린더의 중심 $\overline{O_1O_2}$가 (+) x축과 이루는 각도를 구하시오.

- **실제 3차원 입체**
  : 어느 한 방향의 치수가 균일할 때 → 2차원으로 모델링
- **수직항력**
  : 접촉점을 포함하는 접선에 수직
- **삼각함수**

풀이

자유물체도에는 힘의 크기와 방향을 알 수 있도록 모든 정보를 기입해야 하므로, 그림에 나타낸 각(α)을 알아야 한다. 이 각은 [그림 3-38(b)]에 대한 기하학적 고려를 통해 구할 수 있다. 두 실린더 사이의 중심 거리($\overline{O_1O_2}$)는 두 실린더들의 반경의 합이 되므로 3 m가 된다. 또 이 길이를 빗변으로 하는 직각삼각형을 고려했을 때 밑변의 길이는 케이스 안쪽 길이(5.6 m)에서 두 실린더들의 반경의 합을 빼면 되므로 2.6 m가 되어, 각은 다음과 같이 된다.

$$\alpha = \cos^{-1}\left(\frac{2.6}{3.0}\right) = 29.93° \approx 30°$$

Q4. $W_1 = 4{,}000\ \text{kgf}$, $W_2 = 1{,}000\ \text{kgf}$일 경우 점 A, B, C, D에서의 수직항력[N]의 크기를 정수자리까지 구하시오.

- **2차원 힘 평형**
  $\Sigma F_x = 0$
  $\Sigma F_y = 0$ (3.1)
- **힘의 성분**
  $F_x = F\cos\theta$
  $F_y = F\sin\theta$ (3.3)
- $1\ \text{kgf} = 9.80665\ \text{N}$
- **삼각함수**
  $\tan\alpha = \dfrac{\sin\alpha}{\cos\alpha}$
  $\cot\alpha = \dfrac{1}{\tan\alpha}$

풀이

모든 자유물체도 상에 나타낸 힘들이 수평 및 수직 방향으로 작용하고 있어 x-y 좌표계를 이용하는 것이 문제 해결에 유리하다.

미지수가 적은 전체 계인 [그림 3-39]의 자유물체도에 대해 힘 평형식을 적용하면 다음과 같다.

$$\Sigma F_x = N_A - N_D = 0 \ \rightarrow\ N_A = N_D$$
$$\Sigma F_y = N_B - W_1 - W_2 = 0$$
$$N_B = W_1 + W_2 = 5{,}000\ \text{kgf} = 49{,}033\ \text{N}$$

위 식들에서 N_B 값은 바로 알 수 있으나, N_A와 N_D 값은 구할 수 없다. 다음으로 [그림 3-40(b)]에 주어진 실린더 ❷의 자유물체도에 대해 힘 평형을 적용한 뒤, 앞에서 구한 $N_A = N_D$의 관계를 적용하면 모든 반력들이 결정된다.

$$\Sigma F_y = N_C \sin\alpha - W_2 = 0$$

$$N_C = \frac{W_2}{\sin\alpha} = \frac{1{,}000\ \text{kgf}}{\sin 29.93°} \times \frac{9.80665\ \text{N}}{1\ \text{kgf}} = 19{,}655\ \text{N}$$

$$\Sigma F_x = N_C \cos\alpha - N_D = 0$$

$$N_D = N_A = N_C \cos\alpha = \frac{W_2}{\sin\alpha}\cos\alpha = W_2 \cot\alpha$$

$$= 1{,}736.9\ \text{kgf} = 17{,}034\ \text{N}$$

[그림 3-40]의 (a)와 (b) 모두 공점력계이므로 **라미의 정리**를 이용할 수 있다. 그러나 그림 (a)는 고려해야 할 힘이 4개이므로 이를 먼저 3개로 줄여야 한다. 이 문제의 경우 미지수가 적은 그림 (b)에 대해 **라미의 정리**를 먼저 적용하면 모든 반력들을 결정할 수 있다.

Q5. 점 A, B, C, D에서의 수직항력[kgf]의 크기를 라미의 정리를 이용해 구하시오.

- 공점력계
- 라미의 정리
  $$\frac{A}{\sin a} = \frac{B}{\sin b} = \frac{C}{\sin c} \quad (3.18)$$
- 힘의 전달성 원리

풀이

[그림 3-39]의 경우 모든 힘들의 연장선이 하나의 점을 통과하지 않기 때문에(공점력계가 아니므로) **라미의 정리**를 적용할 수 없다. 대신 이 자유물체도에 대한 힘 평형 조건으로부터 먼저 다음 관계를 얻을 수 있다.

$$N_A = N_D,\ N_B = W_1 + W_2 = 5{,}000\ \text{kgf}$$

실린더 ❷에 대한 자유물체도인 [그림 3-41(a)]에서 N_C와 N_D 모두 압축력이므로, **라미의 정리**를 적용하기 위해 두 수직항력들을 중심점 O_2에서 바깥쪽 방향을 향하도록 힘의 작용선을 따라 [그림 3-41(b)]와 같이 이동시킨 후 **라미의 정리**를 적용하면 다음 식을 얻을 수 있다. 이 식을 통해 원하는 미지력들을 모두 구할 수 있다.

$$\frac{N_C}{\sin 90°} = \frac{N_D}{\sin 119.93°} = \frac{1{,}000\ \text{kgf}}{\sin 150.07°}$$

$$N_C = 2004.2\ \text{kgf}$$

$$N_D = N_A = 1736.9\ \text{kgf}$$

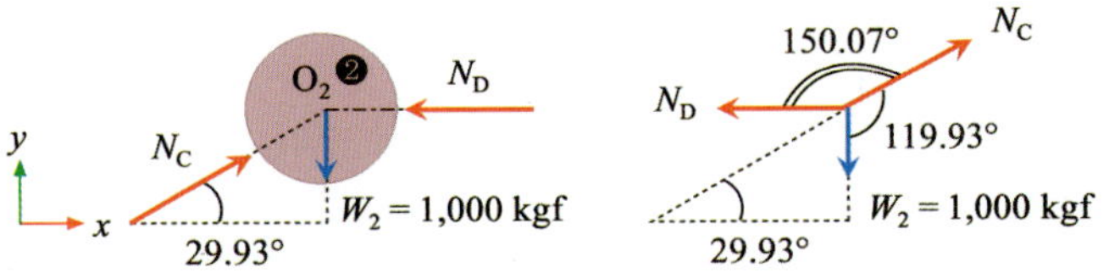

(a) 실린더 ❷의 자유물체도 (b) 라미의 정리 적용을 위한 힘의 이동

그림 3-41 실린더 ❷의 자유물체도 및 힘의 이동

Q6. 2개의 실린더들에 작용하는 모든 힘들을 크기(화살표의 길이)까지 고려해 자유물체도를 그려보시오.

- 힘 벡터

$$\mathbf{F} = \mathbf{F}_x + \mathbf{F}_y = F_x\mathbf{i} + F_y\mathbf{j} \quad (3.2)$$

풀이

작용력(중력)과 앞에서 구한 모든 반력들을 힘 화살표 (화살표의 길이=힘의 크기)를 이용해 그리면 [그림 3-42]와 같다. 두 실린더에 작용하는 힘들의 방향과 크기를 한눈에 파악할 수 있다.

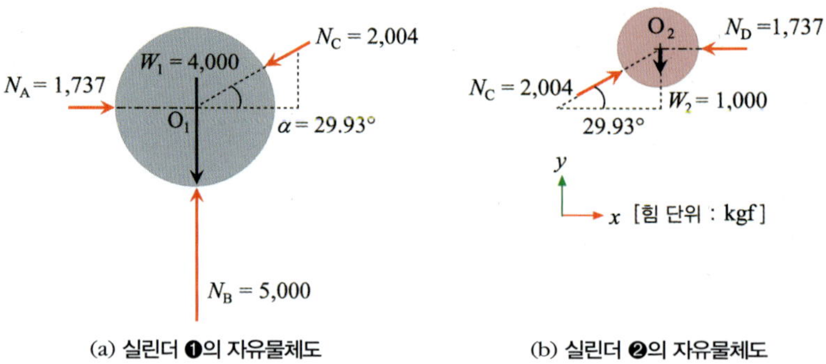

그림 3-42 힘의 크기까지 고려해 그린 두 실린더에 대한 자유물체도

고찰

- 자유물체도와 힘 평형식을 이용한 반력 계산 시 가급적 미지수가 적은 대상에 대해 먼저 힘 평형을 고려하는 것이 효율적이다.
- 세 힘의 크기 중 하나와 힘들이 이루는 사잇각들을 알고 있을 때 **라미의 정리**를 이용하면, 나머지 힘들을 쉽게 구할 수 있다.
- 문제 해결 과정(또는 풀이 순서)을 잘 설계하면 복잡한 문제를 비교적 수월하게 해결할 수 있다.
- [그림 3-42]와 같은 자유물체도를 작성함으로써 [그림 3-38]에서는 파악하기 어려운 힘들의 크기나 방향까지 일목요연하게 정리할 수 있는 것이 정역학의 매력이다.

3.1 두 사람 A와 B가 30 kgf의 힘으로 [그림 3-43]과 같이 벽에 고정되어 있는 광고판 C를 케이블로 잡아당기고 있다. 이 두 사람의 합력을 구해 벡터로 나타내시오. 3.1절

3.2 세 농부 A, B, C가 가래질을 하고 있으며, 가래에 [그림 3-44]와 같이 서로 다른 각도로 서로 다른 크기의 힘을 가하고 있다. 가래에 가해진 수평(x) 방향의 합력의 크기를 구하고, 가래의 진행 방향을 수평 방향을 기준으로 계산해보시오. 3.1절

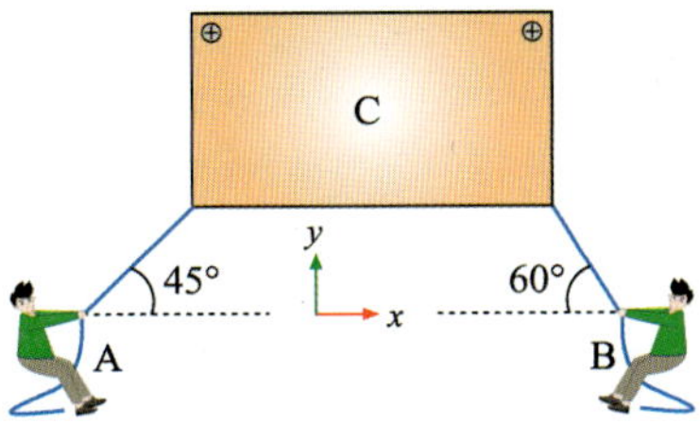

그림 3-43

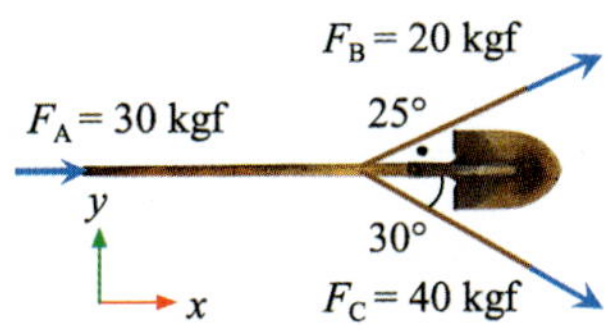

그림 3-44

3.3 [그림 3-45]에 나타낸 4개의 힘 벡터들의 합력, 합력 벡터의 크기와 방향(x축과 이루는 각도[°])을 구하시오. 합력은 벡터로 나타내시오. 3.1절

3.4 부두에 배를 정박하는 데 사용되는 무어링 mooring에 [그림 3-46]과 같이 10 tonf (= 10,000 kgf)로 당기는 보트 3대를 연결하였다. 이 무어링의 경우 보트 1대 기준으로 25 tonf 까지는 안전하게 설계됐다면, 그림의 무어링이 안전한지 예측해보시오. 3.1절

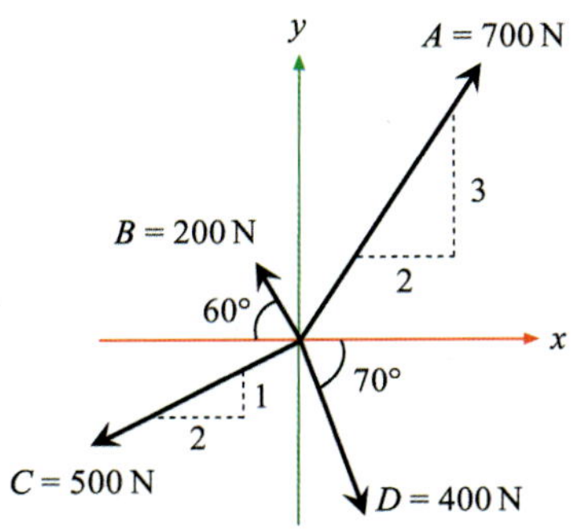

그림 3-45

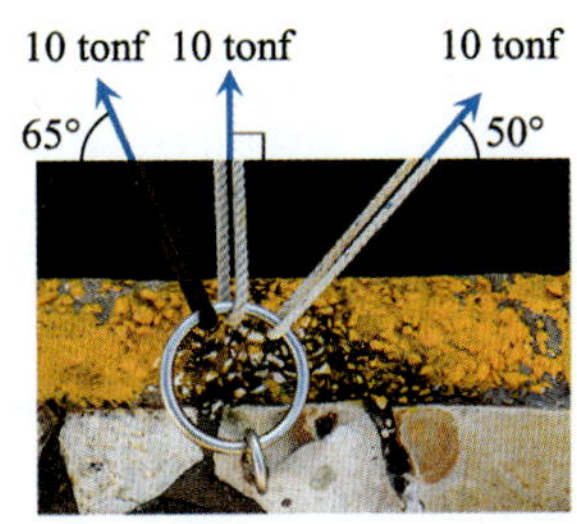

그림 3-46

3.5 [그림 3-47(a)]와 같이 무게 W인 컨테이너 container C를 크레인이 들고 정지해 있다. 이 경우 컨테이너에 대한 자유물체도를 [그림 3-47(b)]에 개략적으로 그리시오. 힘의 실제 작용 방향으로 나타내되, 각도나 치수는 실제와 유사하게만 그리시오. 3.2절

CHAPTER 03 | 연습문제

3.6 [문제 3.5]에서 주어진 크레인의 점 A와 점 B에 작용하는 힘을 방향에 주의하여 [그림 3-47(c)]에 나타내시오. 3.2절

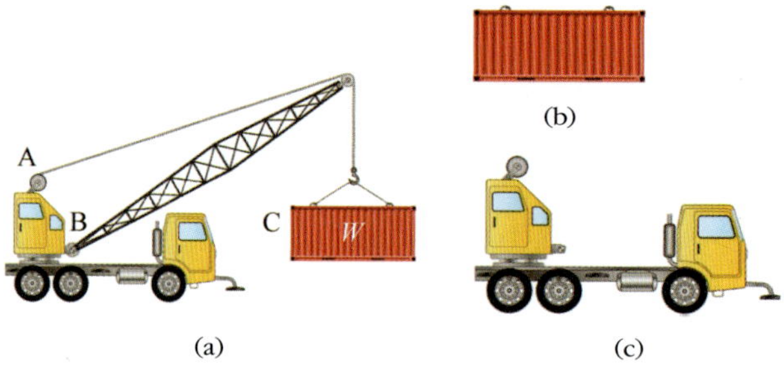

그림 3-47

3.7 마찰을 무시할 수 있는 벽면에 [그림 3-48]과 같이 사다리를 점 A에 걸쳐놓고 몸무게 W인 작업자가 사다리 중앙에 올라서 있다. 사다리와 지면과의 마찰계수를 μ라고 할 때 사다리에 대한 자유물체도를 방향까지 고려하여 그리시오. 사다리의 무게는 무시한다. 3.2절

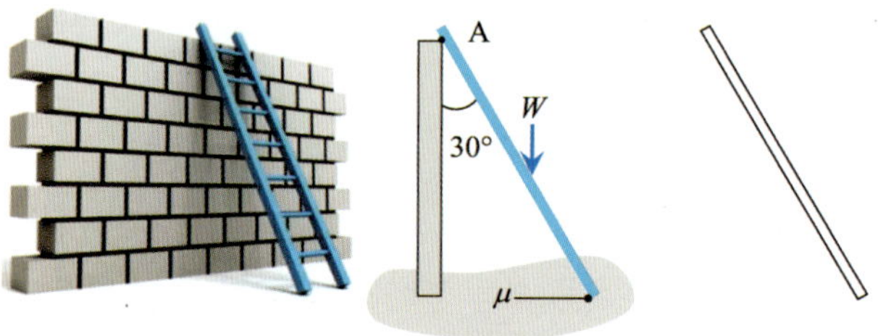

그림 3-48

3.8 공중에서 [그림 3-49]와 같이 로프에 매달려 있는 사람의 몸무게가 150 lb 라고 할 때, 로프에 대해 자유물체도를 그리고, 이를 이용하여 위쪽 로프에 발생하는 힘[N]을 구하시오. 로프의 무게는 무시한다. 3.2~3.3절

3.9 중앙에 있는 무게 80 N인 실린더에 [그림 3-50]과 같이 20 N 및 40 N인 추를 점 B와 C에서 마찰이 없는 도르래를 통해 연결하였다. 매끄러운 표면 위에 놓인 실린더가 정적 평형을 유지하기 위한 각 θ [°]와 매끄러운 면과의 접촉점 A에서의 반력[N]을 구하시오. 도르래 B에 연결된 케이블은 수평으로 가정한다. 3.2~3.3절

그림 3-49

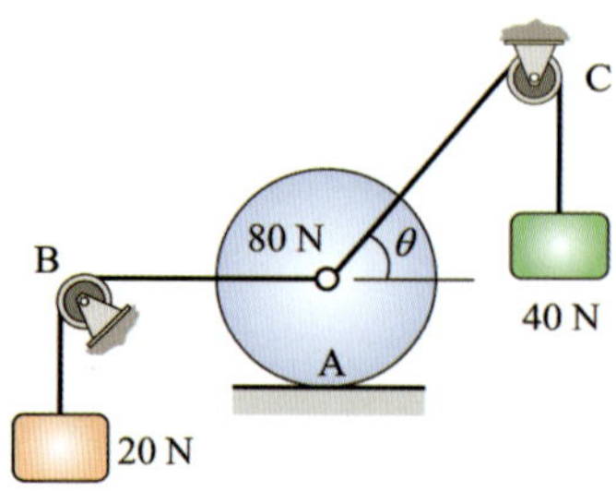

그림 3-50

3.10 [그림 3-51]과 같은 사다리꼴 물체에 세 힘 $20\,\text{kN}$, P_1, P_2가 작용하고 있으며, 이 힘들의 합력의 크기는 $40\,\text{kN}$이다. 미지 힘들의 크기 P_1, P_2를 구한 뒤, 이들을 벡터 형태로 나타내시오. 3.1절, 3.3절

3.11 $\overline{\text{AB}} = 8\,\text{in}$, $\overline{\text{BC}} = 6\,\text{in}$인 직각삼각형 물체에 [그림 3-52]와 같은 수평 및 수직 힘이 작용하고 있다. 이 물체가 힘 평형을 이루기 위해서 경사면에는 어떤 힘이 작용해야 하는지 n-t 좌표계를 이용해 구하시오. 3.1절, 3.3절

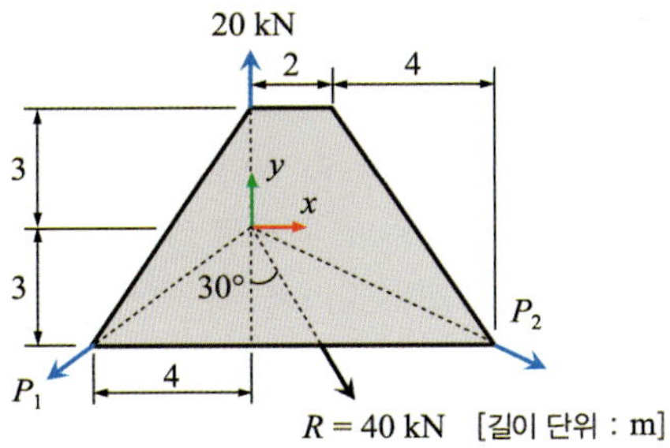

그림 3-51

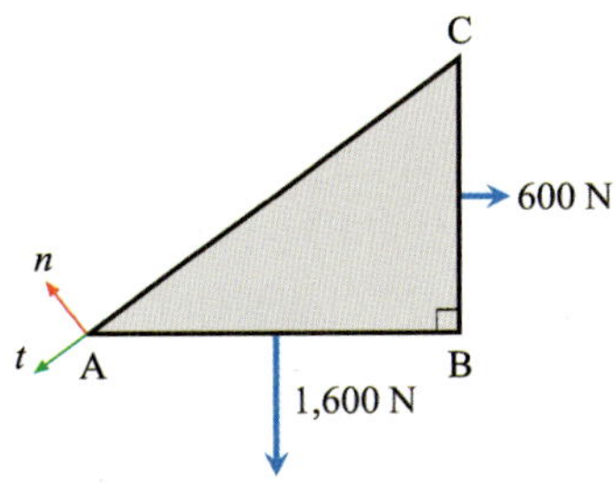

그림 3-52

3.12 건물을 부술 때 사용하는 무게가 $100\,\text{kgf}$인 레킹볼 wrecking ball이 [그림 3-53]과 같이 경사진 대리석 위에 얹혀 있을 때, 볼이 연결되어 있는 체인 chain에 발생하는 내력[kgf]과 볼과 대리석 사이의 접촉점에 발생하는 반력[kgf]을 구하시오. 3.1~3.4절

3.13 [그림 3-54]와 같이 $300\,\text{N}$과 $400\,\text{N}$ 힘들이 작용하고 있을 때, 이 계가 정적 평형이 되기 위한 힘 F의 크기와 $(+)\,x$축과 이루는 각도 $\alpha\,[°]$를 구하시오. 3.1절, 3.3~3.4절

그림 3-53

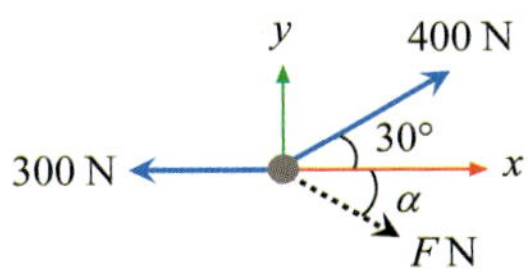

그림 3-54

3.14 네 명의 봅슬레이 bobsleigh 선수들이 봅슬레이를 밀고 있는 순간, [그림 3–55]와 같은 크기의 힘과 각도가 측정되었다. 봅슬레이가 회전하지 않기 위해 y 방향의 힘의 합은 0이어야 한다. 이를 위해 맨 앞의 선수가 봅슬레이에 $35\ \mathrm{kgf}$의 힘을 어느 각도($\beta°$)로 가해야 하는지 구하시오. 3.1절, 3.3절

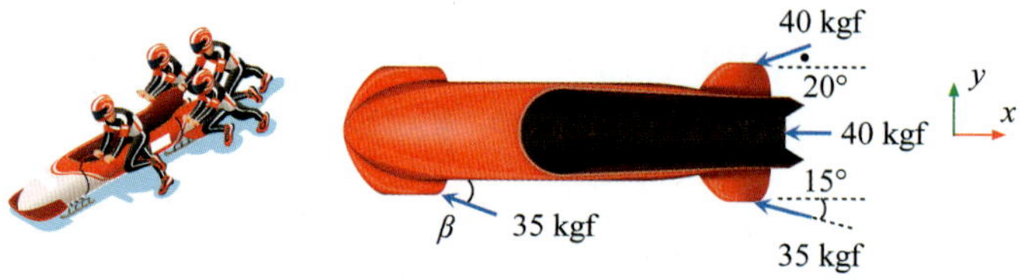

그림 3-55

3.15 쇼핑을 끝낸 여성이 [그림 3–56]과 같이 무게 $300\ \mathrm{N}$인 카트를 $100\ \mathrm{N}$의 힘으로 수평과 $20°$ 각도로 밀고 있다. 이 여성보다 키가 더 큰 남성이 $150\ \mathrm{N}$의 힘으로 수평과 $30°$ 각도로 카트를 밀 때, 여성의 카트와 동일한 마찰력이 발생하려면 쇼핑 후 카트의 무게[N]는 얼마여야 하는지 계산하시오. 3.1~3.2절

* **3.16** 크기는 같고 무게가 서로 다른 두 개의 통들 barrels을 손수레 hand truck로 옮기고 있다. [그림 3–57]과 같은 평형상태에서 아래 통 B에 대해 자유물체도를 그리고, 모든 미지력들을 결정하시오. 모든 접촉면들은 매끄러운 면으로 가정한다. 3.1~3.4절

그림 3-56

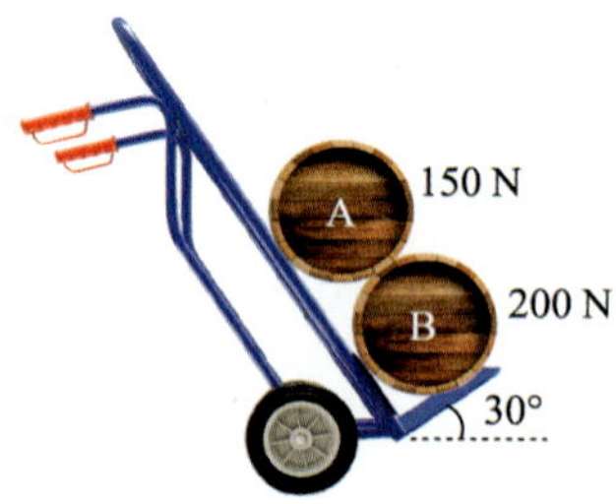

그림 3-57

* **3.17** [그림 3–58]과 같은 4절 링크(지면 $\overline{AD}$도 하나의 링크로 간주함) 4 bar linkage의 점 B에 $200\ \mathrm{N}$의 힘이 작용하고, 점 C에는 크기를 모르는 힘 P가 작용하고 있다. 그림과 같은 순간 링크가 움직이지 않고 정지 상태가 되기 위한 P 값을 구하시오. 링크들은 무마찰 frictionless 핀으로 연결되어 있다고 가정한다. 3.1~3.4절

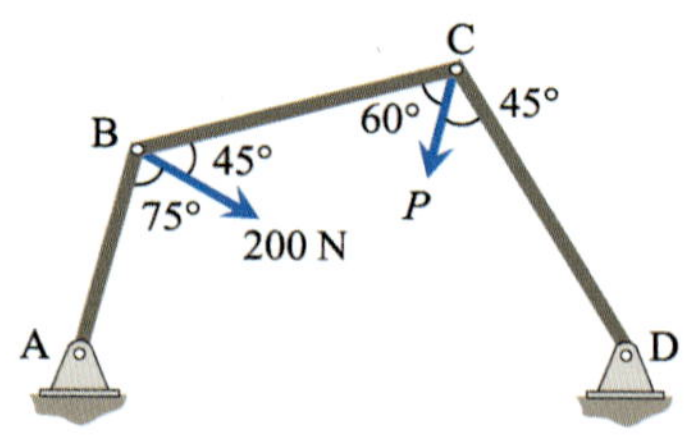

그림 3-58

***3.18** 지름 500 mm인 승용차 앞바퀴 전방에 높이 125 mm의 직사각형 장애물이 [그림 3-59]와 같이 놓여있다. 이 타이어 wheel & tire는 수직 방향의 자중 500 kgf를 지지하고 있다. 이 승용차가 장애물을 넘을 수 있도록 휠 중앙에 가해줘야 할 수평 방향의 힘 P[kgf]와 그 순간 장애물이 타이어에 가하는 반력 R[kgf]을 구하시오. 3.1~3.4절

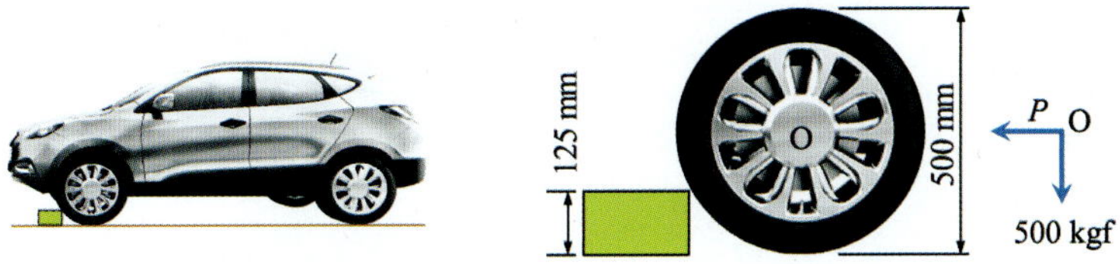

그림 3-59

***3.19** 어린이 놀이터에 [그림 3-60]과 같은 놀이기구가 있다. 놀이기구는 2개의 링과 6개의 로프들 ropes로 구성되어 있다. 모든 로프에 걸리는 인장력의 크기를 구하시오. 30 kgf인 소녀가 매달려 있는 로프(A)의 직경을 d라고 할 때 가장 큰 인장력이 걸리는 로프의 직경을 설계하시오. 로프가 견딜 수 있는 힘은 직경의 제곱에 비례한다고 가정한다. 3.1~3.4절

***3.20** 마찰을 무시할 수 있는 핀으로 연결된 [그림 3-61]과 같은 구조물이 점 A에서 핀 지지, 점 B에서 롤러 지지되고 있다. 점 D에 10 kN의 힘을 가했을 때 점 A와 점 B에서의 반력 및 모든 부재에 발생하는 힘의 종류와 크기를 구하시오. 3.1~3.4절

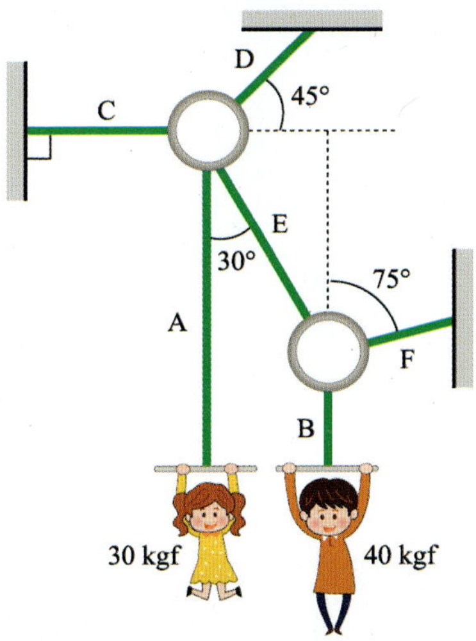

그림 3-60

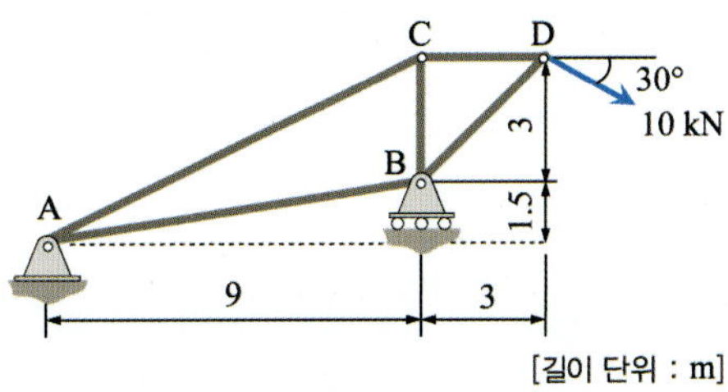

그림 3-61

사다리차를 이용해 무거운 짐을 고층으로 옮기는 장면을 보면, 갑자기 무너질지 모른다는 공포감이 엄습해 그 밑으로 통과하지 못하고 주변을 빙 돌아 지나가게 된다. 모멘트는 힘의 크기와 함께 기준점으로부터의 거리와도 관계가 있으므로 길이가 긴 구조물을 볼 때마다 본능적으로 두려움을 느끼게 된다. 모든 구조물들이 정적으로 안정적이기 위해서는 힘 평형뿐만 아니라 회전을 일으키려는 성향인 모멘트도 평형을 이뤄야 한다.

CHAPTER 04

2차원 모멘트

Two Dimensional Moments

모멘트란 4.1

짝힘과 모멘트 4.2

모멘트의 종류 4.3

비공점력계의 평형 4.4

지레의 원리 4.5

종합예제

연습문제

학습목표

- 모멘트의 필요성과 정의를 이해하고, 단위와 계산 방법을 익힌다.
- 모멘트의 종류를 이해하고, 이를 통해 3차원 및 2차원 표기 방법을 익힌다.
- 힘 평형 및 모멘트 평형을 이용하여 평면 비공점력계 문제를 해결한다.
- 지레의 원리와 종류를 이해하고 활용할 수 있다.

SECTION 4.1

모멘트란

- 물체의 거동을 기술함에 있어서 모멘트가 왜 필요한지 이해한다.
- 모멘트의 단위와 부호를 이해하고, 2차원 오른손 직각좌표계에서 회전 방향을 나타내는 방법을 익힌다.
- 위치 벡터와 힘 벡터를 이용해 모멘트 벡터를 계산한다.

어떤 물체의 모서리에 힘을 가하면 대부분 직선운동과 함께 회전운동도 발생한다. 인가한 힘의 크기가 작아 움직이지 않는 경우에는 회전 성향을 보인다. 정역학은 물체에 가해진 부하(입력)의 효과(출력)를 알기 위한 학문이며, 물체나 구조물의 회전(성향)을 설명하기 위해 모멘트라는 새로운 물리량을 정의해 사용한다.

4.1.1 평면 비공점력계

2장과 3장에서는 힘의 기본적인 특성을 살펴보기 위해 모든 힘들이 동일 평면상에 작용하는 **평면력계** 중에서, 모든 힘의 작용선들이 어느 한 점에서 만나 물체가 회전하려는 성향이 없는 **공점력계**까지만 다루었다. 4장에서도 평면력계를 다루지만, 모든 힘이 한 점에서 교차하지 않는 **비공점력계**까지 관심 대상을 확장한다. 힘계를 힘이 작용하는 공간에서의 좌표 수를 기준으로 분류하여 [그림 4-1]에 나타내었다.

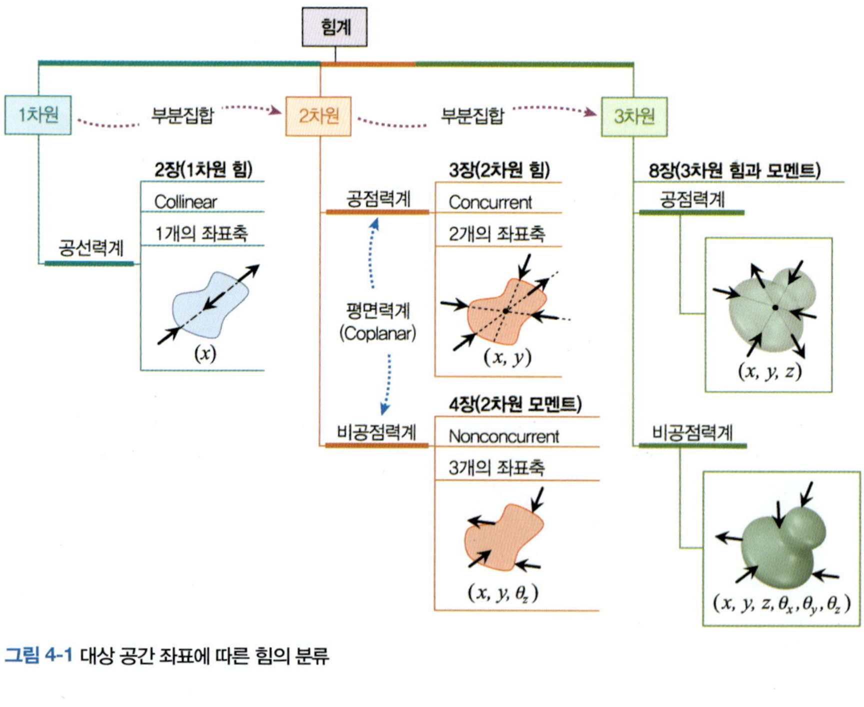

그림 4-1 대상 공간 좌표에 따른 힘의 분류

[그림 4-2(a)]에서와 같이 왼쪽이 다른 강체 구조물에 완전히 고정되어 있는 다이빙대에 서 있는 몸무게 W인 한 사람을 고려해보자. 이 사람이 중간에 서 있을 경우를 [그림 4-2(b)]와 같이 모델링하고, 오른쪽으로 조금 더 전진하여 다이빙대 끝에 서 있는 경우를 가정하여 [그림 4-2(c)]와 같이 모델링해보자. 이 두 가지 경우에 대해 3장까지 학습한 정역학 지식을 기초로 모든 작용력과 반력을 표시하고, y 방향 힘 평형 조건을 적용해 왼쪽 지지점에서의 반력의 크기까지 구한 후 자유물체도를 그리면 [그림 4-3]과 같이 된다.

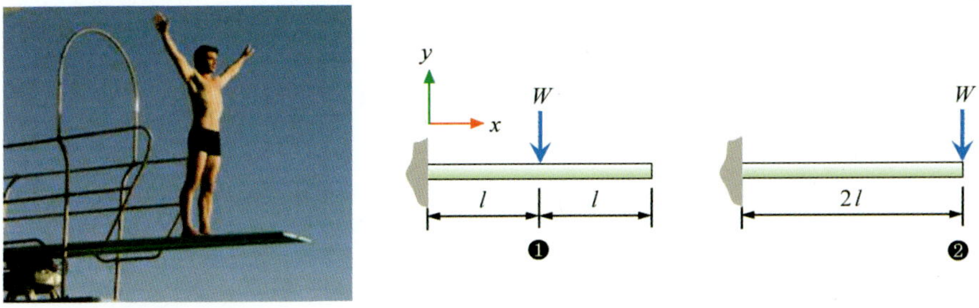

(a) 다이빙대 위의 남자 (b) 중앙 위치 (c) 오른쪽 끝 위치

그림 4-2 다이빙대에 서 있는 사람

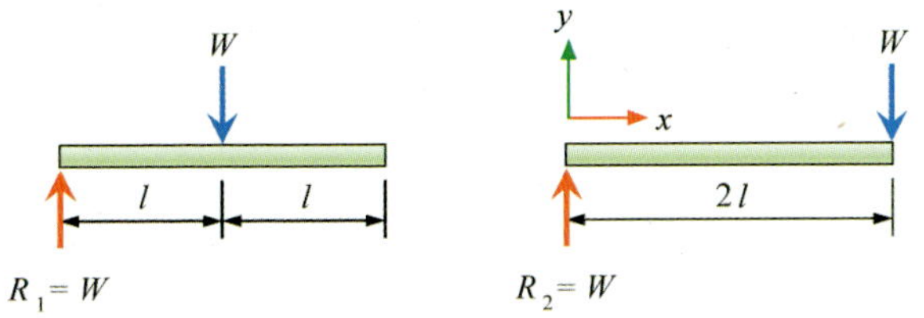

(a) 경우 ❶ (b) 경우 ❷

그림 4-3 두 가지 경우의 다이빙대에 대한 자유물체도

앞서 3장에서는, [그림 3-1(a)]에 대한 세 가지 서로 다른 모델을 [그림 3-1]의 (b)~(d)에 나타내었고, 카트가 항상 지면 G에 균일하게 닿아 있어서 절대 **회전**하지 않는다는 과도한 가정을 추가함으로써 이들을 질점 모델로 간주해 모두 같은 문제로 취급하였다. 그러나 이들을 질점이 아닌 강체로 간주하면 [그림 3-1]의 (b)~(d)의 문제는 완전히 다른 문제가 되지만, 2 차원 평면상에서 힘 평형은 이미 만족하고 있어 더 이상 얻어낼 수 있는 정보가 없다. [그림 4-3]의 경우도 x 방향으로 작용하는 힘이 없어 자체 힘 평형[1] 상태이고, y 방향의 경우 크기가 같고 방향이 서로 반대인 힘들이 작용하고 있어 역시 힘 평형을 만족하고 있다. 하지만 이 두 힘들은 서로 평행하여 어느 한 점에서 만날 수 없다. 이로부터 힘들이 어느 한 점에서 모두 만나지 않는 비공점력계 nonconcurrent force system의 경우, 2 차원 정역학 문제[2]를 다루기 위해서는 2 개의 힘 평형식만으로는 부족하다는 사실을 알게 된다.[3]

Static Think_01

[그림 4-2]에서 (b)와 (c) 중 어느 쪽이 더 위험하게 느껴지는가? 또 이유에 대해 생각해보시오.

1 작용하는 힘이 없을 경우 힘 평형식이 0 = 0이 되어 힘 평형이 자체적으로 만족된다.

2 이러한 문제들을 [그림 4-1]에 정리한 바와 같이 평면력계(coplanar force system)라고 한다.

3 바로 이 순간(at this moment)에 모멘트가 필요하다.

4.1.2 모멘트의 필요성

크기가 같고 방향이 반대인(또는 힘 평형상태인) 두 힘들이 존재하는 [그림 4-3]의 자유물체도 (a)와 (b)의 유일한 차이는 작용하는 두 힘들의 거리가 다르다는 것이다. 그림 (a)의 경우 거리는 l 이고, (b)의 경우는 $2l$ 이 된다. 즉, (b)의 경우 힘들 사이의 거리가 (a)의 2 배가 되어 (a)보다 2 배 더 위험해보일 수 있다. 이와 같이 작용하는 물리량의 **효과** effect가 그 물리량의 크기 magnitude나 방향 direction뿐만 아니라, 그 물리량이 작용하는 거리 distance에도 관계될 때, 이를 **모멘트** moment라는 양을 정의해 사용한다. 따라서 넓은 의미의 모멘트는 어떤 양 quantity에 그 양과 관련된 거리를 곱한 양으로 정의된다. 예를 들어, 수학적으로 특정 값 c 에 대한 실수 변수의 실수 연속 함수 $f(x)$의 n번째 모멘트는 식 (4.1)과 같이 정의[4]된다.

$$\mu_n = \int_{-\infty}^{\infty} (x - c)^n f(x)\,dx \tag{4.1}$$

식 (4.1)에서 함수 $f(x)$ 대신 [그림 4-3]의 힘 W를 대입하고, $(x - c)^n$ 대신 두 힘 사이의 거리를 곱한 양을 정역학에서는 간단히 **모멘트** moment라고 말한다. 예를 들어 [그림 4-3]에서 (a)의 경우 $(l \times W)$, (b)의 경우 $(2l \times W)$가 모멘트가 된다. 다시 말해 모멘트는 어떤 물체에 가해진 힘이 그 물체를 **회전** rotation시키려는 성향 tendency을 나타내기 위해 사용되는 양으로 보면 된다. [그림 4-4]에서와 같이, 로봇 팔의 끝 점 O에 힘 F를 가할 때 점 A나 B에 대해서는 로봇 손이 회전하지 않을 것이므로 모멘트가 발생하지 않지만, 점 C에 대해서는 $l_{\mathrm{BC}}F$ 만큼의 모멘트가, 점 D에 대해서는 $l_{\mathrm{BD}}F$ 만큼의 모멘트가 발생한다. 이로부터 모멘트 값은 힘의 크기 및 방향(즉, 힘 벡터 F)과 함께 기준점 reference point의 위치(즉, 위치 벡터 r)에 따라 바뀌는 것을 알 수 있다. 이를 함수로 나타내면 식 (4.2)와 같다. 이 식에서 모멘트를 벡터로 나타낸 것은 힘의 방향과 기준점의 위치에 따라 물체의 회전 방향도 바뀌기 때문이다. 즉, 모멘트는 크기뿐만 아니라 방향도 중요한 벡터량이다.

$$\mathrm{M} = f(\mathrm{r},\ \mathrm{F}) \tag{4.2}$$

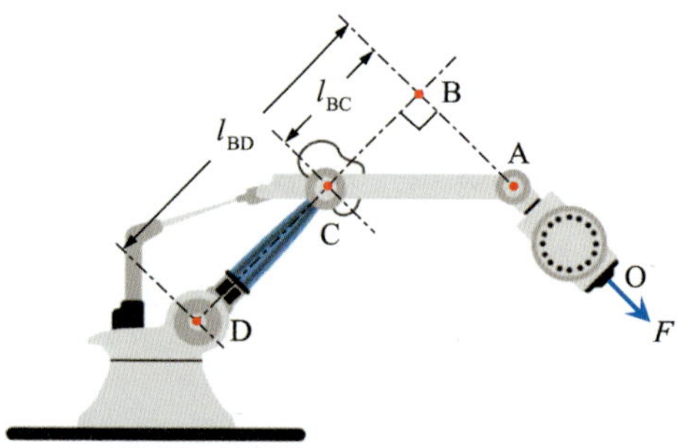

그림 4-4 로봇 팔에 작용하는 힘에 의한 모멘트

---

4 출처 : Wikipedia

Static Think_ 02

[그림 4-5]는 무게를 무시할 수 있는 물체에 작용하는 힘의 방향과 기준점의 위치를 나타낸 것이다. 네 가지 경우에 대해 물체가 회전하는지, 회전하지 않는다면 회전하려는 성향이 있는지 생각해보시오.

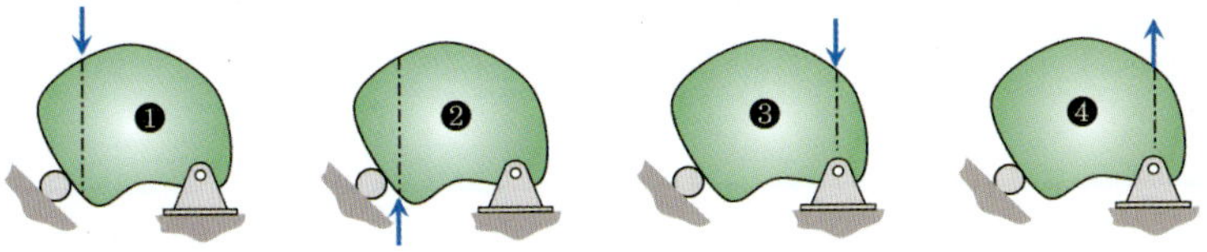

그림 4-5

예제 4-1 다양한 힘에 의한 모멘트

[그림 4-6]과 같이 왼쪽을 벽에 박아 넣어 고정한 built-in 구조물에 힘의 크기가 W로 모두 같은 ①~⑤의 힘들이 작용할 때, 각각의 경우들에 대해 모멘트(크기 및 방향)를 구하시오.

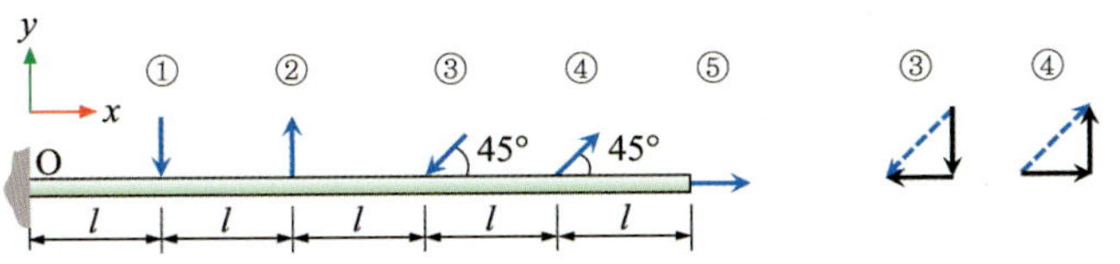

그림 4-6 다양한 위치에 작용하는 다섯 가지 힘

Analyze

- 모멘트는 기준점으로부터의 수직거리에 회전을 발생시키려는 힘을 곱해 구한다.
- 경사진 힘은 직각좌표계 성분으로 나눠 모멘트를 계산한다.

Compute

- ①과 ②의 경우 작용하는 힘이 부재의 길이 방향과 수직이므로 모멘트는 거리에 힘을 곱해 구한다. 이들 중 ①은 구조물을 시계방향(CW)으로 회전시키려 하는 반면, ②는 반시계방향(CCW)으로 회전시키려 한다.

$$M_{①} = l \times W \ (\mathrm{CW}), \ M_{②} = 2l \times W \ (\mathrm{CCW})$$

- ③과 ④의 경우 힘이 부재와 경사지게 작용하므로, 이를 x, y 방향 성분으로 나누면 [그림 4-6(b)]와 같다. 이 중 x 방향 힘 성분의 경우 힘의 작용선이 기준점 O를 통과하여 모멘트를 생성시키지 않으므로, 힘의 y 방향 성분에 의한 모멘트만 계산하면 된다.

$$M_{③} = 3l \times \frac{W}{\sqrt{2}} \ (\mathrm{CW}), \ M_{④} = 4l \times \frac{W}{\sqrt{2}} \ (\mathrm{CCW})$$

- ⑤의 경우 힘의 작용선이 기준점을 통과하므로 모멘트는 발생하지 않는다.

$$M_{⑤} = 0$$

Think

- 모멘트는 기준점에서 회전을 일으키려는 성향이 있는 힘까지의 수직 거리에 힘의 크기를 곱해 구하면 된다.
- 모멘트는 구조물의 회전(성향)과 관련된다.
- 힘을 개별 성분으로 나눠 고려하면 모멘트 계산 시 편리한 경우가 많다.

4.1.3 모멘트의 단위, 부호 및 계산

모멘트는 거리에 힘을 곱한 양이기 때문에, 단위는 자연스럽게 길이에 힘을 곱한 것이 된다. 따라서 [N · m], [lb · in], [kgf · mm] 등과 같이 다양한 단위들이 사용된다. SI 단위계에서는 [N · m]가 가장 많이 사용되는데, 이 경우 일work[5]을 나타내는 [N · m]와 혼동될 수 있어 [m · N]으로 나타내기도 하는데, 이 경우 두 단위 사이에 곱하기를 의미하는 '·'을 반드시 넣어야 한다. 만약 m · N을 mN으로 쓰면 'milli-Newton'이 되기 때문이다.

Static Think_03

1 lb · in는 몇 [N · m]인지 계산해보시오.

[그림 4-6(a)]에서 아래 방향의 힘 ①과 ③은 점 O에 대해 구조물을 시계방향(CW)으로, ②와 ④는 반시계방향(CCW)으로 회전시키려고 한다. 이러한 모멘트를 크기(숫자)와 함께 나타내기 위해서는 CCW/CW 대신 (+) 방향에 대한 약속[6]이 필요하다. 3장에서 힘 벡터를 설명할 때 CCW 각을 (+)로 약속했기 때문에 모멘트도 CCW를 (+)로 약속한다. 따라서 이 약속에 의하면 [그림 4-6(a)]에서 힘 W는 ①과 ③에서는 (−) 모멘트, ②와 ④에서는 (+) 모멘트를 생성시킨다.

지금까지 모멘트의 방향을 CCW/CW, (+)/(−)와 같이 나타냈으나, 이를 좀 더 체계적으로 다루기 위해 2장에서 소개했던 [그림 2-18(c)]의 3차원 오른손 직각좌표계를 이용한다. 이 장에서는 주로 2차원 문제들을 다루므로 [그림 4-7(a)]와 같은 3차원 좌표계를 사용할 필요까지는 없지만 x-y 평면상에 가해지는 힘들은 구조물을 회전시키려는 성향이 있고, 회전은 그 평면에 수직인 z축을 중심으로 발생한다. 따라서 3차원 좌표계를 사용하되 평면상에 나타내는 방법이 효율적이며, 이를 [그림 4-7]의 (b)와 (c)에 나타내었다. 먼저 (+)z축에서 볼 때 그림 (b)와 같이 화살이 날아오는 경우, 화살 방향과 (+)z축이 일치하므로 이를 (+) 모멘트 방향으로 정한다. 이때 화살이 ⊙ 모양으로 보이므로 그림 (b)와 같이 나타낸다. 반대로 화살이 멀어지는 경우 ⊗ 모양이 되고, 이를 이용해 (−)z축을 나타낸다.

5 이러한 이유로 일을 나타내는 단위로는 N · m 대신 주로 J [Joule]을 사용한다.
6 약속은 법칙이 아니기 때문에 다르게 정해도 되지만, 한번 한 약속은 계속 지켜져야 한다.

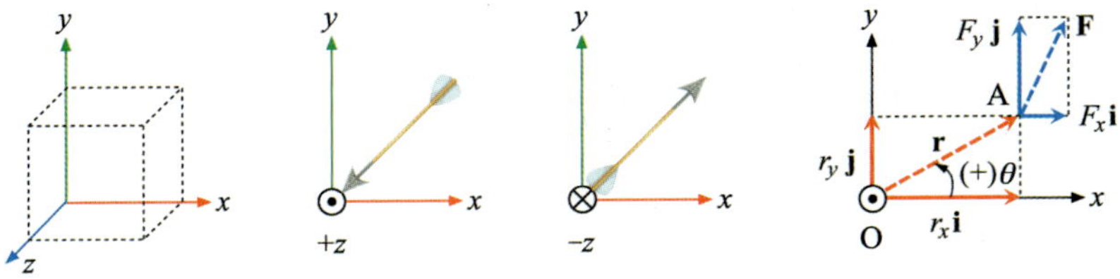

(a) 3차원 직각좌표계 (b) $(+)z$축 표시 (c) $(-)z$축 표시 (d) 위치 벡터와 힘 벡터

그림 4-7 3차원 직각좌표계의 2차원 표시, 위치 벡터 및 힘 벡터

[그림 4-7(d)]와 같이 좌표를 설정하고 2차원 공간상의 임의의 arbitrary 한 점 A에 힘 벡터 F가 작용한다고 하자. 또한 모멘트를 계산하기 위한 기준점 O에서 점 A까지의 위치를 나타내는 벡터를 r로 나타냈을 때 모멘트를 계산해보자. 모멘트를 쉽게 계산하기 위해 위치 벡터와 힘 벡터를 x, y 방향 성분으로 나눠 계산하면 z축에 대한 모멘트의 크기는 식 (4.3)과 같이 되며, 이를 벡터로 표시하면 식 (4.4)와 같이 두 벡터들의 벡터 곱[7]이 됨을 알 수 있다. 식에서 k는 z축 방향의 단위벡터를 나타낸다. 이로부터 모멘트 벡터는 위치 벡터와 힘 벡터의 벡터 곱으로 계산할 수 있음을 알 수 있다.

$$M_z = r_x F_y - r_y F_x \tag{4.3}$$

$$\mathrm{M} = (r_x F_y - r_y F_x)\mathrm{k} = \begin{vmatrix} \mathrm{i} & \mathrm{j} & \mathrm{k} \\ r_x & r_y & 0 \\ F_x & F_y & 0 \end{vmatrix} = \mathrm{r} \times \mathrm{F} \tag{4.4}$$

Static Think_04

모멘트 벡터를 M = F × r로 계산해도 되는지 생각해보시오.

예제 4-2 로봇 팔의 모멘트 계산

[그림 4-8(a)]와 같은 치수를 갖는 로봇의 손에 100 N의 힘을 가할 때, 로봇 어깨인 점 O에 대한 모멘트[N · m]를 구해 벡터로 나타내시오.

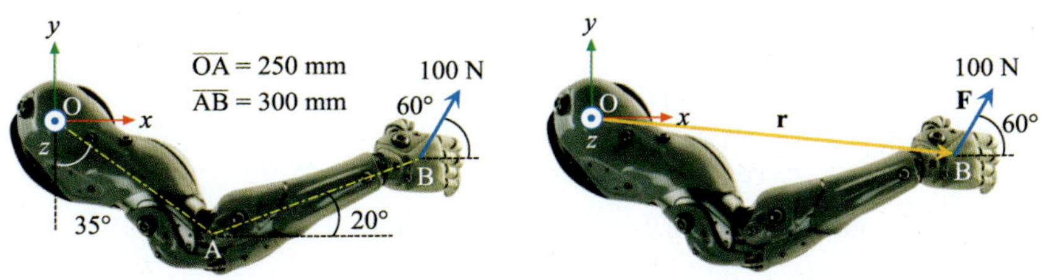

(a) 로봇 팔의 치수 및 힘 (b) 위치 벡터와 힘 벡터 표시

그림 4-8 로봇 팔의 치수 및 부하 상태

7 두 3차원 벡터 A, B의 벡터 곱 A×B는 행렬식(determinant)을 활용해 아래와 같이 계산한다.

$$\mathrm{A} \times \mathrm{B} = \begin{vmatrix} \mathrm{i} & \mathrm{j} & \mathrm{k} \\ A_x & A_y & A_z \\ B_x & B_y & B_z \end{vmatrix} = \begin{vmatrix} A_y & A_z \\ B_y & B_z \end{vmatrix}\mathrm{i} - \begin{vmatrix} A_x & A_z \\ B_x & B_z \end{vmatrix}\mathrm{j} + \begin{vmatrix} A_x & A_y \\ B_x & B_y \end{vmatrix}\mathrm{k}$$

Analyze

- [그림 4-8(a)]에 주어진 로봇 팔의 치수를 이용해 점 O에 대한 점 B의 위치 벡터를 구한다.
- 모멘트 벡터의 정의인 $\mathbf{M} \equiv \mathbf{r} \times \mathbf{F}$를 이용해 모멘트를 계산한다.

Compute

- 위치 벡터는 모멘트를 계산하고자 하는 점을 시점으로 하고 힘이 가해진 점을 종점으로 하는 벡터이므로, 그 성분과 벡터는 다음과 같이 구한다.

$$r_x = \overline{\text{OA}}\sin 35° + \overline{\text{AB}}\cos 20° = 250 \times \sin 35° + 300 \times \cos 20° = 425.3\text{ mm}$$

$$\begin{aligned} r_y &= (-)\overline{\text{OA}}\cos 35° + \overline{\text{AB}}\sin 20° \\ &= (-)250 \times \cos 35° + 300 \times \sin 20° = (-)102.2\text{ mm} \end{aligned}$$

$$\mathbf{r} = 425.3\mathbf{i} - 102.2\mathbf{j}\ [\text{mm}]$$

- 힘 벡터는 100 N의 힘을 x, y 방향 성분으로 나눠 나타내면 되므로 다음과 같다.

$$\mathbf{F} = F\cos 60°\mathbf{i} + F\sin 60°\mathbf{j} = 50\mathbf{i} + 50\sqrt{3}\mathbf{j}\ [\text{N}]$$

- 식 (4.4)의 모멘트 벡터 정의에 따라 위치 벡터에 힘 벡터를 곱하면 모멘트 벡터를 계산할 수 있다. 벡터 곱은 두 가지 방법으로 계산할 수 있으며, 먼저 항들의 분배 법칙을 이용하여 계산하면 다음과 같다. 벡터 곱의 특성상 동일한 방향의 두 벡터를 곱하면 영 벡터(0)가 되고 i, j, k가 순서대로 곱해지면 오른손 직각좌표계의 정의에 따라 양의 벡터가 되며, 이들의 곱셈 순서가 바뀌면 음의 벡터가 된다. 이를 아래에 정리하였으며, 이 관계들을 이용해 모멘트를 계산하면 된다.

$$\mathbf{i} \times \mathbf{j} = \mathbf{k},\ \mathbf{j} \times \mathbf{k} = \mathbf{i},\ \mathbf{k} \times \mathbf{i} = \mathbf{j}$$

$$\mathbf{j} \times \mathbf{i} = (-)\mathbf{k},\ \mathbf{k} \times \mathbf{j} = (-)\mathbf{i},\ \mathbf{i} \times \mathbf{k} = (-)\mathbf{j}$$

$$\begin{aligned} \mathbf{M} &= \mathbf{r} \times \mathbf{F} = (425.3\mathbf{i} - 102.2\mathbf{j}) \times (50\mathbf{i} + 50\sqrt{3}\mathbf{j})\ [\text{N} \cdot \text{mm}] \\ &= (425.3\mathbf{i}) \times (50\mathbf{i}) + (425.3\mathbf{i}) \times (50\sqrt{3}\mathbf{j}) \\ &\quad - (102.2\mathbf{j}) \times (50\mathbf{i}) - (102.2\mathbf{j}) \times (50\sqrt{3}\mathbf{j}) \\ &= (425.3 \times 50\sqrt{3})\mathbf{k} - (102.2 \times 50)(-\mathbf{k}) = 41{,}942\mathbf{k}\ [\text{N} \cdot \text{mm}] \end{aligned}$$

$$\mathbf{M} = \mathbf{r} \times \mathbf{F} = 41{,}942\mathbf{k}\ [\text{N} \cdot \text{mm}]$$

- 식 (4.4)와 같은 행렬식을 활용해 벡터 곱을 계산하면 다음과 같게 되며, 분배법칙을 이용해 계산했을 때와 동일한 결과를 얻게 된다.

$$\mathbf{M} = \mathbf{r} \times \mathbf{F} = \begin{vmatrix} \mathbf{i} & \mathbf{j} & \mathbf{k} \\ r_x & r_y & 0 \\ F_x & F_y & 0 \end{vmatrix} = \begin{vmatrix} \mathbf{i} & \mathbf{j} & \mathbf{k} \\ 425.3 & -102.2 & 0 \\ 50 & 50\sqrt{3} & 0 \end{vmatrix}$$

$$= [425.3 \times 50\sqrt{3} - \{(-102.2) \times 50\}]\mathbf{k} = 41{,}942\mathbf{k}\ [\text{N} \cdot \text{mm}]$$

Think

평면력계의 경우 해당 평면(x, y)에 수직한 방향(z)의 모멘트만 발생한다.

SECTION 4.2

짝힘과 모멘트

- ✔ 짝힘과 모멘트의 정의와 차이에 대해 이해한다.
- ✔ 힘을 작용선이 아닌 위치로 옮길 때의 '힘의 전달성 원리'를 이해한다.
- ✔ '모멘트의 전달성 원리'를 이해한다.

캠퍼스에서 만난 한 쌍의 커플이 일정한 거리를 두고 만나다가 서로의 뜻이 같아지면 부부가 되는 것처럼, 크기가 같고 방향이 반대인 두 힘이 일정 거리만큼 떨어져 있으면 커플이 되고, 이를 모멘트라고 부른다. 이처럼 세상의 이치는 서로 통하는 것이 많다.

4.2.1 짝힘이란

자동차의 진행 방향을 조정하기 위해 사용하는 운전대 steering wheel를 잡고 있는 두 운전자들을 [그림 4-9]에 나타내었다. 그림 (a)에서는 오른손만으로 조작하고 있으며, 그림 (b)에서는 양손으로 조작하고 있다. 그림 (a)와 (b)에 좌회전을 위해 운전자가 운전대에 가하는 힘(F)을 표시하였다. 이 힘들은 운전대를 조향 축 steering column이 연결되어 있는 점 O를 중심으로 회전시킬 것이다. 먼저 그림 (a)의 경우 점 O에 대한 모멘트는 기준점 O로부터 힘이 가해지는 지점까지의 거리(r)에 힘(F)을 곱해 구할 수 있으며, 이는 식 (4.5)와 같이 된다. 다음으로 그림 (b)의 경우에는 오른손으로는 위 방향, 왼손으로는 아래 방향으로 힘을 가하고 있으며, 이 경우 조향 축 O에 대한 모멘트는 식 (4.6)과 같이 되어 식 (4.5)의 2 배가 된다.

$$\mathrm{M}_{Oa} = (r\mathbf{i}) \times (F\mathbf{j}) = (rF)\mathbf{k} \tag{4.5}$$

$$\mathrm{M}_{Ob} = (r\mathbf{i}) \times (F\mathbf{j}) + (-r\mathbf{i}) \times (-F\mathbf{j}) = (2rF)\mathbf{k} = (dF)\mathbf{k} \tag{4.6}$$

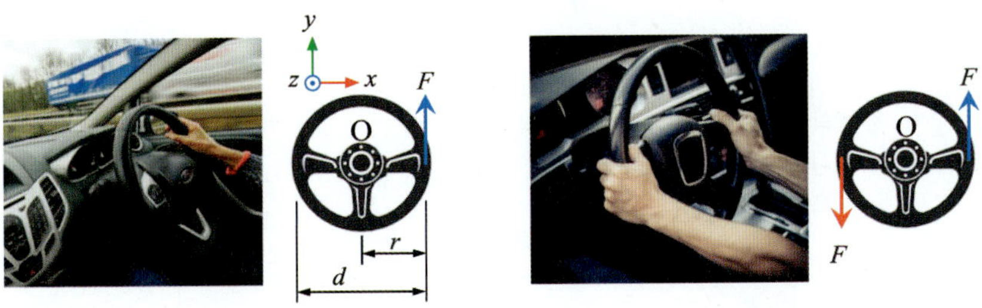

(a) 한 손 운전　　(b) 두 손 운전

그림 4-9 운전대를 조작하고 있는 두 명의 운전자

[그림 4-9]의 두 가지 경우를 네 가지 항목의 관점에서 비교하여 [표 4-1]에 정리하였다. 그림 (b)의 경우 크기가 같고 방향이 반대인 2개의 평행한 외력이 동시에 가해져 외력끼리 이미 힘 평형이 만족되는 점이 그림 (a)와 가장 큰 차이이다. 즉 그림 (b)의 경우 작용하는 두 힘이 짝이 되어 운전대를 회전만 시키려는 효과가 나타나며, 이를 특별히 **짝힘** 또는 **우력** 偶力, couple이라고 한다. 또한 우력의 크기는 가해진 힘의 크기(F)에 두 힘 사이의 수직 거리(d)를 곱해 구할 수 있음도 알 수 있다. 모멘트와 우력의 정의로부터 우력은 모멘트의 부분 집합으로 볼 수 있어, 우력을 별도로 분류하지 않고 모멘트와 같은 개념으로 사용한다.

표 4-1 운전대 조작 방법에 따른 두 가지 경우 비교

비교 항목	운전대 조작 방법	
	(a) 한 손 운전	(b) 두 손 운전
작용력의 개수	1	2
모멘트의 크기	rF	$2rF = dF$
외력에 의한 자체 평형 여부	아니오	예
명칭	모멘트	짝힘
관계	(a) ⊃ (b)	

4.2.2 짝힘(모멘트)의 표시

앞서 살펴보았던 짝힘을 [그림 4-10(a)]의 선박용 **조타 휠** steering wheel에 표시하였다. 그림에 표시된 두 쌍의 짝힘(이후 '모멘트'로 통일) 크기는 모두 $d \times F$이며 동일한 효과를 낸다. 따라서 이들 중 한 쌍의 모멘트를 그림 (a)와 같이 나타내는 대신 그림 (b)와 같이 나타내기도 한다. 그러나 매번 그림 (b)와 같은 표기법을 사용할 경우 번거롭고 모멘트 표시를 위한 공간도 필요하므로 실제로는 보다 간략화한 그림 (c)와 같은 표기법을 주로 사용한다.

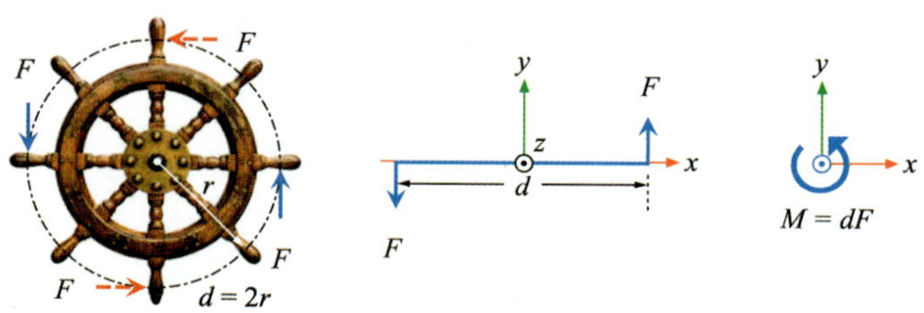

(a) 거리 d인 두 쌍의 짝힘 (b) 한 쌍의 짝힘 표시 (c) 간략 표시

그림 4-10 선박 조타 휠에 가해진 짝힘과 짝힘 표시 방법

Static Think_ 05

[그림 4-10]의 경우 조타 휠은 정적 평형상태인지 생각해보시오.

4.2.3 힘의 전달성 원리

2.3.2절에서 "정역학적 관점에서(또는 강체나 질점의 경우) 동일한 크기의 힘이 힘의 작용선상의 임의의 위치에 작용하더라도 그 효과는 같다."는 **힘의 전달성 원리**를 설명하였다. 반면에 힘이 그 힘의 작용선이 아닌 위치로 이동하게 되면 어떻게 되는지 살펴보자. [그림 4-11(a)]와 같이 무게 W인 자동차를 들고 있는 로봇을 고려해보자. 편의상 차의 무게가 [그림 4-11(b)]와 같이 로봇 팔의 끝점에 작용한다고 가정한 다음, 점 A에 크기가 W이고 방향이 반대인 두 힘(F_{AL}, F_{AU})을 가상으로 인가해보자. 이때 점 A에 가한 가상의 두 힘은 자체 평형상태이고 공점력계이므로 전체 계에 어떠한 영향도 주지 않는다. 이때 차의 무게 W와 점 A에 가상으로 인가한 위 방향 힘 F_{AU}가 짝힘을 이루고, 이를 [그림 4-10(c)]의 표기법에 따라 점 A에 표시하면 [그림 4-11(c)]와 같이 되어, 차의 무게 W에 해당하는 힘과 양의 모멘트가 발생함을 알 수 있다. 이와 같이 강체에 작용하는 힘을 작용선이 아닌 다른 위치로 이동시킬 경우 가해준 힘과 함께 모멘트가 생성되며, 이를 **'힘의 전달성 원리'**라고 한다. 반면에 모멘트는 [그림 4-12]와 같이 작용하는 물체가 같으면 어느 위치에 작용시키더라도 그 효과는 같다. 이를 **모멘트의 전달성 원리** principle of moment transmissibility라고 하며, 이와 같이 위치 이동이 자유로운 벡터를 특히 **자유 벡터** free vector라고 한다.

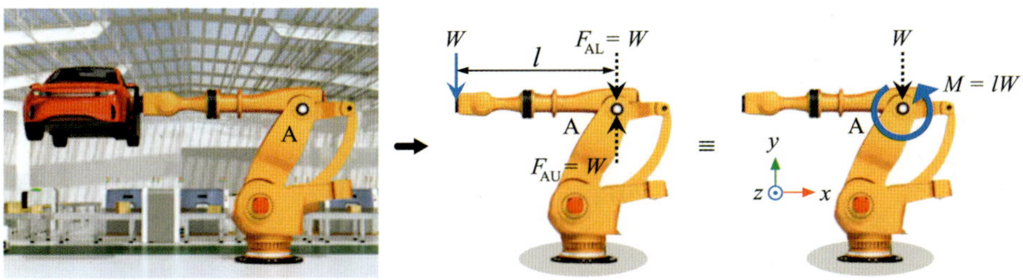

(a) 자동차를 들고 있는 로봇 (b) 로봇에 가해진 힘 (c) 힘과 모멘트

그림 4-11 무게 W인 승용차를 들고 있는 로봇에 작용하는 힘과 모멘트

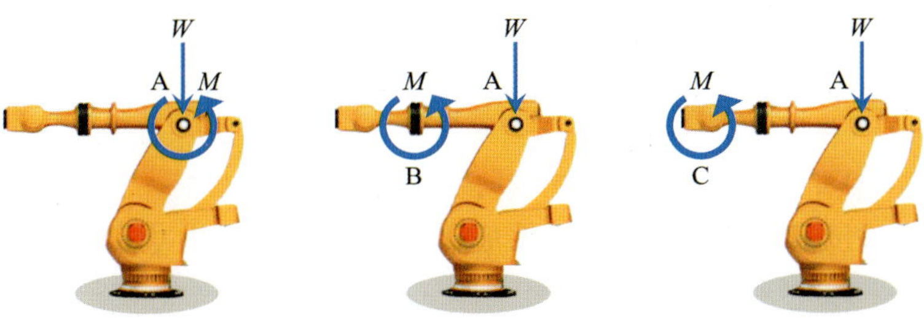

(a) 점 A (b) 점 B (c) 점 C

그림 4-12 모멘트 작용 위치 이동에 따른 효과

예제 4-3 작용력의 이동

예제 4-2

[예제 4-2]에서 [그림 4-8(a)]의 점 B에 인가한 힘을 점 A로 옮겨보시오. 단위는 문제에 주어진 단위와 동일하게 나타낸다.

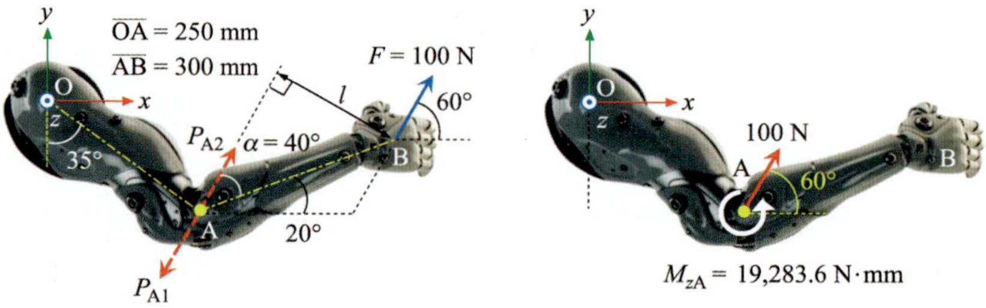

(a) 로봇 팔의 치수, 작용력 및 가상 힘 (b) 등가 부하(힘과 모멘트)

그림 4-13 로봇 팔의 힘 작용 위치 변경에 따른 등가 부하 변환

Analyze

힘을 작용선이 아닌 다른 위치로 옮기기 위해서는 해당 힘과 크기가 같고 방향이 반대인 두 힘을 관심 위치에 그려놓은 다음 **힘의 전달성 원리**를 이용한다.

Compute

- 문제에 주어진 치수와 로봇 팔의 길이에 기초하여 [그림 4-13(a)]에 가상으로 표시한 힘(P_{A1}, P_{A2})과 원래 힘(F)과의 수직 거리는 다음과 같다.

$$l = \overline{AB}\sin(60-20)° = (300\ \text{mm}) \times \sin 40° \\ = 192.836\ \text{mm}$$

- 힘의 전달성 원리에 의해 구조물에 동일한 효과를 주기 위해서는, 점 A에 원래의 작용력과 동일한 크기의 힘과 추가적인 모멘트가 필요하다.

$$M_{zA} = l \times F = (192.836\ \text{mm}) \times (100\ \text{N}) \\ = 19{,}283.6\ \text{N} \cdot \text{mm}$$

Think

- 정역학 문제를 다룰 때에는 기하학적 고려(특히 각도와 삼각함수)가 필요하다.
- x-y 평면상에 작용하는 힘들에 의해서는 항상 z축에 대한 모멘트 M_z만 생성됨을 잊지 말자.
- 짝힘은 모멘트의 부분 집합인 관계로 짝힘 대신 모멘트로 나타내는 것에 헷갈리지 않아야 한다.

SECTION 4.3

모멘트의 종류

- ✔ 3차원 좌표계상에서 정의되는 모멘트를 간략하게 나타낼 수 있는 방법을 익힌다.
- ✔ 모멘트와 관련된 유사한 용어들을 구분할 수 있도록 한다.
- ✔ 부하의 종류에 따라 다르게 불리는 부재 명칭에 익숙해지도록 한다.

정역학에서는 변형하지 않는 강체만 다루지만, 역으로 대상 구조물의 변형을 상상하거나 고려하면 정역학 문제를 보다 쉽게 이해할 수도 있다. 모멘트가 가해짐으로써 일어나는 효과에 따라 모멘트 명칭이 바뀌고, 부하의 종류에 따라 부재의 호칭도 달라지므로, 원활한 공학적 의사소통을 위해 모멘트와 관련된 다양한 용어들을 구분할 수 있도록 하자.

4.3.1 좌표계에 따른 모멘트 표시

모멘트는 벡터량이므로 좌표계 선택에 따라 그 성분도 바뀐다. 2 차원 힘이 가해지는 평면을 어느 평면으로 설정하는가에 따라 모멘트 성분은 자연스럽게 결정된다. 먼저 [그림 4-14(a)]에서와 같이 힘이 $x-y$ 평면상에 작용할 경우, 물체는 해당 평면에 수직한 z축을 중심으로 회전하려는 성향이 생기므로 이때의 모멘트는 M_z가 된다. 이와 마찬가지로 힘이 작용하는 평면에 따라 M_x와 M_y도 각각 그림 (b), (c)와 같이 결정된다. 참고로 2 차원 표기 방법 위에 3 차원 좌표와 양의 모멘트 방향도 함께 나타내었다. 그러나 이 모든 경우에 설정한 좌표계에 따라 표기만 변할 뿐 물리적인 변화는 전혀 없다. 이 책에서는 일반적으로 가장 널리 사용되는 $x-y$ 평면상에 힘이 작용하는 [그림 4-14(a)]를 주로 사용하기로 한다. 이 경우 모멘트는 항상 z 축이 되므로 꼭 필요한 경우를 제외하고 M_z를 M으로 간략화해 표기한다.

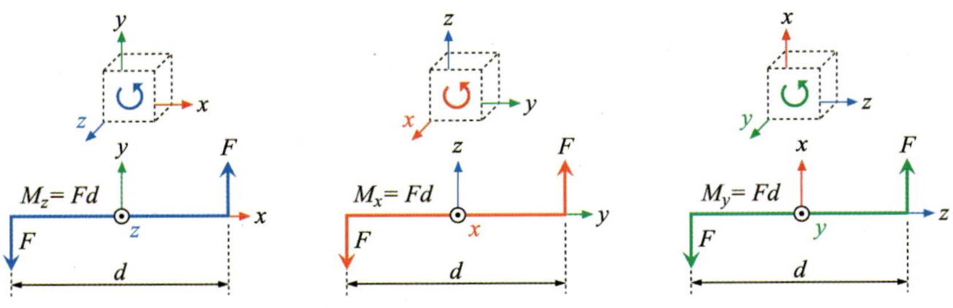

그림 4-14 좌표계 선택에 따른 모멘트 표시

[그림 4-14]에 나타낸 모멘트들의 물리적인 이해를 돕기 위해 양의 방향 모멘트들을 3차원 오른손 직각좌표계를 기준으로 [그림 4-15(a)]에 나타내었다. 이 그림에서 해당 축과 모멘트의 방향을 쉽게 알 수 있으나, 이를 매번 3차원 공간상에 나타내야 하는 번거로움이 생긴다. 이를 보완하기 위해 [그림 4-15(b)]와 같이 화살표 2개를 겹친 이중 화살표로 모멘트를 나타내기도 한다. 즉 화살표 하나로는 힘을 나타내고, 한 쌍의 짝힘에 의해 발생하는 모멘트는 힘 2개를 겹친 이중 화살표로 나타낸다고 보면 된다. [그림 4-15(b)]에 오른손을 기준으로 한 양의 모멘트 방향도 함께 나타내었다. 이 책에서는 주로 이중 화살표나 회전 방향을 나타내는 화살표를 이용해 모멘트를 나타내기로 한다.

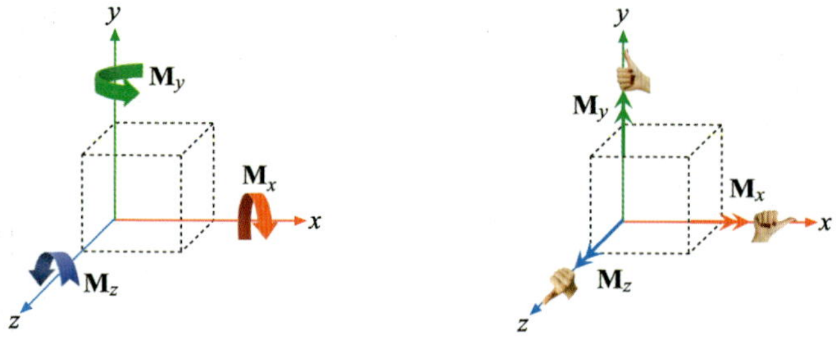

(a) 화살표를 이용한 양의 모멘트 표시 (b) 이중 화살표를 이용한 양의 모멘트 표시

그림 4-15 3차원 좌표계에 나타낸 세 방향 양의 모멘트

4.3.2 모멘트의 작용 효과

모멘트는 벡터량이며 3차원 직각좌표계 상에서 [그림 4-15]와 같이 세 방향 성분(M_x, M_y, M_z)이 존재한다. 임의의 구조물에 모멘트가 작용할 때의 효과를 보기 위해 [그림 4-16(a)]와 같이 직사각형 단면을 갖는 물체[8]에 세 방향 모멘트를 인가한 뒤 발생하는 변형[9] 양상을 그림 (b)~(d)에 나타내었다. 변형 전후 변화를 비교하기 쉽게 변형 전 모양을 와이어 프레임 wire frame으로 나타내었다. 변형 양상을 계산하기 위해 구조물의 왼쪽 면을 완전히 고정 fixed한 뒤 오른쪽 면에 모멘트를 인가하였다. 그림 (b)의 경우 M_x로 인해 물체에 **비틀림** twist이 생기고, 그림 (c)의 경우에는 M_y에 의해 뒤로 **굽힘** bending이 생겨 z 방향으로 변형되고, 그림 (d)의 경우에는 M_z에 의해 위로 굽힘이 생겨 y 방향으로 변형됨을 알 수 있다.

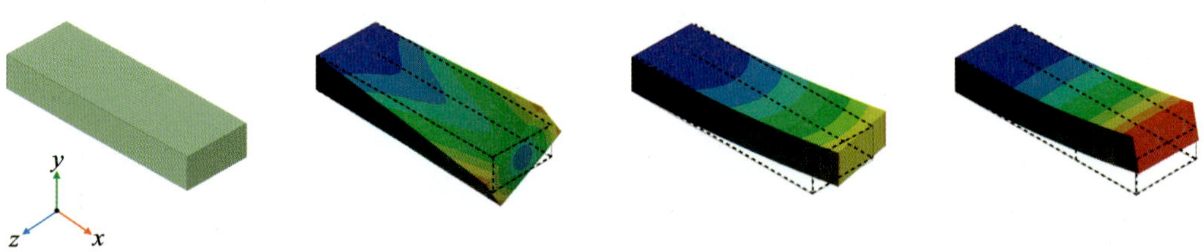

(a) 변형 전 (b) M_x에 의한 비틀림 (c) M_y에 의한 뒤로 굽힘 (d) M_z에 의한 위로 굽힘

그림 4-16 서로 다른 양의 모멘트 성분에 의한 물체의 변형

---

8 폭 100 mm, 높이 50 mm, 길이 300 mm인 직사각형 물체이다.

9 정역학에서 모든 구조물들은 변형하지 않는 강체로 가정하지만, 문제 해결 시 변형 양상을 고려하면 문제를 좀 더 쉽게 이해하고 해결할 수 있다.

좌표계를 [그림 4-16(a)]와 같이 설정했을 때 M_y와 M_z는 해당 구조물에 굽힘 변형을 야기하므로, 이 둘을 **굽힘 모멘트** flexural/bending moment라고 부른다. 반면에 M_x의 경우 굽힘이 아닌 비틀림(또는 뒤틀림)을 야기하므로, 이를 **비틀림 모멘트** twisting moment라고 부른다. 비틀림 모멘트를 간단히 **토크** torque[10]라고도 부르며, 약자를 따서 주로 $T(=M_x)$로 나타낸다. 앞서 언급하였듯이 모멘트의 물리적 효과는 그대로이지만, 좌표계를 어떻게 설정하느냐에 따라 해당 물리적 효과를 야기한 모멘트의 성분이 바뀌므로 주의해야 한다.

혼동하기 쉬운 모멘트 관련 용어들을 [그림 4-17]에 정리하였다. 정역학에서 짝힘(=우력)은 모멘트와 같은 개념으로 사용되지만, 모멘트의 정의가 더 포괄적이므로 짝힘을 모멘트의 부분집합으로 볼 수 있다. 모멘트의 작용효과를 보여주는 [그림 4-16]을 기준으로 볼 때, M_x는 토크(=비틀림 모멘트), M_y와 M_z는 굽힘 모멘트로서 모두 짝힘의 일부로 보면 된다.

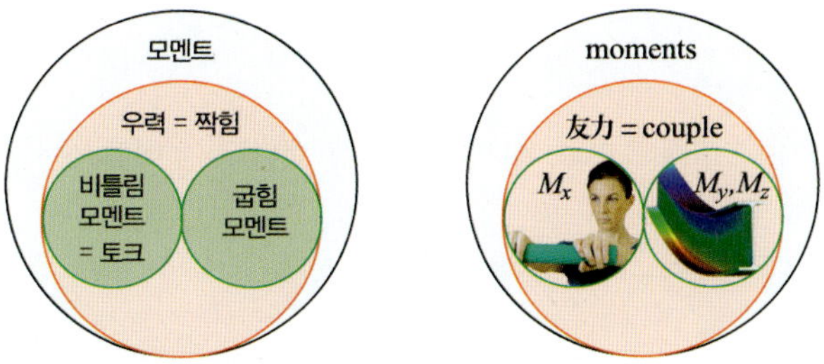

(a) 모멘트 관련 용어들 사이의 관계 (b) 영어 용어 및 모멘트 예

그림 4-17 모멘트 관련 용어들 사이의 관계 및 예

예제 4-4 토크렌치에 가하는 힘

[그림 4-18(a)]와 같이 M5 캡너트를 일정 토크로 조이기 위해 **토크렌치** torque wrench를 사용하고 있다. M5 캡너트의 **허용 토크** allowable torque는 80 kgf · cm라고 할 때, 토크렌치에 가할 수 있는 힘[N]의 최대 크기를 구하시오.

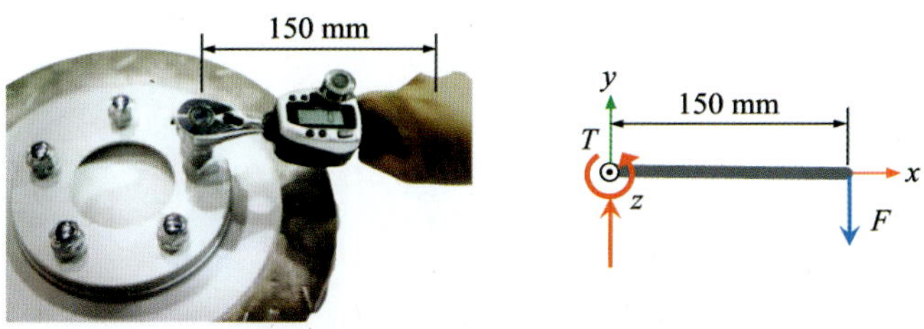

(a) 육각 캡너트와 토크렌치 (b) 토크렌치에 대한 자유물체도

그림 4-18 토크렌치를 이용한 육각 캡너트 조임

Analyze

- 토크렌치는 사전에 설정해 놓은 한계까지만 토크를 전달하고, 설정 값 이상이 되면 헛돌게 되어 있어 규정된 토크로 조이고자 할 때 사용하는 공구이다.

10 세 종류의 모멘트 중 비틀림 모멘트만 변형 양상이 다르기 때문에 별도의 명칭(토크)과 기호(T)를 부여해 구분한다.

- 토크렌치에 대해 자유물체도를 그리면 [그림 4-18(b)]와 같이 되므로, 사람 손에 의해 캡너트에 가해지는 부하는 **작용 및 반작용의 법칙**에 의해 그림에 표시한 힘 및 모멘트와 반대 방향($-y$ 방향)의 힘과 CW 방향의 모멘트(토크)이다.

Compute

- 캡너트의 허용 토크가 80 kgf · cm이므로 이를 [N · mm]로 단위 변환하면 다음과 같다.

$$80\ \text{kgf} \cdot \text{cm} = (80\ \text{kgf} \cdot \text{cm}) \times \frac{9.80665\ \text{N}}{1\ \text{kgf}} \times \frac{10\ \text{mm}}{1\ \text{cm}} = 7{,}845.3\ \text{N} \cdot \text{mm}$$

- 캡너트의 허용 토크 allowable torque, 모멘트 길이(l), 가해준 힘(F) 사이에는 $T_a = lF$의 관계가 있으므로 힘의 크기는 다음과 같이 구한다.

$$F = \frac{T_a}{l} = \frac{7{,}845.3\ \text{N} \cdot \text{mm}}{150\ \text{mm}} = 52.3\ \text{N}$$

Think

- 자유물체도는 눈으로 식별이 쉬운 물체(토크렌치)에 대해 그리고, 실제 관심 대상(캡너트)에 대해서는 **작용 및 반작용의 법칙**을 이용해 유추하는 것이 좋다.
- 토크의 방향을 알고 있는 경우 부호는 무시하고 크기만 고려하여 계산해도 된다.

4.3.3 부하의 종류에 따른 부재 명칭

공학 **구조물** structure은 [그림 4-19(a)]와 같은 다양한 **소재** material들을 이용해 제작한 **부재**[11] member들을 추가 가공 및 조립하여 제작한다. 이 경우 동일한 부재라도 사용 용도나 그 부재에 가해지는 주된 부하의 종류에 따라 해당 부재를 부르는 명칭이 달라지는 경우가 많다. 여기서는 공학적으로 많이 사용되는 [그림 4-19(b)]와 같은 원형 단면 부재를 대상으로 살펴보기로 한다.

(a) 다양한 단면 형상의 소재

(b) 원형 단면 부재

그림 4-19 다양한 단면과 형상을 갖는 부재들

11 일반적으로 소재를 가공해 부재(또는 요소)를 제작하고, 부재들을 재가공 및 조립해 구조물(또는 기계)을 만든다. 하지만 경우에 따라서는 소재 자체를 부재로 사용하는 경우도 많다.

[그림 4−20]에 세 방향 힘과 세 방향 모멘트를 받는 중공 hollow 원형 부재를 나타내었다. 먼저 이러한 부재가 힘이나 모멘트를 받지 않는 대신 내부에 압력(p)을 받는 경우에는 **파이프** pipe라고 부른다. 만약 이 부재가 인장 축력인 $(+)F_x$를 받으면 **봉** rod, bar이라고 부르고, 부재가 압축 축력인 $(-)F_x$를 지지하는 경우에는 압축 봉 또는 **기둥** column이라고 부른다. 그림 (a)의 F_y는 그림 (b)의 M_z와 함께 상하 방향의 굽힘을, 그림 (a)의 F_z는 그림 (b)의 M_y와 함께 전후 방향의 굽힘 변형을 일으키며, 이 경우에는 **보** beam라고 부른다. 마지막으로, 부재의 길이 방향에 작용하는 모멘트(토크)인 $M_x(=T)$를 받는 경우에는 **축** shaft이라고 부른다. 이러한 분류를 [표 4−2]에 정리하였고, 실제 예들을 [그림 4−21]에 나타내었다.

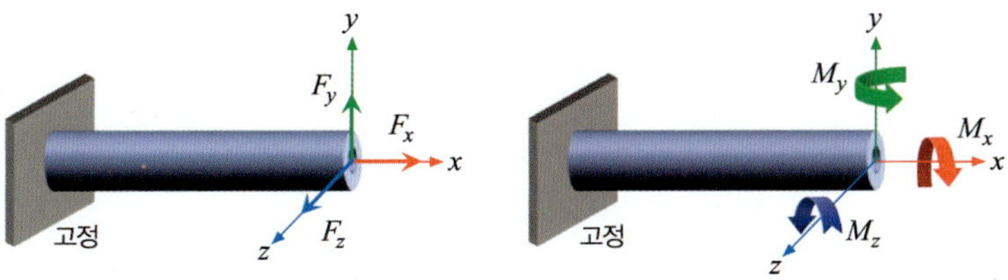

(a) 세 방향 힘 (b) 세 방향 모멘트

그림 4-20 힘과 모멘트가 작용하는 중공 부재

표 4-2 용도 및 부하의 종류에 따른 부재 명

부재 명	주된 부하		주된 용도
파이프	압력	p	유체 수송
봉	인장 축력	$(+)F_x$	트러스 구성
기둥	압축 축력	$(-)F_x$	구조물(건물) 세로 방향 하중 지지
보	굽힘 모멘트	$F_z(M_y)$, $F_y(M_z)$	구조물(건물) 가로 하중 지지
축	토크	$T(=M_x)$	동력 전달

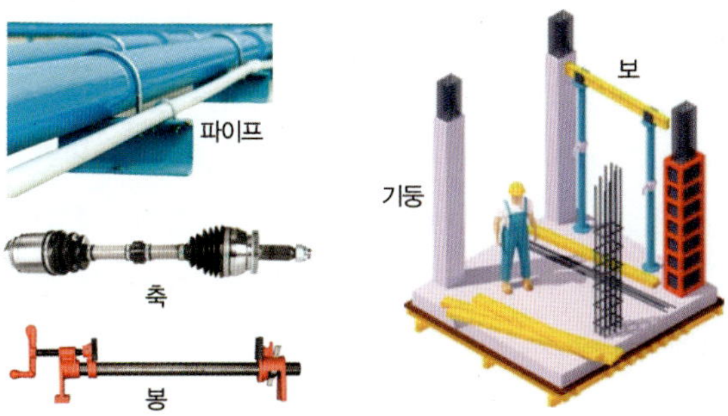

그림 4-21 부하의 종류에 따라 달리 불리는 부재

SECTION 4.4

비공점력계의 평형

- ✔ 비공점력계의 경우 힘 평형과 함께 모멘트 평형이 필요한 이유를 이해한다.
- ✔ 2차원 비공점력계 문제를 3개의 평형 조건을 이용해 해결한다.
- ✔ 평형 조건 적용 순서의 중요성을 이해한다.

모든 힘이 한 점에서 만나면 그 물체는 회전하지 않기 때문에 2차원 문제의 경우 2개의 힘 평형 조건만으로 문제를 해결할 수 있으나, 이렇게 특수한 계는 흔치 않다. 공점력계를 통해 익힌 힘 평형의 개념에 회전과 관련한 모멘트 평형을 더해 지식의 깊이를 더해보자.

4.4.1 비공점력계의 모멘트 평형

3장에서 다뤘던 공점력계 문제들의 경우, 2개의 힘 평형식만을 가지고 모든 미지의 반력을 구할 수 있었으나, [그림 4-2]에 예로 들었던 다이빙대의 경우는 [그림 4-3]과 같이 힘 평형은 만족되지만 안정적이지 않아 보였다. 실제로 다이빙대에 가해지는 힘들이 [그림 4-3]과 같다면, 그 다이빙대는 제자리에서 시계방향으로 무한히 회전하여 정적 평형상태가 되지 않는다. 따라서 이러한 비공점력계가 평형을 이루기 위해서는 계가 회전하지 않도록 저항하는 **반작용 모멘트** resisting moment가 존재해야 한다.

[그림 4-3(a)]의 문제를 [그림 4-22(a)]에 다시 나타내었다. 이 보에 가해진 유일한 작용력은 W이며, 이를 힘의 **전달성 원리**를 이용해 왼쪽 고정 지지점으로 이동시키면 [그림 4-22(b)]와 같이 아래 방향 힘과 시계방향의 모멘트가 된다. 즉 [그림 4-22]의 (a)와 (b)는 정역학적으로 등가이다. 이제 관심대상인 보만 독립시키면, **작용과 반작용의 법칙**에 의해 지지점에는 작용 부하와 반대되는 반작용이 생겨야 하므로 자유물체도는 그림 (c)와 같이 된다. 최종적으로 그림 (c)의 자유물체도에 나타낸 작용력과 모멘트를 그림 (b)를 활용해 원래 외력으로 환원시키면, 이 보에 대한 자유물체도는 그림 (d)와 같이 된다. 즉 비공점력계 문제들의 경우, 지지점에서는 힘 평형과 함께 반작용 모멘트에 의한 **모멘트 평형** moment equilibrium도 만족되어야 부재들이 **정적 평형** static equilibrium 상태가 된다.

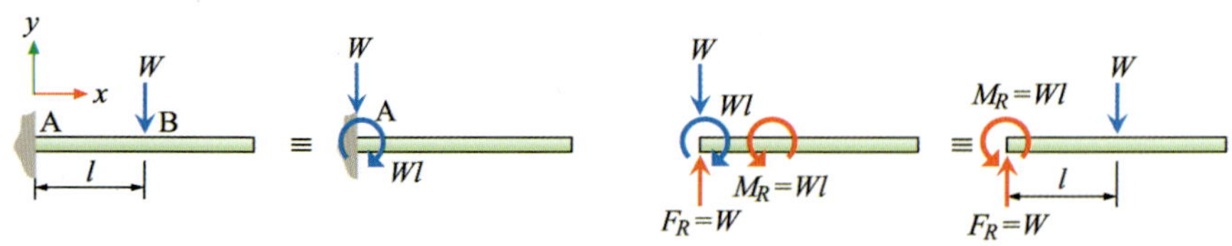

그림 4-22 수직력이 작용하는 보의 반력과 반작용 모멘트

4.4.2 2차원 비공점력계의 정적 평형

1 차원 공선력계 문제 해석 시에는 1 개의 힘 평형식이, 2 차원 공점력계에는 2 개의 힘 평형식이 요구되었다. 이와는 달리, 일반적인 2 차원(x-y 평면) 평면력계가 정적 평형을 만족하기 위해서는 식 (4.7)의 세 가지 평형식들이 모두 만족되어야 하며, 이 식들을 벡터로 나타내면 식 (4.8)과 같이 된다.

$$\Sigma F_x = 0, \ \Sigma F_y = 0, \ \Sigma M_z = 0 \tag{4.7}$$

$$\Sigma \mathrm{F} = 0, \ \Sigma \mathrm{M} = 0 \tag{4.8}$$

예제 4-5 핀과 롤러에 의해 지지되는 보

무게를 무시할 수 있는 수평 보 beam가 [그림 4-23]과 같이 점 A에서 핀 pin으로 지지되어 있고, 점 B에서는 30° 경사면에 롤러 roller 지지되고 있다. 점 A와 점 B에서의 반력을 구하시오.

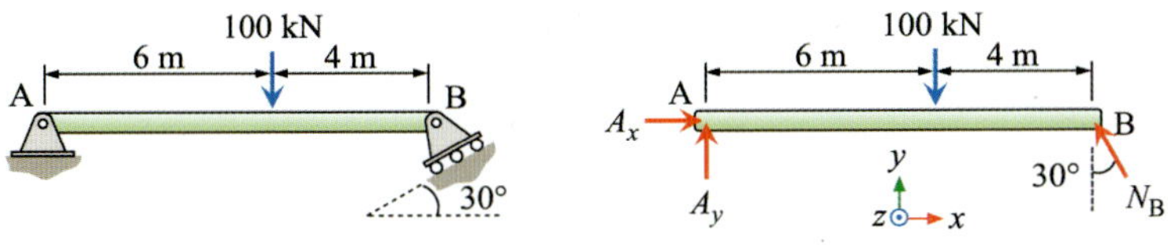

그림 4-23 핀과 롤러에 의해 양단이 지지되는 보

Analyze

- 가장 먼저 관심 부재인 보에 대해 자유물체도를 그려야 한다. 이 문제는 3.2절의 [경우 3 : 매끄러운 표면], [경우 6 : 핀 조인트]에 해당한다.
- 점 B의 롤러는 항상 면에 수직한 힘만 전달한다.
- 문제를 풀기 전에 항상 미지수의 개수와 사용할 수 있는 식의 개수를 염두에 둬야 한다. 이 문제의 경우 미지력이 3 개이므로 식 (4.7)의 세 식이 모두 필요하다.
- 모멘트 평형을 고려할 때는 가급적 미지력이 많이 작용하는 곳을 기준점으로 하면 모멘트 평형을 고려할 때 유리한 경우가 많다.

Compute

- 수평 보에 대해 자유물체도를 그리면 [그림 4-23(b)]와 같으며, 점 A에는 두 방향 반력, 점 B에는 경사면에 수직한 반력 N_B만 발생한다. 미지력이 2 개인 점 A에 대해 모멘트 평형을 먼저 고려하면 N_B를 바로 구할 수 있다. 수직항력 N_B의 수평 성분에 의해서는 모멘트가 발생하지 않기 때문에 수직 성분만 고려하면 된다.

$$\Sigma M_A = (10\ \mathrm{m}) \times N_B \cos 30° - (6\ \mathrm{m}) \times (100\ \mathrm{kN}) = 0$$

$$N_B = 69.282\ \mathrm{kN}$$

• 이제 N_B를 알고 있으므로, 2개의 힘 평형 조건을 적용하면 다음과 같이 나머지 반력들을 구할 수 있다.

$$\Sigma F_x = A_x - N_B \sin 30° = 0$$
$$A_x = N_B \sin 30° = (69.282\ \text{kN}) \times \sin 30° = 34.641\ \text{kN}$$
$$\Sigma F_y = A_y - (100\ \text{kN}) + N_B \cos 30° = 0$$
$$A_y = (100\ \text{kN}) - N_B \cos 30° = 40\ \text{kN}$$

Think

• 모멘트 평형은 모멘트 자체를 구하는 데도 사용되지만, 반력을 계산하는 용도로도 효과적으로 사용할 수 있다.
• 평형식 적용 순서에 따라 문제 해결의 난이도가 바뀐다.
• 계산된 답의 정확성을 검토해보자. [그림 4-24]와 같이 소파의 한쪽에 치우쳐 앉아 있는 두 사람을 들고 있는 작업자 A와 B가 있다. 이 중에서 직관적으로 우리는 작업자 B가 더 힘들 것을 안다. 같은 이치로, [그림 4-23]에서 수직 방향 분력($A_y = 40\ \text{kN}$, $N_{B,y} = 60\ \text{kN}$)을 보면 답을 정확하게 구했는지 간접적으로 확인할 수 있다.

그림 4-24 소파에 앉아 있는 커플과 소파를 함께 들고 있는 두 작업자

예제 4-6 **매끄러운 상자 내에 놓인 2개의 매끄러운 실린더** 3장. 종합예제

3장의 〈종합예제〉에서 살펴보았던 [그림 3-39]에 나타낸 자유물체도만을 이용하여 실린더들과 매끄러운 케이스 벽면 사이의 반력을 모두 결정하시오.

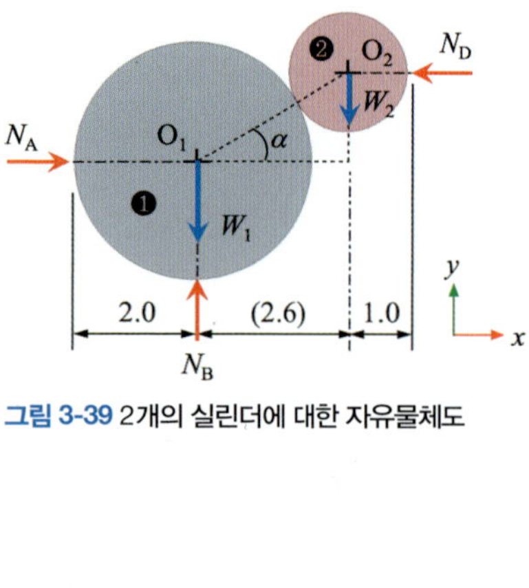

그림 3-39 2개의 실린더에 대한 자유물체도

Analyze

- 2 개의 힘 평형 조건만으로는 [그림 3–39]의 자유물체도에 나타낸 3 개의 반력들(N_A, N_B, N_D)을 모두 구할 수 없다.
- 공점력계와 비공점력계가 공존하는 계의 경우 모멘트 평형 조건을 적용하면 힘 평형 조건만 이용할 때보다 문제를 좀 더 효율적으로 해결할 수 있다.

Compute

- [그림 3–39]의 자유물체도에 대해 y 방향 힘 평형식을 먼저 적용하면, 실린더 ❶과 바닥면 사이의 수직 항력 N_B를 구할 수 있다.

$$\sum F_y = N_B - W_1 - W_2 = 0$$
$$N_B = W_1 + W_2 = (4{,}000\ \text{kgf}) + (1{,}000\ \text{kgf})$$
$$= 5{,}000\ \text{kgf} = 49{,}033.1\ \text{N}$$

- 실린더 ❶에 작용하는 세 힘의 작용선이 만나는 중심점 O_1에 대해 모멘트 평형 조건을 적용하면 실린더 ❷와 벽면 사이의 반력 N_D는 다음과 같다.

$$\sum M_{O_1} = N_D \times \left(\overline{O_1O_2}\sin\alpha\right) - W_2 \times \left(\overline{O_1O_2}\cos\alpha\right) = 0$$
$$N_D = W_2 \times \frac{\cos\alpha}{\sin\alpha} = (1{,}000\ \text{kgf}) \times \cot 29.93°$$
$$= 1{,}736.9\ \text{kgf} = 17{,}033.6\ \text{N}$$

- 마지막으로, x 방향 힘 평형식을 적용하면 실린더 ❶과 벽면 사이의 반력 N_A를 다음과 같이 구할 수 있다.

$$\sum F_x = N_A - N_D = 0$$
$$N_A = N_D = 17{,}033.6\ \text{N}$$

Think

3 개의 자유물체도와 순차적인 힘 평형식 대입을 통해 문제를 해결했던 3장의 [종합예제]에 비해 계산 과정이 훨씬 간단함을 알 수 있다.

SECTION 4.5

지레의 원리

- ✔ 모멘트 평형 조건을 이용해 지레의 원리를 유도한다.
- ✔ 복합 지레의 원리, 필요성 및 응용성을 이해한다.
- ✔ 지레를 세 가지 범주로 나누고, 각각의 특징과 응용 예들을 이해한다.

현재에 만족하지 않았던 인류는 중후장대한 구조물을 제작하는 데 관심이 많았고, 이러한 구조물을 제작하기 위한 도구로 도르래와 지레를 사용하였다. 특히 지레는 별도의 복잡한 제작 과정 없이 주변에서 쉽게 구할 수 있는 재료들로 만들 수 있어 도르래보다 더 오랜 역사를 가지고 있다. 최근에는 지레를 경박단소한 구조물 제작에도 활용하고 있다.

4.5.1 지레의 원리

인류는 오래 전부터 무거운 물체를 옮길 때 [그림 4-25(a)]와 같은 방법을 사용하였다. 즉 **받침점** pivot, fulcrum, or hinge 위에 올려놓은 튼튼한 막대 beam, lever의 한 쪽 끝을 무거운 물체의 아래 위치인 **작용점** load point에 밀어 넣은 다음, 받침점에서 충분히 떨어진 **힘점** effort point에 힘을 가하는 구조이다. 이를 **지레** lever라고 한다. 지레가 수평이라고 가정하면 [그림 4-25(b)]와 같이 모델링할 수 있으며, 받침점 P에 대한 모멘트 평형을 고려하면 두 힘 사이의 관계식인 식 (4.9)를 얻을 수 있다. 식으로부터 b 의 길이에 비해 a 를 길게 하면, 무거운 물체(F_L)를 적은 힘(F_E)으로 들어 올릴 수 있다. 이와 같이 지레에 작용하는 두 힘의 비는 받침점에서 힘까지의 거리 비의 역수가 되는 원리를 **지레의 원리** principle of the lever라고 한다.

$$\begin{aligned} \sum M_\mathrm{P} &= aF_\mathrm{E} - bF_\mathrm{L} = 0 \\ F_\mathrm{E} &= \frac{b}{a}F_\mathrm{L}, \quad F_\mathrm{E} : F_\mathrm{L} = b : a \end{aligned} \tag{4.9}$$

(a) 지레의 구조

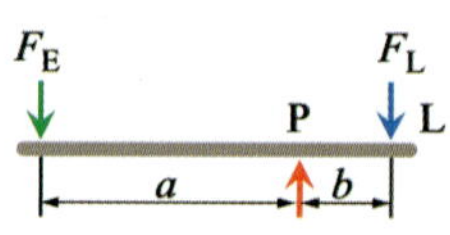

(b) 지레에 대한 자유물체도

그림 4-25 무거운 바위를 옮기는 농부

Static Think_ 06

[그림 4-26]에서 세 사람이 시소의 받침점에서 같은 거리만큼 떨어진 위치에 앉아 있다고 가정했을 때, 세 사람(S, G, L)의 몸무게 순서를 정해보시오.

그림 4-26

식 (4.9)에서 알 수 있듯이 지레는 힘을 또 다른 크기의 힘으로 바꿔주는 역할을 하며, 이러한 기능(하나의 물리량을 동일한 종류의 물리량으로 변경)을 하는 것을 공학에서는 **변압기** transformer로 통칭한다. 예를 들어, 220 V 교류 전압을 5 V 직류 전압으로 바꿔주는 장치도 변압기의 일종이다. 반면에 체중(힘)을 전기량(저항, 전류, 전압)으로 바꿔 표시해주는 체중계 scale의 경우는 물리량의 종류가 바뀐 것이며, 이 경우에는 **변환기** transducer라는 용어를 사용한다. 온도계 thermometer, 압력계 pressure meter 등은 변환기의 일종이다.

Static Think_ 07

식 (4.9)에서 a의 길이를 무한히 길게 하면, [그림 4-27]과 같이 지구를 들어 올릴 수 있을지 생각해보시오. 어렵다면 그 이유도 생각해보시오.

그림 4-27

하나의 지레만 가지고 충분히 큰 힘을 내기 어려운 경우, [그림 4-28]과 같이 여러 개의 지레를 순차적으로 연결해 사용하기도 한다. 이 경우 힘점(A)과 작용점(D) 사이에서 일어나는 힘의 변화를 살펴보기 위해 지레를 구성하는 개별 지레들에 대해 자유물체도를 그리면 [그림 4-29]와 같다. **지레의 원리**와 식 (4.9)를 3 개의 지레(❶~❸)에 대해 순차적으로 적용하면 식 (4.10)과 같은 결과를 얻게 된다. 식에서 알 수 있듯이 적은 힘(F_A)을 큰 힘($F_D = W$)으로 바꿀 수 있어 기계식 프레스 mechanical press와 같이 큰 힘이 필요한 기계 제작 등에 많이 응용되며, 이와 같은 지레를 **복합지레** compound lever라고 한다.

$$F_A = \frac{b}{a} F_B, \quad F_B = \frac{b}{a} F_C, \quad F_C = \frac{b}{a} F_D$$
$$F_A = \left(\frac{b}{a}\right)^3 F_D = \left(\frac{b}{a}\right)^3 W \tag{4.10}$$

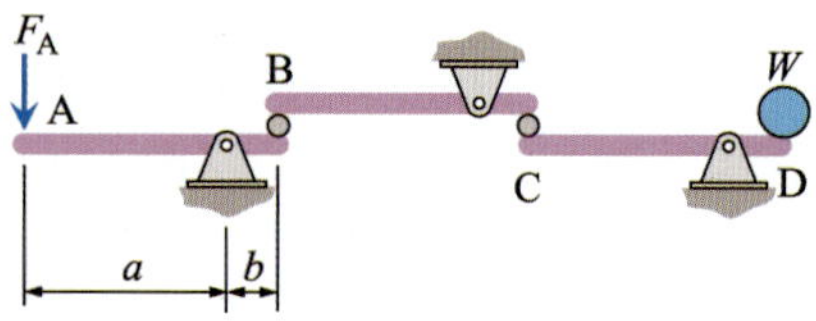

그림 4-28 3개의 지레를 연결한 복합 지레($a : b = 4 : 1$)

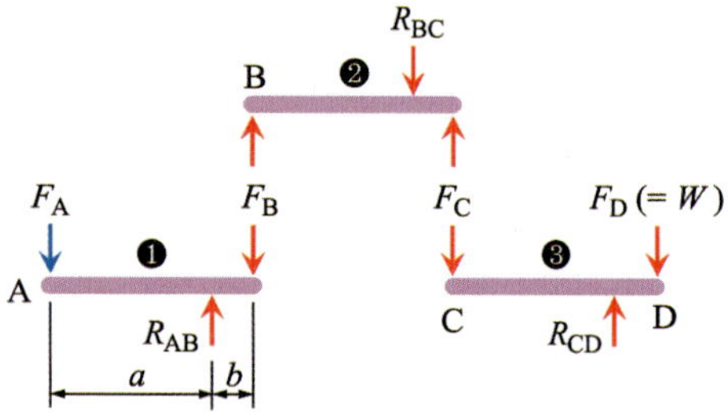

그림 4-29 3개의 개별 지레들에 대한 자유물체도($a : b = 4 : 1$)

4.5.2 지레의 종류

[그림 4-25]와 같이 받침점(P) pivot/fulcrum이 힘점(E) effort과 작용점(L) load 사이에 있는 지레를 **1종 지레** class 1 lever라고 한다. 이 지레는 주로 작은 힘을 큰 힘으로 바꾸는 데 활용되는데, 대표적인 몇 가지 응용 예를 [그림 4-30]에 나타내었다. 그림 (a)의 가위 scissors는 손잡이(E)에 작은 힘을 가하더라도 물체(L)에는 큰 힘이 가해져 물체를 절단하는 데 사용하고, 그림 (b)의 보 저울 beam balance은 가벼운 분동(E)을 이용해 짐판에 올려놓은 무거운 물체(L)의 무게를 측정하는 데 사용한다. 그림 (c)의 투석기 catapult는 무거운 물체(E)를 이용해 돌과 같은 가벼운 물체(L)를 더 멀리 보내기 위해 사용하며,[12] 그림 (d)에 나타낸 보트용 노 row는 사람이 팔로 잡아당기는 힘(E)을 큰 힘으로 바꿔 물을 밀어내는(L) 목적으로 사용한다. 네 가지 예들 모두 받침점(P)이 중간에 위치한다.

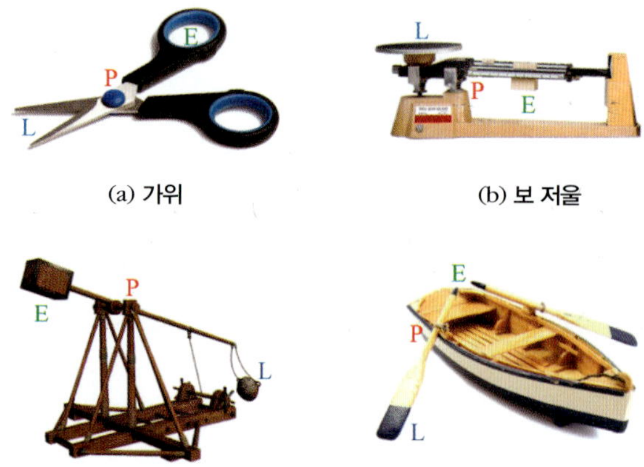

(a) 가위 (b) 보 저울

(c) 투석기 (d) 노

그림 4-30 1종 지레의 예

12 투석기는 무거운 물체의 위치에너지를 가벼운 물체의 운동에너지로 변환해 멀리 보내는 에너지 변환장치로 보면 된다.

1 종 지레와 달리 작용점(L)이 받침점(P)과 힘점(E) 사이에 있는 지레를 **2 종 지레** class 2 lever라고 하며, 이를 이용한 예들을 [그림 4-31]에 나타내었다. 그림 (a)의 병따개 bottle opener는 손(E)으로 작은 힘을 가해 병마개(L)에 큰 힘이 가해지도록 하며, 그림 (b)의 호두까기 nut cracker는 손잡이(E)에 가한 작은 압축력이 호두(L)에 큰 압축력이 되도록 하여 호두를 깨는 데 사용한다. 그림 (c)의 손수레 wheel barrow는 무거운 짐(L)을 작은 힘(E)을 들여 나르는 데 사용하며, 그림 (d)의 종이 절단기 paper cutter는 손잡이(E)에 가한 작은 힘이 큰 힘으로 종이(L)에 가해져 많은 종이를 한꺼번에 자르는 데 사용한다. 앞에서 살펴본 바와 같이 2 종 지레도 1 종 지레와 마찬가지로 작은 힘을 큰 힘으로 바꾸고자 하는 경우에 주로 사용한다.

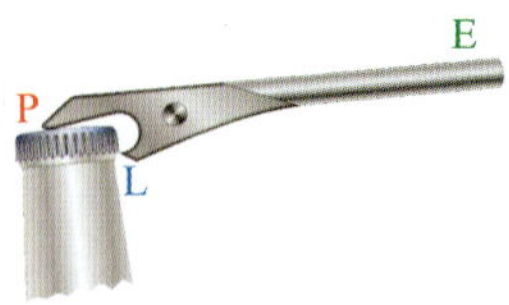

(a) 병따개

(b) 호두까기

(c) 손수레

(d) 종이 절단기

그림 4-31 2종 지레의 예

마지막으로 힘점(E)이 받침점(P)과 작용점(L) 중간에 위치한 지레를 **3종 지레** class 3 lever라고 하며, 이를 이용한 예들을 [그림 4-32]에 나타내었다. 그림 (a)의 핀셋 tweezers은 손가락(E)으로 가한 힘과 변위가 물체(L)에 더 작은 힘과 큰 변위로 바뀌어 물체를 안전하고 쉽게 잡는 데 사용하고, 그림 (b)의 집게 tong도 핀셋과 동일한 원리로 작동한다. 3 종 지레는 1 종 및 2 종 지레와는 반대로 큰 힘을 인가해 작용점에 작은 힘을 발생시키는 반면, 작은 변위를 인가해 큰 변위가 생기도록 하는 효과가 있다.

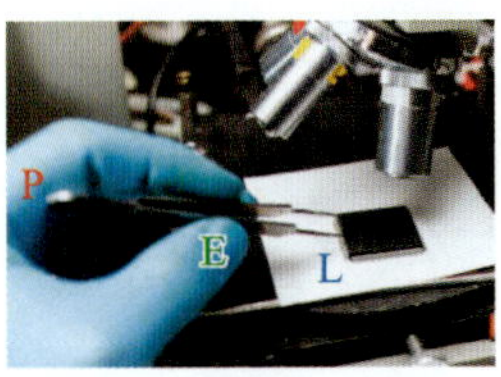

(a) 핀셋

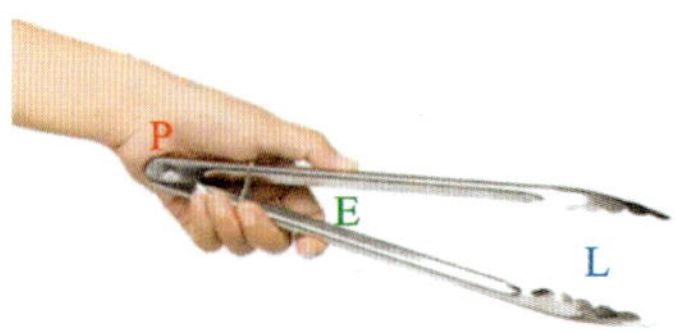

(b) 집게

그림 4-32 3종 지레의 예

이상에서 살펴본 세 가지 지레의 특징, 형상 및 주된 용도를 [표 4-3]에 정리하였다.

표 4-3 지레의 종류 및 주요 특징

지레	중간점	주된 용도	일상생활에서의 대표적인 예
1종	받침점(P)	힘 증폭	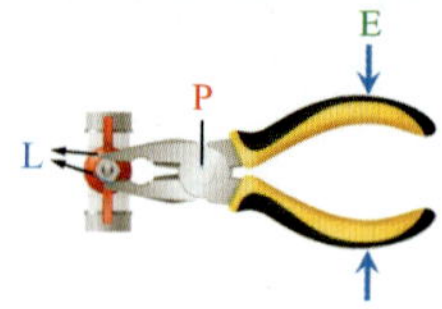
2종	작용점(L)	힘 증폭	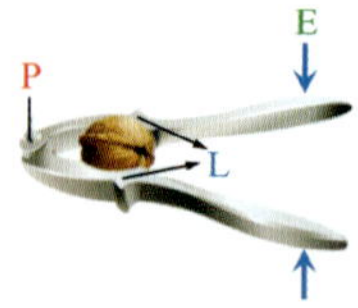
3종	힘점(E)	변위 증폭	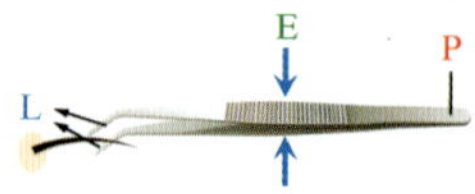

예제 4-7 손수레의 원리

[그림 4-33(a)]는 한 여성이 50 kgf의 짐(손수레 무게 포함)을 나르고 있다가 잠시 정지한 상태를 나타낸 것이다. 짐의 무게 중심 좌표와 손수레의 치수가 그림과 같을 때, 여성이 손수레 손잡이(양손 전체)에 가해야 할 힘과 손수레 바퀴와 지면 사이의 반력을 구하시오.

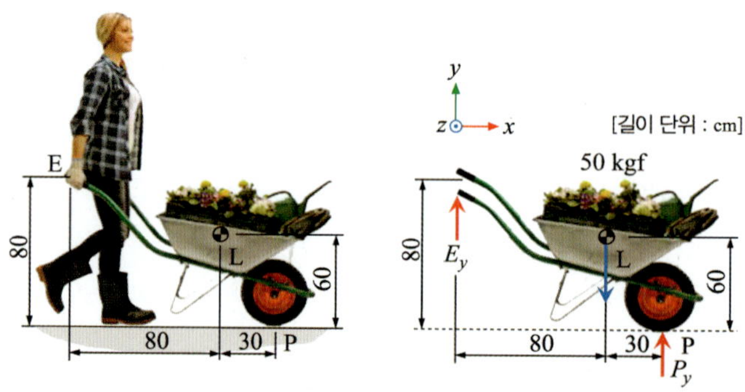

(a) 손수레를 이용해 짐을 나르는 여성 (b) 손수레에 대한 자유물체도

그림 4-33 손수레에 작용하는 힘

Analyze

- 힘점(E), 작용점(L), 받침점(P)의 순서인 2종 지레이다.
- 이동 중이 아닌 정지 상태이므로 점 E와 점 P에는 y 방향의 반력만이 존재한다.
- x 방향의 경우 자체 평형상태이며, 미지수가 2개이므로 평형식 2개가 필요하다.

Compute

- 점 P에 대한 모멘트 평형 조건을 적용하면 손잡이에 작용하는 힘(E_y)을 구할 수 있다.

$$\sum M_{\mathrm{P}} = (30\ \mathrm{cm}) \times (50\ \mathrm{kgf}) - (110\ \mathrm{cm}) \times E_y = 0$$

$$E_y = \frac{30}{110} \times (50\ \mathrm{kgf}) = 13.64\ \mathrm{kgf}$$

- y 방향에 대한 힘 평형 조건을 적용하면 바퀴와 지면 사이의 반력(P_y)을 구할 수 있다.

$$\sum F_y = E_y + P_y - 50\ \mathrm{kgf} = 0$$

$$P_y = (50\ \mathrm{kgf}) - E_y = (50 - 13.64)\ \mathrm{kgf} = 36.36\ \mathrm{kgf}$$

Think

- 50 kgf의 짐을 드는 데 여성은 그 중 13.64 kgf(27 %)의 힘을 분담하고 바퀴가 나머지 36.36 kgf (73 %)의 힘을 분담하여 사람의 수고가 줄었다.
- 2종 지레의 경우 작은 힘으로 큰 힘 효과를 얻을 수 있음을 알 수 있다.

[Static Think]에 대한 하나의 생각 (4장)

[그림 4-34(a)]와 같은 핸드 프레스hand press의 레버가 [그림 4-34(b)]와 같이 수평을 이룰 때, 공작물(W)과 수직 방향 로드(R)는 점 L에서 접촉한다. 손잡이와 수직 방향 로드는 점 C에서 접촉하며, 접촉 점 부근 상세 치수를 오른쪽에 나타내었다. 레버 끝 손잡이에 가한 수직 방향 힘의 크기가 100 N일 때, 다음 물음에 답하시오. 구조물의 자중과 마찰은 모두 무시한다.

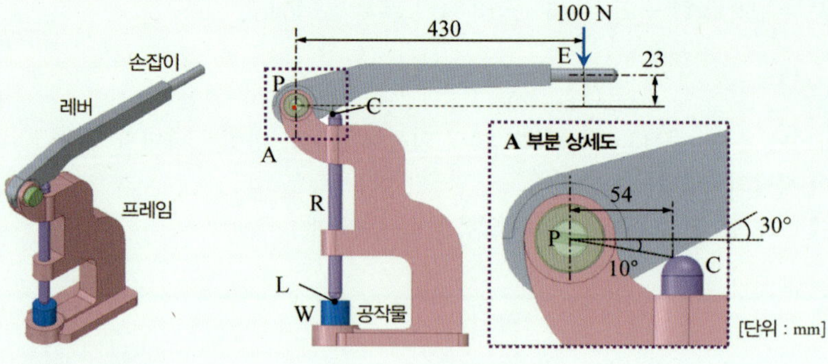

(a) 핸드 프레스 (b) 주요 치수

그림 4-34 핸드 프레스에 작용하는 힘 및 주요 치수

Q1. 프레스 레버 PE에 대한 자유물체도를 그리시오.

• 자유물체도 작성 시 고려사항
- 핀지지(점 P) (두 방향 힘)
- 매끄러운 표면(점 C) (수직항력)

풀이

주어진 프레스 치수에 근거하여 자유물체도를 그리면 [그림 4-35]와 같다. 핀 지지되는 점 P에는 두 방향 힘(P_x, P_y), 수직 방향 로드와의 접촉점 C에는 수직항력(N_C)만 발생된다.

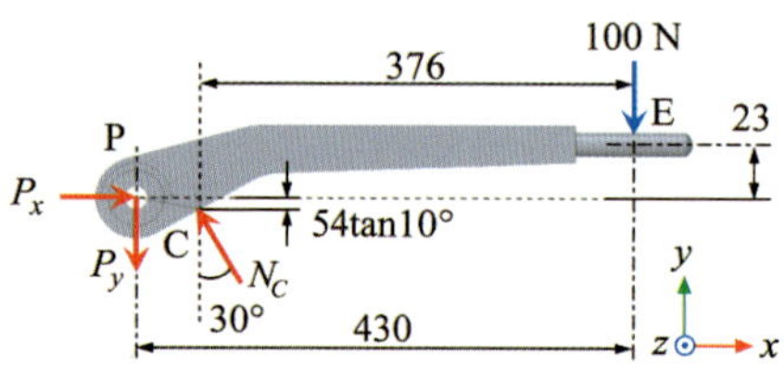

그림 4-35 레버에 대한 자유물체도

Q2. 프레스 레버 PE의 자유물체도에 발생하는 모든 반력들을 결정하시오.

풀이

미지력이 3 개(P_x, P_y, N_C)이므로 식이 3 개 필요하다. 먼저 미지력이 모여 있는 점 P에 대해 모멘트 평형을 고려하면 수직항력 N_C를 구할 수 있다. 풀이 과정에서 길이 단위는 [mm], 힘 단위는 [N]이다.

$$\Sigma M_P = 54 \times N_C \cos 30° - (54 \tan 10°) \times N_C \sin 30° - 430 \times 100 = 0$$
$$N_C = 1{,}023.7\ \mathrm{N}$$

x, y 방향의 힘 평형을 적용하면 P_x, P_y를 구할 수 있다.

$$\Sigma F_x = P_x - N_C \sin 30° = 0$$
$$P_x = 1{,}023.7 \times \sin 30° = 511.8\ \mathrm{N}$$
$$\Sigma F_y = (-)P_y + N_C \cos 30° - 100 = 0$$
$$P_y = 1{,}023.7 \times \cos 30° - 100 = 786.5\ \mathrm{N}$$

- **정정 문제**
  미지수의 개수
  = 독립적인 평형식의 수
- **2차원 공점력계의 평형**
  $\Sigma F_x = 0$
  $\Sigma F_y = 0$ (4.7)
  $\Sigma M_z = 0$
  $\Sigma \mathbf{F} = 0$
  $\Sigma \mathbf{M} = 0$ (4.8)
- **모멘트**
  $\mathbf{M} = \mathbf{r} \times \mathbf{F}$ (4.4)

Q3. 손잡이에 가해진 힘에 의해 점 L에 가해진 힘의 크기를 구하시오.

풀이

수직 방향 로드에 가해진 힘은 N_C이며, 점 L에 가해진 수직 방향 힘은 N_C의 수직 방향 성분이 된다.

$$F_L = N_C \cos 30° = 1{,}023.7 \times \cos 30°$$
$$= 886.5\ \mathrm{N}$$

고찰

- 본 문제에 주어진 형태의 핸드 프레스의 경우 지레의 받침점(P)이 힘을 가하는 손잡이(E)와 최종 힘이 가해지는 힘점(L) 사이에 있으므로 1 종 지레이다.
- 레버 손잡이에 가한 힘(입력)과 공작물과의 접촉점 L에 가해진 힘(출력)의 비를 유효 레버비 effective lever ratio라고 하며, 이를 계산하면 다음과 같다.

$$r = \frac{F_L}{F_E} = \frac{886.5\ \mathrm{N}}{100\ \mathrm{N}} = 8.865$$

4.1 [그림 4-36]과 같이 밑변의 길이가 4 m이고 높이가 3 m인 직각삼각형의 점 A에 100 N의 힘을 가하였다. 이때 점 O에 대한 모멘트를 구해 벡터로 나타내시오. 4.1절

4.2 [그림 4-37]과 같은 'ㄱ'자 모양 보에 두 힘 F_1, F_2가 작용하고 있다. 두 힘들에 의해 발생되는 기준점 O에 대한 모멘트(M_O)를 구해 벡터로 나타내시오. 4.1절

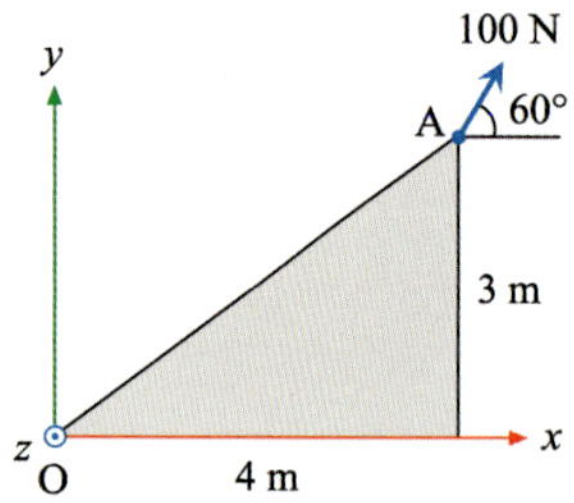

그림 4-36

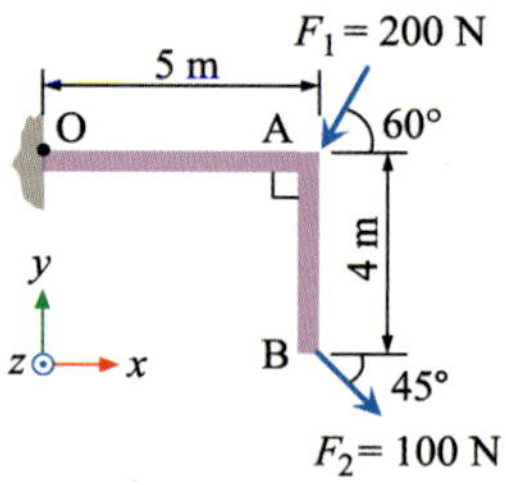

그림 4-37

4.3 F = 2i + 7j [kgf]인 힘이 기준점에 대한 위치 벡터 r = i + 3j [m]인 위치에 작용할 때 발생하는 모멘트 벡터[N · m]를 구하시오. 4.1절

4.4 승용차의 휠과 타이어를 교체한 후 휠 너트 wheel nut를 [그림 4-38]과 같은 토크렌치 torque wrench를 이용해 조이고 있다. 승용차의 휠 너트 규정 토크가 12 kgf · m라고 할 때, 작업자가 토크렌치에 가해야 할 수직 방향 힘(P)의 크기[N]를 구하시오. 4.1절

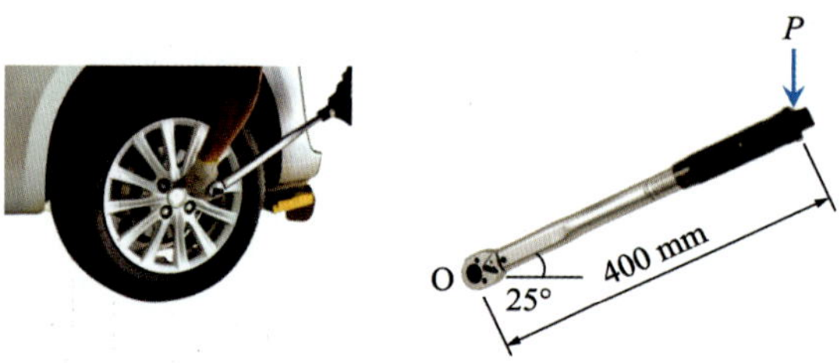

그림 4-38

4.5 한 변의 길이가 2 m인 [그림 4-39]와 같은 정사각형 구조물의 왼쪽 상단 꼭짓점에 100 N의 힘이 작용하고 있다. 이 힘을 구조물의 중앙 점 C로 이동시키시오. 4.2절

4.6 [그림 4-39]에서 점 A에 작용하고 있는 100 N의 힘을 50 N씩 나눠 [그림 4-40]의 점 B와 구조물 중앙에 위치한 점 C로 각각 이동시키시오. 4.2절

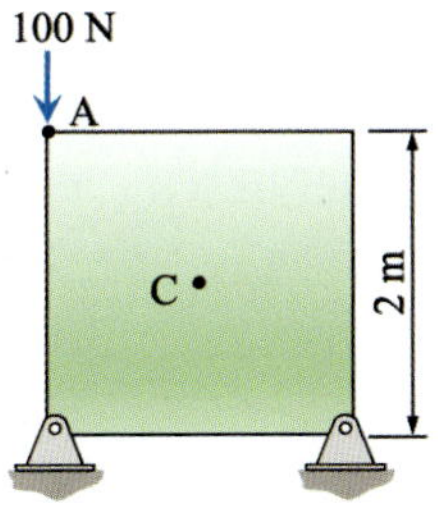

그림 4-39

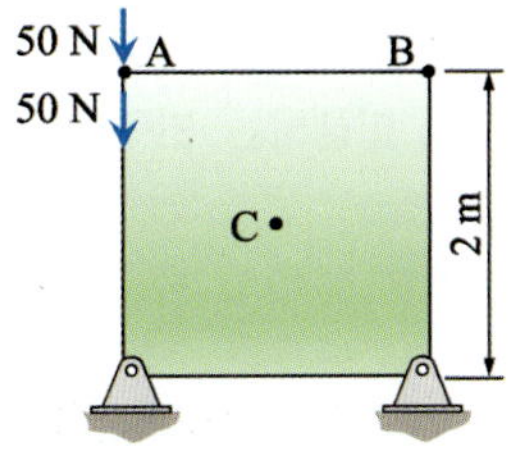

그림 4-40

4.7 [그림 4-41]과 같은 보가 정적 평형을 유지하도록 케이블에 가해줘야 할 장력(T)을 구하고, 이를 기초로 점 A에서의 반력[kgf]을 구하시오. 모든 부재의 무게와 마찰은 무시한다. 4.4절

4.8 길이가 3 m인 부재 AB의 A 쪽 부분을 [그림 4-42]와 같이 벽에 고정 fixed시킨 뒤, 점 B에 그림과 같이 10 kN의 힘을 인가하였다. 부재 AB의 자유물체도를 그리고, 지지점 A에 발생하는 반력[kN]과 반작용 모멘트[kN · m]를 구하시오. 4.1절, 4.4절

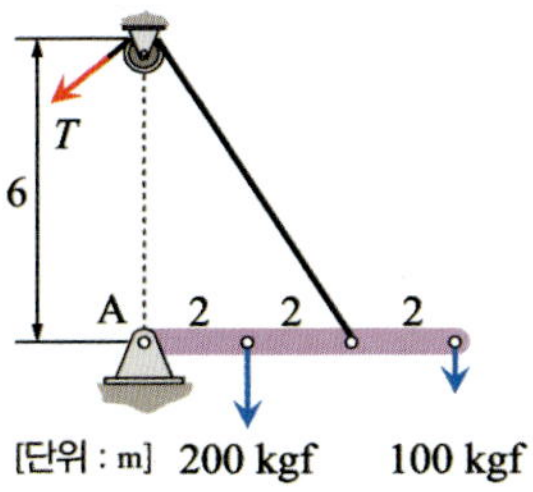

그림 4-41

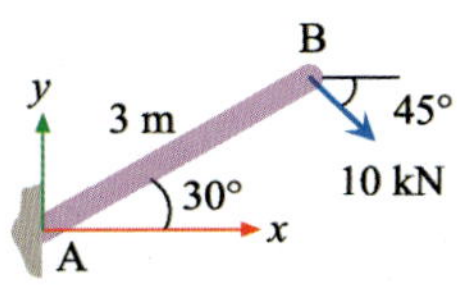

그림 4-42

4.9 자동차 엔진에서 발생된 동력을 바퀴로 전달하는 [그림 4-43]과 같은 구동축 drive shaft의 왼쪽을 벽에 고정한 뒤 오른쪽에 크기 T인 토크를 가하고 있을 때 이 토크를 그림에 포함되어 있는 단위벡터와 모멘트 표기를 이용해 벡터로 나타내시오. 4.3절

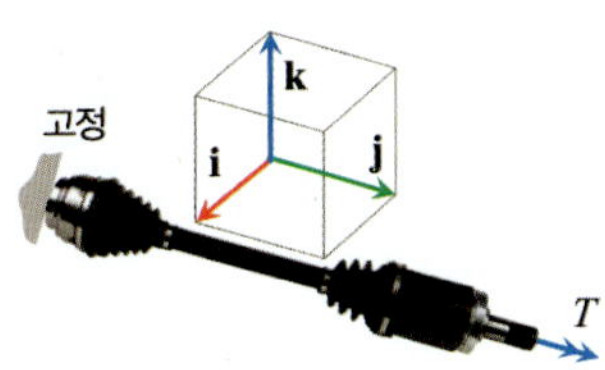

그림 4-43

4.10 두 사람 A와 B가 [그림 4-44]에서와 같이 시소를 타고 있다. 그림과 같은 순간 회전중심 O에 대해 A와 B의 몸무게에 의해 발생하는 모멘트(M_A, M_B)를 각각 벡터로 나타내시오. 두 사람은 회전중심에서 동일한 거리(l)에 앉아 있다고 가정한다. 4.3절

그림 4-44

4.11 건축 공사 중인 타워크레인 tower crane이 [그림 4-45]와 같이 20 kN의 무게를 들고 있다. 타워크레인에 대한 자유물체도를 그리고, 지지점 O에 발생하는 반력[kN]과 반작용 모멘트[kN · m]를 벡터로 나타내시오. 4.4절

4.12 하나의 질량이 1.2 g인 10원짜리 동전을 [그림 4-46]과 같이 시소 구조물의 오른쪽에 쌓아두고, 이 구조물이 수평을 유지하도록 로봇 손가락으로 누르고 있다. 로봇 손가락에 얼마의 힘[N]을 가해야 할지 계산하시오. 동전의 무게는 동전 중앙에 집중력으로 작용한다고 가정한다. ( ) 안의 숫자는 동전의 개수를 나타낸다. 4.5절

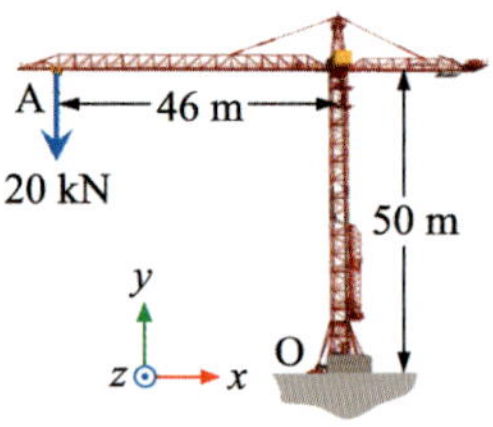

그림 4-45

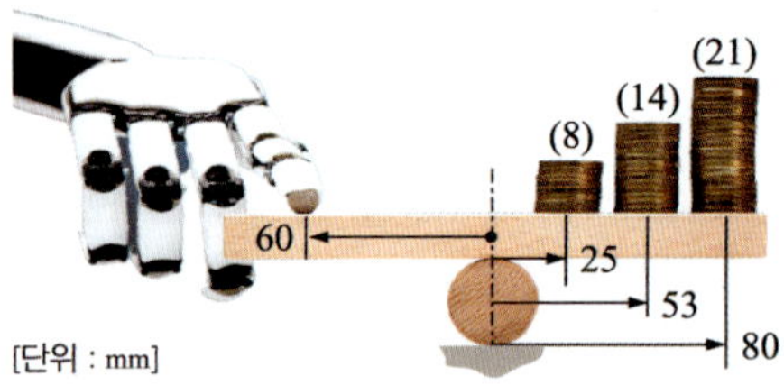

그림 4-46

4.13 고정되어 있는 롤러 베어링 A에 축 B가 끼워진 상태에서 [그림 4-47]과 같이 축의 끝점 E에 100 N의 힘이 가해질 경우, 축과 베어링은 면접촉 대신 점 접촉으로 모델링하는 것이 더 합리적이다. 모든 부재들의 무게를 무시할 때, 점 C와 점 D에서의 반력의 크기를 구하시오. 4.4절

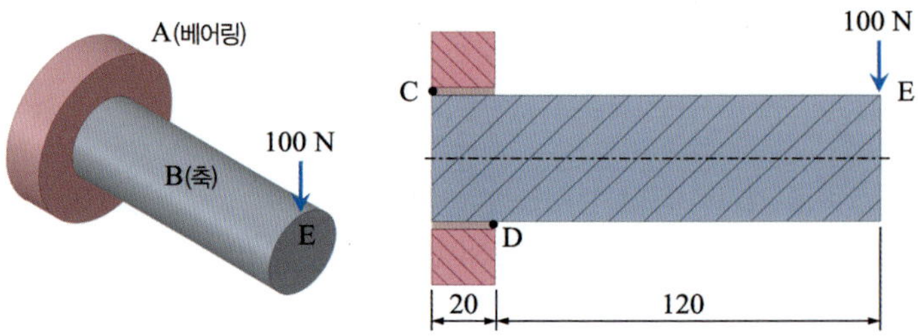

그림 4-47

4.14 [그림 4-48]과 같이 점 D에서 핀 지지되어 있는 위쪽 보에 두 종류의 힘이 가해지고, 이 보는 점 C에서 로커 rocker에 의해 아래쪽 보에 연결되어 있다. 아래쪽 보는 점 A에서 핀 지지, 점 B에서 롤러 지지되어 있다. 네 지지점(A, B, C, D)에서의 반력들을 구하시오. 4.4~4.5절

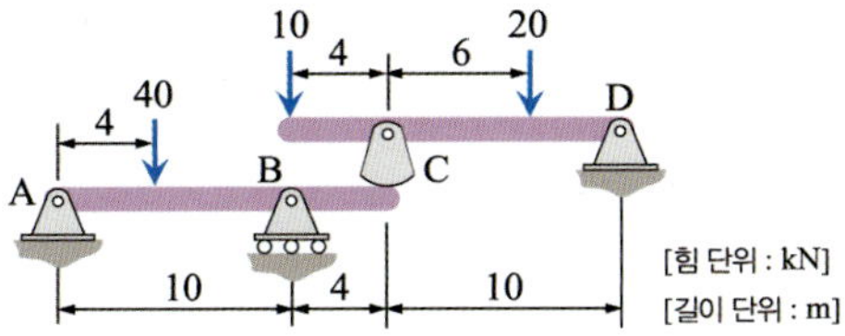

그림 4-48

4.15 단위길이당 무게가 $5\ \mathrm{kgf/m}$인 보에 [그림 4-49]와 같이 몸무게 $100\ \mathrm{kgf}$인 어른$(\mathrm{M_1})$이 서 있고, 몸무게 $20\ \mathrm{kgf}$인 꼬마$(\mathrm{M_2})$가 점 B에서 출발하여 오른쪽으로 걷고 있다. 수평인 보가 오른쪽으로 기울어지기 시작하는 점의 거리 x를 구하시오. 4.4~4.5절

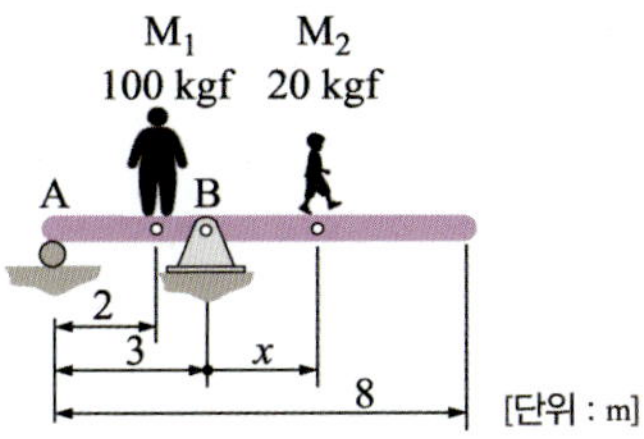

그림 4-49

4.16 나무에 박힌 못을 못뽑이 nail puller를 이용해 제거하고 있는 상황을 [그림 4-50]과 같이 모델링하였다. 이는 몇 종 지레인지 쓰고, 못뽑이의 치수가 그림과 같을 때 못에 가해지는 수직력과 사람이 가하는 힘(H)과의 관계를 구하시오. 망치는 받침점에서 미끄러지지 않는다고 가정한다. 4.5절

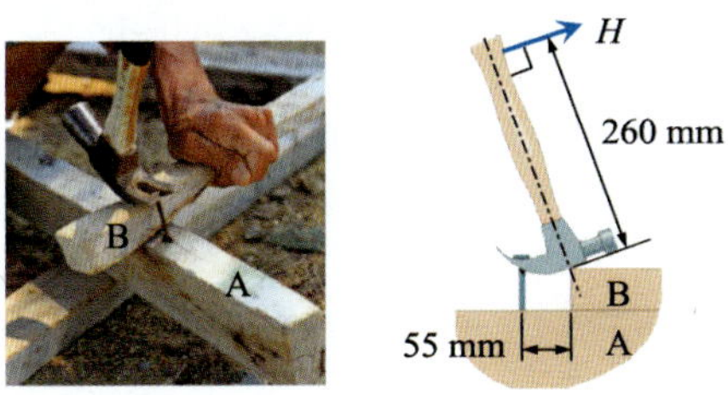

그림 4-50

4.17 [그림 4-51(a)]와 같은 조명 스탠드를 그림 (b)와 같이 밑판(A), 두 개의 링크(AB 및 BC, 무게 3 N, 길이 500 mm) 및 전등갓(C, 무게 8 N)으로 간략하게 모델링하였다. 스탠드가 그림과 같은 상태를 유지하기 위해 절점 A와 B에 존재해야 하는 저항 모멘트 값[N · m]을 구하시오. 4.1절

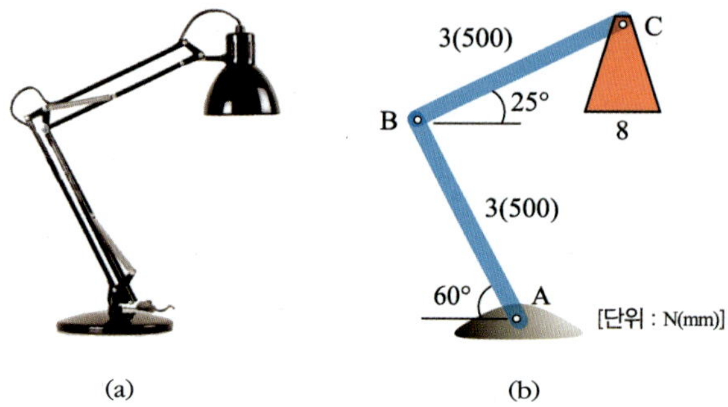

그림 4-51

연습문제 3.20

4.18 마찰을 무시할 수 있는 핀으로 연결된 [그림 4-52]와 같은 구조물이 점 A에서 핀 지지, 점 B에서 롤러 지지되고 있다. 점 D에 10 kN의 힘을 가했을 때 점 A와 점 B에서의 반력을 구하시오. 4.4절

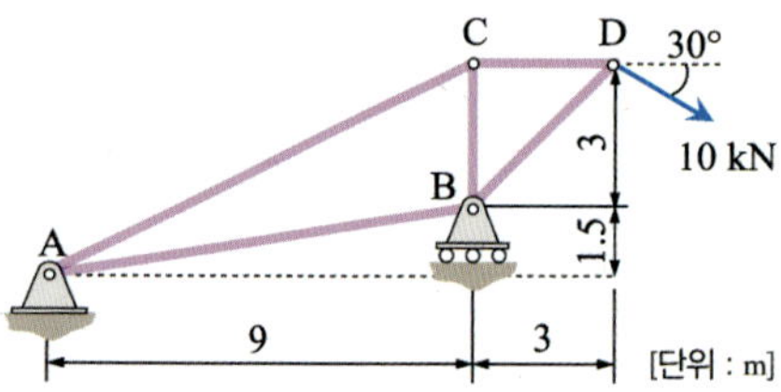

그림 4-52

***4.19** [그림 4-53]과 같이 무게 1.5 tonf인 승용차 A를 자체 무게가 3 tonf 인 견인차 B가 들고 있다. 정지 상태에서 승용차 뒷바퀴 C, 견인차 앞 · 뒤 바퀴 F와 E, 그리고 케이블 D에 발생하는 힘의 크기를 계산하시오. 두 자동차의 무게중심의 위치는 그림과 같다. 4.4절

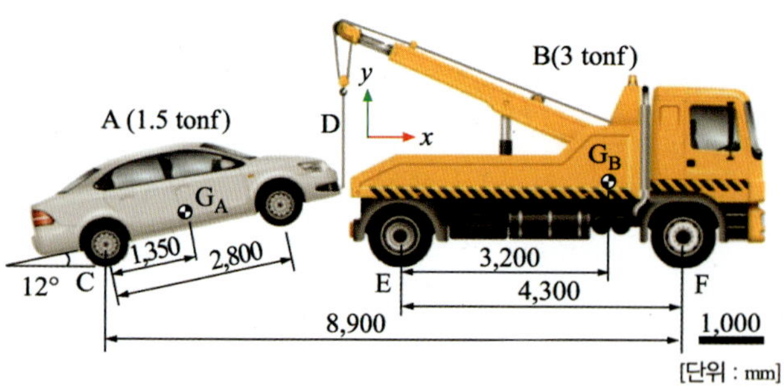

그림 4-53

***4.20** 페달 A를 발로 밟아 케이블에 인장력 T를 생성시키는 [그림 4–54]의 시스템에서 점 B의 핀에 의한 반력의 크기가 2 kN을 넘지 않는 범위 내에서 발로 가할 수 있는 최대 힘(P_{max})을 구하시오. 4.4~4.5절

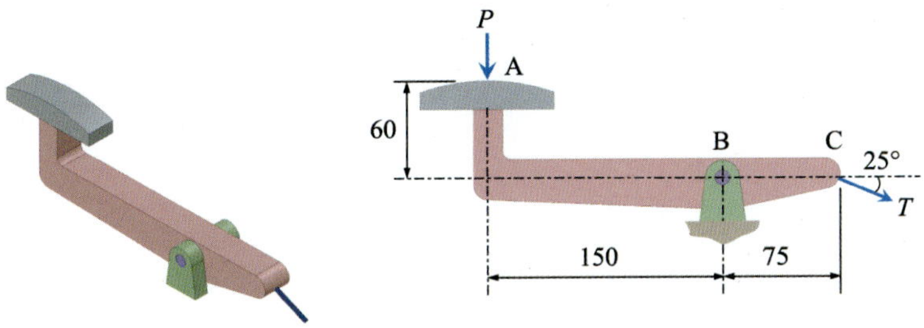

그림 4-54

4.21 몸무게 80 kgf인 작업자가 페인트를 칠하기 위해 [그림 4–55]와 같은 발판사다리 step ladder 위에 올라서 있다. 케이블 BD에 발생하는 인장력의 크기[N]를 구하시오. 4.1~4.4절

***4.22** [그림 4–56]에서 모든 접촉면의 마찰을 무시할 때, 무게 W인 통 세 개를 그림과 같이 쌓아 유지시키기 위해 아래 두 통의 중앙에 가해야 할 압축력의 최소 크기를 구하시오. 4.4절

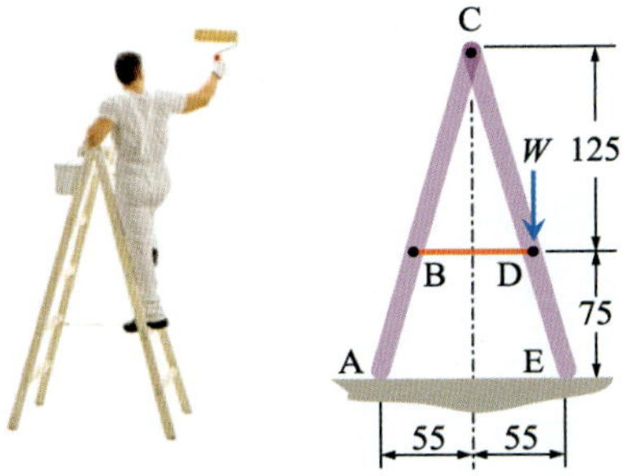

그림 4-55

그림 4-56

***4.23** 무게가 W이고 길이가 l인 네 개의 나무 블록을 [그림 4–57(a)]와 같이 쌓으려고 한다. [그림 4–57(b)]의 2차원 모델에서 x의 최댓값을 l의 함수로 구하시오. 4.4절

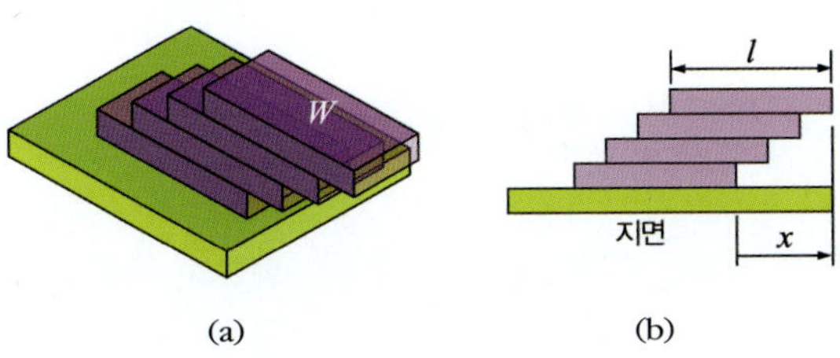

그림 4-57

공중의 새들은 가벼우면서도 강건한 뼈들로 구성된 골격을 가지고 있어 최소의 에너지로 더 높이, 그리고 더 멀리 날 수 있다. 공학 재료가 충분하지 않던 시대에 인간은 최소의 재료를 가지고 더 길고 더 높은 대형 구조물을 만들기 위해 다양한 시도를 하던 중, 하늘을 나는 새에게서 영감을 받아 짤막한 직선 부재들을 삼각형 형태로 제작한 후 반복하여 연결함으로써 가볍고 튼튼한 구조물을 만들 수 있게 되었다. 실제 3D 트러스 구조물들을 2D로 모델링한 뒤 해석을 통해 부재 내에 발생하는 힘을 파악할 수 있으면 보다 안전한 트러스를 설계 및 제작할 수 있다.

CHAPTER 05

평면트러스

Plane Truss

이력부재의 진화 5.1
평면트러스 5.2
평면트러스 해석 5.3
절점법 5.4
단면법 5.5
종합예제
연습문제

학습목표

- 2차원 트러스 부재 지지점에서의 반력과 반작용 모멘트를 구할 수 있다.
- 2차원 트러스에서 무력부재를 직관적으로 선별할 수 있다.
- 실제 구조물 제작에 많이 사용되는 트러스의 종류를 구분할 수 있다.
- 절점법을 이용해 평면트러스를 구성하는 이력부재들에 발생하는 내력을 구할 수 있다.
- 단면법을 이용해 평면트러스를 구성하는 이력부재들에 발생하는 내력을 구할 수 있다.

SECTION 5.1

이력부재의 진화

- ✔ 이력부재로 구성된 구조물의 지지부에 발생하는 반력을 구한다.
- ✔ 구조물을 구성하는 개별 부재가 분담하는 힘을 계산한다.
- ✔ 무력부재를 선별할 수 있어야 한다.

이력부재들은 부재 길이 방향의 힘만을 전달할 수 있지만, 이들을 여러 가지 방법으로 연결하면 다양한 부하를 지지할 수 있는 복잡한 구조물을 제작할 수 있다. 작은 벽돌 하나하나를 쌓아 집을 짓듯이 가장 단순한 이력부재들에 대한 이해를 바탕으로 복잡한 트러스 구조물을 이해할 수 있는 토대를 마련해보자.

5.1.1 관심 대상의 확장

2장에서 케이블과 같은 인장 이력부재로 이루어진 공선력계 단순 구조물을 다룬 뒤 3장에서 핀 조인트를 포함한 인장/압축 이력부재로 구성된 공점력계까지 확장하였으며, 4장에서 단순한 형상의 비공점력계 구조물까지 살펴보았다. 그러나 이와 같은 단순한 부재들로만 실제 사용 가능한 구조물을 제작하기는 어렵기 때문에 공학자들은 이들 단순한 부재들을 조립하여 더욱 견고하고 큰 구조물을 제작하고자 노력하였다. 이러한 구조물의 발전 단계를 [그림 5-1]에 도식적으로 나타내었다.

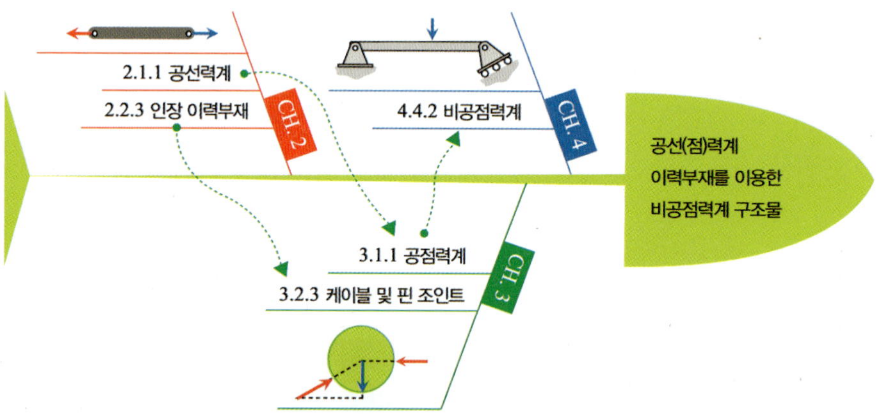

그림 5-1 단순 구조물로부터 복잡한 구조물로의 진화

5.1.2 이력부재

2장에서 4장까지 다루었던 이력부재에 대해 좀 더 상세히 살펴보기로 한다. [그림 5-2]에서 그림 (a)는 텐트 등의 구조물들을 지면에 고정하기 위해 사용하는 벌림줄 guy rope을 연결한 예이며, 그림 (b)는 각종 구조물에서 부품들 간의 거리 조정용으로 사용되는 턴버클 turnbuckle과 양끝에 설치한 아이볼트 eye bolt이며, 그림 (c)는 케이블의 인장력을 조절하는 데 사용하는 턴버클이다. 이들의 공통점은, 구조물의 길이 방향 인장력 tension force만을 전달하고 그 외의 힘(전단력, 압축력)이나 모멘트는 지지하지 못한다는 점이다. 따라서 부재들 간의 마찰과 자중을 무시할 경우, 그림 (c)의 턴버클과 같은 부품들은 그림 (d)와 같이 간략하게 모델링할 수 있다.

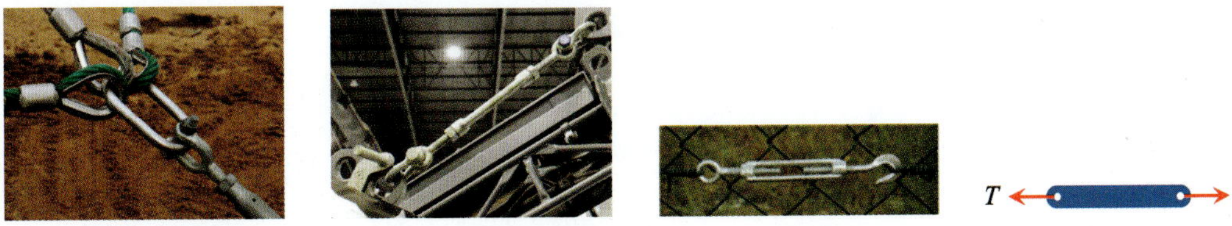

(a) 인장 부재의 끝 단 (b) 기계에 설치된 턴버클 (c) 턴버클 (d) 인장 이력부재 모델

그림 5-2 인장 이력부재의 예와 간략 모델

[그림 5-3(a)]에 자동차 엔진에 사용되는 피스톤 piston, 커넥팅로드 connecting rod, 크랭크축 crankshaft을 나타내었다. 이 중에서 커넥팅로드는 그림 (b)에서와 같이 엔진 폭발 행정 power/ignition stroke 시 피스톤에 가해지는 압축력을 크랭크축으로 전달하는 역할을 수행하며, 이 경우 커넥팅로드는 압축력만을 전달하게 된다. 또한 그림 (b)의 밸브스템 valve stem[1]에도 연소 시 압축력만이 전달된다. 이와 같이 압축력을 주로 전달하는 부재를 압축 이력부재라고 한다. 압축 이력부재를 간략하게 모델링하면 그림 (c)와 같다.

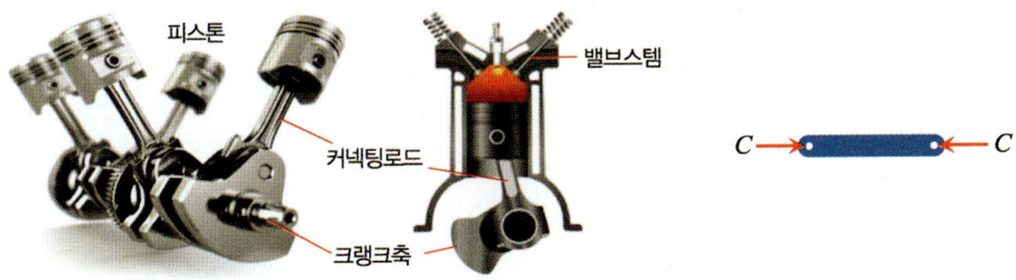

(a) 주요 엔진 부품 (b) 폭발 행정 (c) 압축 이력부재 모델

그림 5-3 압축 이력부재의 예와 간략 모델

Static Think_ 01

이력부재에 모멘트가 발생하지 않으려면 어떤 조건이 만족되어야 하는지 생각해보시오.

---

1 [그림 5-3(b)]의 엔진 연소실 위쪽에 연료 인입(흡기 밸브)과 연소 가스의 배출(배기 밸브)을 위해 설치한 밸브들의 길이 방향 막대(rod)를 일컫는다.

5.1.3 이력부재 수의 증가

오직 부재의 길이 방향 힘만 지지할 수 있었던 이력부재를 이용해 부재의 길이 방향 이외의 하중을 지지할 수 있는지 살펴보자. [그림 5-4(a)]와 같이 이력부재 AB의 점 A가 이동하지 않도록 핀지지 pin support한 다음, 점 B에 수평 방향 힘 F를 인가하면 부재는 시계방향으로 회전할 것이다. 이때 부재 AB가 회전하지 않도록 막기 위해서는 그림 (b)와 같은 이력부재 BC가 추가로 필요하다. 이 경우 부재가 회전하지는 않지만 점 B가 힌지 hinge(또는 경첩) 역할을 하므로 C 부분의 롤러가 오른쪽으로 이동하게 되어, 정적 평형을 유지하기 위해서는 또 다른 이력부재 AC가 필요해진다. 이와 같이 구성된 삼각형 구조물은 [그림 5-4]에서와 같이 길이 방향이 아닌 힘을 지지할 수 있게 된다.

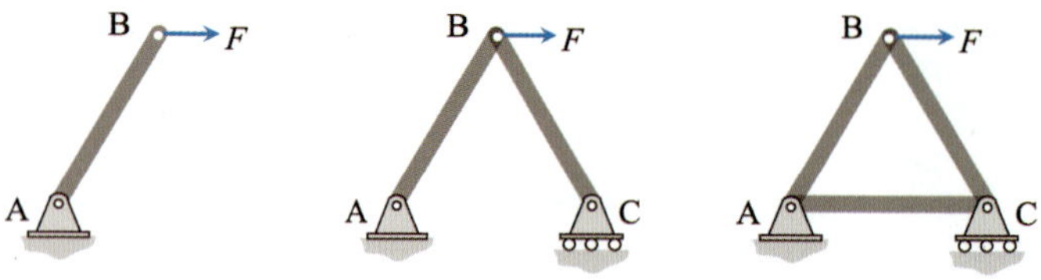

(a) 이력부재 1개 (b) 이력부재 2개 (c) 이력부재 3개

그림 5-4 이력부재를 이용한 수평 하중지지

예제 5-1 3개의 이력부재로 구성된 구조물

[그림 5-4(c)]에 나타낸 3개의 이력 부재들의 길이(l)가 같을 때, 점 A와 점 C에서의 반력과 개별 부재들(AB, BC, AC)이 지지하는 힘을 구하시오. 만약 점 C를 점 A에서와 마찬가지로 핀 지지할 경우, 점 A와 점 C에서의 반력을 구해보시오. $F = 1{,}000$ N으로 두고 문제를 해결한다.

Analyze

- 세 부재의 길이가 같으므로 구조물 ABC는 정삼각형이 된다.
- 세 점 A, B, C에서는 모든 힘들이 하나의 점을 지나므로 각각이 모두 공점력계이다.

Compute

- ABC 삼각 구조물 전체에 대한 자유물체도를 [그림 5-5(a)]와 같이 그린 뒤, x 방향의 힘 평형을 적용하면 A_x는 다음과 같다.

$$\Sigma F_x = 1{,}000 - A_x = 0, \quad A_x = 1{,}000 \text{ N}$$

- 점 A에 대해 모멘트 평형을 적용하면, 점 C에서의 반력 C_y를 구할 수 있다.

$$\Sigma M_{\text{A}} = lC_y - (l\sin 60°) \times (1{,}000 \text{ N}) = 0, \quad C_y = 500\sqrt{3} \text{ N}$$

- y 방향에 대한 힘 평형 조건을 적용하면 A_y를 구할 수 있다.

$$\Sigma F_y = C_y - A_y = 0, \quad A_y = C_y = 500\sqrt{3} \text{ N}$$

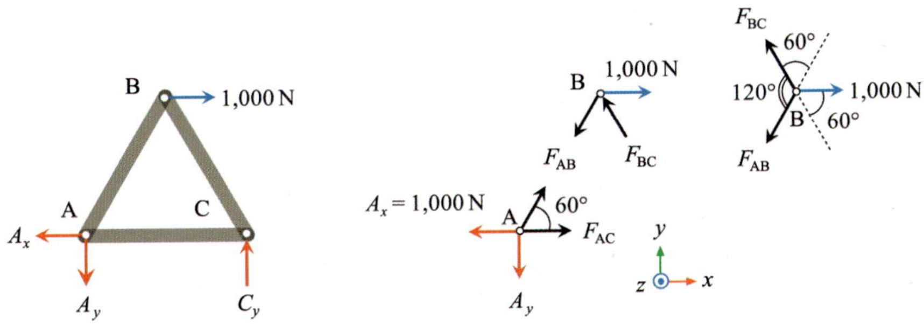

(a) 부재 ABC에 대한 자유물체도

(b) 점 A와 점 B에 대한 자유물체도

그림 5-5 이력부재를 이용한 수평하중 지지 구조물에 대한 자유물체도

- 각 부재에 작용하는 힘을 구하기 위해 점 A와 점 B에 대해 자유물체도를 그리면 [그림 5-5(b)]와 같다. 이 중에서 먼저 점 B에 대해 **라미의 정리**를 적용하기 위해 힘을 이동시키면 그림 (b)의 오른쪽 위와 같으며, 이 경우 대응각의 크기가 120°로 모두 같으므로 힘의 크기도 모두 같다.

$$F_{AB} = F_{BC} = 1{,}000\ \text{N}$$

- [그림 5-5(b)]에서 점 A에 대해 x 방향의 힘 평형을 적용하면 F_{AC}는 다음과 같다.

$$\Sigma F_x = F_{AC} + F_{AB}\cos 60° - 1{,}000 = 0$$
$$F_{AC} = 1{,}000(1 - \cos 60°) = 500\ \text{N}$$

- 만약 [그림 5-6(a)]와 같이 점 C를 점 A와 동일하게 핀으로 지지할 경우, 두 지점에서 x 방향과 y 방향의 반력이 모두 존재하게 된다. 이때 [그림 5-6(b)]와 같은 자유물체도의 점 A에 대한 모멘트 평형과 y 방향에 대한 힘 평형 조건을 적용하면 다음 결과를 얻을 수 있다.

$$A_y = C_y = 500\sqrt{3}\ \text{N}$$

- 끝으로 [그림 5-6(b)]에서 x 방향에 대한 힘 평형 조건을 적용하면 다음과 같은 식을 얻을 수 있지만, A_x와 C_x 값은 구할 수 없다.

$$\Sigma F_x = 1{,}000 - A_x - C_x = 0$$
$$A_x + C_x = 1{,}000\ \text{N}$$

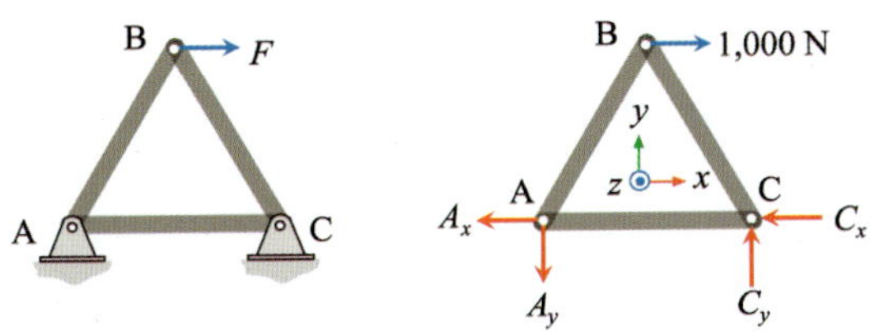

(a) 핀 지지 부재 ABC

(b) 부재 ABC에 대한 자유물체도

그림 5-6 두 곳에서의 핀 지지에 의한 삼각형 구조물

Think

- [그림 5-4(c)]와 같이 3개의 이력부재로 구성된 정삼각형 구조물에 수평 방향의 힘이 작용할 경우 각 부재가 지지하는 힘을 [그림 5-7]에 나타내었다. 부재 AB와 AC는 인장 이력부재가 되고, 부재 BC는 압축 이력부재가 됨을 알 수 있다.

- 절점에서의 힘의 방향과 개별 부재에 작용하는 힘의 방향은 **작용-반작용의 법칙**에 따라 반대가 되어야 함에 주의하자.
- [그림 5-6]에서 독립적인 미지의 반력 수가 4 개(A_x, A_y, C_x, C_y)인데 반해, 가용한 평형식의 수는 최대 3 개($\sum F_x = 0$, $\sum F_y = 0$, $\sum M_z = 0$)이므로 해를 구할 수 없다.

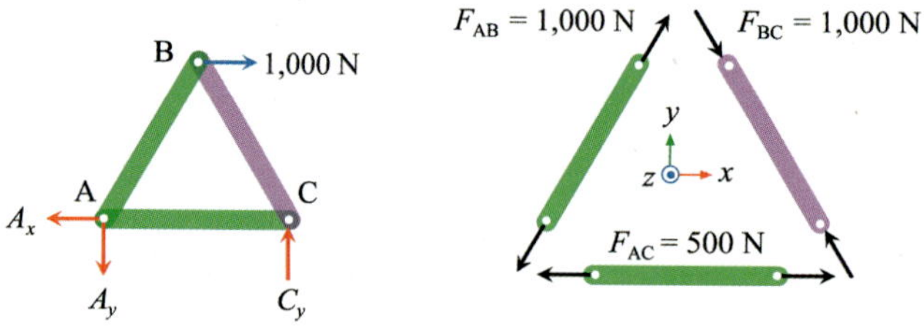

(a) 부재 ABC에 대한 자유물체도 (b) 각 부재에 발생하는 힘

그림 5-7 개별 부재에 발생하는 힘

Static Think_ 02

[그림 5-5(b)]의 점 A에 나타낸 A_x, A_y, F_{AB}, F_{AC}는 실제 구조물에서 어떻게 지지되는지 생각해보시오.

예제 5-2 5개의 이력부재로 구성된 구조물

[그림 5-4(c)]의 정삼각형 구조물에 이력부재 BD와 CD를 추가해 [그림 5-8(a)]와 같은 구조물을 제작하였다. 이 구조물의 점 A와 점 C에서의 반력과 개별 부재들(AB, AC, BC, BD, CD)에 발생하는 힘을 구하시오. $F = 1{,}000$ N으로 두고 문제를 해결한다.

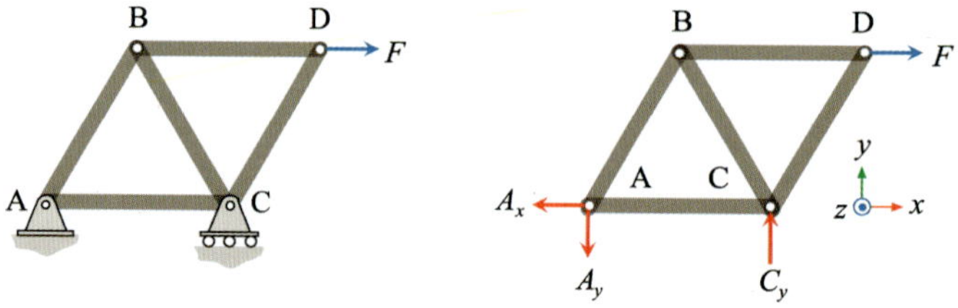

(a) 5개의 부재로 구성된 구조물 (b) 부재 전체에 대한 자유물체도

그림 5-8 5개의 이력부재로 이루어진 구조물

Analyze

- 동일한 형태의 구조물에 새로운 부재를 추가하더라도 반력은 변하지 않는다.
- 마찰이 없는 핀에는 모멘트가 없으므로 핀 조인트에는 힘 평형만 적용 가능하다.

Compute

- ABCD 구조물 전체에 대한 자유물체도를 [그림 5-8(b)]에 나타내었으며, **힘의 전달성 원리**에 의해 점 D에 작용하는 힘 F를 점 B로 옮기면 [그림 5-5(a)]와 동일함을 알 수 있다. 따라서 반력의 크기는 [예제 5-1]에서와 동일하므로 점 A와 점 C에서의 반력은 다음과 같다.

$$A_x = 1{,}000\ \text{N}$$
$$A_y = C_y = 500\sqrt{3}\ \text{N}$$

- [그림 5-8(b)]의 점 D에 대해 자유물체도를 그리면 [그림 5-9]와 같으며, 이 점에 대해 y 방향의 힘 평형을 고려하면 $F_{\text{CD}} = 0$이 됨을 쉽게 알 수 있다. 즉 부재 CD는 힘을 분담하지 않는다.

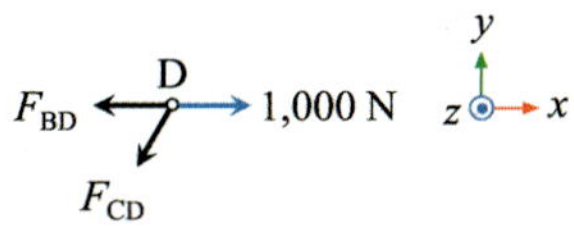

그림 5-9 부재의 수를 늘린 구조물의 점 D에 대한 자유물체도

- 부재 CD가 힘을 지지하지 않으므로 $F_{\text{BD}} = 1{,}000\ \text{N}$이 되는 것도 쉽게 알 수 있다.
- 이제 [그림 5-6]과 [그림 5-8]이 완전히 동일한 문제가 됨을 알 수 있으며, 따라서 개별 부재에 걸리는 힘들은 다음과 같다.

$$F_{\text{AB}} = F_{\text{BD}} = 1{,}000\ \text{N}$$
$$F_{\text{AC}} = 500\ \text{N}$$
$$F_{\text{BC}} = (-)\,1{,}000\ \text{N}$$
$$F_{\text{CD}} = 0\ \text{N}$$

Think

- [그림 5-9]에서와 같이 3 개의 힘들이 어떤 한 점에 작용하면서 그 중 두 힘들이 동일 선상에 놓이게 되면 나머지 하나의 부재에 발생하는 힘은 0 이 된다. 이와 같은 부재를 **무력부재** zero-force member라고 한다. 이러한 부재는 힘 해석 관점에서는 제거 가능하다. 즉, [그림 5-8(b)]에서 부재 CD를 제거해도 하중 지지에는 영향이 없다.
- 무력부재를 포함시켜 문제를 해결해도 되지만 불필요한 계산이 수반되어 비효율적이다.
- 부재 BC에 발생하는 힘을 [예제 5-1]에서 $F_{\text{BC}} = 1{,}000\ \text{N}$ 으로 표현한 것은 [그림 5-5(b)]에 힘의 방향을 화살표로 표현했기 때문이며, 본 예제에서 $F_{\text{BC}} = (-)1{,}000\ \text{N}$ 으로 나타낸 것은 힘 화살표 없이 부재 BC에 압축력이 작용함을 나타내기 위함이다. 실제로는 두 표현 모두 동일한 것임에 유의하자.

예제 5-3 7개의 이력부재로 구성된 구조물

[그림 5-8(a)]의 구조물에 이력부재 CE와 DE를 추가해 [그림 5-10(a)]와 같은 구조물을 제작하였다. 이 구조물의 점 A와 점 E에서의 반력과 개별 부재들(AB, AC, BC, BD, CD, CE, DE)에 발생하는 힘을 구하시오. $F = 1{,}000$ N으로 두고 문제를 해결한다.

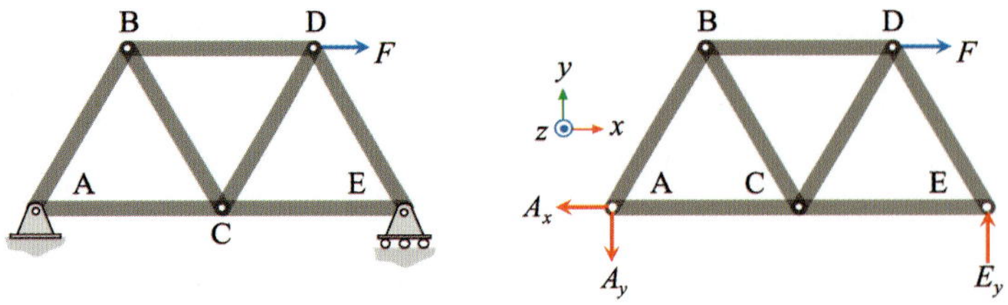

(a) 7개의 부재로 구성된 구조물 (b) 부재 전체에 대한 자유물체도

그림 5-10 7개의 이력부재로 이루어진 구조물

Analyze

- 부재들의 길이가 모두 동일하므로 [그림 5-10(a)]에서 ABC, BCD, CDE는 모두 정삼각형이다.
- 마찰을 무시할 수 있는 핀 조인트에는 반작용 모멘트가 생길 수 없고 모든 힘들이 한 점에 작용하는 공점력계가 되므로 힘 평형만 적용할 수 있다.

Compute

- ABCDE 구조물 전체에 대한 자유물체도를 [그림 5-10(b)]에 나타내었으며, 각 점에서의 반력의 크기는 다음과 같이 구할 수 있다.

$$\sum F_x = F - A_x = 0,\ A_x = F = 1{,}000\ \text{N}$$
$$\sum M_A = (2l) \times E_y - (l \sin 60°) \times (1{,}000\ \text{N}) = 0$$
$$\sum F_y = E_y - A_y = 0$$
$$A_y = E_y = 250\sqrt{3}\ \text{N}$$

- [그림 5-10(b)]의 점 E에 대해 자유물체도를 그리면 [그림 5-11(a)]와 같이 되며, 이 점에 대해 **라미의 정리**를 적용하면 F_{CE}와 F_{DE}를 구할 수 있다.

$$\frac{F_{CE}}{\sin 150°} = \frac{F_{DE}}{\sin 90°} = \frac{E_y}{\sin 120°} = \frac{250\sqrt{3}\ \text{N}}{\sin 120°} = 500\ \text{N}$$
$$F_{CE} = 250\ \text{N},\ F_{DE} = 500\ \text{N}$$

- [그림 5-10(b)]의 점 D에 대해 자유물체도를 그리면 [그림 5-11(b)]와 같이 되며, 이 점에 대해 힘 평형을 적용하면 F_{BD}와 F_{CD}를 구할 수 있다. 특히 그림의 자유물체도에서 y 방향의 힘으로는 F_{CD}, F_{DE}밖에 없으므로 $F_{CD} = F_{DE} = 500$ N이 됨을 y 방향의 힘 평형식을 사용하지 않고서도 알 수 있다.

$$F_{CD} = F_{DE} = 500\ \text{N}$$
$$\sum F_x = 1{,}000 - F_{BD} - 2 \times (500\ \text{N}) \times \cos 60° = 0$$
$$F_{BD} = 500\ \text{N}$$

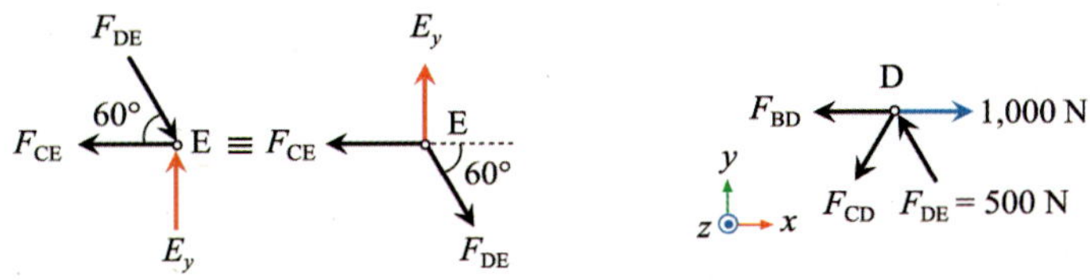

(a) 점 E에 대한 자유물체도 및 라미의 정리 적용 (b) 점 D에 대한 자유물체도

그림 5-11 부재의 수를 늘린 ABCDE 구조물의 점 D와 점 E에 대한 자유물체도

- [그림 5-10(b)]의 점 B에 대해 자유물체도를 그리면 [그림 5-12(a)]와 같이 되며, **라미의 정리**를 적용하기 위해 F_{BC}를 이동시키면 그림과 같이 세 힘이 이루는 각도가 모두 동일하므로 세 힘의 크기 또한 같게 된다.

$$F_{AB} = F_{BC} = F_{BD} = 500\text{ N}$$

- 마지막으로 [그림 5-10(b)]의 점 A에 대해 자유물체도를 그리면 [그림 5-12(b)]와 같이 되며, 이 점에 대해 x 방향의 힘 평형을 적용하면 F_{AC}를 구할 수 있다.

$$\Sigma F_x = F_{AC} + 500 \times \cos 60° - 1{,}000 = 0$$
$$F_{AC} = 750\text{ N}$$

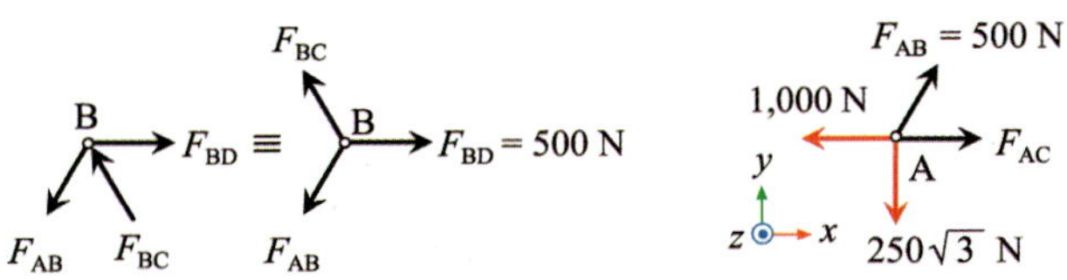

(a) 점 B에 대한 자유물체도 및 라미의 정리 적용 (b) 점 A에 대한 자유물체도

그림 5-12 부재의 수를 늘린 ABCDE 구조물의 점 A와 점 B에 대한 자유물체도

Think

- [예제 5-2]에서와는 달리 무력부재가 존재하지 않는다.
- [그림 5-10(a)]의 구조물에 작용하는 외력과 지지점에 발생하는 반력 및 개별 부재들이 지지하는 힘들을 [그림 5-13]에 나타내었다. 지지하는 힘의 방향(인장, 압축)과 힘의 크기를 자신이 예측했던 결과와 비교해보면서 공학적 직관력을 늘려가기를 권장한다.

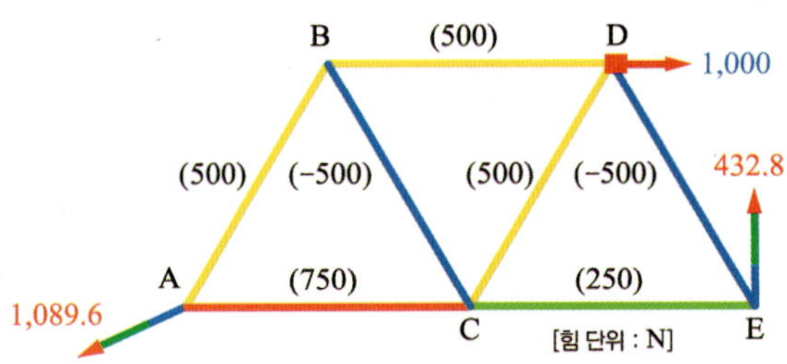

그림 5-13 구조물에 작용하는 작용력, 반력 및 부재지지 내력

이력부재 수 증가에 따른 구조물의 거동에 관한 규칙성을 찾기 위해 앞에서 다루었던 모든 예제들을 정리하여 [표 5-1]에 나타내었다. [그림 5-4(a)]는 이력부재에 대한 기본적인 가정에 위배되는 구조물이므로 제외하였다. 표에서 볼 수 있듯이 부재 수(m), 미지수 수(n), 절점 수(j)에 따라 구조물의 안정성 여부와 정역학적 해의 존재 여부가 결정됨을 간접적으로 알 수 있으며, 이를 식 (5.1)에 나타내었다.

$$m + u - 2j \begin{cases} < 0 & \text{불안정} \\ > 0 & \text{안정, 부정정} \\ = 0 & \text{안정, 정정} \end{cases} \tag{5.1}$$

표 5-1 이력부재 수 및 절점 수에 따른 문제 정리

경우	부재 수 m	미지수 수 u	절점 수 j	판별식 $m+u-2j$	상태	정역학적 해 존재 유무	참조
1	2	3	3	−1	불안정	No	[그림 5-4(b)]
2	3	3	3	0	안정	Yes	[그림 5-4(c)]
3	3	4	3	1	안정	No	[그림 5-6(a)]
4	5	3	4	0	안정	Yes	[그림 5-8(a)]
5	7	3	5	0	안정	Yes	[그림 5-10(a)]

일반적으로 2차원 정역학 문제 풀이 시 사용할 수 있는 식의 수는 식 (4.7)에서 알 수 있듯이 최대 3개이다. 따라서 [표 5-1]의 '경우 3'에서와 같이 미지수 수가 4개 이상인 경우 정역학적으로 해를 구할 수 없게 된다. 이러한 문제를 **부정정 문제** 不靜定 問題, statically indeterminate problem라고 한다. 반대로 경우 2, 4, 5와 같이 해를 구할 수 있을 때는 **정정 문제** 靜定 問題, statically determinate problem라고 한다.

Static Think 03

[그림 5-14]에 나타낸 6가지 구조물들에 대해 각각 정정 문제인지 부정정 문제인지 판별하시오.

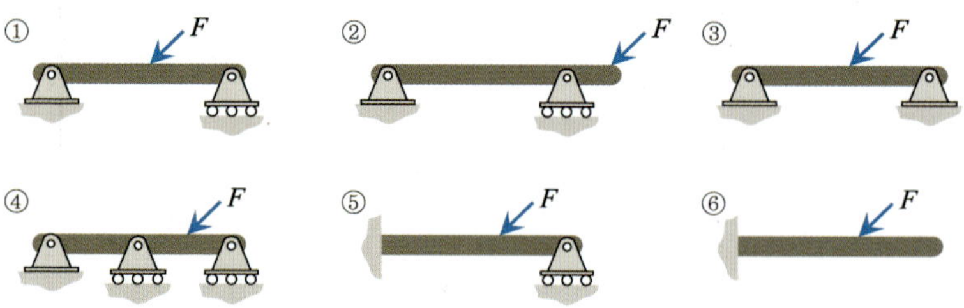

그림 5-14

SECTION 5.2

평면트러스

✔ 트러스의 장점을 역사적 및 구조적 관점에서 설명할 수 있다.
✔ 3D 트러스 구조물을 평면(2D) 트러스로 간주하기 위한 조건을 이해한다.
✔ 실제 많이 사용되고 있는 트러스를 식별 및 분류할 수 있다.

최소의 재료를 사용하여 길고 높은 구조물들을 제작하기 위한 인류의 노력은 트러스라는 산물로 귀결되었다. 그러나 실제 사용되는 모든 트러스들은 3D 구조물이므로 이를 그대로 해석하기 위해서는 많은 노력이 필요하다. 따라서 최소의 노력으로 실제 트러스 설계 시 필요한 정보를 얻어내기 위해서는 실제 3D 트러스를 평면(2D)으로 모델링하여 해석하는 것이 유리하다.

5.2.1 트러스

선박이나 항공기와 같은 장거리 이동 수단이 발전하지 못했던 고대시대에는 산, 강, 바다, 계곡 등과 같은 천연 지형물을 중심으로 사회가 형성되었으나 인구 증가에 따라 타 지역과의 물물교환 필요성이 증대되었고, 이를 위해 지역과 지역을 연결해주는 도로나 다리 같은 구조물들이 건설되기 시작하였다. 특히 초기 다리들의 경우 [그림 5-15]와 같이 천연 재료들로 만들어 근거리 연결용으로 사용하였다. 이러한 다리들은 사람이나 동물과 같이 무게가 많이 나가지 않는 경우에는 이용 가능했으나 대량의 화물운송에는 적합하지 않았다. 또한 천연재료를 사용하였기 때문에 내구성도 좋지 않았다.

(a) 나무와 줄로 구성된 다리

(b) 나무로 제작된 다리

그림 5-15 천연 재료들로 제작된 다리

1800년대 이후 철강 재료의 대량 생산 및 교통수단의 발달과 함께 강건한 다리를 건설해야 할 필요성이 대두되면서 [예제 5-3]에서 살펴보았던 [그림 5-10(a)]와 같은 형태의 구조물들이 각광을 받기 시작했다. 즉 가볍고 튼튼한 이력부재들을 견고하게 연결해[2] 큰 부하를 견딜 수 있게 제작한 구조물인 **트러스** truss가 등장하게 된다. 이들 중에서 [그림 5-10]의 정삼각형 equilateral triangles 구조물을 연속적으로 연결해 제작한 트러스의 한 예를 [그림 5-16]에 나타내었으며, 이를 **워런 트러스** Warren truss[3]라고 부른다.

(a) 워런 트러스 1 (b) 워런 트러스 2

그림 5-16 철재로 제작된 워런 트러스 다리의 예

일반적인 **트러스 다리** truss bridge의 구조를 [그림 5-17]에 개략적으로 나타내었다. 기본 트러스 외에 트러스 구조물의 위와 아래에서 부하를 지지하는 상현 top chord과 하현 bottom chord, 전 · 후면의 상현을 수평으로 연결해 주는 지주 strut, 상현의 부하를 분담하는 버팀대 bracing, 전 · 후면의 하현을 연결해 주는 보 floor beam 및 보 위에 덮는 상판 deck으로 구성된다.

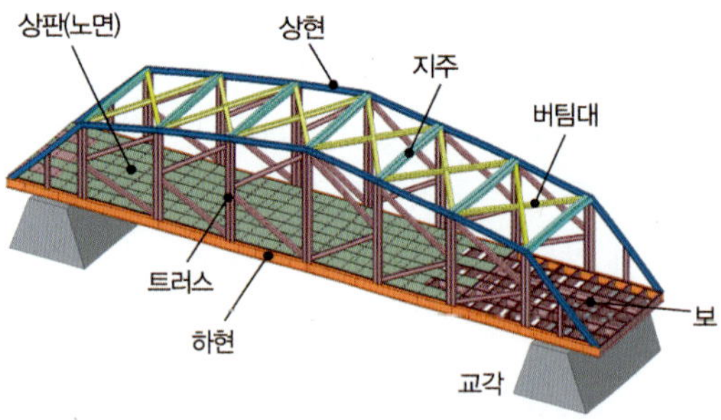

그림 5-17 트러스 다리의 구조와 명칭

5.2.2 평면트러스

[그림 5-17]과 같은 실제 3D 트러스 구조물을 앞에서 바라보면 길이 방향으로 [그림 5-18]과 같은 모양이 되며, 이를 이용하면 3D 트러스보다 공학적 해석을 쉽게 수행할 수 있다. 이와 같이 실제 3D 트러스를 2D 트러스로 모델링한 것을 **평면트러스** plane truss 또는 **단순트러스** simple truss라고 한다.

2 트러스(truss)는 무엇인가를 움직이지 못하도록 꽁꽁 묶는다는 뜻을 가지고 있다.

3 워런 트러스는 1848년에 James Warren과 Willough T. Monzani가 공동으로 특허를 출원하였다.

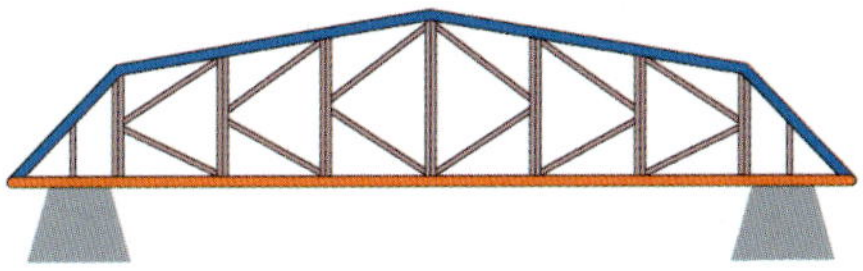

그림 5-18 평면트러스

[그림 5-10(a)]의 구조물은 이력부재들을 핀으로 연결하였지만, 실제 3D 트러스 구조물은 [그림 5-19]와 같이 부재들을 볼트와 너트, 리벳팅, 용접 등으로 접합 joining하여 제작하는 경우가 대부분이다. 그러나 모든 구성 부재들이 지지하는 힘의 방향이 개별 부재들의 길이 방향인 경우 모든 힘들이 한 점에서 만나는 공점력계가 되므로 해석이 비교적 용이한 핀 연결 pin joint로 간주해도 무방한 경우가 많다.

그림 5-19 트러스 구조물의 연결부 예

실제 3D 트러스 구조물들을 평면트러스로 간주해 해석하기 위해서는 다음과 같은 **가정**이 필요하다.

❶ 구조물에 작용하는 모든 부하는 항상 트러스 부재의 **절점** joint에만 작용한다. 만약 부재의 중간에 힘을 작용시켜야 하는 경우, 해당 부재를 2 개로 분리한 뒤 두 부재의 절점에 힘을 가하면 된다.

❷ 트러스 부재들의 끝단들은 마찰이 없는 핀 pin으로 연결되어 있다. 즉 트러스를 구성하는 개별 부재들은 압축이나 인장 힘만을 지지할 수 있는 이력부재들로 간주한다. 따라서 부재의 절점에 모멘트는 인가할 수 없다.

❸ 3D 트러스를 구성하는 앞면과 뒷면은 트러스 길이 방향에 대해 대칭이어야 한다.

❹ 트러스 부재들의 자중은 트러스에 가해지는 힘에 비해 크지 않은 경우가 많으므로 무시한다.

❺ 해석 시 안정적인 정정 구조물만을 대상으로 한다. 평면트러스의 경우 가용 식의 수가 3 개이므로 미지수(또는 반력)는 3 개까지만 허용된다. 즉 식 (5.1)에서 $u = 3$인 경우만을 대상으로 한다. 따라서 정역학적 해석이 요구되는 트러스의 경우 식 (5.2)를 만족해야 한다.

$$m + 3 = 2j \tag{5.2}$$

❻ 부재에 압축력이 가해지더라도 좌굴 buckling [4]은 발생하지 않는다.

4 좌굴은 길고 가느다란(long and slender) 부재에 길이 방향으로 힘을 가하면 어느 순간 급작스런 변형이 일어나는 현상을 일컫는다. 좌굴이 심한 경우 부재가 파손에 이를 수 있다.

5.2.3 트러스의 종류

트러스 구조물들은 상대적으로 가벼운 부재들을 연결하여 큰 부하를 견딜 수 있고, 제작도 상대적으로 수월하여 다리, 건물 지붕, 타워크레인, 송전 탑 등 다양한 대형 구조물 제작에 활용되고 있다. 대표적인 구조물인 다리를 제외한 몇 가지 예를 [그림 5-20]에 나타내었다. 그림 (a)는 트러스 건물 지붕을 또 다른 트러스 구조물인 타워크레인 tower crane으로 들어 올려 건물을 짓는 것을 보여준다. 이때 사용하는 그림 (b)와 같은 타워크레인의 몸체 body와 수평 방향으로 길게 제작된 붐 boom도 트러스 구조물로 이루어져 있다. 또한 전기 송전선 power cable을 지지하는 그림 (c)와 같은 송전탑 electricity transmission tower도 트러스 구조물이다.

(a) 트러스 건물　　(b) 타워크레인　　(c) 송전탑

그림 5-20 각종 트러스 구조물들

트러스는 여러 분야에서 활용되고 있으나 그 중 다리 bridge 건설에 가장 널리 활용되고 있으며, 트러스를 구성하고 있는 부재들의 형상에 따라 다음과 같이 분류할 수 있다.

- **워런 트러스** : [그림 5-10(a)]와 [그림 5-16]과 같은 트러스로서 길이가 같은 부재들을 정삼각형 및 역 정삼각형 형태로 연결해 사용한다.
- **수직 부재를 추가한 워런 트러스** Warren truss with verticals : [그림 5 21]에서와 같이 워런 트러스를 구성하는 정삼각형 중앙에 수직 부재를 추가하여 워런 트러스보다 더 큰 부하를 지탱하기 위해 사용한다.

(a) 실제 예　　(b) 평면트러스 모델

그림 5-21 수직 부재를 추가한 워런 트러스

- **하우 Howe 트러스**[5] : [그림 5-22]와 같이 연속적인 직각삼각형(또는 대각선 부재를 갖는 사각형) 패턴으로 구성된 트러스로서 대각 부재들이 구조물의 중심을 향해 위로(↗↖) 향하고 있는 트러스이다.

(a) 실제 예 (b) 평면트러스 모델

그림 5-22 하우 트러스

- **프래트 Pratt 트러스**[6] : [그림 5-23]과 같이 연속적인 직각삼각형 패턴으로 구성된 트러스로서 대각 부재들이 구조물의 중심을 향해 아래로(↘↙) 향하고 있는 트러스이다.

(a) 실제 예 (b) 평면트러스 모델

그림 5-23 프래트 트러스

- **파커 Parker 트러스**[7] : 상현재 upper chord가 일직선인 프래트 트러스의 변형된 형태로서 [그림 5-24]에서와 같이 상현재를 다각형 polygon 형태로 제작함으로써 사용되는 재료의 양을 줄일 수 있다.

(a) 실제 예 (b) 평면트러스 모델

그림 5-24 파커 트러스

5 미국의 건축가인 William Howe가 1840년에 특허를 등록하였다.

6 미국의 공학자 부자인 Caleb Pratt(父)과 Thomas W. Pratt(子)이 1844년에 고안하였다.

7 Charles H. Parker가 1870년에 특허를 등록하였다.

• **K-트러스** : [그림 5-25]와 같은 트러스로서 수직 부재와 2 개의 경사진 부재가 알파벳 대문자 'K' 형태를 갖는 것에서 유래된 트러스이다. [그림 5-25(a)]에서처럼 긴 다리 제작에 많이 사용된다.

(a) 실제 예

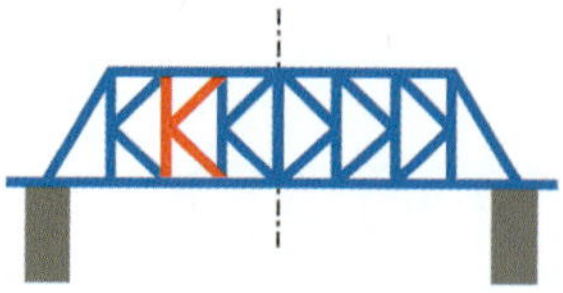

(b) 평면트러스 모델

그림 5-25 K-트러스

• **볼티모어** Baltimore **트러스** : 미국 볼티모어 시에서 철도용 교량으로 많이 사용되기 시작하여 붙여진 이름이다. [그림 5-26]에서와 같은 형태의 트러스로서 [그림 5-23]의 프래트 트러스와 [그림 5-21]의 수직 부재를 갖는 워런 트러스를 합한 형태이다. 이 트러스는 프래트 트러스에서 생길 수 있는 긴 경사 부재의 좌굴을 방지하기 위해 아래쪽에 부재를 추가한 것이다.

(a) 실제 예

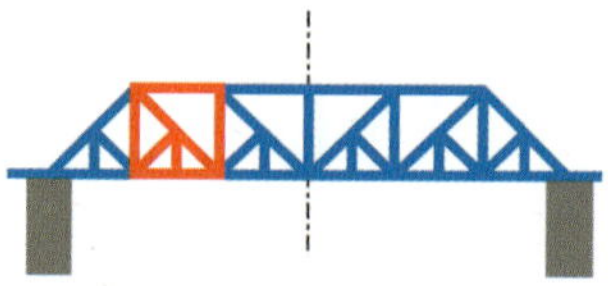

(b) 평면트러스 모델

그림 5-26 볼티모어 트러스

SECTION 5.3

평면트러스 해석

- 부재와 절점에서의 힘의 의미를 이해한다.
- 트러스 해석 절차에 따라 평면트러스 문제를 해석한다.
- 전체 트러스 구조물에서 무력부재를 찾아낸다.

컴퓨터와 소프트웨어의 발전으로 각종 공학 해석 시 전적으로 계산에 의존하는 경우가 많아지고 있다. 복잡한 문제인 경우 소프트웨어를 이용해 계산을 하는 것이 옳은 방법이지만, 해당 문제를 단순화한 뒤 간략한 해석을 수행하여 계산 결과의 적합성을 확인할 필요가 있다. 이를 위해 3D 트러스 문제를 평면트러스로 모델링한 뒤 효율적으로 해석할 수 있는 방법을 익힐 필요가 있다.

5.3.1 부재와 절점

트러스를 이용해 안전하고 경제성 있는 구조물을 설계 및 제작하기 위해서는 크게 세 가지 데이터가 필요하다. 첫 번째로, 트러스 구조물을 안전하게 지지하기 위해서 지지점에서의 반력이나 반작용 모멘트를 알고 있어야 한다. [그림 5-10]과 같은 워런 트러스 문제의 경우 점 A와 점 E에서의 반력(A_x, A_y, E_y)을 알아야 신뢰할 수 있는 지지 구조물 설계가 가능하다. 다음으로 개별 부재들의 크기나 재료를 결정하기 위해서는 이들이 지지하는 힘들을 알고 있어야 한다. [그림 5-10]의 경우 7 개의 부재들이 [그림 5-13]에서와 같이 서로 다른 종류 및 크기의 힘(압축 또는 인장)을 지지하게 된다. 따라서 이 구조물을 안전하게 설계하기 위해서는 가장 큰 인장력이 걸리는 AC 부재와 가장 큰 압축력이 걸리는 BC 및 CD 부재를 기준으로 설계를 해야 할 것이다. 마지막으로 부재들 사이를 연결해 주는 점들에 작용하는 힘들의 크기를 알아야 적절한 체결 방법을 결정할 수 있다. 이러한 세 가지 정보를 알아내기 위한 해석을 **트러스 해석** truss analysis이라고 한다.

평면트러스 해석에 앞서 트러스 구조물 해석 시 필요한 용어들terminology과 물리적 의미를 [그림 5-4(c)]의 정삼각형 트러스 구조물을 대상으로 살펴본다. 먼저 트러스 구조물을 구성하는 개별 요소들을 **부재** member[8]라고 하고, 이들 부재들을 연결하는 점들을 5.1.3절에서 이미 기술한 바와 같이 **절점** joint[9]이라고 한다. [그림 5-4(c)]의 구조물은 부재 AB, AC, BC가 절점 A, B, C에서 마찰을 무시할 수 있는 핀으로 연결된 구조물로 보면 된다. 여기서

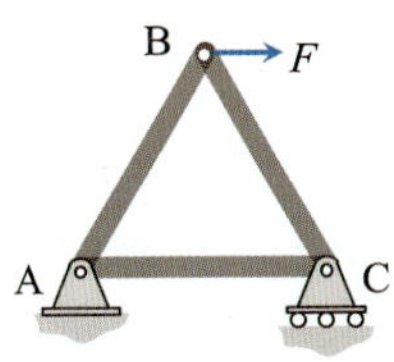

그림 5-4 (c) 이력부재 3개

8 구조해석이나 유한요소해석에서는 부재를 주로 **요소**(elements)라고 부른다. 트러스에서는 압축력과 인장력만을 지지하는 이력부재만을 다룬다.

9 구조해석이나 유한요소해석에서는 주로 노드(nodes)라고 부르지만 절점으로도 사용된다.

절점 B는 AB 부재와 BC 부재의 연결점인 동시에 외력 F의 작용점이고, 절점 A와 C는 각각 부재 AB와 부재 AC, 부재 AC와 부재 BC의 연결점인 동시에 지지점이다. 향후 부재명은 두 개의 알파벳 문자(예 부재 AB 및 부재 AC)로 표기하고, 절점은 두 부재 명에 공통으로 포함되어 있는 하나의 알파벳(절점 A)으로 표기하기로 한다.

[그림 5-4(c)]의 구조물을 이루고 있는 부재와 절점들에 발생하는 힘들을 한눈에 파악하기 위해 모든 힘들을 크기까지 고려한 벡터 화살표를 이용해 [그림 5-27]에 나타내었다. 그림에서 알 수 있듯이 부재 AB와 부재 AC는 인장 이력부재, 부재 BC는 압축 이력부재이다. 따라서 개별 부재들에 발생하는 힘을 보면 그 부재가 어떤 힘을 지지하는지 쉽게 알 수 있다. 반면에 절점에는 개별 부재들에 발생하는 힘들의 반작용력(F_{AB}, F_{AC}, F_{BC}), 외력(F) 및 이에 의한 반력(A_x, A_y, C_y)이 동시에 작용한다. 이 중에서 개별 부재들에 발생하는 힘들의 반작용력(F_{AB}, F_{AC}, F_{BC})은 **작용-반작용 법칙**에 의해 실제 부재들이 지지하는 힘들과 방향이 반대인 점에 특히 유의해야 한다.

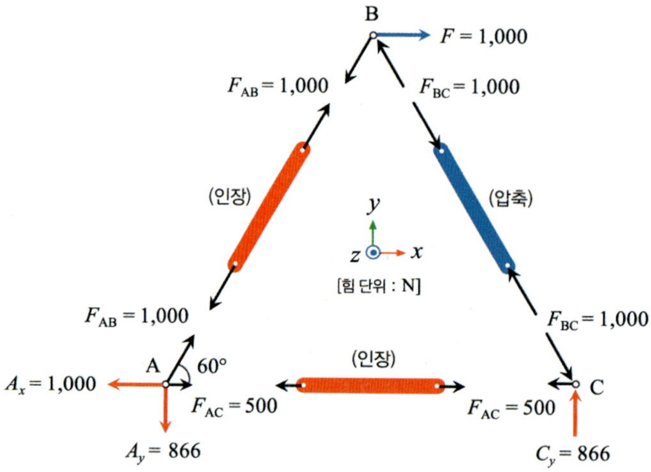

그림 5-27 정삼각형 트러스 부재와 절점에 작용 및 발생하는 힘

5.3.2 트러스 해석 절차

일반적인 트러스 해석 절차를 [그림 5-28]에 나타내었다. 먼저 주어진 문제가 정역학적으로 해결할 수 있는 문제인지를 판단하는 것이 좋다. 이를 위해 주어진 문제가 5.2.2절에 나열한 기본 가정을 모두 만족시키는지 판단한 뒤 만족되지 않는 가정이 있다면 이를 수정해 다시 해석해야 한다. 특히 주어진 트러스 구조물이 안정적 stable이면서 정정 문제인지를 식 (5.2)를 이용해 판별한다. 구조물이 안정적이고 정정 문제인 경우 무력부재가 있는지 파악하고, 만약 존재한다면 이들을 제거한 후 해석하는 것이 좋다. 다음으로 전체 트러스 구조물을 하나로 보고 문제에 적합한 좌표를 설정한 뒤 자유물체도를 그린 다음, 이 자유물체도와 3 개의 평형식들을 이용해 미지의 반력들을 모두 결정한다. 그리고 개별 부재에 발생하는 힘들을 구해야 하는데, 트러스를 구성하고 있는 모든 부재들에 대한 힘들을 구하고자 할 경우에는 **절점법** method of joints을 사용하는 것이 유리한 반면, 구조물에서 특정

부분(또는 부재)에 발생하는 힘만을 구하고자 할 경우에는 **단면법** method of sections을 사용하는 것이 좋다. [그림 5-28]에서 점선으로 표시한 '해석 중단'은 정역학적으로 해결할 수 없어 해석을 끝내는 경우를 나타낸다.

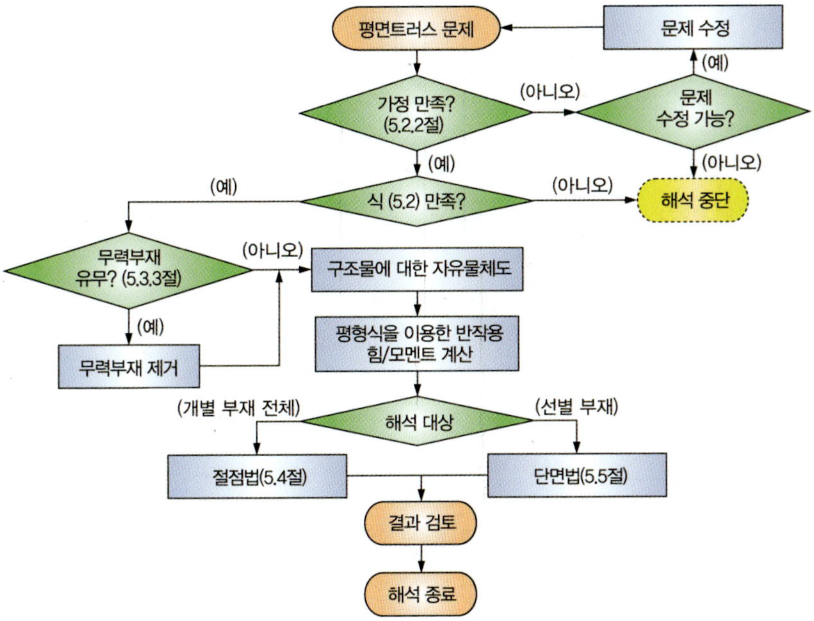

그림 5-28 트러스 해석 절차

5.3.3 무력부재 찾기

[그림 5-29(a)]와 같은 트러스 구조물의 경우 부재 수(m)는 9 개, 절점 수(j)는 6 개가 되어 식 (5.2)를 만족하므로 안정적인 정정 구조물이다. 그러나 [그림 5-29(b)]에 나타낸 점 E와 점 F에서의 자유물체도를 기반으로 두 점에 대해 힘 평형 조건을 적용하면, 두 점을 포함하는 모든 부재들(AE, CE, BF, DF)에 발생하는 힘은 모두 0 이 된다. 이와 같이 정정 구조물 내에서도 힘을 지지하지 않는 부재들이 존재할 수 있으며, 이를 [예제 5-2]에서 설명하였듯이 **무력부재** zero-force member라고 한다. 일반적으로 트러스 구조물을 좀 더 안정적으로 제작하고 싶거나 **파손 안전 설계** fail-safe design[10] 개념으로 무력부재들을 일부러 넣는 경우도 많아 실제 제작 시 이들을 무조건 제거하는 것이 좋은 것은 아니지만, 평면트러스 해석 시에는 문제를 단순화시키는 것이 유리하므로 무력부재들을 제거하고 해석하는 것이 바람직하다. [그림 5-29]에서 무력부재들(부재 AE, CE, BF, DF)을 모두 제거한 후의 트러스 구조물을 [그림 5-30]에 나타내었으며 [그림 5-29(a)]에 비해 구성 부재 수가 적어져 해석이 훨씬 수월해진다.

10 구조물에서 하나의 부품이 파손되더라도 다른 부분이 지지하여 구조물이 갖는 고유의 기능을 상실하지 않도록(또는 파손되지 않도록) 설계하는 것을 일컫는다.

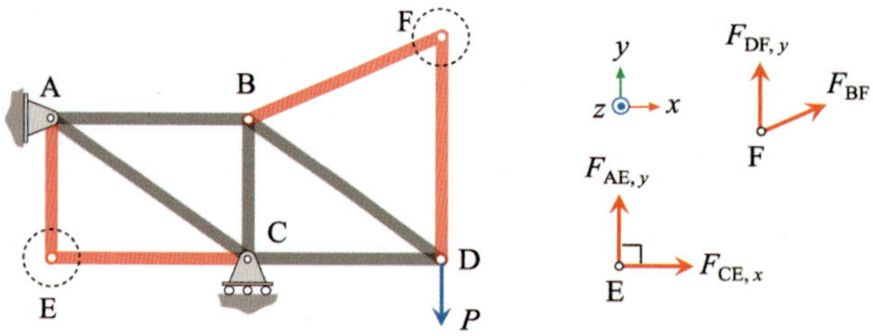

(a) 무력부재를 포함한 구조물 (b) 절점 E와 절점 F에 대한 자유물체도

그림 5-29 힘 평형을 이용한 무력부재 확인 방법

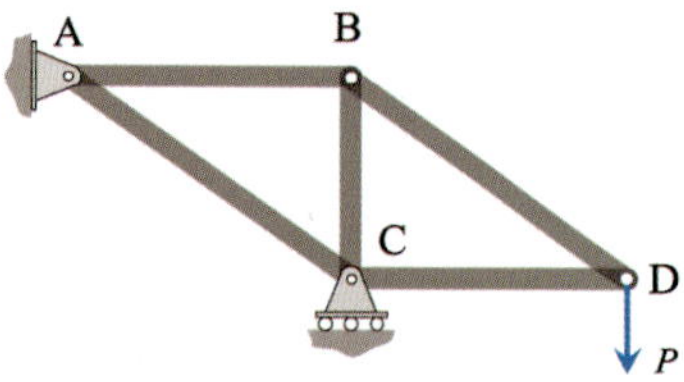

그림 5-30 무력부재 제거 후 구조물

Static Think_ 04

의자 다리를 3개로 만들 때와 4개로 만들 때의 장 · 단점에 대해 생각해보시오.

예제 5-4 무력부재 찾기

[그림 5-31(a)]의 트러스 구조물에서 무력부재를 모두 찾아보시오.

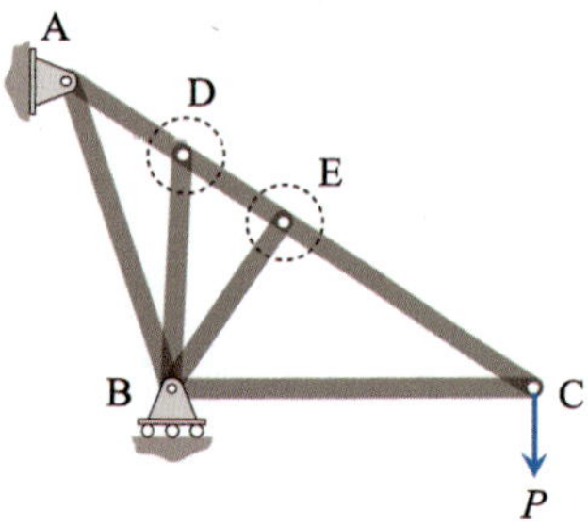

(a) 무력부재를 포함한 구조물

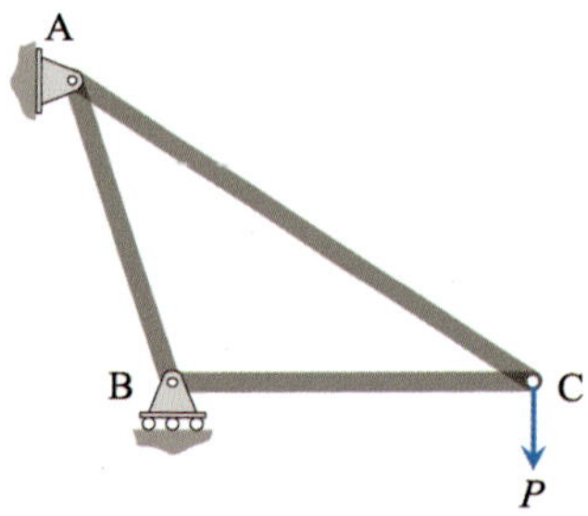

(b) 무력부재 제거 후 구조물

그림 5-31 트러스 구조물에서 무력부재 찾기

Analyze

3 개의 부재들이 한 절점에서 만나고 그 중 두 부재들이 일직선상에 놓여 있을 경우 나머지 하나의 부재는 무력부재가 된다([예제 5-2] 참조).

Compute

- 부재 AD와 부재 DE가 일직선상에 놓여 있으므로 **부재 BD**는 무력부재이다.
- 부재 DE와 부재 CE가 일직선상에 놓여 있으므로 **부재 BE**는 무력부재이다.

Think

- 부단한 연습을 통해 무력부재들을 직관적으로 찾아낼 수 있도록 하자.
- 무력부재들을 모두 제거한 후 A, D, E, C를 하나의 부재로 연결하면 [그림 5-31(b)]와 같이 단순화된다.

부재 수가 적은 단순 트러스 구조물에서는 개별 절점들에 대한 힘 평형을 통해 무력부재를 쉽게 찾을 수도 있지만 부재 수가 많은 경우에는 일일이 힘 평형을 적용하여 찾는 데 많은 시간이 소요될 것이다. 이와 같이 부재 수가 많은 트러스 구조물의 경우 앞서 예를 들었던 단순 트러스에 대한 예를 바탕으로 다음과 같은 두 가지 무력부재 검출 방법을 소개한다. 첫 번째로, [그림 5-29(a)]의 절점 E와 F에서처럼 2 개의 부재들이 일직선상에 놓여있지 않고 해당 절점이 부하 작용점이나 지지점이 아닌 경우 해당 부재들은 모두 무력부재가 된다. 두 번째로, [예제 5-2]의 점 D나 [예제 5-4]의 점 D 및 E에서와 같이 3 개의 부재들이 한 절점에서 만나면서 그 중 2 개의 부재들이 일직선상에 놓이는 경우 나머지 1 개의 부재는 무력부재가 된다.

SECTION 5.4

절점법

- ✔ 평면트러스를 구성하는 부재들에 발생하는 힘들을 산정한다.
- ✔ 워런, 하우 및 프래트 평면트러스를 해석한다.
- ✔ 어느 절점을 먼저 고려하는 것이 트러스 해석 시 편리한지 파악한다.

절점은 트러스를 구성하는 부재들이 만나는 교점으로서 외부 부하가 작용할 수 있는 유일한 곳이다. 트러스를 구성하는 모든 부재들은 마찰을 무시할 수 있는 핀으로 절점에서 연결되어 있다고(또는 모멘트는 지지할 수 없다고) 단순화함으로써 정역학적 해석이 가능해진다. 트러스의 모든 절점에서의 힘 평형을 순차적으로 적용하면 개별 부재들이 지지하는 힘들을 모두 알 수 있게 된다.

5.4.1 워런 트러스 해석

5.3절까지 트러스 구조물을 구성하는 부재들이 지지하는 힘을 계산할 때는 항상 절점에 대한 힘 평형을 고려하였다. 이와 같이 트러스 문제 해결에 있어서 절점에 대한 힘 평형을 이용하는 트러스 해석 방법을 **절점법** method of joints이라고 한다. 절점법을 순차적으로 반복 적용하면 구조물을 구성하는 모든 부재 내에 발생하는 힘들을 모두 결정할 수 있는 장점이 있는 반면, 부재 수가 증가할수록 해석에 많은 시간이 소요되는 단점도 가지고 있다. [그림 5-21]에 나타낸 수직 부재가 있는 워런 트러스 구조물을 대상으로 절점법을 적용해보기로 하자.

[그림 5-28]의 절차에 따라 [그림 5-32(a)]의 트러스에서 개별 부재에 발생하는 힘들을 구해보자.

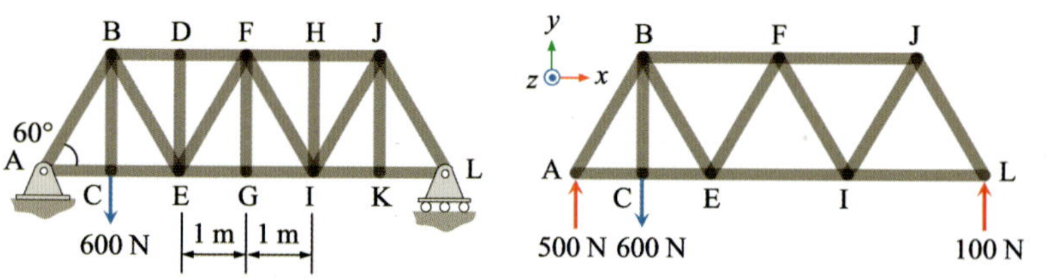

(a) 트러스와 부하 (b) 무력부재 제거 후 자유물체도

그림 5-32 수직 부재가 있는 워런 트러스

그림에서 수직 부재들(BC, DE, FG, HI, JK)을 제외한 나머지 부재들은 길이(= 2 m)가 모두 같다고 가정하자. 그림 (a) 구조물의 경우 부재 수(m)는 21 개, 절점 수(j)는 12 개이므로 식 (5.2)를 만족한다($m + 3 - 2j = 21 + 3 - 2 \times 12 = 0$). 다음으로 트러스 형상으로부터 부재 DE, FG, HI, JK가 무력부재[11]임을 알 수 있고 이들을 제거한 구조물에 대해 자유물체도를 그리면 [그림

5−32(b)]와 같이 단순화된다. 그림 (b)의 자유물체도를 기초로 점 A에 대해 모멘트 평형을 적용하면 점 L에 발생하는 반력(= 100 N)을 구할 수 있고, y 방향에 대한 힘 평형으로부터 점 A에 발생하는 반력(= 500 N)도 구할 수 있다.

전체 구조물의 반력을 결정한 후 절점 A에 대해 자유물체도를 그리면 [그림 5−33(a)]와 같으며, 이 절점에 대해 두 방향의 힘 평형을 적용하면 F_{AB}, F_{AC}는 식 (5.3), 식 (5.4)와 같이 계산된다. 다음으로 그림 (b)의 절점 C에 대해 힘 평형을 적용하면 $F_{CE} = F_{AC}$, $F_{BC} = 600\text{ N}$이 됨을 알 수 있다. 다음으로 그림 (c)의 절점 B에 대해 힘 평형을 적용하면 F_{BE}, F_{BF}는 식 (5.5), 식 (5.6)과 같이 된다. 이와 같은 과정을 모든 절점에 대해 반복하면 모든 부재에 발생하는 힘들을 알 수 있게 된다.

$$\sum F_y = 500 - F_{AB}\sin 60° = 0,\ F_{AB} = \frac{1,000}{\sqrt{3}}\text{ N} \approx 577.4\text{ N} \tag{5.3}$$

$$\sum F_x = F_{AC} - F_{AB}\cos 60° = 0,\quad F_{AC} = \frac{500}{\sqrt{3}}\text{ N} \approx 288.7\text{ N} \tag{5.4}$$

$$\sum F_y = F_{BE}\cos 30° + \frac{1,000}{\sqrt{3}}\cos 30° - 600 = 0 \tag{5.5}$$

$$F_{BE} = \frac{200}{\sqrt{3}}\text{ N} \approx 115.5\text{ N}$$

$$\sum F_x = \frac{1\ 000}{\sqrt{3}}\sin 30° - \frac{200}{\sqrt{3}}\sin 30° - F_{BF} = 0 \tag{5.6}$$

$$F_{BF} = \frac{400}{\sqrt{3}}\text{ N} \approx 230.9\text{ N}$$

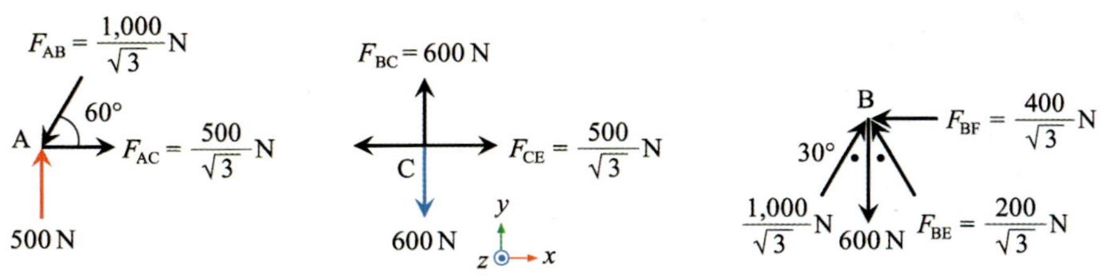

(a) 절점 A에 대한 자유물체도 (b) 절점 C에 대한 자유물체도 (c) 절점 B에 대한 자유물체도

그림 5-33 절점법에 의한 워런 트러스 부재 내에 발생하는 힘 계산

수직 부재가 있는 워런 트러스에 대해 절점법을 이용해 구한 모든 힘들을 [그림 5−34(a)]에 나타내었다. 그림에서 무력부재들은 '0'으로 표시하였다. 그림에서 상단 트러스(상현) 부재들에는 압축력이 발생하고, 하단(하현) 부재들에는 인장력이 발생하며, 경사 부재에는 압축력과 인장력이 번갈아 발생된다. 만약 힘의 작용점을 그림에서와 같이 ❶ → ❷ → ❸ → ❹ → ❺로 이동시키면 그에 따라 트러스 부재들에 발생하는 힘도 변화되며, 이를 [그림 5−34(b)]에 나타내었다. 이중에서 ❸의 경우 좌우대칭이 되며, 힘을 가하는 위치가 지지점에서 가장 멀어져 하단 부재들에 가장 큰 인장력이

11 한 절점에서 3 개의 부재들이 만나고, 그 중 2 개의 부재들이 일직선상에 놓일 경우, 나머지 하나가 무력부재가 된다.

발생한다. 또한 힘이 가해지는 위치에 따라 무력부재들이 변화되지만 수직 부재 부근에 힘이 작용할 경우 해당 부재가 큰 힘을 지탱함을 알 수 있다.

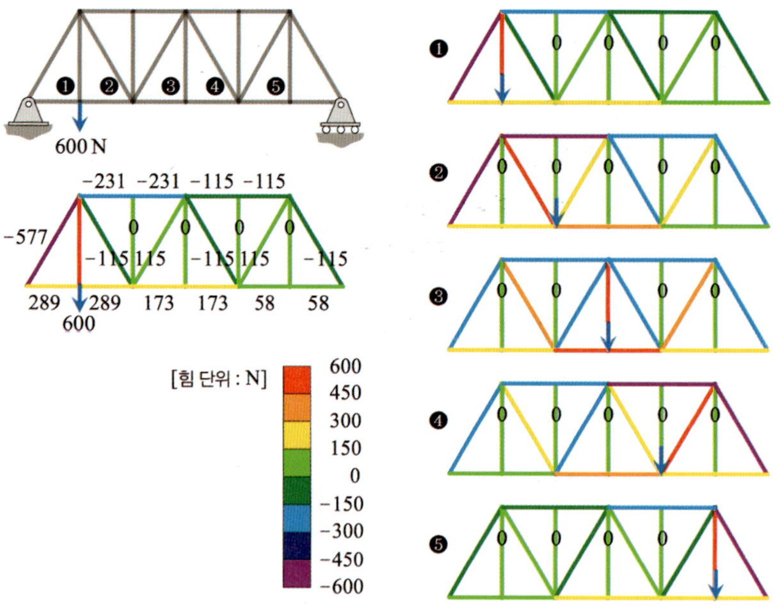

(a) ❶번 위치에 힘이 가해질 경우 (b) 힘의 위치 변화에 따른 지지력의 변화

그림 5-34 수직 부재가 있는 워런 트러스 부재들이 지지하는 힘

5.4.2 하우 트러스 해석

[그림 5-28]에 나타낸 절차에 따라 [그림 5-22(b)]에서 부재 수를 줄인 [그림 5-35]의 하우 트러스의 개별 부재에 발생하는 힘들을 구해보자. 부재의 길이, 작용력의 크기, 부재 수 및 절점 수는 [그림 5-32(a)]와 동일하고, 힘의 작용 위치는 트러스 중앙인 [그림 5-34]의 ❸번 경우로 한다. 트러스의 형상으로부터 무력부재는 존재하지 않으며 트러스 전체에 대한 자유물체도와 반력의 크기는 [그림 5-35(b)]와 같다.

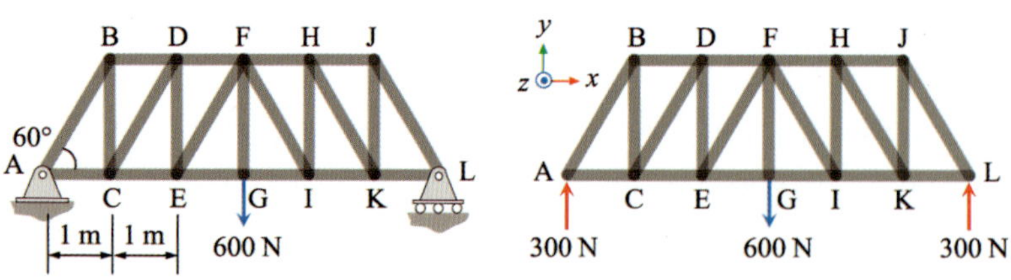

(a) 트러스와 부하 (b) 트러스 전체에 대한 자유물체도

그림 5-35 하우 트러스

절점법을 이용하여 각 부재에 발생하는 힘을 계산하기 위해 절점 A~G에 대한 자유물체도를 [그림 5-36]에 나타내었다. 이때 [그림 5-33]에서와 달리 모든 힘의 방향을 절점에서 외부로 향하도록

설정하였다. 이와 같은 방법은 컴퓨터를 이용해 부재에 발생하는 힘을 계산하는 경우 편리하다. 이때 트러스 구조물은 좌우대칭이므로 부재 FG를 중심으로 좌우대칭인 부재들에 발생하는 힘들의 크기와 방향은 같고(예를 들어 $F_{FD} = F_{FH}$, $F_{EF} = F_{FI}$), $F_{FG} = 600$ N임을 알 수 있다. 이제 힘을 바로 결정할 수 있는 절점 A에서부터 절점 G까지 순차적으로 두 방향의 힘 평형 조건을 적용하면 부재에 발생하는 힘들은 식 (5.7)~(5.12)와 같이 된다. 결과가 (+)인 부재들은 인장력을, (−) 값인 부재들은 압축력을 지지하는 것이다.

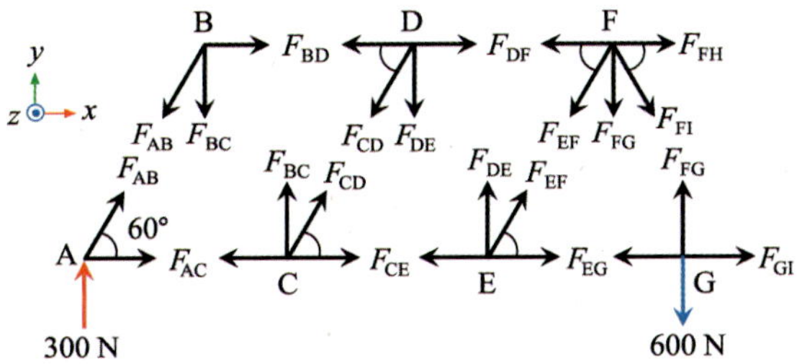

그림 5-36 절점 A~G의 자유물체도

$$
\begin{aligned}
\Sigma F_{y,\mathrm{A}} &= 300 + F_{\mathrm{AB}}\sin 60° = 0 \\
F_{\mathrm{AB}} &= (-)200\sqrt{3}\ \mathrm{N} \approx (-)346\ \mathrm{N} \\
\Sigma F_{x,\mathrm{A}} &= F_{\mathrm{AB}}\cos 60° + F_{\mathrm{AC}} = 0 \\
F_{\mathrm{AC}} &= 100\sqrt{3}\ \mathrm{N} \approx 173\ \mathrm{N}
\end{aligned}
\tag{5.7}
$$

$$
\begin{aligned}
\Sigma F_{x,\mathrm{B}} &= F_{\mathrm{BD}} - F_{\mathrm{AB}}\sin 30° = 0 \\
F_{\mathrm{BD}} &= F_{\mathrm{AB}}\sin 30° = (-)100\sqrt{3}\ \mathrm{N} \approx (-)173\ \mathrm{N} \\
\Sigma F_{y,\mathrm{B}} &= (-)F_{\mathrm{BC}} - F_{\mathrm{AB}}\cos 30° = 0 \\
F_{\mathrm{BC}} &= (-)F_{\mathrm{AB}}\cos 30° = 300\ \mathrm{N}
\end{aligned}
\tag{5.8}
$$

$$
\begin{aligned}
\Sigma F_{y,\mathrm{C}} &= F_{\mathrm{BC}} + F_{\mathrm{CD}}\sin 60° = 0 \\
F_{\mathrm{CD}} &= (-)\frac{F_{\mathrm{BC}}}{\sin 60°} = (-)200\sqrt{3}\ \mathrm{N} \approx (-)346\ \mathrm{N} \\
\Sigma F_{x,\mathrm{C}} &= F_{\mathrm{CD}}\cos 60° - F_{\mathrm{AC}} + F_{\mathrm{CE}} = 0 \\
F_{\mathrm{CE}} &= F_{\mathrm{AC}} - F_{\mathrm{CD}}\cos 60° = 200\sqrt{3}\ \mathrm{N} \approx 346\ \mathrm{N}
\end{aligned}
\tag{5.9}
$$

$$
\begin{aligned}
\Sigma F_{y,\mathrm{D}} &= (-)F_{\mathrm{DE}} - F_{\mathrm{CD}}\cos 30° = 0 \\
F_{\mathrm{DE}} &= (-)F_{\mathrm{CD}}\cos 30° = 300\ \mathrm{N} \\
\Sigma F_{x,\mathrm{D}} &= F_{\mathrm{DF}} - F_{\mathrm{CD}}\sin 30° - F_{\mathrm{BD}} = 0 \\
F_{\mathrm{DF}} &= F_{\mathrm{BD}} + F_{\mathrm{CD}}\sin 30° = (-)200\sqrt{3}\ \mathrm{N} \approx (-)346\ \mathrm{N}
\end{aligned}
\tag{5.10}
$$

$$\sum F_{y,\,\mathrm{E}} = F_{\mathrm{DE}} + F_{\mathrm{EF}}\sin 60° = 0$$

$$F_{\mathrm{EF}} = (-)\frac{F_{\mathrm{DE}}}{\sin 60°} = (-)200\sqrt{3}\ \mathrm{N} \approx (-)346\ \mathrm{N} \tag{5.11}$$

$$\sum F_{x,\,\mathrm{E}} = F_{\mathrm{EF}}\cos 60° - F_{\mathrm{CE}} + F_{\mathrm{EG}} = 0$$

$$F_{\mathrm{EG}} = F_{\mathrm{CE}} - F_{\mathrm{EF}}\cos 60° = 300\sqrt{3}\ \mathrm{N} \approx 520\ \mathrm{N}$$

$$\begin{aligned} F_{\mathrm{FH}} &= F_{\mathrm{DF}} = (-)200\sqrt{3}\ \mathrm{N} \approx (-)346\ \mathrm{N} \\ F_{\mathrm{FI}} &= F_{\mathrm{EF}} = (-)200\sqrt{3}\ \mathrm{N} \approx (-)346\ \mathrm{N} \\ F_{\mathrm{GI}} &= F_{\mathrm{EG}} = 300\sqrt{3}\ \mathrm{N} \approx 520\ \mathrm{N} \\ F_{\mathrm{FG}} &= 600\ \mathrm{N} \end{aligned} \tag{5.12}$$

5.4.3 프래트 트러스 해석

[그림 5-28]에 나타낸 절차에 따라 [그림 5-23(b)]에서 부재 수를 줄인 [그림 5-37]의 프래트 트러스에서 개별 부재에 발생하는 힘들을 구해보자. 부재의 길이, 작용력의 크기, 부재 수, 절점 수 및 힘의 작용 위치는 [그림 5-35(a)]와 동일하다. 트러스의 형상으로부터 부재 BC, FG, JK는 무력부재들이며 이들을 제거한 트러스 전체에 대한 자유물체도와 반력의 크기는 [그림 5-37(b)]와 같다. 이에 대해 절점법을 적용하면 부재들에 발생하는 힘들을 알 수 있다. 풀이 과정은 이전 트러스 해석 과정과 유사하므로 여기서는 생략한다.

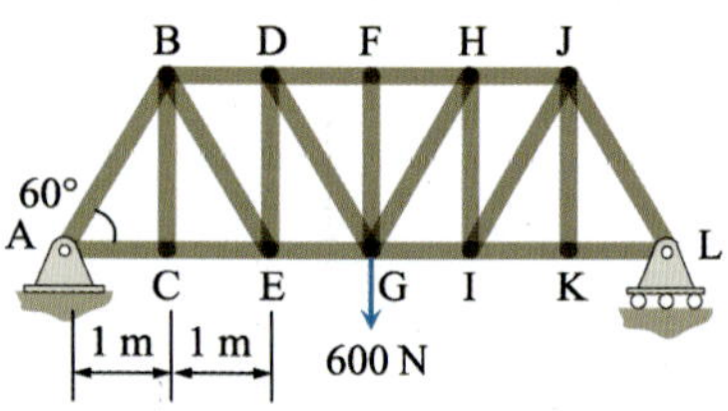

(a) 트러스와 부하

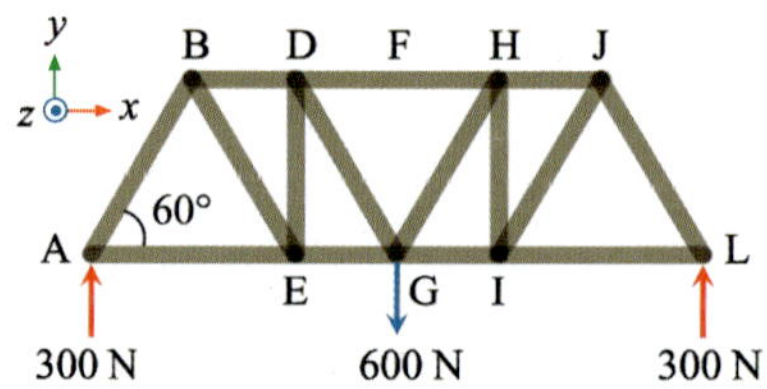

(b) 무력부재 제거 후의 자유물체도

그림 5-37 프래트 트러스

5.4.4 세 가지 트러스 비교

트러스 구조물 제작에 가장 널리 사용되는 워런, 하우, 프래트 트러스의 특징을 살펴보기 위해 동일한 수의 부재와 절점으로 구성된 세 가지 트러스에 [그림 5-35], [그림 5-37]에서와 같이 600 N의 힘이 중앙에 작용할 때, 트러스를 구성하는 부재들에 발생하는 힘들을 [그림 5-38]에 비교하였다. 수직 부재가 있는 워런 트러스의 경우 무력부재가 4개 생기고 내부 경사 부재에는 인장력과 압축력이 번갈아 발생한다. 하우 트러스의 경우 무력부재가 없고 경사 부재에는 모두 압축력이 발생한다. 프래트 트러스에는 3개의 무력부재가 존재하고 하우 트러스와 반대로 경사 부재에는 모두 인장력이 발생한다. 그러나 세 가지 트러스 모두 상단(또는 상현) upper chord에는 압축력, 하단(또는 하현) bottom chord에는 인장력이 발생된다.

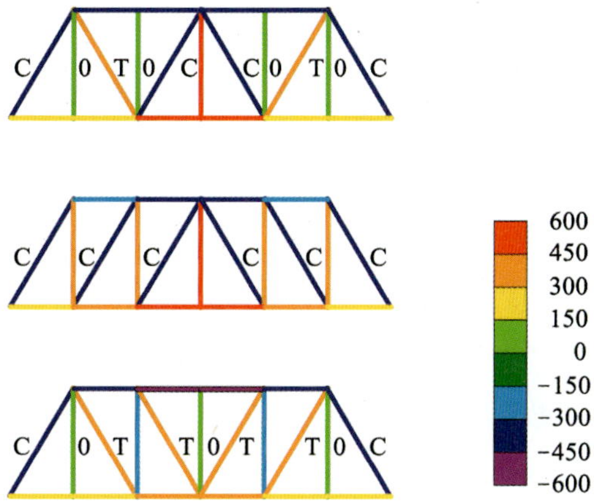

(a) 워런 트러스

(b) 하우 트러스

(c) 프래트 트러스

그림 5-38 중앙 집중력 작용 시 세 가지 트러스 비교

5.4.5 기타 트러스 해석

5.4.4절까지는 다리와 같은 대형 구조물 제작에 많이 사용되는 대표적인 세 가지 트러스를 예로 들어 절점법을 설명하였다. 이 절에서는 다리 이외의 구조물 제작에 사용되는 두 가지 다른 종류의 트러스에 대해 예제를 중심으로 해석해보기로 한다. 먼저 건물의 지붕 제작에 사용되는 **핑크 지붕트러스** Fink roof truss를 구성하는 부재들에 발생하는 힘을 해석하고, 다음으로는 주로 수직 방향의 힘을 받는 **외팔보 트러스** cantilever truss를 해석해본다.

예제 5-5 핑크 지붕 트러스

[그림 5-39(a)]에 나타낸 트러스 구조물 왼쪽에 배치되어 있는 부재 AB, AC, BC, BD, CD, CE에 발생하는 축력을 구하시오.

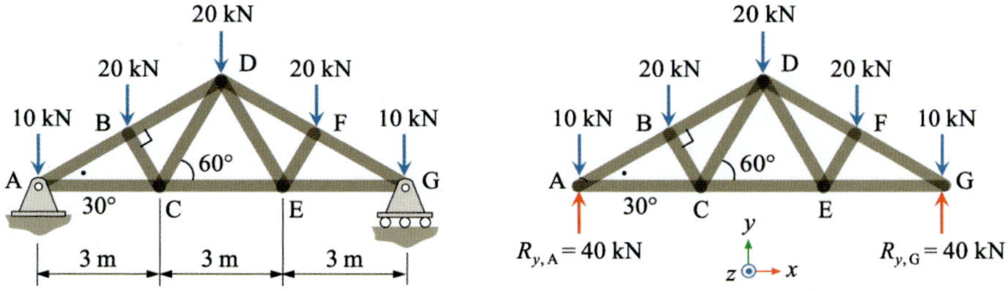

(a) 지지 및 부하 조건

(b) 구조물 전체에 대한 자유물체도

그림 5-39 핑크 트러스

Analyze

- [그림 5-28]에 주어진 해석 순서를 따른다.
- 식 (5.2)를 체크하는 습관을 들이는 것이 좋다. $m=11$, $j=7$, $m+3=14=2\times 7$
- 모든 부재들에 발생하는 힘을 알고자 할 때는 절점법이 유리하다.
- 기하학적 형상과 부하 모두 좌우대칭이므로 왼쪽 절반에 대해서만 해석하면 된다.

Compute

- 수평 방향의 부하가 없고 좌우대칭이므로 절점 A와 G에서의 반력의 크기는 같으며, 자유물체도는 [그림 5-39(b)]와 같이 된다.

$$R_{y,\mathrm{A}}=R_{y,\mathrm{G}}=40\ \mathrm{kN}$$

- 절점 A~D에 대해 자유물체도를 그리면 [그림 5-40]과 같이 되며, 이를 통해 각 부재에 발생하는 힘들을 계산하면 다음과 같다.

$$\Sigma F_{y,\mathrm{A}}=F_{\mathrm{AB}}\sin 30°+40-10=0 \quad\rightarrow\quad F_{\mathrm{AB}}=(-)60\ \mathrm{kN}$$
$$\Sigma F_{x,A}=F_{\mathrm{AB}}\cos 30°+F_{\mathrm{AC}}=0$$
$$F_{\mathrm{AC}}=(-)F_{\mathrm{AB}}\cos 30°=30\sqrt{3}\ \mathrm{kN}\approx 52\ \mathrm{kN}$$

$$\Sigma F_{y',\mathrm{B}}=(-)F_{\mathrm{BC}}-20\cos 30°=0$$
$$F_{\mathrm{BC}}=(-)20\cos 30°=(-)10\sqrt{3}\ \mathrm{kN}\approx(-)17\ \mathrm{kN}$$
$$\Sigma F_{x',\mathrm{B}}=F_{\mathrm{BD}}-F_{\mathrm{AB}}-20\sin 30°=0$$
$$F_{\mathrm{BD}}=(-)50\ \mathrm{kN}$$

$$\Sigma F_{y,\mathrm{C}}=F_{\mathrm{BC}}\sin 60°+F_{\mathrm{CD}}\sin 60°=0$$
$$F_{\mathrm{CD}}=(-)F_{\mathrm{BC}}=10\sqrt{3}\ \mathrm{kN}\approx 17\ \mathrm{kN}$$
$$\Sigma F_{x,\mathrm{C}}=F_{\mathrm{CE}}-F_{\mathrm{AC}}-F_{\mathrm{BC}}\cos 60°+F_{\mathrm{CD}}\cos 60°=0$$
$$F_{\mathrm{CE}}=20\sqrt{3}\ \mathrm{kN}\approx 35\ \mathrm{kN}$$

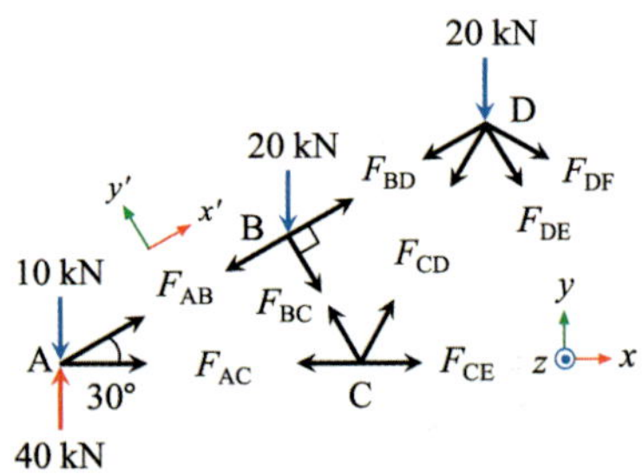

그림 5-40 핑크 트러스 왼쪽 절점들에서의 자유물체도

Think

- 대상 구조물이 좌우대칭이므로 [그림 5-40]에서 절점 D에 대해서는 힘 평형을 별도로 고려할 필요가 없다.
- [그림 5-40]에서 절점 B에 대해 힘 평형을 적용할 때는 새로운 좌표($x'-y'$)를 설정해 힘 평형을 적용하는 것이 편리하다.

- 핑크 트러스에 가해진 부하, 반력 및 부재 내에 발생하는 힘들을 [그림 5-41]에 나타내었다. **상현** top chord 부재(AB, BD, DF, FG)에는 압축력, **하현** bottom chord 부재(AC, CE, EG)에는 인장력이 발생한다. 부재 BC와 EF는 **압축 웹** compression web이라 하고, 부재 CD와 DE는 **인장 웹** tension web이라고 부른다.

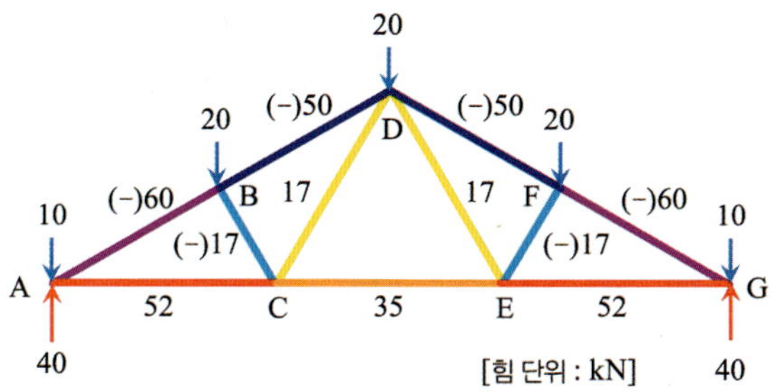

그림 5-41 핑크 트러스 부재들이 지지하는 힘

예제 5-6 외팔보 트러스

[그림 5-42(a)]의 트러스 구조물을 구성하고 있는 모든 부재들에 발생하는 축력을 구하시오.

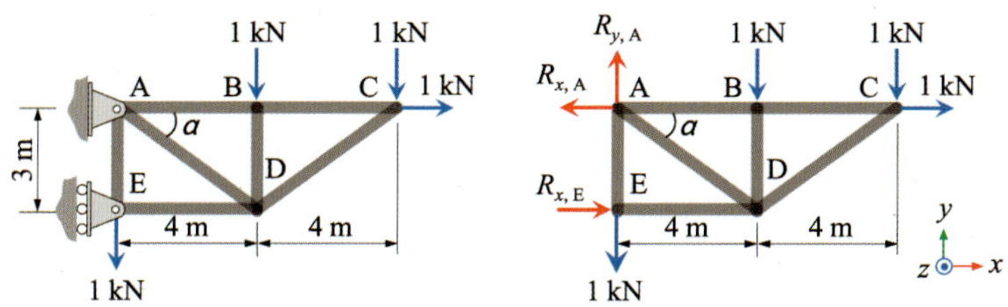

그림 5-42 외팔보 트러스

Analyze

- [그림 5-42(a)]와 같은 형상의 트러스를 외팔보 트러스 cantilever truss라고 한다.
- [그림 5-28]에 주어진 해석 순서를 따른다.
- 식 (5.2)를 체크하는 습관을 들이는 것이 좋다. $m=7$, $j=5$, $m+3=10=2\times 5$
- 힘의 수가 적어 값을 구하기 쉬운 절점(점 B 또는 점 E)에서부터 시작하는 것이 좋다.
- [그림 5-42(a)]로부터 $\sin\alpha = 3/5 = 0.6$, $\cos\alpha = 4/5 = 0.8$ 임을 이용한다.

Compute

- [그림 5-42(b)]의 자유물체도를 기초로 절점 A와 E에서의 반력을 먼저 결정한다. 평형식 적용은 점 A에 대한 모멘트 평형, y 방향 힘 평형, x 방향 힘 평형 순으로 적용한다.

$$\Sigma M_{\mathrm{A}} = 3\times R_{x,\mathrm{E}} - 4\times 1 - 8\times 1 = 0 \quad\rightarrow\quad R_{x,\mathrm{E}} = 4\,\mathrm{kN}$$
$$\Sigma F_y = R_{y,\mathrm{A}} - 3 = 0 \quad\rightarrow\quad R_{y,\mathrm{A}} = 3\,\mathrm{kN}$$
$$\Sigma F_x = R_{x,\mathrm{E}} - R_{x,\mathrm{A}} + 1 = 0 \quad\rightarrow\quad R_{x,\mathrm{A}} = 5\,\mathrm{kN}$$

- 앞에서 구한 반력을 기초로 절점 A~E에서의 자유물체도를 그리면 [그림 5-43]과 같이 된다. 자유물체도에서 작용력과 반력의 방향을 제외하고 부재 내에 발생하는 모든 힘들은 일단 인장력으로 가정하여 나타내었다. 자유물체도를 기초로 각 절점에 대해 두 방향의 힘 평형을 순차적으로 적용하면 모든 부재 내에 발생하는 힘들을 계산할 수 있다. 이때 힘 평형 적용 순서를 절점 E, C, B, A, (D) 순서로 하면 문제를 좀 더 수월하게 해결할 수 있다. 특히 절점 E의 경우 자유물체도로부터 힘들을 직관적으로 파악할 수 있다.

$$F_{AE} = 1\,\text{kN}, \quad F_{ED} = (-)4\,\text{kN}$$

$$\sum F_{y,C} = (-)1 - F_{CD}\sin\alpha = 0$$

$$F_{CD} = (-)\frac{1\,\text{kN}}{\sin\alpha} = (-)\frac{5}{3}\,\text{kN} \approx (-)1.67\,\text{kN}$$

$$\sum F_{x,C} = 1 - F_{BC} - F_{CD}\cos\alpha = 0$$

$$F_{BC} = 1 - F_{CD}\cos\alpha = \frac{7}{3}\,\text{kN} \approx 2.33\,\text{kN}$$

$$F_{AB} = F_{BC} = \frac{7}{3}\,\text{kN} \approx 2.33\,\text{kN}$$

$$F_{BD} = (-)1\,\text{kN}$$

$$\sum F_{y,A} = 3 - 1 - F_{AD}\sin\alpha = 0$$

$$F_{AD} = \frac{2\,\text{kN}}{\sin\alpha} = \frac{10}{3}\,\text{kN} \approx 3.33\,\text{kN}$$

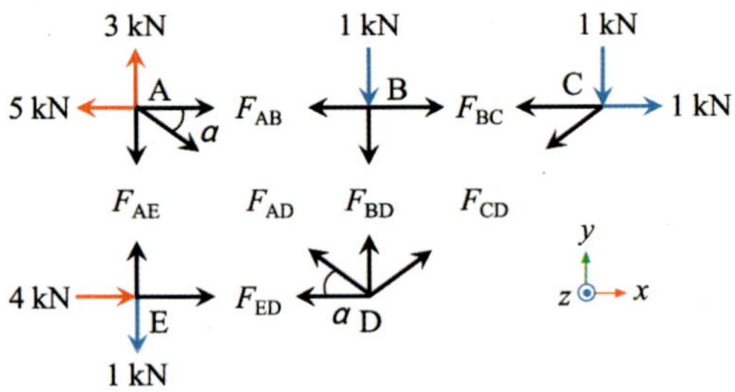

그림 5-43 외팔보 트러스 구조물의 모든 절점에서의 자유물체도

Think

- 절점법 사용 시 공학적 직관력을 이용해 힘 평형을 적용하는 순서를 정하는 것이 좋다.
- 작용력, 반력, 부재 내력 등을 [그림 5-44]와 같이 나타내면 전체 구조물의 부하 상태를 파악할 수 있어 해당 구조물 설계 시 많은 도움이 된다.

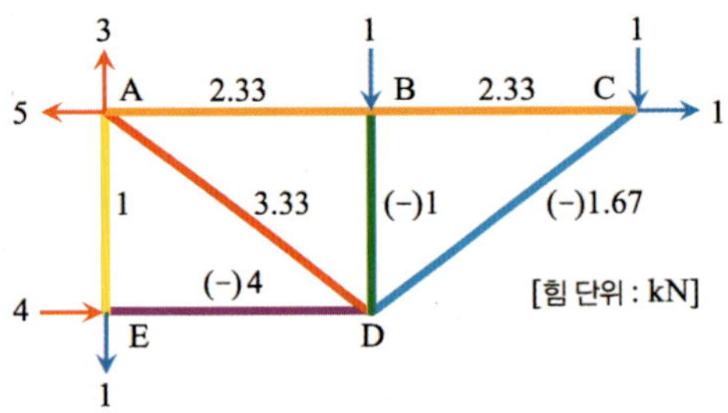

그림 5-44 외팔보 트러스 부재들이 지지하는 힘

SECTION 5.5

단면법

- 가상절단의 개념을 이해한다.
- 절단법을 이용한 트러스 부재의 내력을 계산한다.
- 절점법과 단면법의 장 · 단점을 이해하고 설명할 수 있다.

생산된 제품들의 품질 검사법으로는 모든 제품을 검사하는 전수 검사와 일부 제품만을 추출해 검사하는 샘플링 검사가 있다. 5.4절에서 소개한 절점법이 모든 부재의 지지력을 계산할 수 있는 전수 해석법이라면, 단면법은 우리가 원하는 부재들만의 지지력을 계산하는 샘플링 해석법으로 볼 수 있다.

5.5.1 단면법의 필요성 및 해석 절차

트러스 구조물을 구성하고 있는 모든 부재들에 발생하는 힘들을 해석하기 위해서는 모든 절점들에 대해 힘 평형을 적용해야 하지만, 부재의 수가 많아지면 해석에 많은 시간과 노력이 필요하다. 예를 들어 [그림 5-25(b)]와 같은 K-트러스(부재 수 41 개, 절점 수 22 개)를 절점법으로 해석하려면 22 개의 절점들에 대해 두 방향의 힘 평형을 적용해야 하므로 총 44 개의 식을 풀어야 한다. 만약 모든 부재들에 발생하는 힘 대신 특정 부재에 발생하는 힘에 대한 정보만을 알고 싶을 때는 해당 부재를 포함시켜 구조물을 **가상절단** virtual sectioning한 뒤 이에 대한 평형을 고려해 미지력들을 구하는 방법이 유용한데, 이를 **단면법** method of sections이라고 한다.

5.4.2절에서 절점법을 통해 해석한 [그림 5-35(a)]의 하우 트러스를 단면법으로 해석해보자. 이 트러스 구조물에서 부재 HJ, HK, IK에 발생하는 힘을 구하고자 할 경우 절점법에서와 마찬가지로 먼저 [그림 5-28]의 절차를 따라 트러스를 해석한다. 전체 트러스에 대한 반력을 모두 구한 후 다음과 같은 추가적인 절차를 따라 해석한다.

❶ 전체 구조물을 [그림 5-45(a)]에서와 같이 내력을 알고자 하는 부재(HJ, HK, IK)를 통과하는 절단면 a-a를 따라 가상절단 한다. 가상절단 시 부재를 3 개[12]까지만 지나도록 절단해야 하며, 부재의 일부가 아닌 전체 구조물을 절단하여 구조물이 그림 (b)와 (c)처럼 양분되도록 해야 한다.

❷ 양분된 가상 구조물 중에서 해석이 용이한 부분을 선택한다. [그림 5-45(b)]의 경우 구조물이 크고 반력과 외력이 모두 작용하고 있어, 크기가 작고 반력만 작용하는 (c)를 대상으로 해석하는 것이 더 쉽다.

12 부재 절단 시 절단면이 부재들을 4 개 이상 통과하는 경우에는 별도의 추가적인 해석 과정이 필요하며 이는 다음 절에서 다룬다.

❸ [그림 5-45(c)] 부분에서 절단된 부재들에 발생하는 **내력** internal force[13]을 모두 인장 방향으로 [그림 5-46]과 같이 나타낸다. 최종 내력 산정 후 (−) 부호인 경우 부재에 인장력이 아닌 압축력이 발생하는 것으로 보면 된다. 이때 부재 방향으로 참조용 선을 그려놓고 가상접점(H)도 표시해 놓는 것이 좋다.

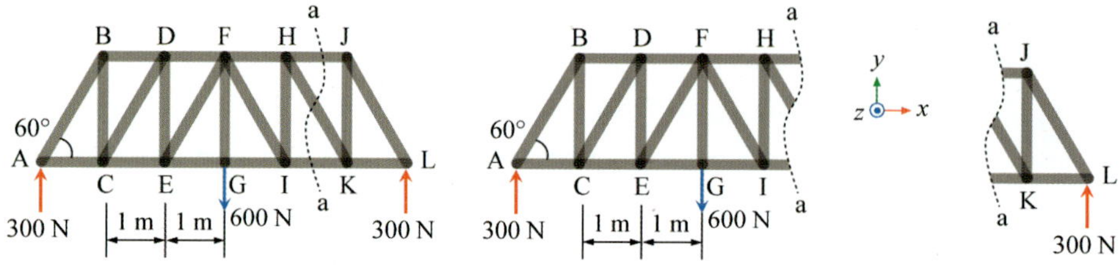

(a) 진제 트러스 (b) 절단면 왼쪽 부분 (c) 절단면 오른쪽 부분

그림 5-45 단면법을 이용한 하우 트러스 해석

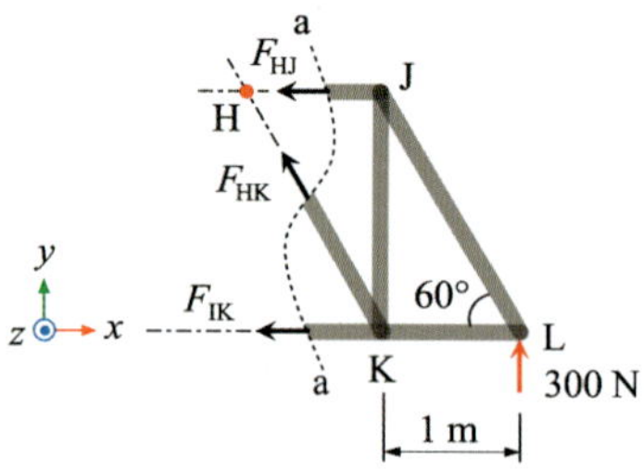

그림 5-46 하우 트러스 오른쪽 가상절단 부 해석

❹ [그림 5-46]과 같은 자유물체도를 기초로 힘 평형과 모멘트 평형을 고려하여 미지의 내력들을 다음과 같이 구한다. 먼저 F_{HJ}와 F_{HK}의 교점인 점 H에 대해 모멘트 평형을 적용하면 식 (5.13)과 같이 F_{IK}를 바로 구할 수 있다. 다음으로 y 방향의 힘 평형을 적용하면 식 (5.14)와 같이 F_{HK}를 구할 수 있고, 마지막으로 x 방향의 힘 평형을 적용하면 식 (5.15)와 같이 F_{HJ}를 구할 수 있다. [그림 5-45(a)]에서 부하와 형상이 좌우대칭이므로 $F_{HJ} = F_{BD}$, $F_{HK} = F_{CD}$, $F_{IK} = F_{CE}$가 되며, 식 (5.8) 및 식 (5.9)와 비교해보면 동일한 결과를 주고 있음을 알 수 있다.

$$\begin{aligned} \sum M_H &= 2 \times 300 - (1 \times \tan 60^\circ) \times F_{IK} = 0 \\ F_{IK} &= \frac{600}{\sqrt{3}} = 200\sqrt{3}\ \text{N} \approx 346\ \text{N} \end{aligned} \tag{5.13}$$

$$\begin{aligned} \sum F_y &= F_{HK} \sin 60^\circ + 300 = 0 \\ F_{HK} &= (-)200\sqrt{3}\ \text{N} \approx (-)346\ \text{N} \end{aligned} \tag{5.14}$$

$$\begin{aligned} \Sigma F_x &= (-)F_{HJ} - F_{IK} - F_{HK} \cos 60^\circ = 0 \\ F_{HJ} &= (-)F_{IK} - F_{HK} \cos 60^\circ \\ &= (-)200\sqrt{3} + 100\sqrt{3} = (-)100\sqrt{3}\ \text{N} \approx (-)173\ \text{N} \end{aligned} \tag{5.15}$$

13 부재 내부에 발생하는 힘을 말하며, 가상절단에 의해서만 나타낼 수 있는 가상의 힘으로서 실제로는 측정 불가능하다.

Static Think_05

[그림 5-47]의 부재 DE의 내력을 계산하기 위해 구조물을 어떻게 절단하면 좋을지 그림에 나타내고, 절단 후 어느 부분을 사용해 해석하는 것이 더 효율적인지 생각해보시오.

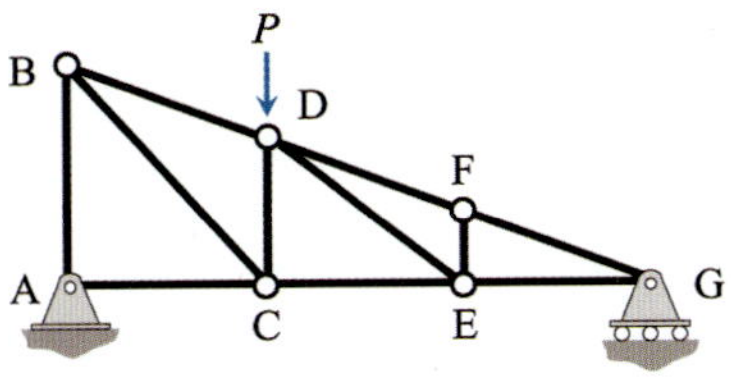

그림 5-47

예제 5-7 역 하우 트러스

[그림 5-48(a)]의 트러스 구조물에서 부재 DF, EF, EG에 발생하는 내력을 계산하시오.

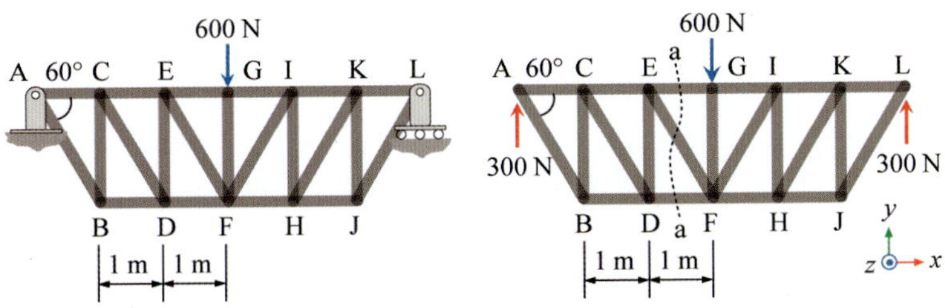

(a) 지지 및 부하 조건

(b) 구조물 전체에 대한 자유물체도

그림 5-48 역 하우 트러스

Analyze

- [그림 5–35]에 나타낸 하우 트러스의 위아래를 뒤집은 트러스이다.
- 원하는 부재를 최대 3 개까지 포함하여 [그림 5–48(b)]의 a–a를 따라 가상절단한 뒤 외력이나 반력 수가 적은 왼쪽을 선택하고, 가상절단된 부재에 내력들을 인장(절단면에서 바깥쪽) 방향으로 [그림 5–49]와 같이 표시한다.

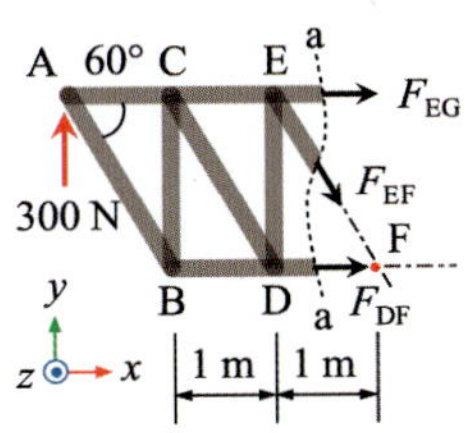

그림 5-49 역 하우 트러스 왼쪽 가상절단 부에 대한 자유물체도

Compute

- 내력 F_{EF}와 F_{DF}의 교점인 점 F에 대한 모멘트 평형을 통해 F_{EG}를 계산한다.

$$\sum M_F = (-)(1 \times \tan 60°) \times F_{EG} - 3 \times 300 = 0$$

$$F_{EG} = (-)\,300\sqrt{3}\text{ N} \approx (-)\,520\text{ N}$$

• y 방향에 대한 힘 평형을 통해 F_{EF}를 계산한다.

$$\sum F_y = 300 - F_{EF}\cos 30° = 0$$
$$F_{EF} = 200\sqrt{3}\ \mathrm{N} \approx 346\ \mathrm{N}$$

• 마지막으로, x 방향에 대한 힘 평형을 통해 F_{DF}를 계산한다.

$$\sum F_x = F_{DF} + F_{EG} + F_{EF}\sin 30° = 0$$
$$F_{DF} = (-)\,F_{EG} - F_{EF}\sin 30° = 200\sqrt{3}\ \mathrm{N} \approx 346\ \mathrm{N}$$

Think

• 단면법 사용 시 공학적 직관력을 이용해 힘 평형과 모멘트 평형을 적용하는 순서를 정하는 것이 좋다.
• 작용력, 반력, 부재 내력 등을 [그림 5-50]에 나타내었다. 하우 트러스의 상하를 거꾸로 설치한 역 하우 트러스의 경우 부재의 인장과 압축도 반대가 됨을 알 수 있다. 트러스 부재 중 일반적으로 경사 부재의 길이가 가장 긴데 그림 (a)의 하우 트러스에 큰 하중이 들어올 경우 경사 부재에 큰 압축력(−346 N)이 발생해 좌굴이 일어날 가능성이 높다. 이런 경우 그림 (b)에 나타낸 역 하우 트러스와 같이 상하를 거꾸로 설치하여 경사 부재들이 인장력(346 N)을 지지하도록 하면 된다.

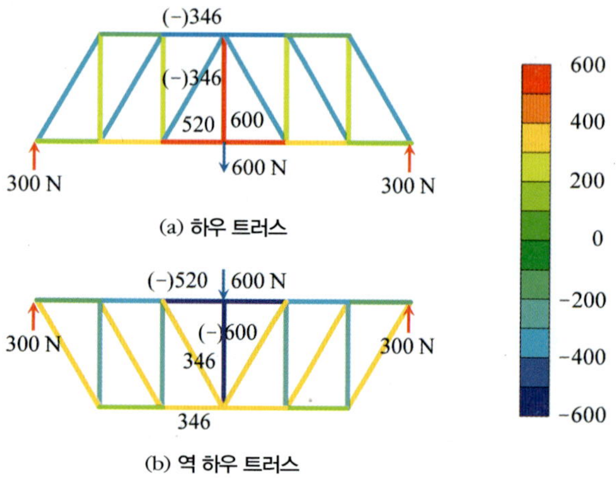

그림 5-50 하우 트러스와 역 하우 트러스 비교

5.5.2 부재 수가 많은 트러스 해석법

단면법을 이용해 평면트러스 구조물을 구성하고 있는 부재들에 발생하는 힘들을 해석하기 위해서는 구조물 가상절단 시 부재를 3 개 이하로 통과하도록 절단해야 한다.[14] 그러나 [그림 5-51]의 K-트러스에서와 같이 여러 개의 부재들로 구성된 트러스의 경우 단면법을 사용할 필요가 없는 양 끝단(단면 a-a, b-b, c-c)[15]을 제외하고 부재를 3 개 이하로 통과시켜 절단시킬 수 있는 방법이 없는 경우도 생긴다. 그림에서 단면 d-d와 e-e로 절단할 경우 절단면이 부재 4 개를 통과하게 된다.

14 평면트러스의 경우 가용 평형 방정식이 3 개뿐이므로 미지수가 4 개가 되면 문제를 해결할 수 없다.
15 양 끝단의 경우 절점법을 사용하는 것이 더 편리하다.

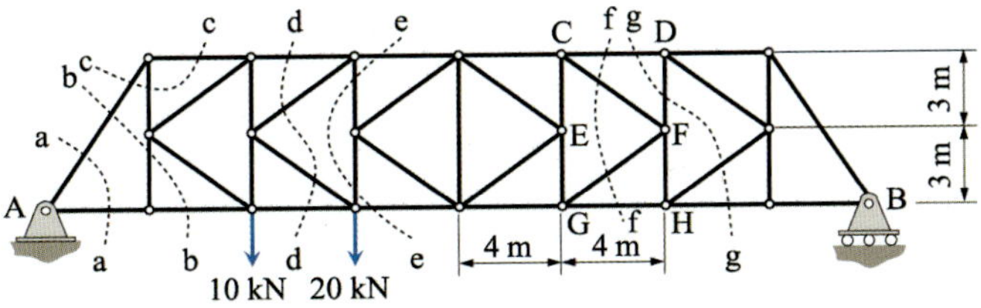

그림 5-51 K-트러스($m = 41$, $j = 22$)

[그림 5-51]의 경우 단면법을 이용해 트러스를 해석하기 위해서는 경험을 바탕으로 2 회의 절단을 통해 문제를 해결할 수 있다. 문제 해결에 앞서 [그림 5-28]의 절차를 따라 사전 검토가 필요하다. [그림 5-51] 문제의 경우 $m + 3 = 44 = 2j = 2 \times 22$가 되어 식 (5.2)를 만족하므로 안정한 정정 구조물이 된다. 다음으로 전체 구조물에 대해 자유물체도를 그린 후 점 A와 점 B에서의 반력을 구하면 $R_{y,\mathrm{A}} = 20\ \mathrm{kN}$, $R_{y,\mathrm{B}} = 10\ \mathrm{kN}$[16]이 된다.

[그림 5-51]의 구조물에서 부재 CD, CF, FG, GH에 발생하는 내력을 구하고자 할 때 이들을 포함하는 f-f를 따라 절단하면 미지력이 4 개가 되므로 모든 미지력들을 바로 결정할 수 없다. 이 경우 트러스의 형상을 기초로 먼저 g-g를 따라 절단한 후 오른쪽 부분에 대해 자유물체도를 그리면 [그림 5-52(a)]와 같이 된다. 그림에서 알 수 있듯이 F_{CD}를 제외한 모든 힘들이 점 H를 통과하므로 점 H에 대한 모멘트 평형을 고려하면 F_{CD}를 다음과 같이 구할 수 있다.

$$\sum M_{\mathrm{H}} = 8 \times 10 + 6 \times F_{\mathrm{CD}} = 0$$
$$F_{\mathrm{CD}} = (-)\frac{80}{6} = (-)\frac{40}{3}\ \mathrm{kN} \tag{5.16}$$

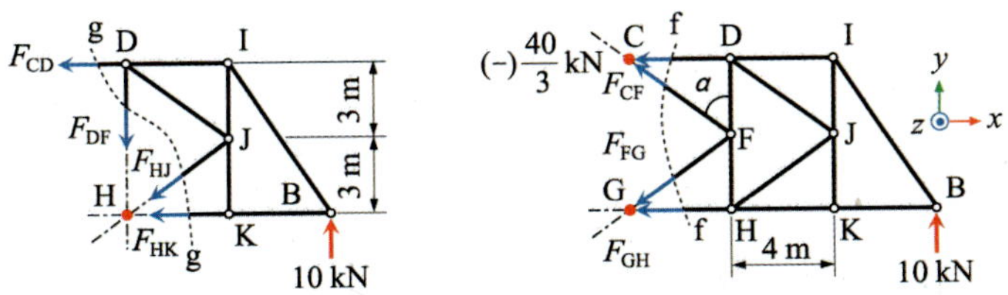

(a) F_{CD} 계산을 위한 첫 번째 절단 (b) 부재 내 내력 계산을 위한 두 번째 절단

그림 5-52 중복 단면법을 이용한 K-트러스 해석

다음으로 절단선 f-f를 따라 절단하여 자유물체도를 그리면 [그림 5-52(b)]와 같이 되며, 이 경우 미지수는 3 개가 되어 문제를 해결할 수 있게 된다. 먼저 점 F에 대해 모멘트 평형을 적용하면 식 (5.17)의 과정을 통해 F_{GH}를 구할 수 있다. 이제 사용하지 않은 두 방향의 힘 평형을 적용하면 식 (5.18)을 얻게 되며, 이를 연립하여 풀면 모든 미지력들을 알 수 있게 된다. 이렇게 구한 최종 해석 결과를 [그림 5-53]에 나타내었다.

---

16 구조물 전체에 대한 자유물체도와 반력 결정 과정은 생략한다.

$$\Sigma M_{\mathrm{F}} = 8 \times 10 - 3 \times \frac{40}{3} - 3 \times F_{\mathrm{GH}} = 0$$

$$F_{\mathrm{GH}} = \frac{40}{3}\ \mathrm{kN} \tag{5.17}$$

$$\Sigma F_x = \frac{40}{3} - \frac{40}{3} - F_{\mathrm{CF}}\sin\alpha - F_{\mathrm{FG}}\sin\alpha = 0$$

$$F_{\mathrm{CF}} = (-)F_{\mathrm{FG}}$$

$$\Sigma F_y = F_{\mathrm{CF}}\cos\alpha - F_{\mathrm{FG}}\cos\alpha + 10 = 0 \tag{5.18}$$

$$2 \times \left(F_{\mathrm{CF}} \times \frac{3}{5}\right) + 10 = 0$$

$$F_{\mathrm{CF}} = (-)F_{\mathrm{FG}} = (-)\frac{25}{3}\ \mathrm{kN}$$

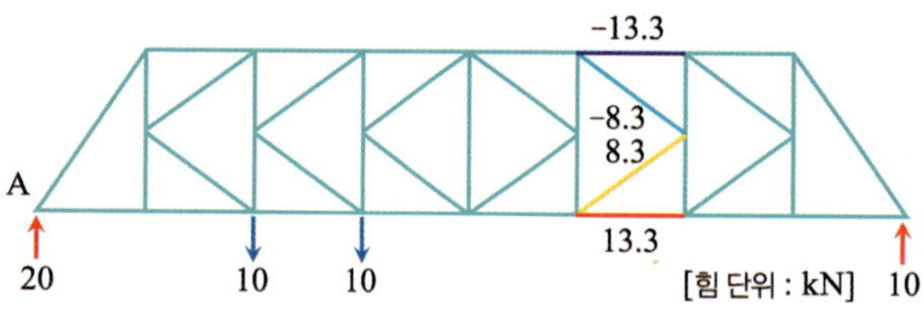

그림 5-53 중복 단면법을 이용한 K – 트러스 해석 결과

[Static Think]에 대한
하나의 생각 (5장)

무게 W인 컨테이너를 [그림 5-54(a)]와 같은 트러스 기중기로 들어 올리고 있다. 기중기는 두 변의 길이가 l 인 직각이등변삼각형 8개와 빗변의 길이가 l 인 직각이등변삼각형 1개로 구성되어 있으며, 점 G에 줄로 연결되어 있고 점 H에서 핀 지지되어 있다. 케이블은 점 A와 점 B에서 무마찰 도르래로 지지되고 점 F에 연결되어 있다. 도르래의 직경과 모든 마찰은 무시하고, 다음 물음에 답하시오.

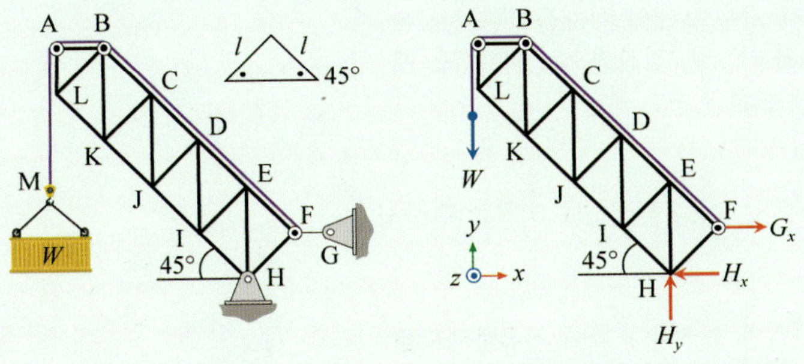

(a) 컨테이너를 들어 올리는 기중기 (b) 기중기 전체에 대한 자유물체도

그림 5-54 트러스 기중기

Q1. 기중기를 지지하고 있는 점 G와 점 H에서의 반력을 구하시오.

> • **자유물체도**
> : 전체 계에서 관심 대상만 분리
> • **케이블**
> : 인장력만 지지
> • **2D 무마찰 핀**
> : 두 방향 힘만 지지

풀이

지지점 G와 H 및 컨테이너를 제외하고 자유물체도를 그리면 [그림 5-54(b)]와 같이 되며, 점 H에 대해 모멘트 평형을 적용하면 G_x 를 구할 수 있다.

$$\sum M_{\mathrm{H}} = (4\,l\cos 45°) \times W - (l\cos 45°) \times G_x = 0$$
$$G_x = 4W$$

x, y 방향의 힘 평형을 적용해 점 H에서의 반력을 구한다.

$$\sum F_x = G_x - H_x = 0 \;\;\rightarrow\;\; H_x = G_x = 4W$$
$$\sum F_y = H_y - W = 0 \;\;\rightarrow\;\; H_y = W$$

Q2. 기중기를 구성하는 트러스의 안정성 및 (부)정정 여부를 판별하시오.

> • **판별식** : 안정 및 정정
> $m + u = 2j$ (5.1)
> $m + 3 = 2j$ (5.2)

풀이

트러스를 구성하는 이력부재 수(m)는 19개, 절점 수(j)는 11개이므로 $m + 3 = 2j$의 판별식을 만족한다. 따라서 안정하고 정정인 구조물이다.

Q3. 기중기 트러스를 구성하는 19개의 부재 중 무력부재가 있는지 직관적으로 검토하시오.

- **무력부재**
  : 트러스 내에서 힘을 지지하지 않는 부재
- **파손안전설계 개념**
- **무력부재 판별 방법**

풀이

2 개의 부재들이 만나는 점 A의 경우 힘이 가해지고 있으며, 점 F의 경우 지지점인 동시에 힘도 가해지므로 무력부재가 되지 않는다. 3 개의 부재들이 만나는 점 L의 경우 2 개의 부재들이 직선상에 놓이지 않으므로 무력부재가 되지 않는다. 직관적으로 검토했을 때 19 개의 이력부재들 중 무력부재는 없다.

Q4. 부재 EF, EH, FH, HI에 발생하는 힘을 절점법을 이용해 구하시오.

- **절점법**
  - 원하는 절점에 대해 자유물체도 그림
  - 모든 힘들을 인장력으로 표시 후 계산
  - 미지수가 적은 절점 우선 해석

풀이

미지수가 적은 절점 F에 대해 [그림 5-55]와 같이 자유물체도를 그린 뒤 힘 평형을 적용한다. 이 경우 작용하는 힘이 3 개이므로 **라미의 정리**를 이용한다.

$$\frac{F_{\mathrm{FH}}}{\sin 135°} = \frac{F_{\mathrm{EF}} + W}{\sin 135°} = \frac{4W}{\sin 90°}$$

$$F_{\mathrm{FH}} = 2\sqrt{2}\,W \approx 2.828\,W$$

$$F_{\mathrm{EF}} = (2\sqrt{2} - 1)\,W \approx 1.828\,W$$

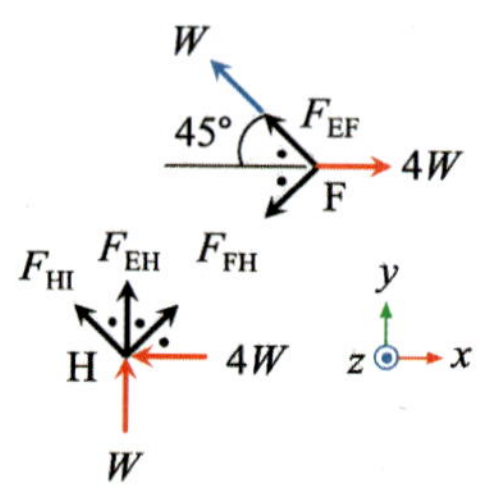

그림 5-55

[그림 5-55]의 점 H에 대해 x, y 방향의 힘 평형을 적용한다.

$$\Sigma F_x = (F_{\mathrm{FH}} - F_{\mathrm{HI}})\cos 45° - 4W = 0$$

$$F_{\mathrm{HI}} = (-)2\sqrt{2}\,W \approx (-)2.828\,W$$

$$\Sigma F_y = (F_{\mathrm{FH}} + F_{\mathrm{HI}})\sin 45° + F_{\mathrm{EH}} + W = 0$$

$$F_{\mathrm{EH}} = (-)\,W$$

Q5. 부재 DE, DI, IJ에 발생하는 힘을 단면법을 이용해 구하시오.

- **단면법**
  - 해석 대상 부재가 포함되도록 절단
  - 고려해야 할 힘의 수가 적은 부위 선택
  - 일단 인장력으로 표시
  - 평형 조건 적용

풀이

[그림 5-56(a)]의 자유물체도에서 관심 대상 부재(DE, DI, IJ)를 모두 통과하도록 a-a 점선을 따라 가상절단한 뒤, 고려할 힘의 개수가 적은 왼쪽 부재에 대해 [그림 5-56(b)]와 같이 자유물체도를 그린다. 먼저 점 I에 대해 모멘트 평형을 적용하면 F_{DE}를 바로 구할 수 있다.

$$\Sigma M_{\mathrm{I}} = (3l\cos 45°) \times W - l \times (F_{\mathrm{DE}} + W) = 0$$

$$F_{\mathrm{DE}} = (1.5\sqrt{2} - 1)\,W \approx 1.121\,W$$

다음으로 점 D에 대해 모멘트 평형을 적용하면 F_{IJ}를 바로 구할 수 있다.

$$\Sigma M_{\mathrm{D}} = l \times F_{\mathrm{IJ}} + (3l\sin 45°) \times W = 0$$

$$F_{\mathrm{IJ}} = (-)1.5\sqrt{2}\,W \approx (-)2.121\,W$$

마지막으로 점 L에 대해 모멘트 평형을 적용하면 F_{DI}를 구할 수 있다.

$$\Sigma M_{\mathrm{L}} = (-)l \times (W + F_{\mathrm{DE}}) - (3l \sin 45°) \times F_{\mathrm{DI}} = 0$$
$$F_{\mathrm{DI}} = (-)W$$

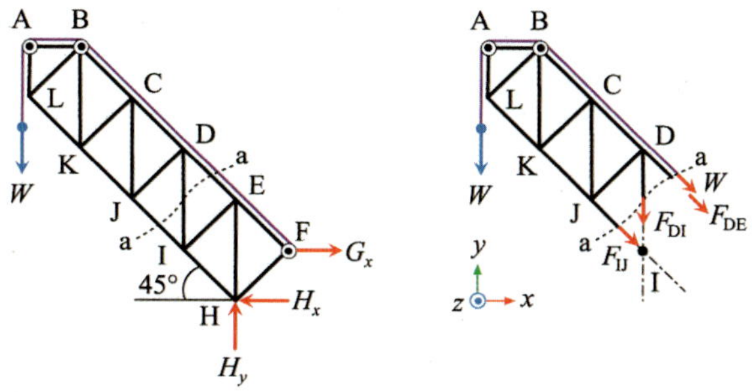

(a) 기중기에 대한 자유물체도 및 절단 부 (b) 절단된 부위에 대한 자유물체도

그림 5-56 단면법을 이용한 국부 부재의 지지력

고찰

- 절점법과 단면법을 통해 얻은 결과를 정리하면 다음과 같다.

$F_{\mathrm{FH}} = 2\sqrt{2}\,W \approx 2.828\,W$

$F_{\mathrm{EF}} = (2\sqrt{2} - 1)\,W \approx 1.828\,W$

$F_{\mathrm{HI}} = (-)\,2\sqrt{2}\,W \approx (-)\,2.828\,W$

$F_{\mathrm{EH}} = (-)\,W$

$F_{\mathrm{DE}} = (1.5\sqrt{2} - 1)\,W \approx 1.121\,W$

$F_{\mathrm{IJ}} = (-)\,1.5\sqrt{2}\,W \approx (-)\,2.121\,W$

$F_{\mathrm{DI}} = (-)\,W$

- 절점법과 단면법을 추가로 적용하여 트러스를 구성하는 모든 부재들에 작용하는 힘($W = 100$으로 가정, 단위 생략)을 구해 [그림 5-57]에 나타내었다. 인장과 압축, 힘들의 크기를 한눈에 파악할 수 있어 공학적 직관력을 향상시키는 데 도움이 된다.
- 평면트러스 해석을 통해 부재 FH에 가장 큰 인장력이 발생하므로 이 부분에는 단면적이 큰 부재를 사용해야 한다. 부재 HI에는 가장 큰 압축력이 발생하므로 좌굴에 대한 고려가 필요하다.
- 평면트러스 해석만을 통해서도 구조물 설계에 필요한 중요한 정보를 얻을 수 있다.

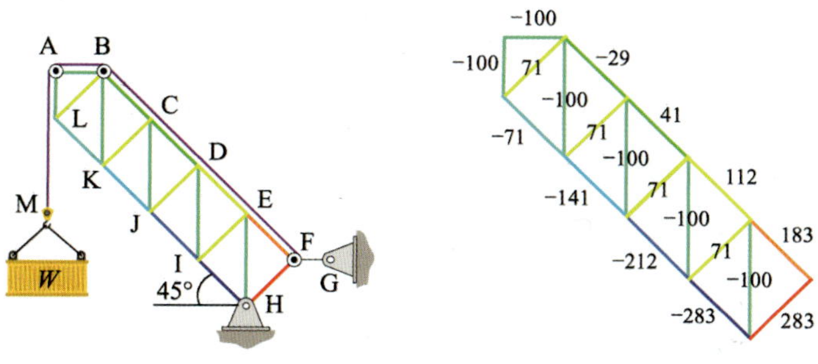

(a) 트러스 기중기 부하 조건 (b) 트러스 구성 부재에 발생하는 힘

그림 5-57 트러스 기중기 및 개별 부재에 발생하는 힘

CHAPTER 05 | 연습문제

5.1 [그림 5-58]의 트러스를 구성하는 각 부재 내에 발생하는 힘의 종류(인장, 압축, 0)를 별도의 계산 없이 트러스의 형태만 보고 결정해보시오. 5.1절

5.2 마찰을 무시할 수 있는 핀으로 구성된 [그림 5-59]의 구조물에서 이력부재를 찾아 해당 부재에 발생하는 내력을 평형식을 한 번만 사용해 구하시오. 5.1절

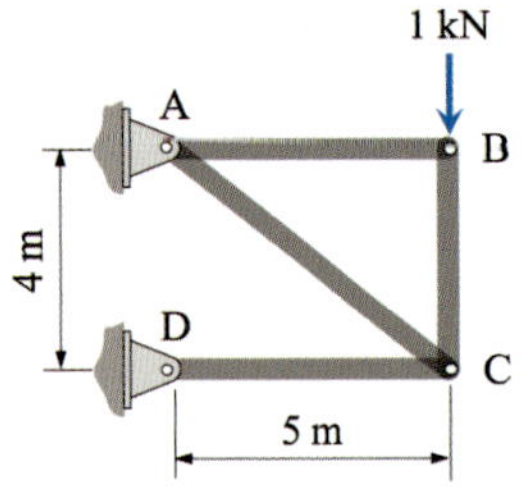

그림 5-58

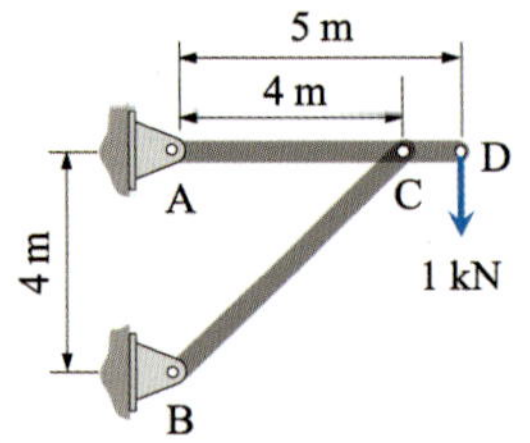

그림 5-59

5.3 길이가 모두 같은 부재들로 제작된 [그림 5-60]과 같은 트러스 구조물에서 부재 AB, AC, BC, BD에 발생하는 내력의 종류(인장 또는 압축)와 크기를 구하시오. 5.1절

5.4 [그림 5-61]과 같은 트러스 구조물에서 부재 AB, AE, BE에 발생하는 내력의 종류(인장 또는 압축)와 크기를 구하시오. 부재에 가까이 적혀있는 숫자는 부재의 길이[m]를 의미한다. 5.1절

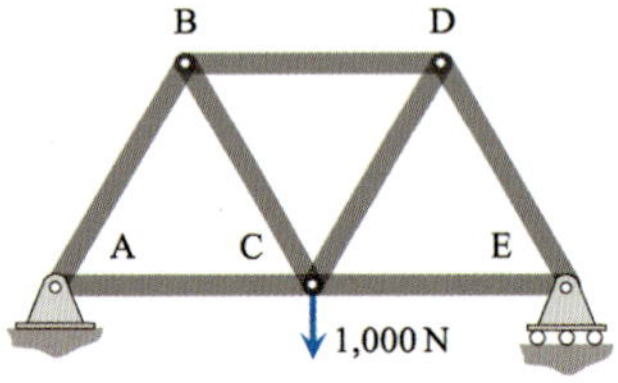

그림 5-60

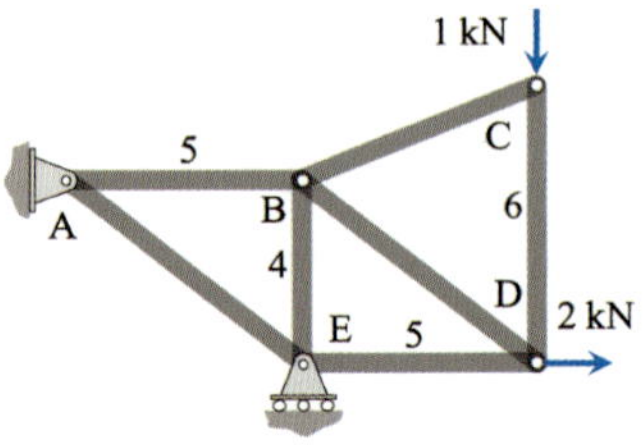

그림 5-61

5.5 [그림 5-62]의 트러스에서 지지점 A와 F에서의 반력을 구하고, 이를 이용해 경사 부재 AB에 발생하는 내력의 종류와 크기를 구하시오. 수직 및 수평 부재의 길이는 모두 4 m이다. 5.1절

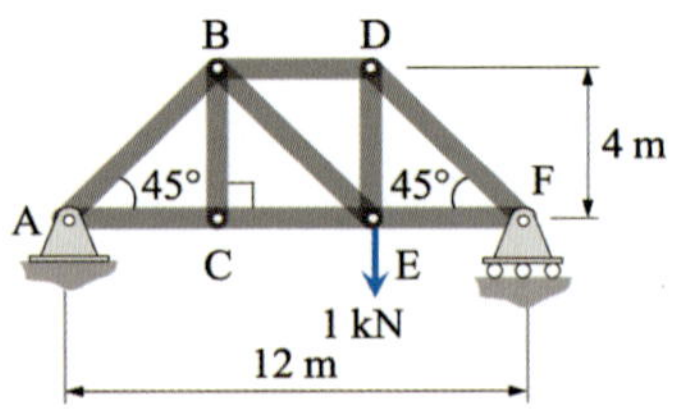

그림 5-62

5.6 [그림 5-62]의 트러스에서 경사 부재 BE에 발생하는 내력의 종류와 크기를 구하시오. 5.1절

5.7 [그림 5-63]은 무슨 트러스인지 말하고, 부재 CD, DG, FG에 발생하는 내력의 종류와 크기를 구하시오. 5.2~5.3절

5.8 [그림 5-64]는 무슨 트러스인지 말하고, 부재 CD, CF, FG에 발생하는 내력의 종류와 크기를 구하시오. 5.2~5.3절

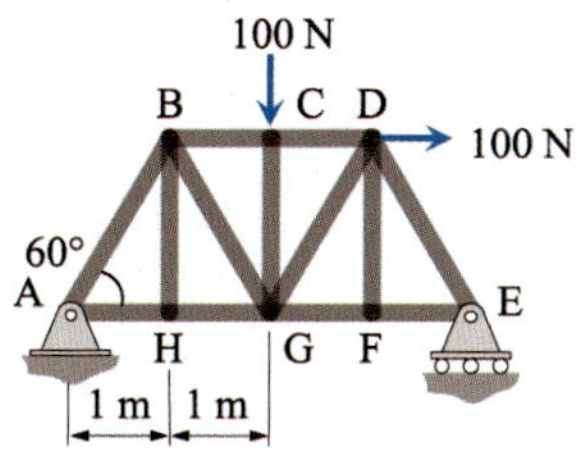

그림 5-63

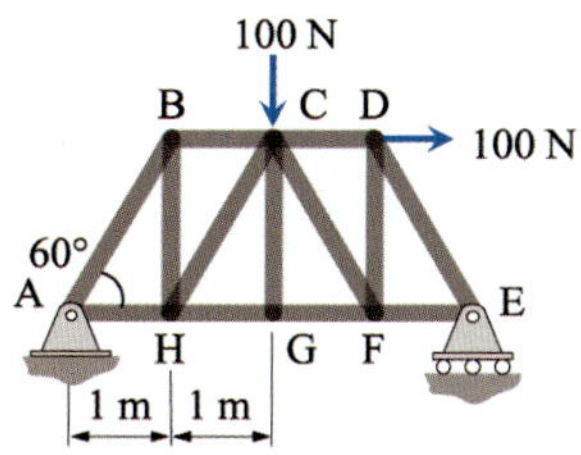

그림 5-64

5.9 [그림 5-65]는 무슨 트러스인지 말하고, 부재 CD, DG, FG에 발생하는 내력의 종류와 크기를 구하시오. 5.2~5.3절

5.10 [그림 5-66]은 무슨 트러스인지 말하고, 부재 DE, KP, KJ에 발생하는 내력의 종류와 크기를 구하시오. 5.2~5.5절

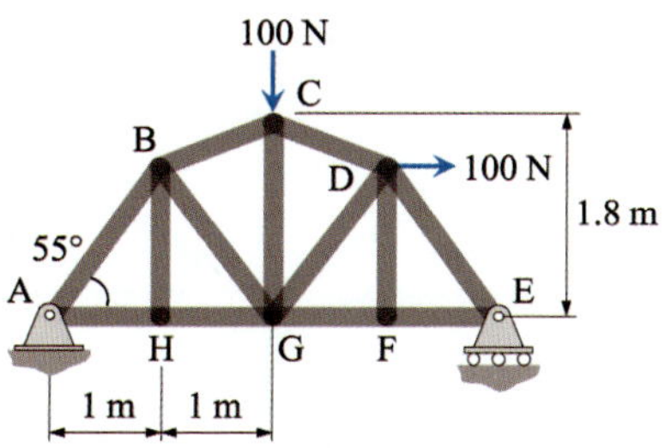

그림 5-65

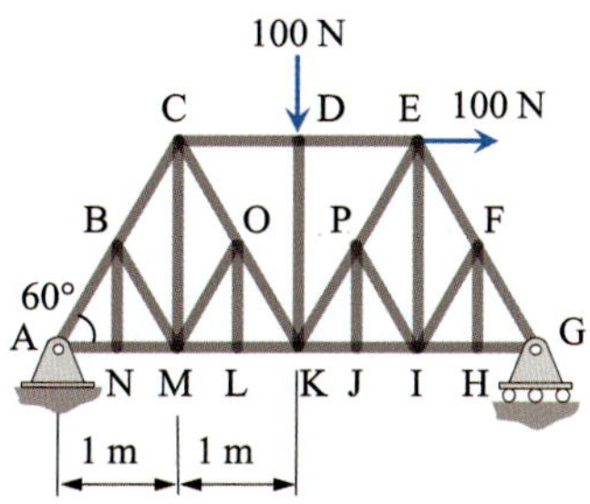

그림 5-66

5.11 [그림 5-67]의 트러스에서 무력부재를 모두 찾아보시오. 5.3절

HINT 무력부재는 2개이다.

5.12 [그림 5-68]의 트러스에서 무력부재를 모두 찾아보시오. 5.3절

HINT 무력부재는 5개이다.

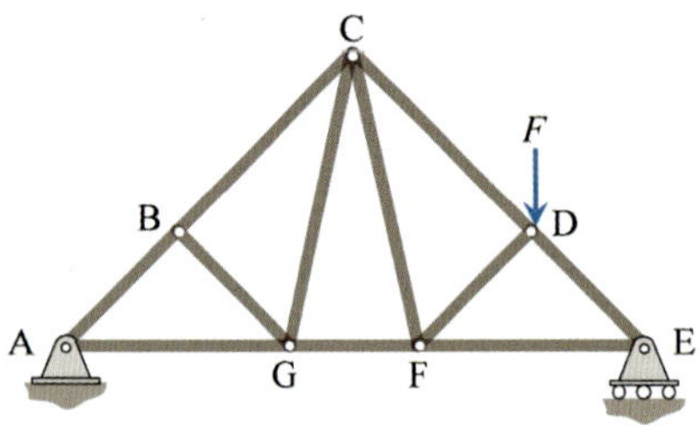

그림 5-67

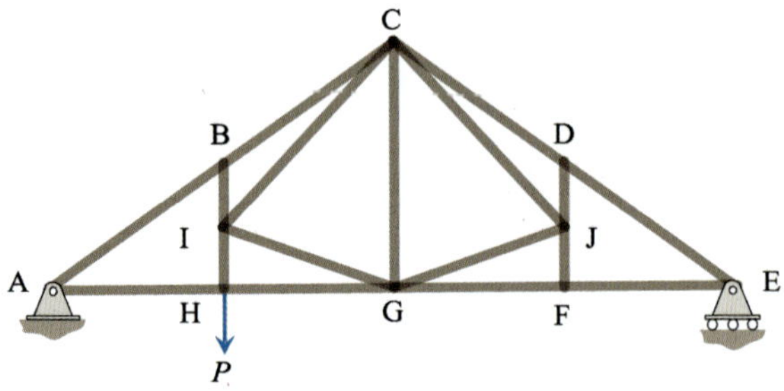

그림 5-68

5.13 [그림 5-69]의 트러스에서 무력부재는 몇 개인지 모두 찾아보고, 무력부재들을 모두 제거한 후의 트러스 형상을 그려보시오. 5.3절

5.14 [그림 5-70]과 같은 지붕 트러스 roof truss 부재들에 발생하는 내력을 구하시오. 5.3~5.4절

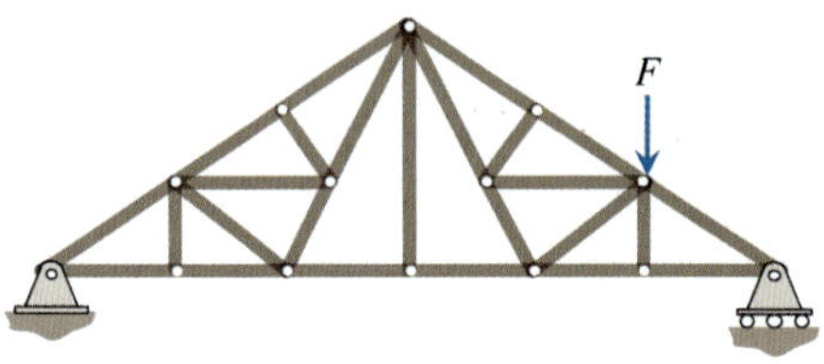

그림 5-69

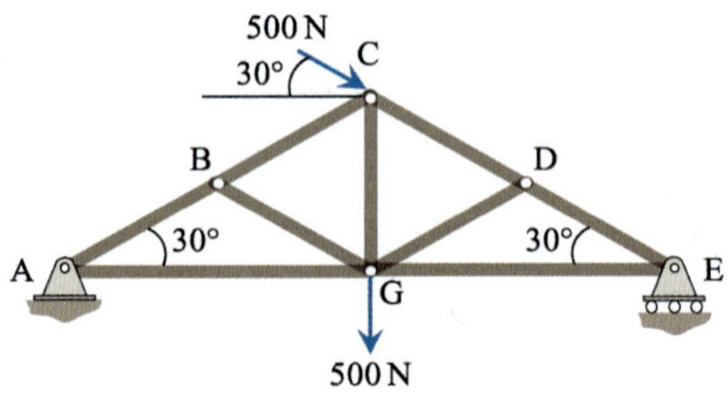

그림 5-70

5.15 [그림 5-71]의 트러스에서 경사 부재 BF와 CE에 발생하는 내력을 구하시오. 5.3~5.4절

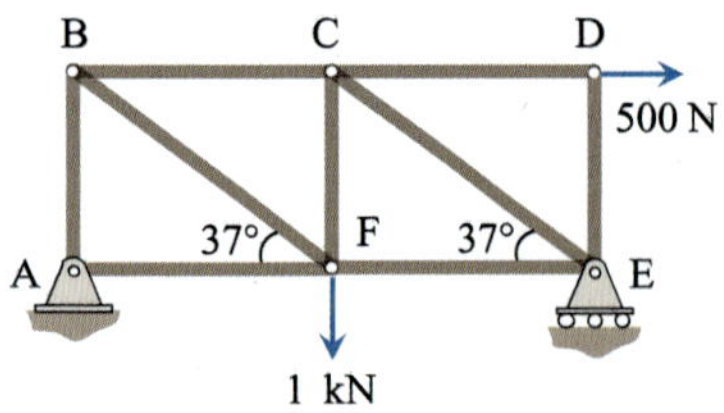

그림 5-71

5.16 무게가 100 N인 화분을 길이가 모두 같은 부재들로 제작된 [그림 5-72]와 같은 트러스카트 중앙에 올려놓았을 때, 부재 AB, AE, BE에 발생하는 내력의 크기를 구하시오. 5.3~5.4절

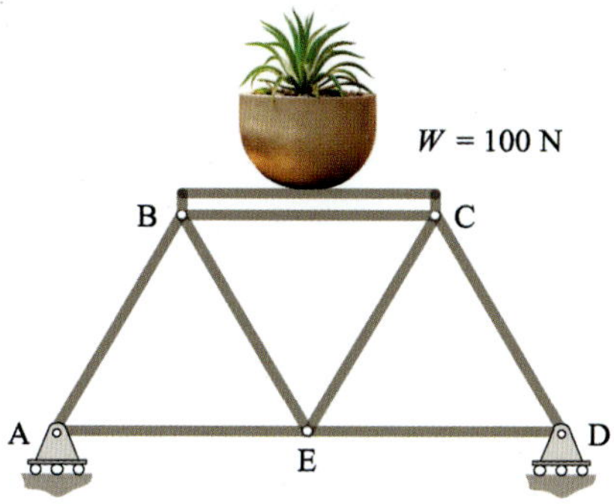

그림 5-72

5.17 [그림 5-73]과 같은 하우 트러스의 절점 F와 I에 1 kN의 힘이 작용할 때, 부재 CD, DK, JK에 발생하는 내력을 구하시오. 수평 방향 부재들의 길이는 모두 1 m이다. 5.3절, 5.5절

5.18 [그림 5-74]와 같은 프래트 트러스의 절점 F와 I에 1 kN의 힘이 작용할 때, 부재 CD, CJ, JK에 발생하는 내력을 구하시오. 수평 방향 부재들의 길이는 모두 1 m이다. 5.3절, 5.5절

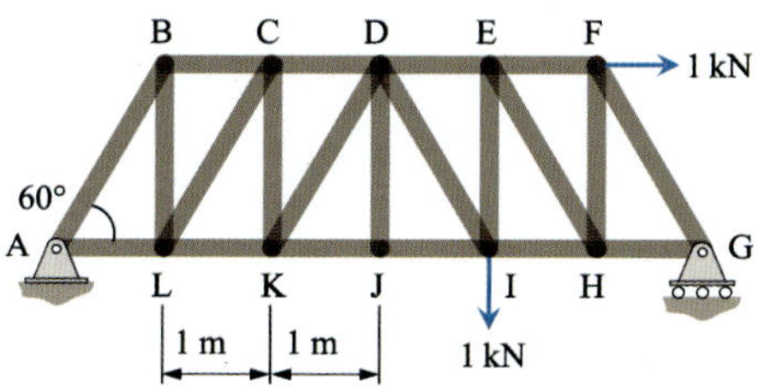

그림 5-73

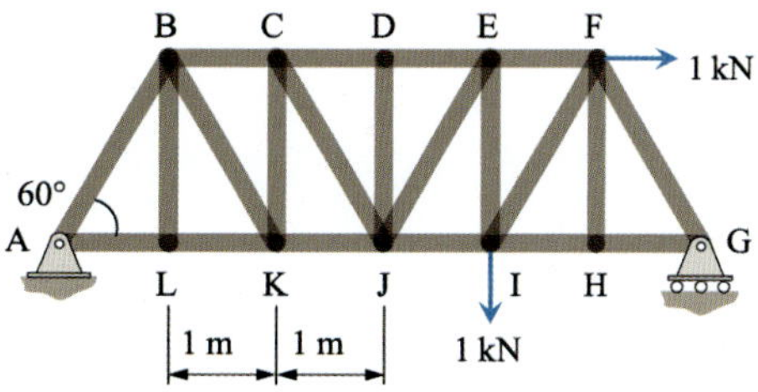

그림 5-74

5.19 [그림 5-75]와 같은 트러스 구조물 위에서 몸무게 100 kgf인 작업자가 작업을 하고 있다. 작업자의 몸무게는 점 C와 D에 균등하게 작용할 때($P = 50$ kgf), 부재 BC, BE, EF에 발생하는 힘[N]을 구하시오. 5.3절, 5.5절

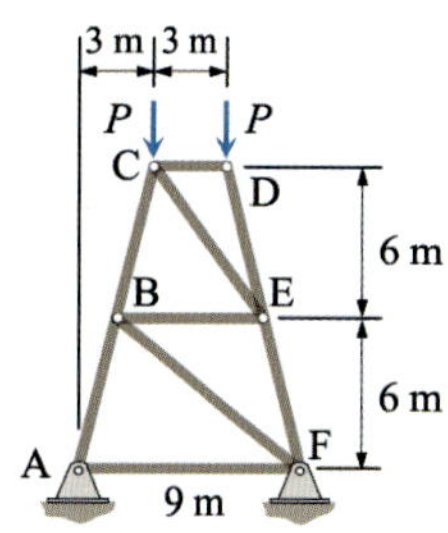

그림 5-75

5.20 무게 W인 광고판 H를 [그림 5-76]과 같은 트러스를 이용해 설치한 상태에서 바람이 불어 수평 방향으로 300 N의 힘이 가해지고 있다. 이 힘은 트러스의 세 점 D, E, F에 100 N씩 균일하게 분포되어 작용한다고 가정했을 때, 이 구조물이 평형을 유지하기 위한 광고판의 최소 무게(W_{min})를 구하고, 부재 BC, BE, EF에 발생하는 힘을 구하시오. 트러스의 자중과 점 D, E, F와 광고판 사이의 간격은 무시한다. 5.3절, 5.5절

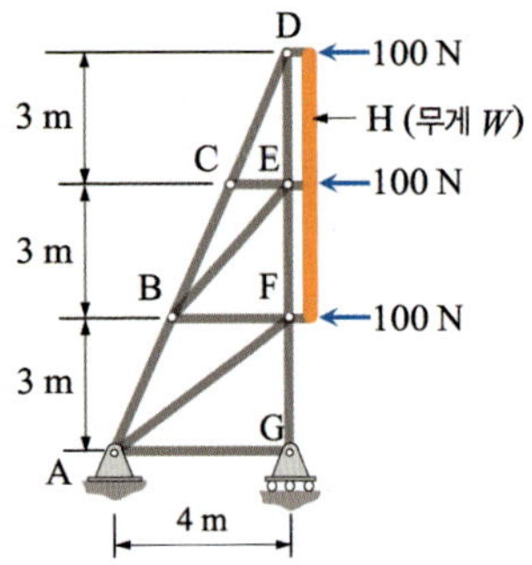

그림 5-76

PART 2

평면에서 입체로 도약하기

Chapter 06_면적 1차 모멘트
Chapter 07_면적 2차 모멘트
Chapter 08_3차원 힘과 모멘트
Chapter 09_에너지와 마찰

PART 1에서 건물 청사진을 바탕으로 기초를 다지고 공사에 필요한 자재들을 준비했다면, PART 2에서는 건물의 뼈대인 기둥을 세우고 보를 놓은 다음, 벽과 지붕을 세우고 덮어 거주할 공간을 만들어야 한다. PART 2에서는 1·2차원적 학습을 통해 공고히 쌓은 개념을 실제 문제인 3차원까지 발전시키고, 공학적 문제 해결에 유용한 내용들을 추가로 수록하였다. **6장**에서는 공학 계산에 있어 가상의 개념인 여러 가지 중심을 다루기 위해 다양한 물리량들의 1차 모멘트를 다루며, 이를 이용해 복잡한 형상의 표면적과 체적을 손쉽게 구하는 방법도 소개한다. **7장**에서는 향후 다양한 학문 분야에서 활용되는 각종 물리량들의 2차 모멘트를 다루고, **8장**에서는 PART 1에서 다룬 1·2차원 문제들을 3차원까지 확장하는 데 필요한 내용들을 살펴본다. **9장**에서는 다양한 공학 문제들을 효율적으로 다룰 수 있는 유용한 개념들인 에너지, 일, 마찰에 대해 소개하며, 건식마찰의 몇 가지 응용 예들을 소개한다.

질량을 가지고 있는 모든 물체들은 자중(自重)을 갖게 되는데, 자중은 어느 한 점이 아닌 해당 물체 전체에 걸쳐 분포되어 작용한다. 어떤 구조물이 정적 평형상태이기 위해서는 힘 평형과 함께 모멘트(힘에 의한 1차 모멘트) 평형이 만족되어야 하며, 이를 위해서는 분포력이 작용하는 구조물의 평형을 다루어야 한다. 분포력 문제를 다루기 위해서는 대부분 적분이라는 수학적 도구가 필요하지만, 무게중심의 개념을 이용하면 보다 수월하게 평형 문제를 다룰 수 있다.

CHAPTER 06

면적 1차 모멘트

First Moments of Area

분포력 6.1

면적 1차 모멘트 6.2

단순 형상의 도심 6.3

복합 형상의 도심 6.4

파푸스의 정리 6.5

종합예제

연습문제

학습목표

- 실제 작용하는 분포력과 가상의 개념인 집중력에 대한 개념을 공고히 한다.
- 각종 물리량의 1차 모멘트를 이용해 각 물리량의 중심을 구할 수 있다.
- 단순한 형상 및 이들 단순 형상들의 조합에 의한 복합 형상의 도심을 구할 수 있다.
- 선 요소와 면적 요소의 도심을 이용해 입체의 표면적과 체적을 구할 수 있다.

SECTION 6.1

분포력

- ✔ 집중력, 선 분포력, 면적 분포력의 효과, 차이 및 단위를 익힌다.
- ✔ (비)대칭 형상의 부재에서 무게중심의 위치를 대략적으로 파악할 수 있다.
- ✔ 삼각형의 무게중심을 기하학을 이용해 구할 수 있다.

우리가 해결하고자 하는 대상들은 모두 분포력을 받고 있지만 역학 계산 시 이를 그대로 반영하면 해석이 어려워지므로 분포력과 유사한 효과를 낼 수 있는 등가 개념인 집중력으로 바꿔 생각하면 효율적일 때가 많다. 분포력에 대한 이해를 통해 분포력을 받는 정역학 문제를 효율적으로 다루어보자.

6.1.1 집중력과 분포력

힘을 분포 양상에 따라 분류하면 집중력 concentrated force과 분포력 distributed force으로 대별할 수 있음을 2.2절(힘의 분류)에서 설명하였다. 이러한 힘의 효과를 살펴보기 위해 반경이 10 mm인 강재 원기둥 steel cylinder의 아랫면을 고정한 후 윗면에 위 방향으로 1 kN의 힘을 인가하였을 때 나타나는 출력[1]을 [표 6-1]에 나타내었다.

표 6-1 힘의 종류(입력)에 따른 효과(출력)

구분	집중력	선 분포력	면적 분포력
입력 $F = 1{,}000$ N	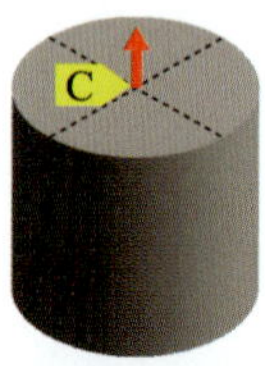	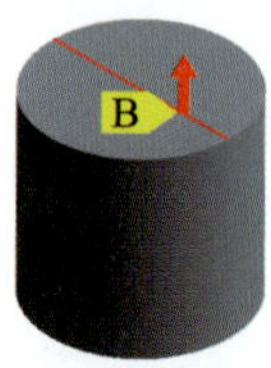	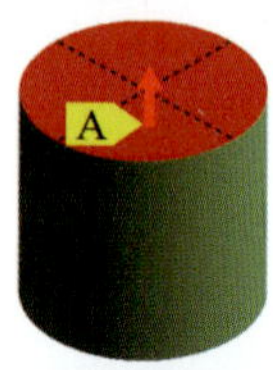
출력 (단위 생략)			
	최대 1,500	최대 73	최대 3

1 재료역학에서는 응력(stress)이라고 하지만 여기서는 그냥 출력으로 부르기로 한다. 응력에 대해서는 10장에서 간략히 다룬다.

먼저 집중력의 경우 한 점에 힘을 인가하였으므로 힘의 효과가 힘이 가해진 점 부근에 집중되어 출력의 크기(최대 1,500)가 매우 큼을 알 수 있다. 그러나 실제 상황에서는 한 점에 힘을 가할 수 없고, 힘을 가할 경우 재료가 변형되어 힘이 분포되기 때문에 엄밀한 의미의 집중력[2]은 존재하지 않는다. 반면에 식 (6.1)과 같이 단위길이당 작용하는 힘으로 정의되는 **선** line **분포력**의 경우에는 선 주변에 힘의 효과가 집중되며, 출력의 크기(최대 73)는 집중력보다 감소하였다. 그러나 집중력과 마찬가지로 엄밀한 의미의 선 분포력[3] 또한 존재하지 않는다. 마지막으로, 식 (6.2)와 같이 단위면적당 작용하는 힘인 **면적** area **분포력**의 경우 출력(최대 3)이 그리 크지 않음을 알 수 있다. 이들 결과로부터 동일한 크기의 힘이 가해지더라도 그 효과는 힘의 크기뿐만 아니라 힘의 분포 양상에 따라 변화됨을 알 수 있다. 따라서 역학 계산 시 이러한 분포력을 효과적으로 다룰 수 있는 방법이 필요하다.

$$q \equiv \frac{F}{l} = \frac{1{,}000\ \mathrm{N}}{20\ \mathrm{mm}} = 50\ \frac{\mathrm{N}}{\mathrm{mm}} = 50\ \frac{\mathrm{kN}}{\mathrm{m}} \tag{6.1}$$

$$p \equiv \frac{F}{A} = \frac{1{,}000\ \mathrm{N}}{\pi \times (10\ \mathrm{mm})^2} = \frac{10}{\pi}\ \frac{\mathrm{N}}{\mathrm{mm}^2} \approx 3.2\ \mathrm{MPa} \tag{6.2}$$

6.1.2 연속체의 무게중심

질량을 갖는 모든 물체(연속체)는 지구 중력에 의해 무게 weight를 갖게 되며, 이 경우 해당 물체에는 1.4절(무게중심, 질량중심, 도심)에서 설명하였듯이 **무게중심**(CG) center of gravity이 존재한다. 이러한 무게중심은 다양한 공학적 해석이나 설계에 널리 활용되기 때문에 그 위치를 정확히 계산할 수 있어야 한다. 먼저 [그림 6-1]에서와 같이 기준축인 x 축과 y 축 모두에 대해 대칭인 형상을 갖는 물체들의 경우 두께가 일정하다고 가정하면 무게중심은 해당 물체의 기하학적 중심 geometric center과 일치한다. 그러나 [그림 6-2]에 나타낸 그림 (a)의 삼각형, 그림 (b)의 등변사다리꼴, 그림 (c)의 사각형과 원형으로 구성된 복합 형상의 경우 y 축에 대해서는 대칭이지만 x 축에 대해서는 비대칭이므로 두께가 일정하다고 가정하더라도 정확한 무게중심의 위치를 알기 어렵다.

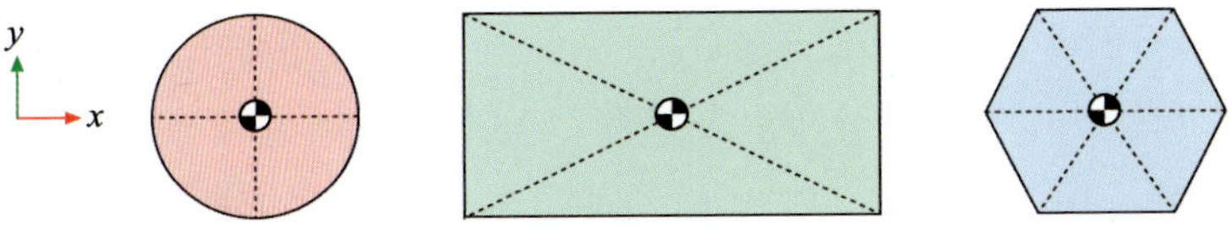

(a) 원 (b) 직사각형 (c) 정육각형

그림 6-1 기준축 모두에 대칭인 형상을 갖는 물체들의 무게중심(두께는 일정하다고 가정함)

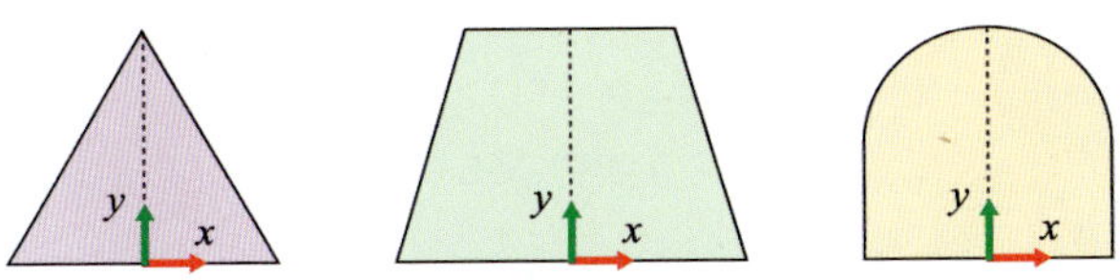

(a) 삼각형 (b) 등변사다리꼴 (c) 복합 형상

그림 6-2 y 축에 대해서만 대칭인 형상을 갖는 물체들의 무게중심(두께는 일정하다고 가정함)

---

2 수학적으로 집중력은 면적이 0인 한 점에 작용하는 힘을 일컫는다.

3 수학적으로 선 분포력은 면적이 0인 선을 따라 힘이 작용하는 것을 일컫는다.

일반적인 기하학을 이용해 [그림 6-3(a)]에 나타낸 세 변의 길이가 a, b, c인 삼각형 ABC의 무게중심을 구해보자. 먼저 그림 (b)와 같이 꼭짓점 A와 $\overline{BC}$를 2등분하는 점을 연결하면 이 선 $\overline{AA'}$에 의해 전체 면적은 A_1, A_2로 양분되고, A_1과 A_2의 밑변의 길이($a/2$)와 높이(h)가 같으므로 두 면적은 같게 되어 무게중심은 이 선 $\overline{AA'}$ 상에 놓이게 된다. 마찬가지로, 그림 (c), (d)와 같이 꼭짓점 C와 B를 각각 $\overline{AB}$와 $\overline{CA}$를 2등분하는 점들과 연결하면 이에 의해 양분되는 면적들은 모두 같게 되며($C_1 = C_2 = B_1 = B_2$), 무게중심은 이 선 $\overline{CC'}$과 선 $\overline{BB'}$의 위에 놓이게 된다. 따라서 삼각형 ABC의 무게중심은 세 선의 교점이 될 것이며, 이를 그림 (e)에 나타내었다.

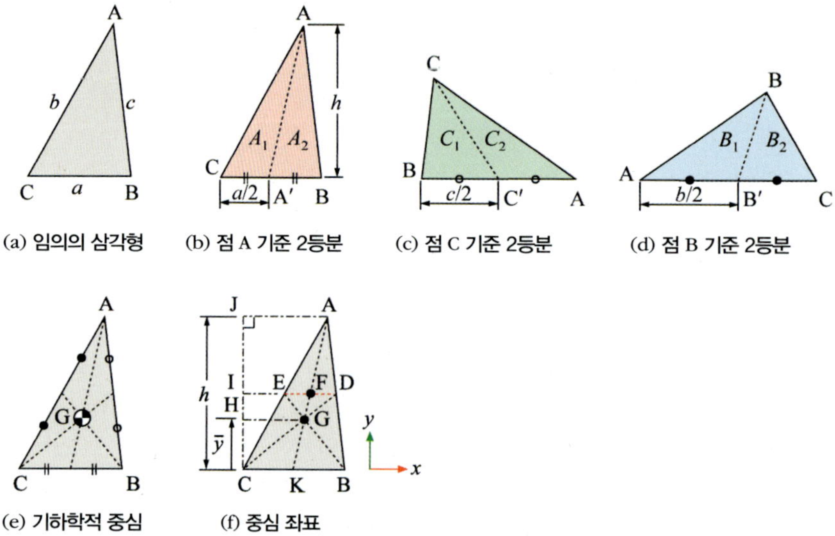

그림 6-3 임의의 길이를 갖는 삼각형의 무게중심(두께 일정으로 가정)

다음으로 그림 (f)에서 삼각형 ABC의 밑변 BC에서 무게중심 점 G까지의 거리($\bar{y}$)를 구해보자. 두 변 $\overline{AB}$와 $\overline{AC}$를 양분하는 두 점 D와 E를 연결하면 이에 의해 형성되는 삼각형 GDE와 삼각형 GCB는 닮음꼴이며, $\overline{BC} = 2\,\overline{DE}$가 되므로 $\overline{GB} = 2\,\overline{GE}$, $\overline{GC} = 2\,\overline{GD}$, $\overline{GK} = 2\,\overline{GF}$의 관계가 성립한다. 삼각형 ABC의 높이를 한 변으로 하는 가상의 직각삼각형 ACJ를 그리면 앞의 세 비례식들로부터 $\bar{y} = \overline{CH} = 2\,\overline{HI}$가 되고, 이를 전체 높이 h로 나타내면 식 (6.3)과 같은 관계가 성립한다. 즉 높이 h인 삼각형의 경우 무게중심은 밑변으로부터 $h/3$인 곳에 위치하게 된다.

$$\bar{y} = \frac{2}{3}\overline{CI} = \frac{2}{3} \times \frac{h}{2} = \frac{h}{3} \tag{6.3}$$

예제 6-1 직각삼각형의 도심

[그림 6-4(a)]에 주어진 직각삼각형의 도심 좌표($\bar{x}$, $\bar{y}$)를 구하시오.

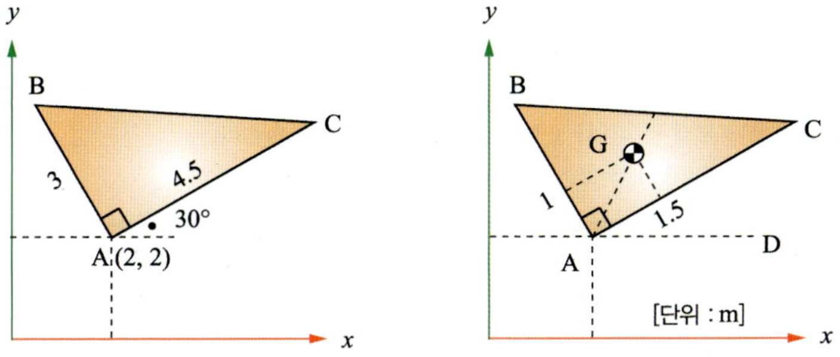

(a) 좌표계와 문제 (b) 무게중심점

그림 6-4 직각삼각형의 도심 좌표

Analyze

삼각형의 무게중심은 식 (6.3)을 이용해 구한다.

Compute

- 무게중심은 $\overline{AB}$와 $\overline{AC}$의 1/3 지점이므로 [그림 6-4(b)]에서와 같이 점 A에서 AB, AC 방향으로 1.0과 1.5 지점에 위치한다. 여기서 $\overline{AG}$의 길이는 **피타고라스의 정리**를 이용해 계산하면 약 1.8 m이고, $\angle GAD = 30° + \tan^{-1}\left(\frac{1}{1.5}\right) = 63.69°$가 된다.
- 무게중심 G의 좌표는 다음과 같다.

$$\bar{x} = 2 + 1.8\cos 63.69° \approx 2.8 \text{ m}$$
$$\bar{y} = 2 + 1.8\sin 63.69° \approx 3.6 \text{ m}$$

Think

기하학과 삼각함수를 이용해 삼각형의 무게중심점을 구하였으나 보다 체계적인 계산법이 필요하다.

SECTION 6.2

면적 1차 모멘트

- 분포력이 작용하는 계의 평형을 무게중심과 집중력을 이용해 단순화하는 방법을 익힌다.
- 넓은 의미의 모멘트로부터 면적 1차 모멘트로 변천되는 과정을 이해한다.
- 무게중심, 질량중심, 부피중심, 도심 사이의 관계를 이해한다.

"과거를 잊은 민족에게 미래는 없다(신채호)."라는 경구와 같이 면적 모멘트가 어떠한 과정을 통해 유래되었는지 아는 것이 필요하다. 보이는 것을 뛰어 넘어 보이지 않는 가상의 개념(도심)을 사용하면 어려운 일을 보다 쉽게 처리할 수 있다.

6.2.1 힘의 1차 모멘트

4.1절(모멘트란)에서 설명하였듯이, 어떤 물리량의 효과가 그 물리량의 크기나 방향뿐만 아니라 그 물리량이 작용하는 거리와도 관계가 있을 때 이를 **모멘트**로 정의하였다. 예를 들어 [그림 6-5]에서와 같이 왼쪽을 고정한 상태에서 오른쪽 끝단에 동일한 크기의 위 방향 힘(P)을 인가했을 때, 그 효과(변형량)는 보의 길이에 따라 달라짐[4]을 알 수 있다. 이 경우 보의 거동에 영향을 주는 모멘트는 식 (6.4)와 같이 나타낼 수 있으며, 이를 힘에 대한 **1차**[5] **모멘트** 1st moment of force라고 한다.

$$M_z = x^1 \times P \tag{6.4}$$

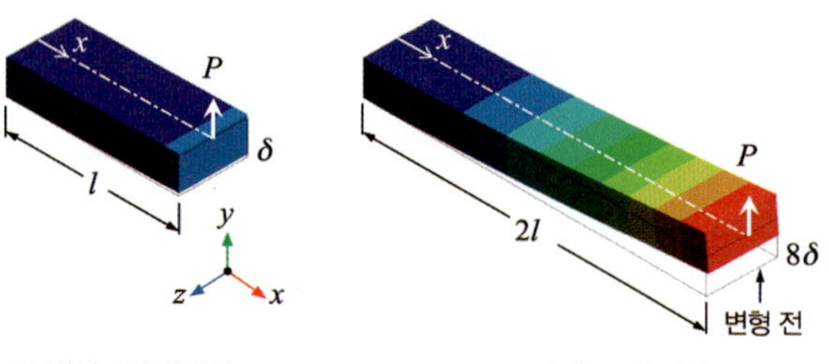

(a) 길이 l 인 외팔보 (b) 길이 $2l$ 인 외팔보

그림 6-5 외팔보의 변형에 미치는 모멘트의 영향

4 효과(변형량)가 보의 길이에 비례한다는 말은 아니다. 이 문제의 경우 효과는 (길이)^{3}에 비례한다.

5 힘에 길이의 1차 항(x^1)을 곱한 형태이므로 1차 모멘트라는 표현을 사용한다.

6.2.2 모멘트 평형

[그림 6-6]과 같이 바닥면에 놓인 받침대 위에 무게를 무시할 수 있는 지렛대가 놓여 있고, 그 왼쪽에 무게 W인 물체가 올려져 있는 경우를 살펴보자. 이 경우 모든 구성 물체들의 폭(b)이 일정하다고 가정하면 그림 (a)의 3 차원 모델은 그림 (b)와 같은 2 차원 모델로 단순화해 생각할 수 있다. 여기서 무게 W인 분포력은 편의상 그림 (b)와 같이 무게 $w\,(=W/5)$인 작은 물체 5 개로 구성되어 있고 w는 집중력이라고 가정해보자. 이때 지렛대가 평형을 이루기 위해서 집중력으로 간주한 무게 W를 어느 위치($\bar{x}$)에 가해줘야 하는지 산정해보자. 그림 (b)의 받침대에 대해 모멘트 평형을 고려하면 식 (6.5)와 같은 결과를 얻을 수 있으며, 이는 그림 (b)에서 알 수 있듯이 무게 W의 기하학적 중심인 무게중심과 일치함을 알 수 있다. 이로부터 강체의 평형을 고려할 때는 연속체의 분포력을 이와 등가인 집중력으로 대체한 후 그 집중력을 해당 연속체의 무게중심에 가하면 된다는 사실을 알게 된다.

$$\begin{aligned}\sum M_z &= 47w + 41w + 35w + 29w + 23w - \bar{x} \times W = 0 \\ \bar{x} &= \frac{47w + 41w + 35w + 29w + 23w}{W(=5w)} = 35\end{aligned} \tag{6.5}$$

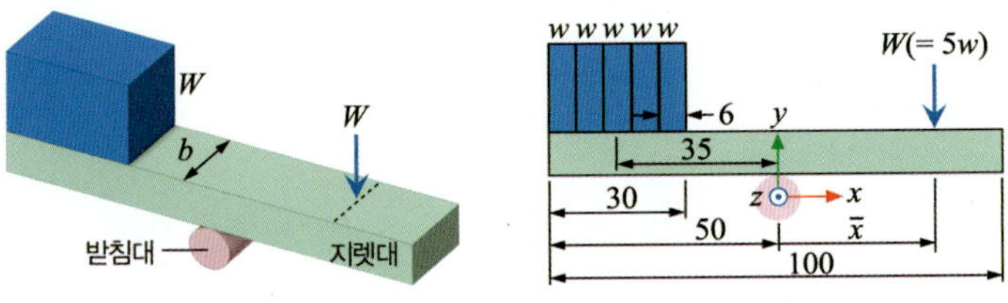

(a) 3차원 모델 (b) 2차원 모델

그림 6-6 무게 W인 분포 하중에 의한 모멘트 평형(단위 생략)

Static Think_ 01

[그림 6-7]의 지렛대가 평형을 이루기 위해 오른쪽의 집중력 100 N을 어느 위치($\bar{x}$)에 가하면 될지 생각해보시오.

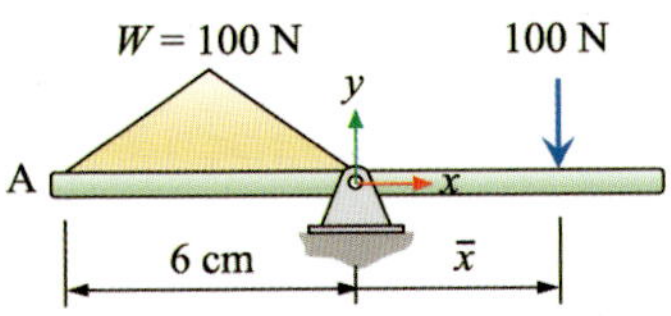

그림 6-7

[그림 6-6]의 경우 분포하중이 x 방향과 y 방향에 대해 대칭이므로 두 방향의 무게중심이 분포력의 중앙임을 직관적으로 알 수 있으나, [그림 6-7]의 경우 x 방향에 대해서는 대칭이지만 y 방향에 대해서는 비대칭이므로 y 방향의 무게중심을 쉽게 알 수 없다. 그러나 [그림 6-7]에서 분포력(중력)의 작용 방향이 y 방향이므로 구하고자 하는 $\bar{x}$ 값 계산 시 y 방향의 무게중심[6]은 알 필요가 없다.

6 기하학을 이용해 유도한 식 (6.3)으로부터 알 수 있듯이 y 방향의 무게중심은 밑변으로부터 높이의 1/3 지점이 된다.

만약 전체 무게(W)가 $81w$인 분포력이 [그림 6-8(a)]와 같이 삼각형 모양으로 작용하는 경우는 어떻게 될까? 이 경우에는 x 방향과 y 방향에 대해 모두 비대칭이므로 무게중심의 위치($\bar{x}$)를 쉽게 가늠하기 어렵다. 이 경우 삼각형 분포력을 [그림 6-6(b)]에서와 같은 방법으로 폭(= 2 cm)이 같고 높이가 다른(무게가 다른) 막대로 생각하면 [그림 6-8(b)]와 같이 모델링할 수 있다. 그림에 나타낸 4각형 막대들을 하나의 집중력으로 간주하고 [그림 6-8(b)]의 점 O에 대해 모멘트 평형을 적용하면, 식 (6.6)에서와 같이 무게중심의 위치($\bar{x}$)를 근사적으로 구할 수 있다. 이때 무게중심이 대략 $h/3$ 지점에 위치하게 되며, 이는 식 (6.3)과 일치한다. 식 (6.6)에서 x_i는 기준점 O에서 해당 막대의 중심까지의 거리를 나타낸다. 그러나 이 위치를 구하기 위해 연속적으로 변하는 무게를 9개의 불연속적인 discrete 무게(W_i)로 나누었고, 이 무게들을 집중력으로 간주하였으며, 기준점 O에서의 거리를 사각 막대의 중앙으로 가정하였으므로 식 (6.6)을 통해 구한 무게중심은 정확한 값이 아니다. 따라서 무게중심의 위치($\bar{x}$)를 보다 정확히 구하기 위해서는 전체 무게를 더 많은 수의 막대로 나누어야 함을 알 수 있다.

$$\begin{aligned}\sum M_{z,\,O} &= \sum_{i=1}^{9} x_i \times W_i - \bar{x} \times (81w) \\ &= w\,(17\times1 + 15\times3 + 13\times5 + 11\times7 + 9\times9 + \\ &\quad 7\times11 + 5\times13 + 3\times15 + 1\times17) - \bar{x}\times(81w) = 0 \end{aligned} \tag{6.6}$$

$$\bar{x} = \frac{\sum_{i=1}^{9} x_i \times W_i}{W} = \frac{489w}{81w} = 6.037\text{ cm} \approx 6\text{ cm}$$

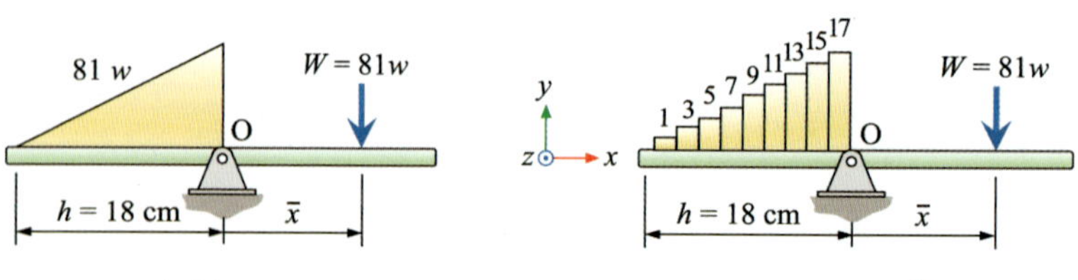

그림 6-8 무게 $81w$인 삼각형 분포력에 의한 모멘트 평형 [길이 단위 : cm]

6.2.3 면적 1차 모멘트와 도심

식 (6.6)을 이용해 무게중심을 구할 때 물체의 밀도(ρ)와 두께(t)가 일정하면 무게중심($\bar{x}$)은 식 (6.7)을 통해 알 수 있듯이 도심과 일치하게 되며,[8] 도심은 면적에 관한 1차 모멘트 값($\sum_{i=1}^{9} x_i \times A_i$)을 전체 면적($A$)으로 나누어 구할 수도 있음을 알 수 있다. 또한 해당 면적에 대한 도심을 구하기 위해서는

7 그림에 나타낸 1, 3, ⋯, 15, 17의 숫자는 각각 $1w$, $3w$, ⋯, $15w$, $17w$를 나타낸다.

8 1.4절(무게중심, 질량중심, 도심)에서도 설명하였다.

면적을 무수히 많은 수[9]의 미소면적(dA)으로 나누어 계산하면 되므로, 최종적으로 식 (6.8)과 같이 나타낼 수 있다. 또한 이를 [그림 6-9]와 같이 임의의 형상을 갖는 물체로 확장하면 식 (6.9) 및 식 (6.10)과 같이 나타낼 수 있다. 이 두 식에서 Q_y와 Q_x를 각각 y 축과 x 축에 대한 **면적의 1차 모멘트** first moment of area라고 한다.

$$\bar{x} = \frac{\sum_{i=1}^{9} x_i \times W_i}{W} = \frac{\sum_{i=1}^{9} x_i \times (\rho V_i)}{\rho V} = \frac{\sum_{i=1}^{9} x_i \times (\rho t A_i)}{\rho t A} = \frac{\sum_{i=1}^{9} x_i \times A_i}{A} \tag{6.7}$$

$$\bar{x} = \frac{\sum_{i=1}^{\infty} x_i \times dA_i}{A} = \frac{\int_A x dA}{A} \tag{6.8}$$

$$\bar{x} = \frac{\int_A x dA}{A} = \frac{Q_y}{A} \tag{6.9}$$

$$\bar{y} = \frac{\int_A y dA}{A} = \frac{Q_x}{A} \tag{6.10}$$

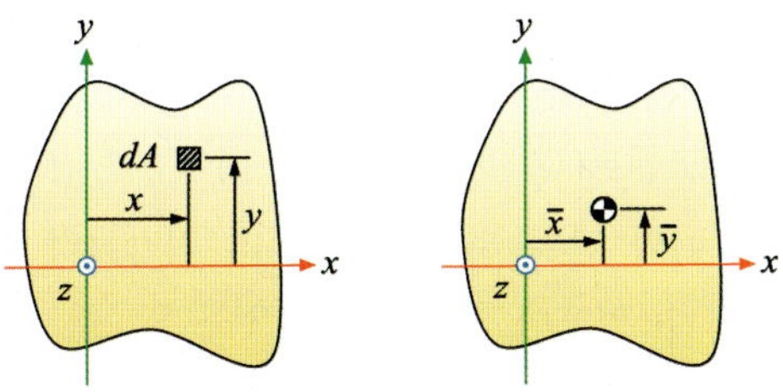

(a) 미소면적과 좌표　　(b) 도심

그림 6-9 임의의 형상을 갖는 면적에 대한 도심

9 수학적으로는 무한(∞) 개로 나누면 된다.

SECTION 6.3

단순 형상의 도심

- 삼각형의 면적 1차 모멘트를 이용해 도심을 구한다.
- 원호, 반원 및 2차 함수 형상을 갖는 부재의 도심을 구한다.
- 선형 부재의 도심을 구한다.

수학 미 · 적분의 기초는 덧셈, 뺄셈, 곱셈, 나눗셈인 것처럼, 단순한 형상의 도심을 다양한 방법으로 유도하다 보면 어느새 더 복잡한 문제를 다루고 있는 자신을 발견하게 될 것이다.

6.3.1 삼각형의 도심

[그림 6−7], [그림 6−8]과 같은 삼각형 부재의 도심을 면적 1차 모멘트를 이용해 구해보자. 이를 위해 [그림 6−10(a)]와 같이 밑변의 길이가 a이고, 높이가 b인 직각삼각형에 대해 y축에 대한 면적의 1차 모멘트(Q_y)를 구하면 식 (6.11)과 같이 되며, 식 (6.9)를 이용해 x 방향의 도심을 구하면 식 (6.12)와 같이 된다. [그림 6−10(a)]에서 미소면적(dA)은 적분변수(x)를 미분량(dx)으로 하여 나타내면 된다. 마찬가지 방법으로 x축에 대한 면적의 1차 모멘트(Q_x)를 구하면 식 (6.13)과 같이 되며, 식 (6.10)을 이용해 y 방향의 도심을 구하면 식 (6.14)와 같이 된다. 이로부터 직각삼각형 형상의 경우 도심은 밑변과 높이의 1/3 지점에 위치함을 알 수 있으며 기하학을 이용해 유도한 식 (6.3)과 일치하고, [그림 6−8]의 문제에 적용하면 $\bar{x} = 6\text{ cm}$ 임을 알 수 있다. 직각삼각형의 도심 위치를 [그림 6−10(b)]에 표시하였다.

$$\begin{aligned} Q_y &= \int_A x\,dA = \int_A xy\,dx = \int_0^a x \times b\left(1-\frac{x}{a}\right)dx \\ &= b\int_0^a\left(x-\frac{x^2}{a}\right)dx = b\left(\frac{x^2}{2}-\frac{x^3}{3a}\right)\Big|_0^a = \frac{ba^2}{6} \end{aligned} \tag{6.11}$$

$$\bar{x} = \frac{Q_y}{A} = \frac{ba^2/6}{ba/2} = \frac{a}{3} \tag{6.12}$$

$$\begin{aligned} Q_x &= \int_A y\,dA = \int_A yx\,dy = \int_0^b y \times a\left(1-\frac{y}{b}\right)dy \\ &= a\int_0^b\left(y-\frac{y^2}{b}\right)dy = a\left(\frac{y^2}{2}-\frac{y^3}{3b}\right)\Big|_0^b = \frac{ab^2}{6} \end{aligned} \tag{6.13}$$

$$\bar{y} = \frac{Q_x}{A} = \frac{ab^2/6}{ab/2} = \frac{b}{3} \tag{6.14}$$

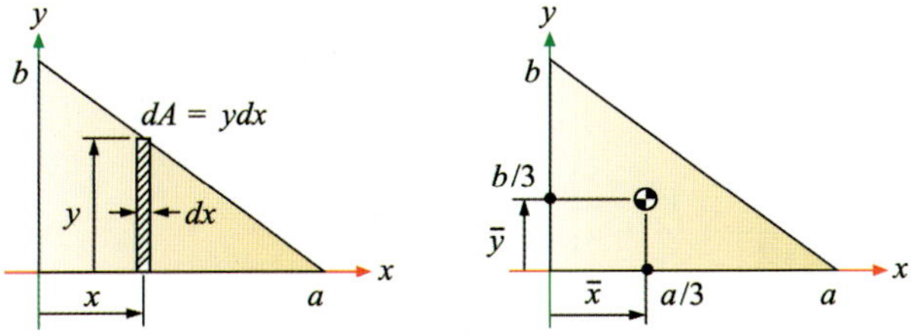

(a) 미소면적 (b) 도심 위치

그림 6-10 직각삼각형 형상의 도심

Static Think_02

$\bar{x} = Q_y/A$, $\bar{y} = Q_x/A$와 같이 도심 좌표(x, y)와 1차 모멘트의 첨자(기준축; y, x)가 다른 이유에 대해 생각해보시오.

예제 6-2 직각삼각형의 도심

[그림 6-11(a)]에 주어진 직각삼각형의 도심 좌표($\bar{x}$, $\bar{y}$)를 구하시오. [길이 단위 : cm]

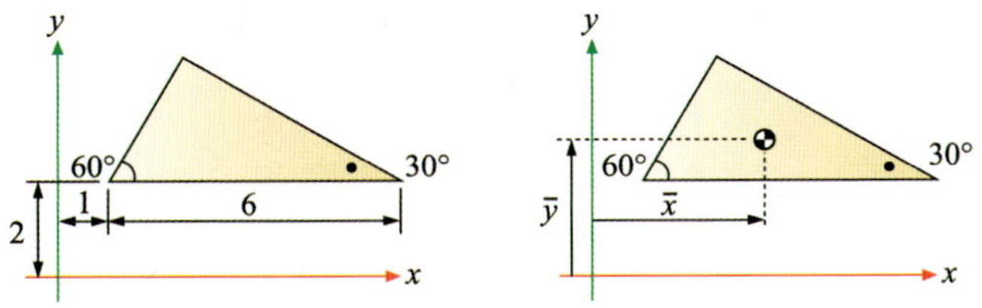

(a) 삼각형 형상 (b) 기준축으로부터의 도심

그림 6-11 기울어진 직각삼각형

Analyze

- 기준축에 대해 직각삼각형이 아닌 경우 직각삼각형으로 나누어 고려한다.
- 문제에서 주어지지 않은 치수들은 삼각함수를 이용해 구한다.

Compute

- 문제에 주어진 치수와 삼각함수를 이용해 [그림 6-12]에 나타낸 두 변의 길이 a와 b를 구하고, 이를 이용해 높이 h를 계산한다.

$$a = 6 \times \cos 60° = 3, \; b = 6 \times \sin 60° = 3\sqrt{3}$$

$$h = a \times \sin 60° = 3 \times \frac{\sqrt{3}}{2} = 1.5\sqrt{3}$$

- y 방향의 도심은 높이 h의 1/3 지점에 위치하므로 $\bar{y}$는 다음과 같이 구한다.

$$\bar{y} = 2 + \frac{h}{3} = 2 + 0.5\sqrt{3} \approx 2.866\ \text{cm}$$

- x 방향의 도심을 구하기 위해 전체 삼각형을 [그림 6-12(a)]와 같이 2개의 직각삼각형으로 나눈 다음, y축에 대한 면적의 1차 모멘트를 먼저 계산한다.

$$\begin{aligned} Q_y &= \overline{x_1}A_1 + \overline{x_2}A_2 = \overline{x_1} \times \frac{a\cos 60° \times h}{2} + \overline{x_2} \times \frac{b\cos 30° \times h}{2} \\ &= \left(1 + 3\cos 60° \times \frac{2}{3}\right)\left(\frac{3\cos 60° \times 3\sin 60°}{2}\right) + \\ &\quad \left(7 - 3\sqrt{3}\cos 30° \times \frac{2}{3}\right)\left(\frac{3\sqrt{3}\cos 30° \times 3\sin 60°}{2}\right) = 15.75\sqrt{3}\ \text{cm}^3 \end{aligned}$$

- x 방향의 도심은 Q_y를 전체 면적으로 나누어 구하면 된다.

$$\bar{x} = \frac{Q_y}{A} = \frac{15.75\sqrt{3}}{6 \times 1.5\sqrt{3} \times 1/2} = 3.5\ \text{cm}$$

- 직각삼각형의 도심은 [그림 6-10]과 같고 동일 물체에서 도심의 위치는 불변이므로, 문제에 주어진 치수를 이용하면 직각삼각형의 도심의 위치는 [그림 6-12(b)]의 기준점 A로부터 $(a/3,\ b/3)$ 떨어진 점에 위치하게 된다. 이 도심의 위치와 기하학적 형상을 고려하면 $\bar{x}$는 '(1 cm) + c + d'이므로, 다음과 같이 구할 수도 있다.

$$\begin{aligned} \bar{x} &= 1 + c + d = 1 + 2\cos 60° + \frac{b}{3}\cos 30° \\ &= 1 + 1 + \sqrt{3} \times \frac{\sqrt{3}}{2} = 3.5\ \text{cm} \end{aligned}$$

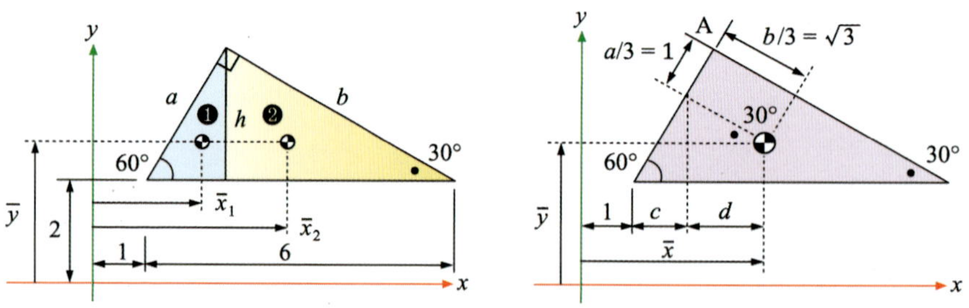

(a) 2개의 직각삼각형으로 분리해 계산

(b) 기하학을 이용한 도심 계산

그림 6-12 기울어진 직각삼각형의 도심 계산 방법

Think

- 면적의 1차 모멘트의 단위는 항상 길이의 세제곱인 [L ^{3}]이 됨을 잊지 말자.
- 답을 구하는 방법은 여러 가지이므로 항상 대안을 생각해보는 습관을 들이도록 하자.

6.3.2 원 일부분의 도심

삼각형의 경우 외형이 모두 직선으로 구성되어 있어 도심의 위치를 수월하게 구할 수 있었으나 [그림 6-13]과 같이 곡선(여기서는 원의 일부분)이 포함된 형상의 경우에 도심의 위치는 어떻게 구하면 되는지 반원형 형상을 대상으로 살펴보자. 반원형 면적은 좌우대칭이므로 $\bar{x} = 0$이 됨을 쉽게 알 수 있으나, $\bar{y}$의 경우 형상 윗부분에 곡선을 포함하고 있어 그 위치를 가늠하기 어렵다. y 방향의 도심 $\bar{y}$를 구하기 위해서는 x축에 대한 면적의 1차 모멘트(Q_x)를 구해야 하나, 이 경우는 [그림 6-10]과 같은 단순한 형상의 미소면적을 잡기 어렵다. 이 경우 미소면적을 [그림 6-13(a)]와 같이 각도와 반경을 이용해 설정하면 미소면적(dA)은 $(\rho\, d\theta) \times (d\rho)$[10]로 나타낼 수 있다. 이와 같은 가정과 삼각함수를 이용해 Q_x를 계산하면 식 (6.15)와 같이 되고, 이 면적의 1차 모멘트 값과 식 (6.10)을 이용해 $\bar{y}$를 계산하면 식 (6.16)과 같이 된다.

$$\begin{aligned} Q_x &= \int_A y\, dA = \int_A (\rho \sin\theta)(\rho\, d\theta\, d\rho) = \int_0^{\pi}\left(\int_0^R \rho^2 d\rho\right)\sin\theta\, d\theta \\ &= \frac{R^3}{3}\int_0^{\pi}\sin\theta\, d\theta = (-)\frac{R^3}{3}(\cos\theta)\Big|_0^{\pi} = \frac{2R^3}{3} \end{aligned} \tag{6.15}$$

$$\bar{y} = \frac{Q_x}{A} = \frac{\dfrac{2R^3}{3}}{\dfrac{\pi R^2}{2}} = \frac{4R}{3\pi} \approx 0.4244R \tag{6.16}$$

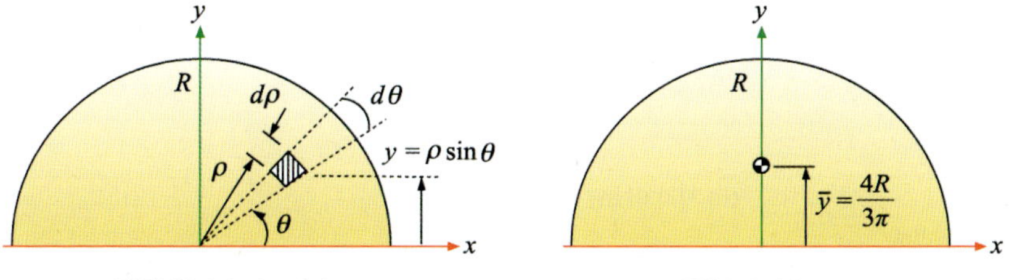

그림 6-13 반원의 미소면적 및 도심(이중적분)

앞서 반원의 면적 1차 모멘트 계산 시 적분 변수가 2개(ρ, θ)였으므로 이중적분 double integration을 수행하였다. 그러나 만약 미소면적을 [그림 6-14(a)]와 같이 설정하면 미소면적 $dA = ydx$가 되고 사각형으로 근사할 수 있어 미소면적의 도심은 항상 $y/2$ 위치에 놓이게 된다. 이 미소면적을 이용하여 면적 1차 모멘트를 계산하면 식 (6.17)과 같이 단일적분 single integral을 통해 식 (6.15)와 동일한 결과를 얻을 수 있다.

10 엄밀하게 미소면적은 사각형이 아니지만 그 크기가 0에 가까우므로 사각형으로 간주할 수 있으며, 미소원호의 길이 $\rho d\theta$도 직선으로 간주할 수 있다.

$$
\begin{aligned}
Q_x &= \int_A y\,dA = \int_A \tilde{y}\,dA = \int_{-R}^{R} \frac{y}{2} \times (y\,dx) = \frac{1}{2}\int_{-R}^{R} y^2 dx \\
&= \frac{1}{2}\int_{-R}^{R}(R^2 - x^2)dx = \frac{1}{2}\left(R^2 x - \frac{x^3}{3}\right)\Bigg|_{-R}^{R} = \frac{2R^3}{3}
\end{aligned} \tag{6.17}
$$

만약 미소면적을 [그림 6-14(b)]와 같이 설정하면 미소면적 $dA = 2xdy$가 되고, 미소면적의 도심은 y로 근사할 수 있다. 이 미소면적을 이용하여 면적 1차 모멘트를 계산하면 식 (6.18)과 같은 단일적분 식이 되지만 적분할 함수가 xy이기 때문에, 이를 적분하기 위해서는 적분할 함수를 하나의 변수로 통일해야 한다. 적분할 함수를 하나의 변수로 나타내기 위해 $x^2 + y^2 = R^2$의 관계를 이용해도 되지만 $x = \sqrt{R^2 - y^2}$의 관계를 식 (6.18)에 대입하면 근호를 포함하고 있어 적분이 복잡해진다. 이러한 경우 $x^2 + y^2 = R^2$의 양변을 미분하면 $2xdx + 2ydy = 0$의 관계를 얻게 되므로, 식 (6.18)에서 $y\,dy$를 $(-)x\,dx$로 치환할 수 있다. 앞에서 얻은 관계식들을 이용해 식 (6.18)을 정리하면 식 (6.19)를 얻을 수 있으며, 식 (6.17)과 동일한 결과를 얻을 수 있다.

$$
Q_x = \int_A y\,dA = \int_0^R y \times (2x\,dy) = 2\int_0^R xy\,dy \tag{6.18}
$$

$$
Q_x = 2\int_0^R xy\,dy = 2\int_R^0 x \times (-x\,dx) = (-)2\int_R^0 x^2\,dx = \frac{2R^3}{3} \tag{6.19}
$$

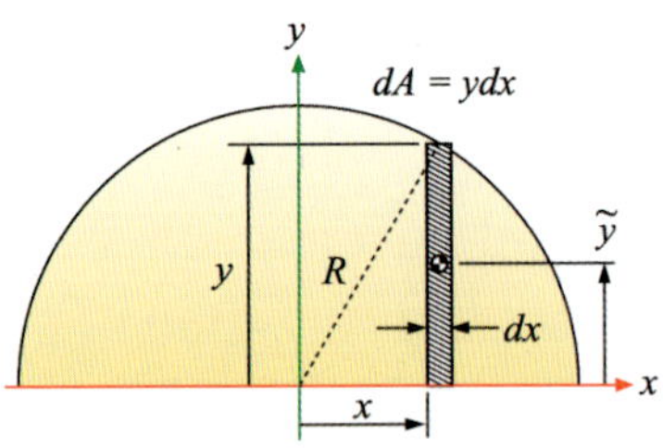

(a) 사각 미소면적($y\,dx$)

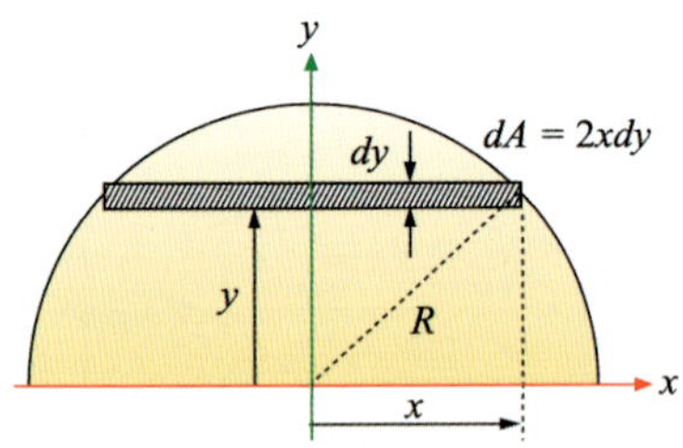

(b) 사각 미소면적($2x\,dy$)

그림 6-14 반원의 미소면적 및 도심(단일적분)

반원 형상을 갖는 면적에 대한 면적 1차 모멘트(Q_x)를 계산하는 과정에서 세 가지 서로 다른 미소면적($\rho\,d\theta\,d\rho$, $y\,dx$, $2x\,dy$)을 사용하였으나 결과는 모두 동일하였다. 그러나 적분 구간 설정의 어려움이나 적분 과정의 복잡성 관점에서 볼 때 $dA = y\,dx$로 설정할 때가 가장 쉽고, $dA = \rho\,d\theta\,d\rho$의 경우가 가장 어렵다. 따라서 적분 수행 시에는 문제 해결에 가장 효율적인 미소면적 설정 방법을 찾아 적용하는 것이 바람직하다.

Static Think_ 03

식 (6.19)에서 적분변수가 y에서 x로 바뀌는 과정에서 적분구간이 $[0,\ R]$에서 $[R,\ 0]$으로 바뀐 이유에 대해 생각해보시오.

예제 6-3 호의 도심

[그림 6-15]에 주어진 반경이 50 mm인 원호의 도심 좌표($\bar{x}$, $\bar{y}$)를 구하시오.

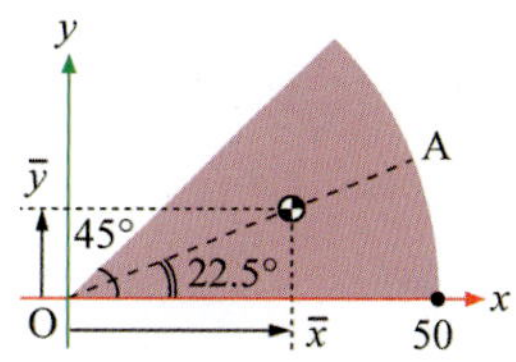

그림 6-15 원호(1/8 원)의 도심

Analyze

[그림 6-13(a)]에 나타낸 미소면적은 원과 관련된 문제 해결에 가장 일반적으로 사용할 수 있다.

Compute

- [그림 6-13(a)]와 동일한 미소면적을 잡고 면적의 1차 모멘트를 계산하면 다음과 같다.

$$Q_x = \int_A y\,dA = \int_A (\rho\sin\theta)(\rho\,d\theta\,d\rho) = \int_0^{\pi/4}\left(\int_0^R \rho^2 d\rho\right)\sin\theta\,d\theta$$

$$= \frac{R^3}{3}\int_0^{\pi/4}\sin\theta\,d\theta = (-)\frac{R^3}{3}\cos\theta\,\Big|_0^{\pi/4} = \frac{R^3}{3}\left(1-\frac{\sqrt{2}}{2}\right)$$

$$Q_y = \int_A x\,dA = \int_A (\rho\cos\theta)(\rho\,d\theta\,d\rho) = \int_0^{\pi/4}\left(\int_0^R \rho^2 d\rho\right)\cos\theta\,d\theta$$

$$= \frac{R^3}{3}\int_0^{\pi/4}\cos\theta\,d\theta = \frac{R^3}{3}\sin\theta\,\Big|_0^{\pi/4} = \frac{R^3}{3}\sin\frac{\pi}{4} = \frac{\sqrt{2}\,R^3}{6}$$

- 도심은 식 (6.9)와 식 (6.10)을 이용해 구한다.

$$\bar{x} = \frac{Q_y}{A} = \frac{\dfrac{\sqrt{2}\,R^3}{6}}{\dfrac{\pi R^2}{8}} = \frac{4\sqrt{2}\,R}{3\pi} = \frac{4\sqrt{2}\times(50\ \text{mm})}{3\pi} \approx 30.01\ \text{mm}$$

$$\bar{y} = \frac{Q_x}{A} = \frac{\dfrac{R^3}{3}\left(1-\dfrac{\sqrt{2}}{2}\right)}{\dfrac{\pi R^2}{8}} = \frac{8R}{3\pi}\left(1-\frac{\sqrt{2}}{2}\right)_{R=50} \approx 12.43\ \text{mm}$$

Think

- 도심의 위치를 구해 주어진 형상에 표시한 후 직관력을 동원해 합리적인 위치인지 살피는 습관을 갖는 것이 좋다.
- 좀 더 정확한 수치를 얻고자 할 경우 나눠지지 않는 분수(1/3)나 무리수($\sqrt{2}$) 등은 가급적 최종 단계에서 수치화하는 것이 좋다.
- 1/8 원의 도심은 [그림 6-15]에서 알 수 있듯이 면적을 양분하는 선 $\overline{\text{OA}}$ 위에 놓이게 되므로 $\bar{y}$는 별도의 면적 1차 모멘트 계산 없이 $\bar{x}$와 삼각함수를 이용해 다음과 같이 구할 수도 있다.

$$\bar{y} = \bar{x}\times\tan 22.5° = (30.01\ \text{mm})\times\tan 22.5° = 12.43\ \text{mm}$$

6.3.3 2차 함수 형상의 도심

[그림 6-16]과 같이 $y = kx^2$ 형태의 함수식으로 제작된 아래 면적 parabolic spandrel의 도심($\bar{x}$)을 구해보자. x 방향의 도심 $\bar{x}$ 를 구하기 위해서는 y 축에 대한 면적의 1 차 모멘트(Q_y)를 구해야 하므로 그림에서와 같이 미소면적을 잡으면 미소면적(dA)은 $y\,dx$ 로 나타낼 수 있고, 이를 이용해 Q_y를 계산하면 식 (6.20)과 같이 표현된다. 면적의 1 차 모멘트 값과 식 (6.9)를 이용해 $\bar{x}$를 계산하기 위해서는 전체 면적도 알아야 하며, 이 면적은 식 (6.21)과 같이 구한다. 면적의 1 차 모멘트 값과 전체 면적을 식 (6.9)에 대입하면 도심의 위치를 구할 수 있으며, 이를 식 (6.22)에 나타내었다.

$$Q_y = \int_A x\,dA = \int_0^a x \times (y\,dx) = \int_0^a x \times (kx^2 dx) = \frac{ka^4}{4} \tag{6.20}$$

$$A = \int_A dA = \int_0^a y\,dx = \int_0^a kx^2 dx = \frac{ka^3}{3} \tag{6.21}$$

$$\bar{x} = \frac{Q_y}{A} = \frac{ka^4/4}{ka^3/3} = \frac{3a}{4} = 0.75a \tag{6.22}$$

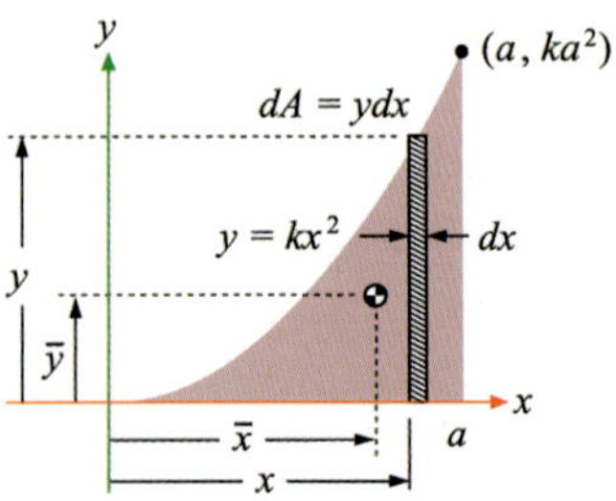

그림 6-16 2차 함수 형상의 도심

Static Think_ 04

[그림 6–16]에서 y 방향의 도심 $\bar{y}$도 구해보시오.

6.3.4 선형 부재의 도심

6.3.3절까지는 면적을 가지고 있는 부재의 1 차 모멘트와 도심을 살펴보았으나 경우에 따라서는 [그림 6–17]과 같이 길이에 비해 단면적을 무시할 수 있는 부재[11]도 존재한다. 이 경우에는 힘(무게)에 관한 1 차 모멘트와 무게중심을 구하기 위해 유도된 식에서 밀도(ρ), 중력(g), 단면적(A)이 모두 같아져

11 훌라후프와 같이 단면적이 균일한 경우 선형 부재로 모델링할 수 있다.

도심의 위치를 구하기 위한 식은 식 (6.23)과 같이 길이만의 함수로 표현된다. 이 경우 $\int_L x\,dL$, $\int_L y\,dL$은 각각 y 축 및 x 축에 관한 **길이** length**의 1차 모멘트**라고 부르지만, 이 책에서는 면적의 1 차 모멘트와 같이 별도의 기호로 정의하지 않고 도심을 구하기 위한 식으로서만 사용하기로 한다.

$$\bar{x} = \frac{\int_W x\,dW}{W} = \frac{\int_L x\,d(\rho g A L)}{\rho g A L} = \frac{\int_L x\,dL}{L} \tag{6.23}$$

$$\bar{y} = \frac{\int_W y\,dW}{W} = \frac{\int_L y\,d(\rho g A L)}{\rho g A L} = \frac{\int_L y\,dL}{L} \tag{6.24}$$

[그림 6-17(a)]에 나타낸 1/4 원호 형태를 갖는 선형 부재[12]에 대한 도심을 구해보자. 그림에서 알 수 있듯이 x 방향과 y 방향의 도심 위치가 같으므로 x 방향의 도심($\bar{x}$)을 구하려 한다. 극 좌표 polar coordinate를 [그림 6-17(b)]와 같이 설정하면 미소길이 $dL = Rd\theta$가 되고, 이를 식 (6.23)에 대입하면 도심은 식 (6.25)와 같이 된다.

$$\bar{x} = \frac{\int_L x\,dL}{L} = \frac{\int_0^{\pi/2} R\cos\theta(Rd\theta)}{\pi R/2} = \frac{2R\sin\theta}{\pi}\Bigg|_0^{\pi/2} = \frac{2R}{\pi} \approx 0.637R \tag{6.25}$$

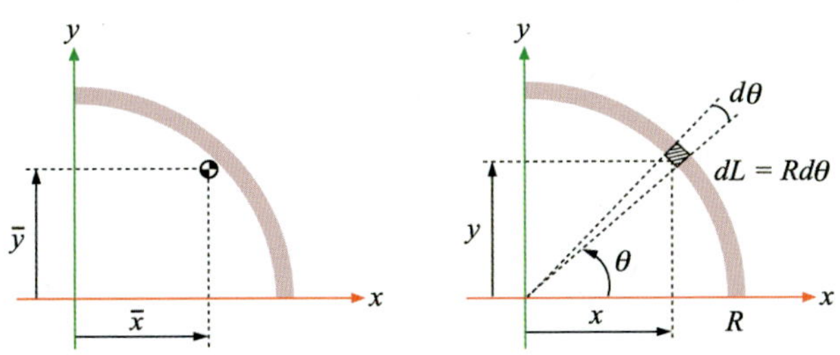

(a) 1/4 원호 선형 부재의 도심 (b) 극좌표 및 미소길이 요소

그림 6-17 원호형 선형 부재의 도심

12 그림에는 면적이 있는 것처럼 보이지만 이는 단지 선형부재와 미소길이 요소에 대한 설명을 위한 것일 뿐이다.

SECTION 6.4

복합 형상의 도심

- ✔ 복합 형상의 도심 계산 시 좌표 설정 방법을 익힌다.
- ✔ 2개 이상의 단순 형상의 합으로 구성된 복합 형상 부재의 도심을 구한다.
- ✔ 2개 이상의 단순 형상의 차로 구성된 복합 형상 부재의 도심을 구한다.

바야흐로 융합의 시내가 왔다. 토목 구조물과 전자센서가 만나 스마트 구조물이 탄생하고, 컴퓨터와 자동차가 만나 자율주행차가 만들어지고 있다. 면적과 도심에 대한 정보를 알고 있는 단순 형상들을 더하거나 빼서 조합하면 복잡한 형상의 도심도 쉽게 구할 수 있다.

6.4.1 복합 형상의 분포력에 의한 모멘트 평형

6.3절에서 몇 가지 단순한 형상의 분포력을 무게중심(도심)의 개념을 이용해 쉽게 다루는 방법을 소개하였다. 즉 강체의 경우 분포력에 의한 1차 모멘트는 해당 물체의 전체 무게가 무게중심에 작용한다고 가정함으로써 문제를 단순화할 수 있었으며, 해당 물체의 무게중심(도심)은 적분[13]을 통해 구할 수 있었다. 이제부터는 부재가 앞에서 다뤘던 단순 형상 대신 이 형상들이 조합된 형태로 구성되어 있을 경우를 고려해보자.

[그림 6-18(a)]와 같이 지레의 왼쪽에 동일한 재료로 만들어진 직각삼각형(❶, 무게 $0.5w$)과 직사각형(❷, 무게 w) 분포력이 작용하고 있을 때, 지레가 회전하지 않고 평형을 이루기 위한 거리 $\overline{x}$를 구해보자. 이 경우 무게는 수직 아래 방향($-y$)으로만 작용하므로 [그림 6-18(a)]에 주어진 분포력은 [그림 6-18(b)]와 같이 등가인 두 가지 분포력으로 나눌 수 있다. 이 두 가지 분포력에 대해 지레의 지지점 O에 대한 모멘트 평형을 고려하면 무게중심에 관한 식 (6.26)을 얻을 수 있다. 만약 두께가 일정하다고 가정하면 무게중심에 관한 식 (6.26)은 식 (6.27)과 같이 도심에 관한 식으로 변경하여 좀 더 쉽게 구할 수 있다. 즉 복합 형상 부재의 도심은 도심의 위치를 알고 있는 단순 형상으로 분리하여 적분이 아닌 단순 합으로 계산할 수 있음을 알 수 있다.

$$\sum M_O = \overline{x_1} \times w_1 + \overline{x_2} \times w_2 - \overline{x} \times (w_1 + w_2) = 0$$

$$\overline{x} = \frac{\overline{x_1} \times w_1 + \overline{x_2} \times w_2}{w_1 + w_2} = \frac{\sum_{i=1}^{2} \overline{x_i} \times w_i}{W} = \frac{\frac{a}{3} \times 0.5w + \frac{a}{2} \times w}{1.5w} = \frac{4a}{9} \tag{6.26}$$

13 연속체의 분포력에 의한 1차 모멘트는 엄밀하게 적분을 통해서만 구할 수 있다.

$$\bar{x} = \frac{\sum_{i=1}^{2} \bar{x}_i \times A_i}{A} = \frac{\frac{a}{3} \times \frac{ab}{2} + \frac{a}{2} \times ab}{\frac{ab}{2} + ab} = \frac{\frac{4a^2b}{6}}{\frac{3ab}{2}} = \frac{4a}{9} \tag{6.27}$$

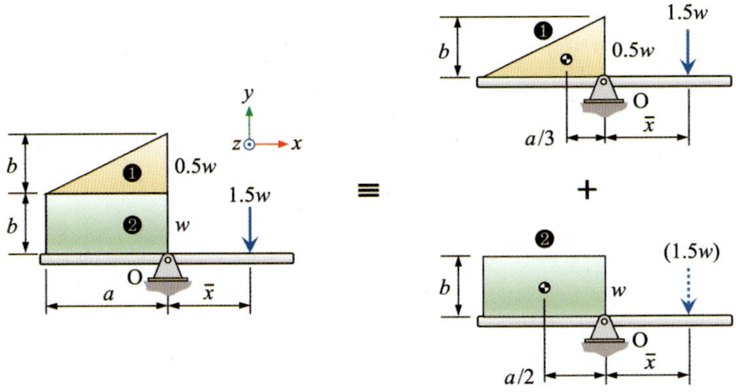

(a) 복합 형상의 분포력 (b) 단순 형상으로 분리한 분포력

그림 6-18 복합 형상의 분포력에 의한 모멘트 평형

예제 6-4 역 T형 부재의 도심

[그림 6-19(a)]에 주어진 면적의 y 방향 도심($\bar{y}$)을 구하시오. [길이 단위 : mm]

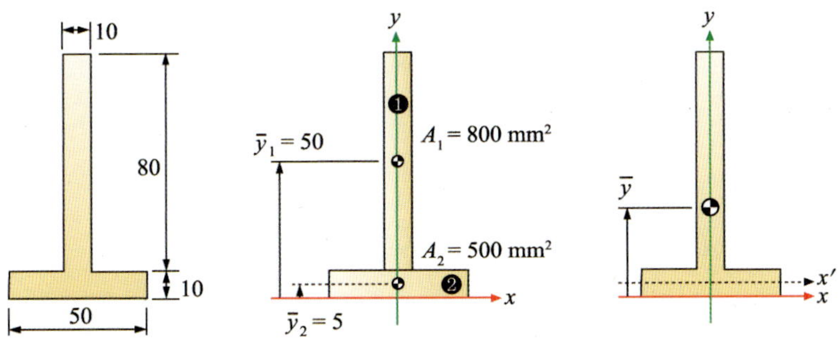

(a) 형상 및 치수 (b) 단순 형상으로 분리 (c) 전체 부재의 도심

그림 6-19 역 T형 부재

Analyze

- 가장 먼저 문제 해결에 적합한 좌표를 설정한다.
- 전체 부재를 도심을 알고 있는 간단한 형상의 부재들로 나눈다.
- 면적의 1차 모멘트는 $Q_x = A\bar{y}$, $Q_y = A\bar{x}$의 관계를 이용해 구한다.
- 좌우대칭인 부재이므로 x 방향 도심은 좌표의 원점($\bar{x} = 0$)이 된다.

Compute

- 전체 부재의 밑면을 x축으로 설정하고 전체 부재를 [그림 6-19(b)]와 같이 2개의 직사각형 부재로 나눈 뒤 각각의 면적 1차 모멘트를 계산한다.

$$Q_{x1} = \overline{y_1}A_1 = (50\text{ mm}) \times (800\text{ mm}^2) = 40{,}000\text{ mm}^3$$
$$Q_{x2} = \overline{y_2}A_2 = (5\text{ mm}) \times (500\text{ mm}^2) = 2{,}500\text{ mm}^3$$
$$Q_x = Q_{x1} + Q_{x2} = 42{,}500\text{ mm}^3$$

- 도심($\overline{y}$)은 Q_x를 전체 면적 A로 나눠 계산한다.

$$\overline{y} = \frac{Q_x}{A} = \frac{42{,}500\text{ mm}^3}{(800+500)\text{ mm}^2} \approx 32.69\text{ mm}$$

Think

- 기준축은 대칭인 부분을 포함시켜 설정하는 것이 좋다.
- [그림 6–19(c)]에서와 같이 x축 대신 x'축을 잡으면 $\overline{y_2} = 0$이 되어 Q_{x2}도 0이 되므로 면적의 1차 모멘트 계산을 좀 더 쉽게 할 수 있다.

6.4.2 $\alpha + \beta$ 복합 형상의 도심

6.3절에서 살펴본 단순 형상에 대한 도심을 알고 있다고 가정했을 때, 이들 단순 형상들의 합으로 구성된 복합 형상[14]의 도심을 구해보자. [그림 6–20(a)]와 같이 반원과 직각삼각형으로 구성된 형상의 도심을 구하기 위해 먼저 [그림 6–20(b)]와 같이 좌표[15]를 설정하고, 부재를 직각삼각형(6.3.1절)과 반원(6.3.2절)으로 나눈다. 도심을 계산하기 위해서는 전체 면적과 면적의 1차 모멘트를 구해야 하는데, 이를 각각 식 (6.28)과 식 (6.29)에 나타내었다. 이 두 식을 이용해 도심을 구하면 식 (6.30)과 같이 된다.

$$A = A_1 + A_2 = \frac{\pi R^2}{2} + \frac{2Ra}{2} = \frac{\pi R^2}{2} + Ra \tag{6.28}$$

$$\begin{aligned} Q_x &= Q_{x1} + Q_{x2} = A_1\overline{y_1} + A_2\overline{y_2} = \frac{\pi R^2}{2} \times R + Ra \times \frac{2R}{3} \\ Q_y &= Q_{y1} + Q_{y2} = A_1\overline{x_1} + A_2\overline{x_2} = \frac{\pi R^2}{2} \times \left(-\frac{4R}{3\pi}\right) + Ra \times \frac{a}{3} \end{aligned} \tag{6.29}$$

$$\overline{x} = \frac{Q_y}{A} = \frac{\dfrac{a^2R - 2R^3}{3}}{\dfrac{\pi R^2}{2} + Ra}, \quad \overline{y} = \frac{Q_x}{A} = \frac{\dfrac{3\pi R^3 + 4aR^2}{6}}{\dfrac{\pi R^2}{2} + Ra} \tag{6.30}$$

14 편의상 이 책에서는 $\alpha + \beta$ 복합 형상으로 부르기로 한다.

15 반원과 삼각형의 경계를 따라 y축을 설정함으로써 계산을 좀 더 수월하게 할 수 있다.

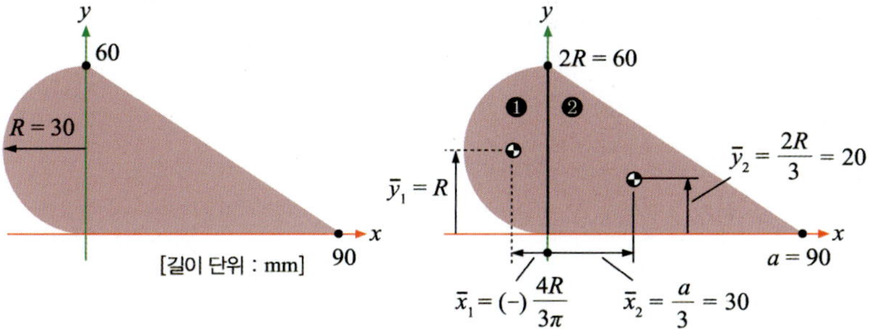

(a) (반원) + (직각삼각형) (b) 개별 부재의 도심

그림 6-20 (반원) + (직각삼각형) 형상

Static Think_ 05

[그림 6-20]에 주어진 치수들을 식 (6.30)에 대입하여 도심의 좌표$(\bar{x}, \bar{y})$를 구해보시오.

예제 6-5 선형 $\alpha + \beta$ 복합 부재

[그림 6-21(a)]에 주어진 선형 복합 부재의 도심 좌표$(\bar{x}, \bar{y})$를 구하시오.

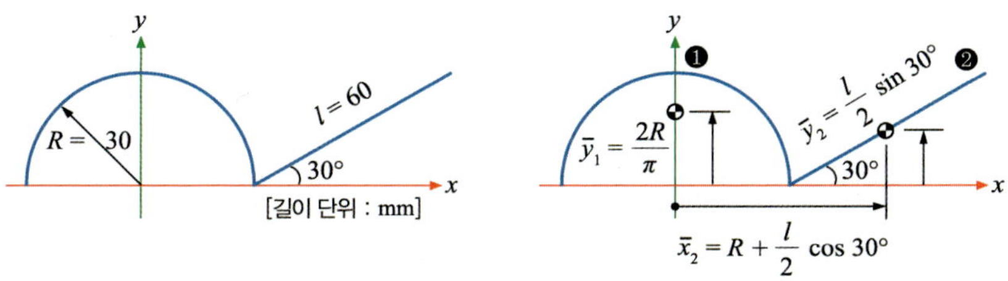

(a) 형상 및 치수 (b) 단순 형상으로 분리

그림 6-21 반원 및 직선 복합 부재

Analyze

- 반원 부재 중심에 y축을 설정하면 좌우대칭이 되어 이 부재의 x 방향 도심$(\overline{x_1})$은 원점이 된다.
- 전체 부재를 도심을 알고 있는 간단한 형상, 즉 (반원)+(직선)의 부재로 나눈다.
- 단순 형상 부재 각각에 대해 길이의 1차 모멘트를 계산한다.
- 전체 길이와 길이의 1차 모멘트를 이용해 도심을 계산한다.

Compute

- 전체 부재를 [그림 6-21(b)]와 같이 두 부분으로 나눈 뒤 각각의 길이 1차 모멘트를 계산한 후 더한다.

$$Q_x = Q_{x1} + Q_{x2} = L_1 \times \overline{y_1} + L_2 \times \overline{y_2} = (\pi R) \times \frac{2R}{\pi} + l \times \left(\frac{l}{2}\sin 30°\right) = 2R^2 + \frac{l^2}{4}$$

$$Q_y = Q_{y1} + Q_{y2} = L_1 \times \overline{x_1} + L_2 \times \overline{x_2} = (\pi R) \times 0 + l \times \left(R + \frac{l}{2}\cos 30°\right) = l\left(R + \frac{\sqrt{3}}{4}l\right)$$

• 도심의 좌표($\bar{x}$, $\bar{y}$)는 길이에 관한 1차 모멘트를 전체 길이 L로 나눠 구한다.

$$\bar{x} = \frac{Q_y}{L} = \frac{Rl + \frac{\sqrt{3}}{4}l^2}{\pi R + l} = \frac{30 \times 60 + \frac{\sqrt{3}}{4} \times 60^2}{30\pi + 60} \approx 21.8 \text{ mm}$$

$$\bar{y} = \frac{Q_x}{L} = \frac{2R^2 + \frac{l^2}{4}}{\pi R + l} = \frac{2 \times 30^2 + \frac{60^2}{4}}{30\pi + 60} \approx 17.5 \text{ mm}$$

Think

• 도심 좌표를 구한 뒤에는 [그림 6-22]와 같이 실제 부재에 도심 좌표(21.8 mm, 17.5 mm)를 표시하고 물리적으로 적합한지 검토하는 것을 잊지 말자.

• 직선 부재의 영향으로 전체 부재의 y 방향 도심($\bar{y} = 17.5$ mm)이 반원 부재만의 y 방향 도심 위치($\overline{y_1} = \frac{2R}{\pi} = \frac{60}{\pi} \approx 19.1$ mm)보다 아래에 위치하는 것은 물리적으로 합리적이다.

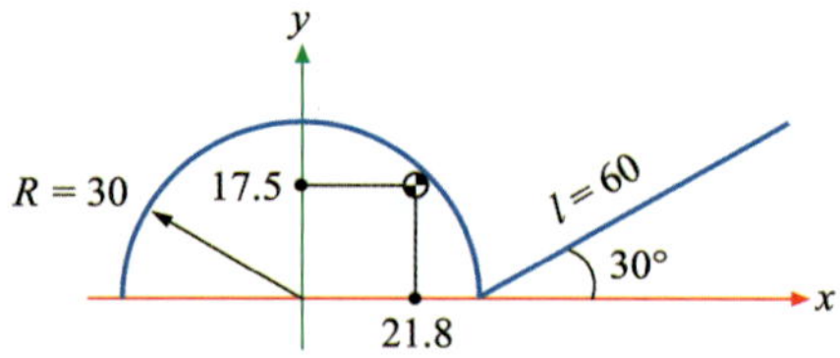

그림 6-22 (반원)+(직선) 부재의 도심 위치

6.4.3 $\alpha - \beta$ 복합 형상의 도심

6.3절에서 살펴본 단순 형상 부재의 도심을 알고 있다고 가정했을 때, 이들 단순 부재들의 차로 구성된 복합 형상[16]의 도심($\bar{y}$)을 구해보자. 로봇 얼굴을 [그림 6-23(a)]와 같이 형상화한 뒤 이 얼굴의 도심을 구하고자 하는 경우 미소면적을 잡고 전체 면적에 대해 적분을 수행하는 것은 매우 번거로운 일이다. 이 경우 도심을 알고 있는 단순 형상들의 합과 차를 이용해 도심을 구하면 편리하며, 이를 식 (6.31)에 나타내었다. 즉 얼굴 전체 면적(A, ■)은 큰 정사각형(❸, ■)에서 4개의 이등변 직각삼각형(❶, ◣), 1개의 역사다리꼴(❷, ▼), 2개의 원(❹, ●)을 빼면 얻을 수 있다.

$$\bar{y} = \frac{\sum_{i=1}^{n} Q_{xi}}{A} = \frac{A_3\overline{y_3} - 2A_1\overline{y_1} - A_2\overline{y_2} - 2A_4\overline{y_4} - 2A_1\overline{y_5}}{A_3 - 4A_1 - A_2 - 2A_4} \tag{6.31}$$

16 편의상 이 책에서는 $\alpha - \beta$ 복합 형상으로 부르기로 한다.

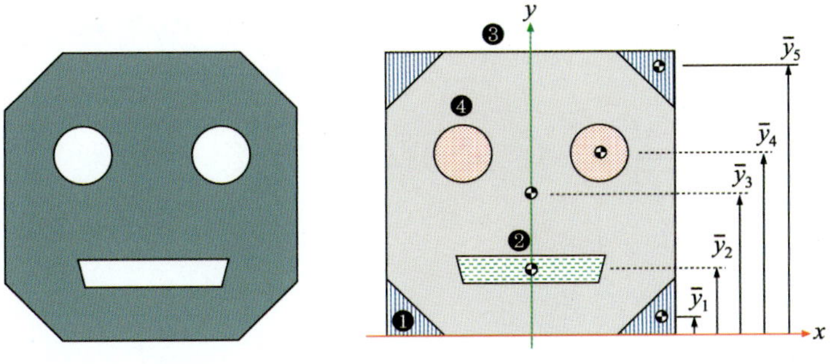

(a) 로봇 얼굴 (b) 단순 형상으로 분리한 얼굴

그림 6-23 로봇 얼굴의 단순 형상화 및 개별 형상들의 도심

Static Think_06

골판지를 이용해 [그림 6-23(a)]와 같은 로봇 얼굴을 제작하고, 그에 대해 도심의 위치를 계산한 다음, 도심 위치에 작은 구멍을 뚫고 실을 매달아 얼굴이 수평이 되는지 확인해보시오.

예제 6-6 $\alpha-\beta$ 복합 부재

[그림 6-24(a)]에 주어진 'F' 자 모양 복합 부재의 도심 좌표($\bar{x}$, $\bar{y}$)를 구하시오. [단위 : cm]

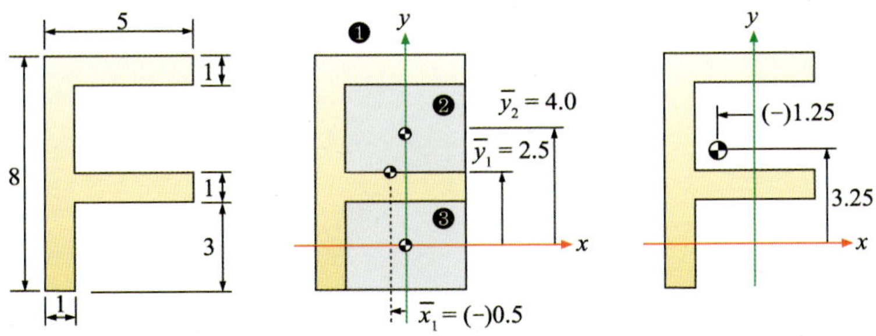

(a) 형상 및 치수 (b) 단순 형상으로 분리 (c) 도심의 위치

그림 6-24 사각형 $\alpha-\beta$ 복합 부재

Analyze

- 직사각형(❶, ▮)에서 또 다른 직사각형(❷=❸, ■) 2 개를 빼는 $\alpha-\beta$ 복합 부재로 보고 풀이한다.
- 좌표 원점을 [그림 6-24(b)]와 같이 2 개의 직사각형(❷, ❸)의 x 방향 도심과 1 개의 직사각형(❸)의 y 방향 도심에 둠으로써 계산 양을 줄일 수 있다.

Compute

- 전체 부재를 [그림 6-24(b)]와 같이 나눈 뒤 두 축에 대한 면적의 1 차 모멘트를 계산한다.

$$Q_x = Q_{x1} - Q_{x2} - Q_{x3} = A_1\overline{y_1} - A_2\overline{y_2} - A_3\overline{y_3}$$
$$= 40 \times 2.5 - 12 \times 4.0 - 12 \times 0 = 52\ \text{cm}^3$$
$$Q_y = Q_{y1} - Q_{y2} - Q_{y3} = A_1\overline{x_1} - A_2\overline{x_2} - A_3\overline{x_3}$$
$$= 40 \times (-0.5) - 12 \times 0 - 12 \times 0 = (-)20\ \text{cm}^3$$

- 도심의 좌표($\bar{x}$, $\bar{y}$)는 면적에 관한 1차 모멘트를 전체 면적 A로 나눠 계산하면 되고, 그 좌표는 다음과 같이 (−1.25 cm, 3.25 cm)가 된다.

$$\bar{x} = \frac{Q_y}{A} = \frac{-20}{40 - 2 \times 12} = (-)\frac{5}{4} = (-)\,1.25\ \text{cm}$$

$$\bar{y} = \frac{Q_x}{A} = \frac{52}{16} = \frac{13}{4} = 3.25\ \text{cm}$$

Think

- [그림 6-24(c)]에서 알 수 있듯이 도심의 위치는 면적이 넓은 쪽에 가깝게 위치한다.
- 힘에 관한 모멘트 계산과 마찬가지로 면적에 관한 1차 모멘트나 도심 계산 시 좌표의 원점을 국부적인 부재의 도심과 일치시키면 계산의 양을 줄일 수 있다.
- 어떤 목합 부재를 $\alpha + \beta$ 형태로 볼 것인지, $\alpha - \beta$ 형태로 볼 것인지, 아니면 $\alpha + \beta - \gamma$ 형태로 볼 것인지는 직관적으로 결정해야 한다. 이를 위해서는 다양한 문제들을 직접 해결해보면서 경험을 축적해야 한다.

Static Think_07

[그림 6-24(c)]를 실제로 제작해 도심의 위치를 검증해보고자 할 경우 어떻게 실험을 수행하면 될지 생각해보시오.

SECTION 6.5 파푸스의 정리

- ✔ 파푸스의 제1정리를 이용해 부재의 표면적을 구한다.
- ✔ 파푸스의 제2정리를 이용해 부재의 체적을 구한다.
- ✔ 실제 공학 부재의 단면 형상을 활용해 부재의 표면적과 체적을 계산한다.

타임머신이 있다면 고대 그리스로 날아가 파푸스에게 이런 질문을 하고 싶다. "당신은 무슨 일을 하다가 **파푸스의 정리**를 고안하게 되셨나요?" 파푸스가 두 가지 정리를 왜 만들었는지는 확실하지 않으나 그의 기상천외한 생각 덕분에 간단하고 구하기 쉬운 정보인 길이, 면적, 도심을 활용해 다루기 어려운 표면적과 체적을 너무나도 쉽게 구할 수 있게 되었다.

6.5.1 도심을 이용한 표면적 계산

[그림 6-25(a)]와 같이 도심의 위치를 알고 있는 길이 L 인 곡선을 해당 곡선과 교차하지 않는 임의의 축(여기서는 편의상 x 축으로 설정)을 중심으로 360° 회전시키면 그림 (b), (c)와 같이 표면적이 S 인 표면 surface이 생성된다. 이 경우 선의 1 차 모멘트와 도심 사이에는 식 (6.24)의 관계가 성립한다. 또한 미소길이 dl 을 x 축을 중심으로 360° 회전시키면 그림 (b)에서와 같이 미소면적 dA [17]가 생성되며, 이 미소면적은 원주의 길이($2\pi y$)에 그림 (a)의 미소길이(dl)를 곱한 것과 같게 된다($dA = 2\pi y dl$). 이 미소 표면적을 전체 길이(L)에 대해 적분하면 전체 표면적 surface area S는 식 (6.32)와 같이 나타낼 수 있다.

$$\bar{y} = \frac{\int_L y\,dl}{L} \tag{6.24}$$

$$S = \int_A dA = \int_L 2\pi y\,dl = 2\pi \int_L y\,dl \tag{6.32}$$

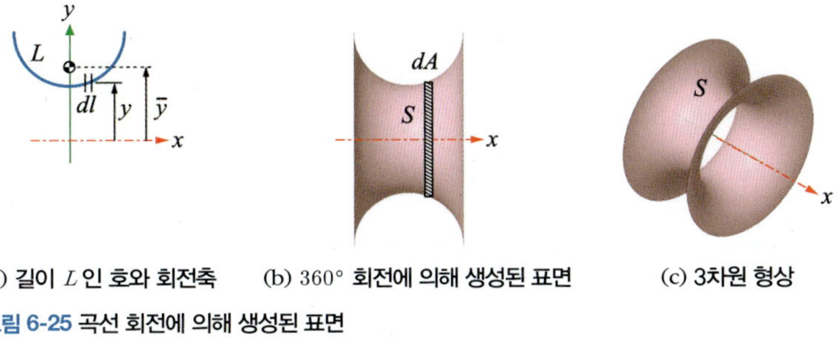

(a) 길이 L 인 호와 회전축 (b) 360° 회전에 의해 생성된 표면 (c) 3차원 형상

그림 6-25 곡선 회전에 의해 생성된 표면

17 dA 는 미소면적이므로 편의상 사각형으로 나타내었다.

식 (6.24)와 식 (6.32)에 공통적으로 포함되어 있는 길이에 관한 1 차 모멘트 $\int_L y\,dl$ 의 항으로 두 식을 정리하면 식 (6.33)과 같은 관계식을 얻게 된다. 즉, 전체 길이가 L 인 곡선을 그 곡선과 교차하지 않으면서 일정 거리($\bar{y}$)만큼 떨어져 있는 임의의 축을 중심으로 360° 회전시켰을 때 얻어지는 표면적(S)은 식 (6.33)을 통해 얻을 수 있다는 것이며, 이를 **파푸스** Pappus[18]**의 제1정리**, **굴딘** Guldin[19]**의 제1정리**, 또는 **파푸스-굴딘의 제1정리**라고 부른다. **파푸스의 제1정리**는 곡선과 그 곡선의 도심 위치를 알 때 그 곡선을 회전시켜 얻는 표면적을 계산할 수 있는 가장 간단한 방법 중의 하나이다.

$$S = 2\pi\int_L y\,dl = 2\pi\bar{y}L \tag{6.33}$$

예제 6-7 구의 표면적

반경이 R인 구의 표면적을 계산할 수 있는 식을 유도하시오.

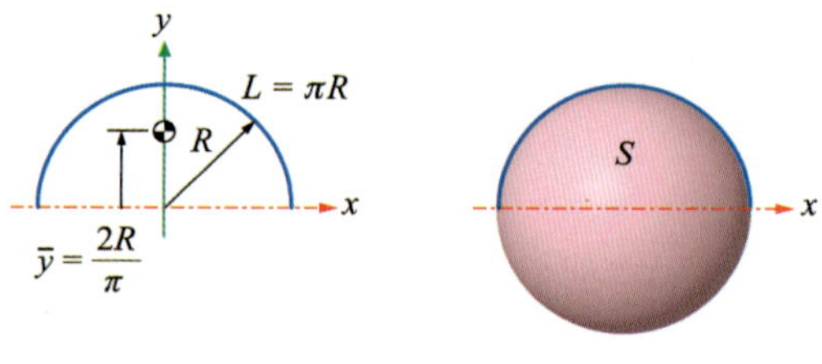

(a) 반원주 및 도심의 위치 (b) 구의 표면적

그림 6-26 파푸스의 제1정리를 이용한 구의 표면적 계산

Analyze

- 표면적을 구하는 문제이므로 **파푸스의 제1정리**를 사용한다.
- [그림 6-26(a)]와 같은 반원주를 x 축을 중심으로 360° 회전시키면 내부가 비어있는 구를 얻을 수 있다.
- 초기 곡선(원호)과 그를 통해 생성된 구를 [그림 6-26(b)]에 같이 나타내었다.

Compute

- 반원 선 부재의 y 방향 도심까지의 거리는 1/4 원형 선 부재와 동일하게 $\frac{2R}{\pi}$ 이다.
- 구의 표면적은 **파푸스의 제1정리**인 식 (6.33)과 [그림 6-26(a)]를 참조하여 다음과 같이 구할 수 있다.

$$S = 2\pi\bar{y}L = 2\pi \times \frac{2R}{\pi} \times \pi R = 4\pi R^2$$

Think

- 수학 공식들을 단순히 암기만 하지 말고 다양한 방법으로 유도해보면서 자연스럽게 외워지도록 하는 것이 바람직하다.
- 어려운 문제(표면적 계산)를 쉬운 문제(곡선의 길이와 도심의 위치 계산)로 바꿔 해결하는 것이 공학의 기본이다.
- 다양한 입체의 표면적을 **파푸스의 제1정리**를 이용해 유도해보자.

18 파푸스(Pappus, 서기 290~350년) : 고대 그리스의 수학자로서 특히 기하학(Geometry) 발전에 큰 공을 세웠으며 수학 이론들을 정리한 8권의 『수학 집성(La Collection Mathématique)』을 저술하였다.

19 폴 굴딘(Paul Guldin, 1577~1643년) : 스위스의 수학자로서 파푸스의 수학 이론들을 정리 및 발전시켰다.

6.5.2 도심을 이용한 체적 계산

[그림 6-27(a)]와 같이 도심($\bar{y}$)의 위치를 알고 있는 면적 A인 부분을 해당 면적과 교차하지 않는 임의의 축(여기서는 편의상 x축으로 설정)을 중심으로 360° 회전시키면 그림 (b), (c)와 같이 체적 V인 입체 solid가 생성된다. 이 경우 면적의 1차 모멘트와 도심 사이에는 식 (6.10)의 관계[20]가 성립한다. 다음으로 해당 면적상에 설정한 미소면적 dA를 x축을 중심으로 360° 회전시키면 그림 (b)와 (c)에서와 같이 미소체적 dV가 생성된다. 이 미소체적은 원주의 길이($2\pi y$)에 그림 (a)에 나타낸 미소면적(dA)를 곱한 것과 같게 되며($dV = 2\pi y dA$), 이 미소체적을 전체 체적(V)에 대해 적분하면 전체 체적 total volume V는 식 (6.34)와 같다.

$$\bar{y} = \frac{\int_A y\, dA}{A} \tag{6.10}$$

$$V = \int_V dV = \int_A (2\pi y) dA = 2\pi \int_A y\, dA \tag{6.34}$$

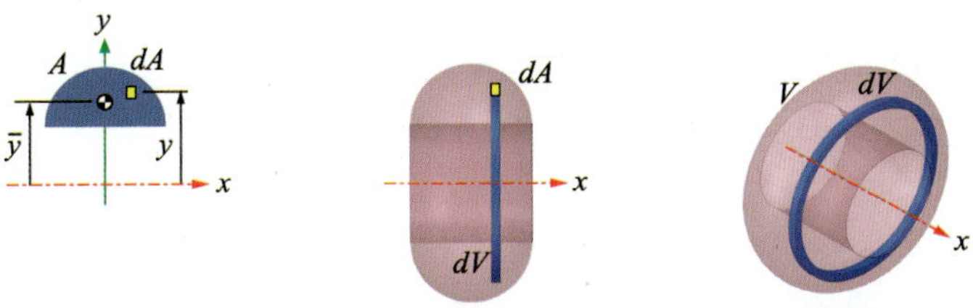

(a) 면적과 회전축　(b) 360° 회전에 의해 생성된 체적　(c) 3차원 형상

그림 6-27 면적 회전에 의해 생성된 입체

식 (6.10)과 식 (6.34)를 면적에 관한 1차 모멘트 $\int_A y\, dA$의 항을 매개로 정리하면 식 (6.35)와 같은 관계식을 얻게 된다. 즉 면적 A를 그 면적과 교차하지 않으면서 일정 거리($\bar{y}$)만큼 떨어져 있는 임의의 축을 중심으로 360° 회전시켰을 때 얻어지는 체적(V)은 식 (6.35)를 이용해 얻을 수 있다는 것이며, 이를 **파푸스의 제2정리**, **굴딘의 제2정리**, 또는 **파푸스-굴딘의 제2정리**라고 부른다. **파푸스의 제2정리**는 면적과 그 면적의 도심 위치를 알 때 그 면적을 회전시켜 얻는 체적을 계산하는 효율적이면서도 간단한 방법이다.

$$V = 2\pi \int_A y dA = 2\pi \bar{y} A \tag{6.35}$$

---

20 6.2.3절에 소개하였다.

예제 6-8 원뿔의 체적

밑면의 반경이 R이고 높이가 h인 원뿔의 체적을 계산할 수 있는 식을 유도하시오.

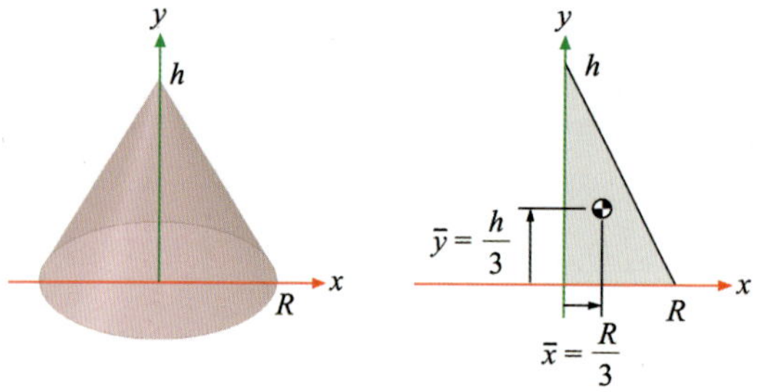

(a) 원뿔의 반경 및 높이 (b) 기초 면적 및 도심

그림 6-28 파푸스의 제 2정리를 이용한 원뿔의 체적 계산

Analyze

- 체적을 구하는 문제이므로 **파푸스의 제2정리**를 사용한다.
- [그림 6-28(a)]와 같은 원뿔을 만들기 위해서는 [그림 6-28(b)]와 같은 기초 면적을 y축에 대해 360° 회전시키면 된다.
- 식 (6.35)는 x축을 중심으로 회전시킨 경우이므로, **파푸스의 제2정리**를 본 예제에 적용하기 위해서는 식을 변경하여 사용해야 한다.

Compute

- 식 (6.35)를 본 예제에 맞게 수정하면 다음과 같다.

$$V = 2\pi \int_A x dA = 2\pi \bar{x} A$$

- 원뿔의 체적은 **파푸스의 제2정리**를 이용하여 다음과 같이 구하면 된다.

$$V = 2\pi \bar{x} A = 2\pi \times \frac{R}{3} \times \frac{Rh}{2} = \frac{\pi R^2 h}{3}$$

Think

- 식의 유도 과정을 이해하지 못하면 다른 문제에 적용할 수 없다.
- 면적, 1차 모멘트, 도심, 체적 사이의 관계를 개념적으로 이해해야 한다.
- 다양한 입체의 체적을 **파푸스의 제2정리**를 이용하여 유도해보자.

[Static Think]에 대한
하나의 생각 (6장)

[그림 6-29]에서와 같이 지름 10 mm인 축(B)과 무게 W인 물체(A)를 용접한 후 축을 점 O에서 핀(C)으로 지지하고 있다. 이 계가 정적 평형을 유지하기 위해서 물체 A와 동일한 무게를 갖는 힘을 점 O에서 x 만큼 떨어진 위치에 브라켓(D)을 이용해 인가하려고 한다. 다음 물음에 답하시오. 물체 A를 제외한 다른 부재들의 무게와 마찰력은 무시한다.

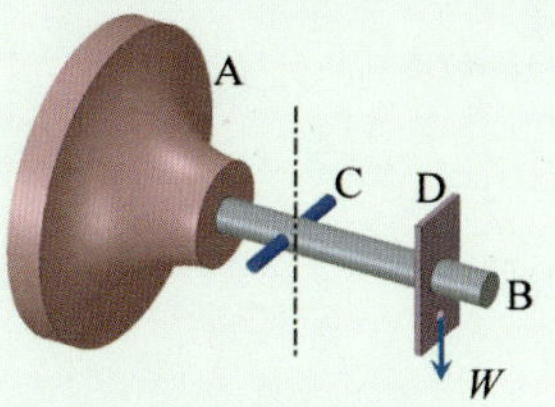

(a) 3차원 모델

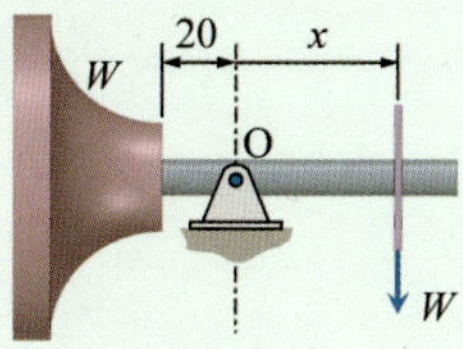

(b) 정면도 및 지지 조건

그림 6-29 평형추

Q1. 물체 A의 표면 전체에 1 mm 두께로 페인트를 칠하려고 할 때 필요한 페인트의 양[cc]을 구하시오. 물체 A의 단면 치수는 [그림 6-30(a)]와 같다. [길이 : mm]

풀이

물체 A 전체 표면에 칠할 페인트의 양을 알기 위해서는 물체 A의 표면적을 알아야 한다. 표면적은 **파푸스의 제1정리**를 이용하여 구한다.

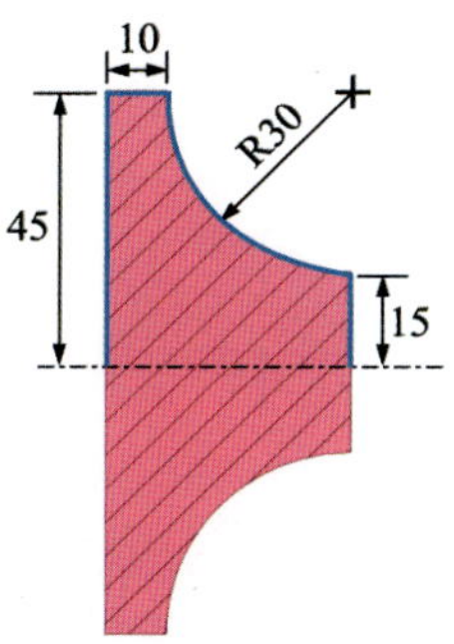

(a) 물체 A의 단면 치수

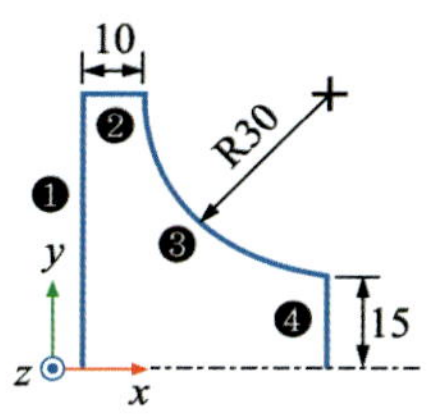

(b) 기초 곡선 형상

그림 6-30 물체 A의 치수

• 선 요소의 도심

$$\bar{x} = \frac{\int_L x\,dl}{L} \quad (6.23)$$

$$\bar{y} = \frac{\int_L y\,dl}{L} \quad (6.24)$$

• $\alpha + \beta$ 복합 선형 형상의 도심

$$Q_{Lx} = \sum_{i=1}^{n} l_i \bar{y}_i$$

$$Q_{Ly} = \sum_{i=1}^{n} l_i \bar{x}_i$$

• 반경 R인 원호 부재의 도심

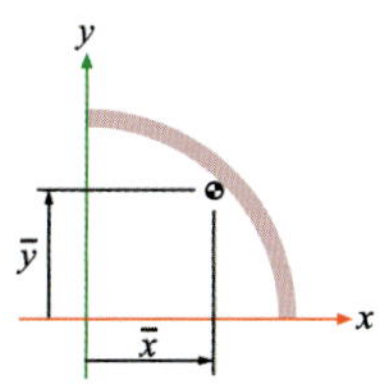

$$\bar{x} = \bar{y} = \frac{2R}{\pi} \quad (6.25)$$

• 선 부재의 1차 모멘트 차원 : $[L^2]$

• 파푸스의 제1정리

$$S = 2\pi \bar{y} L \quad (6.33)$$

표면적을 형성시키는 기초 곡선을 [그림 6-30(b)]에 나타내었으며, 이 곡선을 x축을 중심으로 360° 회전시키면 물체 A의 표면적이 된다. 그림 (b)의 기초 곡선을 4개의 선으로 분리한 뒤 길이(L), 1차 모멘트(Q_{Lx}), y 방향 도심($\bar{y}$)을 구하면 각각 다음과 같다.

$$L = L_1 + L_2 + L_3 + L_4$$
$$= 45 + 10 + \frac{30\pi}{2} + 15 = (70 + 15\pi)\ \text{mm}$$
$$Q_{Lx} = 45\times22.5 + 10\times45 + 15\pi\times\left(45 - \frac{2\times30}{\pi}\right) + 15\times7.5$$
$$= 2{,}795.575\ \text{mm}^2$$
$$\bar{y} = \frac{Q_{Lx}}{L} = \frac{2{,}795.575}{70 + 15\pi} = 23.869\ \text{mm}$$

따라서 물체 A의 표면적(S)은 다음과 같다.

$$S = 2\pi\times23.869\times(70 + 15\pi) = 17{,}565.12\ \text{mm}^2$$

또한 표면적에 따른 페인트의 양(V_p)은 표면적에 페인트의 두께인 1 mm를 곱해 구하면 되며, 약 18 cc 정도 필요함을 알 수 있다.

$$V_p = St = 17{,}565.12\times1.0 = 17{,}565.12\,\text{mm}^3$$
$$= 17.565\ \text{cm}^3 = 17.565\ \text{cc}$$

Q2. 물체 A는 밀도 8 g/cc인 재료로 제작되었다. 물체 A의 질량[g]을 구하시오.

풀이

물체 A의 질량을 구하기 위해서는 체적을 알아야 한다. [그림 6-31]에 나타낸 면적을 x축을 중심으로 360° 회전시키면 물체 A의 체적이 되므로, 이 경우 체적은 **파푸스의 제2정리**를 이용해 구한다.

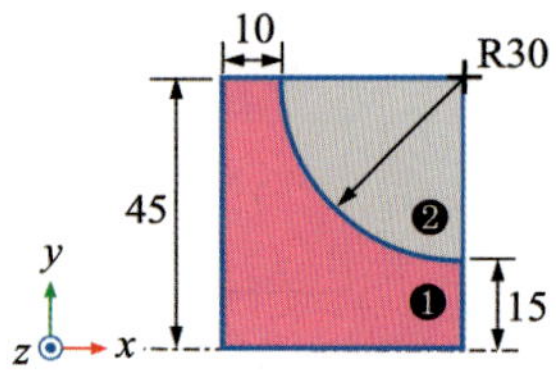

그림 6-31 물체 A의 반단면 치수 및 면적 분리(길이 단위 : mm)

- 밀도 : $\rho = \dfrac{m}{V}$
- 도심

$$\bar{x} = \frac{Q_y}{A} \quad (6.9)$$
$$\bar{y} = \frac{Q_x}{A} \quad (6.10)$$

- 반경 R인 반원 면적의 도심

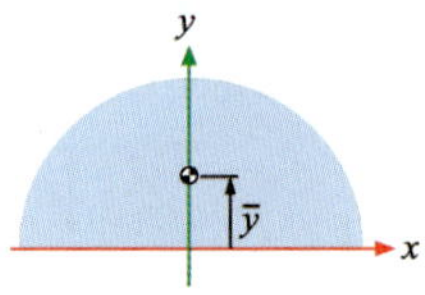

$$\bar{y} = \frac{4R}{3\pi} \quad (6.16)$$

- $\alpha - \beta$ 복합 면적의 도심
  $Q_x = Q_{x1} - Q_{x2}$
- 면적의 1차 모멘트 차원 : $[L^3]$
- 파푸스의 제2정리
  $V = 2\pi\bar{y}A \quad (6.35)$

파푸스의 제2정리를 적용하기 위해서는 단면적(A)과 도심($\bar{y}$)의 위치를 알아야 한다. 이를 위해 단면적을 [그림 6-31]과 같이 직사각형 ❶(40×45)에서 반경 30인 1/4 원 ❷를 빼는 것으로 보면, 단면적(A), x축에 대한 면적 1차 모멘트(Q_x), y 방향 도심($\bar{y}$)은 각각 다음과 같다.

$$A = A_1 - A_2 = 40 \times 45 - \frac{\pi \times 30^2}{4} = 1{,}093.14 \text{ mm}^2$$

$$Q_x = 1{,}800 \times 22.5 - \frac{\pi \times 30^2}{4} \times \left(45 - \frac{4 \times 30}{3\pi}\right) = 17{,}691.4 \text{ mm}^3$$

$$\bar{y} = \frac{Q_x}{A} = \frac{17{,}691.4}{1{,}093.14} = 16.184 \text{ mm}$$

따라서 물체 A의 체적(V)은 다음과 같이 구할 수 있으며, 체적에 밀도를 곱하면 물체 A의 질량(m)을 구할 수 있다.

$$V = 2\pi \times 16.184 \times 1{,}093.14 = 111{,}158.2 \text{ mm}^3$$

$$m = \rho V = (111{,}158.2 \text{ mm}^3) \times (8 \text{ g/cm}^3) \times \frac{1 \text{ cm}^3}{1{,}000 \text{ mm}^3} = 889.3 \text{ g}$$

Q3. [그림 6-29(b)]에 나타낸 계의 정적 평형을 위해 물체 A의 무게(W)와 같은 힘을 가해야 할 위치 x를 구하시오.

풀이

[그림 6-29]에 나타낸 계가 정적 평형을 유지하려면 힘 평형과 함께 모멘트 평형이 만족되어야 하며, 분포 하중(자중)을 받고 있는 물체 A의 전체 무게는 기준점 O에서 분포하중의 도심까지의 거리($x = \bar{x}$)에 가하면 된다. 물체 A의 도심 위치를 구하기 위해 물체를 [그림 6-32]와 같이 두 부분으로 분리한다. 혼동을 피하기 위해 n-t 좌표계를 새로 설정하였다.

- **무게중심** : $\bar{x} = \dfrac{\int_W x\,dW}{W}$
- **모멘트 평형** : $W\bar{x} = \int_W x\,dW$
- **분포력에 의한 모멘트** : $\int_W x\,dW$
- **집중력에 의한 모멘트** : $W\bar{x}$
- **체적의 1차 모멘트 차원** : $[\mathrm{L}^4]$
- **체적중심** : $\bar{t} = \dfrac{Q_{Vn}}{V}$

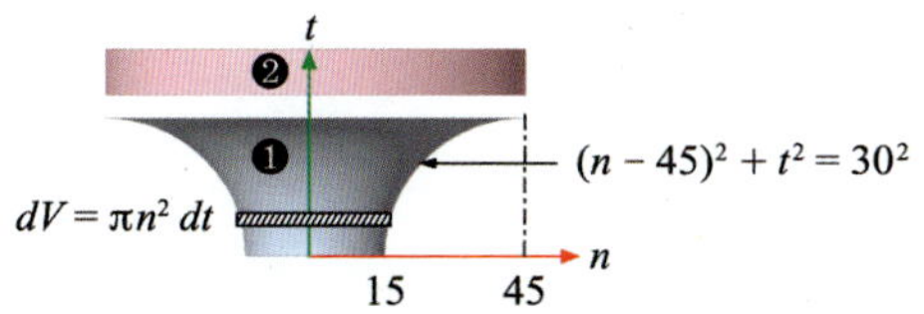

그림 6-32 물체 A의 체적 분리(길이 단위 : mm)

물체 A의 밀도와 중력가속도가 일정하므로 무게중심은 체적중심과 일치한다. 먼저 곡면 부분의 체적 ❶에 대한 t 방향 체적중심을 구하기 위해 체적에 대한 1차 모멘트를 먼저 구한다. 적분 과정에서 나타나는 변수와 적분변수를 일치시키기 위해 [그림 6-32]에 나타낸 곡선식 $(n-45)^2 + t^2 = 30^2$의 양변을 미분하면 $2(n-45)dn + 2tdt = 0$이 되고, 이로부터 $tdt = (45-n)dn$의 관계를 얻을 수 있다.

$$Q_{V_1 n} = \int_{V_1} t\,dV = \int_0^{30} t \times (\pi n^2 dt) = \pi \int_0^{30} t n^2 dt$$
$$= \pi \int_{15}^{45} (45 - n) n^2\, dn = \pi \left(15n^3 - \frac{n^4}{4}\right)_{15}^{45} = 954,258.8 \text{ mm}^4$$

[그림 6-32]에서 ❶의 체적(V_1)은 전체 체적(V)에서 ❷ 부분의 체적(V_2)을 빼서 얻을 수 있다. 이를 이용해 도심의 위치($\overline{t_1}$)를 구하면 다음과 같다.

$$V_2 = \pi \times 45^2 \times 10 = 63,617.25 \text{ mm}^3$$
$$V_1 = V - V_2 = 111,158.2 - 63,617.3 = 47,540.9 \text{ mm}^3$$
$$\overline{t_1} = \frac{Q_{Vn}}{V_1} = \frac{954,258.8}{47,540.9} = 20.072 \text{ mm}$$

[그림 6-32]에서 물체 A 전체의 체적중심은 다음과 같이 구할 수 있다.

$$\bar{t} = \frac{Q_{V_1 n} + Q_{V_2 n}}{V} = \frac{954,258.8 + (\pi \times 45^2 \times 10) \times 35}{111,158.2}$$
$$= 28.62 \text{ mm}$$

따라서 [그림 6-29(b)]에서 무게 W를 가해야 할 위치는 다음과 같다.

$$\bar{x} = 20 + \bar{t} = 20 + 28.62 = 48.62 \text{ mm}$$

고찰

- 파푸스의 정리를 활용하면 복잡한 형상의 표면적이나 체적을 쉽게 구할 수 있다.
- 무게중심, 질량중심, 체적중심, 면적중심(도심), 길이중심을 수시로 구해보자.
- **Q3**의 경우 체적중심 문제이기 때문에 어렵게 느낄 수 있지만 미소체적을 적절하게 설정한 뒤 적분을 수행하면 해결할 수 있다.

CHAPTER 06 | 연습문제

6.1 내부에 직경 50 mm의 빈 공간이 있는 부품 A를 고정한 상태에서 [그림 6-33]에서와 같이 부품 B에 1 kN의 힘을 가하였을 때, 두 부품의 경계면에 발생하는 압력[Pa]을 구하시오. 압력은 균일한 것으로 가정한다. 6.1절

6.2 직경 40 mm, 높이 50 mm인 원통 cylinder을 [그림 6-34]에서와 같이 세워놓았을 때와 눕혀 놓았을 때, 강체 표면이 받는 부하를 면적 분포하중[N/m^2]과 선 분포하중[N/m]으로 나타내시오. 원통 재료의 밀도는 8 g/cc로 가정한다. 6.1절

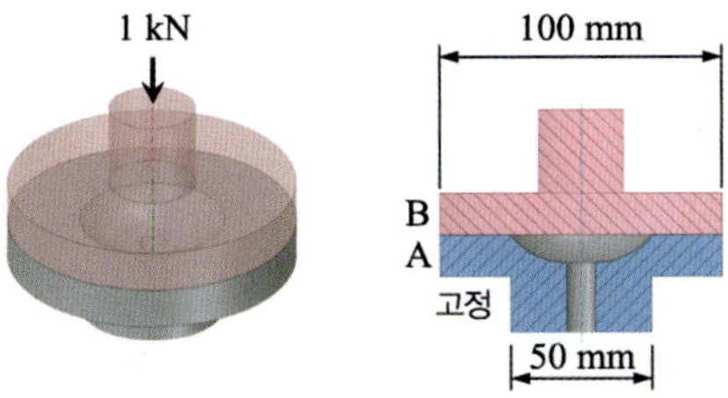

그림 6-33

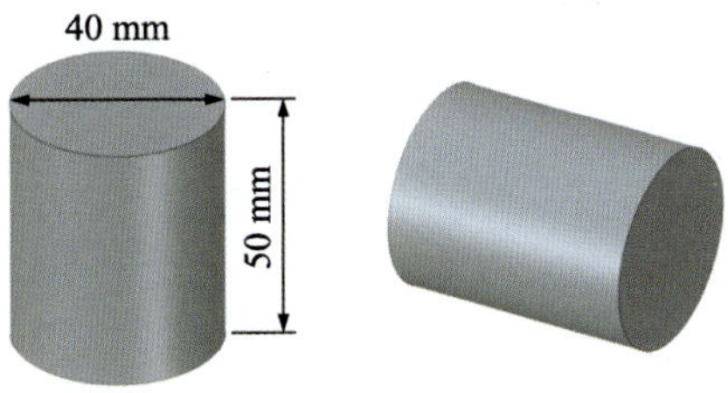

그림 6-34

6.3 반경이 5 m이고 z 방향 두께가 1 m인 1/4 원판 disk을 지렛대 왼쪽에 [그림 6-35]와 같은 위치에 올려놓았다. 이 원판의 무게(W)를 구하고, 이를 집중력으로 간주했을 때 어느 위치($\bar{x}$)에 가해야 정적 평형이 되는지 구하시오. 원판의 재료는 강재 steel로서 밀도는 7.85 g/cm^3로 가정한다. 6.2~6.3절

6.4 [그림 6-36]과 같이 좌우대칭인 사다리꼴 면적의 도심 좌표($\bar{x}$, $\bar{y}$)를 구하시오. [단위 : cm] 6.3절

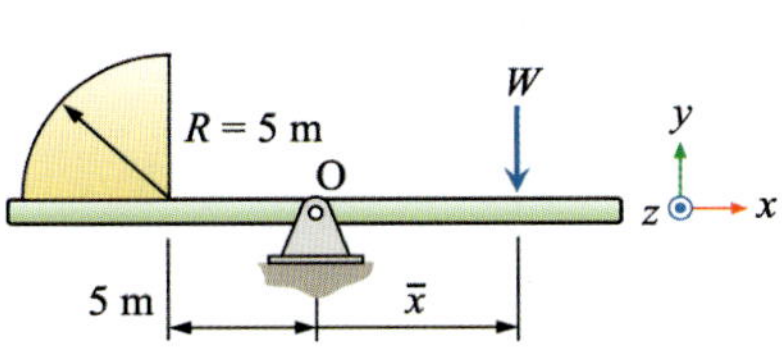

그림 6-35

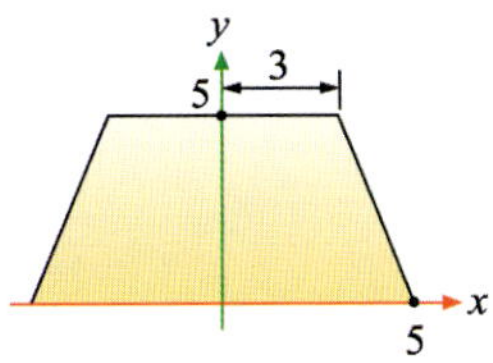

그림 6-36

6.5 반경 R인 [그림 6-37]과 같은 반구 hemisphere의 y 방향 체적중심 $\bar{y}$를 구하시오. $\bar{x}$와 $\bar{z}$는 모두 0이다. 6.2절

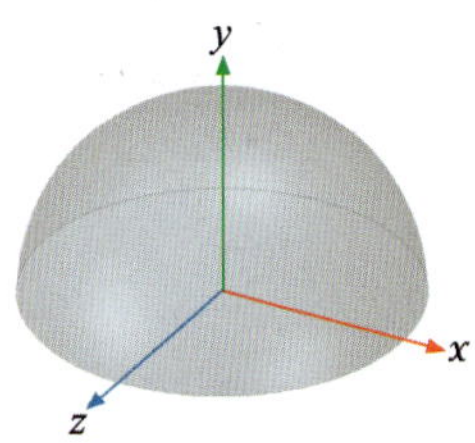

그림 6-37

CHAPTER 06 | 연습문제

6.6 높이가 h 이고, 밑변의 치수가 [그림 6–38]과 같은 삼각형 형상의 y 방향 도심 $\bar{y} = \frac{h}{3}$ 이다. x 방향 도심 $\bar{x}$ 를 그림에 주어진 치수를 이용해 나타내시오. 6.3~6.4절

6.7 한 변의 길이가 a 인 정사각형을 기반으로 제작된 [그림 6–39]에 나타낸 부재의 도심 좌표를 구하시오. 문제 해결에 최적인 좌표계를 설정해 해석한 뒤 문제에 주어진 좌표계로 나타낸다. 6.3~6.4절

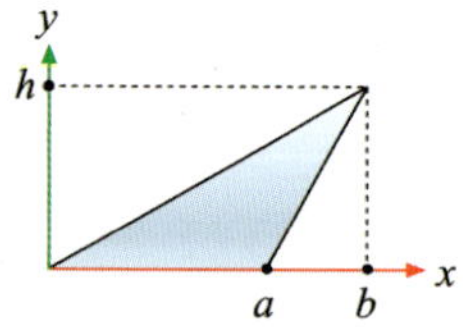

그림 6-38

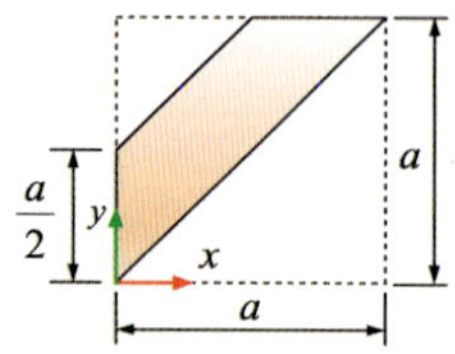

그림 6-39

6.8 장축 길이 80 mm, 단축 길이 40 mm인 [그림 6–40]에 나타낸 타원의 절반 형상 부재에 대해 두 축에 대한 면적의 1차 모멘트 값들을 구하고, 이를 바탕으로 도심의 좌표를 구하시오. 6.3절

6.9 직선과 포물선에 의해 형성되는 [그림 6–41]에 나타낸 면적에 대한 도심의 좌표$(\bar{x}, \bar{y})$를 구하시오. [단위 : cm] 6.3절

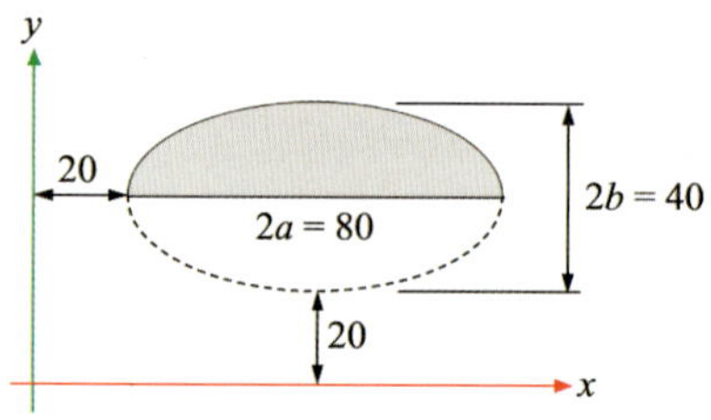

그림 6-40

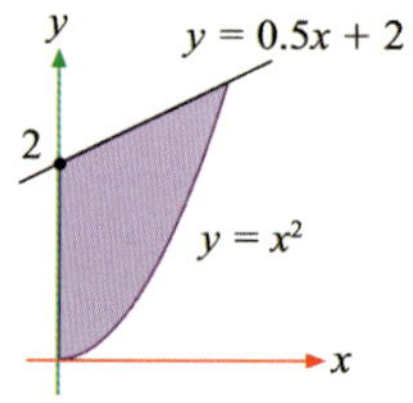

그림 6-41

6.10 두 개의 1/4 원으로 둘러싸인 [그림 6–42]와 같은 면적의 도심 좌표$(\bar{x}, \bar{y})$를 안쪽 반경(R)과 두께(t)의 함수로 나타내시오. 이를 이용해 반경 R 인 선형 1/4 원호 형태의 부재$(t = 0)$의 도심 좌표도 같이 구해보시오. 6.3~6.4절

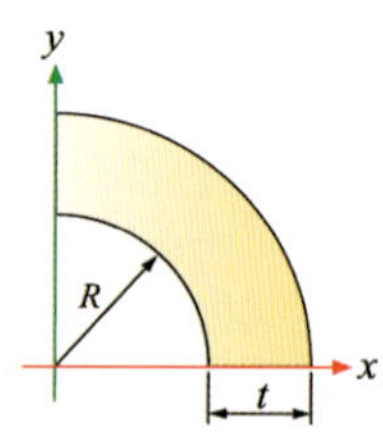

그림 6-42

6.11 두께가 2 cm이고 길이가 다른 두 장의 판재를 [그림 6-43]과 같이 용접을 통해 연결한 뒤 필릿 fillet 반경이 5 cm가 되도록 가공한 부재 단면의 도심 좌표$(\bar{x}, \bar{y})$를 구하시오. [길이 단위 : cm] 6.4절

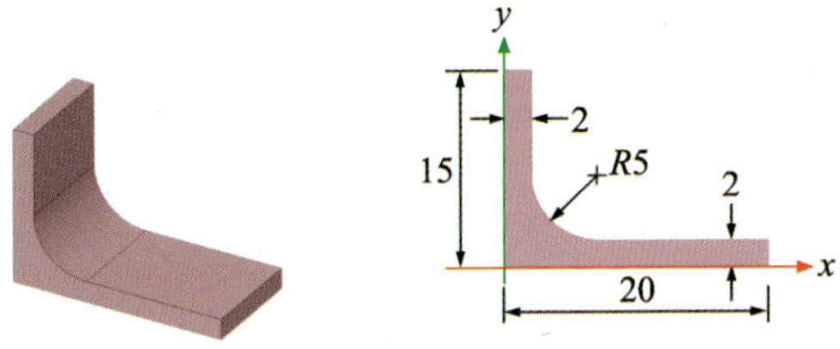

그림 6-43

6.12 반경 R인 구의 체적 공식을 **파푸스의 정리**를 이용해 유도해보시오. 6.5절

6.13 [그림 6-44]에서와 같이 삼각형, 사각형, 원, 반원을 이용해 구성한 좌우대칭 면적의 도심 좌표$(\bar{x}, \bar{y})$를 구하시오. [단위 : mm] 6.4절

6.14 [그림 6-45]에 나타낸 강재 각도기 protractor의 무게중심을 구해보시오. 사진의 직선자 linear scale를 이용해 먼저 도면을 생성한 뒤 무게중심을 구하시오. 6.4절

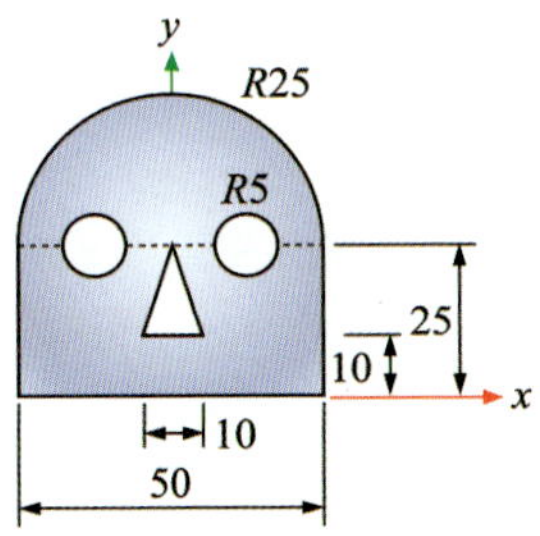

그림 6-44

그림 6-45

6.15 [그림 6-46]에 나타낸 직각삼각형 선형 부재의 도심 좌표를 구하시오. [단위 : mm] 6.3~6.4절

HINT 면적 요소가 아니고 단면적이 0인 선 요소이다.

6.16 [그림 6-47]에 나타낸 'J' 자 부재의 도심을 구해 그림에 표시하시오. [단위 : mm] 6.3~6.4절

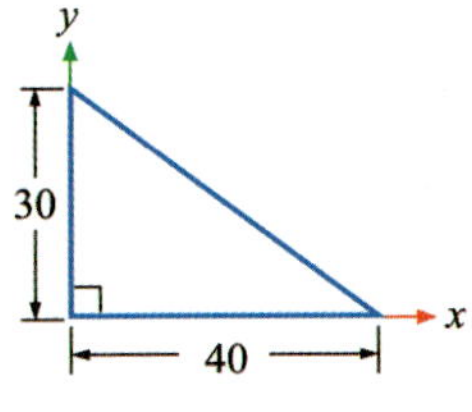

그림 6-46

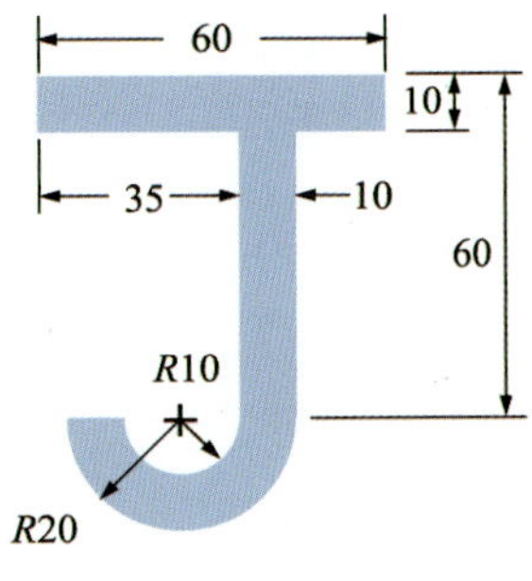

그림 6-47

6.17 길이나 면적에 대한 도심 식을 체적으로 확장시키면 다음과 같은 식이 된다. 이 식들을 이용하여 [그림 6-48]에 주어진 브라켓 bracket의 체적중심 좌표$(\bar{x},\ \bar{y},\ \bar{z})$를 구하시오. [단위 : mm] 6.3~6.4절

$$\bar{x} = \frac{\int_V x\,dV}{V}, \quad \bar{y} = \frac{\int_V y\,dV}{V}, \quad \bar{z} = \frac{\int_V z\,dV}{V}$$

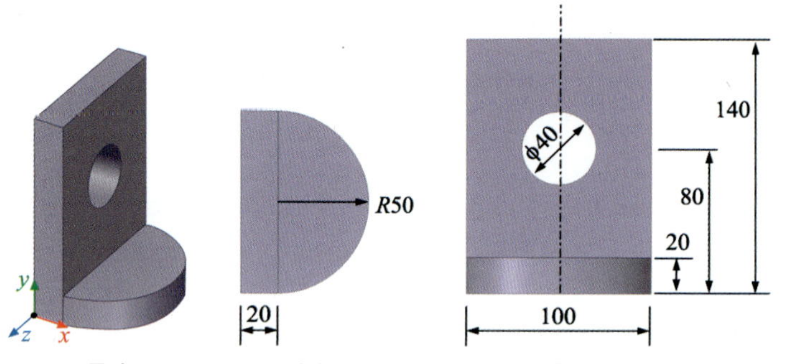

(a) 등각도 (b) 평면도 (c) 우측면도

그림 6-48

6.18 [그림 6-49]에 나타낸 3차원 선형 부재의 도심 좌표$(\bar{x},\ \bar{y},\ \bar{z})$를 구하시오. [단위 : mm] 6.3~6.4절

***6.19** 싱글 V-벨트 풀리의 한쪽 단면을 [그림 6-50]과 같이 좌우대칭형으로 간략히 모델링하였다. 회전축 A-A에 대한 단면적의 1차 모멘트를 구하고, 도심의 위치를 구하시오. [단위 : mm] 6.3~6.4절

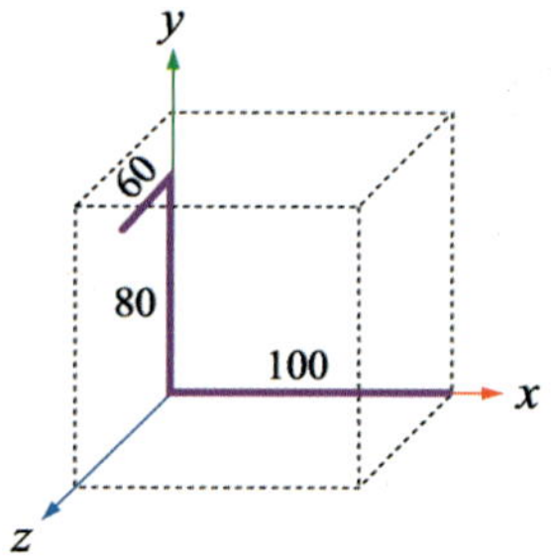

그림 6-49

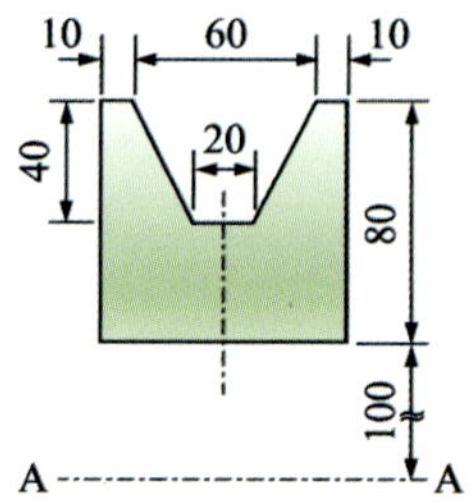

그림 6-50

6.20 중심축(y축)에서 a만큼 떨어진 곳에 위치한 반경 R인 원을 360° 회전시키면 [그림 6-51]과 같이 도넛 torus 모양이 된다. 이 도넛의 표면적과 체적을 구하시오. 6.5절

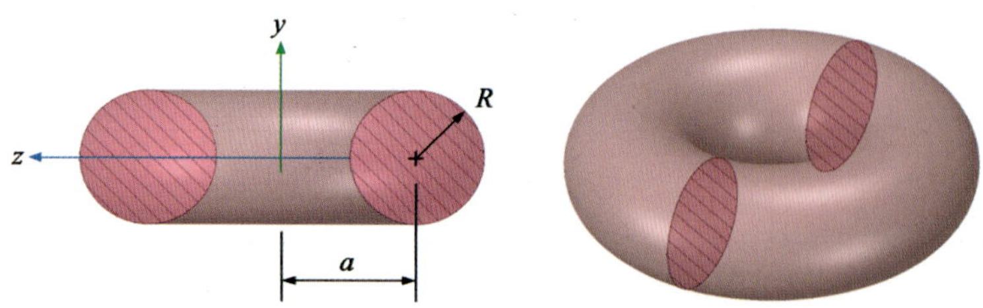

그림 6-51

***6.21** [그림 6-50]의 단면을 회전축 A－A에 대해 360° 회전시켜 제작한 [그림 6-52]와 같은 V－벨트 풀리의 질량을 구하시오. 풀리는 강재(밀도＝7.85 g/cc)로 가정한다. [단위 : mm] 6.5절

***6.22** [그림 6-53]과 같이 반경 50 인 1/4 원에서 직경이 50 인 반원을 뺀 면적의 도심 좌표$(\bar{x}, \bar{y})$를 구하시오. 이 면적을 y 축을 중심으로 360° 회전시켜 얻은 입체의 체적을 구하시오. [단위 : mm] 6.4~6.5절

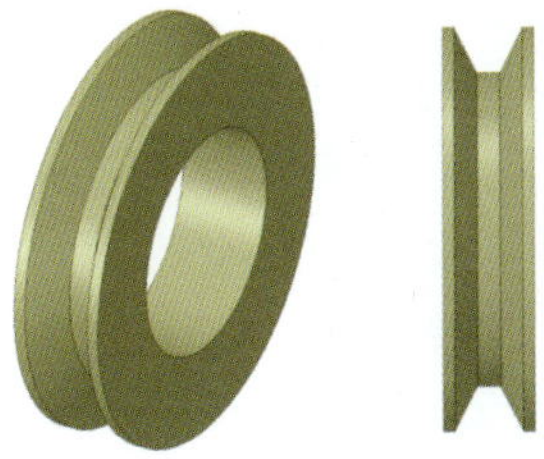

그림 6-52

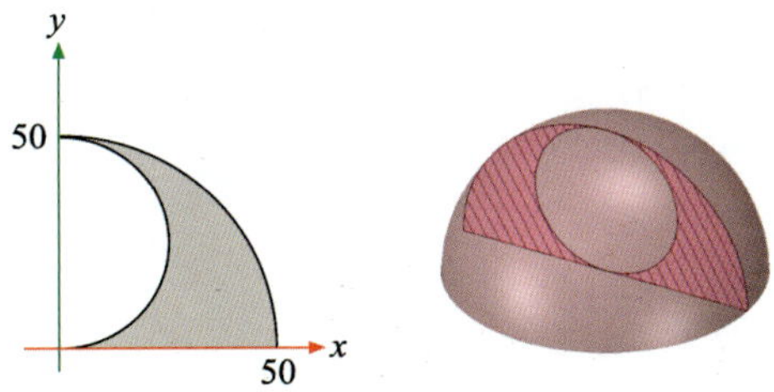

그림 6-53

***6.23** [그림 6-52]에 나타낸 풀리의 내마모성을 향상시키기 위해 전체 풀리에 대해 표면처리 surface treatment를 하려고 한다. 표면처리 비용은 100 mm^2 당 1,000원으로 책정되어 있다. 표면처리 비용(천 원 미만 절사)을 산정해보시오. 6.4~6.5절

***6.24** [그림 6-54]의 (a)와 같은 삼각 플라스크 conical flask를 그림 (b)와 같이 간략하게 모델링하였으며, 이를 이용해 생성한 3D 모델을 그림 (c)에 나타내었다. 플라스크의 두께를 무시하고 플라스크의 F 선까지 채웠을 때 액체의 체적 [cc]을 구하시오. 또한 이 체적의 절반까지 액체를 담았을 때 바닥면부터의 높이(h)는 얼마인지 계산해보시오. [단위 : mm] 6.5절

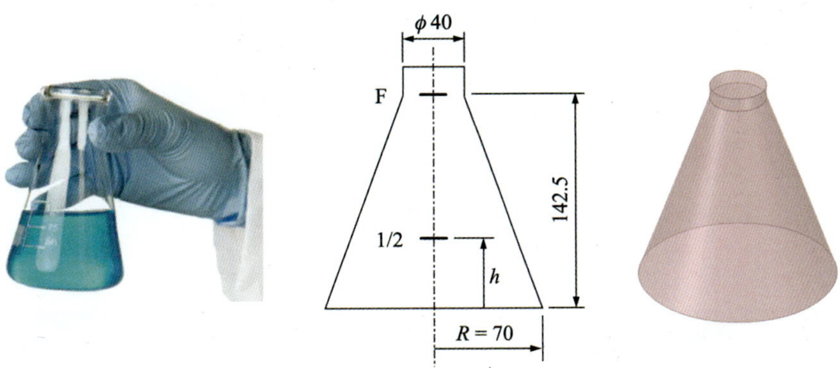

(a) 삼각 플라스크 (b) 간략 도면 (c) 3D 모델

그림 6-54

'모멘트'로 이름 붙여진 역학적 물리량들은 회전하려는 성향과 연관되어 있다. 정지해 있는 것처럼 보이는 댐도 실제로는 정수압에 의해 회전하려는 성향이 생기는데, 이를 방지하는 것이 댐 설계의 기본이다. 반면에 플라이휠은 대부분의 질량을 회전축으로부터 먼 쪽에 배치하고 휠의 크기를 키움으로써 물체의 질량 관성모멘트를 고의로 크게 만들어, 플라이휠에 연결된 물체가 지속적이면서도 안정적으로 회전하도록 돕는 역할을 한다. 면적 2차 모멘트는 물리적으로 정의되는 양은 아니지만 약방의 감초나 극 중의 카메오처럼 각종 공학 계산에 자주 등장한다.

CHAPTER 07

면적 2차 모멘트

Second Moments of Area

면적 2차 모멘트 7.1

단순 형상의 면적 2차 모멘트 7.2

복합 형상의 면적 2차 모멘트 7.3

면적 상승 모멘트 7.4

종합예제

연습문제

학습목표

- ✔ 면적 2차 모멘트의 유래와 공학적 필요성을 숙지한다.
- ✔ 단순 형상 부재(원, 삼각형, 사각형 등)의 면적 2차 모멘트 계산 방법을 익힌다.
- ✔ 단순 형상의 조합에 의한 복합 형상 부재의 면적 2차 모멘트 계산 방법을 익힌다.
- ✔ 면적 상승 모멘트를 이용해 주관성각과 주관성모멘트를 구한다.

SECTION 7.1

면적 2차 모멘트

✔ 분포력에 의한 모멘트 계산 시 면적 2차 모멘트가 어떻게 활용되는지 이해한다.
✔ 질량 관성모멘트의 물리적 의미와 면적 2차 모멘트와의 연관성을 이해한다.
✔ 직각 면적 2차 모멘트와 극 면적 2차 모멘트의 정의를 통해 상호 관계를 이해한다.

목표를 아무리 명확히 세우더라도 실행에 옮기지 않으면 아무 일도 일어나지 않는 것처럼, 갖은 노력을 들여 유도한 식이라도 입력 값들을 적재적소에 대입해 원하는 출력 값들을 얻을 수 없으면 무용지물이 되기 쉽다. 면적 2차 모멘트 계산법을 정확히 익혀 각종 공학 관련 식들을 내 것으로 만들어보자.

7.1.1 정수압

[그림 7-1(a)]에서와 같이 고체 용기 안에 일정량의 물을 담아 두었을 때 물에 의해 용기 벽면에 작용하는 면적 분포력은 **압력** pressure[1]으로서 작용하는데, 그림에서와 같이 정지해 있는 물에 의해 발생하는 경우를 특별히 **정수압** hydrostatic pressure[2]이라고 한다. 정수압은 [그림 7-1(b)]에서와 같이 **자유표면** free surface[3]에서 0[4]이 되고, 깊이에 비례하여 크기가 커지므로, 이를 수식으로 표현하면 식 (7.1)과 같다. 식에서 ρ는 물의 밀도 density, g는 중력가속도, γ는 비중량 specific gravity을 나타낸다. 물의 밀도[5]와 중력가속도가 일정한 경우 $(-)\rho g$ 또는 $(-)\gamma$를 하나의 상수 k로 치환하면 $p(y) = ky$로 간단하게 나타낼 수 있다.

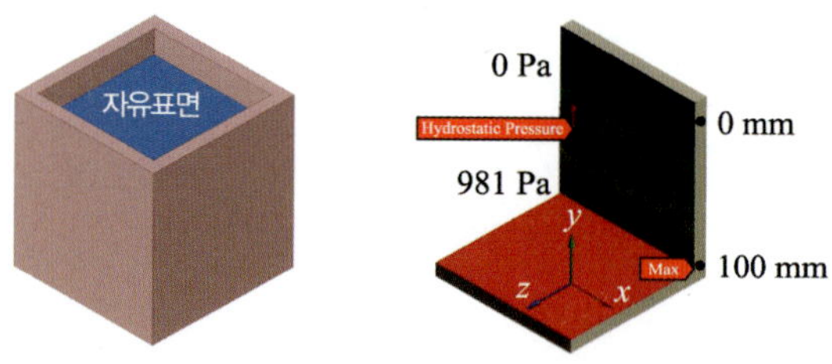

(a) 용기 내의 물 (b) 위치에 따른 정수압 변화

그림 7-1 정수압에 의해 고체 벽면에 작용하는 면적 분포력(압력)

$$p(y) = (-)\rho g y = (-)\gamma y = ky \tag{7.1}$$

1 압력은 항상 물체 표면에 수직하게 작용하므로 그 크기만 주어지면 특성이 결정되는 스칼라량이다.
2 정수압(靜水壓) : 정지해 있는 물에 의해 발생하는 압력이라는 의미이다.
3 액체 등이 대기와 접하고 있는 면을 일컫는다.
4 엄밀하게는 대기압(atmospheric pressure)이 작용하고 있으나 이 책에서는 수식의 간편화를 위해 무시하기로 한다.
5 온도와 압력이 일정하면 물의 밀도도 일정하다. 여기서는 상온(room temperature) 및 대기압으로 가정하기로 한다.

많은 양의 물을 저장해야 하는 댐 dam의 경우 정수압에 의해 자유표면에서 깊어질수록 큰 압력이 발생하므로, 이러한 압력을 안전하게 지지하기 위해서는 댐이나 벽의 아래 부분을 보강해야 한다. 이를 구현한 한 가지 예를 [그림 7-2]에 나타내었다. 그림에 나타낸 댐은 물을 저장하기 위한 벽 반대쪽에 삼각형 지지대를 보강한 형태로서 **부벽식 댐** buttress dam[6]이라고 부른다.

(a) 부벽식 댐 (b) 부벽식 댐의 단면 형상 개략도

그림 7-2 정수압에 의한 분포력을 지탱하기 위한 부벽식 댐

7.1.2 정수압에 의한 모멘트

정수압을 받고 있는 [그림 7-2]와 같은 부벽식 댐의 자유표면에서 바닥면까지(높이 h)를 [그림 7-3]과 같이 모델링할 경우, 압력은 기준축 O-O에서 0[7]이 되고 식 (7.1)과 같이 깊이에 비례하여 커진다. 이때 기준축에서 y 만큼 떨어진 위치에 미소면적(dA)을 설정하면 이 미소면적에 작용하는 압력(p)에 의해 미소힘(dF)이 발생하게 되고, 이 미소힘은 기준축에 대해 미소모멘트(dM)를 생성시킨다. 만약 기준축에 대한 전체 모멘트를 알고자 하면 이 미소모멘트를 전체 면적에 대해 수학적으로 적분하면 되는데, 이를 식 (7.2)에 나타내었다.

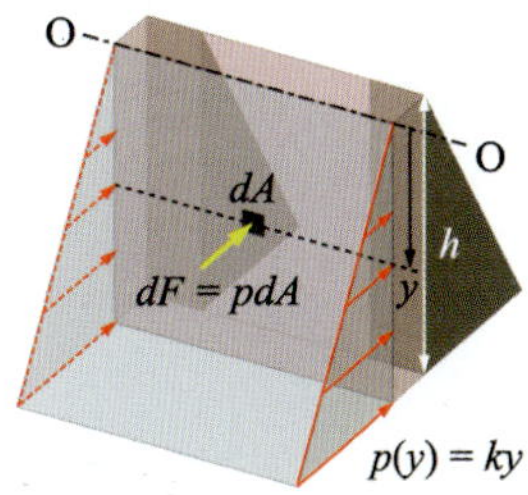

그림 7-3 정수압을 받는 부벽식 댐 모델

$$M_O = \int dM_O = \int y\,dF = \int_A y \times p\,dA = \int_A y \times (ky) \times dA = k\int_A y^2\,dA \qquad (7.2)$$

기준축을 중심으로 분포력(정수압)에 의해 생성된 모멘트 M_O의 물리적 의미를 살펴보기 위해 6장에서 다뤘던 분포력, 집중력 및 도심의 개념과 함께 [그림 7-4]에 나타내었다. 그림 (a)는 한 부재에 분포력(정수압)이 작용할 경우 그 분포력을 모두 합한 합력($F = \int p\,dA$)을 가상의 위치인 도심($\bar{y}$)에 집중력으로 작용시키면 분포력과 정역학적으로 등가의 효과를 낼 수 있음을 나타낸다. 유사한 개념으로, 그림 (b)는 분포력에 의한 모멘트를 식 (7.2)로 구한 집중 모멘트(M_O)로 대체하면 정역학적으로 등가의 효과를 낼 수 있음을 나타낸다.

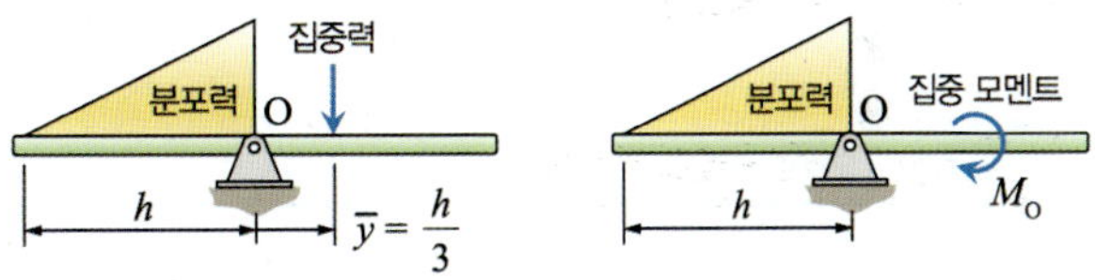

(a) 분포력, 집중력 및 도심 (b) 분포력 및 집중 모멘트

그림 7-4 분포력의 효과에 대한 정역학적 등가 개념

---

6 부벽식(扶壁式) 댐 : 사전적 의미로는 벽을 부축하는 방식의 댐을 일컫는다.

7 편의상 대기압은 제외한다. 대기압을 고려하더라도 수직 방향의 힘이 되므로 중심축 O-O에 대해 모멘트를 생성시키지 못한다.

7.1.3 질량 관성모멘트

올림픽 투해머 hammer throw 경기 시 해머를 더 멀리 보내기 위해 경기자는 [그림 7-5(a)]에서와 같이 정해진 영역 내에서 해머가 연결되어 있는 줄을 힘껏 돌리다가 놓는다. 만약 질량 m인 해머를 질점 particle으로 간주하면 회전운동에 관한 **뉴턴의 제2법칙**(각가속도의 법칙)[8]은 식 (7.3)과 같이 나타낼 수 있다. 식에서 ΣM_O는 기준축 O를 중심으로 가하는 모멘트[N · m], α는 각가속도 angular acceleration (rad/s^2), I_O는 [kg · m^2][9]를 단위로 갖는 **질량 관성모멘트** mass moment of inertia이다. 직선운동에 있어서 **뉴턴의 제2법칙**($\Sigma F = ma$)을 회전운동에 관한 식 (7.3)과 비교해보면, 직선운동에서의 질량이 회전운동에서의 질량 관성모멘트에 해당하는 것으로 볼 수 있다. 만약 해머를 집중질량 concentrated mass으로 보지 않고 분포질량으로 보면 질량 관성모멘트는 식 (7.4)를 이용하여 계산해야 한다. 식에서 r은 기준 회전축에서 미소질량까지의 거리이다. 이 식의 경우 질량(m)에 거리의 제곱(r^2)을 곱한 형태이기 때문에 **질량 2차 관성모멘트** second mass moment of inertia라고도 한다.

$$\Sigma M_O = mR^2\alpha = I_O\alpha \tag{7.3}$$

$$I_O = \int_m r^2 dm \tag{7.4}$$

(a) 투해머 경기

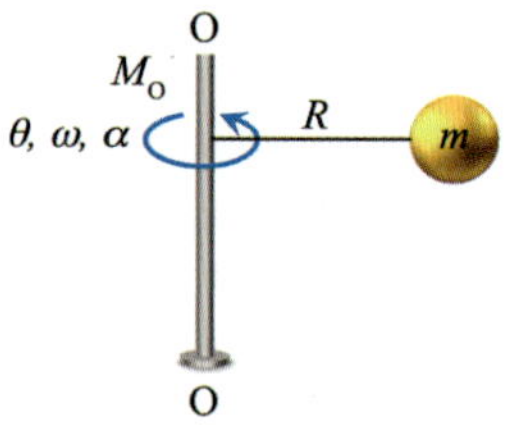

(b) 투해머 모델(질량 관성)

그림 7-5 투해머 경기와 해머 모델

예제 7-1 질량 관성모멘트

집중 질량(m) 두 개를 무게를 무시할 수 있는 봉으로 연결하였다. [그림 7-6]의 두 경우에 대해 질량 관성모멘트를 구하시오.

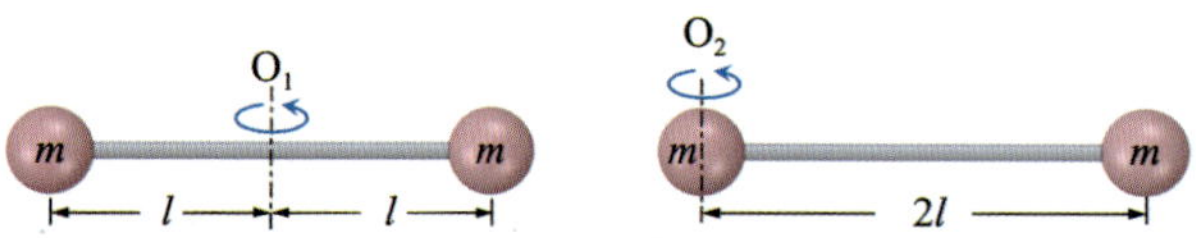

(a) 중심축 O_1(중앙) 중심 회전　　(b) 중심축 O_2(왼쪽) 중심 회전

그림 7-6 무게를 무시할 수 있는 봉으로 연결된 집중 질량

---

8 동역학에 관한 좀 더 자세한 설명은 11장에서 다룬다.

9 질량 관성모멘트를 면적 관성모멘트 등과 구분하기 위해 I_m과 같이 첨자에 질량(mass)을 나타내는 'm'을 붙여 나타내기도 한다. 이 책에서는 질량 관성모멘트를 많이 다루지 않기 때문에 별도의 표기를 하지 않기로 한다.

Analyze

- 집중질량은 모든 질량이 하나의 점에 작용한다고 가정하는 가상의 질량이다.
- 집중질량에 대한 질량 관성모멘트는 (질량) × (기준축으로부터의 거리)^{2}으로 계산한다.

Compute

- [그림 7-6(a)]의 경우 회전축(O_1)에서 질량까지의 거리는 l이며, 관성을 일으키는 질량은 2 개이므로 질량 관성모멘트는 다음과 같다.

$$I_{(a)} = I_{\text{left}} + I_{\text{right}} = ml^2 + ml^2 = 2ml^2$$

- [그림 7-6(b)]에서 왼쪽 질량은 회전축의 중심이므로 왼쪽 질량에 의한 관성모멘트는 0이 되고, 오른쪽 질량의 경우 회전축(O_2)에서 질량까지의 거리는 $2l$이므로 질량 관성모멘트는 다음과 같다.

$$I_{(b)} = I_{\text{right}} = m(2l)^2 = 4ml^2$$

Think

- 동일한 구성 요소이어도 $I_{(b)} = 2I_{(a)}$가 되는 점에 주목하자.
- 회전과 관련된 경우 질량뿐만 아니라 회전축에서 질량까지의 거리도 중요하다.

7.1.4 면적 2차 모멘트

식 (7.2)를 식 (7.3)과 비교해보면 두 식 모두 역학적 모멘트 moment와 관련되고, 식 (7.3)에서 (거리)^2 × (질량)의 형태가 식 (7.2)에서는 (거리)^2 × (면적)으로 표현된 것을 알 수 있다. 이러한 유사성 때문에 식 (7.2)에서의 $\int y^2 dA$를 **면적 2차 관성모멘트** second area moment of inertia[10] 또는 줄여서 **면적 2차 모멘트** second moment of area라고 한다. 이 책에서는 용어의 간편성을 위해 후자를 사용하기로 한다. 이 값은 식 (7.3)의 질량 관성모멘트와는 달리 물리적으로는 별다른 의미를 가지고 있지 않으나, 각종 공학적 계산에 자주 등장하기 때문에 그 계산 방법을 정확히 익혀둘 필요가 있다.

하나의 회전축 O–O에 대한 모멘트를 통해 유도된 식 (7.2)를 일반화시키기 위해 [그림 7-7(a)]와 같이 임의의 형상을 갖는 면적 A에 대해 면적 2차 모멘트를 정의하면 식 (7.5)와 같이 나타낼 수 있다. 식에서 기호 I를 사용한 것은 관성 inertia에서 유래되었기 때문이고, I_{xx}와 I_{yy}의 아래첨자는 기준 회전축(x축, y축)을 의미한다. 이때 같은 첨자가 반복되는 경우 표기의 간편화를 위해 하나를 생략하여 주로 I_x와 I_y로 나타낸다. 예를 들어, I_x의 경우 투해머에서 질량의 경우처럼 면적을 x축을 중심으로 회전시킨다고 볼 수 있으므로 관심 면적에 x축에서 관심을 갖는 면적까지의 수직 거리(y)의 제곱을 곱한 형태[11]를 갖는다. I_x와 I_y의 차이를 개념적으로 설명하기 위해 [그림

10 '관성'이라는 용어는 질량 관성모멘트에서 유래되었고, '2차'는 면적에 거리를 2회($x \times x$, $y \times y$, $x \times y$, ...) 곱했기 때문에 붙여진 이름으로 보면 된다.

11 면적 1차 모멘트의 경우도 $Q_x = \int y\,dA$, $Q_y = \int x\,dA$와 같이 아래첨자와 면적에 곱해지는 변수가 다름에 유의하자.

7−7(b)][12]에서와 같이 면적 2차 모멘트를 집중질량(m)을 기준축을 중심으로 회전시킬 때 내부에 형성되는 면적으로 생각해보면 면적 2차 모멘트의 차이를 간접적으로 알 수 있다. 예를 들어, 질량 m을 x축을 중심으로 회전시켰을 경우 내부에 형성되는 면적 A_x를 x축에 대한 면적 2차 모멘트 I_x로 생각하면 된다. [그림 7−7]과 식 (7.5)에서 알 수 있듯이 이들 식들은 직각 좌표계(x, y) 상에서 정의되기 때문에 직각rectangular 면적 2차 모멘트라고도 한다.

$$I_{xx} = I_x \equiv \int_A y^2 \, dA, \quad I_{yy} = I_y \equiv \int_A x^2 \, dA \tag{7.5}$$

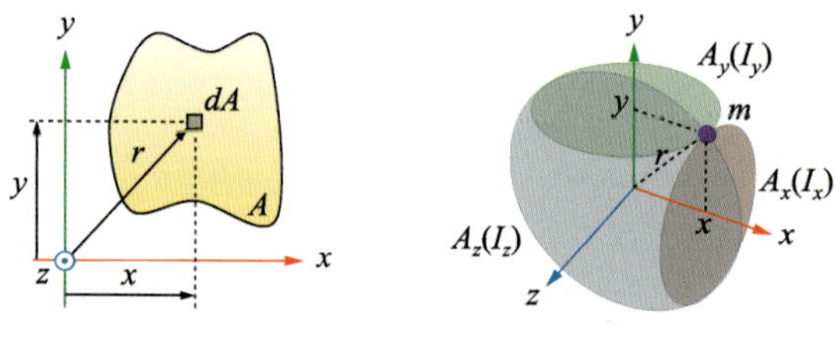

(a) 임의의 면적과 좌표계 (b) 면적모멘트 개념도

그림 7-7 임의의 면적에 대한 면적 2차 모멘트 및 가상 개념도

[그림 7−7(a)]에서 z축에 대한 면적 2차 모멘트도 정의할 수 있는데, 이 경우에는 기준축에서 미소면적까지의 거리는 극좌표 r로 주어지므로 I_z는 식 (7.6)과 같이 나타낼 수 있으며, [그림 7−7(b)]에서 알 수 있듯이 I_z가 I_x나 I_y보다 더 크다. 이 경우 **피타고라스의 정리**에 의해 $r^2 = x^2 + y^2$이 되고, 이 관계를 식 (7.6)에 대입하면 식 (7.7)을 얻을 수 있다. 이러한 이유로 I_z와 같이 면적 2차 모멘트 정의 시 극좌표가 사용되는 경우, 직각 면적 2차 모멘트와 구분하기 위해 **극**polar 면적 2차 모멘트라고 부르고, 기호로는 J를 많이 사용한다.

$$I_{zz} = I_z \equiv \int_A r^2 \, dA \tag{7.6}$$

$$I_z = \int_A r^2 \, dA = \int_A (y^2 + x^2) \, dA = \int_A y^2 \, dA + \int_A x^2 \, dA = I_x + I_y \tag{7.7}$$

Static Think_01

면적 2차 모멘트(I_x, I_y, I_z)의 정의에 비추어 보았을 때, 이들의 단위와 부호sign는 어떻게 될지 생각해보시오.

12 그림에 나타낸 것은 실제 면적 2차 모멘트를 나타내는 것은 아니고 I_x, I_y, I_z의 차이를 개념적으로 설명하기 위해 도식적으로 나타낸 것뿐임에 유의하자.

SECTION 7.2

단순 형상의 면적 2차 모멘트

- 관심 대상 면적에 적합한 미소면적 요소를 설정하는 방법을 이해한다.
- 단순 형상(원형, 직사각형, 삼각형) 면적에 대한 면적 2차 모멘트를 계산할 수 있다.
- '평행축 정리'를 활용하여 원하는 기준축에 대한 면적 2차 모멘트를 계산할 수 있다.

컴퓨터 화면에 표시되는 수많은 종류의 색깔들을 계속 확대하다 보면 결국 빨강, 초록, 파랑의 세 가지 색으로 이루어진 것을 알게 된다. 단순한 형상에 대한 면적 2차 모멘트에 대한 충분한 이해와 계산 연습을 통해 좀 더 복잡한 형상을 다룰 수 있는 기초를 마련하자.

7.2.1 원형 단면 부재

[그림 7-8(a)]와 같이 반경 R인 원통형 cylinder 부재의 **단면적** cross sectional area에 대한 면적 2차 모멘트를 구해보자. 먼저 x축에 대한 면적 2차 모멘트(I_x)를 구하기 위해 [그림 7-8(b)]와 같이 단면적 중앙에 원점을 둔 좌표계와 미소요소를 설정한 후 식 (7.5)를 적용하면 I_x는 식 (7.8)과 같이 된다.[13] 또한 y축에 대한 면적 2차 모멘트(I_y)는 대칭성에 의해 I_x와 같게 된다.

$$\begin{aligned} I_x &= \int_A y^2\,dA = \int_0^{2\pi}\int_0^R (r\sin\theta)^2 \times (dr \times r\,d\theta) = \int_0^{2\pi}\left(\int_0^R r^3\,dr\right)\sin^2\theta\,d\theta \\ &= \frac{R^4}{4}\int_0^{2\pi}\sin^2\theta\,d\theta = \frac{R^4}{4}\int_0^{2\pi}\frac{1-\cos 2\theta}{2}\,d\theta = \frac{R^4}{8}\left[\theta - \frac{\sin 2\theta}{2}\right]_0^{2\pi} = \frac{\pi R^4}{4} \end{aligned} \tag{7.8}$$

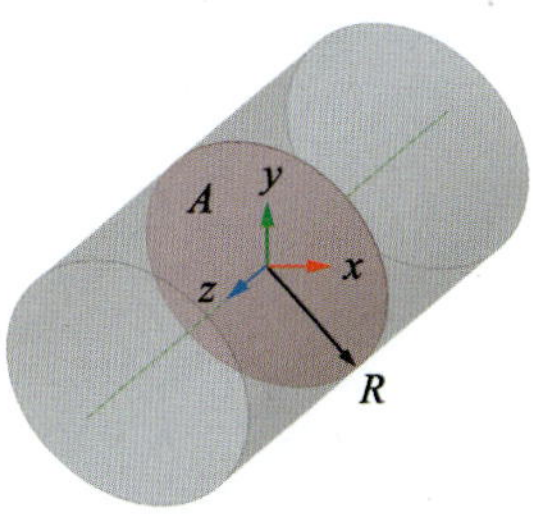

(a) 원통 및 3차원 좌표계

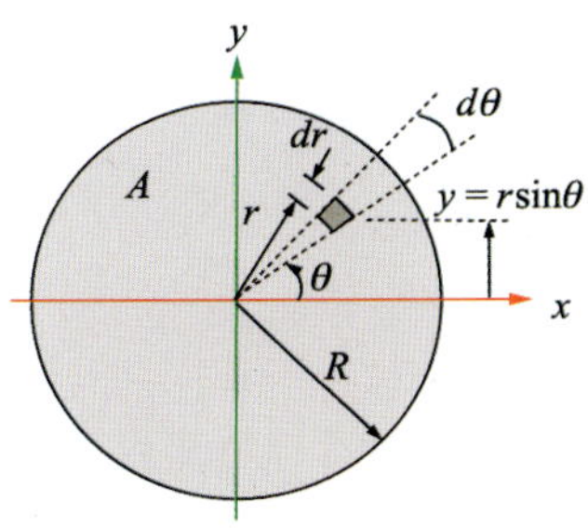

(b) 평면 좌표 및 미소면적

그림 7-8 원형 단면 부재의 면적 2차 모멘트

13 삼각함수의 덧셈 및 배각 공식은 많이 활용되므로 알아두는 것이 유용하다.
$\sin(A \pm B) = \sin A\cos B \pm \cos A\sin B \;\rightarrow\; \sin(2A) = 2\sin A\cos A$
$\cos(A \pm B) = \cos A\cos B \mp \sin A\sin B \;\rightarrow\; \cos(2A) = \cos^2 A - \sin^2 A = 1 - 2\sin^2 A = 2\cos^2 A - 1$

예제 7-2 원형 단면적에 대한 2차 모멘트

[그림 7-8(a)]에 대해 I_x와 I_y를 이중적분 double integration이 아닌 단일적분 single integration 방법으로 해결해보시오.

Analyze

- 적분 변수의 수를 줄이면 계산량이 줄어든다.
- 유한한 양에 0 에 가까운 양을 곱하면 곱해진 양도 미소 크기가 된다.

Compute

- [그림 7-9]와 같이 원형 면적 중앙에 좌표의 원점을 설정하고 미소면적을 원환 ring 형태로 잡으면 미소면적 $dA = (2\pi r) \times dr$이 된다. 이 식은 원의 면적에 관한 식($A = \pi r^2$)을 변수 r에 대해 미분해서 얻을 수도 있다.
- [그림 7-9]의 미소면적과 식 (7.6)을 이용하면 극 면적 2차 모멘트(J)를 단일 적분으로 다음과 같이 구할 수 있다.

$$J = \int_A r^2 dA = \int_0^R r^2 \times (2\pi r\, dr) = 2\pi \int_0^R r^3 dr = \frac{\pi R^4}{2}$$

- 단면의 대칭성에 의해 $I_x = I_y = I$를 식 (7.7)에 대입하면 I_x와 I_y를 다음과 같이 구할 수 있으며, 이 식은 식 (7.8)과 일치함을 알 수 있다.

$$I_x = I_y = I = \frac{J}{2} = \frac{\pi R^4}{4}$$

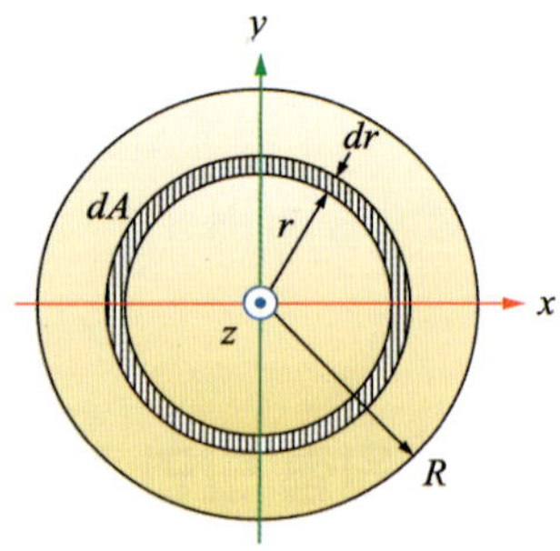

그림 7-9 원환 형태의 미소면적을 이용한 면적 2차 모멘트 계산

Think

- 미소면적을 어떻게 설정하는가에 따라 문제의 복잡성이 달라진다.
- 면적 2 차 모멘트의 단위는 $[L^4]$ 차원임을 잊지 말자.

7.2.2 직사각 단면 부재

[그림 7-10(a)]와 같은 직사각 단면 부재의 단면적에 대한 면적 2 차 모멘트를 구해보자. 먼저 x 축에 대한 면적 2 차 모멘트(I_x)를 구하기 위해 [그림 7-10(b)]와 같이 단면의 폭 breadth을 b, 높이 height를 h로 두고, 단면적 중앙에 원점을 둔 좌표와 미소요소를 설정한 후 식 (7.5)를 적용하면 I_x는 식 (7.9)와 같이 된다. 또한 y 축에 대한 면적 2 차 모멘트(I_y)는 이와 같은 방법으로 구할 수 있으며, 식 (7.10)과 같이 된다. z 축에 대한 면적 2 차 모멘트(I_z)는 식 (7.7)을 이용해 구하면 되므로 식 (7.11)과 같이 된다. 식에서 A는 단면적(bh)을 나타낸다.

$$I_x = \int_A y^2 dA = \int_{-\frac{h}{2}}^{\frac{h}{2}} y^2 \times (b\,dy) = b\left[\frac{y^3}{3}\right]_{-\frac{h}{2}}^{\frac{h}{2}} = \frac{bh^3}{12} \tag{7.9}$$

$$I_y = \int_A x^2 dA = \frac{hb^3}{12} \tag{7.10}$$

$$I_z = J = I_y + I_x = \frac{hb^3}{12} + \frac{bh^3}{12} = \frac{bh}{12}(b^2 + h^2) = \frac{A}{12}(b^2 + h^2) \tag{7.11}$$

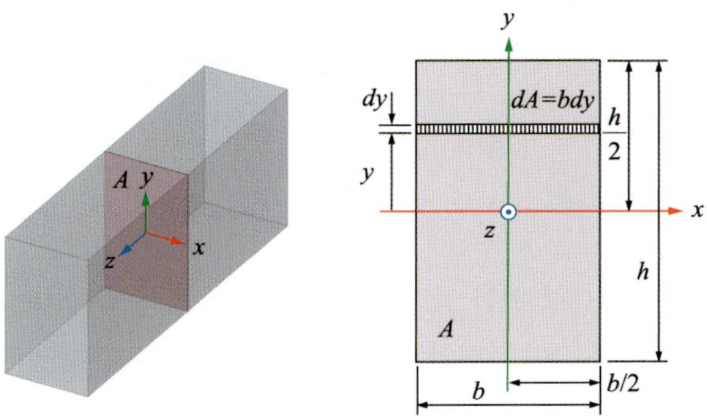

(a) 사각 단면 부재 및 3차원 좌표 (b) 평면 좌표 및 미소면적

그림 7-10 직사각 단면 부재의 면적 2차 모멘트

Static Think_ 02

[그림 7-10(b)]에서 (a) $b = 10$, $h = 5$인 경우와 (b) $b = 5$, $h = 10$인 경우, I_x는 어느 경우가 몇 배만큼 더 큰지 계산해보고 그 이유가 무엇인지 생각해보시오.

예제 7-3 직사각 단면적에 대한 2차 모멘트

폭이 b이고 높이가 h인 [그림 7-10(b)]에 나타낸 단면적에서, 기준축을 [그림 7-11]과 같이 아래로 $h/2$만큼 평행이동시켰을 경우 I_x와 I_y를 구해보시오.

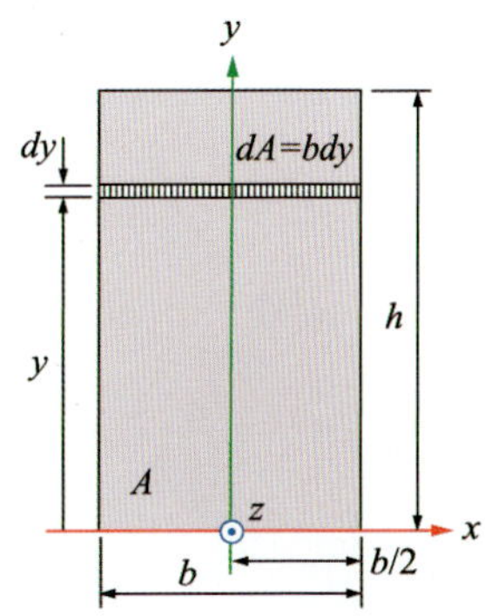

그림 7-11 좌표축 평행이동에 따른 면적 2차 모멘트 계산

Analyze

- 기준축이 바뀌면 적분 구간이 같이 변하므로 면적 2차 모멘트도 바뀐다.
- y축은 변동이 없기 때문에 I_y는 [그림 7-10(b)]의 결과와 동일하다.

Compute

- 면적 2차 모멘트에 대한 정의를 이용해 I_x를 구하면 다음과 같다.

$$I_x = \int_A y^2 dA = \int_0^h y^2 \times (b\,dy) = b\left[\frac{y^3}{3}\right]_0^h = \frac{bh^3}{3}$$

• y축은 변하지 않았기 때문에 식 (7.10)과 동일하다.

$$I_y = \frac{hb^3}{12}$$

Think

• 면적 2차 모멘트 값은 동일한 부재라도 기준축을 어디로 잡는가에 따라 값이 달라진다.
• I_x의 경우 [그림 7-11]에서의 면적 2차 모멘트 값이 [그림 7-10(b)]에 비해 4배 더 크다. 이는 [예제 7-1]의 질량 관성모멘트 결과와 유사함을 알 수 있다.

7.2.3 삼각형 단면 부재

[그림 7-12(a)]와 같은 삼각형 단면 부재의 단면적에 대한 면적 2차 모멘트를 구해보자. x축에 대한 면적 2차 모멘트(I_x)를 구하기 위해 [그림 7-12(b)]와 같이 단면의 폭을 b, 높이를 h로 두고, 단면적 왼쪽 아래에 좌표 원점을 설정하면 미소면적 $dA = x\,dy$로 나타낼 수 있다. 이 미소면적을 이용해 적분을 수행하기 위해서는 변수 x를 y의 함수로 나타내야 하는데, 이 경우 삼각형의 비례 관계를 이용하면 된다. 즉, 그림 (b)에서 전체 삼각형(밑변 b, 높이 h)과 미소면적 위쪽 삼각형(밑변 x, 높이 $h-y$)의 비례 관계를 이용해 x를 y의 함수로 나타내면 식 (7.12)와 같다. 다음으로 이 관계를 면적 2차 모멘트 식에 대입하고 적분을 수행하면 I_x는 식 (7.13)과 같이 된다.

$$b : x = h : (h-y) \quad \rightarrow \quad x = \frac{b}{h}(h-y) \tag{7.12}$$

$$\begin{aligned} I_x &= \int_A y^2\,dA = \int_0^h y^2 \times (x\,dy) = \frac{b}{h}\int_0^h y^2 \times (h-y)\,dy \\ &= \frac{b}{h}\left[\frac{hy^3}{3} - \frac{y^4}{4}\right]_0^h = \frac{bh^3}{12} \end{aligned} \tag{7.13}$$

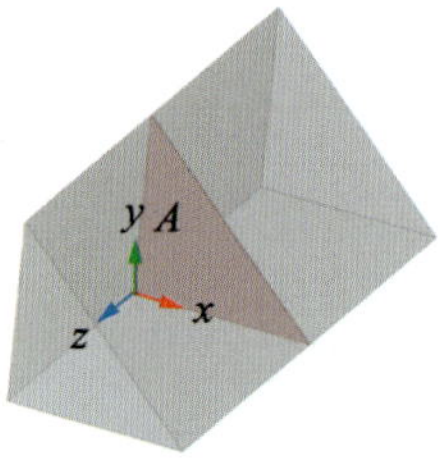

(a) 삼각형 단면 부재 및 좌표계

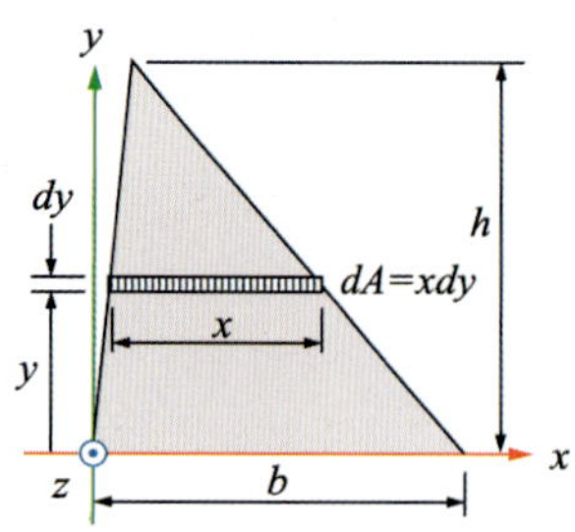

(b) 평면 좌표 및 미소면적

그림 7-12 삼각형 단면 부재의 면적 2차 모멘트

7.2.4 평행축 정리

무게를 갖는 모든 물체들이 고유한 무게중심을 갖고 있듯이 모든 면적들은 고유한 도심을 갖고 있으며, 각종 공학 계산 시 도심에 대한 면적 2 차 모멘트 값이 필요한 경우가 많다. 따라서 도심에 대한 면적 2 차 모멘트를 계산하기 위해서는 도심의 위치부터 알아야 하며, 이를 위해 6장에서 도심의 위치를 구하는 과정을 다루었다.

임의의 형상을 갖는 면적 A 인 부재를 [그림 7-13]에 도심축(x_c축, y_c축)과 함께 나타내었다. 그림에서 d_x는 x 축에서 y 방향 도심축까지의 평행 거리 parallel distance를, d_y는 y 축에서 x 방향 도심축까지의 평행 거리를 각각 나타낸다. 이 면적의 x 축에 대한 면적 2 차 모멘트를 [그림 7-13]을 참조하여 정리하면 식 (7.14)와 같이 된다. 이 식의 첫 번째 항 $\int y_0^2\,dA$는 도심을 통과하는 기준축 x_c에 대한 면적 2 차 모멘트로서 $\overline{I_x}$로 나타내기로 한다. 두 번째 항 $\int y_0\,dA$는 도심축 x_c에 대한 면적 1 차 모멘트로서 0 이 된다. 마지막 항 $d_x^2\int dA = A\,d_x^2$이 된다. 마찬가지 방법으로 y 축에 대한 면적 2 차 모멘트를 구하고 식 (7.14)를 통해 얻은 식과 함께 정리하면 식 (7.15)를 얻을 수 있다. 이 식으로부터 임의의 축에 대한 관심 면적의 2 차 모멘트(I_x와 I_y)는 해당 면적의 도심축에 대한 면적 2 차 모멘트($\overline{I_x}$와 $\overline{I_y}$)에 (전체 면적)×(두 축 사이의 평행거리)^{2}을 더해 구할 수 있음을 알 수 있으며, 이를 **평행축 정리** parallel axis theorem라고 부른다.

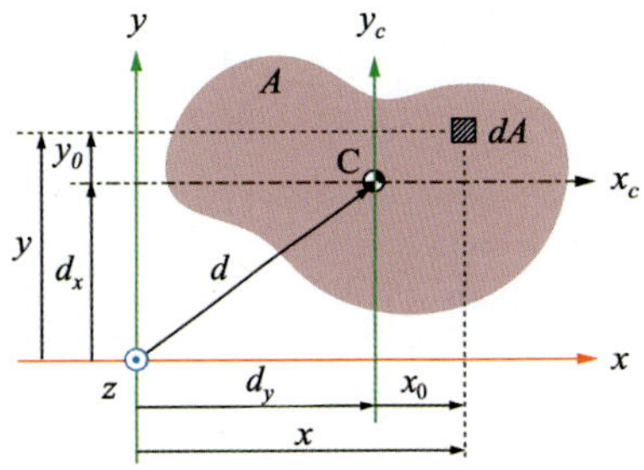

그림 7-13 기준축 평행이동에 따른 면적 2차 모멘트

$$\begin{aligned} I_x &= \int_A y^2\,dA = \int_A (d_x + y_0)^2\,dA = \int_A \left(y_0^2 + 2\,y_0\,d_x + d_x^2\right)dA \\ &= \int_A y_0^2\,dA + 2\,d_x\int_A y_0\,dA + d_x^2\int_A dA \end{aligned} \tag{7.14}$$

$$\begin{aligned} I_x &= \overline{I_x} + A\,d_x^2 \\ I_y &= \overline{I_y} + A\,d_y^2 \end{aligned} \tag{7.15}$$

Static Think_03

[그림 7-11]에서의 I_x를 [그림 7-10]의 결과와 **평행축 정리**를 이용해 유도해보고, **평행축 정리**의 장점을 생각해보시오.

예제 7-4 반원형 단면적의 도심축에 대한 2차 모멘트

[그림 7−14]와 같은 반경 R인 반원형 단면적의 도심축(x_c축)에 대한 2차 면적모멘트($\overline{I_x}$)를 **평행축** 정리를 활용하여 구하시오.

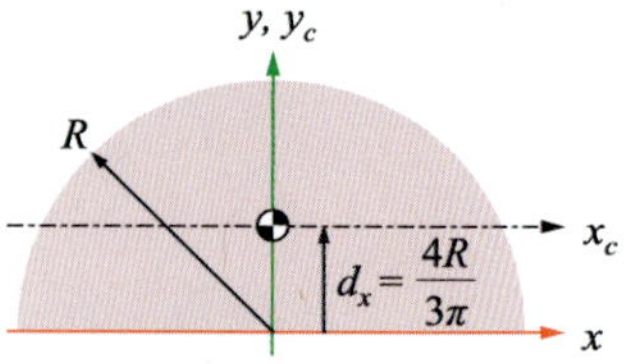

그림 7-14 반원형 단면적의 도심축에 대한 면적 2차 모멘트

Analyze

- 원에 대한 면적 2차 모멘트 식 (7.8)을 이용한다.

$$I_x = \frac{\pi R^4}{4}$$

- 원의 중심을 지나는 반원형 단면의 2차 면적모멘트는 원의 절반임을 활용한다.
- **평행축 정리**($I_x = \overline{I_x} + A d_x^2$)를 활용한다.

Compute

- [그림 7−14]에서 x축에 대한 면적 2차 모멘트는 [그림 7−8]을 활용해 구할 수 있으며, 다음과 같이 원 전체에 대한 면적 2차 모멘트의 절반이 된다.

$$I_x = \int_A y^2 dA = \int_0^{\pi}\int_0^{R}(r\sin\theta)^2 \times (dr \times r d\theta)$$
$$= \frac{R^4}{8}\left[\theta - \frac{\sin 2\theta}{2}\right]_0^{\pi} = \frac{\pi R^4}{8} = \frac{I_{x,\,\text{circle}}}{2}$$

- x_c축에 대한 면적 2차 모멘트는 **평행축 정리**를 이용하여 다음과 같이 구한다.

$$\overline{I_x} = I_x - A d_x^2 = \frac{\pi R^4}{8} - \frac{\pi R^2}{2} \times \left(\frac{4R}{3\pi}\right)^2 = \left(\frac{\pi}{8} - \frac{8}{9\pi}\right)R^4 \approx 0.11R^4$$

Think

- 복잡해보이는 문제를 단순하게 만들어 해결하는 것이 공학도의 덕목이다.
- $\overline{I_x} = I_x - A d_x^2 = \left(\frac{\pi}{8} - \frac{8}{9\pi}\right)R^4$에서 알 수 있듯이 d_x가 0이 되면 $\overline{I_x} = I_x = \frac{\pi R^4}{8}$이 됨을 알 수 있으며, 축대칭 부재의 경우 도심축에 대한 면적 2차 모멘트가 관심 면적이 가질 수 있는 면적 2차 모멘트의 최솟값이 된다.

SECTION 7.3

복합 형상의 면적 2차 모멘트

- ✔ 단순 형상 부재의 합으로 만들어진 복합 형상에 대한 면적 2차 모멘트를 계산할 수 있다.
- ✔ 단순 형상 부재의 차로 만들어진 복합 형상에 대한 면적 2차 모멘트를 계산할 수 있다.
- ✔ 가상 개념인 회전반경의 필요성을 이해하고 이를 계산할 수 있다.

덧셈과 뺄셈을 할 수 있으면 이를 이용해 곱셈과 나눗셈을 할 수 있듯이, 단순 형상의 면적 2차 모멘트 값을 알고 있으면 이들을 더하거나 빼는 조합을 통해 만들어진 복합 형상의 면적 2차 모멘트도 쉽게 구할 수 있다.

7.3.1 $\alpha + \beta$ 복합 형상의 면적 2차 모멘트

면적 2차 모멘트 계산이 필요한 실제 부재의 경우 단순 형상(원, 삼각형, 사각형 등)만으로 이루어진 것보다는 [그림 7-15]에서와 같이 단순 형상들의 합으로 이루어진 것들이 많다. 이들의 면적 2차 모멘트를 구할 때 면적 2차 모멘트의 정의와 미소면적을 이용하면 많은 시간과 노력이 소요될 것이다. 따라서 복합 부재를 도심과 면적 2차 모멘트를 알고 있는 단순 형상으로 분해한 뒤, 이들의 결과를 활용하면 문제를 좀 더 수월하게 해결할 수 있다.

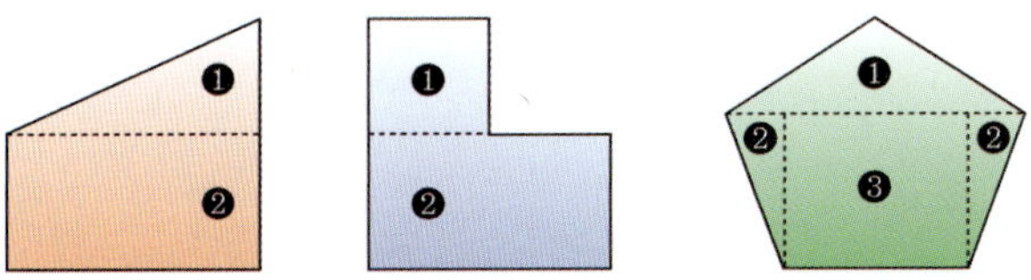

(a) 삼각형 + 사각형 (b) 2개의 사각형 (c) 3개의 삼각형 + 사각형

그림 7-15 $\alpha + \beta$ 복합 형상 부재의 예

예를 들어 [그림 7-15(c)]의 5각형 단면에 대한 면적 2차 모멘트 계산이 필요하면, 해당 단면을 도심과 면적 2차 모멘트를 알고 있는 단순 형상들인 큰 삼각형(❶), 두 개의 작은 삼각형(2×❷), 그리고 직사각형(❸)으로 나눈 뒤 **평행축 정리**를 적용하면 된다. 이를 [그림 7-16]에 상세하게 나타내었다. 그림에서 I_x를 계산하고자 할 경우, 먼저 각각의 단순 형상들에 대한 I_x 값들을 구하면 식 (7.16)과 같이 되며, 이들을 모두 더하면 5각형 단면의 I_x가 된다. 이러한 관계를 n개의 단순 형상 부재로 이루어진 단면으로 확장하면 식 (7.17)과

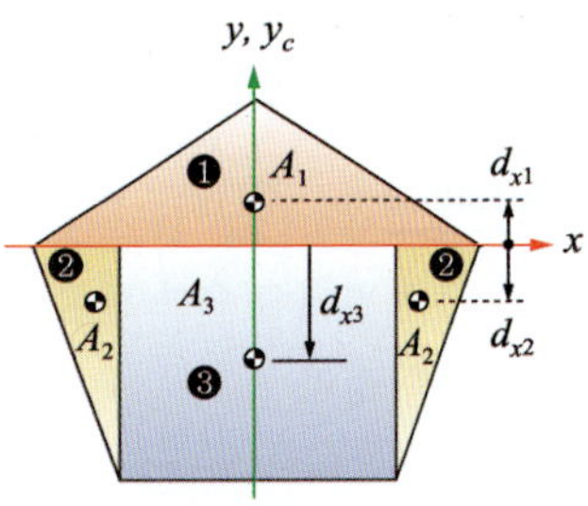

그림 7-16 5각형 단면의 면적 2차 모멘트 계산($\alpha + \beta$)

같이 나타낼 수 있다. 즉 수학적인 적분 대신 면적 2 차 모멘트 값들의 합 summation을 통해 면적 2 차 모멘트 계산을 쉽게 할 수 있다.

$$\begin{aligned} I_{x1} &= \overline{I_{x1}} + A_1 d_{x1}^2 \\ I_{x2} &= 2 \times \left(\overline{I_{x2}} + A_2 d_{x2}^2\right) \\ I_{x3} &= \overline{I_{x3}} + A_3 d_{x3}^2 \end{aligned} \tag{7.16}$$

$$\begin{aligned} I_x &= \sum_{i=1}^{n} \left(\overline{I_{xi}} + A_i d_{xi}^2\right) \\ I_y &= \sum_{i=1}^{n} \left(\overline{I_{yi}} + A_i d_{yi}^2\right) \end{aligned} \tag{7.17}$$

Static Think_ 04

[그림 7-16]에서 기준축부터 단순 형상들 도심까지의 거리 d_{xi}의 부호가 면적 2차 모멘트 계산 결과에 영향을 미치는지와 그렇게 생각하는 이유에 대해 생각해보시오.

예제 7-5 역 T형 단면적에 대한 2차 모멘트

예제 6-4

[그림 7-17(a)]에 나타낸 역 T형 단면적의 도심축에 대한 면적 2차 모멘트($\overline{I_x}$, $\overline{I_y}$)를 구하시오.

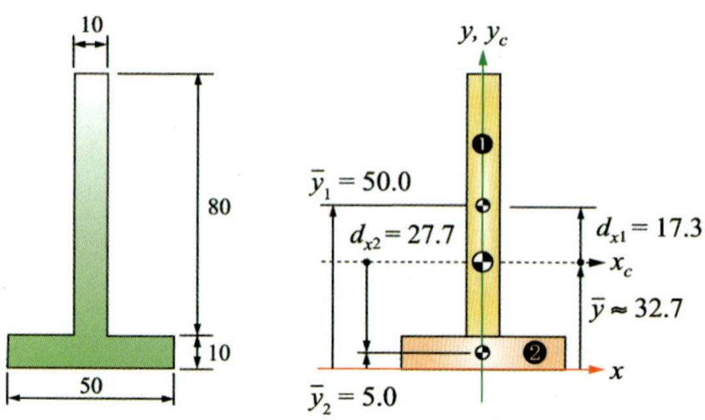

(a) 단면 형상 및 치수 (b) 개별 및 전체 단면의 도심 위치

그림 7-17 역 T형 단면적의 도심축에 대한 면적 2차 모멘트 [단위 : mm]

Analyze

- 문제 해결에 필요한 도심의 위치는 [예제 6-4]의 결과를 이용한다.
- **평행축 정리** $I_x = \overline{I_x} + A d_x^2$을 활용한다.

Compute

- [그림 7-17]의 역 T형은 좌우대칭 형상이므로 **평행축 정리**를 사용할 필요가 없는 $\overline{I_y}$부터 구하면 다음과 같다.

$$\overline{I_y} = \overline{I_{y1}} + \overline{I_{y2}} = \frac{80 \times 10^3}{12} + \frac{10 \times 50^3}{12} \approx 110{,}833.3 \text{ mm}^4$$

- $\overline{I_x}$는 [그림 7-17(b)]의 치수와 **평행축 정리**를 이용하여 다음과 같이 구한다.

$$\begin{aligned}\overline{I_x} &= \overline{I_{x1}} + A_1 d_{x1}^2 + \overline{I_{x2}} + A_2 d_{x2}^2 \\ &= \frac{10 \times 80^3}{12} + 800 \times 17.3^2 + \frac{50 \times 10^3}{12} + 500 \times 27.7^2 \approx 1{,}053{,}910.3 \text{ mm}^4\end{aligned}$$

Think

- 단순 형상에 대한 문제를 충분히 다뤄본 후 복합 형상에 대한 문제를 다룰 것을 권장한다.
- 복합 형상을 단순 형상으로 분해해 면적 2차 모멘트를 구할 때는 항상 **평행축 정리**가 사용된다.
- 질량이 있는 물체로 생각했을 때 y(또는 y_c)축을 중심으로 회전시키는 것이 x_c축을 중심으로 회전시키는 것보다 쉬울 것이다. 따라서 $\overline{I_x} > \overline{I_y}$임은 물리적으로 합당하다.

7.3.2 $\alpha - \beta$ 복합 형상의 면적 2차 모멘트

면적 2차 모멘트 계산이 필요한 실제 부재의 경우 단순 형상들의 차로 이루어진 $\alpha - \beta$ 형상도 많이 사용된다. [그림 7-18(a)]에 $\alpha \pm \beta$ 형상 단면으로 이루어진 공학 부재(L형, ㄷ형, I형, +형, ㅁ형 등)를 나타내었다. 이들 중 L형, ㄷ형, I형, +형은 $\alpha + \beta$로 볼 수 있으나 동시에 $\alpha - \beta$ 형상으로도 볼 수 있다. [그림 7-18(b)]에는 전형적인 $\alpha - \beta$ 형상의 예를 나타내었다. 그림 (b)에 나타낸 단면들의 면적 2차 모멘트는 큰 형상(❶)의 면적 2차 모멘트에서 내부에 있는 작은 형상(❷)의 면적 2차 모멘트를 빼서 구할 수 있다.

그림 7-18 공학 부재 및 $\alpha - \beta$ 복합 부재 예

예를 들어 [그림 7-16]에서 $\alpha + \beta$ 형상으로 해석했던 5각형 단면에 대한 면적 2차 모멘트는 [그림 7-19]에서와 같이 바깥 큰 사각형(❶)에서 2개의 위쪽 삼각형(2 × ❷)과 2개의 아래쪽 삼각형(2 × ❸)을 빼서 구해도 된다. 이를 식 (7.18)에 나타내었다.

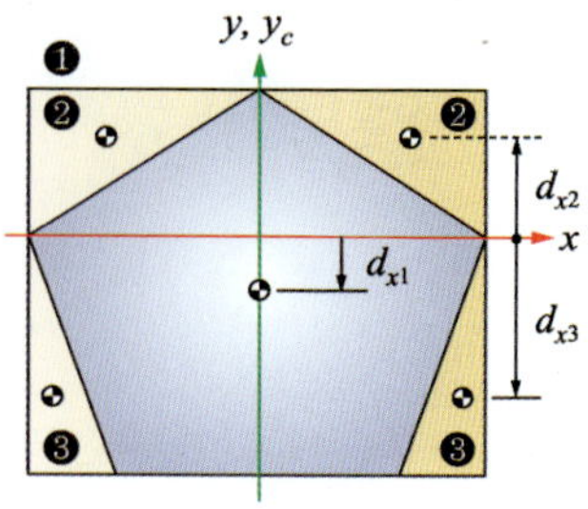

그림 7-19 5각형 단면의 면적 2차 모멘트 계산($\alpha-\beta$)

$$\begin{aligned} I_x &= I_{x1} - 2(I_{x2} + I_{x3}) \\ &= \overline{I_{x1}} + A_1 d_{x1}^2 - 2\left(\overline{I_{x2}} + A_2 d_{x2}^2 + \overline{I_{x3}} + A_3 d_{x3}^2\right) \end{aligned} \tag{7.18}$$

예제 7-6 $\alpha-\beta$ 복합 형상 부재

[그림 7-20(a)]와 같은 I형 단면 부재의 단면 형상을 [그림 7-20(b)]와 같이 단순화하였다. 이 단면적의 면적 2차 모멘트 I_x를 구하시오. [단위 : mm]

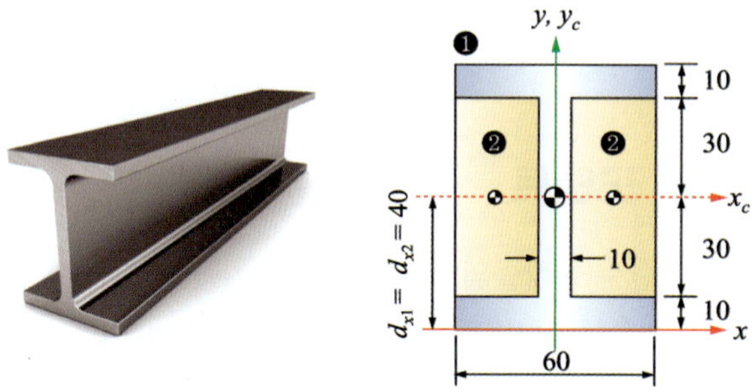

(a) I형 단면 부재 (b) 단면 단순 모델 및 치수

그림 7-20 I형 부재와 단면 형상

Analyze

- 이 문제는 폭 10 mm, 길이 60 mm인 부재 3개를 더한 $\alpha+\beta$ 복합 부재로 해석해도 된다.
- 이 예제에서는 외부의 큰 직사각형(❶, ■)에서 내부에 있는 2개의 작은 직사각형(❷, ■)을 빼는 $\alpha-\beta$ 복합 부재로 보고 풀이한다.

Compute

- 전체 단면을 [그림 7-20(b)]와 같이 나눈 뒤 두 종류(❶, ❷)의 면적을 대상으로 평행축 정리를 적용하여 x축에 대한 면적 2차 모멘트를 계산한다.

$$I_{x1} = \overline{I_{x1}} + A_1 d_{x1}^2 = \frac{60 \times 80^3}{12} + 4{,}800 \times 40^2 = 10{,}240{,}000 \text{ mm}^4$$

$$I_{x2} = \overline{I_{x2}} + A_2 d_{x2}^2 = \frac{25 \times 60^3}{12} + 1{,}500 \times 40^2 = 2{,}850{,}000 \text{ mm}^4$$

• 전체 단면의 I_x는 $I_{x1} - 2I_{x2}$로 계산한다.

$$I_x = I_{x1} - 2I_{x2} = 10{,}240{,}000 - 2 \times 2{,}850{,}000 = 4{,}540{,}000\ \text{mm}^4$$

Think

• 단면을 $\alpha + \beta$로 볼 것인지, $\alpha - \beta$로 볼 것인지는 경험과 직관에 따라 결정하면 된다.
• $1\ \text{m}^4 = 10^8\ \text{cm}^4 = 10^{12}\ \text{mm}^4$의 관계를 이용해 필요한 경우 단위 변환을 수행한다.

7.3.3 회전 반경

실제 공학 문제들은 기본 역학에서 다루는 기초적인 문제들에 비해 복잡하기 때문에 실제 구조물 설계 시에는 단순한 공식이나 역학적 이론을 적용하는 대신 복잡한 모델을 다룰 수 있는 컴퓨터 기반의 공학 해석 computer-aided engineering 소프트웨어를 주로 사용한다. 그러나 이러한 소프트웨어를 이용해 실제 문제들을 해결하기 위해서는 복잡한 문제들을 합리적인 **가정** assumption을 통해 단순한 문제로 변환하여 해석하는 것이 효과적이며, 이러한 과정을 **모델링** modeling이라고 한다. 예를 들어 [그림 7-21(a)]의 반원형 부재에 대해 면적의 1 차 모멘트(Q_x)를 구하고자 할 때 Q_x의 정의($Q_x \equiv \int y\,dA$)에 따라 적분하여 구해도 되지만, [그림 7-21(b)]와 같이 전체 면적(A)이 특정 위치(도심, $\bar{y}$)에 집중[14]되어 있다고 가정하면 $Q_x = \bar{y}A = \dfrac{4R}{3\pi} \times \dfrac{\pi R^2}{2} = \dfrac{2R^3}{3}$과 같이 쉽게 계산할 수 있다. 이러한 이유로 면적의 1 차 모멘트 계산 시 가상의 개념인 도심이 많이 사용된다. 즉, 도심은 분포면적 distributed area을 집중 면적 concentrated area으로 간주해 면적의 1 차 모멘트를 쉽게 구하기 위해 사용하는 가상의 개념으로 볼 수 있다.

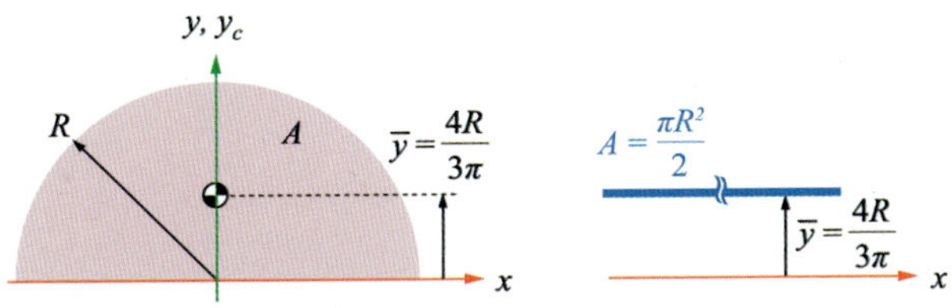

(a) 분포 면적 A인 반원 (b) 집중 면적 A와 도심

그림 7-21 도심과 면적 1차 모멘트의 개념

도심과 유사하게 분포 면적에 대한 면적 2 차 모멘트를 쉽게 구하기 위해 **회전반경** radius of gyration이라고 하는 가상의 개념을 사용한다. 예를 들어 [그림 7-22(a)]의 반원형 부재에 대한 면적의 2 차 모멘트(I_x)를 구하고자 할 때, I_x의 정의($I_x \equiv \displaystyle\int y^2\,dA$)에 따라 수학적으로 적분하여 구해도 되지만, [그림 7-22(b)]와 같이 전체 면적(A)이 특정 위치(회전반경, k_x)에 집중되어 있다고 가정하면 $I_x = k_x^2 A = \left(\dfrac{R}{2}\right)^2 \times \dfrac{\pi R^2}{2}$

14 전체 면적을 [그림 7-21(b)]와 같이 선으로 모델링하는 대신 점으로 간주해도 되지만 선이 점보다는 개념 형상화에 유리해 전체 면적이 선에 집중되어 있는 것으로 모델링한다.

$= \dfrac{\pi R^4}{8}$ 과 같이 쉽게 계산할 수 있다. 이러한 이유로 면적 2 차 모멘트 계산 시 가상의 개념인 회전반경이 많이 사용된다. 즉 회전반경은 분포면적을 집중면적으로 간주해 면적의 2 차 모멘트를 손쉽게 구하기 위해 사용하는 가상의 개념으로 볼 수 있으며, 단위는 길이 차원과 같다. 이러한 회전반경의 정의를 식 (7.19)에 나타내었다.

$$\begin{aligned} I_x &= k_x^2 A \quad \rightarrow \quad k_x = \sqrt{\frac{I_x}{A}} \\ I_y &= k_y^2 A \quad \rightarrow \quad k_y = \sqrt{\frac{I_y}{A}} \\ I_z &= k_z^2 A \quad \rightarrow \quad k_z = \sqrt{\frac{I_z}{A}} \end{aligned} \tag{7.19}$$

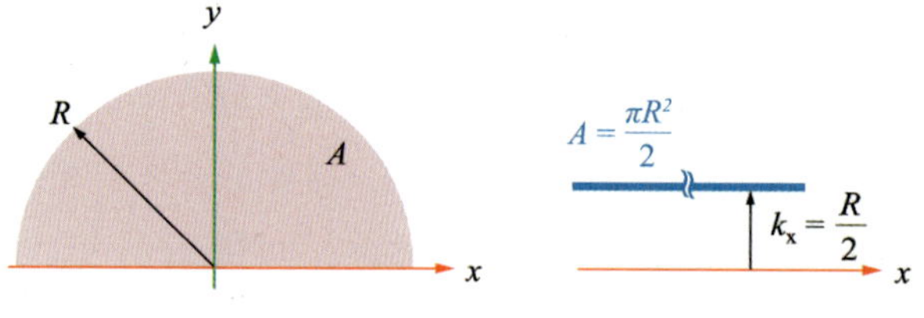

(a) 분포 면적 A 인 반원 (b) 집중 면적 A 와 회전반경

그림 7-22 회전반경의 개념

Static Think_ 05

식 (7.19)는 면적에 관한 회전반경 식이다. 이 식을 질량에 관한 회전반경 식으로 바꾸면 어떻게 되는지 생각해보시오.

SECTION 7.4 면적 상승 모멘트

- ✔ 면적 상승 모멘트의 필요성과 특징에 대해 이해한다.
- ✔ 좌표 변환(평행이동 및 회전)에 따른 면적 상승 모멘트 값의 변화를 계산한다.
- ✔ 주관성각과 주관성모멘트의 물리적 의미를 이해하고 계산할 수 있어야 한다.

구구단을 암기하는 이유가 외우는 것 자체에 목적이 있는 것이 아니고 각종 연산을 더 빠르고 효율적으로 수행하기 위한 방법을 익히는 것임과 마찬가지로, 조금 어렵게 느껴질 수 있는 면적 상승 모멘트에 대한 학습을 통해 공학적으로 폭넓게 활용되는 주관성각과 주관성모멘트라는 중요한 개념을 익힐 수 있다.

7.4.1 면적 상승 모멘트

7.3절까지는 분포 면적(A)이 x-x, y-y, z-z 축에 대해 얼마만큼의 회전 성향을 갖고 있는지를 $I_{xx}(=I_x)$, $I_{yy}(=I_y)$, $I_{zz}(=I_z)$를 통해 살펴보았다. 하지만 경우에 따라서는 해당 면적이 x 축과 y 축에 대해 동시에 얼마만큼의 회전 성향을 갖고 있는지를 정성적으로[15] 살펴보고 싶은 경우도 있다. 이러한 경우 두 축을 동시에 모두 고려하기 위해서는 면적 2차 모멘트 식에 x 축과 y 축을 모두 포함시켜야 하므로 식 (7.20)과 같이 정의하면 될 것이다. 이와 같이 면적에 변수 x와 y를 모두 곱한 면적 2차[16] 모멘트를 특별히 **면적 상승[17] 모멘트** product of inertia of area라고 한다.

$$I_{xy} \equiv \int_A xy\,dA \tag{7.20}$$

도심축에 대해 평행이동시킨 두 축에 대해 면적 상승 모멘트를 구하기 위해 [그림 7-13]에 주어진 좌표와 표기를 식 (7.20)에 대입하면 식 (7.21)을 얻을 수 있다. 이를 면적 상승 모멘트에 대한 **평행축 정리**라고 한다.

$$\begin{aligned} I_{xy} &= \int_A xy\,dA = \int_A (x_0 + d_y)(y_0 + d_x)\,dA \\ &= \int_A x_0 y_0\,dA + d_x\int_A x_0\,dA + d_y\int_A y_0\,dA + d_x d_y\int_A dA \\ &= \overline{I_{xy}} + d_x \times 0 + d_y \times 0 + d_x d_y A = \overline{I_{xy}} + d_x d_y A \end{aligned} \tag{7.21}$$

15 [그림 7-13]에서 두 축 사이의 거리(d)를 의미하는 것이 아님에 유의하자.

16 어떤 물리량에 거리를 두 번 곱하면(xx, yy, xy, …) 해당 물리량에 대한 2차 모멘트가 된다고 생각하면 된다.

17 상승(相乘) : 서로 곱한다는 의미이다.

Static Think_06

관심 면적의 도심이 x 축이나 y 축 둘 중의 어느 한 축 위에 위치할 경우 식 (7.21)은 어떻게 되는지 생각해보시오.

7.4.2 축 회전에 따른 면적 상승 모멘트

7.4.1절에서 기준축의 평행이동 시 면적 상승 모멘트의 변화를 유도하여 식 (7.21)을 얻었다. 이 절에서는 관심 대상 면적을 기술하는 좌표계를 회전시켰을 때 면적 상승 모멘트의 변화를 살펴보기로 하자. 이를 위해 [그림 7-23]과 같이 기준 좌표계인 x-y 좌표계를 반시계 방향으로 각 θ 만큼 회전시켜 얻은 새로운 좌표계를 n-t 좌표계라고 하자. 그림에서 각 변수들 사이의 관계를 좀 더 명확하게 파악하기 위해 면적요소 그림의 좌우에 관심 직각삼각형을 관련 변수들과 함께 나타내었다. 그림에 '•'으로 나타낸 것은 x 축(y 축)과 n 축(t 축)이 이루는 각 θ 를 의미한다. 두 좌표계 사이의 관계와 두 직각삼각형에 대한 기하학을 이용해 두 좌표계 사이에 식 (7.22)와 같은 관계가 있음을 알 수 있다. 이 식을 행렬로 표현하면 식 (7.23)과 같이 나타낼 수 있고, 이를 **좌표변환식** coordinate transformation equation이라고 한다. 식 (7.23)에서 l_{ij} 로 나타낸 것을 **방향코사인** direction cosine이라고 부르는데, 이는 새로운 new 좌표계의 i 축과 기준 old 좌표계의 j 축 사이 각도에 코사인 함수를 취한 것이다. 예를 들어, l_{nx} 는 n 축과 x 축이 이루는 각 θ 에 코사인을 취한 $\cos\theta$ 가 되고, l_{tx} 는 t 축과 x 축이 이루는 각 $(\pi/2+\theta)$에 코사인을 취한 $\cos(\pi/2+\theta) = (-)\sin\theta$ 가 된다.

$$
\begin{aligned}
n &= x\cos\theta + y\sin\theta = l_{nx}x + l_{ny}y \\
t &= (-)x\sin\theta + y\cos\theta = l_{tx}x + l_{ty}y
\end{aligned}
\tag{7.22}
$$

$$
\begin{Bmatrix} n \\ t \end{Bmatrix}_{\text{new}} = \begin{bmatrix} \cos\theta & \sin\theta \\ -\sin\theta & \cos\theta \end{bmatrix} \begin{Bmatrix} x \\ y \end{Bmatrix}_{\text{old}} = \begin{bmatrix} l_{nx} & l_{ny} \\ l_{tx} & l_{ty} \end{bmatrix} \begin{Bmatrix} x \\ y \end{Bmatrix}_{\text{old}} \tag{7.23}
$$

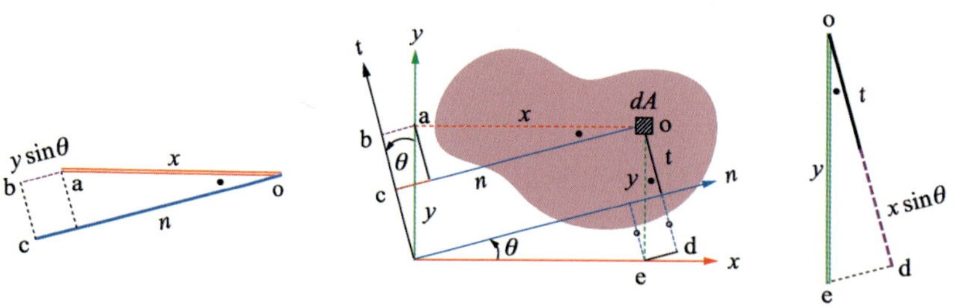

그림 7-23 기준 좌표계의 회전에 따른 좌표 성분 변화

이제 앞에서 유도한 좌표변환식을 이용해 n-t 좌표계에서의 면적 2차 모멘트 식을 유도해보기로 한다. 면적 2차 모멘트 식은 정의에 의해 I_n, I_t, I_{nt}는 각각 식 (7.24), 식 (7.25), 식 (7.26)과 같이 나타낼 수 있으며, 이들을 **면적 2차 모멘트 변환식**이라고 한다. 즉 이 식들은 기준 좌표계에서의 면적 2차 모멘트(I_x, I_y, I_{xy}) 값들을 반시계방향으로 θ 만큼 회전시킨 새로운 좌표계에서의 면적 2차 모멘트로 변환시킬 수 있는 식으로서, 여러 가지 공학적 응용을 갖고 있는 중요한 식들이다.

$$
\begin{aligned}
I_n &= \int_A t^2 dA = \int_A (-x\sin\theta + y\cos\theta)^2 dA \\
&= \int_A \left(x^2\sin^2\theta + y^2\cos^2\theta - 2xy\sin\theta\cos\theta\right) dA \\
&= \cos^2\theta \int_A y^2 dA + \sin^2\theta \int_A x^2 dA - 2\sin\theta\cos\theta \int_A xy\, dA \\
&= I_x\cos^2\theta + I_y\sin^2\theta - 2I_{xy}\sin\theta\cos\theta
\end{aligned}
\tag{7.24}
$$

$$
\begin{aligned}
I_t &= \int_A n^2 dA = \int_A (x\cos\theta + y\sin\theta)^2 dA \\
&= \int_A \left(x^2\cos^2\theta + y^2\sin^2\theta + 2xy\sin\theta\cos\theta\right) dA \\
&= \sin^2\theta \int_A y^2 dA + \cos^2\theta \int_A x^2 dA + 2\sin\theta\cos\theta \int_A xy\, dA \\
&= I_x\sin^2\theta + I_y\cos^2\theta + 2I_{xy}\sin\theta\cos\theta
\end{aligned}
\tag{7.25}
$$

$$
\begin{aligned}
I_{nt} &= \int_A nt\, dA = \int_A (x\cos\theta + y\sin\theta)(-x\sin\theta + y\cos\theta) dA \\
&= \int_A \left\{-x^2\sin\theta\cos\theta + y^2\sin\theta\cos\theta + xy(\cos^2\theta - \sin^2\theta)\right\} dA \\
&= \sin\theta\cos\theta\left(\int_A y^2 dA - \int_A x^2 dA\right) + (\cos^2\theta - \sin^2\theta)\int_A xy\, dA \\
&= \left(I_x - I_y\right)\sin\theta\cos\theta + I_{xy}\left(\cos^2\theta - \sin^2\theta\right)
\end{aligned}
\tag{7.26}
$$

면적 2차 모멘트 변환식 (7.24)~(7.26)은 삼각함수들의 곱으로 이루어져 있어 이를 7.2.1절에서 언급한 삼각함수의 덧셈(또는 배각) 공식들[18]을 활용하여 좀 더 다루기 편한 형태로 변환하면 식 (7.27)~(7.29)와 같이 나타낼 수 있다.

$$
\begin{aligned}
I_n &= I_x\cos^2\theta + I_y\sin^2\theta - 2I_{xy}\sin\theta\cos\theta \\
&= I_x\frac{1+\cos 2\theta}{2} + I_y\frac{1-\cos 2\theta}{2} - I_{xy}\sin 2\theta \\
&= \frac{I_x + I_y}{2} + \frac{I_x - I_y}{2}\cos 2\theta - I_{xy}\sin 2\theta
\end{aligned}
\tag{7.27}
$$

$$
\begin{aligned}
I_t &= I_x\sin^2\theta + I_y\cos^2\theta + 2I_{xy}\sin\theta\cos\theta \\
&= I_x\frac{1-\cos 2\theta}{2} + I_y\frac{1+\cos 2\theta}{2} + I_{xy}\sin 2\theta \\
&= \frac{I_x + I_y}{2} - \frac{I_x - I_y}{2}\cos 2\theta + I_{xy}\sin 2\theta
\end{aligned}
\tag{7.28}
$$

18 $\sin 2\theta = 2\sin\theta\cos\theta$, $\cos 2\theta = \cos^2\theta - \sin^2\theta = 1 - 2\sin^2\theta = 2\cos^2\theta - 1$

$$
\begin{aligned}
I_{nt} &= (I_x - I_y)\sin\theta\cos\theta + I_{xy}(\cos^2\theta - \sin^2\theta) \\
&= \frac{I_x - I_y}{2}\sin 2\theta + I_{xy}\cos 2\theta
\end{aligned} \tag{7.29}
$$

지금까지 유도한 면적 2차 모멘트 변환식이 공학 문제 해결에 어떻게 활용되는지 살펴보기로 하자. 대표적으로 식 (7.27)을 보면, 기준 좌표계에서의 면적 2차 모멘트(I_x, I_y, I_{xy})는 모두 상수이므로 I_n은 각 θ만의 함수가 된다. 이 경우 $I_n(\theta)$의 θ에 대한 1차 미분 값을 0으로 두면 $I_n(\theta)$의 최대(또는 최소) 값을 얻을 수 있으며, 이를 식 (7.30)에 나타내었다. 이 식을 식 (7.29)와 비교해보면 $I_n(\theta)$의 최대(또는 최소)는 I_{nt}가 0이 되는 각도가 됨을 알 수 있다. 이를 **주관성각** principle angle of inertia이라고 하고, θ_p로 나타내기로 한다.

$$
\begin{aligned}
&\frac{dI_n(\theta)}{d\theta} = (-)(I_x - I_y)\sin 2\theta - 2I_{xy}\cos 2\theta = 0 \\
&\tan 2\theta_p = (-)\frac{I_{xy}}{\frac{I_x - I_y}{2}} = \frac{2I_{xy}}{I_y - I_x}
\end{aligned} \tag{7.30}
$$

Static Think_07

$I_t(\theta)$의 최대(또는 최소) 값은 어느 각도에서 생기는지 식 (7.28)을 이용해 구해보고 식 (7.30)과 비교해보시오.

최종적으로, $I_n(\theta)$나 $I_t(\theta)$의 최대(또는 최소) 값을 구하기 위해서는 식 (7.30)의 주관성각을 식 (7.27)이나 식 (7.28)에 대입해야 하는데 이 경우 $\tan 2\theta_p$가 아닌 $\cos 2\theta_p$와 $\sin 2\theta_p$ 값을 알아야 한다. 이를 위해 [그림 7-24]에 나타낸 직각삼각형의 특성을 이용하면 $\tan 2\theta_p$의 정의로부터 $\cos 2\theta_p$와 $\sin 2\theta_p$ 값을 알 수 있으며, 이 값들을 식 (7.27)의 최종 식에 대입하면 식 (7.31)이 된다. 즉 식 (7.31)을 이용하면 삼각함수 계산 없이 면적 2차 관성모멘트의 최대(또는 최소) 값을 얻을 수 있으며, 이를 **주관성모멘트** principal moment of inertia라고 한다.

$$
\begin{aligned}
I_n(\theta_p) &= \frac{I_x + I_y}{2} + \frac{I_x - I_y}{2} \times \frac{\frac{I_x - I_y}{2}}{R} + I_{xy} \times \frac{I_{xy}}{R} \\
&= \frac{I_x + I_y}{2} + \frac{\left(\frac{I_x - I_y}{2}\right)^2 + I_{xy}^2}{R} \\
&= \frac{I_x + I_y}{2} + \sqrt{\left(\frac{I_x - I_y}{2}\right)^2 + I_{xy}^2}
\end{aligned} \tag{7.31}
$$

$$\tan 2\theta_p = \frac{-I_{xy}}{\frac{I_x - I_y}{2}} \quad \text{식 (7.30)}$$

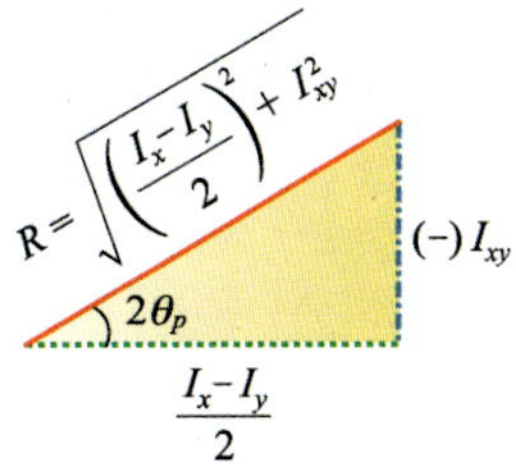

$$\sin 2\theta_p = (-)\frac{I_{xy}}{R}$$

$$\cos 2\theta_p = \frac{\frac{I_x - I_y}{2}}{R}$$

그림 7-24 직각삼각형을 이용한 삼각함수 값 산정

예제 7-7 반원 형상 면적의 면적 상승 모멘트

반원의 중심을 왼쪽으로 R 만큼 평행이동시킨 반원의 I_{xy}를 구하시오.

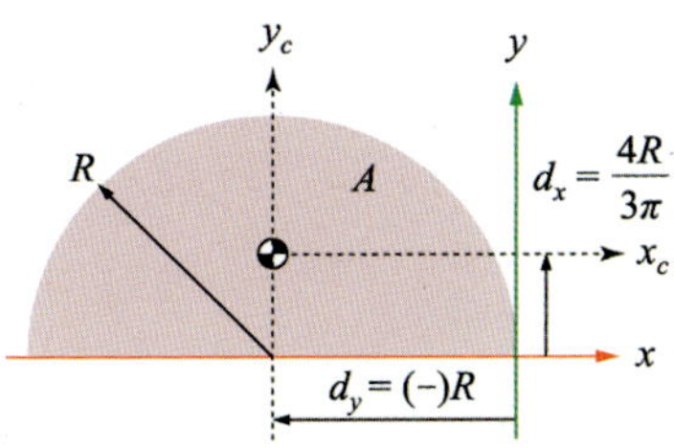

그림 7-25 편심된 반원의 면적 상승 모멘트

Analyze

면적 상승 모멘트에 대한 **평행축 정리**인 식 (7.21)을 활용한다.

Compute

좌우대칭이므로 도심에 대한 $\overline{I_{xy}}$는 0 인 점을 이용하여 식 (7.21)에 대입하면 된다.

$$\begin{aligned} I_{xy} &= \overline{I_{xy}} + d_x d_y A \\ &= 0 + \frac{4R}{3\pi} \times (-R) \times \frac{\pi R^2}{2} \\ &= (-)\frac{2R^4}{3} \end{aligned}$$

Think

- I_x와 I_y는 항상 양수이지만 I_{xy}는 양수와 음수 모두 가능하다.
- I_{xy}가 음수인 것은 관심 면적의 도심이 2 사분면(본 예제)이나 4 사분면에 위치해 있음을 알려준다.

예제 7-8 직각삼각형의 면적 상승 모멘트

밑변의 길이가 b, 높이가 h인 직각삼각형의 I_{xy}와 도심축에 대한 $\overline{I_{xy}}$를 구하시오.

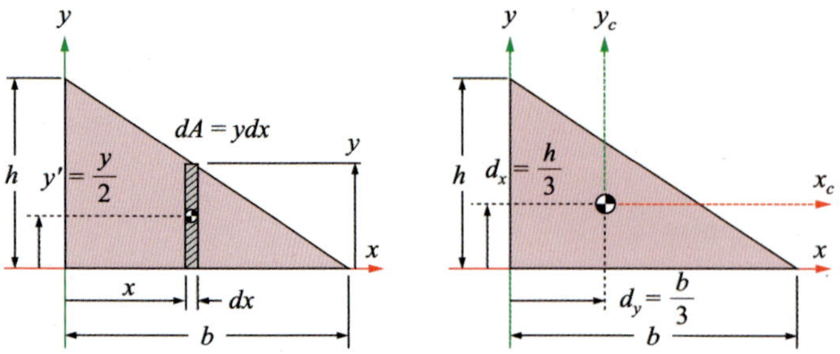

(a) 삼각형의 형상 및 미소면적 (b) 도심축의 위치

그림 7-26 직각삼각형의 면적 상승 모멘트

Analyze

- 면적 상승 모멘트에 대한 정의식인 식 (7.20)과 적합한 미소면적을 이용한다.
- 도심축에 대한 면적 상승 모멘트는 **평행축 정리**를 활용한다.

Compute

- $x-y$ 축에 대한 I_{xy}는 정의식을 이용해 다음과 같이 구한다. 이를 위해 y를 x에 관한 식으로 나타내야 하는데 직선 식이므로 $\frac{x}{b}+\frac{y}{h}=1$임을 이용한다.

$$I_{xy}=\int_A xy'\,dA=\int_A x\times\frac{y}{2}\times ydx=\frac{1}{2}\int_A xy^2dx$$
$$=\frac{h^2}{2}\int_0^b x\left(1-\frac{x}{b}\right)^2dx=\frac{b^2h^2}{24}$$

- 도심축에 대한 $\overline{I_{xy}}$는 면적 상승 모멘트에 대한 평행축 정리를 이용해 다음과 같이 계산한다.

$$I_{xy}=\overline{I_{xy}}+d_xd_yA$$
$$\overline{I_{xy}}=I_{xy}-d_xd_yA=\frac{b^2h^2}{24}-\frac{h}{3}\times\frac{b}{3}\times\frac{bh}{2}$$
$$=(-)\frac{b^2h^2}{72}$$

Think

- d_x와 d_y는 기준축에서 도심축까지의 거리인 점에 주목하자.
- I_{xy} 계산 시 y 방향의 도심인 $y'(=y/2)$을 알고 있으므로 $I_{xy}=\int_A xy\,dA$ 대신 $I_{xy}=\int_A xy'\,dA$를 사용할 수 있음에 유의하자.

예제 7-9 직각삼각형의 주관성각 및 최대 관성모멘트

예제 7-8

밑변의 길이가 9 cm, 높이가 6 cm인 직각삼각형의 주관성각과 최대 주관성모멘트를 구하시오. [단위 : cm]

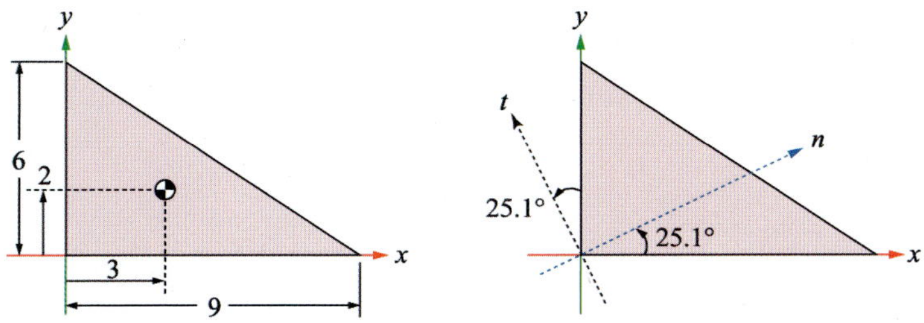

(a) 삼각형의 형상 및 치수 [cm]　(b) 주관성각 및 최대 주관성모멘트

그림 7-27 직각삼각형의 주관성각 및 최대 주관성모멘트

Analyze

- 주관성각을 식 (7.30)을 이용하여 먼저 구한다.
- 최대 주관성모멘트를 식 (7.31)을 이용하여 구한다.

Compute

- [예제 7-8]의 결과와 삼각형의 면적 2차 모멘트 식 (7.13)을 이용하여 계산한다.

$$I_x = \frac{bh^3}{12} = \frac{9\times 6^3}{12} = 162\ \text{cm}^4,\ I_y = \frac{hb^3}{12} = \frac{6\times 9^3}{12} = 364.5\ \text{cm}^4$$

$$I_{xy} = \frac{b^2h^2}{24} = \frac{9^2\times 6^2}{24} = 121.5\ \text{cm}^4$$

- 식 (7.30)을 이용하여 주관성각을 구한다.

$$\theta_p = \frac{1}{2}\tan^{-1}\frac{2I_{xy}}{I_y - I_x} = \frac{1}{2}\tan^{-1}\frac{2\times 121.5}{364.5-162} \approx 25.1°$$

- 식 (7.31)을 이용해 최대 주관성모멘트 값을 계산한다.

$$I_{p,\max} = \frac{I_x+I_y}{2} + \sqrt{\left(\frac{I_x-I_y}{2}\right)^2 + I_{xy}^2}$$

$$= \frac{162+364.5}{2} + \sqrt{\left(\frac{162-364.5}{2}\right)^2 + 121.5^2} \approx 421.4\ \text{cm}^4$$

Think

[그림 7-27(b)] 형상의 경우 t축에 대한 면적 2차 모멘트가 최대가 되고, n축에 대한 면적 2차 모멘트가 최소가 된다.

[Static Think]에 대한
하나의 생각 (7장)

CHAPTER 07 | 종합예제

길이 1 m인 L형 앵글(ASTM A276M 규격; L152 × 102 × 12.7)을 [그림 7-28]의 (a)에 나타내었다. 이 앵글의 실제 단면인 그림 (b)를 계산 편의상 그림 (c)와 같이 곡면($R12.7$)과 필렛 fillet을 제외하고 단순화하였다. 다음 물음에 답하시오.

(a) L형 앵글(길이 1 m로 가정) (b) 실제 단면 형상 (c) 단면 단순화 및 상세 치수

그림 7-28 L형 앵글(L152 × 102 × 12.7) 및 단면 모델

Q1. 앵글은 밀도(ρ) 7.85 g/cc인 스테인레스강으로 제작되어 있다고 가정할 때 길이 1 m인 앵글의 질량[kg]은 얼마인지 계산하시오.

- ASTM : American Society for Testing and Materials
- 질량과 밀도
  $m = \rho V = \rho A L$

풀이

앵글의 질량은 부피(단면적×길이)에 밀도를 곱해 구한다. 이를 위해 먼저 단면적(A)을 구한 뒤 길이와 밀도를 곱한다.

$$A = A_1 + A_2 = 152 \times 12.7 + (102 - 12.7) \times 12.7$$
$$= 1{,}930.4 + 1{,}134.1 = 3{,}064.5 \text{ mm}^2$$

$$m = \left(\frac{7.85 \text{ g}}{1 \text{ cm}^3}\right) \times \left(\frac{1 \text{ cm}}{10 \text{ mm}}\right)^3 \times (3{,}064.5 \text{ mm}^2) \times (1{,}000 \text{ mm})$$
$$= 24{,}056.3 \text{ g} \approx 24.1 \text{ kg}$$

Q2. 앵글 단면의 도심 위치를 구해 단면에 표시하시오.

- 면적 1차 모멘트
  $Q_x \equiv \int_A y\,dA, \; Q_y \equiv \int_A x\,dA$
- 면적 1차 모멘트
  $Q_x = \sum_{i=1}^{n} \overline{y_i} A_i, \; Q_y = \sum_{i=1}^{n} \overline{x_i} A_i$
- 도심
  $\overline{x} \equiv \frac{Q_y}{A}, \; \overline{y} \equiv \frac{Q_x}{A}$

풀이

도심 위치를 구하기 전에 먼저 단면의 면적 1차 모멘트를 구한다. 이를 위해 전체 단면을 [그림 7-29(a)]와 같이 두 부분으로 나눠 계산한다.

$$Q_x = Q_{x1} + Q_{x2} = \frac{152}{2} \times 1{,}930.4 + \frac{12.7}{2} \times 1{,}134.1 = 153{,}912 \text{ mm}^3$$

$$Q_y = Q_{y1} + Q_{y2} = \frac{12.7}{2} \times 1{,}930.4 + \frac{102 + 12.7}{2} \times 1{,}134.1 = 77{,}299 \text{ mm}^3$$

전체 단면에 대한 도심의 위치를 구해 전체 단면에 표시하면 [그림 7-29(a)]와 같다.

$$\bar{x} = \frac{77,299}{3,064.5} = 25.2\ \mathrm{mm}$$

$$\bar{y} = \frac{153,912}{3,064.5} = 50.2\ \mathrm{mm}$$

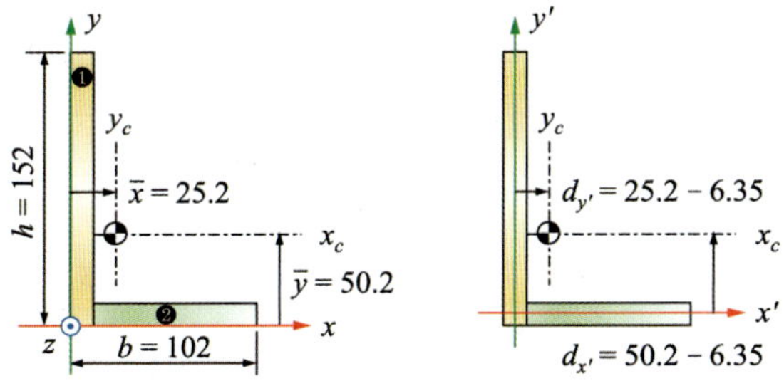

(a) x-y 좌표계 (a) x'-y' 좌표계

그림 7-29 L형 앵글(L152 × 102 × 12.7)의 도심 좌표

Q3. 앵글 단면의 도심축에 대한 면적 2차 모멘트($\overline{I_x}$, $\overline{I_y}$, $\overline{I_z}$)를 모두 구하시오.

풀이

x_c축 및 y_c축에 대한 직각 면적 2차 모멘트부터 구한다. 기준축이 대상 면적의 도심을 지나지 않기 때문에 **평행축 정리**를 사용해야 한다.

$$\overline{I_x} = \overline{I_{x1}} + \overline{I_{x2}} = \frac{12.7 \times 152^3}{12} + 1930.4 \times (76 - 50.2)^2 + \frac{(102 - 12.7) \times 12.7^3}{12} + 1134.1 \times (50.2 - 6.35)^2$$

$$\approx 7.20 \times 10^6\ \mathrm{mm}^4$$

$$\overline{I_y} = \overline{I_{y1}} + \overline{I_{y2}} = \frac{152 \times 12.7^3}{12} + 1930.4 \times (25.2 - 6.35)^2 + \frac{12.7 \times (102 - 12.7)^3}{12} + 1134.1 \times (57.35 - 25.2)^2$$

$$\approx 2.64 \times 10^6\ \mathrm{mm}^4$$

$$\overline{I_z} = \overline{I_x} + \overline{I_y} = (7.20 + 2.64) \times 10^6\ \mathrm{mm}^4 \approx 9.84 \times 10^6\ \mathrm{mm}^4$$

- **직각 면적 2차 모멘트**

$$\left.\begin{aligned} I_x &\equiv \int_A y^2 dA \\ I_y &\equiv \int_A x^2 dA \end{aligned}\right\} \quad (7.5)$$

- **극 면적 2차 모멘트**

$$I_z \equiv \int_A r^2 dA \quad (7.6)$$

$$I_z = J = I_x + I_y \quad (7.7)$$

- **원형 단면**

$$\overline{I_x} = \overline{I_y} = \frac{\pi R^4}{4} \quad (7.8)$$

$$\bar{J} = \frac{\pi R^4}{2}$$

- **직사각형 단면**

$$\overline{I_x} = \frac{bh^3}{12} \quad (7.9)$$

$$\overline{I_y} = \frac{hb^3}{12} \quad (7.10)$$

- **삼각형 단면**

$$I_x = \frac{bh^3}{12} \quad (7.13)$$

- **평행축 정리**

$$\begin{aligned} I_x &= \sum_{i=1}^{n}\left(\overline{I_{xi}} + A_i d_{xi}^2\right) \\ I_y &= \sum_{i=1}^{n}\left(\overline{I_{yi}} + A_i d_{yi}^2\right) \end{aligned} \quad (7.17)$$

Q4. 앵글 단면의 도심축에 대한 회전반경($\overline{k_x}$, $\overline{k_y}$, $\overline{k_z}$)을 모두 구하시오.

> • 회전반경
> $$\left.\begin{aligned} k_x &= \sqrt{\frac{I_x}{A}} \\ k_y &= \sqrt{\frac{I_y}{A}} \\ k_z &= \sqrt{\frac{I_z}{A}} \end{aligned}\right\} \qquad (7.13)$$
> $$k_z^2 = k_x^2 + k_y^2$$

풀이

면적 2차 모멘트와 전체 단면적을 이용해 회전반경을 계산한다.

$$k_x = \sqrt{\frac{7.20\times10^6}{3,064.5}} = 48.5\text{ mm}$$
$$k_y = \sqrt{\frac{2.64\times10^6}{3,064.5}} = 29.4\text{ mm}$$
$$k_z = \sqrt{\frac{9.84\times10^6}{3,064.5}} = 56.7\text{ mm}$$

Q5. 앵글 단면의 도심축에 대한 면적 상승 모멘트($\overline{I_{xy}}$)를 구하시오.

> • 면적 상승 모멘트
> $$I_{xy} \equiv \int_A xy\,dA \qquad (7.20)$$
> • 평행축 정리
> $$I_{xy} = \overline{I_{xy}} + d_x d_y A \qquad (7.21)$$
> • 좌표변환
> $$\begin{Bmatrix} n \\ t \end{Bmatrix} = \begin{bmatrix} l_{nx} & l_{ny} \\ l_{tx} & l_{ty} \end{bmatrix}\begin{Bmatrix} x \\ y \end{Bmatrix} \qquad (7.23)$$

풀이

[그림 7-29(b)]와 같이 두 사각형(❶과 ❷)의 대칭축을 따라 새로운 좌표계(x'-y')를 설정하면 이 좌표계에 대한 면적 상승 모멘트 값이 0이 되어 상승 모멘트 계산이 간편해진다. 면적 상승 모멘트에 관한 **평행축 정리**를 적용하면 도심축에 대한 면적 상승 모멘트는 다음과 같이 계산할 수 있다.

$$I_{x'y'} = \overline{I_{xy}} + d_{x'}d_{y'}A = 0$$
$$\overline{I_{xy}} = (-)d_{x'}d_{y'}A = (-)(50.2-6.35)\times(25.2-6.35)\times3064.5$$
$$= (-)2.53\times10^6\text{ mm}^4$$

Q6. L형 앵글 단면의 도심축을 기준으로 주관성각을 구하고, 주관성각을 이용하여 최대 및 최소 주관성모멘트를 구하시오.

> • 주관성각
> $$\tan 2\theta_p = \frac{2I_{xy}}{I_y - I_x} \qquad (7.30)$$
> • 주관성모멘트
> $$I_p = \frac{I_x + I_y}{2} \pm \sqrt{\left(\frac{I_x - I_y}{2}\right)^2 + I_{xy}^2} \qquad (7.31)$$

풀이

주관성각은 도심축에 대한 면적 모멘트 값들을 모두 대입하여 구한다.

$$\theta_p = 0.5\times\tan^{-1}\frac{2\times(-2.53)}{2.64-7.20} \approx 24°$$

최대(최소) 관성모멘트는 주관성모멘트 식에 면적 모멘트 값들을 모두 대입하여 구한다. 편의상 계산 과정에서 ($\times10^6$)은 제외하고 계산한다.

$$I_{max} = \frac{7.20+2.64}{2} + \sqrt{\left(\frac{7.20-2.64}{2}\right)^2 + (-2.53)^2} = 8.33\times10^6\text{ mm}^4$$
$$I_{min} = \frac{7.20+2.64}{2} - \sqrt{\left(\frac{7.20-2.64}{2}\right)^2 + (-2.53)^2} = 1.51\times10^6\text{ mm}^4$$

고찰

면적 2차 모멘트 문제 풀이 시에는 네 종류의 좌표계가 사용되며, 본 문제를 기준으로 정리하면 다음과 같다.

❶ x–y 좌표계 : L형 앵글의 왼쪽 하단에 원점을 설정하여 거리 계산이 편리하여 도심 계산 등에 활용하였다.

❷ x_c-y_c 좌표계 : L형 앵글의 단면 특성은 주로 도심축을 중심으로 기술한다.

❸ x'–y' 좌표계 : L형 앵글 단면의 면적 상승 모멘트 계산의 편의를 위해 임시로 설정하였다.

❹ 1-2 좌표계 : 수평(수직)축을 반시계방향으로 주관성각만큼 회전시켜 얻은 [그림 7–30]과 같은 좌표계로서 면적 2차 모멘트 값이 최대 또는 최소가 되는 좌표계이다.

[그림 7–30]과 같은 L형 단면의 경우 '1' 축을 중심으로 회전시키면 최대 면적 관성모멘트를 얻게 되고, '2' 축을 중심으로 하면 최소 면적 관성모멘트를 얻게 된다. 1-2 좌표계의 경우 면적 상승 모멘트(I_{xy})가 0이 되기 때문에 설계 시 편리한 점이 많다.

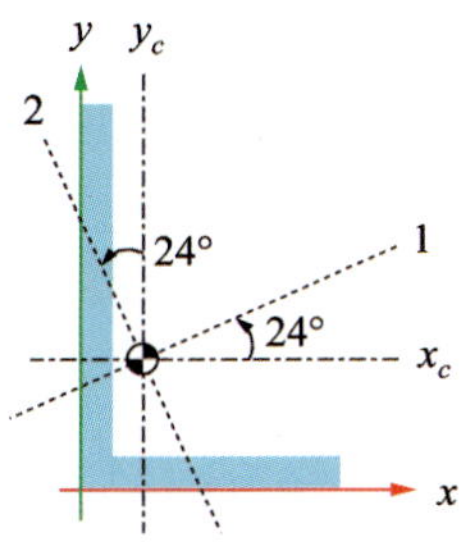

그림 7-30 L형 앵글의 주관성각 및 주관성모멘트

CHAPTER 07 | 연습문제

7.1 [그림 7-31]에서와 같이 높이 4 m인 탱크의 자유표면(점 A)과 집안에 설치한 수도꼭지(점 B) 사이의 압력 차이(Δp, kPa)는 얼마인지 계산하시오. 물의 밀도는 1,000 kg/m^3, 중력가속도(g)는 9.8 m/s^2으로 계산한다. 7.1절

7.2 길이가 l이고 단면적이 일정한 [그림 7-32]와 같은 봉의 중심 축(O-O)에 대한 질량 관성모멘트를 구하시오. 봉의 전체 질량은 M으로 한다. 7.1절

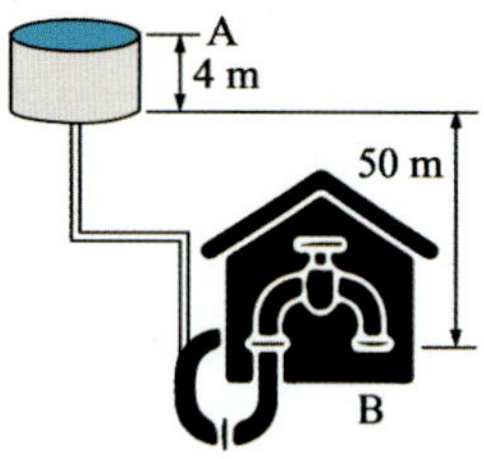

그림 7-31

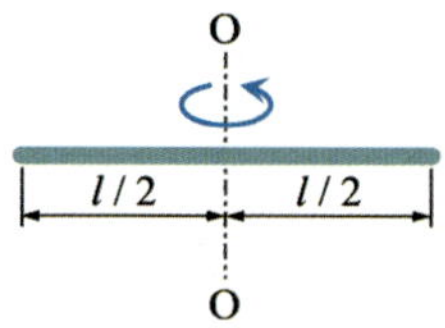

그림 7-32

7.3 반경이 1 m이고 전체 질량이 100 kg인 [그림 7-33]에 나타낸 회전목마 merry-go-round의 회전축에서 0.7 m 떨어진 위치에 질량 10 kg의 꼬마가 앉아있다. 회전목마는 회전 원판 disk만 고려하고 꼬마는 집중질량으로 간주했을 때, 중심 회전축에 대한 질량 관성모멘트[$kg \cdot m^2$] 값을 구하시오. 7.1절

7.4 경사면을 갖는 [그림 7-34]에 나타낸 사각형의 y축에 대한 면적 2차 모멘트(I_y)를 적분 방법으로 구하시오. [단위 : mm] 7.2절

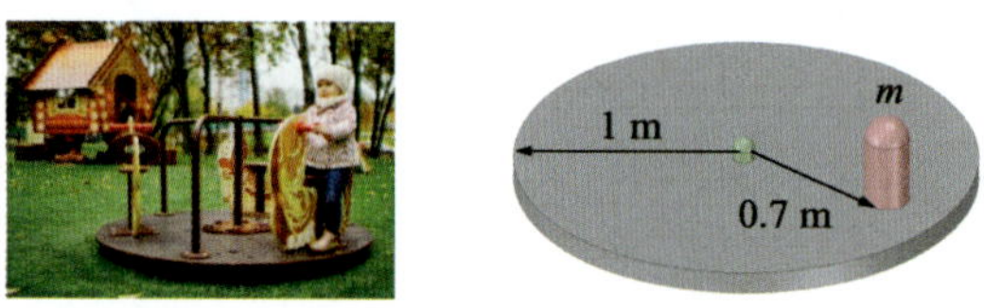

그림 7-33

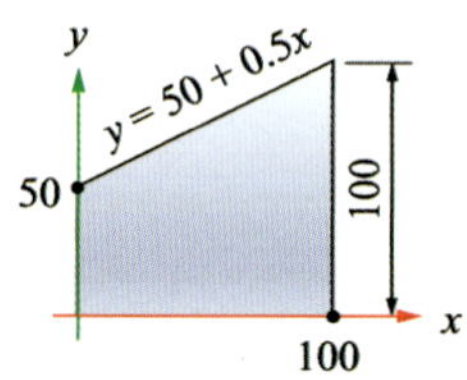

그림 7-34

7.5 반경(R)에 비해 무시할 수 있는 두께($t \ll R$)를 갖는 [그림 7-35]에 나타낸 반원형 부재의 도심축에 대한 극 면적 2차 모멘트를 구하시오. 7.2절

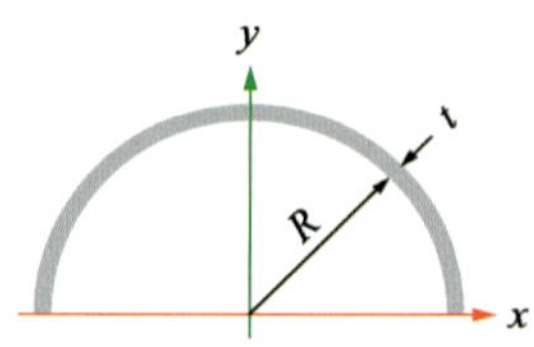

그림 7-35

7.6 반경 R 인 원의 중심 좌표가 [그림 7-36]에서와 같이 $(3R,\ 2R)$일 때 z 축에 대한 면적 2차 모멘트를 R 만의 함수로 나타내고 z 축에 대한 회전반경도 구하시오. 7.2~7.3절

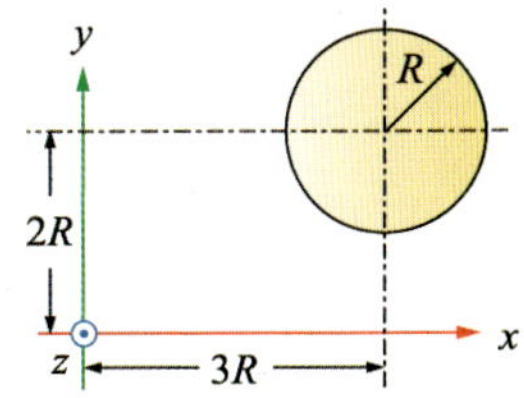

그림 7-36

7.7 내경 d_i, 외경 d_o인 [그림 7-37]에 나타낸 중공축 hollow shaft의 x 축에 대한 면적 2차 모멘트를 반경과 직경의 함수로 모두 나타내시오. 7.3절

7.8 위의 [문제 7.7]에서 중공축의 $d_i = 50\ \mathrm{mm}$, $d_o = 100\ \mathrm{mm}$일 때, 이 중공축과 동일한 극 면적 관성모멘트(J)를 갖는 내부가 꽉 차 있는 중실축 solid shaft의 직경을 구하시오. 7.3절

7.9 [그림 7-38]에서와 같이 반경이 $50\ \mathrm{mm}$인 $1/4$원에서 직경이 $50\ \mathrm{mm}$인 반원을 제거한 빗금친 면적의 도심축에 대한 직각 면적 2차 모멘트($\bar{I}_x$, $\bar{I}_y$)를 구하시오. 7.3절

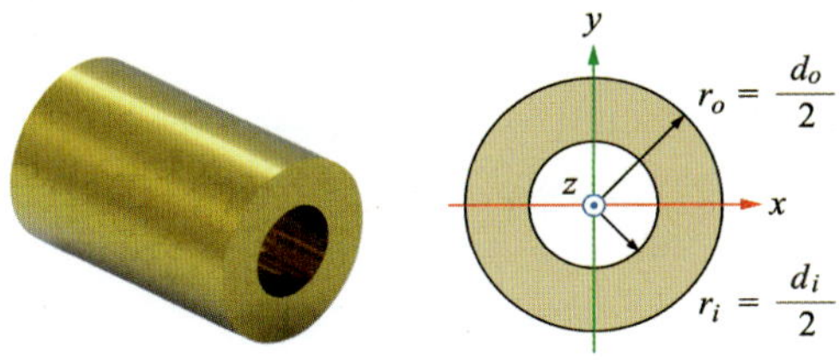

그림 7-37

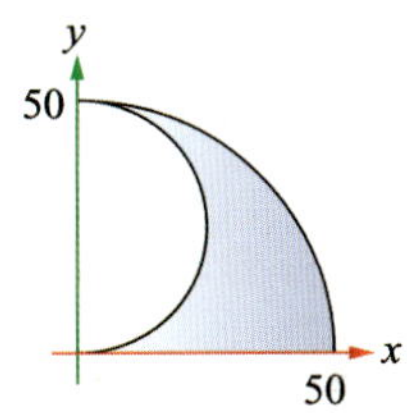

그림 7-38

7.10 밑변의 길이가 $100\ \mathrm{mm}$이고 나머지 두 변의 길이가 $a\ \mathrm{mm}$인 [그림 7-39]에 나타낸 이등변 삼각형의 도심축에 대한 면적 2차 모멘트 $\bar{I}_x$와 $\bar{I}_y$가 같게 되기 위한 a의 길이를 구하시오. 7.3절

7.11 반경(R)의 길이에 비해 무시할 수 있는 두께($t \ll R$)를 갖는 [그림 7-40]에 나타낸 $1/4$ 원형 부재의 면적 상승 모멘트 I_{xy}를 구하시오. 7.4절

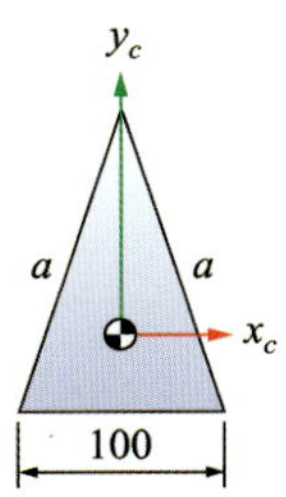

그림 7-39

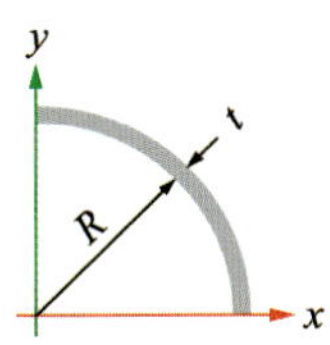

그림 7-40

7.12 밑변 9 cm, 높이 6 cm인 직각삼각형이 x-y 좌표계의 1 ~ 4 사분면에 [그림 7-41]과 같이 놓여 있을 때, 각각에 대해 도심축에 대한 면적 상승 모멘트($\overline{I_{xy}}$)를 구한 다음, 네 가지 경우를 비교해보시오. 7.4절

HINT [예제 7-8]을 참조한다.

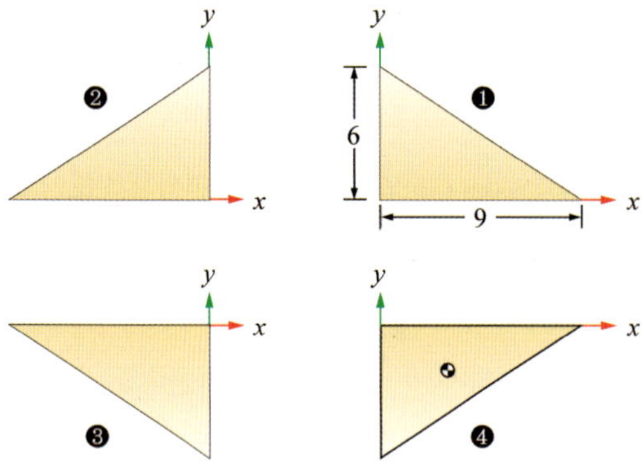

그림 7-41

7.13 [그림 7-42]의 반경 R인 반원의 도심축에 대한 주관성각과 최대 주관성모멘트를 구하시오. 7.2, 7.4절

7.14 밑변의 길이 60 mm, 높이 30 mm인 [그림 7-43]에 나타낸 직사각형의 왼쪽 아래 모서리에 대한 극 면적 2차 모멘트(I_z)와 이 축에 대한 회전반경(k_z)을 구하시오. 7.2~7.3절

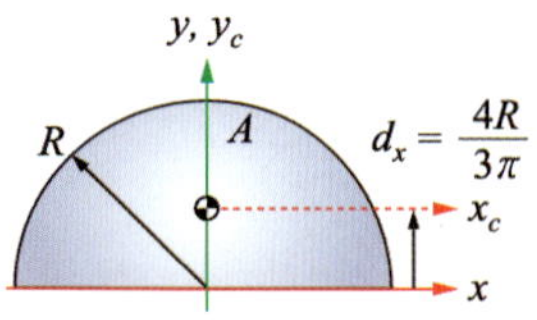

그림 7-42

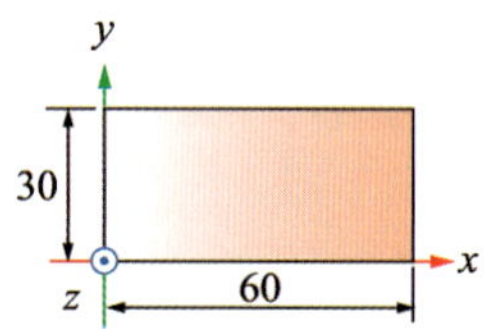

그림 7-43

7.15 높이 100 mm, 폭 80 mm인 직사각형의 윗부분에서 [그림 7-44]와 같이 반원 면적을 제거하였다. x 축에 대한 면적 2차 모멘트와 회전반경을 구하시오. 7.3절

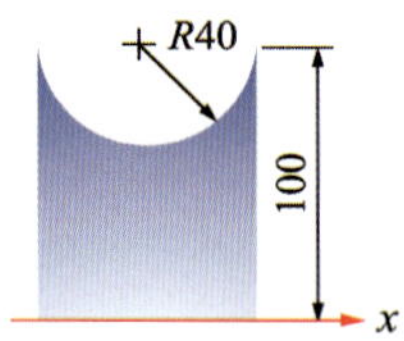

그림 7-44

7.16 싱글 V-벨트 풀리의 한쪽 단면을 [그림 7-45]와 같이 좌우대칭형으로 간략 모델링하였다. 회전축 A-A에 대한 단면적의 2차 모멘트를 구하시오. [단위 : mm] 7.3절

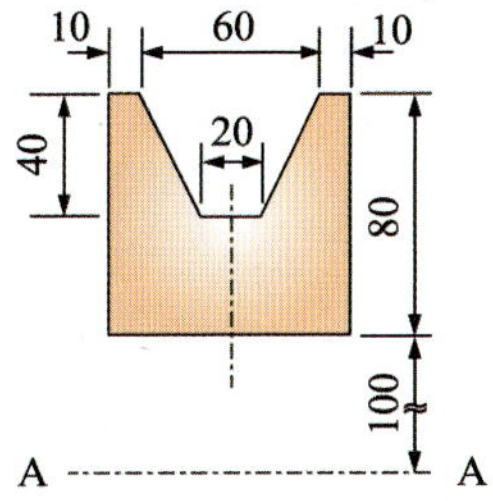

그림 7-45

***7.17** [그림 7-46]과 같은 치수를 갖는 단면적의 면적 2차 모멘트(I_x, I_y, I_{xy})를 구하시오. [단위 : mm] 7.2~7.4절

***7.18** 위의 [문제 7.17]에서 구한 면적 2차 모멘트 값들을 이용하여 주관성각과 최대 및 최소 주관성모멘트 값을 구하시오. 7.4절

***7.19** [그림 7-47]과 같이 지름 d인 원 안에 직사각형 단면을 만들 경우, z축에 대한 단면의 2차 모멘트 값이 최대가 되기 위한 단면의 폭 b와 높이 h의 비율(h/b)을 구하시오. 7.2~7.3절

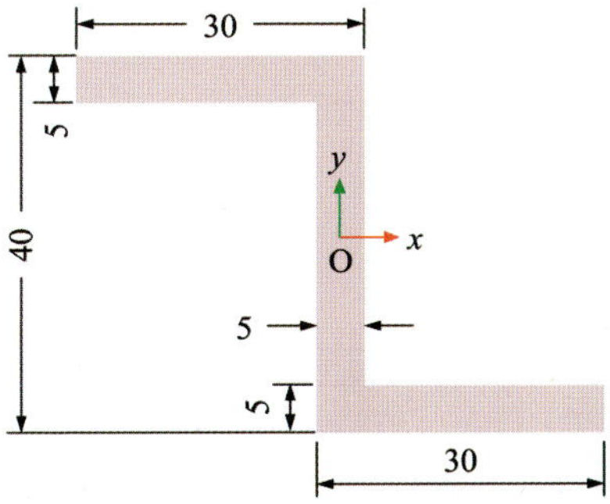

그림 7-46

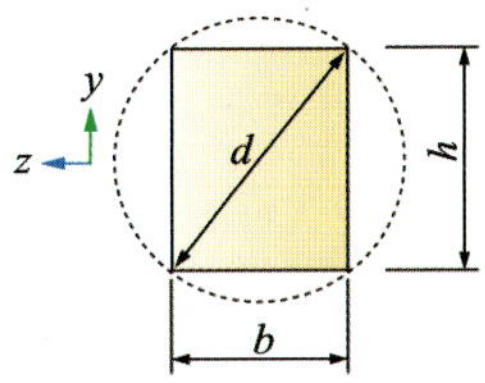

그림 7-47

7.20 반경 500 mm인 원판의 중심 O에서 400 mm인 지점에 지름 50 mm의 구멍 10개를 균등한 각으로 뚫어 [그림 7-48]과 같은 부품을 제작하였다. 드릴링 작업을 통해 중심 O에 대한 극면적 2차 모멘트(극관성모멘트) 값이 몇 % 감소하는지 구하시오. [단위 : mm] 7.3절

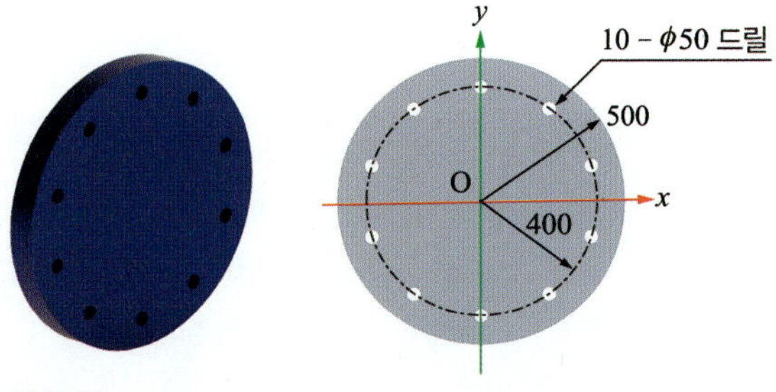

그림 7-48

공학 학습 및 해석에 있어서 1차원과 2차원 문제를 많이 다루는 이유는 일차적으로 이해가 쉽기 때문이지만, 궁극적인 목적은 3차원 문제를 다루기 위한 기초를 마련하는 데 있다. 즉, 각종 물리량들의 거동을 저차원상에서 개념적으로 이해한 뒤 이를 3차원으로 확장하는 것이 효과적이다. 역으로 실제 제품을 설계하다 보면 3차원 문제를 1차원이나 2차원으로 모델링해야 하는 경우도 빈번하다. 저차원상에서 축적한 개념과 경험을 바탕으로 다양한 3차원 구조물들에 대해 힘과 모멘트를 중심으로 해석하다 보면 기린과 흡사하게 생긴 3차원 기중기도 설계할 수 있을 것이다.

CHAPTER

08

3차원 힘과 모멘트

3 Dimensional Forces and Moments

3차원 문제 8.1
3차원 힘과 모멘트 8.2
3차원 평형 8.3
입체트러스 8.4
종합예제
연습문제

학습목표

- 3D 문제를 효율적으로 다루기 위한 벡터의 내적과 벡터곱을 익힌다.
- 공간상에서의 힘 벡터와 위치 벡터를 이용해 모멘트 벡터를 계산한다.
- 힘 평형 및 모멘트 평형을 이용해 3D 구조물 설계에 필요한 해석을 수행한다.
- 사면체 구성요소를 기반으로 한 입체트러스를 해석한다.

SECTION 8.1 3차원 문제

- ✔ 문제 및 모델의 복잡성과 운동 관점에서 2차원과 3차원 문제의 차이를 이해한다.
- ✔ 단위벡터를 이용하여 공간상의 두 점을 통과하는 크기가 주어진 벡터를 표현한다.
- ✔ 벡터의 내적을 이용하여 두 벡터가 이루는 끼인각을 계산한다.

인간이 만물의 영장이 되는 데 있어서 가장 중요한 역할을 한 것이 도구라는 데에는 이견이 없을 것이다. 2 차원을 뛰어넘어 실제 문제에 가까운 3 차원으로 도약하기 위해 사용되는 유용한 도구인 벡터에 대한 충분한 이해와 다양한 활용을 통해 3 차원 힘과 모멘트를 자유자재로 다룰 수 있도록 해보자.

8.1.1 실제 구조물 모델링

공학자들이 실제 다뤄야 할 구조물들은 [표 8-1]의 자동차처럼 모두 3 차원이지만, 이를 그대로 해석하는 것은 매우 어려운 일이다. 따라서 실제 구조물들을 효율적으로 해석하기 위해서는 물리적으로 적합한 가정 등을 통해 모델링을 수행해야 하는데, 이 과정에서 공학적 지식과 경험이 많이 필요하다. 이를 위해 1장에서 **질점** particle에 대해 설명하였고, 2장에서는 1 차원(1 D) 1 dimensions 으로 해석할 수 있는 케이블이나 봉 등을 다뤘으며, 3~7장까지는 주로 평면상에서 해석할 수 있는 2 차원(2D) 2 dimensions 문제들을 다뤘다. 8장에서는 그동안 다뤘던 기본 개념을 토대로 3 차원(3D) 3 dimensions 문제들을 다룬다.

표 8-1 모델링 단계에 따른 문제 및 모델링의 복잡성

항목	실제	3D	2D	1D
자동차				
도형	해당 없음	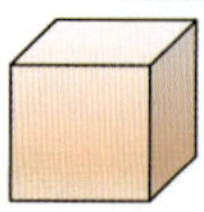		—
문제	고 ←	문제의 난이도(복잡성)		→ 저
모델링	저 ←	모델링 난이도 및 경험 필요성		→ 고
직선운동	x, y, z	x, y, z	x, y	x
회전운동	θ_x, θ_y, θ_z	θ_x, θ_y, θ_z	θ_z	해당 없음
해당 장	실제 설계	8장	3~7장	2장

3 차원 물체의 운동을 직각좌표계를 기준으로 기술하기 위해서는 [그림 8-1]과 같이 6 개의 성분을 다뤄야 한다. 직각좌표계상에서 각 방향으로의 **직선운동** linear motion을 기술하기 위한 직선 좌표 x, y, z와 해당 방향을 축으로 하는 **회전운동** rotational motion을 기술하기 위한 각 좌표 θ_x, θ_y, θ_z가 필요하다. 특히 회전운동은 물체의 전후좌우를 기준으로 별도의 용어를 부여해 기술하는 경우가 많다. 그림과 같이 구조물의 전후(또는 길이)방향 축 longitudinal axis을 중심으로 한 회전은 **롤** roll, 좌우방향 축 lateral axis을 중심으로 한 회전은 **피치** pitch, 상하방향 축 vertical axis을 중심으로 한 회전은 **요** yaw라고 한다.

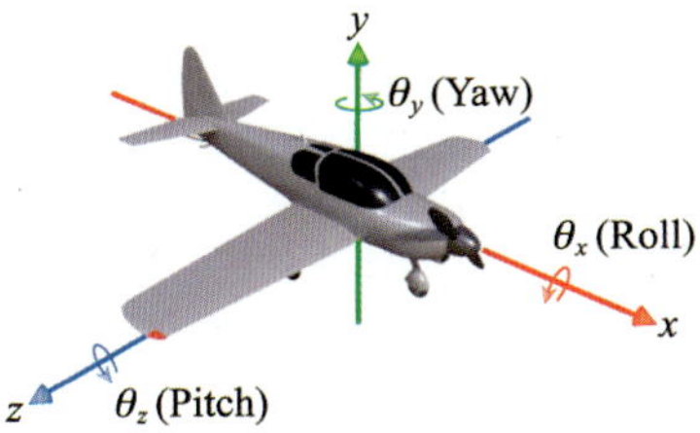

그림 8-1 3차원 운동

Static Think_ 01

야구나 소프트볼 경기에서 공을 던지는 선수를 영어로 피처 pitcher라고 부르는 이유를 3차원 운동 관점에서 생각해보시오.

그림 8-2

8.1.2 3차원 벡터

[표 8-1]에서 알 수 있듯이 실제 구조물들의 공학적 거동을 보다 정확히 예측하기 위해서는 3D 해석이 필요하지만, 이에 따라 해석의 복잡성도 동시에 높아진다. 이러한 복잡한 3D 문제를 효율적으로 해석 및 계산하기 위해 사용되는 도구 중의 하나가 **벡터** vector이다. 3.1절(힘 벡터 및 힘의 성분)에서는 성분이 2 개인 2 차원 벡터를 주로 다루었으나, 이 장에서는 [그림 8-3]과 같이 성분이 3 개인 벡터로 확장한다. 이 벡터를 식 (8.1)에 나타내었다. 식에서 V_x, V_y, V_z는 V의 x, y, z 방향 **성분** component, V는 V의 **크기** magnitude, θ_x, θ_y, θ_z[1]는 V가 x, y, z축과 이루는 끼인각, l, m, n은 각 θ_x, θ_y, θ_z에 코사인 함수를 취한 **방향코사인** direction cosine, i, j, k는 크기가 1 인 x, y, z 방향으로의 **단위벡터** unit vector이다.

1 하나의 벡터와 직각좌표축인 x, y, z축 사이의 끼인각을 의미하며, [그림 8-1]에 나타낸 각도와 다름에 주의해야 한다.

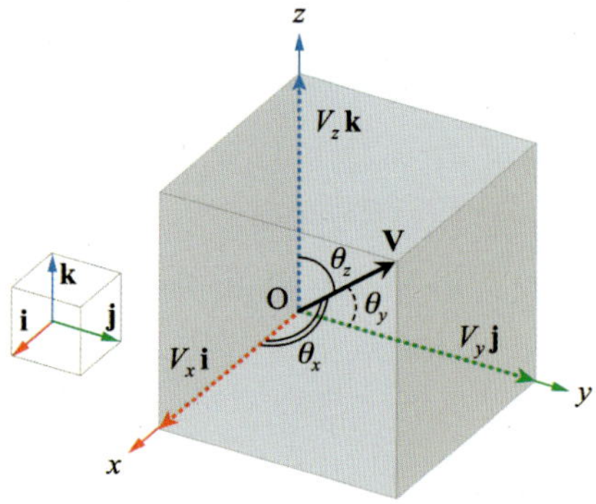

그림 8-3 3차원 단위벡터 및 벡터의 성분

$$\begin{aligned} \mathrm{V} &= V_x\mathrm{i} + V_y\mathrm{j} + V_z\mathrm{k} = V\cos\theta_x\mathrm{i} + V\cos\theta_y\mathrm{j} + V\cos\theta_z\mathrm{k} \\ &= V(l\mathrm{i} + m\mathrm{j} + n\mathrm{k}) \\ &\quad (\text{여기서 } V = |\mathrm{V}| = \sqrt{V_x^2 + V_y^2 + V_z^2}) \end{aligned} \tag{8.1}$$

[그림 8-4(a)]에서와 같이 두 점 A(x_1, y_1)와 B(x_2, y_2)를 통과하는 선 $\overline{\mathrm{AB}}$ 위에 크기(G)를 알고 있는 2차원 벡터 G가 놓여있을 때 이를 벡터로 나타내보자. 먼저 G를 식 (8.1)을 이용해 크기(G), 방향코사인($\cos\theta_x = \cos\alpha$, $\cos\theta_y = \sin\alpha$) 및 단위벡터(i, j)로 나타내면 식 (8.2)와 같이 G = $G(\cos\alpha\mathrm{i} + \sin\alpha\mathrm{j})$로 나타낼 수 있다. 여기서 각 α는 G가 x축과 이루는 각이다. 이 각에 대한 $\cos\alpha$와 $\sin\alpha$값은 [그림 8-4(b)]와 같이 선 $\overline{\mathrm{AB}}$를 빗변으로 하는 직각삼각형 ABC와 **피타고라스의 정리**를 이용해 구할 수 있으며, 그 값을 [그림 8-4(c)]에 나타내었다. 이상의 결과들을 종합하면 G는 식 (8.2)와 같이 주어진 두 점 A와 B의 좌표를 이용해 나타낼 수 있다. 식에서 n_2는 G가 향하는 방향에 대한 2차원 단위벡터이다. 만약 벡터 H가 3차원 공간상에 놓여 있으면서 벡터의 크기(H)와 해당 벡터가 지나는 선 위의 두 점의 3차원 좌표 C(x_1, y_1, z_1)와 D(x_2, y_2, z_2)를 알고 있을 경우 H는 식 (8.2)를 확장하여 식 (8.3)과 같이 나타낼 수 있다. 식 (8.3)에서 n_3는 H가 향하는 방향에 대한 3차원 단위벡터이다.

$$\begin{aligned} \mathrm{G} &= G_x\mathrm{i} + G_y\mathrm{j} = G\cos\theta_x\mathrm{i} + G\cos\theta_y\mathrm{j} = G(\cos\alpha\mathrm{i} + \sin\alpha\mathrm{j}) \\ &= G \times \frac{(x_2 - x_1)\mathrm{i} + (y_2 - y_1)\mathrm{j}}{\sqrt{(x_2 - x_1)^2 + (y_2 - y_1)^2}} = G\mathrm{n}_2 \end{aligned} \tag{8.2}$$

$$\begin{aligned} \mathrm{H} &= H_x\mathrm{i} + H_y\mathrm{j} + H_z\mathrm{k} \\ &= H \times \frac{(x_2 - x_1)\mathrm{i} + (y_2 - y_1)\mathrm{j} + (z_2 - z_1)\mathrm{k}}{\sqrt{(x_2 - x_1)^2 + (y_2 - y_1)^2 + (z_2 - z_1)^2}} = H\mathrm{n}_3 \end{aligned} \tag{8.3}$$

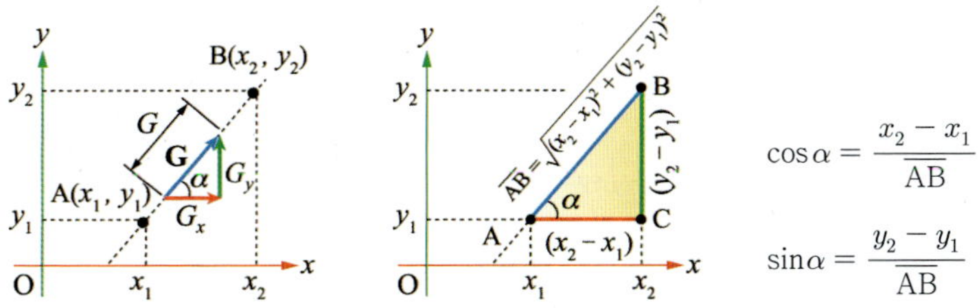

(a) 두 점을 지나는 선 위의 벡터　(b) 각도 계산용 직각삼각형　(c) 삼각함수 값

그림 8-4 두 점을 지나는 선 위의 2차원 벡터

예제 8-1 공간상의 두 점을 지나는 속도 벡터

크기가 10 m/s 인 벡터 D가 3차원 공간상의 두 점 A와 B를 통과한다. 이 벡터를 직각좌표계상의 단위벡터를 이용해 나타내시오. [단위 : m]

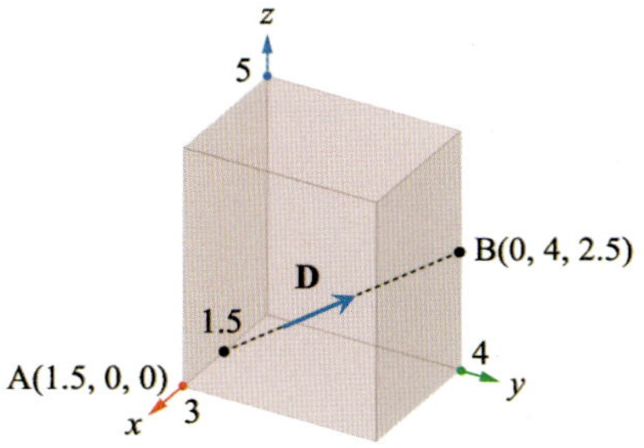

그림 8-5 공간상의 두 점을 지나는 속도 벡터

Analyze

식 (8.3)을 이용해 3 차원 벡터로 나타낸다.

Compute

두 점 A(점 1)와 B(점 2)를 이용하여 3 차원 단위벡터($\mathbf{n}_3$)를 구한 뒤 해당 벡터의 크기를 곱하면 다음과 같다.

$$\mathrm{D} = D\mathbf{n}_3 = D \times \frac{(x_2 - x_1)\mathbf{i} + (y_2 - y_1)\mathbf{j} + (z_2 - z_1)\mathbf{k}}{\sqrt{(x_2 - x_1)^2 + (y_2 - y_1)^2 + (z_2 - z_1)^2}}$$

$$= (10\ \mathrm{m/s}) \times \frac{-1.5\mathbf{i} + 4\mathbf{j} + 2.5\mathbf{k}}{\sqrt{(-1.5)^2 + 4^2 + 2.5^2}} \approx (-)3\mathbf{i} + 8\mathbf{j} + 5\mathbf{k}\ [\mathrm{m/s}]$$

Think

계산을 통해 구한 벡터의 크기($\sqrt{(-3)^2 + 8^2 + 5^2} \approx 9.9$) 및 방향을 문제에서 주어진 크기(10) 및 방향과 비교해보면서 검산을 하는 습관을 들이는 것이 좋다.

8.1.3 벡터의 내적

[그림 8-6]에 나타낸 평면상의 두 벡터 A와 B가 x축과 이루는 각을 각각 α, β라고 하면, 두 벡터 사이의 끼인각(θ)은 $\alpha - \beta$가 되고 이 끼인각에 대해 코사인 뺄셈공식을 적용하면 식 (8.4)와 같은 관계를 얻을 수 있다. 이 식의 마지막 우변 분자항($A_xB_x + A_yB_y$)을 보면, 두 벡터의 동일 방향 성분의 크기를 각각 곱한 뒤 모두 더한 것임을 알 수 있다. 이와 같이 동일 성분끼리의 곱만 존재하고 서로 다른 성분의 곱은 모두 0이 되기 위해서는 두 벡터들의 크기의 곱에 두 벡터 사이의 방향코사인을 취한 뒤 곱하면 된다. 예를 들어, i와 i를 곱하는 경우 두 벡터들의 끼인각은 0°가 되고 이 각에 코사인을 취하면 1이 된다. 반면에 i와 j를 곱하는 경우 두 벡터의 끼인각은 90°가 되어, 이 각에 코사인을 취하면 0이 된다. 이와 같이, 같은 성분인 단위벡터의 곱들은 1이 되고, 서로 다른 성분인 단위벡터의 곱들은 모두 0이 되도록 두 벡터의 끼인각(또는 내각)에 의해 정의되는 곱을 벡터의 **내적** inner product[2]이라고 정의하며, 이를 식 (8.5)와 같이 나타낸다. 식 (8.4)와 식 (8.5)를 조합하면 식 (8.6)을 얻을 수 있으며, 이 식을 이용하면 두 벡터 사이의 끼인각(θ)을 비교적 쉽게 계산할 수 있다.

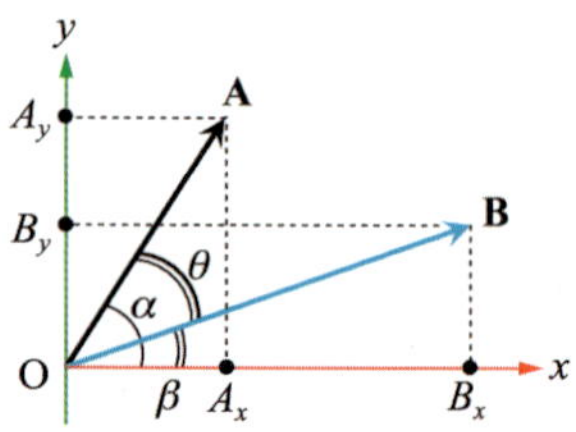

그림 8-6 두 벡터 사이의 끼인각

$$\cos\theta = \cos(\alpha - \beta) = \cos\alpha\cos\beta + \sin\alpha\sin\beta$$
$$= \frac{A_x}{A}\times\frac{B_x}{B} + \frac{A_y}{A}\times\frac{B_y}{B} = \frac{A_xB_x + A_yB_y}{AB} \tag{8.4}$$

$$\mathbf{A}\cdot\mathbf{B} \equiv (A_x\mathbf{i} + A_y\mathbf{j} + A_z\mathbf{k})\cdot(B_x\mathbf{i} + B_y\mathbf{j} + B_z\mathbf{k})$$
$$= A_xB_x + A_yB_y + A_zB_z \tag{8.5}$$

$$\cos\theta = \frac{\mathbf{A}\cdot\mathbf{B}}{AB} = \frac{\mathbf{A}\cdot\mathbf{B}}{|\mathbf{A}||\mathbf{B}|} \tag{8.6}$$

Static Think_ 02

두 벡터의 내적 계산 시 교환법칙(A · B = B · A)이 성립하는지 생각해보시오.

2 식에서 두 벡터 사이에 점(dot)을 넣어 표기하므로 **점곱**(dot product)이라고도 하고, 두 벡터의 내적의 결과가 스칼라량이 되므로 **스칼라곱**(scalar product)이라고도 부른다.

예제 8-2 벡터의 내적

동일한 크기를 갖는 두 벡터 A와 B가 [그림 8-7]과 같은 방향을 갖는다. 두 벡터 사이의 끼인각($\alpha°$)을 구하시오. [단위 : cm]

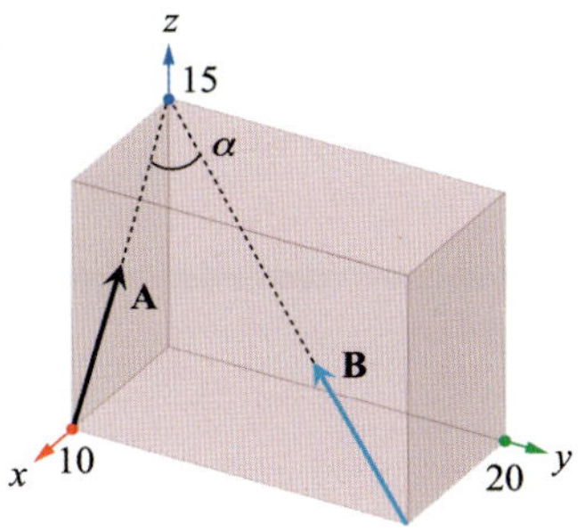

그림 8-7 두 3차원 벡터의 끼인각

Analyze

- 그림에 주어진 좌표를 이용해 두 벡터를 성분과 단위벡터로 나타낸다.
- 벡터의 내적과 식 (8.6)을 이용해 두 벡터의 끼인각을 계산한다.

Compute

- 그림에 주어진 직육면체의 치수를 참조했을 때 A는 점 $A_1(10,\ 0,\ 0)$에서 점 $A_2(0,\ 0,\ 15)$를 향하고, B는 점 $B_1(10,\ 20,\ 0)$에서 점 $B_2(0,\ 0,\ 15)$를 향하고 있으므로, 두 벡터를 단위벡터를 이용해 나타내면 다음과 같다. 두 벡터의 크기는 같으므로 편의상 C로 두고 계산한다.

$$\mathrm{A} = C \times \frac{-10\mathrm{i} + 15\mathrm{k}}{\sqrt{10^2 + 15^2}} = \frac{C}{\sqrt{325}}(-10\mathrm{i} + 15\mathrm{k}) = \frac{C}{\sqrt{13}}(-2\mathrm{i} + 3\mathrm{k})$$

$$\mathrm{B} = C \times \frac{-10\mathrm{i} - 20\mathrm{j} + 15\mathrm{k}}{\sqrt{10^2 + 20^2 + 15^2}} = \frac{C}{\sqrt{725}}(-10\mathrm{i} - 20\mathrm{j} + 15\mathrm{k}) = \frac{C}{\sqrt{29}}(-2\mathrm{i} - 4\mathrm{j} + 3\mathrm{k})$$

- 두 벡터의 끼인각은 식 (8.6)을 이용해 구하면 다음과 같다.

$$\cos\theta = \frac{\mathrm{A} \cdot \mathrm{B}}{|\mathrm{A}||\mathrm{B}|} = \frac{1}{C^2}\frac{C}{\sqrt{13}} \times \frac{C}{\sqrt{29}} \times (2^2 + 3^2) = \sqrt{\frac{13}{29}}$$

$$\theta = \cos^{-1}\sqrt{\frac{13}{29}} = 47.97° \approx 48°$$

Think

- 3차원 문제를 다루는 데 있어서 벡터는 매우 유용한 도구이다.
- 개념은 2차원에서 잡고 실제 계산은 3차원으로 확장해 수행하는 방법을 권장한다.
- 벡터의 내적 결과는 항상 스칼라 값이 된다.

SECTION 8.2 3차원 힘과 모멘트

- 구조물 설계에 있어서 6분력 측정의 필요성을 이해한다.
- 3차원 힘과 위치를 벡터로 표현하고 이들의 크기와 작용 방향을 계산할 수 있다.
- 위치 벡터와 힘 벡터를 이용해 모멘트 벡터를 계산할 수 있다.

안전하고 내구성 높은 구조물을 설계하기 위해서는 해당 구조물에 가해지는 역학적 부하에 대한 이해 및 측정이 필수적이다. 그동안 다뤘던 2차원 힘과 모멘트를 3차원으로 확장하여 실제 구조물을 해석할 수 있는 기초를 마련하자.

8.2.1 세 방향 힘과 모멘트

[그림 8-8(a)]와 같은 승용차를 설계 및 해석하기 위해서는 크게 세 가지 입력(형상, 재료물성, 부하)이 필요하며, 정역학 관점에서는 이들 중에서 입력 부하에 대한 이해가 중요하다. 일반적으로 구조물에 가해지는 역학적 부하는 직각좌표계상에서 볼 때 [그림 8-8(b)]에서와 같이 세 방향 힘(F_x, F_y, F_z)과 세 방향 모멘트(M_x, M_y, M_z)가 전부이며, 이들을 모두 알게 되면 대상 구조물에 대해 [그림 8-1]과 같은 3차원 운동을 역학적으로 설명할 수 있다. [그림 8-8(a)]와 같은 승용차를 안전하게 설계하기 위해서는 지면에서 바퀴 wheel&tire를 통해 승용차로 전달되는 부하를 측정해야 한다. 이 부하를 실시간으로 동시에 측정하기 위해서는 [그림 8-9(a)]와 같은 특별히 제작된 장치(6분력계)가 필요하고, 이를 이용하여 측정한 예를 [그림 8-9(b)]에 나타내었다. 이러한 힘들과 모멘트에 대한 기본적인 설명은 힘의 경우 3장에서, 모멘트의 경우 4장에서 각각 다루었으므로, 여기서는 그동안 다루지 않았던 3차원 계산을 주로 다루기로 한다.

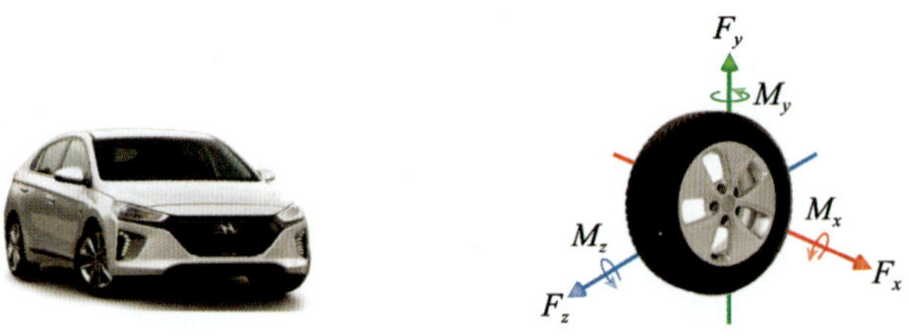

(a) 승용차 (b) 휠&타이어에 작용하는 힘과 모멘트

그림 8-8 세 방향 힘과 세 방향 모멘트 성분

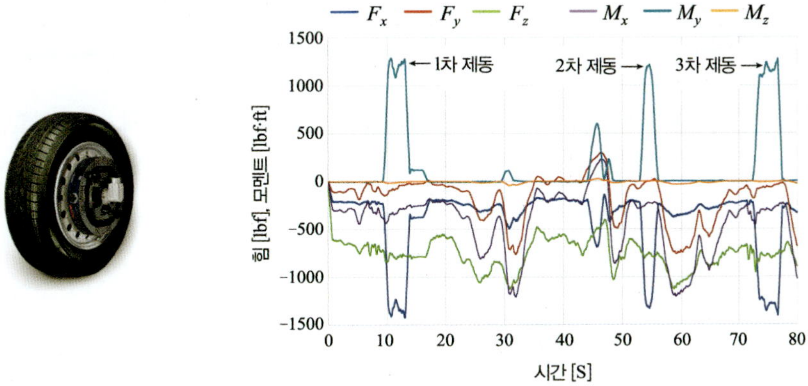

(a) 6분력계 장착 모습　　(b) 세 방향 힘과 세 방향 모멘트 측정 예

그림 8-9 휠&타이어를 통해 전달되는 힘과 모멘트 성분[3]

8.2.2 3차원 위치, 힘, 모멘트 벡터

4장에서 모멘트는 힘과 힘이 가해진 위치에 따라 변하는 물리량임을 설명하였고, 2 차원 문제의 경우 식 (4.4)와 같이 모멘트 벡터(M)는 위치 벡터(r)와 힘 벡터(F)의 벡터곱 cross product 인 $\mathrm{M} = \mathrm{r} \times \mathrm{F}$로 표현됨을 알았다. 이를 3 차원 문제로 확장시키면 식 (4.4)는 식 (8.7)과 같이 나타낼 수 있다. 식 (4.4)와 식 (8.7)[4]을 비교해보면 알 수 있듯이, 위치 벡터와 힘 벡터의 성분이 2 개에서 3 개로 늘어났지만 벡터 표현상으로 보면 두 식은 같다.

$$\begin{aligned}
\mathrm{M} = \mathrm{r} \times \mathrm{F} &= \begin{vmatrix} \mathrm{i} & \mathrm{j} & \mathrm{k} \\ r_x & r_y & r_z \\ F_x & F_y & F_z \end{vmatrix} \\
&= \begin{vmatrix} r_y & r_z \\ F_y & F_z \end{vmatrix}\mathrm{i} - \begin{vmatrix} r_x & r_z \\ F_x & F_z \end{vmatrix}\mathrm{j} + \begin{vmatrix} r_x & r_y \\ F_x & F_y \end{vmatrix}\mathrm{k} \qquad (8.7) \\
&= (r_yF_z - r_zF_y)\mathrm{i} + (r_zF_x - r_xF_z)\mathrm{j} + (r_xF_y - r_yF_x)\mathrm{k} \\
&= M_x\mathrm{i} + M_y\mathrm{j} + M_z\mathrm{k}
\end{aligned}$$

Static Think_ 03

2 차원 상에서 고려해야 할 위치나 힘의 성분은 2개씩인데 모멘트 성분은 왜 1개인지 생각해보시오.

3 MTS Systems 사 (https://www.mts.com/)의 허가 하에 게재한다.

4 벡터곱의 결과를 행렬에서의 행렬식(determinant)을 이용해 나타낸 것이며, 2 차원 행렬식의 경우 $\begin{vmatrix} a & b \\ c & d \end{vmatrix} = ad - bc$의 관계가 성립한다.

예제 8-3 3차원 힘의 합력

발사 전인 로켓이 넘어지지 않도록 3개의 벌림줄 guy rope로 지면에 고정되어 있다. 이때 세 벌림줄에 작용하는 인장력의 크기가 $T_1 = 700\ \text{N}$, $T_2 = 450\sqrt{5}\ \text{N}$, $T_3 = 400\sqrt{13}\ \text{N}$일 때 세 힘의 합력을 벡터로 나타내시오. [단위 : m]

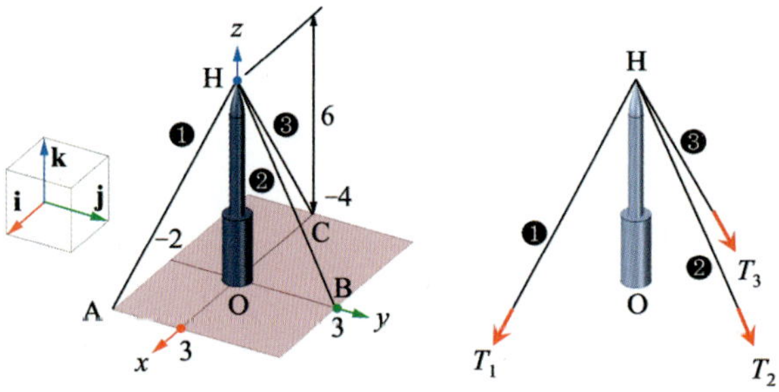

그림 8-10 로켓 탄두를 고정하고 있는 세 벌림줄

Analyze

- 두 점의 위치와 벡터의 크기를 알고 있으므로 식 (8.3)을 이용하여 벡터로 나타낸다.
- 세 힘 벡터를 단순히 더하면 합력 벡터가 된다.

Compute

세 힘 모두 점 H(0, 0, 6)을 공통으로 지나면서, 줄 ❶은 A(3, −2, 0), 줄 ❷는 B(0, 3, 0), 줄 ❸은 C(−4, 0, 0)을 통과하므로 식 (8.3)을 이용하면 세 힘 벡터는 다음과 같이 나타낼 수 있으며, 합력은 이 세 힘 벡터들을 더해 구하면 된다.

$$\mathbf{T}_1 = (700\ \text{N}) \times \frac{3\mathbf{i} - 2\mathbf{j} - 6\mathbf{k}}{\sqrt{3^2 + 2^2 + 6^2}} = 300\mathbf{i} - 200\mathbf{j} - 600\mathbf{k}\ [\text{N}]$$

$$\mathbf{T}_2 = (450\sqrt{5}\ \text{N}) \times \frac{0\mathbf{i} + 3\mathbf{j} - 6\mathbf{k}}{\sqrt{0^2 + 3^2 + 6^2}} = 450\mathbf{j} - 900\mathbf{k}\ [\text{N}]$$

$$\mathbf{T}_3 = (400\sqrt{13}\ \text{N}) \times \frac{-4\mathbf{i} + 0\mathbf{j} - 6\mathbf{k}}{\sqrt{4^2 + 0^2 + 6^2}} = (-)800\mathbf{i} - 1{,}200\mathbf{k}\ [\text{N}]$$

$$\mathbf{R} = \sum_{i=1}^{3} \mathbf{T}_i = (-500)\mathbf{i} + 250\mathbf{j} - 2{,}700\mathbf{k}\ [\text{N}]$$

Think

- 점 (x_1, y_1, z_1)에서 점 (x_2, y_2, z_2)로 향하는 방향이 벡터 방향과 일치해야 한다. 예를 들어 $\mathbf{T}_1$의 경우 점 H에서 점 A로 향하므로 x 성분만 (+)가 되고 나머지는 (−)가 된다.
- 최종적으로 구한 합력 벡터의 방향(+/−)을 세 힘 성분들의 크기를 비교해 체크해본다. 예를 들어 $\mathbf{T}_3$의 y 성분이 0이므로 합력의 y 성분은 $\mathbf{T}_1$과 $\mathbf{T}_2$에 의해서만 결정되는데 $T_1 = 700$, $T_2 \approx 1{,}006$이 되어 $\mathbf{T}_2$의 영향이 커져 부호는 (+)가 된다.

예제 8-4 3차원 모멘트

[그림 8-11]과 같은 핸들의 점 A에 힘 F가 작용할 때 이로 인해 원점 O에 대해 발생하는 모멘트의 크기가 20 N · m이다. 이 경우 힘 F의 크기(F)를 구하시오. [단위 : mm]

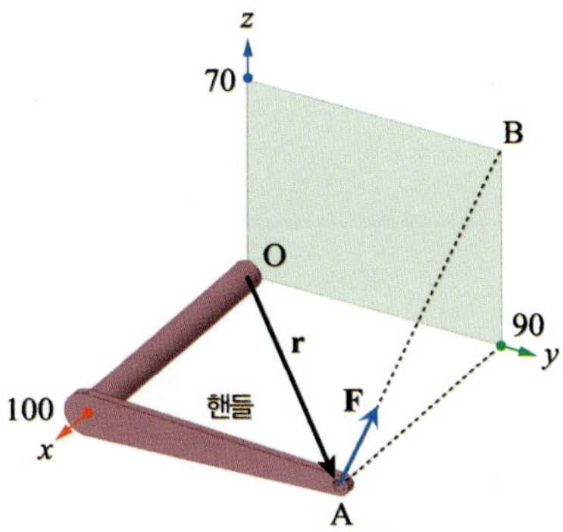

그림 8-11 핸들에 작용하는 3차원 힘

Analyze

- 모멘트는 위치 벡터와 힘 벡터를 구한 후 식 (8.7)을 이용해 구한다.
- 모멘트의 크기는 벡터의 크기를 구하는 식 (8.1)을 이용해 구한다.

Compute

- 기준점 O에서 힘이 작용하고 있는 점 A까지의 위치 벡터는 다음과 같다.

$$\mathbf{r} = 100\mathbf{i} + 90\mathbf{j}\ [\mathrm{mm}]$$

- 힘의 작용 방향이 점 A(100, 90, 0)에서 점 B(0, 90, 70)을 향하고 있으므로 힘 벡터는 다음과 같이 나타낼 수 있다.

$$\mathbf{F} = F \times \frac{-100\mathbf{i} + 0\mathbf{j} + 70\mathbf{k}}{\sqrt{100^2 + 0^2 + 70^2}} = F \times \frac{-10\mathbf{i} + 7\mathbf{k}}{\sqrt{149}}\ [\mathrm{N \cdot mm}]$$

- 모멘트는 위치 벡터에 힘 벡터를 곱해 구한다.

$$\mathbf{M} = \mathbf{r} \times \mathbf{F} = (100\mathbf{i} + 90\mathbf{j}) \times \frac{F}{\sqrt{149}}(-10\mathbf{i} + 7\mathbf{k}) = \frac{10F}{\sqrt{149}} \begin{vmatrix} \mathbf{i} & \mathbf{j} & \mathbf{k} \\ 10 & 9 & 0 \\ -10 & 0 & 7 \end{vmatrix}$$

$$= \frac{10F}{\sqrt{149}}(63\mathbf{i} - 70\mathbf{j} + 90\mathbf{k})\ [\mathrm{N \cdot mm}]$$

- 주어진 모멘트의 크기(20 N · m = 20,000 N · mm)로부터 힘의 크기를 구한다.

$$|\mathbf{M}| = \frac{10F}{\sqrt{149}}\sqrt{63^2 + 70^2 + 90^2} = 20{,}000$$

$$F = 187.4\ \mathrm{N}$$

Think

- 3 차원 문제 해결을 통해 계산 능력과 공간지각 능력을 키우는 것이 좋다.
- 최종적으로 구한 모멘트 벡터 $\mathbf{M} = 9.7\,\mathbf{i} - 10.7\,\mathbf{j} + 13.8\,\mathbf{k}$ [N · m]의 크기를 다시 구해 문제에서 주어진 값(20 N · m)과 일치하는지 재차 확인한다.
- 모멘트 벡터를 보면서 실제 구조물이 회전하려는 방향과 일치하는지 검토한다. 이 구조물의 경우 x 축에 대해 양의 방향, y 축에 대해 음의 방향, z 축에 대해 양의 방향으로 회전하려는 성향이 있으며 위에서 구한 모멘트 벡터의 방향과 일치한다.

8.2.3 바리뇽의 정리

[그림 8-12(a)]에 나타낸 것처럼 임의의 물체에 힘 R이 작용하는 경우 이 힘에 의해 발생하는 모멘트에 대해 살펴보자. 모멘트가 정의되기 위해서는 가장 먼저 기준점이 있어야 하므로 물체 내의 **임의의 한 점** arbitrary point O와 이를 원점으로 하는 좌표계를 설정한 뒤, 이에 대한 모멘트를 계산해보기로 한다.

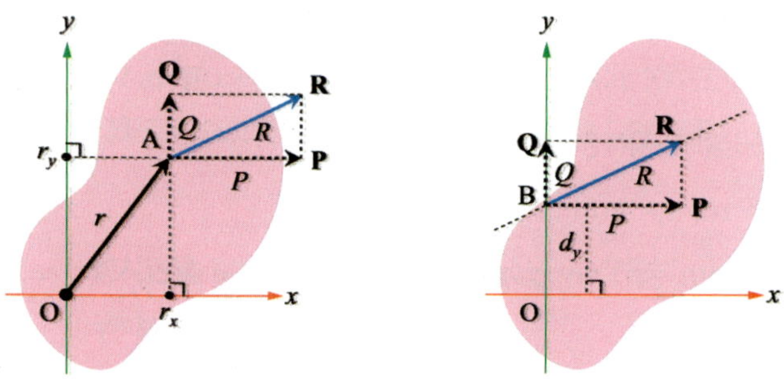

(a) 합력과 분력에 의한 모멘트 (b) 힘의 전달성 원리

그림 8-12 임의의 위치에 작용하는 힘에 의한 모멘트

가장 먼저 모멘트 벡터의 정의($\mathbf{M} = \mathbf{r} \times \mathbf{R}$)를 이용해 구해본다. [그림 8-12(a)]에서 위치벡터와 힘 벡터를 이용해 모멘트 벡터를 구하면 식 (8.8)과 같이 된다. 이 식에서 P와 Q는 각각 R의 x 방향 분력 벡터 P와 y 방향 분력 벡터 Q의 크기이다. 다음으로 분력 벡터 P와 Q에 의해 점 O에 대해 발생하는 모멘트를 구하는 경우 힘의 방향이 x 및 y 축과 평행하므로 벡터식을 사용할 필요 없이 힘의 크기에 기준점으로부터의 수직 거리를 곱해 바로 계산할 수 있으며, 이를 식 (8.9)에 나타내었다.

$$\mathbf{M} = \mathbf{r} \times \mathbf{R} = \begin{vmatrix} \mathbf{i} & \mathbf{j} & \mathbf{k} \\ r_x & r_y & 0 \\ P & Q & 0 \end{vmatrix} = (r_x Q - r_y P)\,\mathbf{k} \tag{8.8}$$

$$\mathbf{M} = \mathbf{r} \times \mathbf{P} + \mathbf{r} \times \mathbf{Q} = (r_x Q - r_y P)\,\mathbf{k} \tag{8.9}$$

서로 다른 두 가지 방법을 통해 구한 식 (8.8)과 식 (8.9)는 같음을 알 수 있다. 이를 통해 임의의 점을 기준으로 관심 대상 물체에 작용하는 합력에 의해 발생하는 모멘트는 해당 힘의 분력에 의해 발생하는 모멘트와 같게 됨을 알 수 있다. 이를 **바리농의 정리**Varignon's theorem[5]라고 하며, 이를 3 차원까지 확장해 일반식으로 표현하면 식 (8.10)과 같다. 식 (8.10)에서 $\mathbf{r}_i$는 기준점에서 합력 R의 분력들인 $\mathbf{F}_i$까지의 위치 벡터이다. 이 정리를 **힘의 전달성 원리**와 함께 사용하면 정역학에서의 모멘트 계산 시 매우 유용하다. 예를 들어 [그림 8-12(a)]에서 점 A에 작용하고 있는 합력 R을 힘의 작용선을 따라 [그림 8-12(b)]와 같이 y 축과의 교점 B로 이동시킨 뒤 분력에 의한 모멘트를 살펴보면, 분력 Q는 점 O에 대해 모멘트를 생성시키지 않으므로 분력 P만 고려해 모멘트를 구하면 되며, 이를 정리하면 식 (8.11)과 같이 된다. 식에서 d_y는 x 방향 분력 P와 x 축이 이루는 수직 거리이다. 식 (8.8), 식 (8.9) 및 식 (8.11)의 세 식을 통해 모두 동일한 결과(모멘트)를 얻을 수 있다.

$$\mathbf{M} = \mathbf{r} \times \mathbf{R} = \sum_{i=1}^{n} \mathbf{r}_i \times \mathbf{F}_i \tag{8.10}$$

$$\mathbf{M} = \mathbf{r} \times \mathbf{R} = (-)d_y P\,\mathbf{k} \tag{8.11}$$

Static Think_ 04

식 (8.11)에서 모멘트의 부호에 (−)가 있는 것은 물리적으로 어떤 의미인지 생각해보시오.

예제 8-5 힘의 전달성 및 바리농의 정리

[그림 8-13]과 같은 직각삼각형 구조물의 점 A에 크기가 100 N인 힘을 가했을 때 점 O에 대한 모멘트를 세 가지 이상의 다른 방법으로 구해보시오. [길이 단위 : m]

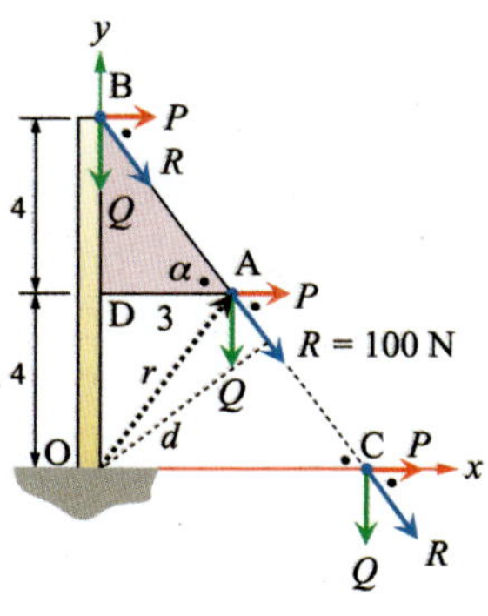

그림 8-13 모멘트 계산

Analyze

- 힘의 작용선을 따라 힘을 이동시켜도 효과는 같은 **힘의 전달성 원리**를 이용한다.
- 합력에 의한 모멘트는 합력의 분력들에 의한 모멘트의 합과 같은 **바리농의 정리**를 이용한다.

Compute

[방법 1] 벡터의 정의 이용

- 문제에 주어진 데이터를 이용해 위치 벡터와 힘 벡터를 구한 후 벡터곱을 이용해 모멘트를 구한다.
- 위치 벡터와 힘 벡터는 다음과 같다. 3-4-5 직각삼각형을 이용해 $\cos\alpha = 3/5 = 0.6$, $\sin\alpha = 4/5 = 0.8$임을 이용한다.

5 프랑스의 수학자 Pierre Varignon(1654~1722)이 1687년 발표한 정리이다.

$$\mathbf{r} = 3\mathbf{i} + 4\mathbf{j}\ [\mathrm{m}]$$

$$\mathbf{R} = P\mathbf{i} - Q\mathbf{j} = R(\cos\alpha\mathbf{i} - \sin\alpha\mathbf{j}) = (100\ \mathrm{N}) \times (0.6\mathbf{i} - 0.8\mathbf{j}) = 60\mathbf{i} - 80\mathbf{j}\ [\mathrm{N}]$$

- 모멘트 벡터는 위치 벡터와 힘 벡터를 벡터곱 하여 다음과 같이 구한다.

$$\mathbf{M} = \mathbf{r} \times \mathbf{R} = \begin{vmatrix} \mathbf{i} & \mathbf{j} & \mathbf{k} \\ 3 & 4 & 0 \\ 60 & -80 & 0 \end{vmatrix} = (-)\,480\mathbf{k}\ [\mathrm{N \cdot m}]$$

[방법 2] 기준점에서 힘의 작용선까지의 수직 거리 방법

- 기준점 O에서 힘의 작용선까지의 수직 거리를 구한 다음, 이 거리에 합력의 크기를 곱해 모멘트의 크기를 구한다.
- 기준점 O에서 힘의 작용선까지의 수직 거리는 기하학을 이용해 구하면 된다. [그림 8-13]에서 $d = \overline{\mathrm{OC}}\sin\alpha$가 되고, $\overline{\mathrm{OC}}$의 길이는 $\triangle\mathrm{BDA}$와 $\triangle\mathrm{BOC}$의 비례관계로부터 6 m가 된다.
- [그림 8-13]에서 알 수 있듯이 모멘트는 시계방향이 되므로 음의 값이 된다.

$$\mathbf{M} = (-)dR\mathbf{k} = (-6 \times \sin\alpha\ \mathrm{m}) \times (100\ \mathrm{N})\mathbf{k} = (-)480\mathbf{k}\ [\mathrm{N \cdot m}]$$

[방법 3] 힘의 전달성 원리를 이용하는 방법

- 힘을 작용선을 따라 점 A에서 점 B로 옮기면 분력 P에 의한 모멘트만 발생한다.
- 모멘트의 크기는 수직 거리 8 m에 분력 P를 곱하면 된다.

$$\mathbf{M} = (-)(8\ \mathrm{m}) \times P\mathbf{k} = (-8\ \ \mathrm{m}) \times (100 \times \cos\alpha\ \mathrm{N})\mathbf{k} = (-)480\mathbf{k}\ [\mathrm{N \cdot m}]$$

[방법 4] 힘의 전달성 원리를 이용하는 방법

- 힘을 작용선을 따라 점 A에서 점 C로 옮기면 분력 Q에 의한 모멘트만 발생한다.
- 모멘트의 크기는 수평 거리 6 m에 분력 Q를 곱하면 된다.

$$\mathbf{M} = (-)(6\ \mathrm{m}) \times Q\mathbf{k} = (-6\ \mathrm{m}) \times (100 \times \sin\alpha\ \mathrm{N})\mathbf{k} = (-)480\mathbf{k}\ [\mathrm{N \cdot m}]$$

[방법 5] 힘의 전달성 원리를 이용하는 방법

- 힘을 작용선을 따라 점 A에서 점 B로 옮겨 위치 벡터를 단순화시킨다.
- 위치 벡터에 힘 벡터를 곱해 모멘트를 구한다.

$$\mathbf{M} = \mathbf{r}_B \times \mathbf{R} = \begin{vmatrix} \mathbf{i} & \mathbf{j} & \mathbf{k} \\ 0 & 8 & 0 \\ 60 & -80 & 0 \end{vmatrix} = (-)480\mathbf{k}\ [\mathrm{N \cdot m}]$$

Think

- **바리뇽의 정리**는 **힘의 전달성 원리**와 함께 적용하면 시너지 효과가 생긴다.
- 모멘트를 구하는 방법은 다양하므로 여러 가지 방법으로 시도해보고 자신에게 가장 편한 방법을 사용하면 된다.

SECTION 8.3

3차원 평형

- ✔ 3차원 구조물을 구성하는 부재들의 연결부나 지지부의 특징을 이해한다.
- ✔ 3차원 힘을 벡터를 이용해 표현하고, 이를 이용해 힘 평형 문제를 해결한다.
- ✔ 3차원 위치 벡터와 힘 벡터를 기반으로 모멘트 평형 문제를 해결한다.

2 차원 문제가 1 차원 문제보다 2 배 어려워진다면 3 차원 문제는 3^2 배만큼 어려워진다고 할 수 있으나, 복잡한 문제를 해결하다 보면 이전에 어렵게 느껴졌던 문제들이 상대적으로 쉽게 와 닿게 될 것이다. 벡터 표현으로 주어지는 두 개의 3 차원 평형식을 능수능란하게 다뤄 정역학을 정복하는 데 활용해보자.

8.3.1 3차원 부재들의 특징

3 차원 물체의 평형을 다루기 위해서는 3.2.3절에서 2 차원 부재들에 대해 살펴본 것과 마찬가지로 3 차원 부재들의 기본적인 특징을 알아두는 것이 좋다. 먼저 [그림 8-14(a)][6]에서와 같이 마찰을 무시할 수 있는 매끄러운 면에 놓인 **점접촉** point contact 부재의 경우는 항상 **수직항력** normal reaction force만 지지하며, 자유물체도에는 항상 접촉면에 수직한 압축 수직력 N 만 존재한다. 다음으로 [그림 8-14(b)]에서와 같이 마찰이 있는 거친 면에 놓인 점접촉 부재의 경우는 수직항력과 함께 부재의 운동을 방해하는 방향으로의 **마찰력** friction force F 가 존재할 수 있다. 이러한 마찰력은 항상 지면에 접하는 방향으로 발생한다.

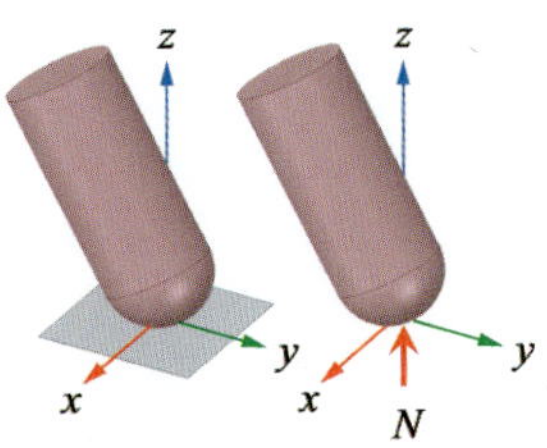

(a) 매끄러운 면에 놓인 부재

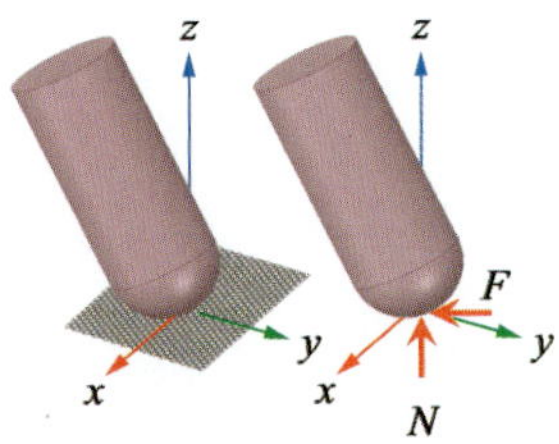

(b) 거친 면에 놓인 부재

그림 8-14 점접촉 부재 및 자유물체도

6 편의상 부재들에 작용하는 작용력이나 작용 모멘트는 나타내지 않기로 한다.

[그림 8-15(a)]와 같은 **인공 고관절** artificial hip joint에 사용되는 **볼-소켓 조인트** ball-socket joint는 볼과 소켓 사이에 마찰이 적을수록 운동이 자유로워 오랜 시간동안 기능을 수행할 수 있다. 이와 같은 조인트는 [그림 8-15(b)]와 같이 모델링할 수 있으며, 이 경우 볼에 작용할 수 있는 부하는 세 방향의 힘(R_x, R_y, R_z)이다. 다음으로 [그림 8-16(a)]와 같이 축 길이 방향으로 힘이 작용하지 않는 **저널 베어링** journal bearing의 경우 마찰이 없다면 베어링 축 shaft은 [그림 8-16(b)]와 같이 두 방향의 힘(R_x, R_z)과 두 방향의 모멘트(M_x, M_z)를 지지할 수 있다. 반면에 마찰을 무시할 수 없다면 축 길이 방향의 힘(F_y)과 모멘트(M_y) 모두 지지할 수 있다. 다음으로 [그림 8-17(a)]와 같이 여닫이문에 사용되는 **경첩** door hinge의 경우 마찰이 없다면 한 쌍의 경첩을 연결해주는 핀 방향 축 모멘트(M_x)를 제외한 모든 부하를 전달한다. 마지막으로, 벽에 고정한 **브래킷** bracket같은 구조물들은 [그림 8-8]에 나타낸 6 분력을 모두 지지할 수 있다.

(a) 인공 고관절 (b) 볼-소켓 조인트 (c) 볼에 작용하는 힘

그림 8-15 볼-소켓 조인트

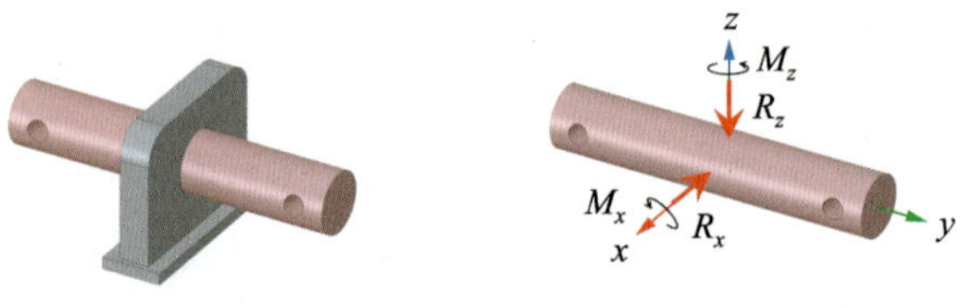

(a) 베어링 블록 및 축 (b) 축에 작용하는 부하

그림 8-16 저널 베어링 블록 및 축

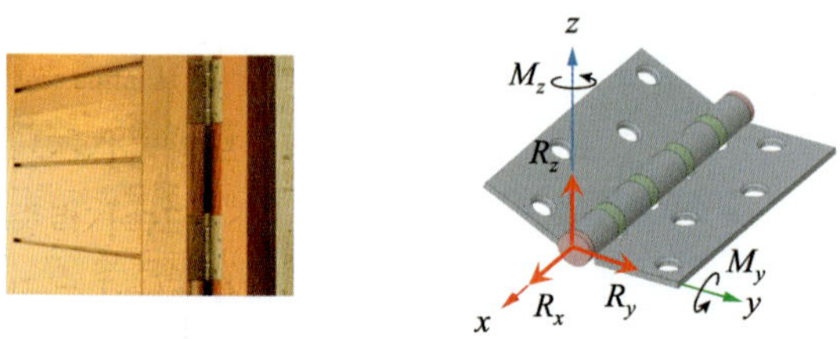

(a) 문 여닫이용 경첩 (b) 경첩을 통해 전달 가능한 부하

그림 8-17 여닫이 문에 사용되는 경첩

8.3.2 3차원 평형

2장에서 다룬 1 차원 힘 평형, 3장에서 다룬 2 차원 힘 평형, 그리고 4장에서 다룬 2 차원 모멘트 평형을 3 차원까지 확장해 다뤄보자. 3 차원 평형식을 벡터로 나타내면 식 (8.12)와 같이 되며, 이를 성분으로 나타내면 식 (8.13)과 같다. 즉, 한 물체가 정적 평형을 이루기 위해서는 모든 방향으로의 힘과 모멘트의 합이 0 이어야 한다.

$$\Sigma \mathrm{F} = 0$$
$$\Sigma \mathrm{M} = \mathrm{r} \times \mathrm{F} = 0 \tag{8.12}$$

$$\Sigma F_x = 0,\ \Sigma F_y = 0,\ \Sigma F_z = 0$$
$$\Sigma M_x = 0,\ \Sigma M_y = 0,\ \Sigma M_z = 0 \tag{8.13}$$

3 차원 평형의 경우 고려해야 할 식의 수가 2 차원 평형에서의 3 개(힘 평형 2 개, 모멘트 평형 1 개)에서 6 개로 늘어나기 때문에 계산의 복잡성이 높아지지만, 이러한 계산의 복잡성은 손 계산 대신 각종 계산용 도구[7]를 사용하면 쉽게 해결할 수 있다. 3 차원 정역학 문제를 다룸에 있어서 정작 어려운 것은 해당 문제가 정역학적으로 적합한지(즉, 정역학적으로 평형을 이룰 수 있는지)를 판단하는 것이다. 예를 들어, [그림 8−18(a)]와 같이 양단이 볼−소켓 조인트로 지지되고 중앙에 그림과 같은 위치에 힘 F가 작용하는 경우 8.3.1절을 참조하여 중앙의 T자 부재에 대해 자유물체도를 그리면 [그림 8−18(b)]와 같이 된다. 이 경우 3 차원 평형을 고려하여 결정해야 할 미지수는 6 개이므로 **정정문제** statically determinate problem[8]로 보일 수도 있으나, 이 문제의 경우 실제로는 x 축을 중심으로 한 모멘트를 지지할 수 없기 때문에 x 축을 중심으로 계속 회전하게 되어 정역학이 아닌 **동역학** Dynamics 문제가 된다. 이 부재가 정적으로 안정되기 위해서는 두 지지점 A나 B에서 볼−소켓 조인트가 아닌 **고정** fixed 지지로 대체되어야 한다.

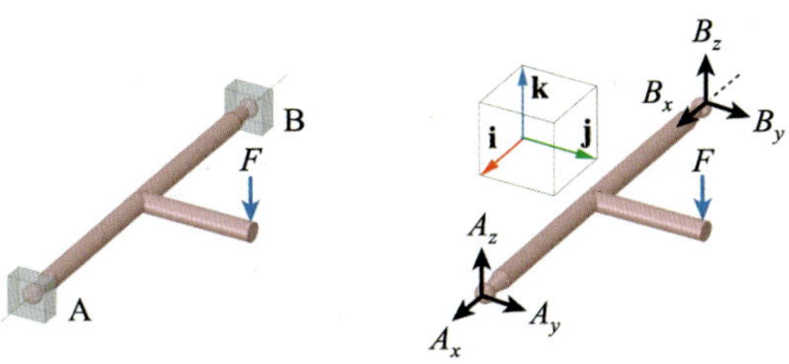

(a) 양단 볼-소켓지지 부재 (b) T자 부재에 대한 자유물체도

그림 8-18 양단 볼-소켓 조인트 부재

[그림 8−19(a)]와 같이 마찰을 무시할 수 있는 핀들로 연결된 부재(이력부재)로 세 점 A, B, C에서 지지되고 있는 구조물에 수평 방향 힘 F가 그림과 같은 위치에 작용하는 경우, 중앙 부재에 대해 자유물체도를 그리면 그림 (b)와 같이 된다. 이 경우 이력부재들이 지지하는 세 반력들(R_{A}, R_{B}, R_{C})은

7 예를 들어, MS Excel을 사용하면 복잡한 공학 계산을 빠르게 처리할 수 있다.

8 결정해야 할 미지수의 개수와 가용 평형식의 개수가 같아야 한다.

한 점 O에서 만나 공점력계를 형성하므로, 점 O에 대한 모멘트의 합을 구하면 이 점을 지나지 않는 외력 F 때문에 0 이 될 수 없다. 즉, 이러한 구조물도 부적절한 구속으로 인해 정적 평형이 만족되지 않는다.

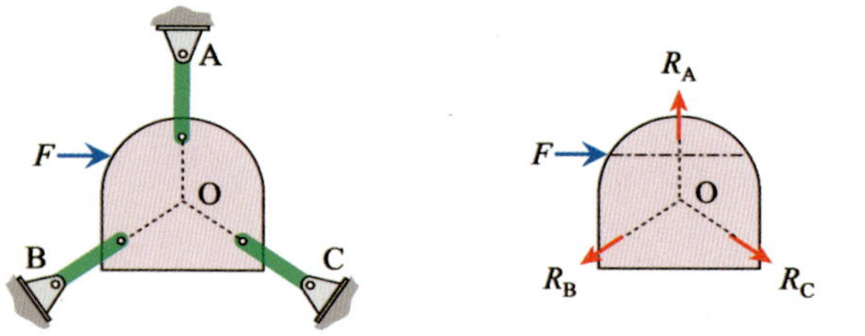

(a) 핀 조인트 부재 (b) 중앙 부재에 대한 자유물체도

그림 8-19 세 점 핀 조인트 부재

예제 8-6 볼 조인트로 지지된 봉

무게 100 N인 균질 봉의 점 B를 마찰이 없는 볼-소켓으로 지지한 뒤 봉의 한쪽 끝 A는 매끄러운 벽면에 걸쳐두었다. 이 경우 봉의 미끄러짐을 막기 위해 $(+)x$ 방향으로 가해야 할 힘 P 의 크기와 벽면에 의해 발생하는 수직항력을 구하시오. [단위 : cm]

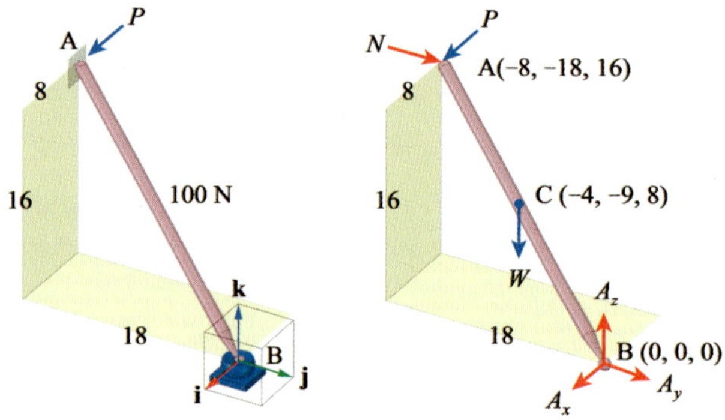

(a) 외력 및 형상 (b) 자유물체도

그림 8-20 볼 조인트와 매끄러운 표면에 의해 지지되는 균질 봉

Analyze

- 미지수가 5 개이며 정적으로 안정한 형태이다.
- 6 개의 평형식을 이용해 미지수를 구한다.

Compute

- 세 방향의 힘 평형 조건을 성분(스칼라)으로 나타내면 다음과 같다.

$$\Sigma F_x = A_x + P = 0,\quad \Sigma F_y = A_y + N = 0,\quad \Sigma F_z = A_z - 100 = 0$$
$$A_x = (-)P,\quad A_y = (-)N,\quad A_z = 100\text{ N}$$

• 미지수가 많은 점 B에 대해 모멘트 평형 조건을 벡터를 이용해 적용하면 다음과 같다.

$$\Sigma \mathbf{M}_B = \mathbf{r}_C \times \mathbf{F}_C + \mathbf{r}_A \times \mathbf{F}_A = \begin{vmatrix} \mathbf{i} & \mathbf{j} & \mathbf{k} \\ -4 & -9 & 8 \\ 0 & 0 & -100 \end{vmatrix} + \begin{vmatrix} \mathbf{i} & \mathbf{j} & \mathbf{k} \\ -8 & -18 & 16 \\ P & N & 0 \end{vmatrix}$$
$$= (900-16N)\,\mathbf{i} + (16P-400)\,\mathbf{j} + (18P-8N)\,\mathbf{k} = \mathbf{0}$$

• 위 식들을 풀면 미지수들을 다음과 같이 결정할 수 있다.

$$P = (-)A_x = 25\text{ N},\quad N = (-)A_y = 56.25\text{ N},\quad A_z = 100\text{ N}$$

Think

• 모멘트 평형은 일차적으로 미지수가 많은 점에 대해 고려하는 것이 좋다.
• 3차원 모멘트 평형은 행렬식을 이용하여 계산하는 것이 편리하다.
• 미지수가 5개인 반면에 가용 평형식은 6개이므로 마지막 모멘트 평형식 $18P-8N=0$을 사용하지 않았으나, 이 식을 이용해 구한 미지력들의 적합성을 검사해볼 수 있다. $18\times25-8\times56.25=0$이 됨을 알 수 있다.

예제 8-7 타워 크레인에 작용하는 힘

[그림 8-21(a)]와 같은 타워 크레인의 수평 보에 그림과 같이 840 N의 힘이 작용하고 있을 때, 지지점 O에 발생하는 모든 반력과 반작용 모멘트를 구하시오. [단위 : m]

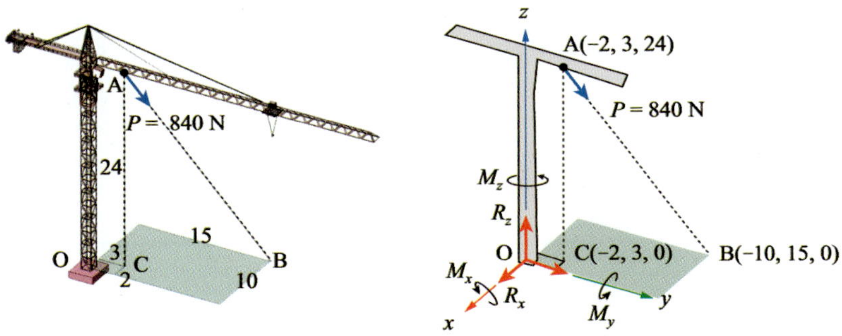

(a) 외력 및 주요 치수 (b) 자유물체도

그림 8-21 타워 크레인에 작용하는 힘 및 자유물체도

Analyze

• 3차원 자유물체도를 그릴 때는 계산에 필요한 대략의 외관 형상만을 그린 뒤, 모든 물리량들을 양의 방향으로 설정한 후 계산을 수행하는 것이 좋다.
• 3차원 평형은 벡터를 이용하는 것이 좋다.

Compute

- 작용력은 점 A에서 점 B를 향하며, 이를 벡터로 나타내면 다음과 같다.

$$\mathbf{P} = P \times \frac{-8\mathbf{i} + 12\mathbf{j} - 24\mathbf{k}}{\sqrt{8^2 + 12^2 + 24^2}} = \frac{840\ \text{N}}{28}(-8\mathbf{i} + 12\mathbf{j} - 24\mathbf{k})$$
$$= (-)240\mathbf{i} + 360\mathbf{j} - 720\mathbf{k}\ [\text{N}]$$

- 식 (8.12)를 이용해 반력을 구한다.

$$\Sigma\mathbf{F} = \mathbf{P} + \mathbf{R} = \mathbf{0}$$
$$\mathbf{R} = R_x\mathbf{i} + R_y\mathbf{j} + R_z\mathbf{k} = (-)\mathbf{P}$$
$$= 240\,\mathbf{i} - 360\,\mathbf{j} + 720\,\mathbf{k}\ [\text{N}]$$

- 외력 P에 의해 발생하는 모멘트는 P를 작용선 상의 한 점 B로 옮겨 계산하면 위치 벡터가 x-y 평면에 놓이게 되어 계산이 쉬워진다. 이를 먼저 계산하면 다음과 같다.

$$\mathbf{M}_\text{O} = \mathbf{r} \times \mathbf{P} = (-10\mathbf{i} + 15\mathbf{j}) \times (-240\mathbf{i} + 360\mathbf{j} - 720\mathbf{k})$$
$$= \begin{vmatrix} \mathbf{i} & \mathbf{j} & \mathbf{k} \\ -10 & 15 & 0 \\ -240 & 360 & -720 \end{vmatrix} = (-)10{,}800\mathbf{i} - 7{,}200\mathbf{j} + 0\mathbf{k}\ [\text{N} \cdot \text{m}]$$

- 모멘트 평형 조건을 적용하면 점 O에서의 반작용 모멘트($\mathbf{M}_R$)는 다음과 같다.

$$\Sigma\mathbf{M} = \mathbf{M}_R + \mathbf{M}_\text{O} = \text{O}$$
$$\mathbf{M}_R = (-)\mathbf{M}_\text{O} = 10{,}800\mathbf{i} + 7{,}200\mathbf{j}\ [\text{N} \cdot \text{m}]$$

Think

- [그림 8-21(b)]에서 알 수 있듯이 주어진 외력(P)은 x 및 y축에 대해 (−)모멘트를 발생시키므로 반작용 모멘트는 (+)가 되어야 한다.
- 3차원 문제의 경우 계산이나 부호에 오류가 생기기 쉬우므로 재차 검토하는 습관을 들이는 것이 좋다.

SECTION 8.4

입체트러스

- 사면체 트러스 구성요소를 기반으로 한 입체트러스 형성 과정을 이해한다.
- 입체트러스의 안정성과 (부)정정 여부를 판별하고 무력부재를 찾아낼 수 있다.
- 절점법과 단면법을 이용해 입체트러스 부재 내에 발생하는 힘을 계산한다.

작은 레고 부품 하나하나를 조립해 어른이 탈 수도 있는 자동차를 만들 수도 있듯이 6개의 단순 부재를 조립해 만든 사면체를 반복적으로 연결하면 고층 빌딩을 건축할 때 사용하는 타워 크레인도 만들 수 있다.

8.4.1 입체트러스

5장에서 실제 **입체트러스** space truss[9]를 2차원 평면트러스로 간주해 구조물 설계에 필요한 정보(반력, 내력)를 얻어내는 방법을 소개하였으며, 이를 이용하면 [그림 8-22(a)]에 나타낸 **지붕 트러스** roof truss와 같이 실제로 2차원에 가까운 구조물들을 효율적으로 해석할 수 있다. 그러나 [그림 8-22(b)]의 송전탑과 같은 입체트러스 구조물을 2차원으로 모델링해 해석하는 데는 한계가 있으므로 이러한 입체트러스 구조물을 해석하는 방법을 소개한다. 하지만 실제 입체트러스들의 경우 구성 부재 수가 매우 많기 때문에 간단한 공학적 해석을 통해 원하는 정보를 얻는 데에는 제약이 있으므로, 여기서는 기본 개념과 함께 간단한 예제를 통한 입체트러스 해석 방법만을 다루기로 한다.

(a) 지붕 트러스(평면트러스)

(b) 고전압 송전탑(입체트러스)

그림 8-22 평면 및 입체트러스

9 입체트러스는 3차원 트러스 또는 공간트러스라고도 부른다.

8.4.2 입체트러스의 구성 요소

평면트러스는 3 개의 이력부재들을 핀으로 연결한 **삼각형** triangle[10]을 **구성요소** building block로 하는 트러스로서, 삼각형을 반복적으로 연결해 다양한 부하를 지지할 수 있는 구조물을 제작하는 데 사용된다. 반면에 [그림 8-23(a)]에서와 같이 6 개의 이력부재들로 이루어진 [그림 8-23(b)]와 같은 **사면체** tetrahedron를 구성요소로 하여, 이들을 반복적으로 연결하면 다양한 형태의 입체트러스를 제작할 수 있다. 즉, 그림에서 부재 $\overline{AB}$, $\overline{AC}$, $\overline{AD}$는 점 A를 이 구조물의 기반인 △BCD에 고정하기 위해 사용된다고 보면 된다. 이러한 사면체 요소들만을 반복적으로 연결해 제작한 입체트러스를 특히 **단순 입체트러스** simple space truss라고 한다. 실제 입체트러스들의 절점은 볼트나 리벳 등으로 견고하게 고정하지만 정역학적 해석을 위해 모든 절점들은 세 방향 힘만 지지하고 모멘트는 지지할 수 없는 볼-소켓 조인트로 가정한다. 많은 수의 부재들로 구성된 입체트러스에서 부재를 보다 쉽게 식별하기 위해 5장(평면트러스)에서와 달리 부재 이름 위에 선을 붙여 나타내기로 한다.

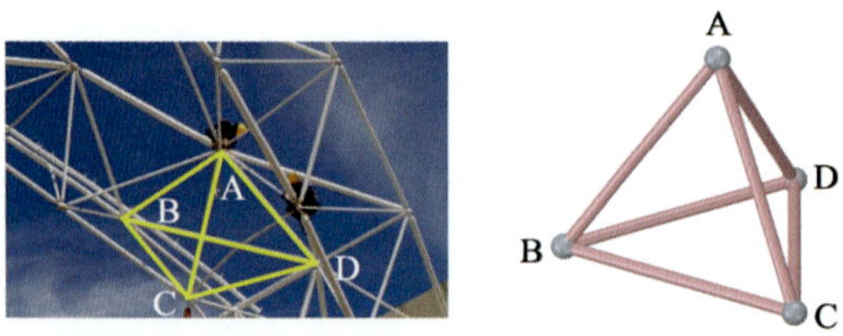

(a) 입체트러스 공사　　(b) 사면체 트러스

그림 8-23 사면체 트러스를 이용한 입체트러스 제작

사면체 트러스를 구성요소로 하여 복잡한 입체트러스가 형성되는 원리를 [그림 8-24(a)]와 같이 비교적 간단한 직사각형 입체트러스를 이용해 살펴보자. 가장 먼저 다른 트러스에 의해 생성된 EFGH를 기반 base으로 하여, 세 부재 $\overline{AE}$, $\overline{AF}$, $\overline{AH}$를 이용해 점 A를 공간상에 고정하고, 세 부재 $\overline{BA}$, $\overline{BC}$, $\overline{BF}$를 이용해 점 B를 공간상에 고정하고, 세 부재 $\overline{CF}$, $\overline{CG}$, $\overline{CH}$를 이용해 점 C를 공간상에 고정하고, 세 부재 $\overline{DA}$, $\overline{DC}$, $\overline{DH}$를 이용해 점 D를 공간상에 고정하면 새로운 기반 ABCD가 생성된다. 이들 사면체들을 보다 쉽게 확인할 수 있도록 [그림 8-24(b)]에 네 점 A, B, C, D를 중심으로 이 점들에 연결되어 있는 이력부재들을 나타내었다. 그림에서 부재 $\overline{BD}$와 $\overline{EG}$는 평면트러스에서와 같이 위와 아래 평면을 안정적으로 유지하기 위해 별도로 필요하다. 이와 같이 형성된 직사각형 트러스를 높이 방향으로 계속 쌓으면 [그림 8-25]에 나타낸 **타워 크레인** tower crane의 기둥 역할을 수행하는 **타워 마스트** tower mast가 된다. 이러한 타워 마스트에 사용된 사면체 구성요소를 구분하기 쉽도록 마스트 부분만을 확대하여 [그림 8-25]에 같이 나타내었다.

10 이력부재 3 개를 연결한 삼각형 구조물은 [그림 5-4]를 참조한다.

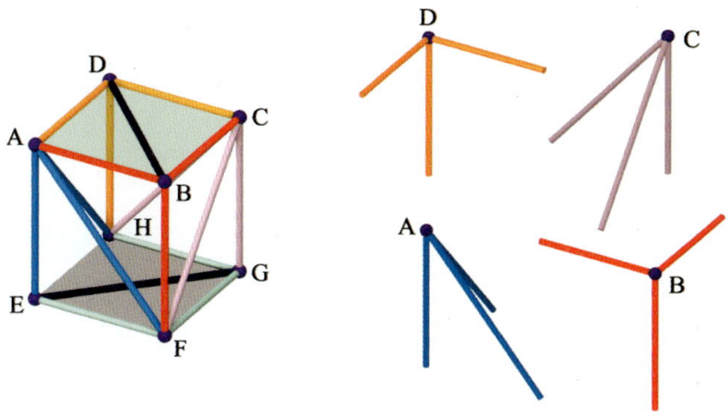

(a) 직사각형 트러스　　　　(b) 사면체 구성 요소

그림 8-24 사면체 트러스를 이용한 직사각형 트러스 제작

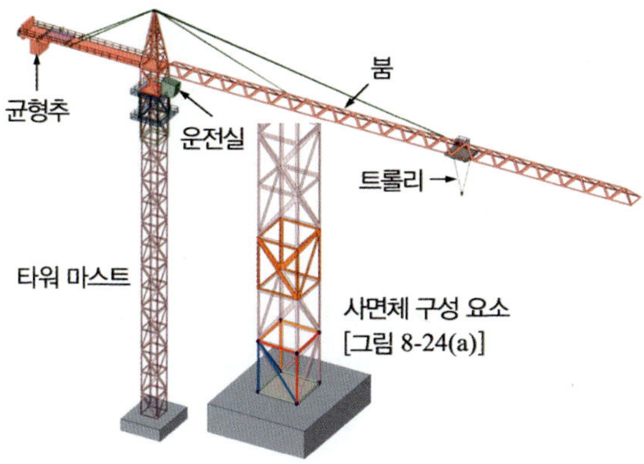

그림 8-25 타워 크레인 및 타워 마스트 상세

Static Think_05

[그림 8-25]의 타워 크레인 마스트에는 [그림 8-24(a)]의 $\overline{BD}$, $\overline{EG}$와 같은 부재가 없는 이유를 생각해보시오.

8.4.3 안정성 및 (부)정정 여부 판별

평면트러스 문제의 안정성과 (부)정정 여부를 판별하기 위해 식 (5.1)을 사용하며, 이를 입체트러스 문제로 확장하면 식 (8.14)와 같은 판별식이 된다. 식에서 m은 양단이 볼-소켓으로 연결된 부재 member 수, u는 트러스가 가질 수 있는 최대 미지수 unknown의 개수로서 3차원의 경우는 6이 된다. j는 절점 joint 수이다. 또한 절점 수 앞의 상수 3은 하나의 절점에서 지지할 수 있는 힘의 수이므로 2차원의 경우는 2 (두 방향 힘)이고, 3차원의 경우는 3 (세 방향 힘)이 된다. 평면트러스와 입체트러스 판별식의 비교를 위해 [표 8-2]에 같이 비교하였다. [그림 8-23(b)]의 사면체 트러스의 경우 $m = 6$, $u = 6$, $j = 4$가 되고, 이를 식 (8.14)에 대입하면 0이 되어 안정하면서도 정정인 입체트러스 구조물이 된다. 마찬가지로 [그림 8-24(a)]의 직사각형 트러스의 경우 $m = 18$, $u = 6$, $j = 8$이 되고, 이를 식 (8.14)에 대입하면 0이 되어 안정하면서도 정정인 입체트러스 구조물이 된다.

$$m + u - 3j \begin{cases} < 0 & \text{불안정} \\ > 0 & \text{안정, 부정정} \\ = 0 & \text{안정, 정정} \end{cases} \tag{8.14}$$

표 8-2 평면트러스와 입체트러스의 안정성 및 (부)정정 여부 판별식 비교

모델	2D	3D
안정 및 정정 판별식	$m+3-2j$	$m+6-3j$
미지수(u)	$3(F_x,\ F_y,\ M_z)$	$6(F_x,\ F_y,\ F_z,\ M_x,\ M_y,\ M_z)$

8.4.4 절점법과 단면법

입체트러스 문제를 해결하기 위해 평면트러스에서와 같이 절점법과 단면법을 사용할 수 있다. **절점법**의 경우 미지수가 3 개 이하인 절점에 대해 세 방향의 힘 평형($\Sigma F = 0$)을 적용해 순차적으로 원하는 절점들에 대한 미지력들을 결정해 나가면 되지만, 트러스가 조금만 복잡해져도 계산량이 많아져 손 계산만으로는 처리하기 어려워진다. 이 경우 각각의 절점에 대해 힘 평형을 적용해 미지력들을 포함하는 연립방정식을 세운 후, 컴퓨터 소프트웨어를 이용해 전체 식을 한꺼번에 계산하는 것이 바람직하다. 입체트러스 내에 있는 임의의 부재에 발생하는 힘을 해석하는 데는 **단면법**이 절점법에 비해 효율적이다. 단면법을 사용하기 위해서는 평면트러스에서와 마찬가지로 전체 트러스 구조물에 대한 자유물체도를 그려 미지의 반력이나 반작용 모멘트를 결정한 다음, 관심 부재가 포함된 부분을 포함시켜 가상절단하고, 가급적 미지수가 적게 포함되어 있는 절단부에 대해 모든 평형식들($\Sigma F = 0$, $\Sigma M = 0$)을 적용해 미지력들을 알아내면 된다. 절점법과 단면법 적용 시 모든 내력들은 일단 인장력으로 가정해 식을 세운 후 문제를 해결하는 것이 효율적이며, 단면법 적용 시에는 미지력이 6 개 이하가 되도록 절단하는 것이 좋다.

8.4.5 무력부재

입체트러스 부재들에 발생하는 힘을 계산하기 전에 트러스 내에 존재하는 무력부재를 찾아내면 해석 시에 소요되는 불필요한 수고를 줄일 수 있다. 입체트러스는 평면트러스와 달리 전체 트러스 구조물에서 무력부재들을 직관적으로 찾아내기 까다롭지만 트러스 부재들이 갖는 특성을 이해하면 몇 가지 단서를 얻을 수 있다. 이를 설명하기 위해 [그림 8-26(a)]에서와 같은 입체트러스를 예로 들어보자. 첫 번째로, 3 개의 부재가 동일한 평면상에 놓이고 나머지 하나가 다른 평면상에 놓이면서 부재들이 만나는 절점에 힘이 작용하지 않는 경우 다른 평면에 놓이는 하나의 부재는 무력부재가 된다. 그림에서 부재 $\overline{CB}$, $\overline{CF}$, $\overline{CG}$는 동일한 평면에 놓이지만 부재 $\overline{CD}$는 다른 평면상에 있으므로 무력부재가 된다. 이는 입체트러스를 구성하는 부재들은 길이 방향 힘만을 전달할 수 있기 때문에 생기는 특징이다. 예를 들어 세 개의 부재들이 x-y 평면에 놓여있고 나머지 하나가 다른 평면에 놓이는 경우 x-y 평면에 놓여있는 부재들의 합력은 x 와 y 방향 성분밖에 없는데 나머지 다른 하나의 부재가 z 성분을 갖게 되면 전체 부재들이 힘 평형을 이룰 수 없게 된다. 따라서 이러한 경우 힘 평형이 만족되기 위해서는 다른 평면에 놓이는 부재가 무력부재가 되어야 한다. 마찬가지로, 부재 $\overline{BA}$, $\overline{BE}$, $\overline{BF}$ 는 동일한 평면에 놓이지만 부재 $\overline{BC}$ 는 다른 평면상에 있으므로 부재 $\overline{BC}$ 는 무력부재가 된다. 이와 같은 이유로 가장 먼저 외력이나 반력이 없는 절점을 중심으로 무력부재를 검색하는 것이 바람직하다.

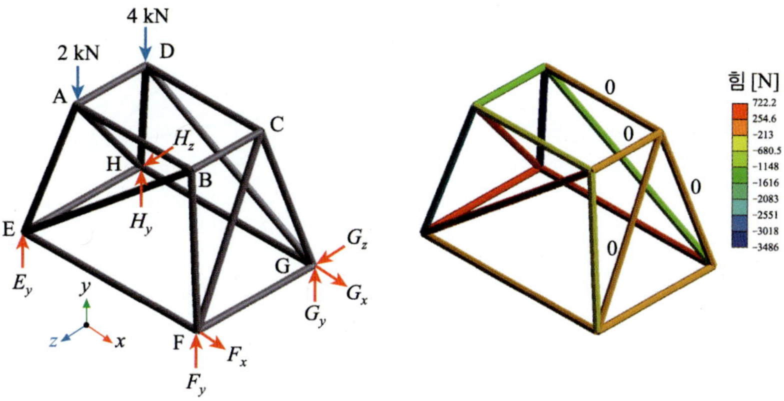

(a) 사다리꼴 입체트러스 (b) 부재에 발생하는 축력

그림 8-26 입체트러스 내의 무력부재 찾기

두 번째로, 3 개의 부재가 동일한 평면상에 놓이지 않고 그 부재들의 절점에 힘이 작용하지 않는 경우 3 개의 부재 모두가 무력부재가 된다. [그림 8-26(a)]에서 부재 $\overline{BC}$ 가 무력부재이므로, 이를 제거하고 절점 C에 연결된 세 부재 $\overline{CD}$, $\overline{CF}$, $\overline{CG}$ 를 고려하면 세 부재가 동일 평면상에 놓이지 않고 절점에 외력이 없으므로 세 부재 모두 무력부재가 된다. 이 부재의 절점 A와 D에 [그림 8-26(a)]와 같이 힘을 가할 경우 모든 부재들에 발생하는 축력들을 [그림 8-26(b)]에 나타내었으며, 점 C에 연결된 모든 부재들이 무력부재임을 확인할 수 있다.

Static Think_ 06

3개의 부재가 동일한 평면상에 놓이지 않고 그 부재들의 절점에 힘이 작용하지 않는 경우 3개의 부재 모두가 무력부재가 되는 이유를 생각해보시오.

예제 8-8 절점법에 의한 입체트러스 해석

부재의 길이가 모두 4 m인 정사각형 ABCD를 기반으로 [그림 8-27]과 같은 입체트러스를 제작하였다. 트러스의 점 E에 $(-)y$ 방향으로 2 kN의 수직력을 인가하였을 때, 각 지지점에 발생하는 모든 반력들과 개별 부재 내에 발생하는 힘들을 모두 구하시오. 트러스의 자중은 무시한다. [길이 단위 : m]

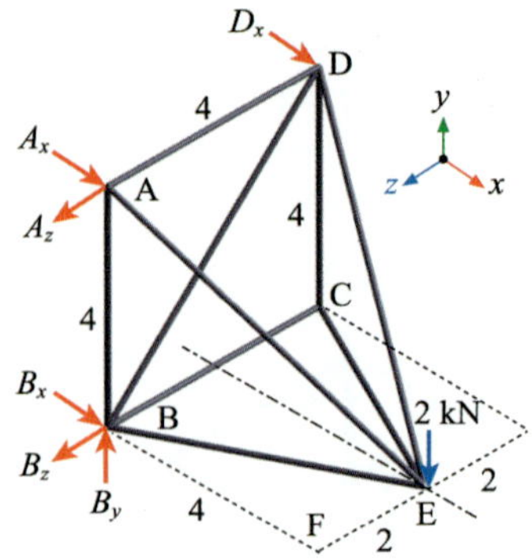

그림 8-27 입체트러스

Analyze

- 먼저 판별식 (8.14)를 적용해보면 부재 수와 절점 수는 $m = 9$, $j = 5$이므로, $9 + 6 - (3 \times 5) = 0$이 되어 안정한 정정 입체트러스임을 알 수 있다.
- 그림에 표시한 것과 같은 반력이 형성되기 위해서는, 점 A는 y 방향으로만 자유스럽게 이동할 수 있는 슬라이더로, 점 B는 볼-소켓으로, 점 D는 짧은 이력부재 링크로 연결하면 된다.
- 입체트러스의 반력과 내력을 해석하기 전에 무력부재를 먼저 찾아내는 것이 좋다. 힘이나 반력이 없는 점 C에 연결된 부재 $\overline{\mathrm{CB}}$, $\overline{\mathrm{CD}}$, $\overline{\mathrm{CE}}$는 동일 평면상에 있지 않고 절점에 외력이 없으므로 세 부재 모두 무력부재가 된다.

Compute

- 부재 $\overline{\mathrm{AB}}$를 축으로 모멘트 평형을 고려하면 절점 A와 B에 있는 반력들은 기준축 위에 놓이게 되고 점 E에 가해진 외력은 기준축에 평행하므로 모두 모멘트를 생성시키지 못한다. 따라서 유일하게 모멘트를 생성시킬 수 있는 힘 성분은 D_x이므로 모멘트 평형을 위해서는 $D_x = 0$이 되어야 한다.

$$\Sigma M_{\mathrm{AB}} = (-)4 \times D_x = 0 \quad \rightarrow \quad D_x = 0$$

- D_x가 0이 되고 부재 $\overline{\mathrm{CD}}$가 무력부재이면 절점 D에 작용하는 힘이 없고, 부재 $\overline{\mathrm{DA}}$, $\overline{\mathrm{DB}}$, $\overline{\mathrm{DE}}$가 동일 평면상에 놓이지 않으므로 이 세 부재 또한 무력부재가 된다.

$$F_{\mathrm{DA}} = F_{\mathrm{DB}} = F_{\mathrm{DC}} = F_{\mathrm{DE}} = F_{\mathrm{CE}} = 0$$

- 부재 $\overline{\mathrm{BC}}$를 축으로 모멘트 평형을 고려하면 A_z는 모멘트를 생성시키지 않으므로 A_x를 다음과 같이 구할 수 있다.

$$\Sigma M_{\mathrm{BC}} = (-)4 \times A_x - 4 \times (2\,\mathrm{kN}) = 0$$
$$A_x = (-)\,2\,\mathrm{kN}$$

- x 방향과 y 방향의 힘 평형을 고려하면 B_x와 B_y를 구할 수 있다.

$$\Sigma F_x = A_x + B_x = 0 \quad \rightarrow \quad B_x = (-)A_x = 2\,\mathrm{kN}$$
$$\Sigma F_y = B_y - (2\,\mathrm{kN}) = 0 \quad \rightarrow \quad B_y = 2\,\mathrm{kN}$$

- 가상 축 $\overline{\mathrm{BF}}$를 축으로 모멘트 평형을 고려하면 A_z를 구할 수 있다.

$$\Sigma M_{\mathrm{BF}} = 4 \times A_z - 2 \times (2\,\mathrm{kN}) = 0 \quad \rightarrow \quad A_z = 1\,\mathrm{kN}$$

• z 방향의 힘 평형을 고려하면 B_z를 알 수 있다.

$$\Sigma F_z = A_z + B_z = 0 \quad \rightarrow \quad B_z = (-)\, A_z = (-)\, 1\ \text{kN}$$

• 이상의 계산 결과를 통해 얻은 반력에 대한 정보는 다음과 같다. 아래 반력 이외의 성분들은 모두 0 이다.

$$\text{절점 A} : A_x = (-)\, 2\ \text{kN}, \quad A_z = 1\ \text{kN}$$
$$\text{절점 B} : B_x = 2\ \text{kN}, \quad B_y = 2\ \text{kN}, \quad B_z = (-)\, 1\ \text{kN}$$

• 힘 평형을 적용하기 전에 점 B를 원점으로 두고 부재 AE에 발생하는 힘을 벡터로 나타낸 뒤 [그림 8-28(a)]와 같이 절점 A와 B에 대해 절점법을 적용하면 부재 $\overline{\text{AB}}$, $\overline{\text{AE}}$, $\overline{\text{BE}}$에 발생하는 내력을 다음과 같이 계산할 수 있다. 계산에 필요한 각 α는 [그림 8-27]에 주어진 치수를 이용해 계산한다.

$$\mathbf{F}_{\text{AE}} = F_{\text{AE}} \frac{4\mathbf{i} - 4\mathbf{j} - 2\mathbf{k}}{\sqrt{4^2 + 4^2 + 2^2}} = \frac{F_{\text{AE}}}{3}(2\mathbf{i} - 2\mathbf{j} - 1\mathbf{k})\ \text{kN}$$

$$\Sigma F_{x,\,\text{A}} = A_x + \frac{2}{3}F_{\text{AE}} = (-2\ \text{kN}) + \frac{2}{3}F_{\text{AE}} = 0 \quad \rightarrow \quad F_{\text{AE}} = 3\ \text{kN}$$

$$\Sigma F_{x,\,\text{B}} = B_x + F_{\text{BE}}\cos\alpha = (2\ \text{kN}) + F_{\text{BE}}\cos\alpha = 0 \quad \rightarrow \quad F_{\text{BE}} = (-)2.236\ \text{kN}$$

$$\Sigma F_{y,\,\text{B}} = B_y + F_{\text{AB}} = (2\ \text{kN}) + F_{\text{AB}} = 0 \quad \rightarrow \quad F_{\text{AB}} = (-)2\ \text{kN}$$

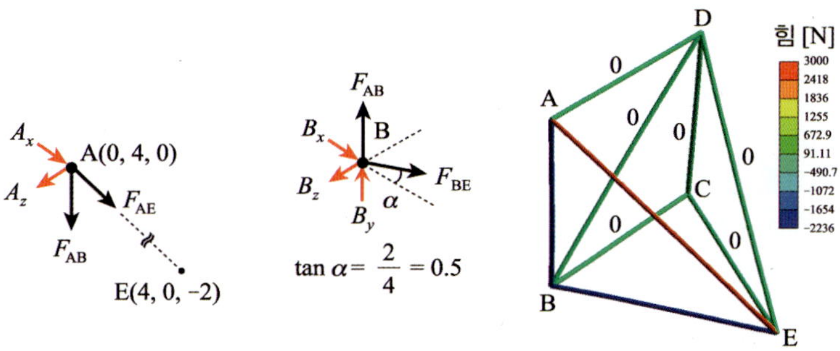

(a) 절점 A의 자유물체도 (b) 절점 B의 자유물체도 (c) 부재에 작용하는 축력

그림 8-28 절점법을 이용한 부재의 축력 계산

Think

• 힘 평형과 모멘트 평형을 문제 해결에 유리한 순서로 적용하는 것이 좋다.

• 모든 부재에 발생하는 축력들을 [그림 8-28(c)]에 나타내었으며, 부재 내에 발생하는 축력의 종류(압축, 인장), 힘들의 크기 및 무력부재들을 한눈에 파악할 수 있다.

[Static Think]에 대한 하나의 생각 (8장)

[그림 8-29(a)]와 같은 3차원 구조물의 윗면에 두 종류의 힘 F_B, F_C와 모멘트 $M_C = (-)400\mathbf{i} + 300\mathbf{j}$ [N · m]가 작용하고 있다. 윗면의 상세 치수와 점 B에 가해진 힘을 [그림 8-29(b)]에 나타내었다. 구조물이 베이스에 완전히 고정되어 있고 자중을 무시한다고 할 때, 다음 물음에 답하시오.

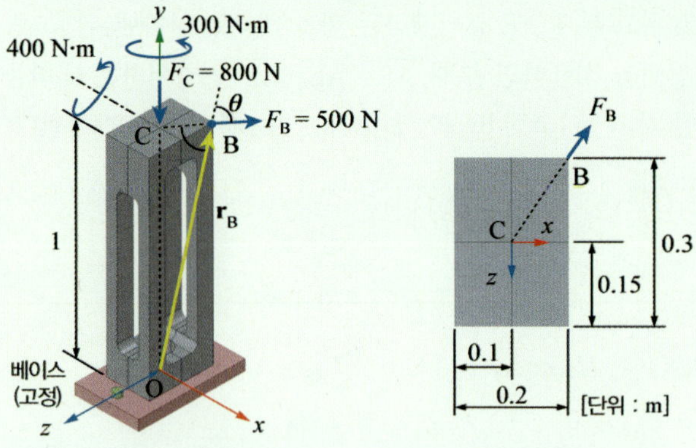

(a) 3차원 구조물 및 치수 (b) 부하 작용면 상세 치수

그림 8-29 3차원 구조물에 작용하는 힘과 모멘트

Q1. 점 O를 원점으로 하는 좌표계를 이용해 점 O에서 점 B까지의 위치를 벡터로 나타내고, 원점에서 점 B까지의 거리를 구하시오.

> • 단위벡터(크기= 1) : i, j, k
> • 벡터 표현과 크기
> $\mathrm{V} = V_x\mathrm{i} + V_y\mathrm{j} + V_z\mathrm{k}$ (8.1)
> $V = \sqrt{V_x^2 + V_y^2 + V_z^2}$

풀이

위치 벡터는 기준점 O(0, 0, 0)에서 지정된 지점 B(0.1, 1, −0.15)까지의 위치를 나타내는 벡터로서 3D의 경우 식 (8.3)을 이용하면 된다.

$$\mathrm{r_B} = 0.1\mathrm{i} + 1\mathrm{j} - 0.15\mathbf{k}\ [\mathrm{m}]$$

거리(스칼라)는 위치벡터의 크기이다.

$$d = |\mathrm{r_B}| = \sqrt{0.1^2 + 1^2 + 0.15^2} = 1.016\ \mathrm{m}$$

Q2. 점 B까지의 위치벡터($\mathrm{r_B}$)와 점 B에 가한 힘 벡터($\mathrm{F_B}$) 사이의 끼인각을 벡터의 내적을 이용해 구하시오. 끼인각은 [그림 8-29(a)] 에 나타낸 각 θ를 의미한다.

> • 벡터의 크기와 공간상의 두 점을 지나는 벡터 (8.3)
> • 두 벡터 사이의 내적
> $\mathrm{A} \cdot \mathrm{B} = A_xB_x + A_yB_y + A_zB_z$ (8.5)
> • 두 벡터 사이의 끼인각
> $\cos\theta = \dfrac{\mathrm{A} \cdot \mathrm{B}}{|\mathrm{A}||\mathrm{B}|}$ (8.6)

풀이

작용하는 힘의 크기와 공간상의 두 점 C(0, 1, 0)와 B(0.1, 1, −0.15)가 주어진 경우이므로 힘 벡터는 다음과 같이 나타낼 수 있다.

$$\mathbf{F}_B = F_B \times \frac{(x_2 - x_1)\,\mathbf{i} + (y_2 - y_1)\,\mathbf{j} + (z_2 - z_1)\,\mathbf{k}}{\sqrt{(x_2 - x_1)^2 + (y_2 - y_1)^2 + (z_2 - z_1)^2}}$$

$$\mathbf{F}_B = (500\text{ N}) \times \frac{0.1\,\mathbf{i} - 0.15\,\mathbf{k}}{\sqrt{0.1^2 + 0.15^2}} = 277.35\,\mathbf{i} - 416.03\,\mathbf{k}\ [\text{N}]$$

위치 벡터와 힘 벡터 사이의 끼인각은 내적과 끼인각 공식을 이용하여 구한다.

$$\cos\theta = \frac{\mathbf{r}_B \cdot \mathbf{F}_B}{|\mathbf{r}_B||\mathbf{F}_B|} = \frac{0.1 \times 277.35 + 0.15 \times 416.03}{\sqrt{0.1^2 + 1^2 + 0.15^2} \times \sqrt{277.35^2 + 416.03^2}}$$

$$\theta \approx 79.78°$$

위 각은 문제에 주어진 치수를 이용해 다음 식과 같이 좀 더 쉽게 구할 수 있지만, 내적과 끼인각에 대한 계산 연습을 위해 식 (8.6)을 적용하였다.

$$\tan\theta = \frac{1}{\sqrt{0.1^2 + 0.15^2}}$$

Q3. 힘 평형을 이용해 구조물과 베이스 경계면에 발생하는 반력을 벡터를 이용해 나타내고 반력의 크기를 구하시오.

> • **힘 평형**
> $\Sigma \mathbf{F} = 0$ (8.12)

풀이

작용하고 있는 모든 힘들을 포함하여 힘 평형을 적용하면 반력과 반력의 크기를 구할 수 있다.

$$\mathbf{F}_B = 277.35\mathbf{i} - 416.03\mathbf{k}$$

$$\mathbf{F}_C = (-)800\mathbf{j}$$

$$\Sigma\mathbf{F} = \mathbf{F}_B + \mathbf{F}_C + \mathbf{R}_O = 277.35\mathbf{i} - 800\mathbf{j} - 416.03\mathbf{k} + \mathbf{R}_O = 0$$

$$\mathbf{R}_O = (-)277.35\mathbf{i} + 800\mathbf{j} + 416.03\mathbf{k}\ [\text{N}]$$

$$R_O = |\mathbf{R}_O| = \sqrt{277.35^2 + 800^2 + 416.03^2} = 943.4\ [\text{N}]$$

Q4. 반력 벡터가 세 축과 이루는 각[°]을 구하시오.

> • **방향 코사인**
> $l = \cos\theta_x = \frac{V_x}{V}$
> $m = \cos\theta_y = \frac{V_y}{V}$ (8.1)
> $n = \cos\theta_z = \frac{V_z}{V}$

풀이

반력과 세 축이 이루는 각은 방향 코사인을 이용해 다음과 같이 계산한다.

$$\cos\theta_x = \frac{R_{Ox}}{R_O} = \frac{-277.35}{943.4} \rightarrow \theta_x = 107.1°$$

$$\cos\theta_y = \frac{R_{Oy}}{R_O} = \frac{800}{943.4} \rightarrow \theta_y = 32.0°$$

$$\cos\theta_z = \frac{R_{Oz}}{R_O} = \frac{416.03}{943.4} \rightarrow \theta_z = 63.8°$$

Q5. 모멘트 평형을 이용해 구조물과 베이스 경계면에 발생하는 반작용 모멘트를 벡터로 나타내고, 모멘트의 크기를 구하시오.

- **모멘트 벡터의 정의**
  $\mathbf{M} = \mathbf{r} \times \mathbf{F}$ (8.7)
- **모멘트 평형**
  $\Sigma \mathbf{M} = 0$ (8.12)

풀이

기준점 O에 대해 구조물 중앙에 가한 힘 F_C는 모멘트를 생성시키지 않으므로 가해준 모멘트 M_C와 F_B에 의한 모멘트를 고려해 모멘트 평형식을 세우면 다음과 같다.

$$\begin{aligned}\Sigma \mathbf{M}_O &= \mathbf{M}_R + \mathbf{M}_C + \mathbf{r}_B \times \mathbf{F}_B \\ &= \mathbf{M}_R - 400\,\mathbf{i} + 300\,\mathbf{j} + \begin{vmatrix} \mathbf{i} & \mathbf{j} & \mathbf{k} \\ 0.1 & 1 & -0.15 \\ 277.35 & 0 & -416.03 \end{vmatrix} \\ &= \mathbf{M}_R - 400\,\mathbf{i} + 300\,\mathbf{j} - 416.03\,\mathbf{i} + 0\,\mathbf{j} - 277.35\,\mathbf{k} = 0 \\ \mathbf{M}_R &= 816.03\,\mathbf{i} - 300\,\mathbf{j} + 277.35\,\mathbf{k}\ [\mathrm{N \cdot m}]\end{aligned}$$

모멘트 벡터의 크기는 다음과 같다.

$$|\mathbf{M}_R| = \sqrt{816.03^2 + 300^2 + 277.35^2} = 912.59\ \mathrm{N \cdot m}$$

Q6. 구조물의 밑면에 발생하는 반력과 반작용 모멘트를 벡터 화살표를 이용해 나타내시오.

풀이

해석을 통해 구한 반력과 반작용 모멘트는 다음과 같으며, 이들을 구조물에 나타내면 [그림 8-30(b)]와 같다.

$$\begin{aligned}\mathbf{R}_O &= (-)277.35\mathbf{i} + 800\mathbf{j} + 416.03\mathbf{k}\ [\mathrm{N}] \\ \mathbf{M}_R &= 816.03\,\mathbf{i} - 300\,\mathbf{j} + 277.35\,\mathbf{k}\ [\mathrm{N \cdot m}]\end{aligned}$$

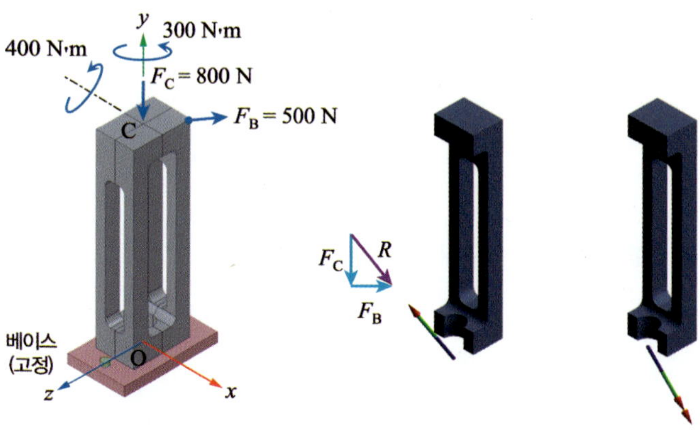

(a) 구조물과 부하 (b) 반력 벡터 (c) 반작용 모멘트 벡터

그림 8-30 3차원 구조물에 작용하는 힘과 모멘트

고찰

- 단순해 보이는 3차원 문제라고 하더라도 힘 평형과 모멘트 평형을 성분(또는 스칼라량)으로 나타내 해결하는 것은 쉽지 않다. 벡터는 이러한 양들을 좀 더 체계적이고 쉽게 다루기 위해 정의된 양이기 때문에 3차원 문제는 벡터를 이용해 해결할 것을 권장한다.
- 문제에 주어진 구조물에 가해진 하중(힘과 모멘트)을 해석 결과와 비교하기 위해 [그림 8-30(a)]에 나타내었다. 구한 반력 벡터가 옳은지를 검토하기 위해서 구조물에 가해진 작용력의 합력 벡터를 구해보고, 이것이 반력 벡터와 크기가 같고 방향이 반대인지를 살펴보면 좋다. [그림 8-30(b)]에 작용력 F_B와 F_C의 합력 벡터(R)를 벡터합을 이용해 표시하였으며, 이는 반력 벡터의 방향과 반대임을 알 수 있다.
- 모멘트를 [그림 8-30(c)]에서와 같이 이중화살표를 이용해 나타내면, 모멘트의 경우도 힘과 동일하게 벡터합을 이용해 결과의 적합성을 검토할 수 있다.

8.1 3차원 공간상의 원점 O에서 한 점 A까지의 위치 벡터가 $\mathbf{r}_A = (2\mathbf{i} - 4\mathbf{j} + 4\mathbf{k})$ [m]일 때 원점에서 이 위치까지의 직선거리와 이 벡터가 세 축과 이루는 각도[°]를 구하시오. 8.1절

8.2 [그림 8-31]과 같은 정사면체의 밑면 B와 나머지 세 면 S가 이루는 끼인각 [°]을 벡터의 내적을 이용하여 구하시오. 8.1절

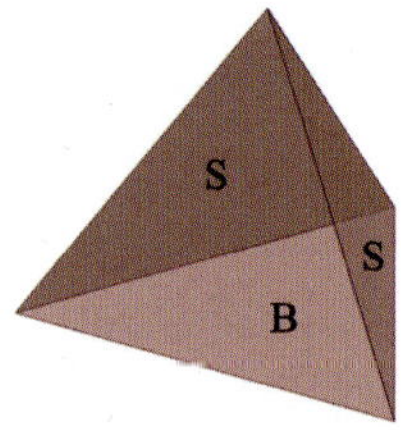

그림 8-31

8.3 반도체 제작에 사용되는 [그림 8-32(a)]와 같은 단결정 실리콘 single crystalline silicon은 결정 방향에 따라 다른 식각(또는 부식)etching이 발생한다. 단결정 실리콘 위에 식각 방지용 마스크 mask를 덮고 식각액에 일정 시간 담가 얻은 형상을 [그림 8-32(b)]에 나타내었다. 이 경우 밑면과 경사면의 결정 방향 벡터를 [그림 8-32(c)]에 나타내었다. 이 두 벡터들이 이루는 각(α) [°]을 소수점 둘째자리까지 구하시오. 8.1절

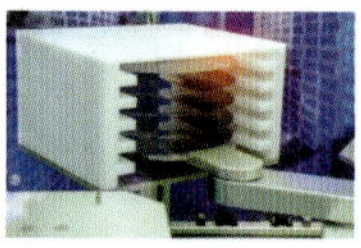

(a) 실리콘 웨이퍼

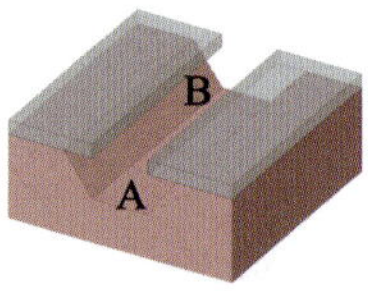

(b) 비등방 식각

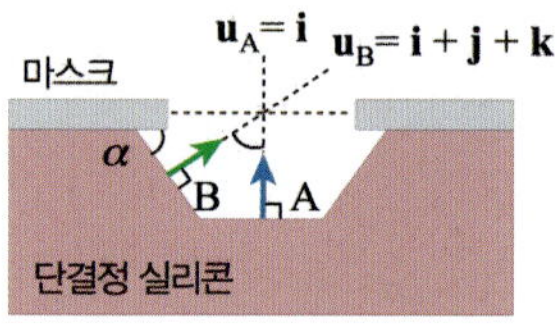

(c) 밑면과 경사면의 방향 벡터

그림 8-32

8.4 $\mathbf{A} = 10\mathbf{i} + 20\mathbf{j} + 30\mathbf{k}$, $\mathbf{B} = 4\mathbf{i} - 5\mathbf{j} + 6\mathbf{k}$일 때 $\mathbf{A} \times \mathbf{B}$, $|\mathbf{A} \times \mathbf{B}|$, $\mathbf{B} \times \mathbf{A}$, $|\mathbf{B} \times \mathbf{A}|$를 각각 계산해보시오. 8.2절

8.5 직육면체에 [그림 8-33]과 같이 세 힘이 모서리를 따라 작용할 때, 이 모든 힘들을 원점 O로 옮겨 이 시스템과 등가인 힘-모멘트 계로 변환하시오. [길이 단위 : m] 8.3절

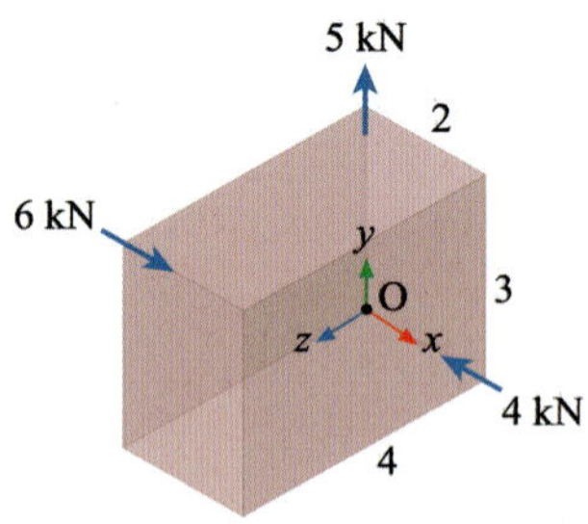

그림 8-33

8.6 [그림 8-34(a)]와 같은 구조물에 $(-)x$ 방향으로 바람이 불어 구조물의 투영면에 50 Pa의 압력이 작용한다. 이 구조물의 정면도인 [그림 8-34(b)]의 치수를 참조하여 구조물의 바닥 지지점 O에 발생하는 반력과 반작용 모멘트를 구해 벡터로 나타내시오. [길이 단위 : m] 8.3절

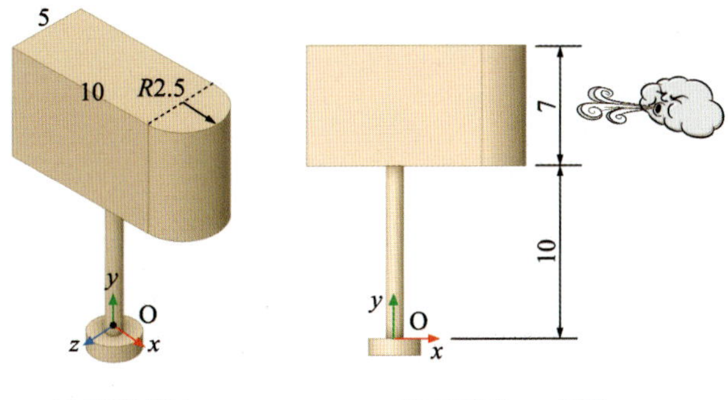

(a) 3차원 형상　　(b) 정면도($x-y$ 평면)

그림 8-34

8.7 네 개의 수직 방향 힘들이 [그림 8-35]와 같은 위치에 작용할 때, 이 힘들의 합력을 구하시오. 또한 구한 합력을 어느 위치(x, z)에 작용시키면 네 힘과 등가의 효과를 낼 수 있는지 구하시오. 그림에서 x 방향 그리드의 길이는 2.5 m, z 방향 그리드의 길이는 2.0 m이다. [길이 단위 : m] 8.3절

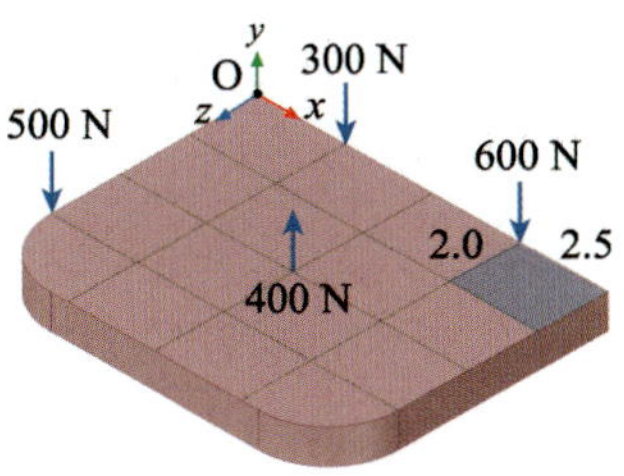

그림 8-35

8.8 [그림 8-36]에 나타낸 입체트러스의 점 B, C, D를 볼-소켓으로 지지한 상태에서 점 E와 F에 힘(P_1, P_2)을 가할 때 무력부재들을 모두 찾으시오. 8.4절

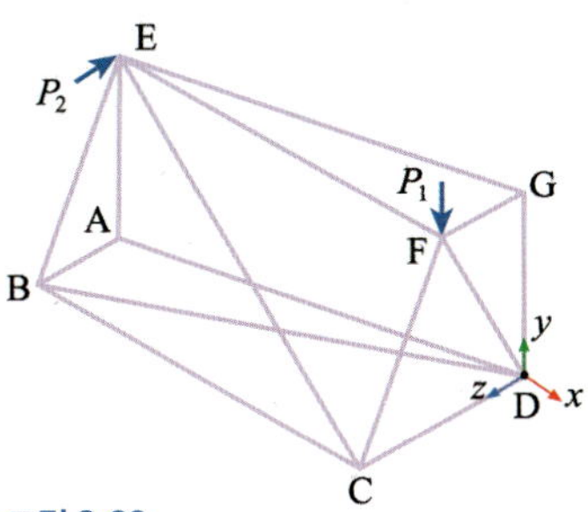

그림 8-36

8.9 입체트러스의 점 A~D를 [그림 8-37]과 같이 볼-소켓으로 지지한 상태에서 점 E와 G에 힘을 가할 때 무력부재들을 모두 찾으시오. 또한 구조물의 안정성과 (부)정정 여부를 판별하시오. 8.4절

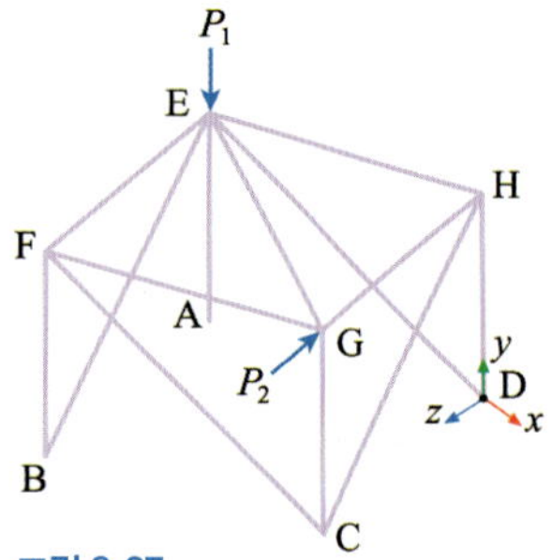

그림 8-37

8.10 세 변의 길이가 5 m, 4 m, 2 m인 [그림 8-38]과 같은 직육면체의 점 A와 B에 $\mathbf{F}_1$과 $\mathbf{F}_2$를 가했을 때 두 힘 사이의 끼인각[°]을 구하고, 이 힘들에 의해 점 O에 대해 발생하는 모멘트 $\mathbf{M}_O$를 구해 벡터로 나타내시오. 8.1~8.3절

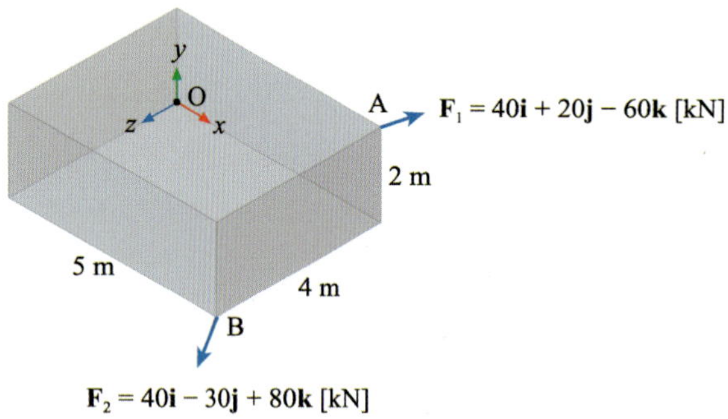

그림 8-38

8.11 크기가 1 kN인 힘이 [그림 8-39]와 같이 공간상의 두 점 A, B를 지난다. 이 힘에 의해 점 C에 대해 발생하는 모멘트 $\mathbf{M}_C$를 구해 벡터로 나타내고, 모멘트의 크기도 구하시오. [길이 단위 : m] 8.1~8.3절

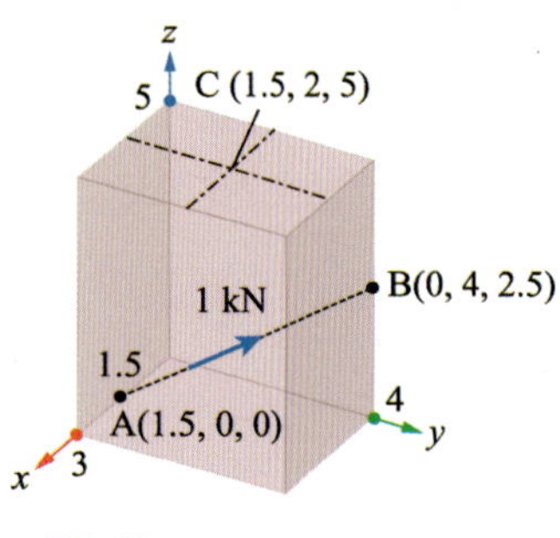

그림 8-39

8.12 로켓이 [그림 8-40]과 같이 3개의 벌림줄로 고정되어 있다. 줄 ❶과 줄 ❷의 인장력이 각각 $T_1 = 500\ \mathrm{N}$과 $T_2 = 1{,}000\ \mathrm{N}$일 때, 로켓의 점 H에 가해지는 합력의 x 방향 성분이 0이 되기 위한 줄 ❸의 인장력 T_3의 크기를 구하시오. 8.2절

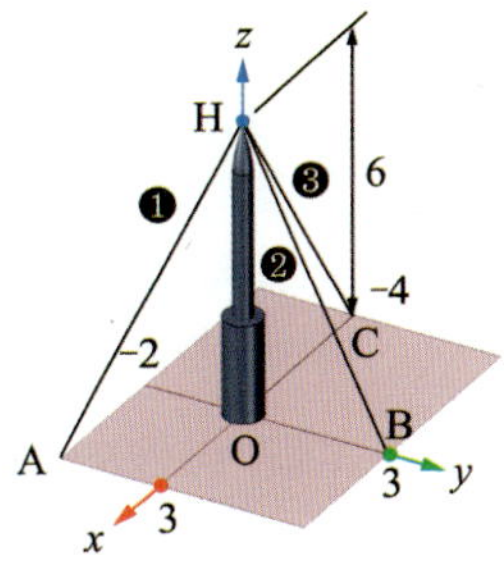

그림 8-40

8.13 반경이 1 m이고 무게가 1,000 kgf인 [그림 8-41]과 같은 반원형 구조물의 점 A와 B를 AB를 축으로 자유롭게 회전할 수 있는 경첩으로 연결하였다. y 축상의 끝점 C를, 한쪽 끝은 매끄러운 구로 되어 있고 다른 쪽 끝은 점 D에 고정되어 있는 기둥으로 떠받치고 있다. 이 기둥이 지지해야 할 힘의 크기를 구하시오. 구조물의 두께는 무시한다. 8.3절

8.14 [문제 8.13] 구조물의 (0.5, 0.5, 0)인 위치에 [그림 8-42]에서와 같이 몸무게 70 kgf인 작업자가 서 있을 때, 기둥 CD가 지지해야 할 힘의 크기를 구하시오. 8.3절

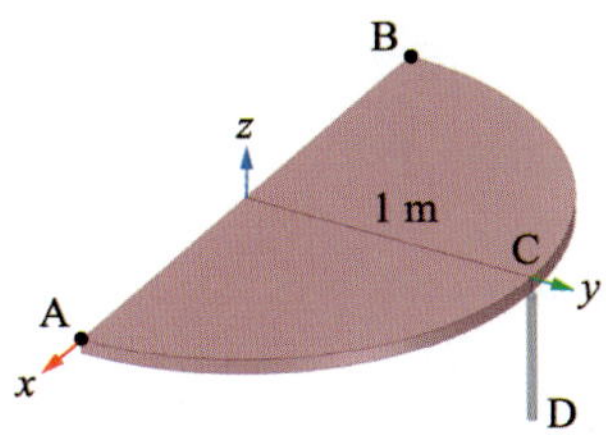

그림 8-41

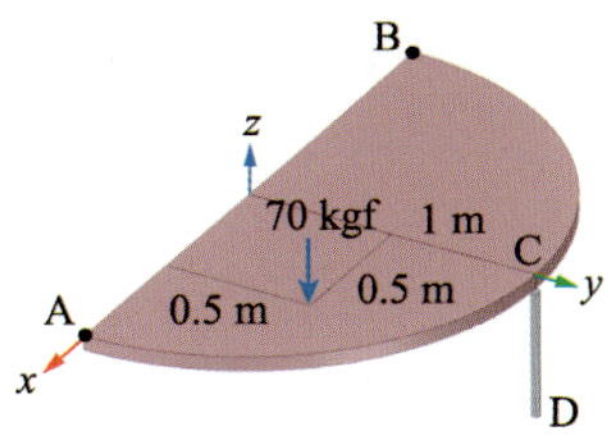

그림 8-42

8.15 무게 2 kN인 압연 코일을 [그림 8-43]과 같이 2개의 붐 boom AB와 AC로 지지되면서 윈치 winch에 연결된 케이블을 이용해 들어 올리고 있다. 압연 코일 이외의 모든 무게를 무시할 때 케이블과 붐에 발생하는 힘을 구하시오. 그림에 가는 선으로 표시한 선들과 치수를 참조한다. [길이 단위 : m] 8.3절

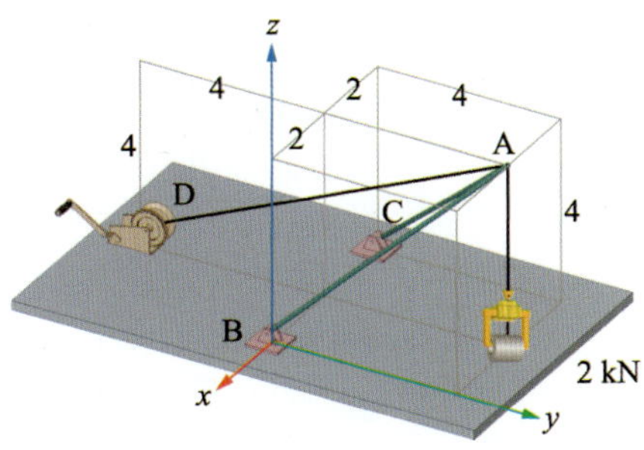

그림 8-43

8.16 18개의 이력부재로 구성된 직사각형 입체트러스의 점 A, B, D에 x, y, z 방향으로 각각 1 kN의 힘을 [그림 8-44]와 같이 인가하였다. 밑면의 네 모서리 E~H를 볼-소켓으로 지지했을 때, 이 트러스의 안정 및 정정 여부를 판단하시오. 또한 무력부재들을 모두 찾아보시오. [길이 단위 : m] 8.4절

HINT 무력부재의 수는 8개이다.

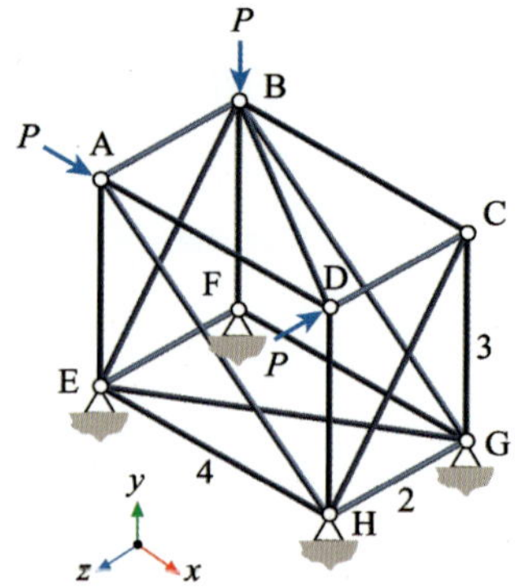

그림 8-44

8.17 [문제 8.16]의 [그림 8-44]에서 무력부재가 아닌 부재들 중에서 인장 부재를 찾으시오. 8.4절

HINT 인장 부재의 수는 3개이다.

***8.18** [그림 8-45(a)]의 로봇 암 끝단에 500 N의 힘과 100 N·m 크기의 모멘트가 작용하고 있으며, 이를 [그림 8-45(b)]와 같이 6개의 부재로 간략 모델링하였다. 로봇 암 원점에 사용할 회전 모터를 선택하기 위해서는 원점에 대한 모멘트의 크기를 알아야 한다. 모멘트의 크기 M_O를 구하시오. [길이 단위 : mm] 8.1~8.3절

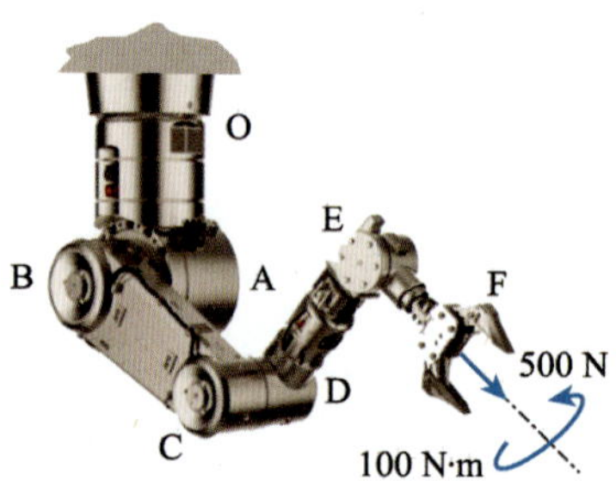

(a) 로봇 암에 작용하는 부하

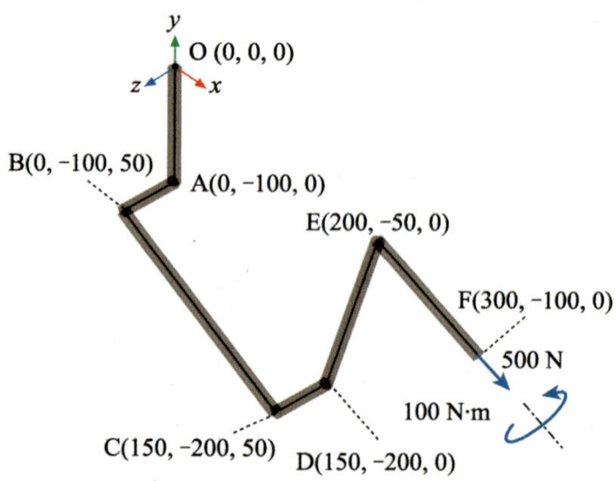

(b) 로봇 암 치수 및 간략 모델

그림 8-45

***8.19** 24개의 이력부재로 구성된 [그림 8-46]에 나타낸 트러스의 점 A는 매끄러운 면에 놓여있고, 점 B는 볼–소켓 지지, 점 J는 자유스럽게 구를 수 있는 롤러 위에 놓여있다. 점 F에 $(-)z$ 방향 힘, 점 I에 $(+)y$ 방향 힘을 가하였을 때, 부재 DG, DH, EH, FG, FH, FI에 발생하는 축력을 구하시오. 8.4절

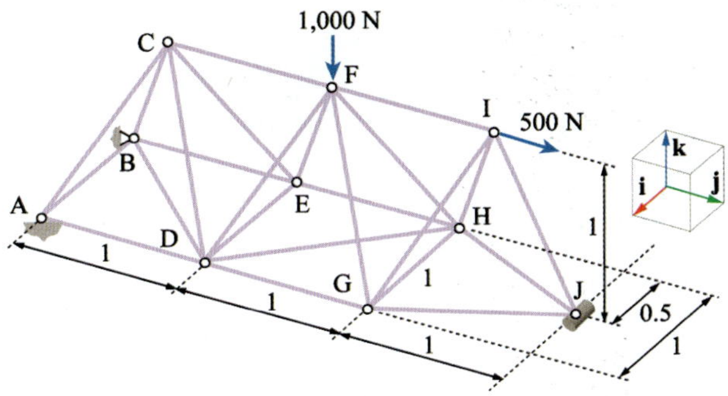

그림 8-46

***8.20** [그림 8-47(a)]와 같이 지붕의 네 면이 삼각형으로 되어 있는 건물을 [그림 8-47(b)]와 같이 단순한 입체트러스로 모델링하였다. 입체트러스는 한 변의 길이가 2 m인 정육면체 cube 2개를 상하로 쌓아놓은 형태를 기반으로 구성하였다. 입체트러스의 점 A에 $(+)x$ 방향과 $(-)z$ 방향으로 각각 1 kN의 힘이 가해지는 경우 인장 tension이 발생하는 부재를 찾아내고, 해당 부재의 축력의 크기를 구하시오. [길이 단위 : m] 8.4절

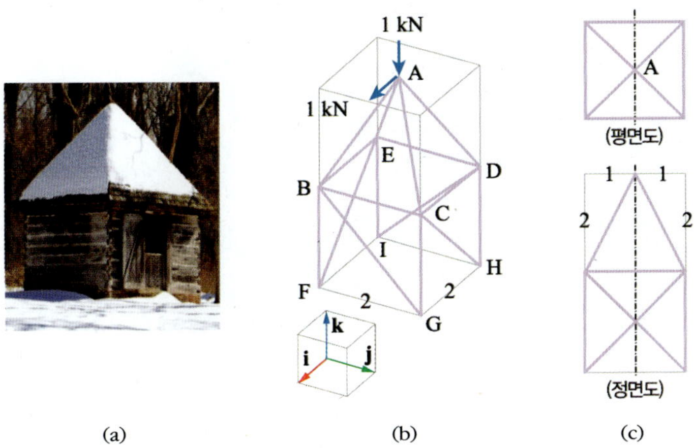

그림 8-47

고대 인류는 무거운 물건을 직접 들거나 끌어서 옮기는 데 방해가 되는 마찰을 줄이기 위해 바퀴를 발명하였다. 고대 인류의 이러한 지혜를 이어받은 현대인은 화석에너지를 운동에너지로 바꾸는 에너지 변환 기계들을 이용해 각종 고속 수송기계들을 제작하였다. 그러나 고속으로 움직이는 기계들을 빠른 시간 내에 멈추기 위해서는 제동장치를 이용해 운동에너지를 마찰에너지로 바꿔야 했다. 바퀴는 수천 년의 인류 역사를 고스란히 담고 있는 역학적 화석이다.

CHAPTER 09

에너지와 마찰

Energy and Friction

에너지와 일 9.1
마찰 9.2
건식마찰 응용 9.3
종합예제
연습문제

학습목표

- 에너지와 일의 개념을 이해하고 힘과 모멘트에 의해 행해진 일을 계산한다.
- 가상일의 원리를 이용해 복잡한 정적 평형계의 미지력을 해석한다.
- 건식 마찰계수 및 마찰각에 대해 이해하고 이를 활용한다.
- 유마찰 벨트와 풀리, 원판 마찰, 쐐기 및 나사에 대해 정역학적으로 해석한다.

SECTION
9.1

에너지와 일

- ✔ 에너지, 일, 에너지 변환 및 에너지 보존법칙에 대해 이해한다.
- ✔ 힘과 모멘트에 의해 행해지는 일을 계산한다.
- ✔ 가상일의 개념을 이용해 복잡한 경계조건을 갖는 평형계를 해석한다.

일상생활 속에서 자주 사용하는 용어들에 대한 고정관념으로 인해 역학 학습을 하는 데 오히려 혼동이 생기는 경우가 있다. '에너지'와 '일'이라는 용어는 자주 접하지만, 역학에서는 다소 다른 의미로 사용된다. 회사원이 컴퓨터 앞에 앉아 일을 아무리 열심히 해도 정역학적으로 보면 아무 일도 하지 않은 것이 되기도 하고, 역학 문제를 해석하다 보면 음(−)의 일도 생기게 된다. 에너지와 일에 대한 개념은 복잡한 공학 문제 해석에 있어서 유용한 도구이므로 잘 활용할 수 있도록 연습하자.

9.1.1 에너지와 일

사람이나 동물이 일을 하기 위해서는 음식이나 먹이를 섭취해야 한다. 말들이 [그림 9−1(a)]에서와 같이 논밭을 경작하는 일을 하려면 충분한 먹이를 섭취하여 신체 각 부위를 움직이기 위한 생물학적 에너지로 변환해야 한다. 마찬가지로 트랙터로 논밭을 일구려면 [그림 9−1(b)]에서와 같이 연료통에 충분한 양의 연료(화학적 에너지)를 넣어 엔진에서 기계적 운동에너지로 변환해야 한다. 이와 같이, 어떤 시스템이 일을 할 수 있는 능력을 **에너지** energy라고 한다. 즉 한 시스템(트랙터)은 그 시스템이 가지고 있는 에너지(연료)만큼 일을 할 수 있으며, 일(경작)을 한 만큼 에너지(연료)는 감소하게 된다.

그림 9-1 에너지와 일

물레방아 waterwheel를 이용한 자동톱 auto saw 시스템인 [그림 9−2]의 작동원리를 살펴보자. 먼저 물레방아보다 높은 위치에서 흐르는 물(❶)은 유체의 질량과 중력으로 인해 **위치에너지** potential energy를 가지고 있으며, 이 위치에너지를 가지고 낙하한 물이 물레방아(❷)에 부딪히며 물레방아의 회전 **운동에너지** kinetic energy로 바뀐다. 이 과정에서 위치에너지의 일부는 **소리에너지** sound energy와 물과 물레방아의 **마찰에너지** friction energy로 소진된다. 만약 물레방아 축에 발전기를 연결하면 **전기에너지** electric energy로 변환할 수 있으며, 이를 이용한 것이 **수력발전** hydroelectric power generation이다. 물레방아의 회전 운동에너지는 기어(❸)의 회전 운동에너지로 바뀌고, 이는 다시 크랭크 기구 crank mechanism(❹)를 거쳐 이에 연결된 톱(❺)의 직선 운동에너지로 변환되어 공작물을 절삭할 수 있다.

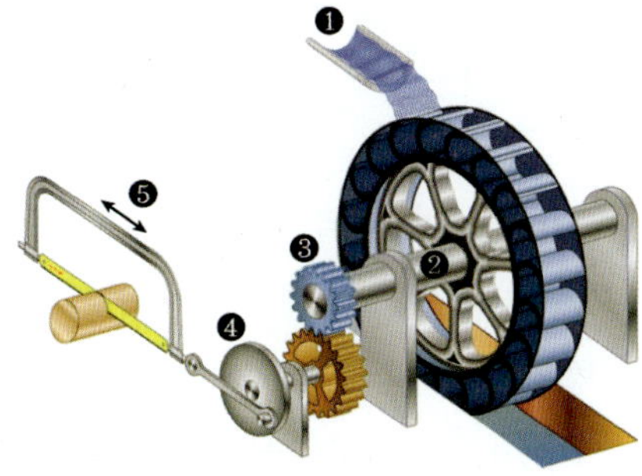

그림 9-2 에너지 변환

앞에서 살펴본 바와 같이 에너지는 기구나 기계를 거치면서 그 형태가 바뀌는데, 이를 **에너지 변환** energy conversion이라고 한다. 하지만 에너지는 그 형태가 바뀌더라도 에너지의 전체량은 변하지 않는데, 이를 **에너지 보존법칙** energy conservation law이라고 하며 각종 공학 문제 해결에 널리 활용된다.

Static Think_01

랜턴, 전자렌지, 식물의 광합성은 각각 어떤(A) 에너지에서 어떤(B) 에너지로의 변환을 이용하는 것인지 생각해보시오.

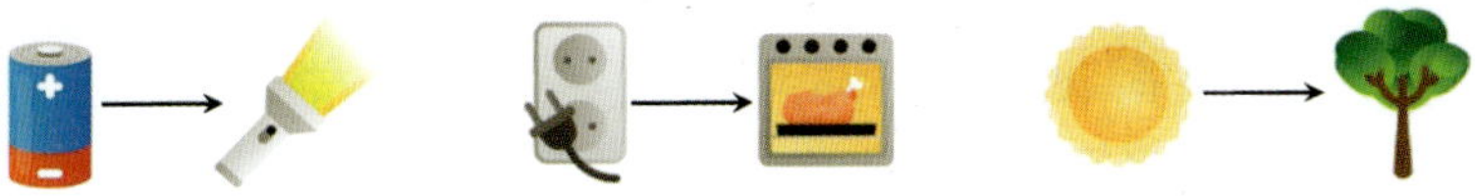

그림 9-3

9.1.2 힘에 의한 일

[그림 9-4(a)]에서와 같이 크기가 일정한 $(+)x$ 방향의 힘 F_1을 가해 물체를 점 A에서 점 B로 거리 Δu만큼 옮긴 경우 공학적으로 **일** work을 했다고 한다. 이때 행한 일의 크기(W_{1a})는 힘에 거리를 곱한 양으로 정의하고 식 (9.1)과 같이 나타낸다. 물체를 [그림 9-4(b)]에서와 같이 크기가 일정한 $(-)x$ 방향의 힘 F_1을 가해 물체를 점 B에서 점 A로 거리 Δu만큼 옮기면서 행한 일을 W_{1b}라고 하면, 물체가 점 A에서 점 B를 거쳐 다시 원점 A로 원상 복귀되었기 때문에 공학적으로 유용한 일은 0[1]이 된다. 즉 물체가 A → B → A로 이동하면서 행한 일은 0이 되며, 이를 식으로 나타내면 식 (9.2)와 같이 되어 W_{1b}는 (−)일을 한 것이 된다.

$$W_{1a} = F_1 \Delta u \tag{9.1}$$

1 공장(A)에서 출하된 물건이 소비자(B)를 거쳐 다시 공장(A)으로 들어온 경우 매출액이 0원이 되는 것과 같은 맥락으로 보면 된다. 이는 일상생활 속에서 말하는 일과 다르므로 주의해야 한다.

$$W_{1a} + W_{1b} = F_1 \Delta u + W_{1b} = 0$$
$$W_{1b} = (-)F_1 \Delta u \tag{9.2}$$

[그림 9-4]의 (c)와 같이 크기가 일정하지만 경사진 힘 F_2를 가해 물체를 점 A에서 점 B로 거리 Δu만큼 옮긴 경우, 힘 F_2의 y 방향 성분(F_{2y})은 x 방향으로 일을 할 수 없으므로 힘 F_2가 한 일(W_{2c})은 x 방향 성분 힘(F_{2x})이 한 일과 같고, 이는 식 (9.3)과 같이 나타낼 수 있다. 마지막으로 그림 (d)와 같이 점 B에서 원점 A로 복귀하는 경우는 그림 (b)에서와 같은 원리로 식 (9.4)와 같이 나타낼 수 있다.

$$W_{2c} = F_{2x}\Delta u = (F_2 \cos\theta)\Delta u \tag{9.3}$$

$$W_{2c} + W_{2d} = F_{2x}\Delta u + W_{2d} = 0$$
$$W_{2d} = (-)F_{2x}\Delta u = (-)(F_2 \cos\theta)\Delta u \tag{9.4}$$

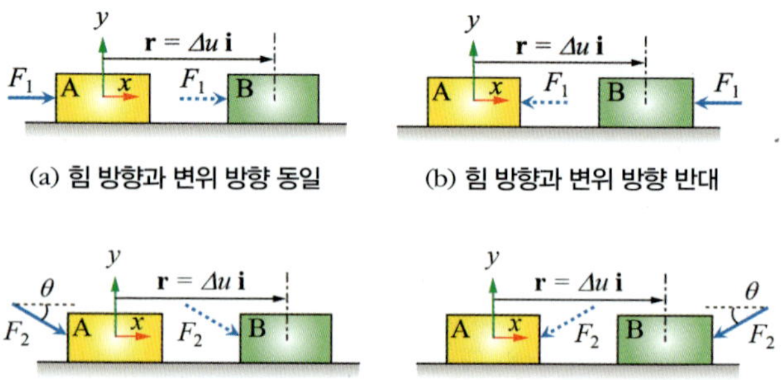

(a) 힘 방향과 변위 방향 동일

(b) 힘 방향과 변위 방향 반대

(c) 힘의 수평 방향과 변위 방향 동일

(d) 힘의 수평 방향과 변위 방향 반대

그림 9-4 물체의 1차원 이동에 필요한 일(변위 기준 : 점 A)

다음으로 크기가 일정한 힘 F_3를 가해 [그림 9-5]에서와 같이 물체를 점 A에서 점 C로 거리 Δs만큼 옮길 때 필요한 일(W_3)은 일에 대한 정의에 따라 $F_3\Delta s$가 된다. 이 일은 물체를 1차원적으로 ❶에서 ❷로 먼저 이동시킨 후, ❷에서 ❸으로 이동시킨 것과 같아야 한다. 따라서 힘 F_3가 물체를 ❶에서 ❸으로 이동시키면서 한 일은 식 (9.5)와 같이 나타낼 수 있다.

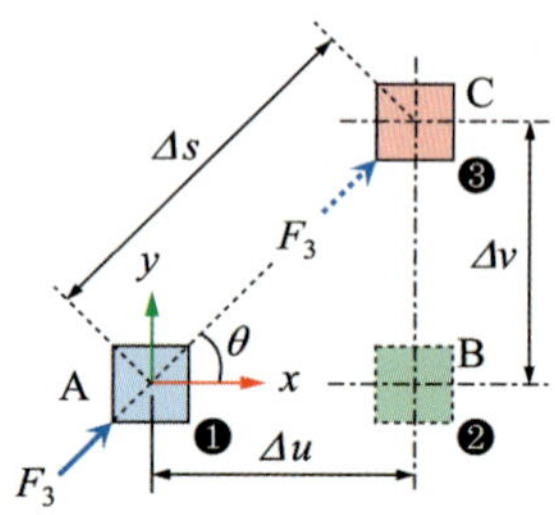

그림 9-5 물체의 2차원 이동에 필요한 일

$$W_3 = F_3\Delta s = F_{3x}\Delta u + F_{3y}\Delta v = (F_3\cos\theta)\Delta u + (F_3\sin\theta)\Delta v \tag{9.5}$$

이상에서 살펴본 [그림 9-4], [그림 9-5], 식 (9.1)~(9.5)를 종합해 봤을 때, 한 물체에 일정한 크기의 힘(F)이 가해져 유한한 크기의 **변위**(r) displacement[2]가 발생한 경우, 힘이 행한 일은 힘 벡터와 변위 벡터의 내적이 되어 식 (9.6)과 같이 3차원까지 일반화시킬 수 있다. 식에서 F_x, F_y, F_z와 Δu, Δv, Δw는 각각 힘 F와 변위 r의 x, y, z 방향 성분이다. 식 (9.6)에서 알 수 있듯이 일은 두 벡터의 내적이므로 스칼라량이 된다. 단위는 힘과 거리를 곱한 [N · m], [kgf · cm], [lb · ft]

2 위치 이동을 뜻하며 크기(거리)와 함께 방향도 중요한 벡터량이다.

등을 사용하지만, SI 단위계인 [N · m]의 경우 모멘트와 혼동될 수 있어 일의 단위로는 주로 [J][3]을 사용한다. 벡터의 내적은 교환법칙이 성립하므로 일은 r · F로 구해도 된다.

$$\begin{aligned} W &= \mathbf{F}\cdot\mathbf{r} = (F_x\mathbf{i} + F_y\mathbf{j} + F_z\mathbf{k})\cdot(\Delta u\mathbf{i} + \Delta v\mathbf{j} + \Delta w\mathbf{k}) \\ &= F_x\Delta u + F_y\Delta v + F_z\Delta w = \mathbf{r}\cdot\mathbf{F} \end{aligned} \tag{9.6}$$

만약 변위가 매우 작아지면 미소변위 infinitesimal displacement 벡터는 $d\mathbf{r} = dx\,\mathbf{i} + dy\,\mathbf{j} + dz\,\mathbf{k}$와 같이 직각좌표계 성분으로 나타낼 수 있고, 이 미소변위에 의해 행해진 미소일은 $dW = \mathbf{F}\cdot d\mathbf{r}$이 된다. 따라서 힘이나 변위가 연속적으로 변하는 일반적인 계의 경우, 힘이 행한 일은 식 (9.7)과 같이 된다.

$$W = \int dW = \int \mathbf{F}\cdot d\mathbf{r} = \int (F_x dx + F_y dy + F_z dz) \tag{9.7}$$

Static Think_ 02

무게 $W(=mg)$인 물체를 높이 h 만큼 들어 올렸을 때 행한 일은 얼마가 되는지 생각해보시오.

9.1.3 모멘트에 의한 일

임의의 물체 A에 일정한 크기의 모멘트 M을 인가해 [그림 9-6(a)]에서와 같이 A′으로 유한한 위치 변화(특히 각 변화)가 생긴 경우, 이 모멘트에 의해 행해진 일을 알아보기 위해 해당 물체를 [그림 9-6(b)]와 같이 점 O를 중심으로 회전하는 질점으로 모델링한 다음, 모멘트의 정의에 따라 모멘트 M을 거리 h 만큼 떨어져 있고 방향이 반대인 한 쌍의 짝힘($M = Fh$)으로 대체하였다. 이 경우 점 O에 가해진 힘은 일을 할 수 없으므로 아래에 작용하는 힘만 고려하면 된다. 또한 변위는 좌우대칭이므로 $\mathbf{r} = \Delta u\,\mathbf{i}$가 되어 모멘트에 의해 행해진 일은 식 (9.6)에 의해 식 (9.8)과 같이 나타낼 수 있다. 만약 각 변화가 미소하다고 가정하면($\Delta\theta \to d\theta$), 미소각 가정에 의해 $\sin(d\theta) \approx d\theta$로 쓸 수 있고, 이때 행해진 미소 일은 $dW = Md\theta$가 된다. 따라서 변위(각 변화)가 연속적으로 일어나는 일반적인 계의 경우, 계에 작용하는 모멘트에 의해 행해진 전체 일은 식 (9.9)와 같이 된다. 즉 모멘트에 의해 행해진 일은 해당 모멘트에 각 변화를 곱해 구한다.

$$\begin{aligned} W_{\Delta\theta} &= \mathbf{F}\cdot\mathbf{r} = F_x\Delta u = (F\cos\alpha)\times(2h\sin\alpha) \\ &= (Fh)\times(2\sin\alpha\cos\alpha) = M\times(\sin 2\alpha) = M\times\sin(\Delta\theta) \end{aligned} \tag{9.8}$$

$$W = \int dW = \int Md\theta \tag{9.9}$$

3 영국의 물리학자인 제임스 줄(James Joule, 1818~1889)을 기념하기 위해 일과 에너지의 단위로 사용한다. 줄은 도선에 전류가 흐를 때 발생하는 열에 관한 법칙(줄의 법칙)을 발견(1840)하였으며, 이를 발전시켜 에너지 보존법칙의 확립에 기여하였다. 1 J ≡ 1 N · m

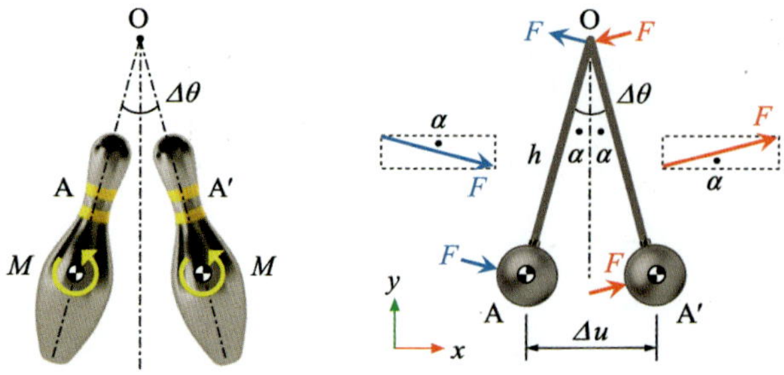

(a) 모멘트에 의한 위치(각) 변화 (b) 질점 모델 **그림 9-6** 모멘트에 의한 일

Static Think_ 03

식 (9.9)에서 각 θ 의 단위는 어떤 것을 사용해야 하는지 생각해보시오.

9.1.4 가상일의 원리

정적 평형상태인 한 계에서 반력이나 반작용 모멘트 등의 정보를 알아내기 위해서는 해당 계에 대한 자유물체도를 그린 다음, 그에 나타나는 모든 부하를 식 (8.12)[4] 또는 식 (8.13)[5]에 대입해야 한다. 그러나 관심을 갖는 계가 주변 구조물들과 복잡하게 연결되어 있으면 반력과 반작용 모멘트를 모두 고려해 평형 조건들을 적용하는 것은 매우 번거로운 일이다. 이러한 경우 "정적 안정 평형상태의 계에 작용하고 있는 부하와 계의 구속조건에 적합하게 설정된 **가상변위** virtual displacement(δq)에 의해 행해지는 **가상일** virtual work(δU)은 0 이 되어야 한다."[6]는 원리를 이용하면 원하는 정보를 수월하게 얻어낼 수 있다. 이를 **가상일의 원리** principle of virtual work라고 하며, 식 (9.10)과 같이 나타낼 수 있다. 식에서 q 는 **일반 변위** generalized displacement라고 하는데, 이는 힘의 경우 식 (9.7)에서와 같이 선형 변위(u, v, w)가 되고, 모멘트 부하의 경우에는 식 (9.9)에서와 같이 각 변위(θ)가 된다.

$$\delta U = \mathrm{F} \cdot \delta \mathrm{q} = 0, \quad \delta U = \mathrm{M} \cdot \delta \mathrm{q} = 0 \tag{9.10}$$

[그림 9-7(a)]와 같이 스프링 1 개와 질량 1 개로 구성된 1 **자유도** degree of freedom[7] 계에서 질량 m 에 수평 방향의 힘 F를 가해 우측으로 s 만큼 이동한 상태에서 정지해 있다고 가정하자. 이 경우 질량에 대해 자유물체도를 그리면 그림 (b)와 같이 되며, 이에 대해 x 방향의 힘 평형[8]을 적용하면 식 (9.11)과 같은 힘과 변형 사이 관계를 얻을 수 있다. 동일한 계의 질량에 대해 그림 (c)와 같이 관심을 갖고 있는 수평 방향으로 가상변위(δu)를 설정하면 이 가상변위와 작용력들에 의한 가상일은 식 (9.12)와 같이 되며, 이 값은 0 이 되어야 하므로 식 (9.12)로부터 식 (9.11)과 동일한 결과를 얻을 수 있다.

4 $\Sigma \mathrm{F} = 0, \ \Sigma \mathrm{M} = \mathrm{r} \times \mathrm{F} = 0$

5 $\Sigma F_x = 0, \ \Sigma F_y = 0, \ \Sigma F_z = 0, \ \Sigma M_x = 0, \ \Sigma M_y = 0, \ \Sigma M_z = 0$

6 실제 존재하지 않는 가상의 변위에 의한 일이기 때문에 가상일은 당연히 0 이 되어야 한다.

7 한 물체가 주어진 기준 좌표계에서 자유스럽게 움직일 수 있는 좌표 방향의 수이다. 가장 일반적인 3 차원 운동의 경우 세 방향 직선 운동(u, v, w)과 세 축을 기준으로 한 회전 운동(θ_x, θ_y, θ_z)이 있어 자유도는 6 이 된다. 자유도에 대해서는 12장에서 자세히 다룬다.

8 y 방향은 관심 대상이 아닌 관계로 고려할 필요가 없다.

$$\sum F_x = F - ks = 0 \quad \rightarrow \quad F = ks \tag{9.11}$$

$$\delta U = \delta U_F + \delta U_{ks} = F(\delta u) - (ks)(\delta u) = 0 \quad \rightarrow \quad F = ks \tag{9.12}$$

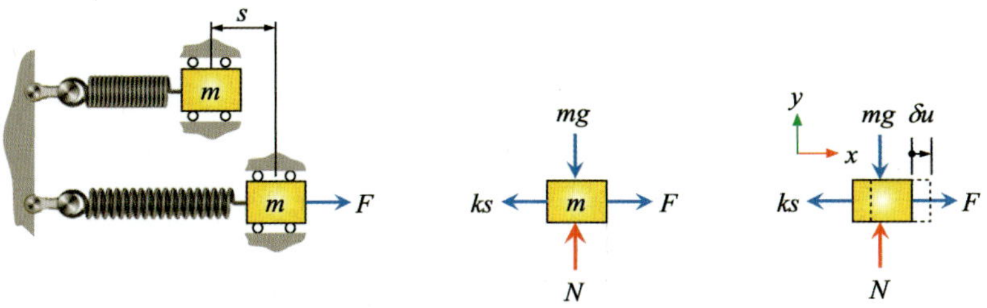

(a) 스프링-질량 계　　(b) 질량에 대한 자유물체도　　(c) 가상변위

그림 9-7 1 자유도 스프링-질량 계에 대한 자유물체도 및 가상변위

정역학 문제 해석 시 **가상일의 원리**를 적용하기 위해서는 두 가지 사항에 유의해야 한다. 첫 번째로, 가상변위는 계가 허용하는 동작 system requirements 범위 내에서 설정해야 한다. 예를 들어 [그림 9-7(a)]의 계는 오로지 x 방향으로만 움직일 수 있으므로, 이 경우 y 방향의 가상변위(δv)를 설정하면 안 된다. 두 번째로, **가상일의 원리**는 최소한 1 자유도 이상인 계에만 적용 가능하다. 예를 들어 [그림 9-8(a)]의 경우에는 우측으로 이동이 가능한 1 자유도 계이므로 **가상일의 원리**를 적용할 수 있지만, [그림 9-8(b)]의 경우에는 완전 고정되어 있어 자유도가 0 이 되어 이 원리를 적용할 수 없다.

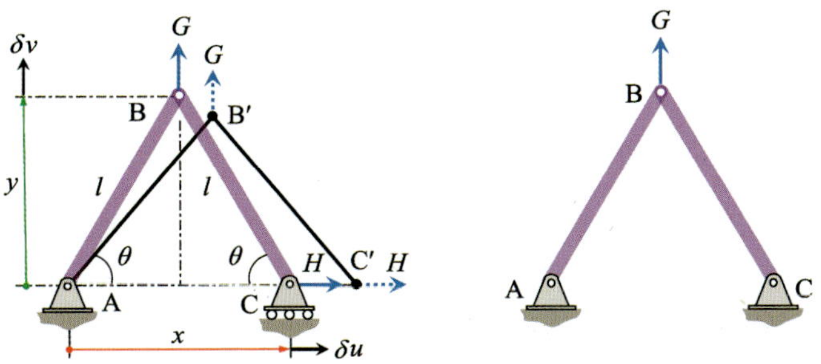

(a) 1 자유도　　(b) 0 자유도

그림 9-8 가상일의 원리 적용

가상일의 원리를 이용한 정역학 문제 해석 절차를 [그림 9-8(a)]를 기준으로 설명한다. 첫 번째로, 문제 해결에 적합한 좌표계(x-y)를 설정한다. 보편적으로 움직임이 없는 점(A)을 원점으로 설정한다. 두 번째로, 부하가 작용하는 곳에 가상변위(δu, δv)를 (+) 방향으로 설정한 뒤, 문제에 주어진 형상과 기하학을 이용해 설정한 좌표계 변수를 공통적인 매개변수(θ)의 함수로 표현한다($x = 2l\cos\theta$, $y = l\sin\theta$). 세 번째로, 가상변위의 **변분** variation[9]을 좌표계의 미분을 이용해 구한 뒤, 부하와 함께 식 (9.10)에 대입해 문제를 해결한다. 가상일 계산 시 부하의 (+) 방향과 변분의 (+) 방향이 동일하면 (+)일, 그렇지 않으면 (−)일로 계산한다.

9 변위 장에서의 미소 변화(infinitesimal change)를 의미하며, 미적분학에서의 미분과 동일한 개념으로 간주해도 된다.

예제 9-1 중력과 외력이 작용하는 계의 평형

무게 50 N인 두 개의 링크와 수평 방향으로만 움직이는 슬라이더로 구성된 계 중앙에 [그림 9-9(a)]와 같이 100 N의 수직 하중이 작용하고 있다. $\alpha = 60°$일 때 평형을 유지하기 위한 수평 방향 힘 P의 크기를 구하시오.

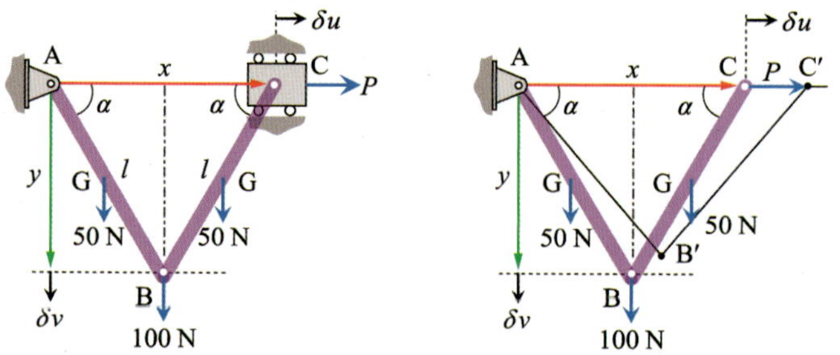

(a) 평형상태 (b) 가상변위 설정 및 기하학적 고려

그림 9-9 1 자유도계 링크에 작용하는 힘과 가상변위 설정

Analyze

- 좌표계(x-y)와 가상변위(δu, δv)를 [그림 9-9(a)]와 같이 설정한다.
- 부하와 가상변위를 이용해 식 (9.10)에 대입하여 미지력을 구한다.

Compute

- 힘의 방향과 같은 성분의 좌표 $x_C = 2l\cos\alpha$, $y_B = l\sin\alpha$이므로, 이들을 미분한 것이 각각 수평 및 수직 방향 변분(δu, δv)이 된다.

$$\delta u = |\delta x_C| = |-2l\sin\alpha\,\delta\alpha| = 2l\sin\alpha\,\delta\alpha,\quad \delta v = |\delta y_B| = l\cos\alpha\,\delta\alpha$$

- 부하와 변분의 방향이 같으면 (+)가상일, 반대이면 (−)가상일이 되도록 하여, 식 (9.10)에 대입해 미지력 P를 구한다.

$$\delta U = P\delta u - (2\times 50 + 100)\times \delta v = P\times(2l\sin\alpha\,\delta\alpha) - (200\ \text{N})\times(l\cos\alpha\,\delta\alpha) = 0$$

$$P = \frac{(200\ \text{N})\times\cos 60°}{2\sin 60°} = 57.7\ \text{N}$$

Think

- 에너지는 스칼라량이므로 덧셈과 뺄셈만으로 원하는 결과를 얻을 수 있는 장점이 있다.
- 변분값들에 절댓값을 취해 양수로 만든 이유는 가상일 계산 시 부호가 고려되기 때문이다. 즉 부하의 방향과 변분 방향이 같으면 (+)가상일, 반대가 되면 (−)가상일로 계산한다.
- 1 자유도계의 경우 고려하는 변분값들이 독립적이지 않고 변분값들 사이에 상관관계가 있다.

예제 9-2 두 힘과 하나의 모멘트가 작용하는 접힘 기구의 평형

길이 2 m인 두 개의 링크(AE, BD)와 길이 1 m인 두 개의 링크(DF, EF)를 가지고 [그림 9-10(a)]와 같은 접힘 기구 folding linkage를 제작하였다. 점 B와 점 F에 각각 $P_1 = 1{,}000\ \text{N}$, $P_2 = 2{,}000\ \text{N}$의 힘이 작용할 때, 계가 정적 평형을 유지하기 위해 점 A에 가해줘야 할 모멘트(M_A)의 크기를 구하시오.

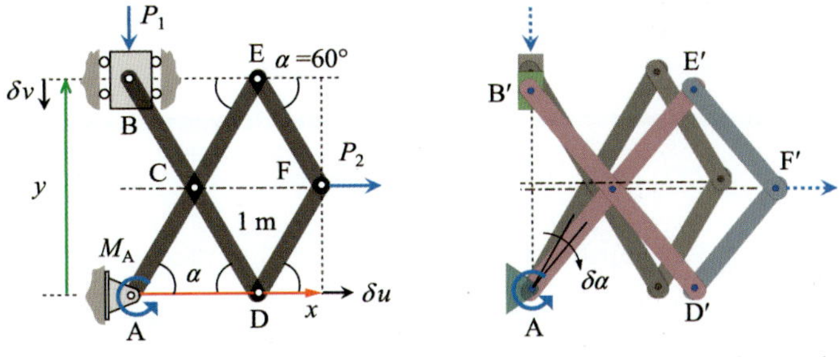

(a) 평형상태 (b) 가상변위 설정 및 기하학적 고려

그림 9-10 접힘 기구에 작용하는 힘과 가상변위 설정

Analyze

- 좌표(x-y)와 가상변위(δu, δv)를 [그림 9-10(a)]와 같이 설정한다.
- 좌표를 설정한 후 부하의 방향과 같은 방향의 변분량만 고려하면 된다.

Compute

- 점 F의 좌표 중 P_2의 방향에 해당하는 $x_F = 3\times(1\ \text{m})\times\cos\alpha = 3\cos\alpha$를 미분해 δu를 구하고, 점 B의 좌표 중 P_1의 방향에 해당하는 $y_B = 2\times(1\ \text{m})\times\sin\alpha = 2\sin\alpha$를 미분해 δv를 다음과 같이 구한다. 각 α는 기하학적으로 60°가 된다.

$$\delta u = |\delta x_F| = |-3\sin\alpha\,\delta\alpha| = 3\sin\alpha\,\delta\alpha,\quad \delta v = |\delta y_B| = 2\cos\alpha\,\delta\alpha$$

- 부하와 변분량들을 식 (9.10)에 대입해 모멘트 M_A를 구한다. 첫 번째 식에서 가상일 $P_1\delta v$와 $P_2\delta u$가 양인 것은 힘과 변분량의 방향이 동일하기 때문이며, $M_A\delta\alpha$ 항이 음인 것은 [그림 9-10(b)]에서와 같이 모멘트와 각도 변화가 반대 방향이기 때문이다.

$$\begin{aligned}\delta U &= P_1\delta v + P_2\delta u - M_A\delta\alpha \\ &= (1{,}000\ \text{N})\times(2\cos\alpha\,\delta\alpha) + (2{,}000\ \text{N})\times(3\sin\alpha\,\delta\alpha) - M_A\delta\alpha = 0\end{aligned}$$

$$M_A = 6{,}196.2\ \text{N}\cdot\text{m}$$

Think

- 변분량들의 (+) 방향을 δu는 왼쪽, δv는 위로 설정해도 된다. 이 경우 $\delta\alpha$는 양이 된다.
- 가상일 원리 적용 시 [그림 9-10(b)]와 같이 그릴 필요는 없고 가상으로 설정 및 계산하면 된다.

SECTION 9.2

마찰

- ✔ 마찰 현상과 마찰의 종류 및 각각의 특징에 대해 이해한다.
- ✔ 건식마찰에 대한 쿨롱마찰 모델과 식을 이해한다.
- ✔ 마찰계수 측정법을 숙지하고, 마찰 문제 해결에 있어서 마찰각을 활용한다.

한 가지 토론 주제에 대한 갑론을박 끝에 좋은 아이디어가 생성되고, 비온 뒤에 땅이 굳는 것처럼 마찰을 줄이기 위한 부단한 노력과 그러한 마찰을 역으로 이용하려는 창의성이 오늘날의 풍요를 이룬 밑거름이다. 마찰 현상에 대한 이해를 바탕으로 마찰을 제어하고 이용하는 새로운 방법을 찾아보자.

9.2.1 마찰 현상

에너지는 일을 할 수 있는 능력으로 정의되는데, 한 물체에 동일한 에너지를 가하더라도 행해진 유용한 일은 계에 따라 다르게 나타난다. [그림 9-11]의 (a)~(c)에 세 종류의 썰매와 썰매가 접촉하는 면을 나타내었다. 이 경우 동일한 에너지를 가했을 때 종이썰매(a)나 모래썰매(b)에 비해 눈썰매(c)가 더 빠르고 멀리 움직인다. 마찬가지로 동력을 가지고 움직이는 그림 (d)~(f)의 경우 동일한 화학에너지(연료)를 가지고 움직일 수 있는 거리는 고체와 고체가 맞닿는 자동차(d), 고체와 액체가 맞닿는 보트(e), 고체와 기체가 접촉하는 비행기(f)의 순으로 길어진다.

(a) 나무와 종이

(b) 모래와 플라스틱

(c) 눈과 플라스틱

(d) 아스팔트와 고무

(e) 물과 복합재료

(f) 공기와 알루미늄

그림 9-11 다양한 재료 조합에 따른 마찰

[그림 9-11]에서와 같이 한 물체에 에너지가 가해져 그에 상당하는 일을 행할 때, 전체 일의 양을 감소시키는, 즉 (−)일[10]을 행하는, 부하를 **마찰** friction이라고 한다. 공학적으로 중요한 마찰의 종류 및 개략적인 특성을 [표 9-1]에 정리하였다. **건식마찰** dry friction은 접촉하고 있는 두 고체 사이의 측면 상대운동 lateral relative motion으로부터 발생하며, 3.2절(자유물체도)에서 언급하였듯이 정지마찰과 운동마찰로 나뉜다. 반면 **유체마찰** fluid friction은 마찰 시 유체(액체, 기체)가 매개 작용을 하는 경우로서, 윤활유(또는 작동유)를 사용하는 모든 종류의 기계류에 해당한다. **표면마찰** skin friction은 물체가 고속으로 이동할 때 이동을 방해하는 방향으로 생기는 저항력을 일컬으며, 항력 drag force이 이에 해당한다. **내부마찰** internal friction은 물체 내부의 원자(또는 분자)들 간의 상대운동 시 발생하며, 철사를 반복적으로 굽혔다 폈다 하면 생기는 열은 이러한 내부마찰의 결과이다. 마찰은 피할 수 없는 현상이지만, 마찰에 영향을 주는 인자들이 많고 상호 연결되어 있어 어려운 분야 중의 하나이므로 이 책에서는 건식마찰에 대한 것만 간략하게 다루기로 한다.

표 9-1 마찰의 종류 및 특성

종류	접촉	관련 학문	예
건식마찰	고체−고체	일반역학 (classical mechanics)	
유체마찰 습식마찰	고체−유체−고체	유체역학 (fluid mechanics)	
표면마찰	고체−유체(기체)	공력학 (aerodynamics)	
내부마찰	원자(분자)−원자(분자)	재료과학 (materials science)	

서로 다른 표면 거칠기 asperity, roughness를 갖는 두 고체 표면을 [그림 9-12]에 개략적으로 나타내었다. 만약 고정되어 있는 아래 면에 그림 (a)와 같이 위의 고체 면을 접근시키면, 두 표면의 요철 凹凸에 의해 점 A에서 먼저 접촉 contact이 일어나고 더 이상 가까워지지 않을 것이다. 이 경우 윗면에 평행한 힘(V_1)[11]을 인가하면 우측으로 쉽게 미끄러진다. 반면에, 그림 (b)에서와 같이 윗면에 수직한 수직력(P)이 작용하면 두 표면의 돌기들이 변형을 하게 되어 더 많은 곳에서 접촉이 일어나게 된다.

10 마찰력이 항상 음의 일을 하는 것은 아니지만 정역학에서 다루는 대부분의 경우는 이에 해당한다.

11 어떤 면에 접하는 방향으로 작용하는 평행한 힘을 **전단력**(shear force)이라고 한다.

이 상태에서 윗면에 평행한 힘(V_2)을 인가하면 두면의 요철들로 인해 우측으로 잘 미끄러지지 않다가(정지마찰), 힘을 증가시키면 어느 순간 미끄러짐(운동마찰)이 일어난다. 이러한 건식마찰을 **쿨롱마찰** Coulomb friction[12]이라고 한다.

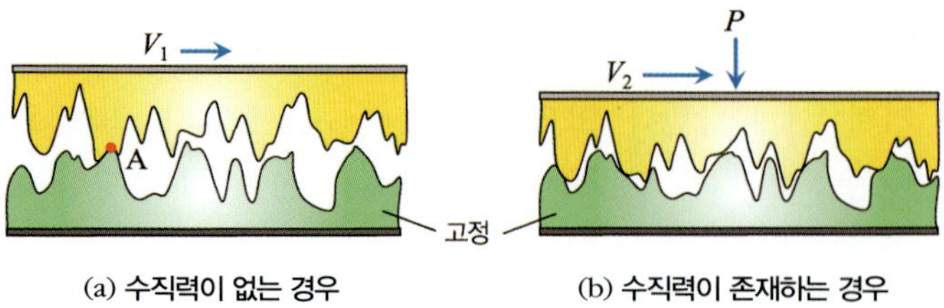

그림 9-12 건식마찰에 미치는 수직력의 영향

[그림 9-13(a)]에서와 같이 표면 A에 놓여있는 무게 $W(=mg)$ 인 물체 B를 C가 힘 P로 끌고 있는 경우를 쿨롱마찰에 근거하여 간략하게 모델링하면 [그림 9-13(b)]와 같이 나타낼 수 있고, 이를 식으로 나타내면 식 (9.13)과 같다. 이 책에서의 모든 마찰은 이 식을 근거로 기술하기로 한다. 식에서 μ는 접촉 표면 상태에 따라 결정되는 무차원 dimensionless 계수로서 **마찰계수** friction coefficient라고 한다.

$$F_{\text{friction}} = \mu N \tag{9.13}$$

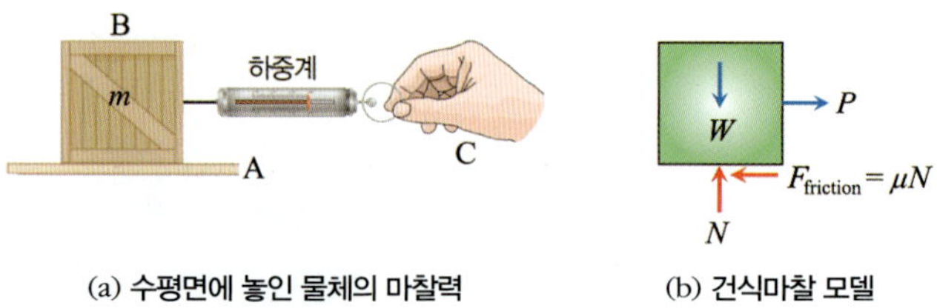

그림 9-13 건식마찰에 대한 간략 모델

9.2.2 마찰계수

쿨롱마찰에 근거한 식 (9.13)이 모든 경우에 적용되지는 않지만, 식이 간편하고 많은 경우에 실제 거동을 잘 모사하기 때문에 공학적으로 널리 응용된다. 그러나 이 식을 사용하기 위해서는 마찰계수를 측정해야 하는데, 모든 경우에 적용할 수 있는 측정법은 존재하지 않고 측정 대상의 종류에 따라 다양한 측정법[13]이 사용되고 있다. 여기에서는 정역학을 이용한 마찰계수 측정법에 관해서만 소개한다.

먼저 [그림 9-13]에서와 같이 측정 물체를 수평면에 설치한 후 수직 방향으로 일정한 크기의 힘(자중 W 또는 별도의 압축력)을 인가한 상태에서 수평 방향으로 힘(F)을 서서히 증가시켜 가면서 힘의

12 Charles-Augustin de Coulomb(1736~1806) : 프랑스의 공학자이자 물리학자로서 두 전하들 사이에 작용하는 힘에 관한 쿨롱의 법칙을 발견하였다.

13 ASTM G115-10(2018), 마찰계수 측정 및 보고에 관한 표준 안내서(standard guide for measuring and reporting friction coefficients) : 미국재료시험협회(American Society for Testing and Materials)에서 발간한 측정 표준으로서, 측정 재료(대상)에 적합한 마찰계수 측정법 선택에 대한 기준을 안내하고 있다.

변화를 측정하면 [그림 9-14]와 같은 형태의 곡선[14]을 얻게 된다. 이 곡선들 중에서 그림 (a)와 그림 (b)의 경우 물체의 움직임이 처음 관찰되는 시점에서의 힘(F_s)을 **정지마찰력**, 지속적으로 움직일 때 측정되는 힘(F_k)을 **운동마찰력**으로 하고, 식 (9.13)에 의해 마찰력을 수직력으로 나누면 정지 및 운동 마찰계수를 한꺼번에 얻을 수 있다. 그림 (c)는 운동마찰력이 정지마찰력보다 큰 경우이다.

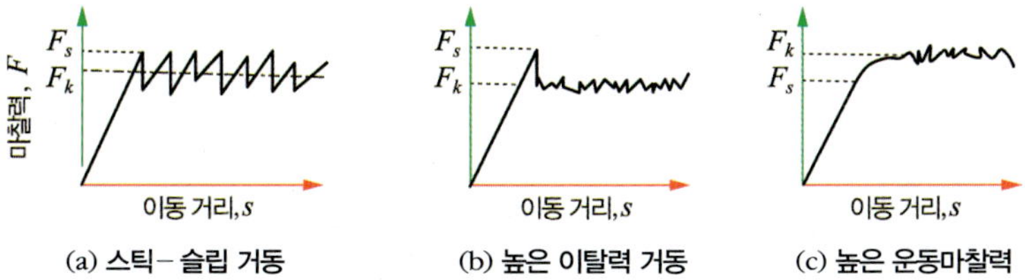

그림 9-14 세 가지 마찰 거동에 따른 마찰계수 측정

다음으로 [그림 9-15(a)]와 같이 경사각(θ)을 변경 및 측정할 수 있는 장치 표면에 무게 W인 물체를 올려두고, 경사각을 0°부터 미끄러짐이 생길 때(θ_s)까지 증가시키는 방법이다. 이 경우 무게 W에 대해 자유물체도를 그리면 [그림 9-15(b)]와 같이 되며, 경사면에 수직 및 접선 방향의 좌표계(n-t)를 설정한 후 두 방향의 힘 평형 조건을 적용하면 식 (9.14)를 얻을 수 있다. 식 (9.13)과 미끄러짐이 발생하는 순간의 각도($\theta = \theta_s$)를 식 (9.14)에 대입하면, 정지 마찰계수는 식 (9.15)와 같이 된다.

$$\sum F_n = N - W\cos\theta = 0 \quad \rightarrow \quad N = W\cos\theta$$
$$\sum F_t = W\sin\theta - F_s = 0 \quad \rightarrow \quad F_s = W\sin\theta \tag{9.14}$$

$$F_s = W\sin\theta = \mu N = \mu W\cos\theta$$
$$\mu_s = \tan\theta_s \tag{9.15}$$

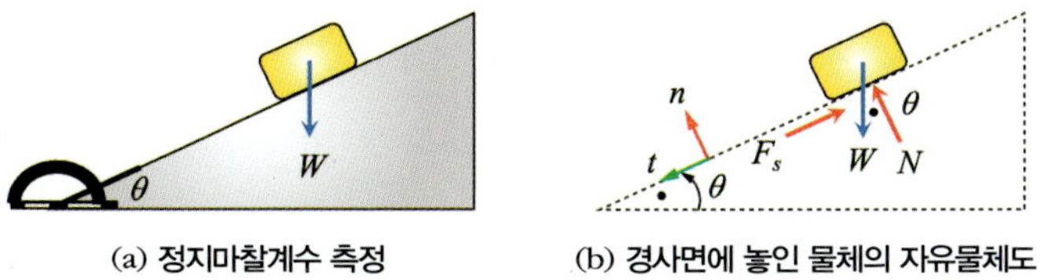

그림 9-15 경사각 변화를 이용한 정지마찰계수 측정

정지마찰계수(μ_s) 값이 주어진 경우, [그림 9-16(a)]에서와 같이 경사면에 놓인 물체에 대한 자유물체도를 그리면 그림 (b)와 같다. 또한 물체를 질점으로 모델링한 후 작용하는 힘들을 그림 (c)에 나타내었다. 여기서 각 ϕ_s[15]는 정지마찰계수가 주어졌을 때 식 (9.15)를 통해 $\phi_s = \tan^{-1}\mu_s = \tan^{-1}\dfrac{F_s}{N}$로 계산되는 고유의 값으로서 **정지마찰각** angle of static friction이라고 한다. 그림 (c)의 자유물체도 전체를 시계방향으로 ϕ_s 만큼 회전시키면 그림 (d)와 같이 되는데, 이를 이용하면 마찰이

14 곡선에서 이동거리는 측정 물체의 이동이 아니고, [그림 9-13(a)]에서 C의 이동거리임에 주의하자.
15 식 (9.15)에서 θ_s는 각 θ의 특별한 경우이므로 별도의 기호 ϕ_s를 부여해 구분하여 사용한다.

있는 면에 외력(P)이 작용할 때 발생하는 수직항력(N)과 마찰력(F_s)의 두 가지 미지력 대신 저항력(R)[16]과 저항력이 작용하는 방향(ϕ_s)을 이용해 문제를 단순화할 수 있다. 즉, 정지마찰계수가 주어지면 정지마찰각이 주어진 것과 같으므로 미지수를 2 개(N, F_s)에서 1 개(R)로 줄이는 효과가 있다. 또한 외력(P)과 저항력(R)이 힘 평형을 이뤄야 하므로 동일 작용선상에 놓이며 $R = P$의 관계가 성립해야 함을 알 수 있다.

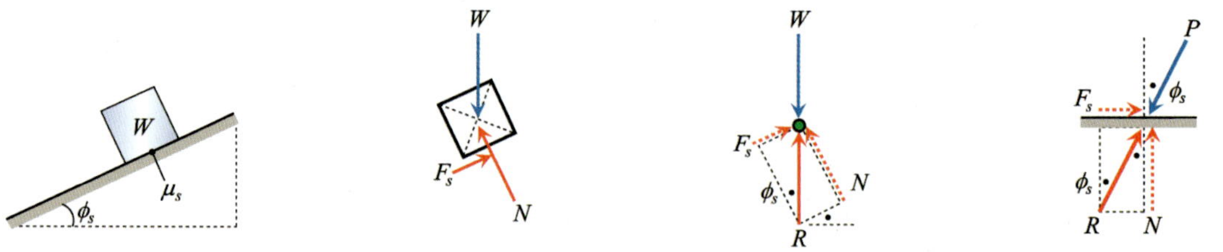

(a) 경사면에 놓인 물체 (b) 경사진 물체의 자유물체도 (c) 질점의 자유물체도 (d) 평지 물체의 마찰각

그림 9-16 정지마찰각을 이용한 마찰 문제 해결

Static Think_ 04

[그림 9-16(d)]에서 저항력 R의 방향(오른쪽 위 또는 왼쪽 아래)은 어떻게 설정하면 되는지 생각해보시오.

예제 9-3 정지 마찰계수 검증 시험

두 물체 사이의 정지 마찰계수($\mu_s = 0.55$)를 검증해보기 위해 [그림 9-17(a)]와 같은 블록을 제작해 시험하고자 한다. 블록이 평형을 유지할 수 있는 최대 각($\theta_{\max}$)[°]을 구하시오.

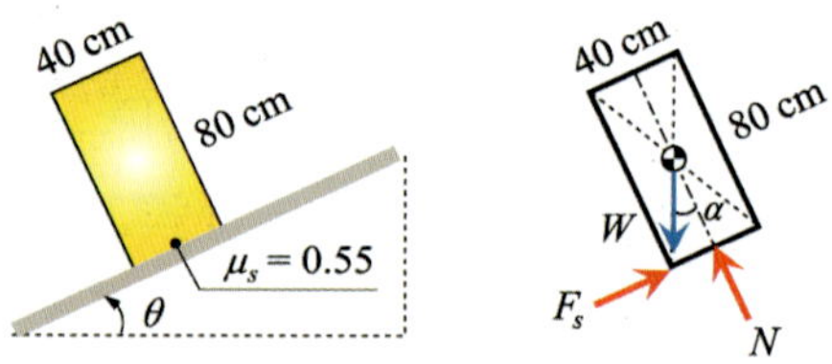

(a) 시험용 블록 및 경사 (b) 블록에 대한 자유물체도

그림 9-17 좁고 높은 물체의 마찰계수 검증 시험

Analyze

- 자유물체도는 [그림 9-15(b)]와 동일하므로 마찰계수 식은 식 (9.15)와 같다.
- 폭이 좁고 높이가 높은 블록의 경우 미끄러지는 대신 넘어질 수도 있음을 염두에 둬야 한다.

16 수직항력과 마찰력은 외력(W 또는 P)에 의해 발생하는 반력이며, 이들 반력의 합력이 R이므로 별도의 명칭인 저항력(resisting force)으로 부르기로 한다.

Compute

- 블록이 미끄러진다면 식 (9.15)에 의해 최대 각은 다음과 같이 정지마찰각이 될 것이다.

$$\phi_s = \tan^{-1}\mu_s = \tan^{-1}0.55 \approx 28.8°$$

- [그림 9-17(b)]에 나타낸 블록의 치수로부터 각 α는 다음과 같다.

$$\alpha = \tan^{-1}\frac{20}{40} \approx 26.57°$$

- θ가 α보다 커지면 무게중심이 왼쪽으로 이동해 미끄러지는 대신 넘어지게 된다. 따라서 θ는 각 $\phi_s(\approx 28.8°)$에 이르기 전에 각 $\alpha(\approx 26.57°)$에서 반시계방향으로 넘어지게 된다. 따라서 최대 각은 α가 된다.

$$\theta_{\max} = \alpha \approx 26.6°$$

Think

- 역학 문제를 다룰 때에는 다양한 물리적 상황을 고려해야 한다.
- 정지 마찰계수 측정 시 물체가 넘어지면 안 되므로 [그림 9-17(a)]와 같이 폭이 좁고 높은 블록을 사용하면 안 된다.
- 블록이 넘어지지 않는 경우 최대 경사각($\theta_{\max}$)은 항상 정지마찰각(ϕ_s)이 된다.

예제 9-4 마찰면에 놓인 균일 재료 봉

무게 W, 길이 l인 균일 단면 봉이 무마찰 수직면 A와 접촉하면서 $\mu_s = 0.4$인 수평면 B에 놓여있다. 봉이 평형을 유지할 수 있는 최소 각($\theta_{\min}$)[°]과 두 면에서의 반력을 구하시오.

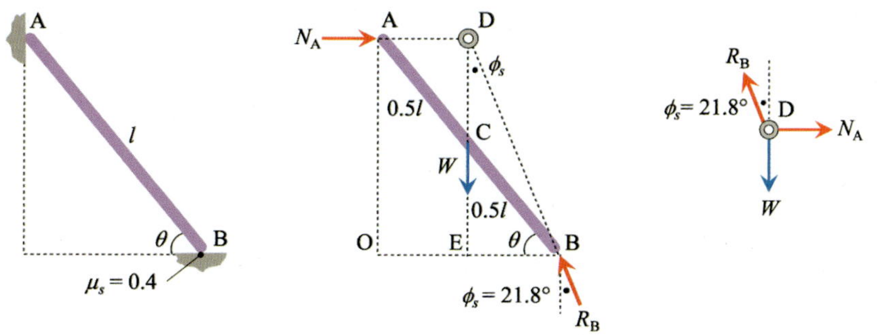

(a) 수평면과 수직면에 놓인 봉 (b) 봉에 대한 자유물체도 (c) 점 D에 대한 자유물체도

그림 9-18 수평 및 수직면에 놓여있는 봉

Analyze

- 마찰각을 이용해 미지수를 줄이고, 기하학을 활용해 각도를 계산한다.
- 공점력계 문제로 바꿔 **라미의 정리**를 이용해 미지력들을 구한다.

Compute

- 봉에 대한 자유물체도를 그리면 [그림 9-18(b)]와 같다. 마찰면 B에서 수직항력과 마찰력 대신 저항력 R과 마찰각 ϕ_s를 이용해 나타낸 후, 기하학을 이용해 $\theta_{\min}$을 구한다.

$$\tan\phi_s = \frac{\overline{\mathrm{EB}}}{\overline{\mathrm{DE}}} = \frac{\overline{\mathrm{EB}}}{\overline{\mathrm{AO}}} = \frac{0.5l\cos\theta_{\min}}{l\sin\theta_{\min}} = \frac{1}{2\tan\theta_{\min}} = \mu_s = 0.4$$

$$\theta_{\min} = \tan^{-1}\frac{1}{2\times 0.4} = 51.34°$$

- 봉에 작용하는 세 힘들을 **힘의 전달성 원리**를 이용하여 점 D에서 바깥쪽으로 향하도록 옮기면 [그림 9-18(c)]와 같은 공점력계가 된다. 따라서 **라미의 정리**를 이용하여 두 면에서의 반력을 구할 수 있다.

$$\frac{N_{\mathrm{A}}}{\sin(180-21.8)°} = \frac{R_{\mathrm{B}}}{\sin 90°} = \frac{W}{\sin(90+21.8)°}$$

$$N_{\mathrm{A}} = 0.40\,W,\ R_{\mathrm{B}} = 1.08\,W$$

Think

- 마찰각을 이용하면 복잡한 계산 없이도 문제를 효율적으로 해결할 수 있다.
- 미지력들인 N_{A}, R_{B}는 힘 평형이나 모멘트 평형을 이용하여 구해도 된다.

SECTION 9.3

건식마찰 응용

- ✔ 마찰이 있는 유연한 케이블이나 벨트 내에서의 인장력 식을 유도 및 활용한다.
- ✔ 원판 마찰을 이용한 동력전달 시 압축력과 토크 사이의 관계를 유도한다.
- ✔ 쐐기각과 정지마찰각에 대한 이해를 바탕으로 쐐기의 자동잠김 조건을 유도한다.
- ✔ 사각나사에 대한 기초 지식을 바탕으로 나사에 작용하는 힘과 토크 사이의 관계를 유도한다.

쓰러지던 나무가 주변 재료들과 부딪히면서 불이 나는 것을 유심히 살피던 인류가 불을 만든 것처럼, 건식마찰을 이용한 몇 가지 제품들 속에 숨어 있는 정역학적 원리들을 살펴보면서 이들을 개선하거나 새로운 제품을 만들 수 있는 기초를 마련하자.

9.3.1 유마찰 케이블 및 벨트

정역학 문제 해석 시 문제의 단순화를 위해 2.5절(도르래의 원리)에서 다뤘던 도르래의 경우와 같이 마찰을 무시하는 경우가 많다. 그러나 실제 공학 부재에서 마찰이 없는 경우는 없다. 예를 들어 [그림 9-19(a)]의 경우 A쪽에서 **케이블** cable을 당기면 그림에 표시한 (파선)화살표 방향으로 케이블이 이동하고, 케이블과 도르래 사이의 수직항력과 마찰로 인해 케이블의 인장력은 $T_2 > T_1$이 되어야 하며, 이때 마찰력의 크기는 $T_2 - T_1$이 될 것이다. 일반적으로 케이블과 도르래를 이용한 구조물들의 경우 에너지 효율 측면에서 보면 마찰력이 작을수록 좋다. 반면에 [그림 9-19(b)]에 나타낸 동력전달용 풀리 pulley와 **벨트** belt의 경우 마찰이 너무 작으면 둘 사이에 미끄러짐이 생겨 한 축에서 다른 축으로 동력을 전달할 수 없다. 이 경우에도 A쪽에서 벨트를 당기는 경우 벨트의 인장력은 $T_2 > T_1$이 되어야 한다.

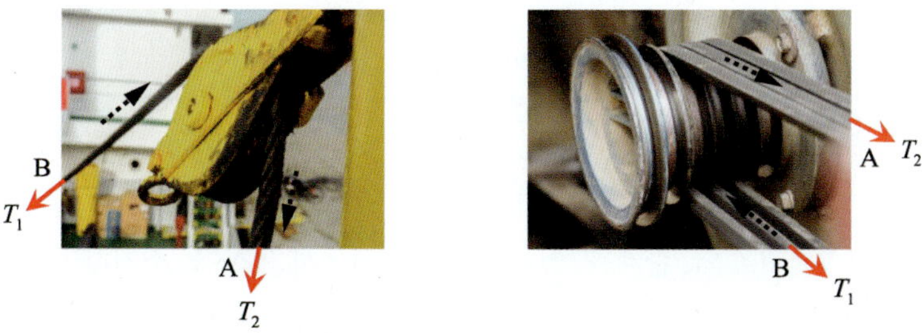

(a) 도르래와 케이블　　(b) 동력전달용 풀리와 벨트

그림 9-19 마찰이 있는 도르래와 풀리

마찰을 이용해 동력을 전달하는 한 쌍의 풀리(P_1, P_2)와 이 두 풀리에 끼워 사용하는 벨트를 [그림 9-20(a)]에 나타내었다. 그림에서 P_1이 구동 drive 풀리, P_2가 피동 driven 풀리이고, 파선 화살표

방향(시계방향)으로 회전하는 것으로 가정한다. 벨트에 작용하는 **인장력** tension의 변화를 살펴보기 위해 A−A′ 부분을 가상절단한 뒤, 풀리와 벨트에 대한 절단면 왼쪽 부분만을 그림 (b)에 개략적으로 도시하였다. 그림 (a)에서 풀리와 벨트 사이에 마찰이 있는 경우, 위쪽 벨트에 더 큰 인장력이 발생하므로 이를 T_1과 $T_2(>T_1)$를 이용해 나타내었다. 그림에서 P_2 풀리의 반경을 R로 하고 벨트의 두께는 풀리의 반경에 비해 무시할 수 있다고 가정한다. 이 경우 벨트와 풀리는 점 B에서 점 B′까지만 접촉한다. 이 **접촉각** angle of contact을 β로 두고, 접촉이 시작되는 점 B에서 시계방향으로 각 θ를 설정하였다. 그림에서 $T_2 > T_1$이므로 x 및 y 방향의 힘 평형을 위해 반력 Q는 그림 (b)에서와 같이 왼쪽 위를 향해야 하며, 중심 O에 대한 모멘트 평형을 위해서는 반시계방향의 모멘트(M_p)도 존재해야 한다. 물체를 강체로 간주할 경우 모멘트는 자유벡터이므로 임의의 위치에 표시하였다.

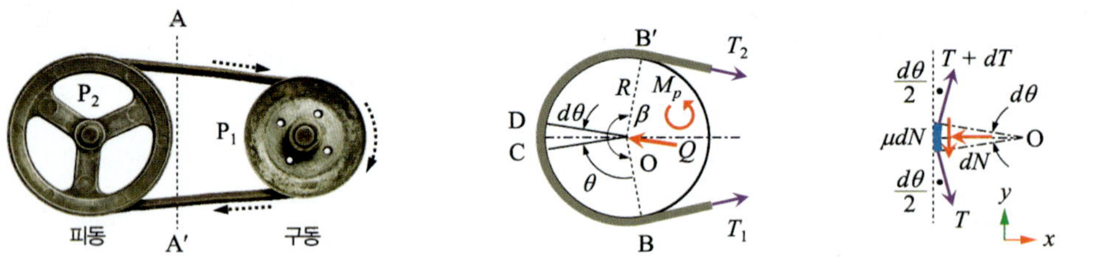

(a) 구동 및 피동 풀리　(b) 절단부 왼쪽의 자유물체도　(c) 미소 벨트 요소의 자유물체도

그림 9-20 구동 및 피동 풀리와 케이블

그림 (b) 자유물체도의 각 θ에서 미소각 $d\theta$만큼 더 회전시킨 부분(원호 OCD)에 해당하는 미소 길이($Rd\theta$)의 벨트만을 분리해 자유물체도를 그리면 그림 (c)와 같다. 그림에서 dN은 풀리에 의해 가해지는 미소 수직항력이고 μdN은 미소 마찰력이다. 이 자유물체도에 대해 x, y 방향에 대한 힘 평형 조건과 미소각 가정[17]을 적용하면 식 (9.16)을 얻을 수 있다. 식 전개 과정에서 $dT\times(d\theta/2)$의 경우 (미소량)×(미소량)이므로 그 크기를 무시할 수 있어 0으로 간주하였다.

$$\begin{aligned}
&\sum F_x = (T+dT)\sin\frac{d\theta}{2} + T\sin\frac{d\theta}{2} - dN = 0 \\
&dN = 2T\sin\frac{d\theta}{2} + dT\sin\frac{d\theta}{2} = 2T\frac{d\theta}{2} + dT\times\frac{d\theta}{2} \approx Td\theta \\
&\sum F_y = (T+dT)\cos\frac{d\theta}{2} - T\cos\frac{d\theta}{2} - \mu dN = 0 \\
&\mu dN = dT\cos\frac{d\theta}{2} \approx dT
\end{aligned} \tag{9.16}$$

식 (9.16)으로부터 $dN = Td\theta$, $\mu dN = dT$의 관계를 얻고, 이 두 식에서 dN을 소거하면 식 (9.17)을 얻을 수 있는데, 식 (9.17)로부터 벨트에 발생하는 인장력의 변화는 마찰계수와 각에만

17 각 α가 매우 작을 때 $\sin\alpha \approx \alpha$, $\cos\alpha \approx 1$로 근사하는 것을 **미소각 가정**이라고 한다. 예를 들어, 각 α가 2° ($=\pi/90 = 0.0349066$)일 때 $\sin 2° = 0.0348995$가 되어 두 값이 근사적으로 같게 된다. $\sin 2°$를 참값으로 두고 오차를 계산해보면 약 0.02 %가 된다.

관련됨을 알 수 있다. 이 식을 이용해 [그림 9-20(b)]에서 $\theta = 0 \sim \beta$[18]까지 적분하면 전체 인장력 변화를 알 수 있으며, 최종적으로 식 (9.18)과 식 (9.19)로 나타낼 수 있다. 즉 구동 풀리에 의해 벨트에 발생하는 인장력 T_2는 T_1의 $e^{\mu\beta}$ 배만큼 커야 한다. 예를 들어, 마찰계수가 0.30이고 접촉각 $\beta = 180°(=\pi)$일 경우 $e^{0.3\pi} = 2.566$이 되어 T_2는 T_1보다 약 2.6배 더 큰 인장력을 갖게 된다.

$$\mu dN = \mu \times (Td\theta) = dT \rightarrow \frac{dT}{T} = \mu d\theta \tag{9.17}$$

$$\int_{T_1}^{T_2} \frac{dT}{T} = \ln T \Big|_{T_1}^{T_2} = \ln \frac{T_2}{T_1} = \int_0^\beta \mu d\theta = \mu\beta \rightarrow \ln \frac{T_2}{T_1} = \mu\beta \tag{9.18}$$

$$\frac{T_2}{T_1} = e^{\mu\beta} \tag{9.19}$$

풀리와 벨트 사이의 마찰에 의해 생기는 인장력의 차이로 인해 [그림 9-21(a)]와 같이 인장력이 약한 아래쪽 벨트 부분은 밑으로 처지는 현상이 발생하는데, 이 경우 동력전달 효율이 크게 떨어지게 된다. 따라서 [그림 9-21(b)]에서와 같이 인장력이 약한 벨트 쪽에 A와 같은 인장력 유지 장치 belt tensioner를 부착하거나, 벨트를 끼우고 나서 벨트에 일정량의 인장력이 작용하도록 하는 초기장력 pretension을 인가하기도 한다.

(a) 아래 벨트의 처짐

(b) 벨트 인장력 유지 장치

그림 9-21 벨트 내의 인장력 차이 및 인장력 유지 장치

예제 9-5 요트 항해 시 돛줄 인장력 조정

요트 항해 시 돛의 방향을 변경하거나 조정할 때 사용하는 돛줄을 [그림 9-22]와 같은 캡스턴 capstan에 한 바퀴 감은 뒤 줄을 손으로 잡아당기고 있다. 한 손으로 당길 수 있는 최대 힘이 10 kgf 라고 할 때, 돛 쪽에서 당기는 인장력의 최댓값[kgf]은 얼마인지 계산하시오. 돛 쪽에서 당기는 힘이 100 kgf 라면 줄을 최소 몇 회전 감아야 하는지도 계산하시오. 줄과 캡스턴 사이의 정지 마찰계수는 0.3으로 가정한다.

그림 9-22 캡스턴을 이용한 돛 고정

18 각종 연산 시 각도는 도[°]가 아닌 라디안[radian] 값을 사용해야 한다.

Analyze

- 두 물체의 건식마찰에 따른 케이블이나 벨트 내의 장력 계산에 사용되는 식 (9.18)이나 식 (9.19)를 적용할 때 장력이 큰 쪽을 T_2로 두고 계산하면 된다.
- 접촉각은 반드시 라디안[rad] 값을 사용해야 한다.

Compute

- 돛줄이 미끄러지지 않으려면 정지 상태를 유지해야 하므로, 정지마찰계수와 식 (9.19)를 사용하여 장력을 계산한다.

$$T_2 = T_1 e^{\mu_s \beta} = (10\,\text{kgf}) \times e^{0.3 \times 2\pi} = 65.86\,\text{kgf}$$

- $T_2 = 100\,\text{kgf}$, $T_1 = 10\,\text{kgf}$가 주어진 상태에서 접촉각을 구할 때는 식 (9.18)을 이용해 β를 계산하면 편리하다. 돛 쪽에서 당기는 힘 100 kgf와 평형을 이루려면 줄을 한 바퀴(2π) 감은 뒤, $0.443\pi(\approx 80°)$만큼 더 감아야 한다.

$$\mu_s \beta = 0.3\beta = \ln\frac{T_2}{T_1} = \ln\frac{100}{10} = 2.3$$

$$\beta = 7.675 = 2.443\pi$$

Think

동일한 마찰계수(0.3)일 때 감는 회전수에 따른 T_2/T_1 값은 다음과 같다.

1바퀴 : 6.59, 2바퀴 : 43.38, 3바퀴 : 285.68, 4바퀴 : 1,881.50, ⋯

예제 9-6 유마찰 도르래 계의 평형

무게 W인 물체에 연결한 줄을 [그림 9-23]과 같이 도르래 A에 끼운 뒤, 손잡이 B에 힘을 가해 평형을 유지시키려고 한다. 줄과 풀리는 점 C에서 점 C′까지만 접촉하고 있으며, 두 물체 사이의 정지마찰계수는 0.1이다. 이 계가 평형을 유지하기 위한 힘 P(또는 힘의 범위)를 마찰을 무시할 때와 고려할 때로 구분하여 구하시오. 단, 케이블의 무게는 무시한다.

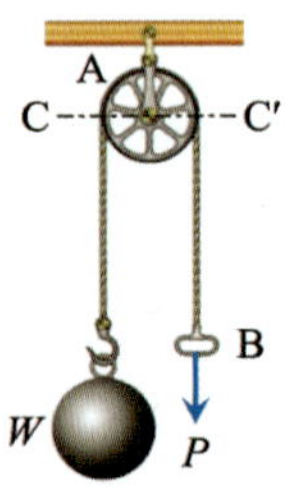

그림 9-23

Analyze

- 마찰을 무시할 경우 케이블에 발생하는 인장력은 항상 일정하다.
- 마찰이 있을 경우는 식 (9.19)를 적용함에 있어서, 어느 쪽 힘이 더 큰지를 고려해야 한다. 접촉각은 $180°(=\pi)$가 된다.

Compute

- 마찰이 없을 경우 no friction 평형상태에서는 케이블에 발생하는 인장력은 항상 일정하므로 $P_{nf} = W$가 된다.

- 마찰을 고려할 때 두 가지 경우로 나눠서 생각해야 한다. 즉, 식 (9.19)를 사용함에 있어서 무게(W)가 T_2가 되는 경우와 손잡이에 가하는 힘(P)이 T_2인 경우이다. 먼저 전자의 경우(무게 쪽에서 당기는 경우)에 대해 식 (9.19)를 적용하면 다음과 같으며, 이때 가해줘야 할 힘은 무게(W)보다 적게 된다. 나머지 $0.27\,W$는 마찰력이 감당하는 셈이다.

$$T_2 = W = T_1 e^{\mu_s \beta} = P_{f1} e^{0.1\pi} \quad \rightarrow \quad P_{f1} = 0.73\,W$$

- 손잡이 쪽을 잡아당기는 경우에는 P가 T_2가 되므로, 이를 식 (9.19)에 대입하면 된다.

$$T_2 = P_{f2} = T_1 e^{\mu_s \beta} = W e^{0.1\pi} \quad \rightarrow \quad P_{f2} = 1.37\,W$$

- 마찰을 고려할 경우 계가 정적 평형상태를 유지하기 위해서 가해줘야 할 힘(P)은 P_{f1}보다 크고 P_{f2}보다 작으면 된다. 이 범위 내에서는 무게(W)에 의해 위로 끌려 올라가지도 않고, 가하는 힘(P)에 의해 무게(W)를 위로 끌어올리지도 않는다.

$$0.73\,W < P_f < 1.37\,W$$

Think

- 마찰이 있을 경우에는 어느 쪽 케이블이 구동(또는 피동) 측인지 구분해서 문제를 해결해야 한다.
- 마찰력이 향하는 쪽에 있는 힘이 T_1, 반대의 경우 T_2가 되는 것으로 봐도 된다.

9.3.2 원판 마찰

자동차 엔진에서 발생한 동력을 필요에 따라 단속하는 장치를 **클러치** clutch라고 한다. 마찰을 이용한 마찰클러치와 그 작동원리[19]를 [그림 9-24(a)]에 간략하게 나타내었다. 자동차 운행 중에는 두 개의 원판 disk A와 B가 접촉하여 동력이 전달되는데, 운전자가 클러치페달(P)을 밟으면 스프링(S) 작용에 의해 원판 A가 B에서 떨어지게 되어 동력이 차단된다. 실제 마찰클러치의 한 예를 [그림 9-24(b)]에 나타내었다.

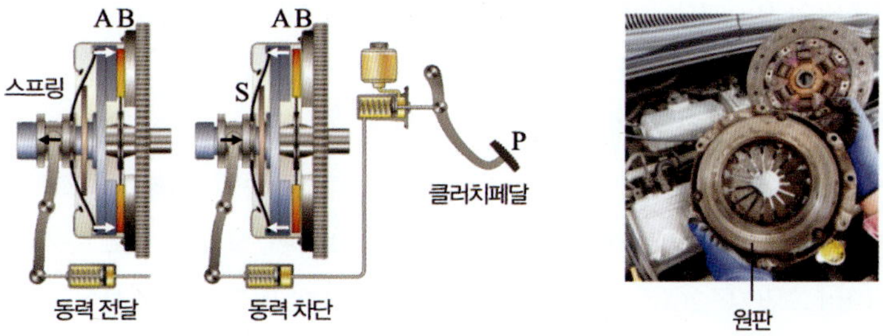

(a) 마찰클러치를 이용한 동력 단속 (b) 마찰클러치 원판 교환

그림 9-24 마찰클러치

19 마찰클러치 구성품들의 세부 명칭이나 상세한 작동 원리는 생략한다.

[그림 9-24(a)]의 A와 B 부분을 [그림 9-25(a)]와 같이 간략하게 모델링하였다. 편의상 A 부분은 고정된 것으로 보고, B 부분에 압축력(P)[20]과 토크(T)를 가하는 것으로 생각하면 된다. 이때 물체 A의 표면에는 [그림 9-25(b)]와 같이 P에 의한 압력(p)이 발생하게 되는데, 새 부품들을 장착했을 경우 접촉면이 평탄하므로 압력은 일정한 것으로 볼 수 있으며, 가해지는 힘을 접촉하는 단면적으로 나누면 식 (9.20)과 같이 나타낼 수 있다. 다음으로 물체 B에 가해진 토크(T)에 저항하는 마찰력이 발생하는데, 토크와 마찰력과의 관계를 살펴보기 위해 [그림 9-25(c)]와 같이 미소면적(dA)[21]을 설정하면 이 미소면적에 작용하는 미소 수직항력은 $dN = pdA$가 되고, 이로 인해 발생하는 미소 마찰력은 $dF = \mu dN = \mu pdA$[22]가 된다. 이 미소 마찰력은 중심축 O에 대해 $dT = rdF$ 크기의 미소 토크를 발생시키며, 이 미소 토크를 단면 전체에 대해 적분하면 외부에서 가한 토크 T와 크기가 같아야 하므로 식 (9.21)을 얻을 수 있다.

$$p = \frac{P}{A_{\text{contact}}} = \frac{P}{\pi\left(R_o^2 - R_i^2\right)} \tag{9.20}$$

$$\begin{aligned} T &= \int dT = \int rdF = \int r\mu pdA = \int r\mu p(2\pi rdr) = 2\pi\mu p\int_{R_i}^{R_o} r^2dr \\ &= 2\pi\mu p \times \frac{R_o^3 - R_i^3}{3} = 2\pi\mu\frac{P}{\pi\left(R_o^2 - R_i^2\right)} \times \frac{R_o^3 - R_i^3}{3} = \frac{2\mu P}{3}\frac{R_o^3 - R_i^3}{R_o^2 - R_i^2} \end{aligned} \tag{9.21}$$

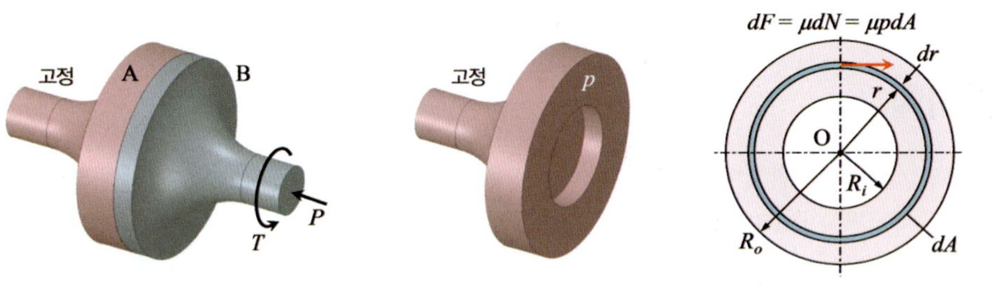

(a) 원판마찰 3D 모델 (b) 균일한 압력을 받는 접촉면 (c) 미소 마찰력

그림 9-25 원판마찰 모델 및 미소요소

마찰클러치를 반복 사용하면 접촉면이 닳아 없어지는 **마모** wear 현상이 발생하는데, 이에 대한 개념도를 [그림 9-26]에 나타내었다. 실제 마찰클러치용 원판의 경우 접촉하는 두 면이 모두 마모되지만 설명 편의를 위해 윗면만 마모되는 것으로 가정한다. 초기 장착 시 [그림 9-26(a)]와 같이 균일하게 접촉하다가 반복 사용 시 [그림 9-25(c)]에서 이동거리가 상대적으로 긴 바깥쪽이 먼저 마모되어 [그림 9-26(b)]와 같은 모양이 된다. 바깥쪽이 먼저 닳아 없어지면 내부 압력이 상대적으로 증가해 마찰력 증가로 이어져 내부가 마모되어 [그림 9-26(c)]와 같은 마모량이 생기게 되고, 이 과정이 계속 반복된다. 이와 같은 마모 과정을 $pr = C$(상수)로 근사해보자. 즉 마모량은 중심에서 멀어질수록(r이

20 적정한 크기의 압축력이 있어야 이에 비례하여 마찰력($F = \mu N$)이 발생한다.

21 미소면적 설정 방법은 6장과 7장에서 상세히 다루었다.

22 [그림 9-25(c)]에 나타낸 미소 마찰력 dF는 한 점에 작용하는 힘이 아니고, 미소면적 전체에 작용하는 힘임에 주의하자.

클수록), 그리고 압력(p)이 높을수록 커지게 된다. 이 관계를 [그림 9-25]에 대해 중심축(길이) 방향의 힘 평형식에 대입하면 식 (9.22)가 되어 상수 C를 구할 수 있다. 다음으로 $pr = C$의 관계를 이용해 토크를 계산하면 식 (9.23)과 같은 식을 얻을 수 있다. 따라서 클러치에 가하는 힘(P)과 토크(T) 사이 관계를 알고자 할 때 마찰클러치의 원판이 새 제품일 경우에는 식 (9.21)을 사용하고, 원판의 마모가 진행되었을 경우에는 식 (9.23)을 사용하면 된다.

$$P = \int p dA = \int_{R_i}^{R_o} \frac{C}{r} \times (2\pi r dr) = 2\pi C \int_{R_i}^{R_o} dr = 2\pi C(R_o - R_i)$$
$$C = \frac{P}{2\pi(R_o - R_i)} \tag{9.22}$$

$$T = \int r\mu p dA = \int r\mu \frac{C}{r}(2\pi r dr) = 2\pi\mu C \int_{R_i}^{R_o} r dr$$
$$= \pi\mu C(R_o^2 - R_i^2) = \pi\mu \frac{P}{2\pi(R_o - R_i)}(R_o^2 - R_i^2) = \frac{\mu P}{2}(R_o + R_i) \tag{9.23}$$

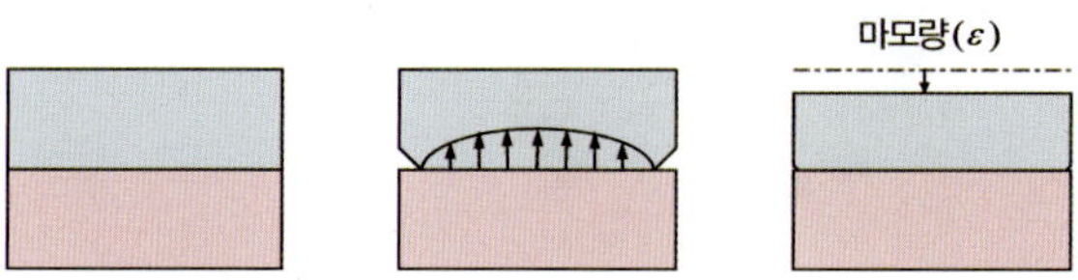

그림 9-26 원판마찰에 의한 접촉면 마모 과정

예제 9-7 균일 압력과 비균일 압력 하에서의 원판마찰

동일한 크기의 토크(T)를 전달하는 반경 R인 평면 원판 클러치에 가해야 할 압축력의 크기(P)를 일정 압력과 $pr = C$의 관계를 따르는 가변 압력의 경우로 나눠 구하시오.

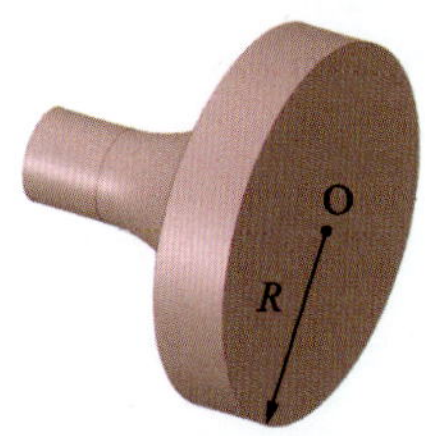

그림 9-27 평면 원판

Analyze

- 식 (9.20)~(9.23)에서 $R_o = R$, $R_i = 0$으로 두고 계산한다.
- 토크가 일정하므로 압축력을 토크의 함수로 표현한다.

Compute

- 압력이 균일하다고 가정했을 때의 압축력은 식 (9.21)에 의해 $P_1 = \frac{3T}{2\mu R}$가 되고, $pr = C$의 관계를 따른다고 가정하면 식 (9.23)에 의해 $P_2 = \frac{2T}{\mu R}$가 된다.
- 위 두 관계들로부터 $P_2/P_1 = 4/3$가 된다.

Think

- $pr = C$로 가정하는 것은 마모가 불균일하게 일어남을 의미한다.
- 불균일(또는 부분) 접촉의 경우 동일한 토크를 전달하려면 균일 접촉 시(P_1)보다 더 큰 압축력(P_2)이 필요하다.

9.3.3 쐐기

마찰을 이용한 가장 간단한 도구 중의 하나는 [그림 9-28]에 나타낸 **쐐기** wedge이다. 열려 있는 문이 바람 등에 의해 닫히지 않도록 그림 (a)와 같이 문 밑에 끼워두기도 하고, 가구나 문틈을 조정하기 위해 그림 (b)와 같이 쐐기를 억지로 끼워 넣기도 한다. 건물 실내 바닥에 타일을 깔 때 타일들을 평탄하게 설치하기 위해 그림 (c)와 같은 수평 조정용 쐐기도 사용된다.

(a) 문 위치 고정 (b) 문틈 조정 (c) 타일 수평조정

그림 9-28 쐐기의 활용

굵은 통나무를 쪼갤 때 [그림 9-29(a)]에서와 같이 쐐기와 망치를 이용하면 통나무를 쉽게 쪼갤 수 있다. 이때 쐐기에 가하는 힘과 쐐기에 의해 나무에 가해지는 힘 사이의 관계를 살펴보기 위해 쐐기와 나무를 그림 (b)와 같이 2 차원으로 간략하게 모델링하였다. 이때, 좌우대칭인 쐐기의 중심선 OA와 빗변 AB(또는 AC)가 이루는 각 β를 **쐐기각** wedge angle이라고 한다. 다음으로 쐐기에 대해서만 자유물체도를 그리면 그림 (c)와 같이 나타낼 수 있다. 그림에서 저항력 R[23]은 [그림 9-16]에서 설명한 바와 같이, 경사면에 수직인 n 방향과 정지마찰각(ϕ_s)만큼 경사져서 쐐기의 운동을 방해하는 방향으로 발생된다.

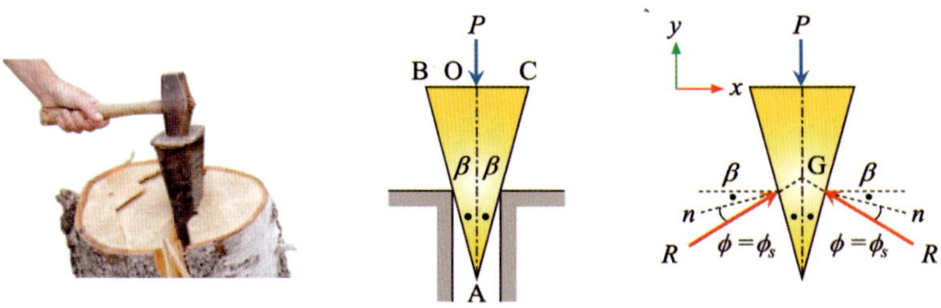

(a) 쐐기를 이용한 나무 쪼개기 (b) 2차원 모델 (c) 쐐기에 대한 자유물체도

그림 9-29 쐐기와 쐐기에 대한 자유물체도(작용력이 있을 경우)

23 실제로는 수직항력과 마찰력의 합력이다.

[그림 9-29(c)]에서 알 수 있듯이 힘과 기하학적 형상이 좌우대칭이고 모든 힘들이 점 G에서 만나는 공점력계이기 때문에, x 방향의 힘 평형과 모멘트 평형은 자체적으로 만족된다. 이 자유물체도에 대해 y 방향의 힘 평형을 고려하면 식 (9.24)를 얻을 수 있다. 식에서 알 수 있듯이, 쐐기각(β)과 마찰각(ϕ_s)을 적게 하면 가한 작용력(P)보다 더 큰 저항력(R)을 얻을 수 있다. 예를 들어 $\beta = 5°$, $\phi_s = \tan^{-1}0.2 = 11.3°$일 경우 $R = 1.78P$가 된다. 식 (9.24)로부터 쐐기를 이용해 무거운 물체를 들어 올리거나 나무를 쪼개는 등의 작업을 위해서는 쐐기각과 마찰각 모두 작은 것이 유리함을 알 수 있다. 쐐기각이 작은 것은 도끼와 같이 끝이 날카로운 것을 의미한다.

$$\sum F_y = 2R\sin(\phi_s + \beta) - P = 0$$
$$R = \frac{P}{2\sin(\phi_s + \beta)} \quad (\text{여기서 } \phi_s = \tan^{-1}\mu_s) \tag{9.24}$$

다음으로 [그림 9-28(a)]나 [그림 9-30(a)]에서와 같이 쐐기에 작용력이 없을 때 쐐기가 빠져나오지 않고 제자리에 정지해 있어야 하는 경우를 고려해보자. 이에 대한 2차원 모델을 [그림 9-30(b)]에 나타내었고, 쐐기 절반에 대한 자유물체도를 그림 (c)에 나타내었다. 그림 (c)의 자유물체도에서 저항력이 [그림 9-29(c)]에서와 같이 R^-처럼 작용하면($\phi_s^- < \beta$) 쐐기가 빠져나올 것이다. 따라서 쐐기가 정지해 있기 위해서는 최소한 두 저항력이 R^0와 같이 수평 방향으로 작용하거나($\phi_s^0 = \beta$), R^+와 같은 방향으로 작용해야($\phi_s^+ > \beta$) 한다. 이와 같이 쐐기가 외부에서의 작용력 없이 제자리에 정지해 있는 것을 **자동잠김** self-locking이라고 하며, 자동잠김 조건은 식 (9.25)와 같이 나타낼 수 있다.

$$\phi_s \geq \beta \quad (\text{여기서 } \phi_s = \tan^{-1}\mu_s) \tag{9.25}$$

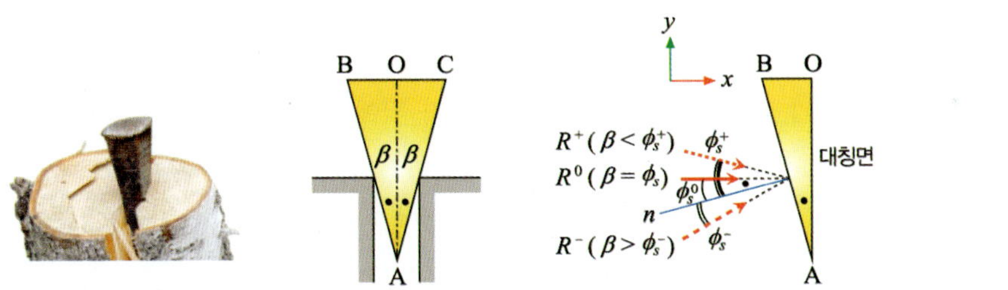

(a) 나무에 박혀 있는 쐐기 (b) 2차원 모델 (c) 쐐기 절반에 대한 자유물체도(대칭면 힘 표시 생략)

그림 9-30 쐐기와 자유물체도(자동잠김)

Static Think_ 05

쐐기각과 마찰각의 차이에 대해 생각해보시오.

예제 9-8 쐐기의 자동잠김 조건

쐐기각 β 인 쐐기 A가 양쪽에서 압축력 P를 받고 있는 두 블록 B와 C 사이에 끼워져 있다. 정지마찰계수가 서로 다른 두 블록 사이에 삽입되어 있는 쐐기가, P의 크기에 무관하게 평형상태를 유지하기 위한 최대 쐐기각($\beta_{\max}$)을 구하시오. 모든 부재의 자중은 무시한다.

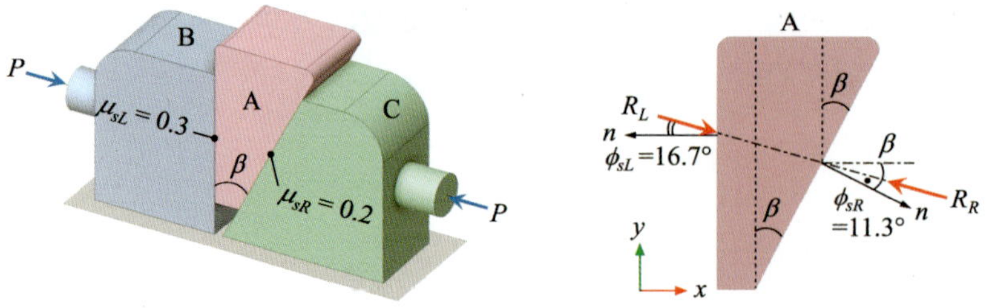

(a) 쐐기와 블록의 부하 조건 (b) 쐐기 A에 대한 자유물체도

그림 9-31 쐐기의 자동잠김 조건

Analyze

- 쐐기가 P의 크기에 무관하게 평형상태를 유지하기 위한 조건을 구하는 것은 자동잠김 조건을 구하는 것과 같다.
- 정지마찰계수를 이용해 정지마찰각을 계산한다.

Compute

- 블록 B와 쐐기 A 사이의 정지마찰계수를 이용해 쐐기 왼쪽 면의 정지마찰각을 구하면 $\phi_{sL} = \tan^{-1}0.3 = 16.7°$가 된다. 따라서 왼쪽 면에 작용하는 저항력(R_L)은 쐐기가 빠져나가는 것을 방해하는 방향이어야 하므로 [그림 9-31(b)]와 같은 방향으로 발생한다.
- 기하학적으로 쐐기각(β)은 쐐기 오른쪽 경사면에 수직인 n축과 수평축(x축)이 이루는 각이며, 오른쪽 저항력(R_R)의 방향이 R_L과 반대 방향이 되면 이력부재가 되어 정적 평형이 만족된다. 즉 문제에서 주어진 쐐기의 자동잠김 조건은 다음과 같다.

$$\beta_{\max} - \phi_{sR} = \phi_{sL}$$

$$\beta_{\max} = \phi_{sL} + \phi_{sR} = 16.7° + 11.3° = 28.0°$$

Think

- x 나 y 방향에 대한 힘 평형 조건을 적용하여 계산해도 된다.
- 쐐기각은 기하학적으로 결정되는 데 반해, 마찰각은 마찰계수에 의해 계산되는 가상의 각이다.

9.3.4 사각나사

나사 screw[24]는 일상생활 속에서도 매우 광범위하게 사용되는 기계요소 중의 하나이며, 그 종류 또한 매우 다양하다. 나사는 나사산 thread의 모양에 따라, 삼각나사, 사각나사, 사다리꼴나사, 톱니나사, 둥근나사 등으로 분류할 수 있다. 이들 중에서 **사각나사** square thread는 [그림 9-32(a)]에 나타낸 올림잭 lifting jack이나 [그림 9-32(b)]와 같은 공작물 고정용 바이스 vise에서와 같이 큰 힘을 전달하는 데 주로 사용되며, 해석이 비교적 간단하여 나사의 작동원리를 이해하는 데 도움이 된다.

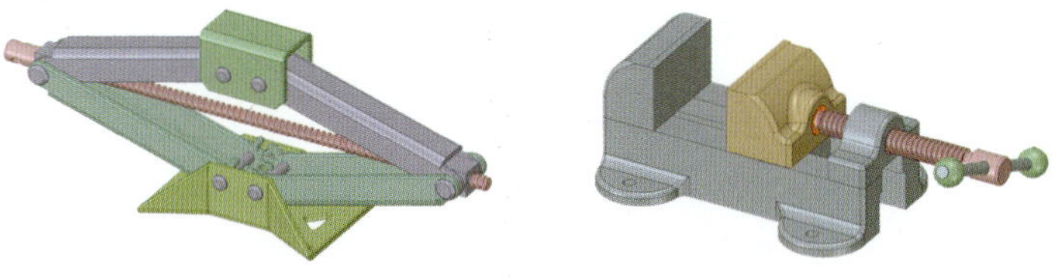

(a) 자동차용 수동 올림잭 (b) 공작물 고정용 바이스

그림 9-32 사각나사의 활용

사각나사의 작동원리를 이해하기 위해서는 나사 thread에 대한 기본적인 지식이 필요하다. 금속 나사는 외경 major diameter d 인 원통형 소재를 원하는 나사산이 형성되도록 깎아서 제작하는 것이 일반적이지만, [그림 9-33(a)]에서와 같이 골지름 minor/root diameter이 d_r 인 원통에 원하는 형태의 기초 나사산 base thread을 그림 (b)와 같이 **나선형** helix으로 감아서 그림 (c)와 같은 나사를 제작하는 것으로 생각하면 나사의 생성 원리를 쉽게 이해할 수 있다.

(a) 골지름 및 기초 나사산 (b) 나선 (c) 사각 수나사

그림 9-33 사각 수나사의 생성

[그림 9-34(a)]에서와 같이 밑변의 길이가 πd_p 이고 높이가 L 인 직각삼각형을 직경이 d_p 인 원통 둘레로 한 바퀴 감으면 한 주기의 나사산이 생성된다. 나사관련 계산 시 골지름이나 외경 대신 [그림 9-34(b)]에서와 같이 나사를 대표할 수 있는 가상의 직경을 많이 사용하는데, 이를 **피치직경** pitch diameter(d_p)이라고 한다. 사각나사의 경우 피치직경은 외경과 골지름의 평균이 되므로 평균직경 mean

---

24 영어의 'screws'와 'threads'를 모두 나사(螺絲)라는 용어로 통칭하기 때문에 혼동하기 쉽다. 나사(threads)는 나사산을 의미하며, 나사(screws)는 나사산이 있는 기계요소로서 너트 없이 사용된다. 볼트(bolts)는 나사산이 있는 기계요소로서 너트(nuts)와 함께 사용한다.

diameter이라고도 한다. 또한 나사를 1 회 회전시켰을 때 전진하는 양을 리드 lead (L)라고 하며, 한줄나사[25]의 경우 나사산 피치 pitch (p)와 일치한다. 이때 직각삼각형의 경사각 λ를 **나선각** helix angle이라고 하며 리드와 피치반경을 이용해 식 (9.26)과 같이 나타낼 수 있다.

$$\tan\lambda = \frac{L}{\pi d_p} = \frac{L}{2\pi r_p} \tag{9.26}$$

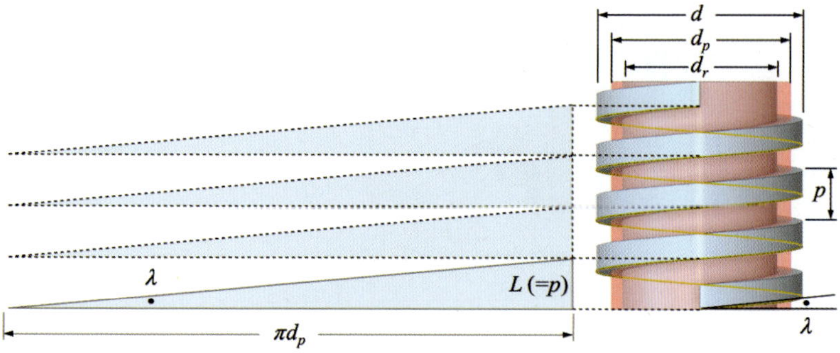

(a) 나선각 (b) 수나사 호칭

그림 9-34 사각 수나사 나사산의 생성 및 호칭

[그림 9-35(a)]의 수동 프레스에 공작물(A)을 설치하고, 운전대 wheel(B)를 시계방향으로 돌리면 사각나사(C)가 크로스헤드 crosshead(D)에 있는 암나사 tap를 통해 아래로 내려가 공작물에 압축력(P)을 가하게 된다. 이 경우 나사부와 크로스헤드만을 분리해 자유물체도를 그리면 그림 (b)와 같이 되는데, 부하 상태를 보다 쉽게 이해하기 위해 수나사가 고정되어 있는 것으로 간주하면, 정지해 있는 수나사의 경사면을 암나사를 밀어 올리는 loading 형태가 되어 그림 (c)와 같이 모사할 수 있다. 이때 밀어 올리는 힘(Q_l)은 토크에 의한 것이므로 $Q_l = T_l / r_p$ 가 된다. 이 부하상태를 [그림 9-36(a)]에 나타내었고, [그림 9-16]의 마찰각을 이용하여 암나사에 대한 자유물체도를 [그림 9-36(b)]에 나타내었다. 이 자유물체도를 이용해 두 방향에 대한 힘 평형을 적용하면 식 (9.27)을 얻을 수 있고, 이 두 식에서 R_l을 소거하면 식 (9.28)을 얻을 수 있다. 식 (9.28)은 조임 토크(T_l)를 알 때 공작물에 가해지는 압축력(P)을 계산하거나, 역으로 나사에 작용하는 힘(P)을 알 경우 가해줘야 할 토크(T_l)를 구하는 데 사용할 수 있다.

$$\begin{aligned} \Sigma F_x &= Q_l - R_l \sin(\phi_s + \lambda) = 0 \\ \Sigma F_y &= R_l \cos(\phi_s + \lambda) - P = 0 \end{aligned} \tag{9.27}$$

$$Q_l = \frac{T_l}{r_p} = R_l \sin(\phi_s + \lambda) = \frac{P}{\cos(\phi_s + \lambda)} \sin(\phi_s + \lambda) = P\tan(\phi_s + \lambda) \tag{9.28}$$

25 리드와 나사산 피치가 같은($L = p$) 나사를 일컫는다. 나사를 1 회전시키면 $L(= p)$만큼 전진(또는 후진)한다.

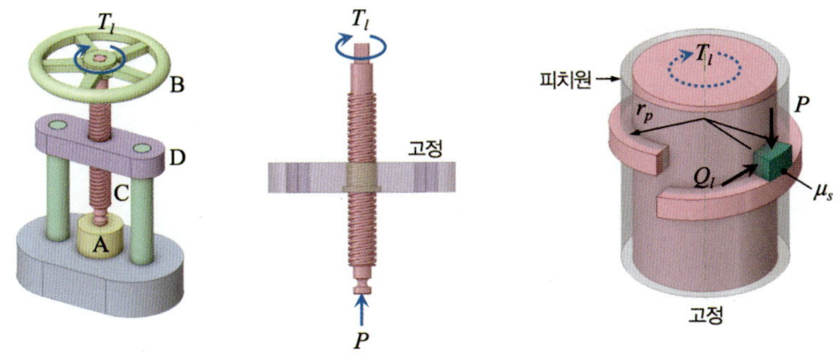

(a) 수동 프레스　(b) 나사의 부하　(c) 수나사 고정 모델

그림 9-35 사각나사의 부하

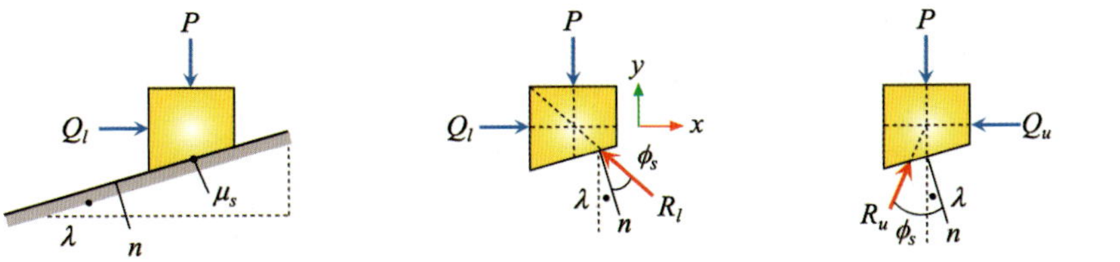

(a) 부하　(b) 암나사의 자유물체도(부하 시)　(c) 암나사의 자유물체도(제하 시)

그림 9-36 부하 시와 제하 시의 나사에 대한 자유물체도

다음으로 힘(P)을 받고 있는 나사에 [그림 9-35(a)]에서와 반대 방향의 토크(T_u)를 가해 부하를 제거할 unloading 때(즉, 나사를 풀 때) 암나사에 대한 자유물체도를 그리면 [그림 9-36(c)]와 같이 된다. 이 자유물체도를 이용해 힘 평형을 적용하면 식 (9.29)를 얻을 수 있고, 이 두 식에서 R_u을 소거하면 식 (9.30)을 얻게 된다. 식 (9.30)은 나사에 작용하는 힘(P)을 알 경우 나사를 풀기 위해 가해줘야 할 토크(T_u)를 구하는 데 사용할 수 있다. 이 식에서 $\phi_s \geq \lambda$ 이면 부하를 제거하는 데 (+)토크가 필요한 것이므로, 토크를 가하지 않으면 나사는 제자리를 유지하게 된다. 이를 나사의 **자동잠김** self-locking이라고 한다. 반대로 $\phi_s < \lambda$ 인 경우 나사는 스스로 풀리게 된다.

$$\begin{aligned} \sum F_x &= R_u \sin(\phi_s - \lambda) - Q_u = 0 \\ \sum F_y &= R_u \cos(\phi_s - \lambda) - P = 0 \end{aligned} \tag{9.29}$$

$$Q_u = \frac{T_u}{r_p} = R_u \sin(\phi_s - \lambda) = P\tan(\phi_s - \lambda) \tag{9.30}$$

예제 9-9 사각나사의 잠김과 풀림에 필요한 토크

[그림 9-37]의 C-클램프는 피치 직경 9 mm, 피치 1.5 mm인 사각나사에 의해 작동된다. 작업자가 공작물을 2 N · m의 토크로 조였을 때 공작물에 가해지는 압축력[N]과 공작물을 풀기 위해 필요한 토크[N · mm]를 구하시오. 암나사와 수나사 사이의 정지마찰계수는 0.2 로 가정한다.

그림 9-37 C-클램프

Analyze

- 문제에서 주어진 정보에 근거하여 나선각과 마찰각을 구한다.
- 나사를 조일 때는 식 (9.28)을 사용한다.
- 나사를 풀 때는 식 (9.30)을 사용한다.

Compute

- 주어진 정보들을 식 (9.28)에 대입해 압축력 P의 크기를 구한다.

$$P = \frac{T_l}{r_p \tan(\phi_s + \lambda)} = \frac{2{,}000\ \text{N} \cdot \text{mm}}{(4.5\ \text{mm}) \times \tan\left(\tan^{-1}0.2 + \tan^{-1}\dfrac{1.5}{9\pi}\right)} = 1{,}737.7\ \text{N}$$

- 가해진 압축력(P)의 크기를 알고 있으므로, 식 (9.30)에 대입해 나사를 풀기 위해 필요한 토크 값을 구한다.

$$\begin{aligned} T_u &= r_p P \tan(\phi_s - \lambda) \\ &= (4.5\ \text{mm}) \times (1{,}737.7\ \text{N}) \times \tan\left(\tan^{-1}0.2 - \tan^{-1}\frac{1.5}{9\pi}\right) \\ &= 1{,}137.0\ \text{N} \cdot \text{mm} \end{aligned}$$

Think

- 사각나사를 풀 때는 조일 때(2,000)의 약 57 % 정도의 토크(1,137)만 필요함을 알 수 있다.
- 나선각($\lambda = 3.04°$)과 정지마찰각($\phi_s = 11.3°$)을 먼저 구해 근사값을 대입할 경우 최종 값 계산 시 오차가 누적될 수 있으므로, P와 T_u 계산 시 근사값이 아닌 원래 식을 사용하는 것이 좋다. 예를 들어, $\phi_s = 11.3°$를 사용하는 대신 $\phi_s = \tan^{-1}0.2$를 사용하는 것이 오차를 줄일 수 있어 좋다.

[Static Think]에 대한
하나의 생각 (9장)

자동차 타이어 교체를 위해 기계식 나사 잭 screw jack을 [그림 9-38(a)]와 같이 설치하고 핸들을 돌려 차체를 들어 올린 상태를 [그림 9-38(b)]와 같이 모델링하였다. 잭의 B 쪽에는 왼 암나사 left-handed tap, D 쪽에는 오른 암나사 right-handed tap가 설치되어 있다(즉, B 쪽에 그림과 같은 방향의 토크를 가하면 A가 위로 올라간다). 차체와 접하는 점 A에 5 kN의 힘이 작용할 때, 다음 물음에 답하시오. 잭의 자중과 핀 마찰은 모두 무시한다.

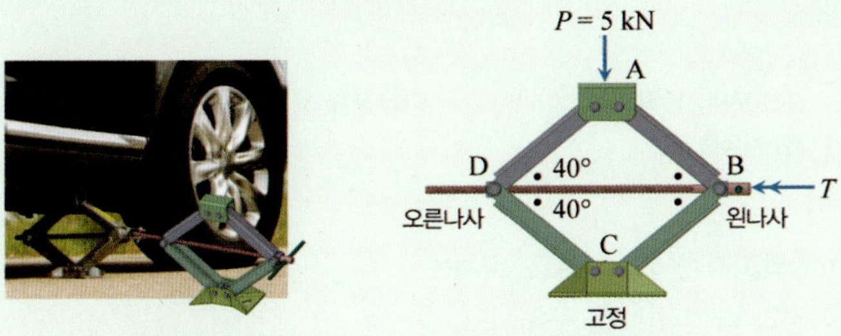

(a) 자동차 올림 잭 (b) 나사 잭의 부하 및 치수

그림 9-38 자동차용 나사 잭

Q1. 잭을 구성하는 4개의 암 arm $\overline{AB}$, $\overline{BC}$, $\overline{CD}$, $\overline{DA}$와 나사 BD에 발생하는 내력[N]을 구하시오.

> • 하중 및 형상 대칭성
> $F_{AB} = F_{BC} = F_{CD} = F_{DA} = F_{arm}$
> • 기계식 나사 잭
> : 모든 암에 압축력 발생

풀이

구동 나사 BD를 제외한 잭에 대한 자유물체도는 [그림 9-39(a)]와 같으나, 내력에 대한 추가적인 정보를 알아낼 수 없다. 위쪽 2개의 암에 대한 자유물체도는 [그림 9-39(b)]와 같으며, y 방향에 대한 힘 평형으로부터 암에 발생하는 내력(F_{arm})을 구할 수 있다. 하중 및 형상의 대칭성으로부터 4개의 암 모두에 동일한 내력이 발생한다.

$$\Sigma F_y = 2F_{arm}\sin 40° - (5{,}000\ \text{N}) = 0 \quad \rightarrow \quad F_{arm} = 3{,}889.3\ \text{N}$$

오른쪽 2개의 암에 대한 자유물체도는 [그림 9-39(c)]와 같으며, x 방향에 대한 힘 평형을 적용하면 구동나사 drive screw에 발생하는 내력(F_s)을 구할 수 있다.

$$\Sigma F_x = 2F_{arm}\cos 40° - F_s = 0$$

$$F_s = 2F_{arm}\cos 40° = \frac{\cos 40°}{\sin 40°} \times 5{,}000 = 5{,}958.8\ \text{N}$$

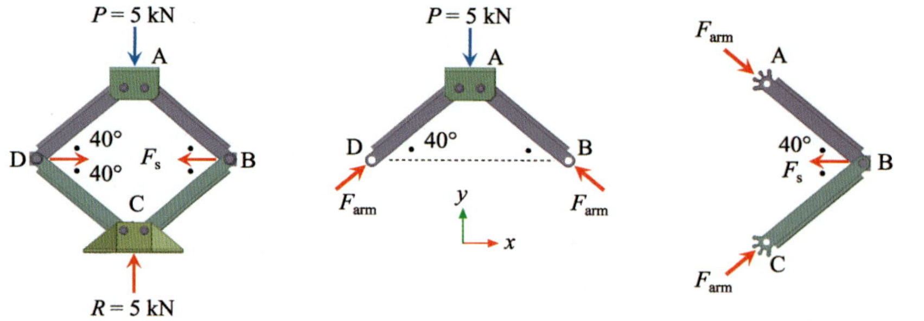

(a) 나사 BD를 제외한 잭 전체 (b) 부재 AB 및 AD (c) 부재 AB 및 BC

그림 9-39 자동차용 나사 잭 구성 요소들에 대한 자유물체도

Q2. 잭 구동 나사 BD의 외경은 10 mm, 골지름은 6 mm이고, 피치는 2 mm이다. 이 사각나사의 피치 직경과 나선각[°]을 구하시오.

> • 피치(평균)직경
> $d_p = \frac{d + d_r}{2}$
> • 나선각
> $\tan\lambda = \frac{L}{\pi d_p}$ (9.26)
> • 한줄 나사
> $L = p$

풀이

피치직경은 외경과 골지름의 평균값이고, 나선각은 피치직경과 리드(또는 피치)를 기준으로 계산한다.

$$d_p = \frac{10 + 6}{2} = 8 \text{ mm}$$

$$\lambda = \tan^{-1}\frac{2}{\pi \times 8} = 4.55°$$

Q3. 나사를 밀어 올리는 경우, 구동나사 BD와 암나사 사이의 관계를 마찰각을 이용한 자유물체도로 나타내시오. 나사들 사이의 마찰계수는 0.2로 가정한다.

> • 건식마찰/쿨롱마찰
> $F_{\text{friction}} = \mu N$ (9.13)
> • 정지마찰계수
> $\mu_s = \tan\theta_s$ (9.15)
> • 정지마찰각
> $\phi_s = \tan^{-1}\mu_s = \tan^{-1}\frac{F_s}{N}$

풀이

정지마찰각 $\phi_s = \tan^{-1}0.2 = 11.3°$가 된다.

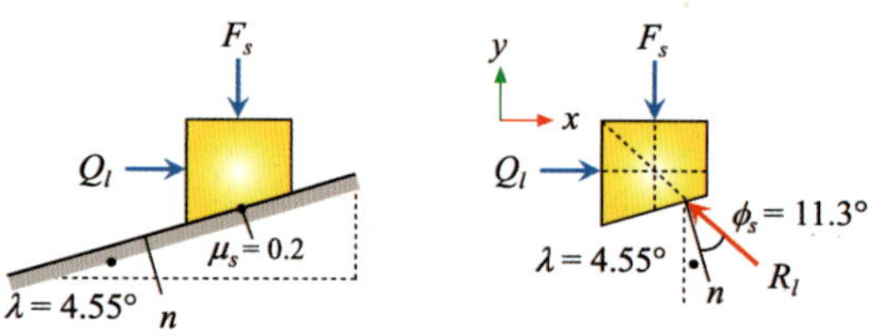

(a) 나사 BD의 접촉부 모델 (b) 사각 암나사

그림 9-40 잭 구동용 사각나사에 대한 자유물체도

Q4. 나사를 밀어 올리는 데 필요한 최소 토크[N · m]를 구하시오.

• 나사를 밀어 올리는 힘

$$Q_l = \frac{T_l}{r_p} = P\tan(\phi_s + \lambda) \quad (9.28)$$

풀이

나사 한쌍 구동에 필요한 최소 토크는 나사를 밀어 올리는 힘에 피치 반경을 곱해 구한다.

$$T_l = r_p Q_l = (4\text{ mm})\times(5{,}958.8\text{ N})\times\tan(11.3 + 4.55)° = 6{,}767.2\text{ N}\cdot\text{mm}$$

구동용 암나사가 B와 D에 하나씩 총 2개이므로, 작업자가 잭에 가해줘야 할 최소 토크는 $2T_l$이 된다.

$$T_{l,\min} = 2T_l = 2\times 6{,}767.2 = 13{,}534\text{ N}\cdot\text{mm} = 13.534\text{ N}\cdot\text{m}$$

Q5. 잭을 원하는 위치까지 올린 뒤 그대로 놔둘 때 제자리에 있기 위한 자동잠김 조건을 구하고, 이를 이용해 필요한 나사의 최소 정지마찰계수 값을 구하시오.

• 자동잠김

$\phi_s \geq \lambda$

풀이

정지마찰각이 나선각 이상이면 자동잠김이 된다.

$$\phi_s \geq 4.55°$$

최소 정지마찰계수 값은 정지마찰각으로부터 구한다.

$$\mu_{s,\min} = \tan\phi_{s,\min} = \tan 4.55° = 0.08$$

Q6. 구동나사에 작용하는 힘[N]을 가상일의 원리를 적용하여 구하시오.

• 힘에 의한 일

$$W = \int \mathbf{F}\cdot d\mathbf{r} = \int (F_x dx + F_y dy + F_z dz) \quad (9.7)$$

• 모멘트에 의한 일

$$W = \int M d\theta \quad (9.9)$$

• 가상일의 원리

$$\delta U = 0 \quad (9.10)$$

풀이

가상일의 원리는 마찰이 없는 계에 적용 가능하므로 [그림 9-41]에서 구동나사에 작용하는 힘 계산 시 사용할 수 있다. 암의 길이를 l로 했을 때, 점 B의 x 방향 위치와 점 A의 y 방향 위치는 다음과 같다.

$$x_B = l\cos\theta,\ y_A = 2l\sin\theta$$

따라서 이들을 미분하면 변분량은 다음과 같다.

$$\delta u = |-l\sin\theta\,\delta\theta| = l\sin\theta\,\delta\theta$$
$$\delta v = 2l\cos\theta\,\delta\theta$$

세 힘(2개의 F_s, P)에 대해 **가상일의 원리**를 적용하면 다음과 같다.

$$\delta U = 2F_s(l\sin\theta\,\delta\theta) - P(2l\cos\theta\,\delta\theta) = 0$$

$$F_s = \frac{\cos\theta}{\sin\theta}P = \cot 40° \times (5{,}000\text{ N}) = 5{,}958.8\text{ N}$$

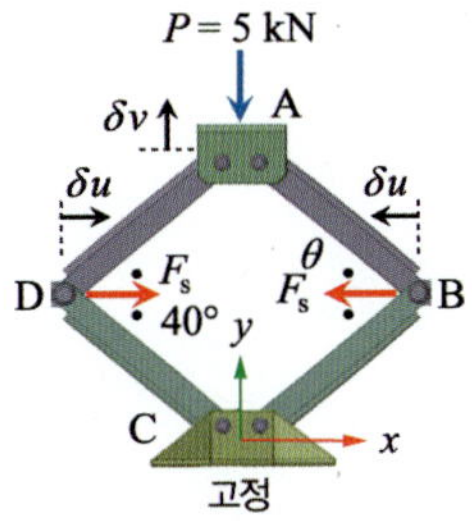

그림 9-41 가상변위 설정

고찰

- 정역학적 지식을 활용하면 나사식 잭과 같은 간단한 기계 등을 해석 및 설계할 수 있다.
- 자유물체도는 문제해석의 출발점이라고 할 만큼 중요한 단계이므로 다양한 문제에 대해 자유물체도를 그려보는 노력이 필요하다.
- 수식의 단순 적용보다 물리적 상황(잭의 네 암에 동일한 압축력이 발생함)과 직관력에 기초해 해석할 것을 권장한다.
- **가상일의 원리**는 해석 대상 계가 복잡할수록 더 유용한 도구가 될 수 있으므로 다양한 단순 계를 해석해보면서 경험을 쌓기를 권장한다.
- 나사는 매우 중요한 기계요소이므로 나사 역학에 대한 이해가 필요하다.

9.1 마찰이 없는 면에 놓여 있는 무게 100 N인 물체를 밀어 [그림 9-42]와 같이 A에서 B로 옮겼다. 물체에 행해진 일의 크기와 그 일을 하는 데 사용된 에너지의 양을 구하시오. 9.1절

9.2 마찰계수가 0.3 인 면에 놓여 있는 무게 100 N인 물체를 밀어 [그림 9-43]과 같이 A에서 B로 옮겼다. 물체에 작용하는 각각의 힘에 의해 행해진 일의 크기와 가해진 총 에너지의 양을 구하시오. 9.1~9.2절

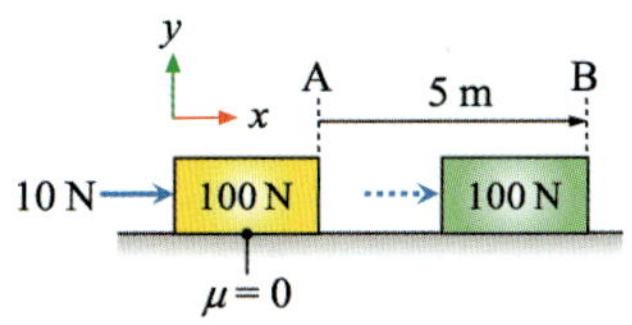

그림 9-42

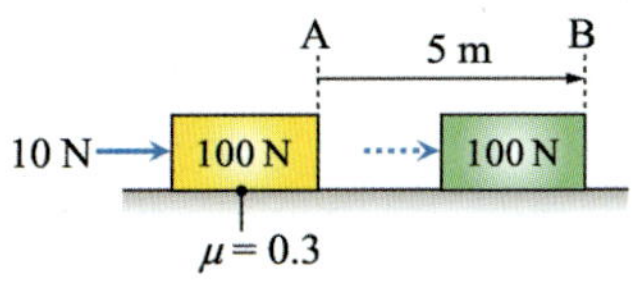

그림 9-43

9.3 한 여행객이 무게 200 N인 짐을 [그림 9-44]와 같이 점 A에서 점 B까지 경사각 45°인 계단을 통해 옮긴 다음, 점 B에서 점 C까지는 50 N의 수평력을 가해 0.5 m/s의 일정한 속도로 밀어 옮겼다. 이 여행객이 점 A에서 점 C까지 짐에 행한 일[J]은 얼마인지 구하시오. 9.1절

9.4 몸무게 30 kgf인 형이 몸무게 10 kgf(카트 무게 포함)인 동생을 [그림 9-45]와 같은 방향으로 끌어서 100 m를 이동하였다. 형은 카트를 손잡이와 같은 방향으로(즉, 수평면과 55° 각도로) 50 N의 일정한 힘을 가해 끌고 있다. 카트와 지면 사이의 마찰을 무시할 때, 형이 한 일의 양 [J]을 구하시오. 9.1절

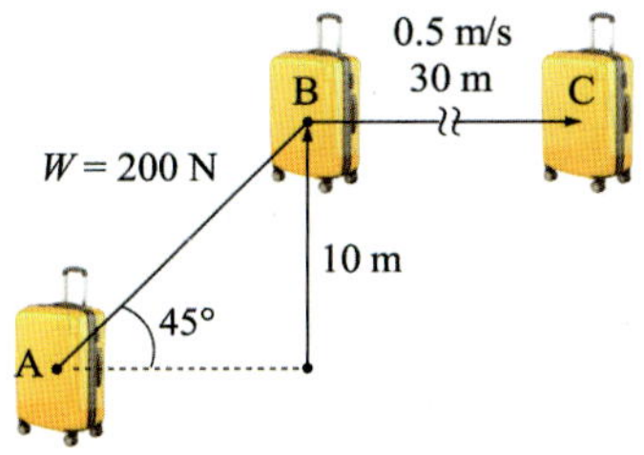

그림 9-44

그림 9-45

9.5 몸무게 500 N인 사람이 500 kcal (= 2,092 kJ) 의 열량을 갖는 햄버거 하나를 먹은 다음 [그림 9-46]과 같이 높이 40 cm인 의자 오르내리기 운동을 통해 모든 열량을 소모하려고 한다. 이 사람은 의자를 총 몇 회 오르내려야 하는지 계산하시오. 9.1절

그림 9-46

9.6 한 계에 가해진 힘과 변위 사이의 관계 그래프를 [그림 9-47]에 나타내었다. 이 계에 행해진 일의 총합을 구하시오. 9.1절

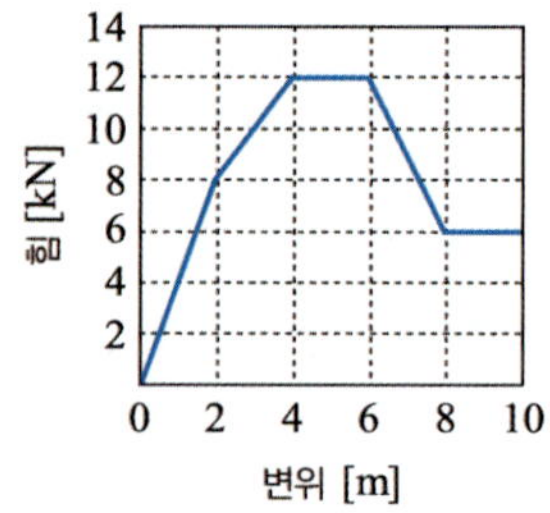

그림 9-47

9.7 무게(W)가 800 N인 블록이 [그림 9-48]과 같이 25° 경사면에 놓여 있다. 이 블록이 정적 평형을 유지하기 위한 힘의 최소 크기(P_{min})를 구하시오. 9.2절

9.8 무게 $W_1 = 200$ N인 블록이 [그림 9-49]와 같이 무게 $W_2 = 300$ N인 블록 위에 놓여 있고, 두 블록은 마찰을 무시할 수 있는 케이블(A-B)과 풀리로 연결되어 있다. 나머지 모든 접촉면의 정지마찰계수가 0.4 라고 할 때, W_2를 우측으로 움직이게 할 수 있는 힘의 최솟값(P_{min})을 구하시오. 9.2절

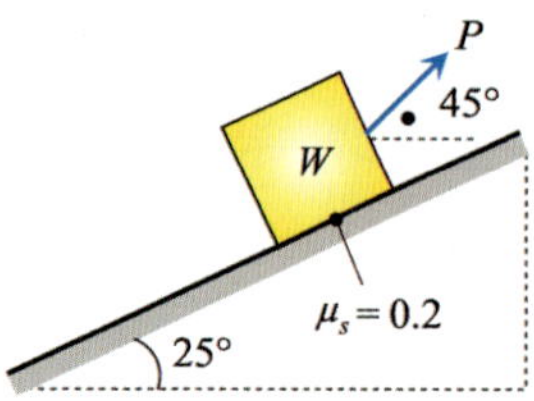

그림 9-48

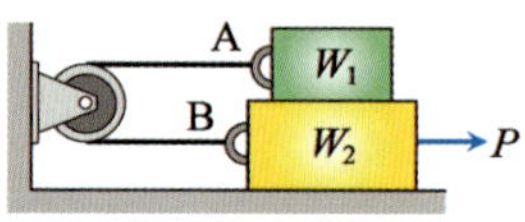

그림 9-49

9.9 무게 500 N인 바퀴 달린 공구함tool cabinet을 [그림 9-50]과 같이 힘 P로 밀어서 오른쪽으로 이동시키려고 한다. A쪽 바퀴는 자유롭게 회전하고(마찰이 없고), B쪽 바퀴는 잠겨있을 때, 공구함이 넘어지지 않도록 밀기 위해 필요한 힘의 크기[N]를 구하시오. 9.2절

9.10 [문제 9.9]와 반대로 [그림 9-51]과 같이 A쪽 바퀴는 잠겨 있고, B쪽 바퀴는 자유롭게 회전할 때, 공구함이 넘어지지 않도록 밀기 위해 필요한 힘의 크기[N]를 구하시오. 9.2절

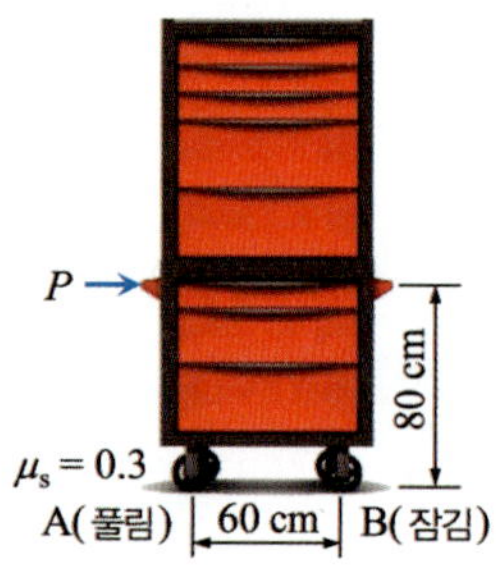

그림 9-50

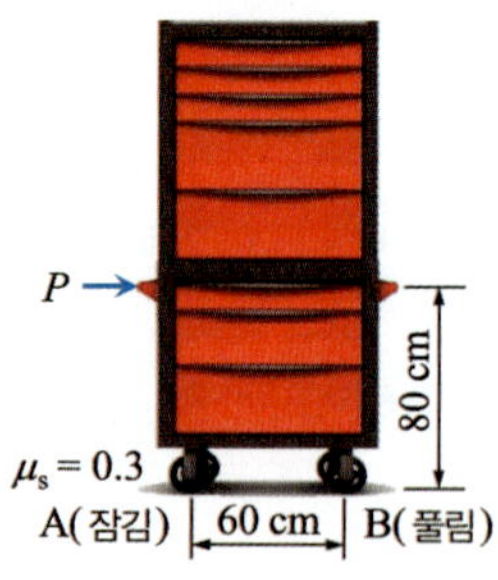

그림 9-51

9.11 핀 지지되어 있는 점 A를 기준으로 접었다 폈다 할 수 있는 [그림 9-52]와 같은 접힘 기구 folding mechanism가 있다. 수직 방향으로만 움직일 수 있는 슬라이더 B에 힘 P_1이 작용하고, 기구의 맨 우측 점 C에 힘 P_2가 작용하고 있다. 이 계가 각 α와 무관하게 평형을 이루기 위한 두 힘의 비 P_2/P_1을 구하시오. 마찰과 부재의 자중은 모두 무시한다. 9.1절

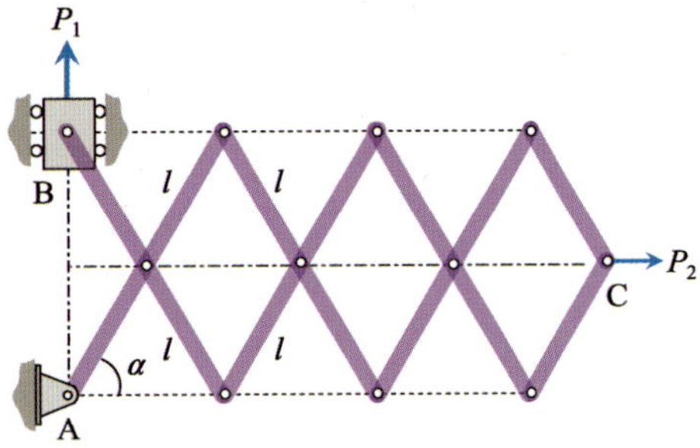

그림 9-52

***9.12** 질량이 5 kg이고 전체 길이가 2 m인 봉 AB가 [그림 9-53(a)]와 같이 점 A에서 핀 지지, 점 B에서 스프링 지지되고 있으며, 스프링은 수직 방향으로만 움직일 수 있는 슬라이더에 연결되어 있다. 점 A에 [그림 9-53(b)]와 같이 100 N · m의 모멘트를 인가할 때, 이 계가 평형을 유지하기 위한 스프링율(k) 값을 구하시오. 9.1절

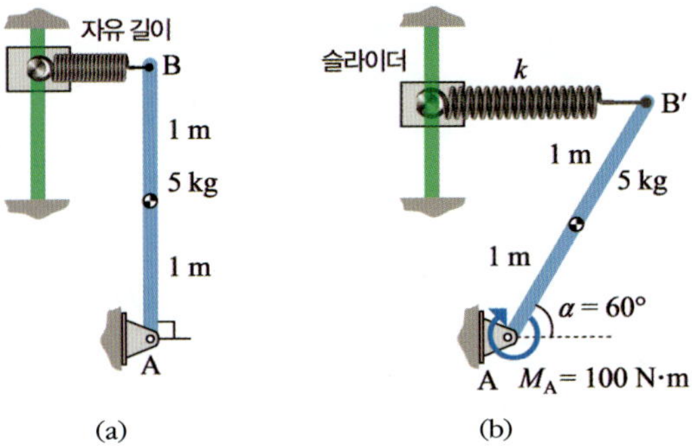

그림 9-53

9.13 [그림 9-54]와 같이 말뚝 hitching post에 매어둔 말이 스스로의 힘으로 풀려나기 위해 필요한 최소한의 힘(P_h)을 구하시오. 말뚝 끝에 매달린 말고삐의 질량은 100 g이며, 고삐와 말뚝 사이의 정지마찰계수는 0.6으로 가정한다. 9.3절

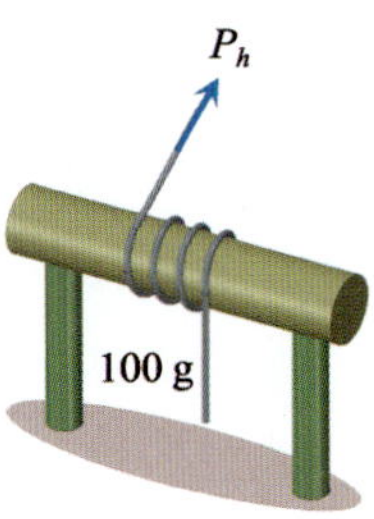

그림 9-54

9.14 [그림 9–55]와 같이 줄 ABCD로 무게 500 N인 추(A)를 고정된 원통 B와 C를 거쳐 무게 W인 추 D와 연결하였다. 이 계가 평형을 이루기 위한 무게(W)와 줄 BC에 발생하는 장력을 구하시오. 줄과 원통 사이의 마찰계수는 0.2로 가정한다. 9.2~9.3절

9.15 지름($d_1 = 100$ mm)이 작은 풀리(P_1)에서 큰($d_2 = 135$ mm) 풀리(P_2)로 [그림 9–56]과 같이 모멘트를 전달하려고 한다. 벨트가 지탱할 수 있는 최대 인장력이 500 N이라고 가정했을 때, 큰 풀리에 전달할 수 있는 최대 모멘트[N · m]를 구하시오. 벨트와 풀리 사이의 정지마찰계수는 0.4로 가정한다. 9.3절

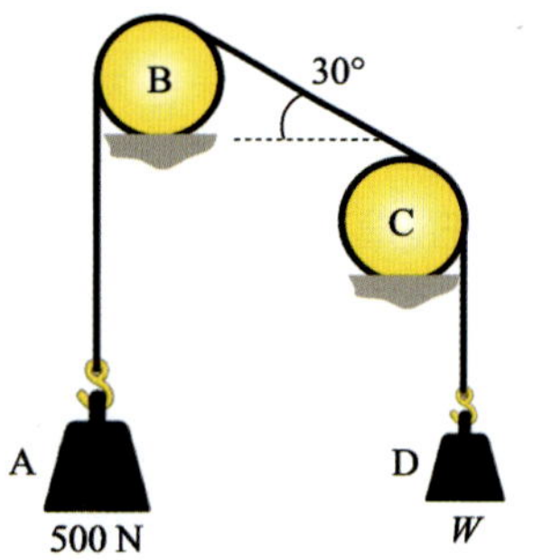

그림 9-55

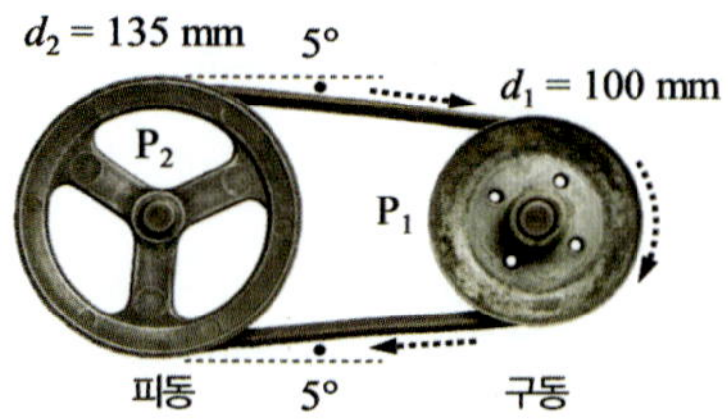

그림 9-56

9.16 내경 50 mm, 외경 100 mm인 하부 지그 A를 [그림 9–57]과 같이 고정한 상태에서, 압축력 4 kN을 받고 있는 원판 B에 모멘트(M_0)를 가해 회전시키려고 한다. 이때 필요한 최소 모멘트 값을 구하시오. 9.3절

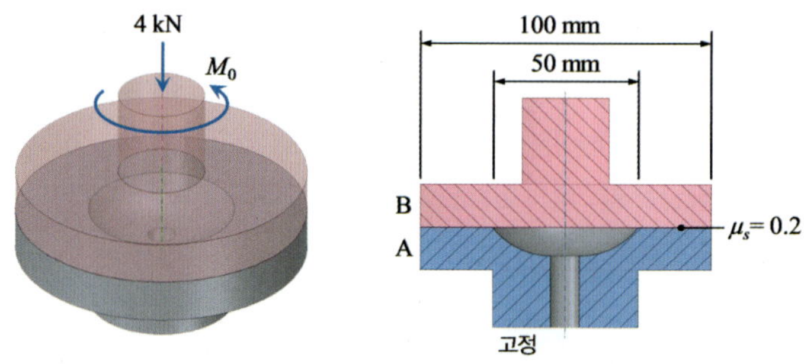

그림 9-57

9.17 무게 100 N, 윗변 30 mm, 높이 80 mm인 좌우대칭형 쐐기의 한 변은 [그림 9-58]과 같이 무게 600 N인 왼쪽 블록 B에, 나머지 한 변은 고정되어 있는 물체 C와 접촉하고 있다. 블록 B를 움직이게 할 수 있는 최소 힘($P_{\min}$) [N]을 구하시오. 모든 접촉면의 정지마찰계수는 0.35 로 가정한다. 9.3절

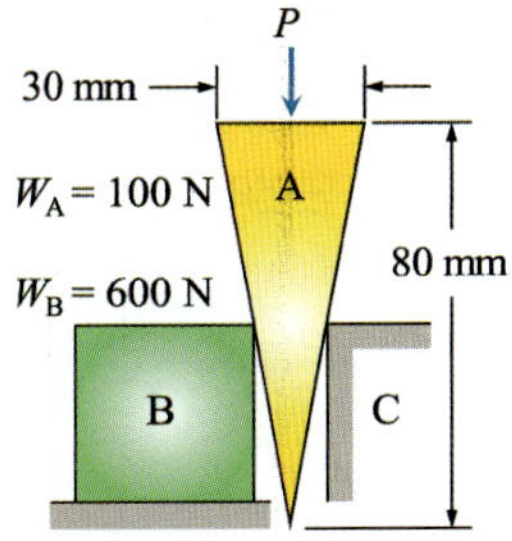

그림 9-58

9.18 쐐기각 8°인 두 개의 쐐기를 [그림 9-59]와 같이 수평 방향으로 구속되어 있지 않은 무게 5 kN인 물체 A와 벽에 닿아있는 물체 B 사이에 끼웠을 때, 쐐기 중 하나라도 움직이기 위한 힘의 최소 크기($P_{\min}$) [N]를 구하시오. 쐐기 자체의 무게는 무시하고, 모든 마찰면의 정지마찰계수는 0.3 으로 가정한다. 9.3절

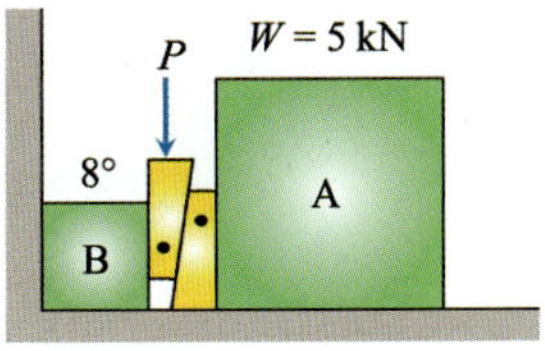

그림 9-59

***9.19** 인장시험편 A를 [그림 9-60]과 같이 쐐기 그립wedge grip B, C, D를 이용해 인장시험기에 설치하고 인장력(P)을 가할 때, 인장력의 크기와 무관하게 시험편이 미끄러지지 않을 수 있는 시험편과 그립 사이의 최소 정지마찰계수 값을 구하시오. 자중은 무시한다. 9.3절

***9.20** 양단(A-A′, B-B′)이 베어링으로 지지되어 있는 사각나사 웜 worm과 웜기어 worm gear가 [그림 9-61]과 같이 맞물려 있다. 웜기어가 일정한 반시계방향의 모멘트 $M_0 = 700$ N · m를 받고 있을 때, 이를 시계방향으로 회전시키기 위해 축 A-A′에 가해야 할 모멘트의 최소 크기를 구하시오. 웜의 피치 직경은 60 mm, 리드(=피치)는 7.5 mm이고, 웜기어의 피치 직경은 480 mm이다. 기어 사이의 마찰계수는 0.1 로 가정한다. 9.3절

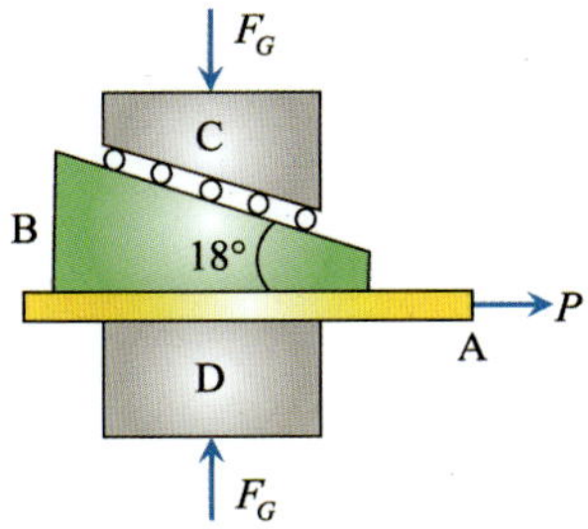

그림 9-60

그림 9-61

***9.21** [그림 9–62]에 나타낸 탁상형 바이스에 공작물(A)을 5 kN의 조임력 clamping force으로 고정하려고 한다. 고정턱 fixed jaw B 부분을 포함한 몸체는 테이블(C)에 고정되어 있고, 이동턱 movable jaw D는 단면이 사각형인 가이드 tongue E에 의해 몸체에 헐거운 끼워 맞춤되어 있다. 이동턱은 피치 직경 15 mm, 피치 5 mm인 사각 암나사가 있는 몸체에 조절용 수나사(F)를 핸들(G)로 돌려 이동시킨다. 모든 접촉면의 정지마찰계수가 0.3이라고 가정할 때, 원하는 조임력을 얻기 위해 핸들에 가해야 할 모멘트의 크기[N · m]를 구하시오. 이동턱에는 나사 tap가 없으며, 핸들과 이동턱 사이의 마찰은 무시한다. 9.3절

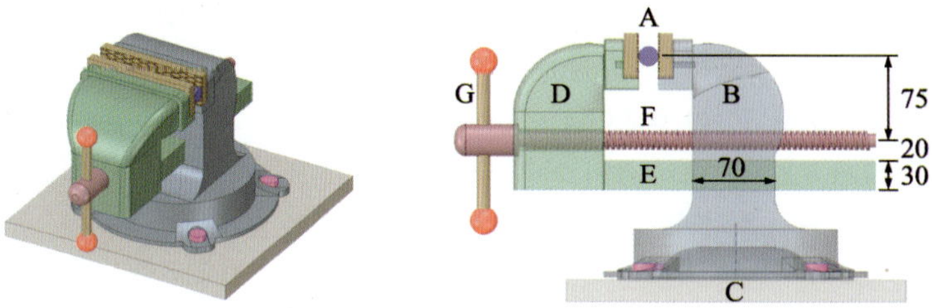

그림 9-62

PART 3

관련 학문 엿보기

Chapter 10_재료역학
Chapter 11_동역학
Chapter 12_진동학

더하기와 빼기가 수학의 기초이고 걷기와 달리기가 운동의 기본이듯이 정역학은 모든 역학의 기반이 된다. 효율적인 여행을 위해 사전 답사나 정보 탐색을 하는 것처럼 몇 가지 역학 관련 과목에서 정역학이 왜 필요하고 어떻게 활용되는지를 알면 정역학을 더욱 효율적으로 학습할 수 있을 것이다. 이를 위해 **PART 3**에서는 정역학과 특히 밀접하게 관련되어 있는 재료역학, 동역학, 진동학의 기초와 이들 과목에서 정역학이 어떻게 활용되는지를 엿볼 수 있도록 하였다. **10장**에서는 변형체를 주로 다루는 재료역학에서 강체를 대상으로 하는 정역학적 지식들이 어디에 어떻게 활용되는지를 소개한다. 정지해 있거나 정지한 상태로 간주할 수 있는 물체를 다루는 정역학이 실제 움직이는 물체에 대한 힘과 운동 사이의 관계를 해석하는 동역학에 어떻게 적용되는지를 **11장**에서 소개한다. 마지막으로, **12장**에서는 동역학의 한 분야로 볼 수 있는 진동학에서 진동계를 지배하는 지배방정식을 정역학을 이용해 유도하는 방법에 대해 소개한다. 둥지가 튼튼해야 알도 무사하듯이 튼튼한 정역학적 기초 위에 관련 학문을 체계적으로 쌓아보자.

하나의 건축물이 오랜 세월동안 파손 없이 본래 기능을 수행하기 위해서는 먼저 프레임이 강건해야 하고, 건물을 유지시켜주는 수많은 기계들이 유기적으로 제 역할을 수행해야 하며, 문제가 생길 수 있는 부분들을 사전에 찾아내 유지 및 보수해야 한다. 하지만 이 모든 것들에 앞서서 건물을 구성하는 수많은 재료들의 물성을 정확히 파악하고, 건물이 받게 될 다양한 부하를 측정 및 예측한 뒤, 철저한 재료역학적 해석을 통해 설계하고 시공해야 한다. 부모가 자식의 유전자를 결정하듯이 공학 해석은 건물의 유전자를 결정짓는다.

CHAPTER

10

재료역학

Mechanics of Materials

재료역학 기초 10.1

프레임과 기계 10.2

정역학 활용 10.3

종합예제

연습문제

학습목표

- 재료역학 해석 과정에 있어서 정역학의 역할을 인지하고 활용할 수 있다.
- 프레임과 기계가 무엇인지 이해하고 내력과 저항 모멘트를 구할 수 있다.
- 구조물에 대한 축력 선도, 전단력 선도, 굽힘 모멘트 선도를 작성할 수 있다.
- 축하중, 비틀림하중, 굽힘하중 하에서의 재료역학 문제 해결에 정역학적 지식들을 활용할 수 있다.

SECTION
10.1

재료역학 기초

✔ 정역학과 재료역학의 공통점 및 차이점을 이해한다.
✔ 재료역학 문제 풀이 과정을 파악하고, 정역학이 어느 과정에 주로 활용되는지 이해한다.
✔ 응력, 변형률, 후크의 법칙 및 인장시험에 대한 기초적인 개념을 이해한다.

모든 대상 물체들을 질점이나 강체로 간주하는 정역학과 각종 하중 하에서 대상 구조물들의 변형을 다루는 재료역학 사이에는 어떠한 교집합도 없을 것 같지만, 이들 사이에는 악어와 악어새 같은 공생관계가 존재한다.

10.1.1 정역학과 재료역학

정역학에서는 모든 관심 대상 계를 질점이나 강체로 모델링하지만 실제로 부하를 받고 있는 모든 물체나 구조물은 변형한다. [그림 10-1(a)]와 같이 이력부재인 줄(무게 무시)에 몸무게 W인 원숭이가 앉아있는 경우를 그림 (b)와 같이 두 가지 다른 종류의 줄로 모델링하고, 이들에 대해 그림 (c)와 같이 자유물체도를 작성한 후 줄에 발생하는 장력 tension을 구해보자. 먼저 재료1로 제작된 줄의 경우 강성(또는 스프링율)이 커서 변형이 적게 되고(경사각을 10°로 가정), 이에 대해 y 방향의 힘 평형을 적용하면 식 (10.1)의 과정을 거쳐 $T_1 \approx 2.88W$가 된다. 다음으로 재료2로 제작된 줄의 경우 강성이 상대적으로 작아 변형이 크게 되고(경사각을 30°로 가정), 이에 대해 y 방향의 힘 평형을 적용하면 식 (10.2)의 과정을 거쳐 $T_2 = W$가 된다. 이와 같이 대상 물체에 동일한 부하(입력)가 가해지더라도 **변형** deformation (출력)은 재료에 따라 달라지는데, 이를 연구하는 학문을 **재료역학** mechanics of materials[1]이라고 한다.

$$\sum F_{y,\,10} = 2T_1 \sin 10° - W = 0 \tag{10.1}$$

$$\sum F_{y,\,30} = 2T_2 \sin 30° - W = 0 \tag{10.2}$$

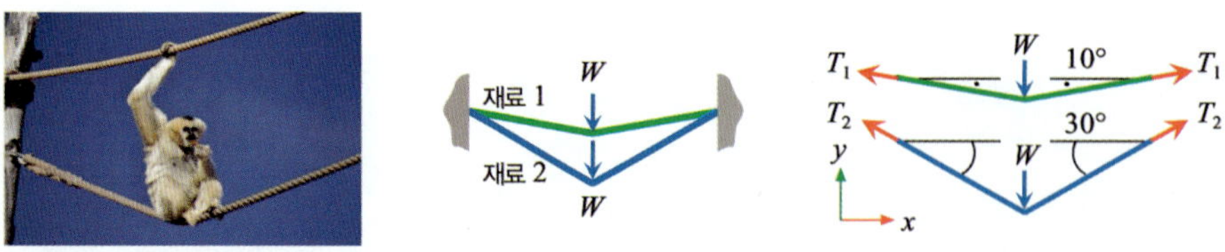

(a) 줄에 앉은 원숭이 (b) 변형체 모델 (c) 자유물체도

그림 10-1 변형체의 장력

1 다양한 재료들 중에서 주로 고체를 대상으로 하기 때문에 **고체역학**(solid mechanics)이라고도 한다.

천장에 매달려 있는 [그림 10-2(a)]와 같은 무게 W 인 TV를 대상으로 정역학과 재료역학의 관계에 대해 살펴보자. 먼저 그림 (a)의 계 전체를 강체로 가정하면 그림 (b)와 같이 나타낼 수 있다. 이 경우 계가 좌우대칭이므로 TV를 지지하고 있는 봉 AB와 CD에는 동일한 인장력이 발생하고, 이에 따라 지지점 A와 C에는 $0.5\,W$ 의 반력이 발생한다. 반면에, 두 봉들을 그림 (c)와 같이 스프링율 k 와 $10k$ 인 변형체(금속)로 가정하면 스프링율이 낮은 봉 AB가 봉 CD보다 더 많이 늘어나 강체로 모델링한 TV는 반시계방향으로 각 α [2]만큼 기울게 된다. 하지만 이 경우에도 지지점 A와 C에는 그림 (b)와 유사한 반력[3]이 발생함을 알 수 있으며, 이것이 **재료역학**에서의 **정역학**의 역할을 알려주는 중요한 단서이다.

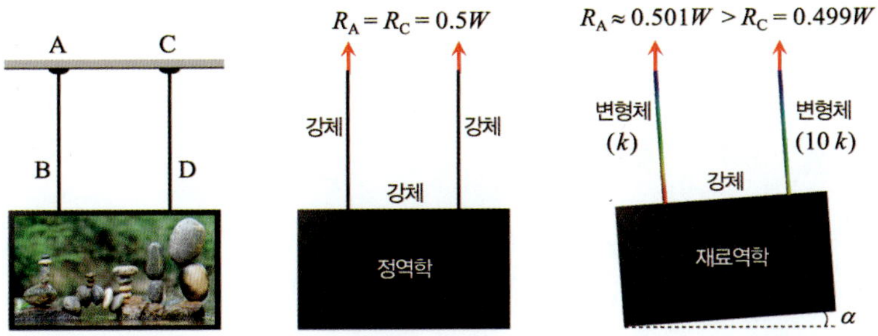

(a) 천정 고정형 TV (b) 강체 모델 (c) 변형체 모델

그림 10-2 강체와 변형체

앞의 두 가지 예는 매우 상반된 결과를 보여준다. [그림 10-1]의 예에서는 동일한 무게(W)에 의해 발생하는 반력(T_1, T_2)이 크게 다른 데 비해, [그림 10-2]에서는 스프링율이 크게 다른 두 개의 지지봉으로 연결해도 지지부의 반력(R_A, R_C)이 거의 같다. 이와 같은 차이는 물체의 변형량에 기인한다. [그림 10-1]에서와 같이 하중을 가했을 때 변형이 크게 발생하는 경우를 **대변형** large deformation 문제라고 하고, [그림 10-2]에서와 같이 대상 물체의 크기에 비해 변형량이 작은 경우를 **소변형** small deformation 문제라고 한다. 일반적으로 기초 재료역학에서는 주로 소변형 문제를 취급하므로 이 책에서도 소변형 문제로 국한한다.

Static Think_01

대변형과 소변형의 구분을 어떻게 하면 좋을지 생각해보시오.

2 실제 각 α는 0.01°도 안 될 만큼 매우 작지만, 변형체의 영향을 설명하기 위해 [그림 10-2(c)]에는 각 α를 일부러 크게 나타낸 것임에 주의하자.

3 예로 든 반력은 특정 스프링율 값에 대해 계산한 결과이므로 점 A와 C에서 반력의 크기는 경우에 따라 달라질 수 있으나, 스프링율이 낮은 쪽에 조금 더 큰 반력이 발생한다.

10.1.2 재료역학 문제 해결 과정

소변형 재료역학 문제라고 하더라도 변형된 물체를 대상으로 지지부의 반력 등을 정확히 구하는 것은 단순하지 않다. 예를 들어 [그림 10-3(a)]와 같이 케이블의 중앙에 자중 W를 가하는 문제의 경우, 하중을 가하기 전의 점 A가 부하 후 A′으로 이동했다고 가정했을 때, 케이블의 장력과 변형량이 서로 연성 coupled($T = k\delta$)되어 있어 정역학적 해석만으로는 케이블에 발생하는 반력을 구할 수 없는 전형적인 **부정정 문제** statically indeterminate problem가 된다. 따라서 이를 해석하기 위해서는 복잡한 수학적 계산이나 수치해석 numerical analysis 등을 거쳐야 하는 경우가 대부분이다. 이와 같이 변형 후의 상태를 기준으로 문제를 해결하기 어려운 경우 [그림 10-3]과 같은 3 단계 과정을 통해 해를 구하는 경우가 많으며, 이를 **절충법** hybrid method이라고 부르기로 한다. 재료역학 문제 해결에 있어서 정역학은 주로 첫 번째 단계에서 사용되고, 간혹 세 번째 단계에서 사용되기도 한다.

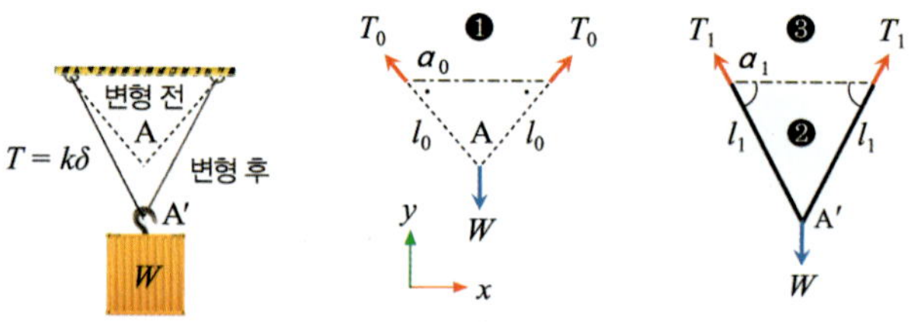

(a) 변형체 문제 (b) 정역학적 고려 (c) 변형 고려

그림 10-3 재료역학 문제 해결 과정

[Step 1] 정역학적 고려를 통한 반력 계산

[그림 10-3(a)]를 구성하는 모든 계를 강체로 간주하여 자유물체도를 그리면 그림 (b)와 같이 되며, 이에 대해 y 방향의 힘 평형 조건을 적용하면 식 (10.3)과 같이 케이블에 발생하는 장력 T_0을 구할 수 있다.

$$\sum F_{y,\,0} = 2T_0 \sin\alpha_0 - W = 0$$
$$T_0 = \frac{W}{2\sin\alpha_0} \tag{10.3}$$

[Step 2] 하중–변형 관계를 이용한 변형 계산

정역학적 고려를 통해 반력(T_0)을 알게 되었으므로, 이 반력과 케이블의 하중–변형 관계($T = k\delta$)를 이용해 케이블의 변형 후 길이(l_1)를 식 (10.4)와 같이 알 수 있으며, 각(α_1) 또한 알 수 있다.

$$T_0 = k\delta$$
$$l_1 = l_0 + \delta = l_0 + \frac{T_0}{k} \tag{10.4}$$

[Step 3] 힘 평형식 재적용

이전의 두 단계를 거쳐 변형 후의 기하학적 형상을 근사적으로 구했기 때문에 이를 기초로 힘 평형식을 다시 한 번 적용하면 변형체에 발생하는 장력 T_1을 식 (10.5)와 같이 구할 수 있다.

$$\Sigma F_{y,1} = 2T_1 \sin\alpha_1 - W = 0$$

$$T_1 = \frac{W}{2\sin\alpha_1} \tag{10.5}$$

앞에서 설명한 일반적인 재료역학 문제 해결 과정을 [그림 10-4]에 정리하였다. 먼저 실제 문제에 가까운 변형체 문제를 해석이 용이한 강체로 가정해 반작용 힘과 모멘트(**Step 1**)를 구한 다음, 재료에 대해 알려진 하중-변형 관계를 적용해 변형을 계산(**Step 2**)하고, 필요한 경우[4] 변형된 형상에 대해 힘과 모멘트 평형을 다시 적용해 최종적인 반작용 힘과 모멘트를 구하는 것(**Step 3**)이다. 그림에서 알 수 있듯이 정역학은 재료역학 문제 해석 과정에 있어서 출발 단계인 동시에 최종 단계로 볼 수 있으므로 재료역학 학습 이전에 정역학에 대한 철저한 이해가 요구된다. 앞서 설명하였듯이 절충법은 변형량이 크지 않은 소변형 재료역학 문제에만 적용할 수 있음에 유의해야 한다.

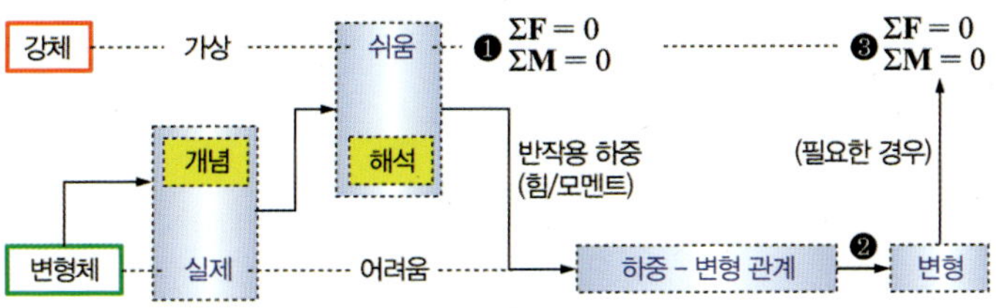

그림 10-4 절충법을 이용한 변형체 문제 해석 과정

예제 10-1 변형체의 변형

힘과 변형 사이에 $F = (10{,}000\ \text{N/mm}) \times \delta$의 관계가 있는 변형체 AB와 CD가 [그림 10-5(a)]와 같이 강체인 BD로 연결되어 있고, 강체에 1 kN의 힘이 작용하고 있다. 부재 AB와 CD의 변형량을 구하시오. 모든 연결 부위는 핀으로 연결되어 있는 것으로 가정한다.

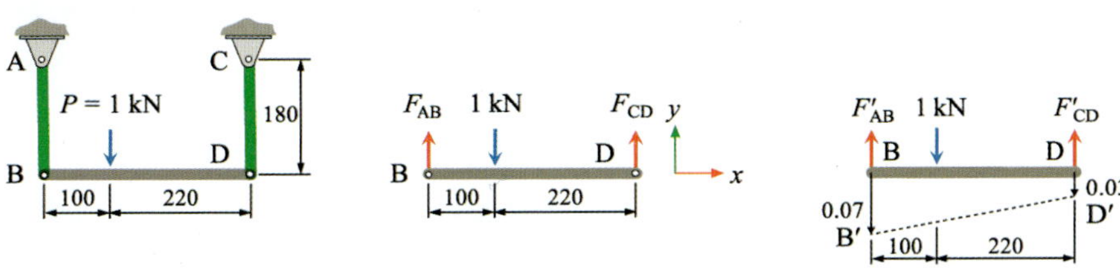

(a) 부하 조건 및 치수[mm] (b) 변형 전 자유물체도 (c) 변형 후 자유물체도

그림 10-5 2개의 변형체와 1개의 강체

Analyze

- [그림 10-4]의 해석 과정을 따른다.
- 부재 AB와 CD는 이력부재이다.

4 변형량이 크지 않은 경우 변형을 고려해 반력과 반작용 모멘트를 구하더라도 강체로 가정해 구한 결과와 차이가 나지 않을 때가 많기 때문에 3단계는 생략하는 경우가 많다.

Compute

- 모든 부재들을 강체로 두고 부재 BD에 대한 자유물체도를 그리면 [그림 10-5(b)]와 같이 되며, 점 D에 대해 모멘트 평형을 적용한 후 y 방향에 대한 힘 평형 조건을 적용하여 F_{AB}와 F_{CD}를 구한다.

$$\Sigma M_D = 220\times(1{,}000\text{ N}) - 320\times F_{AB} = 0 \quad\rightarrow\quad F_{AB} = 687.5\text{ N}$$
$$\Sigma F_y = F_{AB} + F_{CD} - 1{,}000 = 0 \quad\rightarrow\quad F_{CD} = 312.5\text{ N}$$

- 주어진 힘-변형 관계를 이용해 부재 AB와 CD의 변형량을 구한다.

$$\delta_{AB} = \frac{F_{AB}}{k} = \frac{687.5\text{ N}}{10{,}000\text{ N/mm}} = 0.06875\text{ mm}$$
$$\delta_{CD} = \frac{F_{CD}}{k} = \frac{312.5\text{ N}}{10{,}000\text{ N/mm}} = 0.03125\text{ mm}$$

- 부재 AB와 CD의 변형을 고려해 자유물체도를 그리면 그림 (c)와 같이 되지만, 부재의 변형량(과장시켜 그렸음)에 비해 부재 치수가 크므로 실제 자유물체도는 그림 (b)와 거의 같게 되어 반력도 변하지 않는다.

Think

정정statically determinate 소변형 재료역학 문제의 경우 2단계 해석에서 끝내는 경우가 많다.

10.1.3 응력과 변형률

재료역학의 주된 주제는 대상 물체에 부하(입력)가 가해졌을 때 물체 내에 일어나는 변형이나 구조물의 위험도(출력)를 해석하는 것인데, 정역학에서 다룬 부하만 가지고는 이를 설명할 수 없다. 예를 들어 [그림 10-6(a)]에서와 같이 직경이 일정하지 않은 물체(동일 재료)에 인장력 P를 가할 경우 모든 물체에 동일한 힘이 가해지지만, 변형이나 위험도는 직경이 가장 작은 부분($\phi4$)에서 가장 크다. 즉 동일한 인장 **축력** axial force이 가해질 때 위험도는 힘을 받는 면적에 반비례한다. 이 위험도를 나타내기 위해 식 (10.6)과 같은 새로운 물리량을 정의해 사용하며, 이를 **평균 수직 응력** average normal stress[5]이라고 한다. 식 (10.6)에서 A_0는 축력 P에 수직한 변형 전 물체의 단면적을 나타낸다.

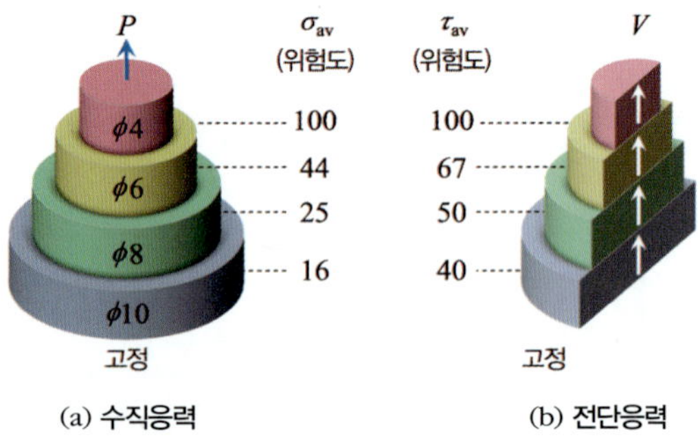

그림 10-6 수직응력과 전단응력(단위 생략)

$$\sigma_{av} = \frac{P}{A_0}\left[\frac{\text{N}}{\text{m}^2}\right] \tag{10.6}$$

5 힘이 단면적에 수직하게 작용하므로 수직(normal) 응력이라고 하고, 힘이 단면적에 균일하게 분포된다고 가정하기 때문에 평균(average)이라는 수식어를 붙여 사용한다.

만약 물체에 작용하는 힘이 [그림 10-6(b)]에서와 같이 물체의 단면에 평행하게 작용하는 경우 이를 **전단력** shear force이라고 한다. 전단력에 따른 위험도도 단면이 작을수록 높아진다. 즉 동일한 전단력이 가해질 때 위험도는 전단력을 받는 면적에 반비례한다. 이 위험도를 나타내기 위해 식 (10.7)과 같은 새로운 물리량을 정의해 사용하며, 이를 **평균 전단 응력** average shear stress[6]이라고 한다. 식에서 A_0는 전단력 V에 평행한 변형 전 물체의 단면적이다.

$$\tau_{\text{av}} = \frac{V}{A_0} \left[\frac{\text{N}}{\text{m}^2}\right] \tag{10.7}$$

SI 단위계에서 응력은 식 (10.6)~(10.7)의 정의에 따라 힘[N]을 면적[m^2]으로 나눈 양이므로 단위는 [$\text{N/m}^2 = \text{Pa}$]이 되어 압력의 단위와 같다. 그러나 단면적이 1 m^2인 부재에 1 N 의 힘을 가하면 응력은 매우 작은 값이 되므로 공학적으로는 이에 백만(= 10^6)을 곱한 단위인 [MPa]을 주로 사용한다.

Static Think_ 02

압력 pressure과 응력 stress의 차이를 두 가지 이상 생각해보시오.

[그림 10-7]과 같이 초기 길이(l_0)가 다른 두 물체에 축력(P)을 가해 동일한 길이(δ)만큼 변형시키기 위해서는 그림 (a)가 그림 (b)보다 2 배만큼의 힘이 필요하게 되어, 동일한 단면적인 경우 2 배의 응력이 발생한다. 즉 부하(입력)에 의한 재료의 변형(출력) 거동을 알기 위해서는 부재의 단면적뿐만 아니라 부재의 초기길이도 중요하다. 이를 위해 식 (10.8)과 같이 변형량(δ)을 초기 길이(l_0)로 나눈 새로운 물리량을 정의해 사용하며, 이를 **평균 수직 변형률** average normal strain[7]이라고 한다. 이 개념을 이용하면 그림 (a)에서의 변형률($\varepsilon_a = 10/50 = 0.2$)이 그림 (b)에서의 변형률($\varepsilon_b = 10/100 = 0.1$)의 2 배가 되어 응력이 2 배가 됨을 설명할 수 있다.

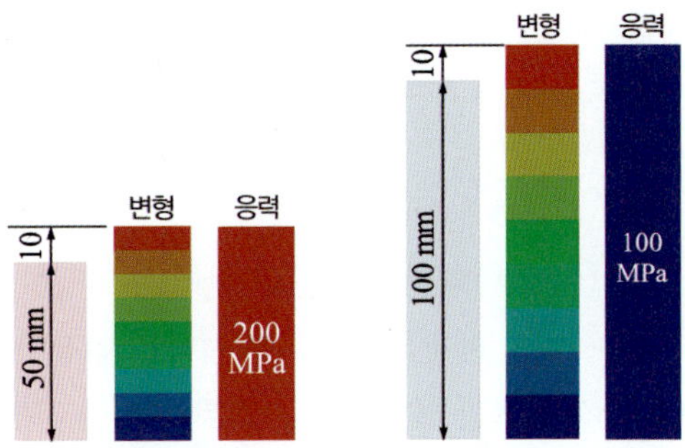

(a) 초기 길이 50 mm (b) 초기 길이 100 mm

그림 10-7 초기 길이에 따른 변형 및 응력

$$\varepsilon_{\text{av}} = \frac{\delta}{l_0} \tag{10.8}$$

변형률의 단위는 정의에 의해 무차원 dimensionless 양이 되지만 혼동을 피하기 위해 숫자 뒤에 가상의 단위인 [ε]을 붙여 사용하고, 초기 길이에 비해 변형량이 매우 작으므로 단위 앞에 10^{-6}을 곱한 [με]을 주로 사용한다. 예를 들어, 초기 길이가 1 m 인 재료가 1 mm 늘어난 경우의 변형률은 1,000 με이 된다.

6 힘이 단면적에 평행하게 작용해 물체를 전단(shear)시키는 형태이므로 전단응력이라고 한다.

7 응력에서와 마찬가지로 평균 전단 변형률도 있으나 여기서는 다루지 않는다.

10.1.4 후크의 법칙과 인장시험

선형 탄성 스프링[8] linear elastic spring의 경우, 스프링에 작용하는 힘(F)과 변형량(δ) 사이에는 식 (3.6)과 같은 관계가 성립하는데, 이를 **후크[9]의 법칙** Hooke's law이라고 한다. 식 (3.6)에서 k는 **스프링율** spring rate이라고 한다. 앞서 응력과 변형률을 정의하는 과정에서 살펴보았듯이 인장 축력을 받는 [그림 10-8(a)]에 나타낸 인장시험편 tensile test specimen을 스프링으로 간주하면, 시험편의 스프링율은 초기 단면적(A_0)에 비례하고, 초기 길이(l_0)에 반비례하며, 재료(k_0)에 따라 변하므로 식 (3.6)은 식 (10.9)와 같이 나타낼 수 있다. 식에서 변형량(δ)은 시험편에 설정한 초기 길이(l_0)의 변화량 ($\delta = l_1 - l_0$)이다. 식 (10.9)에서 우변의 A_0를 좌변으로 옮기고 변형량(δ)을 초기 길이(l_0)로 나눠 정리하면 식 (10.10)과 같이 수직응력과 수직변형률 사이의 관계식이 되는데, 이 식을 응력과 변형률에 관한 **1차원 후크의 법칙**이라고 부른다. 또한 k_0는 수직응력과 수직변형률 사이의 관계를 맺어주는 재료물성 material property으로서 영률 Young's modulus[10]이라고 부르고, 주로 기호 E로 나타낸다.

$$F = k\delta \tag{3.6}$$

$$F = \left(k_0 \frac{A_0}{l_0}\right)\delta \tag{10.9}$$

$$\frac{F}{A_0} = k_0 \times \frac{\delta}{l_0}, \quad \sigma_{av} = E\varepsilon_{av} \tag{10.10}$$

그림 (a)에 나타낸 시험편의 한쪽을 고정한 상태에서 다른 한쪽에 축력(P)을 증가시켜가면서 힘과 변형 사이의 관계를 측정하는 시험을 **인장시험** tensile test이라고 한다. 이때 시험편에 작용 및 발생하는 네 가지 중요한 물리량들 사이의 관계를 그림 (c)에 정리하였다.

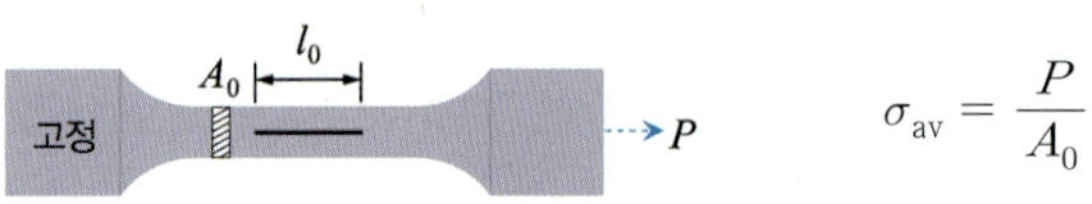

(a) 변형 전 초기 형상

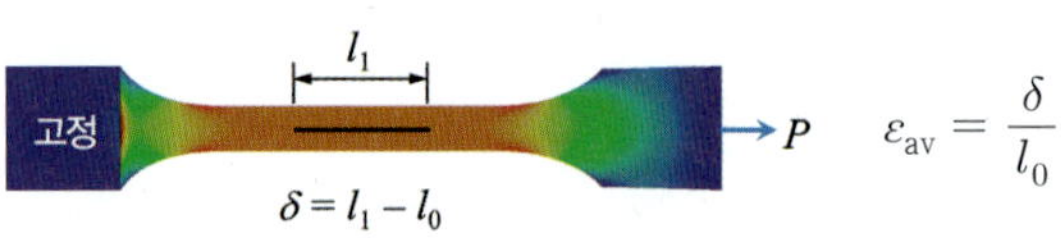

(b) 변형 중 형상 (색은 수직응력의 크기를 나타냄)

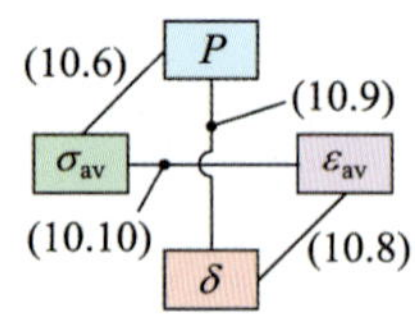

(c) 물리량들 사이의 관계

그림 10-8 축력을 받는 봉에 관련된 물리량들 사이의 관계

8 스프링에 가해진 힘과 변형량 사이에 직선 관계가 있는 경우 선형이라고 하며, 가했던 부하를 제거했을 때 원상 복귀되는 성질을 탄성이라고 한다.

9 Robert Hooke(1635~1703) : 영국의 철학자이자 자연과학자이다.

10 Thomas Young(1773~1829) : 영국의 물리학자로서 탄성론과 광학에 많은 기여를 하였다.

SECTION 10.2

프레임과 기계

- ✔ 부하 형식에 따라 구조물을 체계적으로 분류할 수 있다.
- ✔ 프레임과 기계가 무엇인지 정의할 수 있고, 해석 과정을 익힌다.
- ✔ 내력과 저항 모멘트에 대한 이해를 바탕으로 각종 하중 선도를 작성할 수 있다.

재료역학은 하중을 받고 있는 구조물에 발생하는 응력과 변형률을 기초로 계가 파손되지 않도록 설계 및 제작하기 위한 역학적 기초를 제공한다. 역학적 기초를 이해하기 위해서는 반력 및 반작용 모멘트뿐만 아니라 부재 내에 발생하는 내력과 내부 저항 모멘트도 알아야 한다. 정역학을 통해 익힌 힘 평형과 모멘트 평형을 일반적인 구조물 해석에까지 적용해보자.

10.2.1 구조물의 분류

9장까지 다뤘던 평형상태에서의 모든 구조물들을 구조물을 구성하는 기본 부재들과 구조물에 가해지는 하중 형식에 따라 분류하여 [그림 10-9]에 정리하였다. 먼저 구조물을 구성하는 가장 작은 단위인 부재는 두 힘만 작용하는 이력부재와 3 개 이상의 힘이 작용하는 **다력부재** multi-force member로 나눌 수 있으며, 다력부재는 공점력계와 비공점력계로 다시 분류할 수 있다. 이러한 부재들 자체만으로도 구조물[11]의 역할을 수행할 수 있으나 그 기능은 매우 제한적일 수밖에 없으므로, 이들 부재들을 조립하여 더 크고 복잡한 구조물인 트러스와 프레임으로 제작해 사용하는 경우가 많다. 먼저 트러스는 5장(평면트러스)과 8.4절(입체트러스)에서 다뤘듯이 부하의 크기에 비해 자체 무게를 무시할 수 있는 이력부재들만으로 구성된 구조물을 일컫는다. 트러스와 마찬가지로 부하를 지지하기 위해 사용하지만 구성 부재들 중에 다력부재가 1 개 이상 포함되어 있는 구조물을 특히 **프레임** frame[12]이라고 한다.

이력부재를 다력부재의 일부로 볼 수 있으므로, 트러스는 프레임의 부분집합으로 볼 수 있다. 이들과 달리 **기계** machine는 부재, 트러스, 프레임 등을 조립해 힘이나 에너지를 변환해주는 장치이며, 정지해 있지 않고 움직이는 경우가 많다. 예를 들어, [그림 10-10]의 이동식 기중기는 이력부재, 다력부재, 트러스, 프레임이 모두 합쳐져 하나의 기계를 이루고 있다.

11 다이빙대, 널, 노, 삽, 병따개, 집게, 젓가락, 칼, 망치 등의 구조물들은 하나의 부재로 구성된 구조물의 예로 볼 수 있다.
12 '틀'이라는 용어로도 사용되지만 이 책에서는 프레임으로 통일한다.

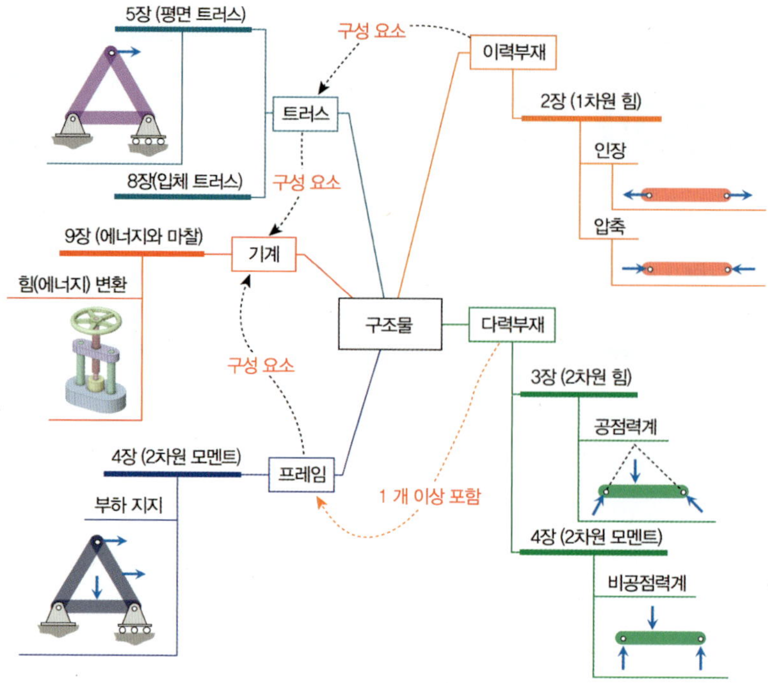

그림 10-9 부하 형식에 따른 구조물 분류

그림 10-10 기중기를 구성하는 부재

Static Think_03

트러스에서 자중을 무시하는 이유에 대해 생각해보시오.

10.2.2 프레임 및 기계 해석

프레임과 기계에 대한 해석 절차는 기존의 정역학 문제 해결 과정과 크게 다르지 않지만, 단순 부재나 트러스에 비해 해석할 대상과 부하가 더 많고 복잡하므로 좀 더 체계적인 해석 절차가 요구된다. [그림 10-11(a)]에 나타낸 A-프레임 문제를 대상으로 프레임 및 기계 문제 해결에 적용할 수 있는 일반적인 해석 절차를 소개한다.

[Step 1] 전체 계에 대한 자유물체도 그리기

전체 계에 대한 자유물체도를 3.2.2절에서 소개한 IDC 방법대로 그리면 [그림 10-11(b)]와 같다. 점 G와 A는 3.2.3절의 [경우 3 : 롤러]와 [경우 6 : 핀 조인트]에 해당한다. 전체 계에 대한 반력과 반작용 모멘트를 표시할 때는 가급적 실제 방향과 같게 그릴 것을 권장한다. 먼저 점 G에는 수직항력만 작용하므로 G_y는 $(+)y$ 방향이 되고, 이 힘과 평형을 이루기 위해서는 A_y가 $(-)y$ 방향이 되어야 한다. 다음으로 x 방향의 작용력 P와 평형을 이루기 위해서는 A_x가 $(-)x$ 방향이 되어야 한다. 좌표는 오른손 직각좌표계로 충분하다.

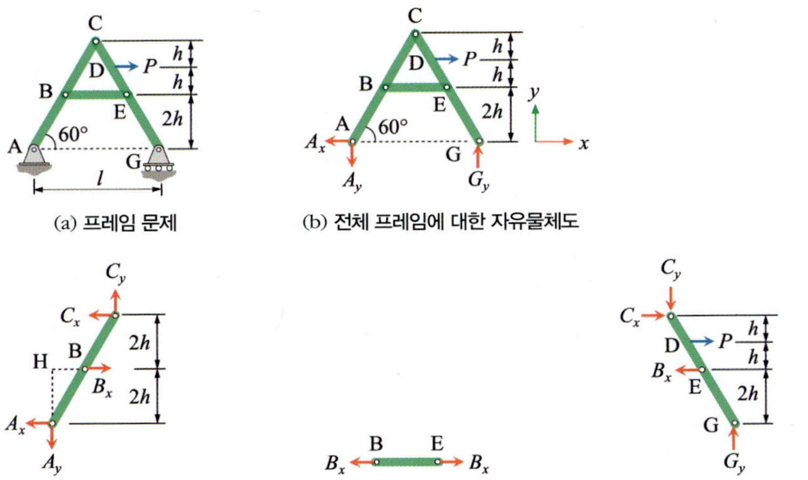

(a) 프레임 문제 (b) 전체 프레임에 대한 자유물체도

(c) 부재 ABC의 자유물체도 (d) 부재 BE의 자유물체도 (e) 부재 CEG의 자유물체도

그림 10-11 프레임 해석 절차

[Step 2] 전체 계에 대한 반력 및 반작용 모멘트 결정

전체 계에 대해 작성한 자유물체도에 대해 평형 조건들을 적용해 지지부에서 발생하는 반력이나 반작용 모멘트를 결정한다. [그림 10-11(b)]에서 점 A에 대해 모멘트 평형을 적용한 뒤 힘 평형 조건을 순차적으로 적용하면 식 (10.11)과 같은 과정을 거쳐 모든 반력을 결정할 수 있다. 이때 계산한 반력이 (−)가 되는 것은 초기에 가정한 반력의 방향과 반대가 됨을 의미한다.

$$\begin{aligned} \sum M_{\mathrm{A}} &= lG_y - 3hP = 0 \quad \rightarrow \quad G_y = \frac{3h}{l}P \\ \sum F_x &= P - A_x = 0 \quad \rightarrow \quad A_x = P \\ \sum F_y &= G_y - A_y = 0 \quad \rightarrow \quad A_y = G_y = \frac{3h}{l}P \end{aligned} \tag{10.11}$$

[Step 3] 이력부재 찾아내기

프레임과 기계에는 다양한 부재들이 사용되는데 그 중에서 이력부재들을 사전에 찾아놓으면 개별 부재들에 대한 자유물체도를 작성할 때 미지수의 수를 줄일 수 있어 편리하다. [그림 10-11(b)]에서 부재 BE는 양쪽이 핀지지되어 있고 부재 중간에 작용력이 없으므로 이력부재가 된다.

[Step 4] 개별 부재들이 지지하는 부하 해석

프레임이나 기계를 안전하게 설계하기 위해서는 개별 부재들이 지지하는 부하(힘/모멘트)에 대한 정보도 필요하므로 이를 파악하기 위해 개별 부재들에 대한 자유물체도를 그린 후 평형 조건을 적용하여 구한다. [그림 10-11(b)]에서 부재 ABC에 대해 자유물체도를 그리면 그림 (c)와 같이 나타낼 수 있다. 그림에서 y 방향의 힘이 A_y 와 C_y 밖에 없으므로 y 방향의 힘 평형을 적용하면 $C_y = A_y$ 가 된다. 다음으로 힘 B_x 와 A_y 의 교점 H에 대해 모멘트 평형을 적용하면 식 (10.12)의 과정을 거쳐 $C_x = P/4$ 가 됨을 알 수 있으며, x 방향의 힘 평형을 적용하면 식 (10.13)을 통해 B_x 도 구할 수 있다. 부재 BE는 이력부재이고 힘 B_x 는 이미 알고 있으므로 자유물체도는 **뉴턴의 제3법칙**에 의해 그림 (d)와 같이 되며, 이 부재는 인장 이력부재임을 알 수 있다. 마지막으로, 부재 CEG에 대한 자유물체도는 그림 (c)와 그림 (d)의 자유물체도 및 **뉴턴의 제3법칙**에 의해 그림 (e)와 같이 된다.

$$\Sigma M_{\mathrm{H}} = \frac{l}{2}C_y + 2hC_x - 2hA_x = \frac{l}{2}\frac{3h}{l}P + 2hC_x - 2hP = 0 \tag{10.12}$$

$$\Sigma F_x = B_x - A_x - C_x = 0 \quad \rightarrow \quad B_x = A_x + C_x = \frac{5}{4}P \tag{10.13}$$

[Step 5] 부하 해석 결과 검토

모든 해석을 마친 후에는 결과의 타당성이나 부하의 크기 등에 대해 공학적 직관력과 경험을 바탕으로 검토하는 습관을 들이는 것이 좋다. 이를 위해 $P = 100\,\mathrm{N}$[13], $l = 1{,}000\,\mathrm{mm}\,(h = 250\sin 60°\,\mathrm{mm})$ 값을 대입하면, $A_x = 100$, $B_x = 125$, $C_x = 25$, $A_y = C_y = G_y \approx 65$가 된다. 이력부재 BE가 없다면 부재 CEG가 부재 ABC와 벌어질 것이기 때문에 부재 BE에 인장력이 발생하는 것은 물리적으로 합리적이다. 또한 점 G에서 압축력이 작용하므로 부재 CEG에는 주로 압축력과 굽힘이 발생할 것이고, 부재 ABC에는 인장력과 굽힘이 걸릴 것이다. 이를 기초로 볼 때 [그림 10-11]의 자유물체도들은 합리적이라 할 수 있다.

개별 부재들에 대한 해석 결과를 벡터 화살표를 이용해 크기와 방향까지 표시해보면 부재에 대한 부하 상황을 한눈에 파악할 수 있다. [그림 10-11(a)]에 주어진 A-프레임에 대한 결과를 [그림 10-12]에 나타내었는데, 이 그림을 통해 개별 부재들이 지지하는 부하들을 쉽게 파악할 수 있다. 그림에서 점선은 각 점에 작용하는 힘의 합력이며, (　) 안의 숫자는 합력의 크기를 나타낸다.

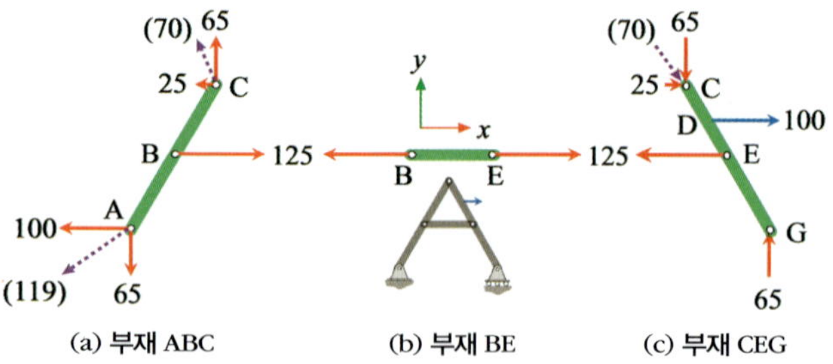

그림 10-12 벡터 화살표를 이용한 개별 부재의 자유물체도 [힘 단위 : N]

---

13 기준이 되는 작용력의 크기를 100으로 두고 비교하면 백분율로 비교할 수 있어 유리하다.

10.2.3 내력과 저항 모멘트

10.2.2절의 방법을 통해서는 주로 절점이나 경계부에서의 값만 알 수 있지만, 프레임과 기계를 안전하게 설계하기 위해서는 개별 부재 내의 임의의 위치에 발생하는 힘이나 모멘트에 대한 정보가 필요하므로 이를 구할 수 있는 방법을 소개한다.

[그림 10-13]의 (a)에 나타낸 건물 내부 크레인 구조물(❶), 부하지지용 프레임(❷), 철근(❸), 작업자 이동용 구조물(❹), 사다리(❺) 및 그림 (b)와 같은 교량의 상부(❻) · 하부(❼)와 같은 많은 구조물, 기계, 프레임 등은 다양한 부하(자중, 힘 P, 모멘트 M)를 지지한다. 이 경우 반력은 그림 (c)와 같이 발생하는 경우가 많다. 이러한 부재 내에 발생하는 내부 반작용을 알아보기 위해 파선 a–a를 따라 가상절단한 후 왼쪽 부분에 대해 자유물체도를 그리면 그림 (d)와 같이 되며, 이때 나타나는 오른쪽 면 A를 양의 면[14]으로 정한다. 가상절단한 부분이 평형을 이루기 위해서 양의 면에는 H_1과 평형을 이루기 위한 힘 X_r, V_1과 평형을 이루기 위한 힘 V_r, V_1과 V_r이 이루는 짝힘(모멘트)과 평형을 이루기 위한 모멘트 M_r이 필요하다. 여기서 가상절단 면에 발생하는 힘 X_r과 V_r을 각각 **저항 축력** resisting axial force 및 **저항 전단력** resisting shear force이라 하고 둘을 합해 **내력** internal force이라고 통칭하며, M_r을 **저항 모멘트** resisting moment라고 한다. 가상절단한 오른쪽 부분에 대해 자유물체도를 그리면 그림 (e)와 같이 되며, 이때 나타나는 좌측면 A′을 음의 면으로 정한다. 음의 면에는 **작용–반작용 법칙**에 의해 그림 (d)에서와 반대되는 힘과 모멘트가 발생해야 하며 이를 가상절단한 부재 왼쪽에 나타내었다. 따라서 좌표계를 그림 (d)와 같이 설정했을 때 임의의 부재 내에 발생하는 내력과 저항 모멘트의 양의 방향을 양의 면의 경우 그림 (d), 음의 면의 경우 그림 (e)와 같이 나타내기로 약속[15] 한다.

(a) 건물 내부 크레인

(b) 런던 타워교

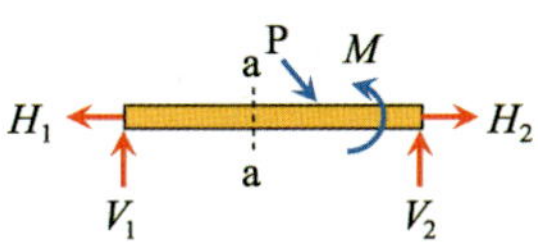

(c) 일반적인 부하

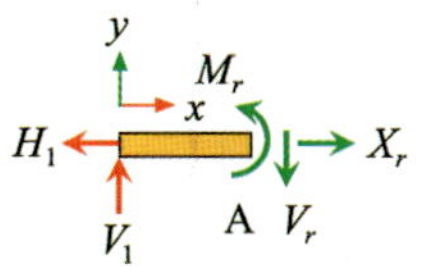

(d) 양의 면에서의 내부 저항

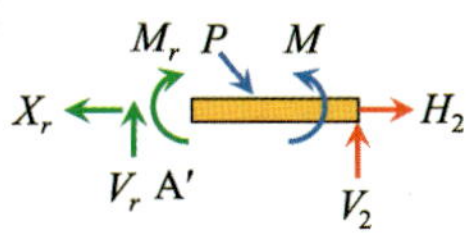

(e) 음의 면에서의 내부 저항

그림 10-13 프레임, 기계, 구조물에 작용하는 부하와 내부 저항

14 노출된 면에 깃대를 꽂았다고 가정했을 때 깃대 방향이 $(+)x$ 방향과 일치하므로 이를 $(+)x$ 면 또는 $(+)y$–z 면이라고 하는데, 이 책에서는 전자와 같이 부르기로 한다.

15 법칙이 아닌 약속이므로 책마다 다를 수 있음에 주의해야 하며, 한번 정한 약속은 일관성 있게 지켜져야 한다.

10.2.4 축력 선도, 전단력 선도, 굽힘 모멘트 선도

하나의 부재에 부하가 작용할 경우 부재 내에 발생하는 내력과 저항 모멘트의 변화를 [그림 10-12(c)]의 부재 CEG를 대상으로 살펴보자. [그림 10-12(c)]에서 부재 CEG가 경사져 있으므로 이를 CCW로 60° 회전시키면 [그림 10-14(a)]와 같이 된다. 이 부재를 파단선 a를 따라 가상절단하고 절단부 왼쪽에 대해 모든 힘을 x 및 y 방향 성분으로 나타낸 뒤, 양의 내력과 저항 모멘트를 표시하면 [그림 10-14(b)]와 같다. 이에 대해 평형 조건을 적용하면 내력과 저항 모멘트[16]는 식 (10.14)와 같이 된다. 모멘트 평형은 절단면에 대해 취한다.

$$\begin{aligned} \sum F_x &= 69 + X_r = 0 \quad \rightarrow \quad X_r = (-)69 \text{ [N]} \\ \sum F_y &= (-)11 - V_r = 0 \quad \rightarrow \quad V_r = (-)11 \text{ [N]} \\ \sum M_a &= M_r + 11x = 0 \quad \rightarrow \quad M_r = (-)11x \text{ [N} \cdot \text{m]} \end{aligned} \tag{10.14}$$

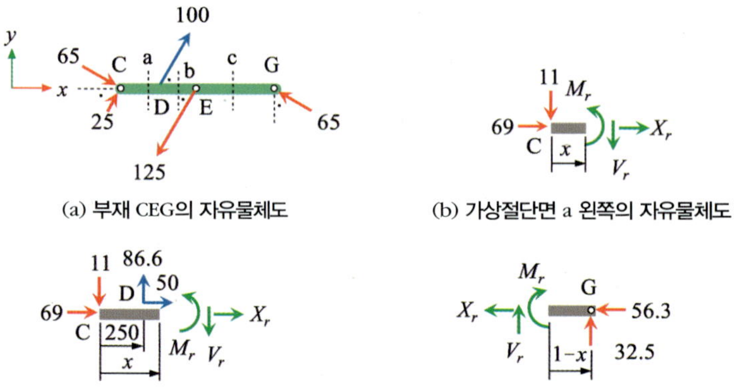

(a) 부재 CEG의 자유물체도　　(b) 가상절단면 a 왼쪽의 자유물체도

(c) 가상절단면 b 왼쪽의 자유물체도　　(d) 가상절단면 c 오른쪽의 자유물체도

그림 10-14 하나의 부재에 작용하는 부하와 내부 저항

다음으로 부재를 [그림 10-14(a)]의 파단선 b를 따라 가상절단하고 절단부 왼쪽에 대해 앞에서와 동일한 방법으로 자유물체도를 그리면 그림 (c)와 같다. 이에 대해 평형 조건을 적용하면 내력과 굽힘 모멘트는 식 (10.15)와 같이 된다. 모멘트 평형은 절단면에 대해 취한다.

$$\begin{aligned} \sum F_x &= 69 + 50 + X_r = 0 \quad \rightarrow \quad X_r = (-)119 \text{ [N]} \\ \sum F_y &= 86.6 - 11 - V_r = 0 \quad \rightarrow \quad V_r \approx 76 \text{ [N]} \\ \sum M_b &= M_r + 11x - 86.6(x - 0.25) = 0 \quad \rightarrow \quad M_r = 75.6x - 21.65 \text{ [N} \cdot \text{m]} \end{aligned} \tag{10.15}$$

마지막으로 부재를 [그림 10-14(a)]의 파단선 c를 따라 가상절단하고 절단부 오른쪽[17]에 대해

16 2차원 $x-y$ 평면의 경우 저항 모멘트는 부재를 상하 방향(z축)으로 굽히는 효과를 주므로 이후로는 '굽힘 모멘트'로 부르기도 한다.

17 가상절단부 왼쪽 부재에는 고려해야 할 힘들이 더 많아 계산이 복잡해질 수 있으므로 오른쪽 부재를 이용하는 것이 더 편리하다.

자유물체도를 그리면 그림 (d)와 같다. 이에 대해 평형 조건을 적용하면 내력과 굽힘 모멘트는 식 (10.16)과 같이 된다. 모멘트 평형은 절단면에 대해 취한다.

$$
\begin{aligned}
\sum F_x &= (-)56.3 - X_r = 0 \quad \rightarrow \quad X_r \approx (-)56\ [\mathrm{N}] \\
\sum F_y &= 32.5 + V_r = 0 \quad \rightarrow \quad V_r \approx (-)33\ [\mathrm{N}] \\
\sum M_c &= 32.5(1-x) - M_r = 0 \quad \rightarrow \quad M_r = 32.5(1-x)\ [\mathrm{N \cdot m}]
\end{aligned}
\tag{10.16}
$$

위의 유도 과정을 통해 얻은 식 (10.14)~(10.16)의 결과를 부하와 함께 [그림 10-15]에 정리하였다. 굽힘 모멘트 식 (10.15)에 $x = 0.5$ m를 대입할 경우 모멘트 값이 16.15 N · m가 되는데 이는 [그림 10-14(a)]에 주어진 힘들을 성분으로 나타내는 과정에서 수치를 간략하게 나타냈기 때문이다. 보의 중앙 우측에서의 굽힘 모멘트는 식 (10.16)을 이용해 정확하게 구할 수 있다. 부재의 길이에 따른 부하 상태, 축력, 전단력, 굽힘 모멘트 변화를 한눈에 확인할 수 있어 부재 설계에 매우 중요한 정보를 제공하며, 각각을 **부하 선도** loading diagram, **축력 선도** axial force diagram, **전단력 선도** shear force diagram, **굽힘 모멘트 선도** bending moment diagram라고 부른다.

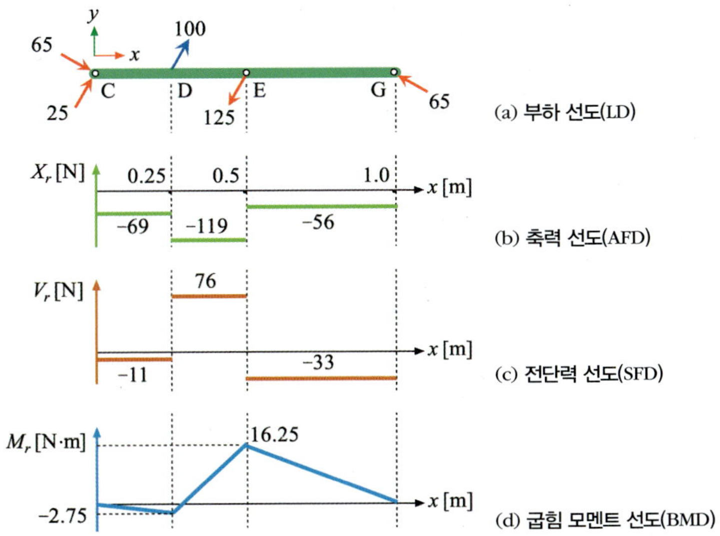

그림 10-15 부재에 작용하는 부하 및 내부 저항 선도

[그림 10-11(a)]에서 부재 CEG에 대해 수행한 해석 과정을 나머지 부재 ABC와 BE에 대해 반복한 뒤 변형 전의 A-프레임에 나타내면 [그림 10-16]의 (b)~(d)와 같다. 참고로 프레임의 변형 전후 형상을 과장시켜 그림 (a)에 나타내었으며, 굽힘 모멘트는 위치에 따라 변하므로 컬러 바와 함께 나타내었다. 이 그림을 통해 이력부재인 BE에는 축력만 작용함을 알 수 있으며, 굽힘 모멘트는 점 B 부근에서 최대가 됨을 알 수 있다. [그림 10-11(a)]에서는 알 수 없었던 구성 부재들의 부하 상태를 [그림 10-16]에서는 한눈에 확인할 수 있다.

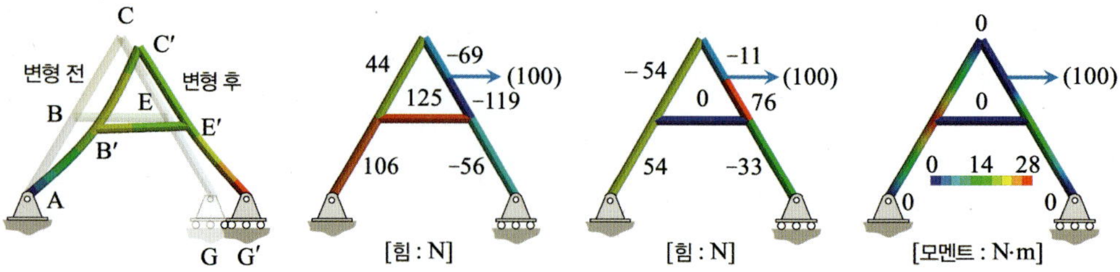

(a) 변형 양상 (b) 축력 분포 (c) 전단력 분포 (d) 굽힘 모멘트 분포

그림 10-16 A-프레임에 작용하는 부하 및 내부 저항 분포

Static Think_04

[그림 10-16(d)]에서 점 A, C, G 및 부재 BE에서의 모멘트가 0인 이유를 생각해보시오.

예제 10-2 조절식 플라이어

[그림 10-17(a)]에 주어진 조절식 플라이어의 점 A와 B에 100 N의 힘을 가해 점 E에 있는 매끄러운 구를 잡고 있다. 그림에서 점 D에 발생하는 내력과 굽힘 모멘트를 구하시오.

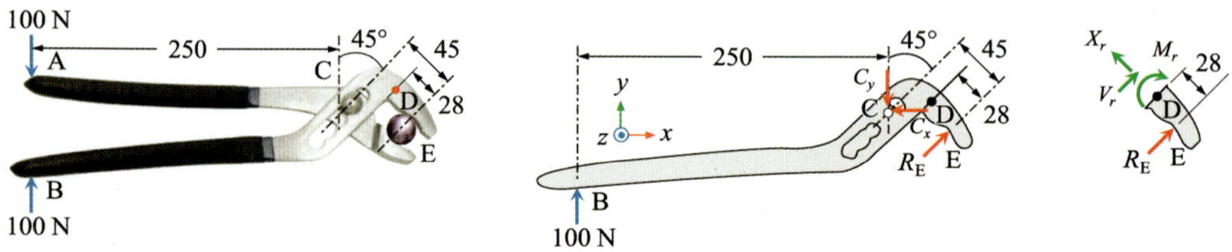

(a) 플라이어 치수 및 부하 조건 (b) 부재 BCE의 자유물체도 (c) 턱 자유물체도

그림 10-17 조절식 플라이어 [길이 단위 : mm]

Analyze

- 전체 기계(공구)에 대해 자유물체도를 그리면 얻어낼 수 있는 정보가 없다.
- 관심 대상 점 D를 포함하는 부재에 대해 자유물체도를 그려 해결한다.
- 4.5절(지레의 원리)에서 소개한 1종 지레(힘점–받침점–작용점 순)에 해당한다.
- 점 E에 큰 힘이 발생하므로 점 C에 발생하는 반력의 방향은 [그림 10-17(b)]와 같이 된다.

Compute

- 미지력이 모여 있는 점 C에 대해 모멘트 평형을 적용해 점 E에 발생하는 반력을 구한다.

$$\sum M_C = 45R_E - 250 \times 100 = 0$$
$$R_E = 555.6 \text{ N}$$

- 점 D를 지나도록 가상절단한 후 오른쪽 부분에 대한 자유물체도를 그리면 그림 (c)와 같으며, 이에 대해 평형 조건을 적용한다.

$$V_r = (-)R_E = (-)555.6\ N$$
$$\Sigma M_D = 28R_E - M_r = 0$$
$$M_r = 28R_E = 28 \times 555.6 = 15{,}555.6\ N \cdot mm \approx 15.6\ N \cdot m$$

Think

- 그림 (c)에서 내력과 굽힘 모멘트를 음의 면에 나타낸 것이므로 부호에 주의한다.
- 축력 X_r은 0이 된다.
- 문제를 해결하는 방법에 따라 문제의 난이도가 크게 바뀔 수 있다.

예제 10-3 수평보의 전단력과 굽힘 모멘트

보 ABC가 봉 BD에 의해 [그림 10-18(a)]와 같이 지지되고 있다. 보 ABC에 대한 전단력 선도와 굽힘 모멘트 선도를 그리시오. 보의 단면적은 균일하며 무게는 10 N/m이다.

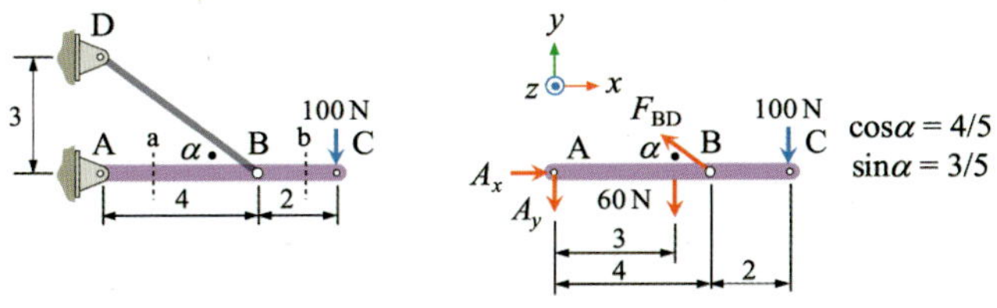

그림 10-18 케이블에 의해 지지되는 수평 보 [길이 단위 : m]

Analyze

- 프레임 및 기계 해석 절차와 내력 및 저항 모멘트 선도 작성 절차에 따라 해석한다.
- 부재 BD가 이력부재이므로 관심 대상 보 ABC의 자유물체도는 [그림 10-18(b)]와 같이 된다.
- 보의 자중은 균일분포하중으로 생각하면 되며, 평형 조건 적용 시에는 전체 무게(60 N)가 무게중심 점($x = 3$ m)에 작용하는 것으로 생각하면 된다.

Compute

- [그림 10-18(b)]의 자유물체도에서 점 A에 대한 모멘트 평형을 적용해 F_{BD}를 구한 다음, x, y 방향에 대한 힘 평형을 이용해 A_x와 A_y를 구한다.

$$\Sigma M_A = 4F_{BD}\sin\alpha - 3 \times 60 - 6 \times 100 = 0 \quad \rightarrow \quad F_{BD} = 325\ N$$
$$\Sigma F_x = A_x - F_{BD}\cos\alpha = 0 \quad \rightarrow \quad A_x = 260\ N$$
$$\Sigma F_y = F_{BD}\sin\alpha - A_y - 60 - 100 = 0 \quad \rightarrow \quad A_y = 35\ N$$

- [그림 10-18(a)]의 파단선 a를 따라 가상절단한 후 왼쪽 부분을 취해 자유물체도를 그리면 [그림 10-19(a)]와 같이 되며, 이에 대해 평형 조건을 적용하면 다음과 같다. 보의 단위길이당 무게는 w로 두고, 모멘트 평형 적용 시에는 w에 길이를 곱한 집중력으로 가정해 계산한다. 식의 간편화를 위해 힘과 길이의 단위 [N]과 [m]는 생략하고 나타내기로 한다.

$$\Sigma F_{y,\,\mathrm{a}} = (-)\,35 - 10x - V_r = 0 \;\rightarrow\; V_r = (-)\,35 - 10x$$

$$\Sigma M_{\mathrm{a}} = M_r + 35x + (10x)\times 0.5x = 0 \;\rightarrow\; M_r = (-)\,5x^2 - 35x$$

- [그림 10−18(a)]의 파단선 b를 따라 가상절단한 후 오른쪽 부분을 취해 자유물체도를 그리면 [그림 10−19(b)]와 같이 되며, 이에 대해 평형 조건을 적용하면 다음과 같다. 이 경우 오른쪽 끝을 원점으로 하는 새로운 좌표 x'을 정의하여 사용하면 식을 간략화할 수 있다.

$$\Sigma F_{y,\,\mathrm{b}} = V_r - 100 - 10x' = 0 \;\rightarrow\; V_r = 100 + 10x' = 160 - 10x$$

$$\Sigma M_{\mathrm{b}} = (-)\mathrm{M_r} - 100\mathrm{x'} - (10\mathrm{x'}) \times (0.5\mathrm{x'}) = 0 \rightarrow \mathrm{M_r} = (-)5(\mathrm{x'})^2 - 100\mathrm{x'}$$

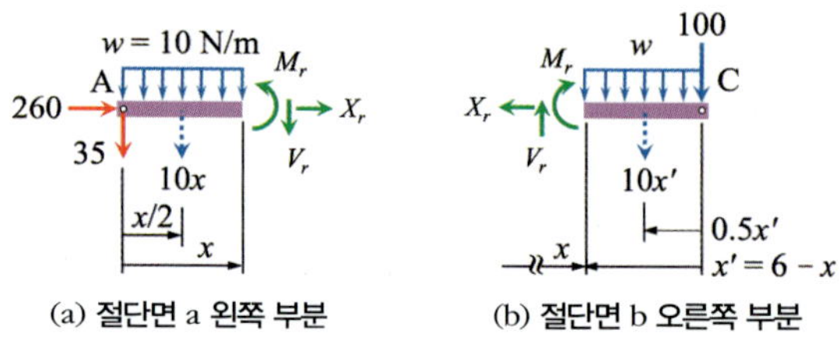

그림 10-19 가상절단 부에 대한 자유물체도

- 앞에서 얻은 4개의 식들을 이용해 전단력 선도와 굽힘 모멘트 선도를 그리면 [그림 10−20]과 같다.

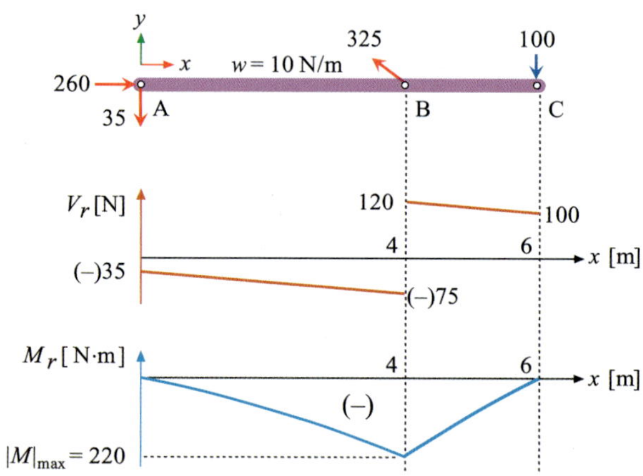

그림 10-20 보 ABC의 전단력 선도와 굽힘 모멘트 선도

Think

- 해석 과정에서 새로운 좌표를 설정해 사용해도 되지만 선도를 그릴 때는 통일해야 한다.
- 균일분포하중이 작용하는 경우 전단력은 직선적으로, 모멘트는 2차함수적으로 변한다.
- 보의 구간 $0 < x < 4$ m에서 굽힘 모멘트 식 $M_r = (-)\,5x^2 - 35x$, 전단력 식 $V_r = (-)\,35 - 10x$, 그리고 [그림 10−20]을 통해 $\dfrac{dM_r}{dx} = V_r$의 관계가 성립함을 알 수 있다. 추가적으로, 전단력 식을 길이(x)에 대해 미분하면 $\dfrac{dV_r}{dx} = (-)10\,\dfrac{\mathrm{N}}{\mathrm{m}}$가 되어 균일 분포하중의 크기가 됨도 알 수 있다. 이와 같은 미분 관계를 통해 굽힘 모멘트 선도, 전단력 선도가 정확하게 그려졌는지 확인할 수 있다.
- 전단력과 x축이 이루는 면적이 굽힘 모멘트의 크기가 된다.
- 굽힘 모멘트가 모두 (−)인 것은 보 ABC가 위로 볼록한 모양(⌒)으로 휘어짐을 의미한다.

SECTION
10.3

정역학 활용

- ✔ 자유물체도와 평형 조건을 이용해 평면응력 변환식을 유도한다.
- ✔ 면적 1차 모멘트와 2차 모멘트를 이용해 전단력에 의한 부재의 전단응력을 계산한다.
- ✔ 면적 2차 모멘트를 활용해 기둥의 임계 좌굴하중과 보의 처짐을 계산한다.

반도체 기술이 가전제품, 통신기기 및 수송기계 등의 개발을 촉진시키는 활성화 기술 enabling technology 이라면, 정역학은 재료역학 계산을 가능하게 해주는 활성화 학문이라고 할 수 있다.

10.3.1 평면응력 및 응력변환

단축 uniaxial 축력(입력)을 받는 부재의 재료거동(출력)에 대해서는 10.1절(재료역학 기초)에서 설명하였고, 주요 식들을 [그림 10-8(c)]에 정리하였다. 그러나 실제 부재들은 단축 상태가 아니고 [그림 10-21(a)]에서와 같이 3 차원[18] 다축 multiaxial 응력 상태가 된다. 하지만 부재의 자유표면 free surface 상에서 크기를 무시할 수 있는 미소 요소 A에 대해 응력 상태를 표현하면 [그림 10-21(b)]와 같이 나타낼 수 있다. 이 경우 z 방향 두께는 0 에 가까워 z 축과 관련된 응력 성분들은 모두 0 이 되는데 이러한 응력 상태를 **평면응력** plane stress이라고 한다. 일반적으로 응력은 두 개의 아래첨자를 사용해 나타내는데, 첫 번째 첨자는 힘이 작용하는 면을 나타내고 두 번째 첨자는 힘의 방향을 나타낸다. 예를 들어, 전단응력인 τ_{xy} 는 x 면에 작용하는 y 방향 전단력에 의해 발생하는 응력이다. 응력의 부호에 대해서는 양(음)의 면에 양(음)의 방향으로 작용하는 힘에 의해 발생하는 응력을 양의 응력으로 한다. 따라서 [그림 10-21(b)]의 요소 왼쪽 면(음의 x 면)에 음의 x 방향으로 작용하는 힘에 의해 발생하는 응력(σ_{xx})도 양의 값이 된다.

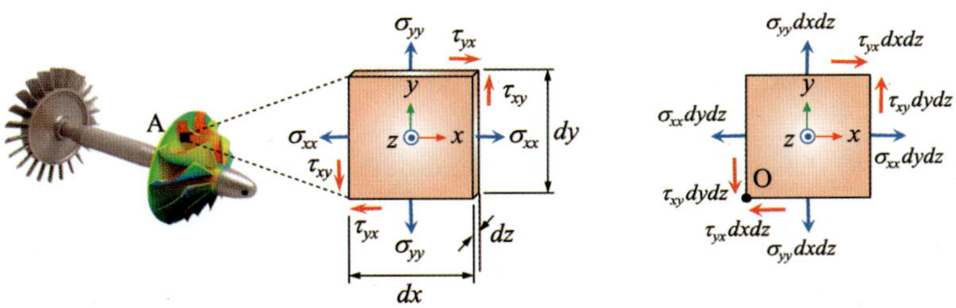

(a) 축과 팬 (b) 미소 요소와 평면응력(양의 방향) (c) 미소 요소의 자유물체도

그림 10-21 물체 표면에서의 응력 및 자유물체도

18 이 책에서는 응력에 대한 자세한 설명은 피하고 정역학이 어떻게 활용되는지에 대해서만 설명한다.

[그림 10-21(b)]에 나타낸 응력들에 응력이 발생하는 평면의 해당 면적을 곱해 힘으로 나타내면 [그림 10-21(c)]와 같은 자유물체도[19]가 되고, x 및 y 방향의 힘 평형은 자체적으로 만족함을 알 수 있다. 미소 요소의 점 O에 대해 모멘트 평형을 적용하면 식 (10.17)과 같은 과정을 통해 $\tau_{xy} = \tau_{yx}$ 가 됨을 알 수 있다.

$$\sum M_{\mathrm{O}} = dx \times (\tau_{xy}\,dy\,dz) - dy \times (\tau_{yx}\,dx\,dz) = 0 \tag{10.17}$$

[그림 10-21(c)]의 자유물체도에 나타낸 미소 요소를 x 축에서 CCW로 임의의 각 θ 만큼 회전시킨 n 축에 수직한 평면으로 잘라 나타난 미소면적을 dA 로 하고, 이 면적을 기준으로 자유물체도를 그리면 [그림 10-22(a)]와 같다. 이 자유물체도에 있는 x 와 y 방향 힘들을 n 과 t 방향 성분으로 나누면 그림 (b)~(c)와 같다. 먼저 그림 (a)에서 x 방향 힘 ❶과 ❷의 $\cos\theta$ 성분과 y 방향 힘 ❸과 ❹의 $\sin\theta$ 성분이 n 방향 성분이 되며, 모두 음의 방향을 향하고 있다. 그림 (b)를 이용해 n 방향의 힘 평형을 적용하면 식 (10.18)이 되며, 식의 양변을 0 이 아닌 공통 인수 dA 로 나눈 뒤 정리하면 식 (10.19)를 얻을 수 있다. 마찬가지 방법으로 그림 (c)를 이용해 t 방향의 힘 평형을 적용하면 식 (10.20)이 되며, 식의 양변을 0 이 아닌 공통 인수 dA 로 나눈 뒤 정리하면 식 (10.21)을 얻을 수 있다. 식 (10.19)와 식 (10.21)은 x-y 평면응력 성분을 n-t 평면응력 성분으로 변환할 수 있는 **평면응력 변환식** plane stress transformation equation이라고 한다.

$$\begin{aligned}\sum F_n = \sigma_{nn}\,dA &- (\sigma_{xx}\,dA\cos\theta)\cos\theta - (\tau_{xy}\,dA\sin\theta)\cos\theta \\ &- (\tau_{xy}\,dA\cos\theta)\sin\theta - (\sigma_{yy}\,dA\sin\theta)\sin\theta = 0\end{aligned} \tag{10.18}$$

$$\sigma_{nn} = \sigma_{xx}\cos^2\theta + \sigma_{yy}\sin^2\theta + 2\tau_{xy}\sin\theta\cos\theta \tag{10.19}$$

$$\begin{aligned}\sum F_t = \tau_{nt}\,dA &+ (\sigma_{xx}\,dA\cos\theta)\sin\theta + (\tau_{xy}\,dA\sin\theta)\sin\theta \\ &- (\tau_{xy}\,dA\cos\theta)\cos\theta - (\sigma_{yy}\,dA\sin\theta)\cos\theta = 0\end{aligned} \tag{10.20}$$

$$\tau_{nt} = (-)(\sigma_{xx} - \sigma_{yy})\sin\theta\cos\theta + \tau_{xy}(\cos^2\theta - \sin^2\theta) \tag{10.21}$$

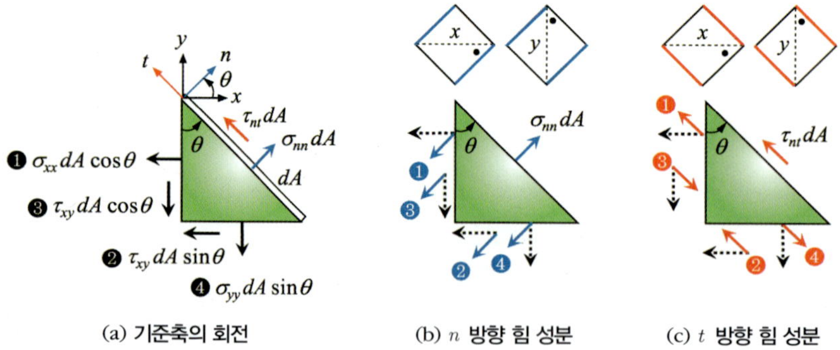

그림 10-22 좌표축 변환에 따른 응력 성분 변화

19 자유물체도에는 반드시 부하(힘, 모멘트)로 나타내야 한다.

7.4.2절(축 회전에 따른 면적 상승 모멘트)에서 기준축의 회전에 따른 면적 2차 모멘트 변환식을 유도하였다. 면적 2차 모멘트의 정의에 따라 $I_{xx} = \int_A y^2 \, dA$가 되고, 이는 x축에 수직한 변수 y를 포함하고 있어 응력으로 생각하면 x축에 평행한 면적에 의해 정의되는 σ_{yy}에 해당된다. 따라서 7.4.2절에서 유도한 모든 식들에 $I_{xx} \rightarrow \sigma_{yy}$, $I_{yy} \rightarrow \sigma_{xx}$, $I_{nn} \rightarrow \sigma_{tt}$, $I_{tt} \rightarrow \sigma_{nn}$, $I_{xy} \rightarrow \tau_{xy}$로 치환하면 응력 변환과 관련된 식들이 된다. 예를 들어, 식 (7.24)[20]를 응력변환식으로 변경하면 식 (10.22)를 얻을 수 있으며, 주관성각에 관한 식 (7.30)[21]을 위와 같이 치환하면 식 (10.23)[22]과 같은 **주응력각** principal angle에 관한 식을 얻을 수 있다.

$$\sigma_{tt} = \sigma_{yy}\cos^2\theta + \sigma_{xx}\sin^2\theta - 2\tau_{xy}\sin\theta\cos\theta \tag{10.22}$$

$$\tan 2\theta_p = \frac{2\tau_{xy}}{\sigma_{xx} - \sigma_{yy}} \tag{10.23}$$

Static Think_ 05

식 (10.19)를 활용해 σ_{tt}에 대한 평면응력 변환식을 유도하려면 어떻게 하면 좋을지 생각해보고, 유도 결과를 식 (10.22)와 비교해보시오.

10.3.2 전단력에 의한 전단응력

10.2.4절에서 전단력 선도를 작성한 이유는 부재에 발생하는 전단응력(특히 최대 전단응력)을 알아보기 위함이다. 식 (10.7)에서 정의한 평균 전단응력은 전단응력이 해당 단면적에 대해 균일하다고 가정한 것인데, 실제 단면에 발생하는 전단응력은 [그림 10-23(a)]에서와 같이 중앙에서 최대가 되고 위아래 면에서는 0이 되므로 평균 전단응력을 실제 설계에 적용하기는 어렵다.

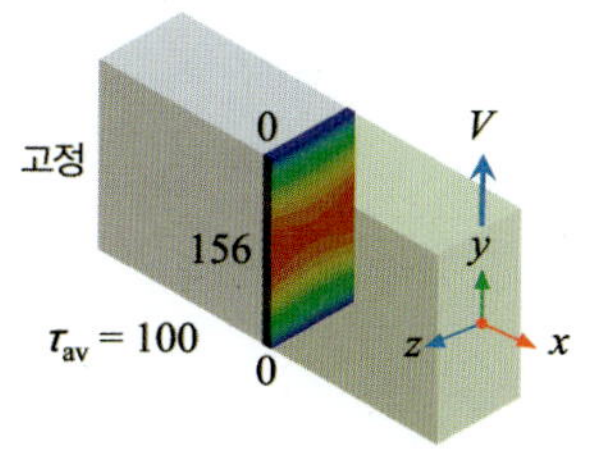

(a) 보의 전단력 및 전단응력(단위 생략)

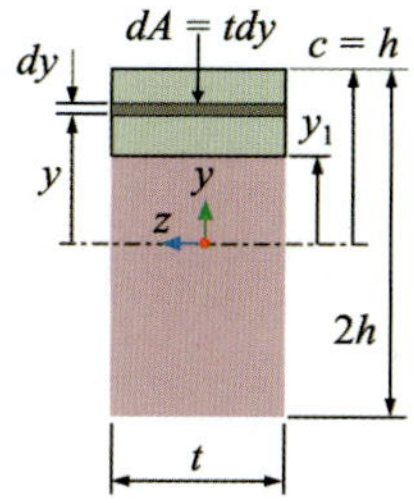

(b) 보의 단면

그림 10-23 전단력에 의한 전단응력

20 $I_n = I_{nn} = I_x\cos^2\theta + I_y\sin^2\theta - 2I_{xy}\sin\theta\cos\theta$

21 $\tan 2\theta_p = \dfrac{2I_{xy}}{I_y - I_x}$

22 식 (10.23)은 식 (10.19)를 이용해서도 구할 수 있으나 이 책에서는 생략한다.

러시아의 공학자인 주라프스키[23]는 일반적인 부하를 받는 [그림 10-23(a)]와 같은 형태의 보에 발생하는 전단력에 대해 연구하여 근사해 approximate solution인 식 (10.24)[24]를 제안하였고 이 식은 현재까지 널리 활용되고 있다. 식에서 V는 전단력 선도로부터 얻은 전단력, Q는 6.2절에서 소개한 면적 1차 모멘트, I_z는 7.1절~7.3절에서 소개한 면적 2차 모멘트, t는 전단력을 알고자 하는 위치 ($y = y_1$)에서의 z 방향 깊이이며, 식 앞의 (−) 부호는 전단력 선도에서 얻는 양의 전단력과 양의 전단응력을 일치시키기 위해 붙여진 것이다. [그림 10-23]에 주어진 사각 단면에 대해 식 (10.24)를 적용하면 단면에 발생하는 전단력은 식 (10.25)와 같이 된다. 식에서 전단응력은 y_1에 대해 2차 함수 분포를 하고 있으며, 전단응력의 최대 크기(절댓값)는 중심축인 $y_1 = 0$에서 발생하고 이를 식 (10.26)에 나타내었다. 이 식으로부터 최대 전단응력은 [그림 10-23(a)]에 예로 들은 값(= 156)과 유사함을 알 수 있다.

$$\tau_{y_1} = (-)\frac{VQ}{I_z t} = (-)\frac{V}{I_z t}\int_{y_1}^{c} y\,dA \tag{10.24}$$

$$\tau_{y_1} = (-)\frac{V}{I_z t}\int_{y_1}^{c} y\,dA = (-)\frac{V}{I_z t}\int_{y_1}^{h} y \times t\,dy = (-)\frac{V}{I_z}\frac{h^2 - y_1^2}{2} \tag{10.25}$$

$$\tau_{\max} = \frac{V}{I_z}\frac{h^2}{2} = \frac{h^2}{2 \times \dfrac{t \times (2h)^3}{12}} V = \frac{3}{2}\frac{V}{2ht} = 1.5\frac{V}{A} = 1.5\,\tau_{\mathrm{av}} \tag{10.26}$$

10.3.3 면적 2차 모멘트 활용

7장에서 소개한 면적 2차 모멘트는 그 자체가 중요하다기 보다는 재료역학을 비롯한 다양한 공학 분야에서 여러 가지 물리량 계산에 많이 활용된다. 길이가 긴 물체를 굽히거나 자를 때 [그림 10-24(a)]에서와 같이 힘을 가하는 경우가 많은데, 이때 물체에는 굽힘 모멘트가 발생하게 되고 이를 간략하게 모델링[25]하면 [그림 10-24(b)]와 같다. 이 그림에 나타낸 바와 같이 물체의 길이 방향을 x축으로 하는 3차원 직각좌표계를 설정할 경우 변형은 주로 y 방향으로 일어나고, 이 변형을 일으키는 모멘트는 M_z가 된다. 이때 보의 임의의 위치에서의 길이 방향 수직응력(σ_{xx})은 식 (10.27)과 같이 주어지는데, 이 식을 정확하게 사용하기 위해서는 다음과 같은 계산 과정이 요구된다.

$$\sigma_{xx} = (-)\frac{M_z y}{I_z} \tag{10.27}$$

가장 먼저 10.2.4절에서 살펴본 굽힘 모멘트 선도로부터 관심 대상 위치($x = x_1$)에서의 굽힘 모멘트 값인 $M_z(x = x_1)$를 얻고, 7.2절과 7.3절을 참조하여 해당 위치($x = x_1$)에서의 단면에 대한 면적

---

23 D. Jourawski (1821~1891) : 러시아의 공학자로서 교량 건설과 구조역학에 기여하였다.

24 식의 자세한 유도 과정은 재료역학 관련 참고문헌에 소개되어 있다.

25 양의 굽힘 모멘트가 작용할 때 발생하는 응력을 설명하기 위해 [그림 10-24(a)]의 골프채 굽힘 방향과 반대 방향 모멘트로 모델링하였다.

2 차 모멘트(I_z)를 계산한다. [그림 10-24(c)]에서의 y 방향 기준점인 점 O는 단면의 도심과 일치하므로 6장을 참조하여 단면의 도심 위치를 구하고, 보의 단면(y-z 평면) 상에서 응력을 계산하고자 하는 위치($y = y_1$)를 산정한 다음, 모든 값들을 식 (10.27)에 대입하면 해당 위치(x_1, y_1)에서의 응력 값을 얻을 수 있다. 양의 모멘트($+M_z$)가 작용할 경우 양의 y 방향(도심 위쪽)인 곳에서는 [그림 10-24(b)]에서 알 수 있듯이 압축 응력이 발생하게 되는데, 이를 설명하기 위해 식 (10.27)의 우변에 (−) 부호를 붙인 것이다.

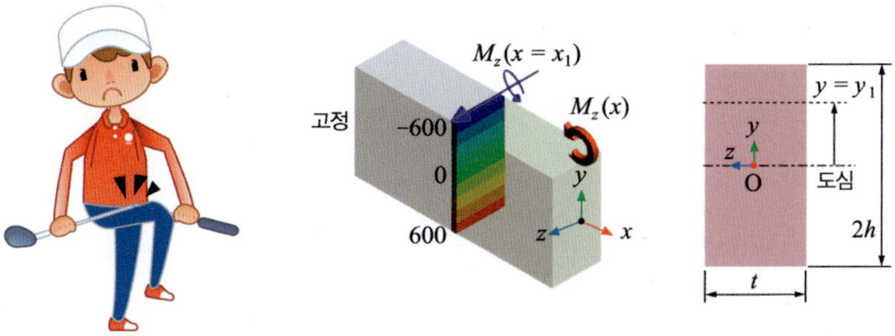

(a) 골프채 굽힘 (b) 보의 굽힘 및 수직응력(단위 생략) (c) 단면 형상

그림 10-24 굽힘 모멘트에 의한 수직응력

[그림 10-25(a)]의 드릴 공구는 작동 중 축에 비틀림 모멘트(T)가 작용한다. 이와 같은 축을 그림 (b)와 같이 간략하게 모델링한 뒤 그림과 같이 축의 길이 방향을 x 축으로 하는 3 차원 직각좌표계를 설정할 경우 축의 임의의 위치에서의 전단응력(τ)은 식 (10.28)과 같이 주어진다. 이 식을 정확하게 사용하기 위해서는 다음과 같은 계산 과정이 필요하다. 가장 먼저 관심 위치($x = x_1$)에서의 비틀림 모멘트 값인 $T(x = x_1)$를 얻고, 해당 위치($x = x_1$)에서의 단면적에 대한 극관성 모멘트(J)를 계산한다. 다음으로, 그림 (c)에서와 같은 축의 단면(y-z 평면) 상에서 전단응력을 계산하고자 하는 위치($r = r_1$)를 산정한 다음, 모든 값들을 식 (10.28)에 대입하면 해당 위치(x_1, r_1)에서의 전단응력 값을 얻을 수 있다. 식 (10.28)과 그림 (b)에서 알 수 있듯이 중심축($r = 0$)에서는 전단응력이 0 이 되고, 중심축에서 동일한 거리만큼 떨어져 있는 위치에서는 동일한 전단응력이 발생됨을 알 수 있다.

$$\tau = \frac{T\,r}{J} \tag{10.28}$$

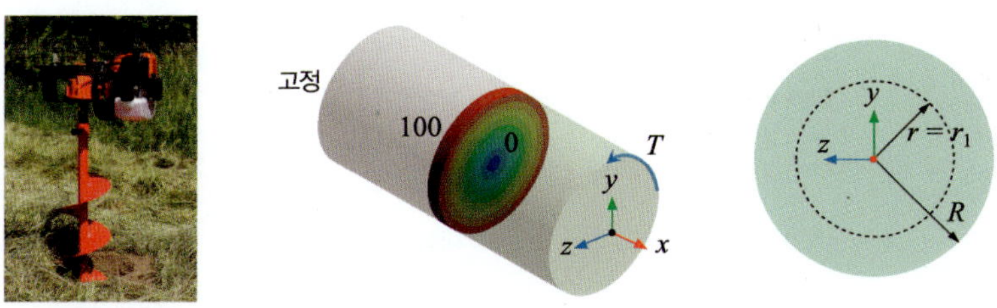

(a) 드릴 공구 (b) 축의 전단응력(단위 생략) (c) 단면 형상

그림 10-25 비틀림 모멘트에 의한 전단응력

이외에도 면적 2차 모멘트는 [그림 10−26(a)]와 같이 양단이 핀지지되어 있는 **기둥** column에 압축력(P)을 증가시킬 때 기둥이 급작스럽게 변형하는 순간의 하중인 **임계좌굴하중** critical buckling load 계산 식 (10.29)에도 활용된다. 식 (10.29)에서 E 는 영률 Young's modulus, l 은 기둥의 길이를 의미한다. 또한 [그림 10−26(b)]에서와 같이 양단이 핀지지되어 있는 길이 l 인 **보** beam 중앙에 집중력 P를 가했을 때 발생하는 **최대 처짐** maximum deflection 계산식인 식 (10.30)에도 면적 2차 모멘트가 활용된다.

$$P_{cr} = \frac{\pi^2 EI}{l^2} \tag{10.29}$$

$$v_{\max} = \frac{P l^3}{48 E I_z} \tag{10.30}$$

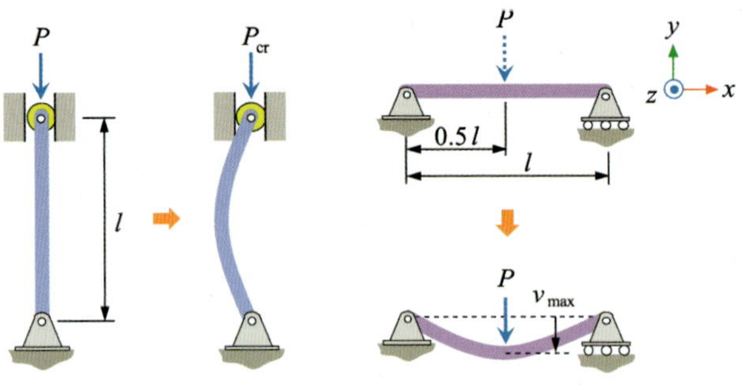

(a) 기둥의 좌굴하중 계산　(b) 보의 처짐 계산

10-26 면적 2차 모멘트의 활용 예

Static Think_06

[그림 10−26]에서 양단이 핀지지가 아닌 고정지지가 되면 임계좌굴하중과 처짐은 어떻게 될지 생각해보시오.

예제 10-4 3점 굽힘 보의 수직응력

[그림 10−27(a)]와 같이 길이(l)가 1 m이고 반경(R)이 5 cm인 원형 단면 보 중앙에 $P = 10$ kN의 집중력을 가했을 때, 보에 발생하는 최대 인장 수직응력[MPa]을 구하시오.

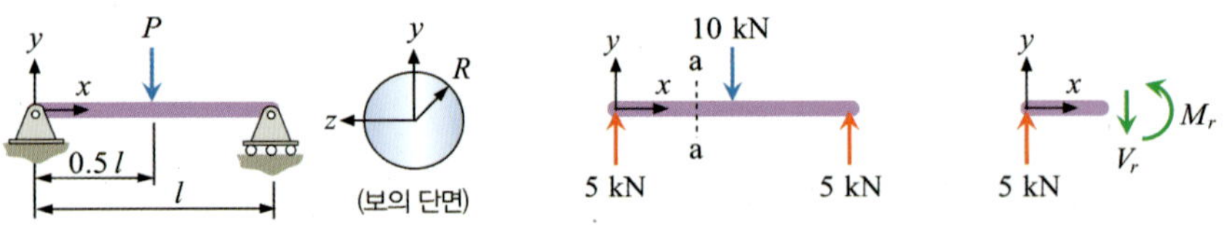

(a) 치수 및 부하 조건　(b) 보의 자유물체도　(c) 내력과 굽힘 모멘트

그림 10-27 3점 굽힘 보

Analyze

- 최대 수직응력은 굽힘 모멘트가 최대인 위치에서 발생하므로, 해당 위치를 먼저 찾는다.
- 식 (10.27)을 이용해 최대 인장 수직응력을 구한다.

Compute

- 보는 좌우대칭이므로 보 전체에 대한 자유물체도는 [그림 10−27(b)]와 같이 되며, 파선 a−a를 따라 가상절단한 후 왼쪽 부분에 대해 자유물체도를 그리면 [그림 10−27(c)]와 같다. 이에 대한 모멘트 평형 조건으로부터 굽힘 모멘트(M_r)는 다음과 같이 되며, 이때 최댓값은 보 중앙에서 발생한다.

$$\sum M_{\mathrm{a}} = M_r - x \times (5\ \mathrm{kN}) = 0$$
$$M_{\max} = (0.5\ \mathrm{m}) \times (5\ \mathrm{kN}) = 2.5\ \mathrm{kN} \cdot \mathrm{m}$$

- 보의 단면에 대한 면적 2차 모멘트는 $I_z = \dfrac{\pi R^4}{4}$ 이 된다 (7장 참조).
- 식 (10.27)을 이용해 최대 인장 수직응력을 구한다. 최대 인장 수직응력은 $y = (-)R$인 보 아랫면에서 발생한다.

$$\sigma_{xx,\,\max} = (-)\frac{M_{\max}\,y}{I_z}\bigg|_{y=(-)R} = \frac{M_{\max}\,R}{\pi R^4/4} = \frac{4M_{\max}}{\pi R^3}$$
$$\sigma_{xx,\,\max} = \frac{4 \times (2{,}500\ \mathrm{N} \cdot \mathrm{m})}{\pi \times (0.05\ \mathrm{m})^3} \approx 25.5 \times 10^6\ \frac{\mathrm{N}}{\mathrm{m}^2} = 25.5\ \mathrm{MPa}$$

Think

보에 대한 좌표계가 바뀌면 식 (10.27)의 부호나 아래첨자도 같이 바뀌므로 주의해야 한다. 예를 들어 (+)y축을 아랫방향으로 잡으면 식 우변의 (−)가 필요 없어진다.

[Static Think]에 대한 하나의 생각 (10장)

[그림 10-28]에 나타낸 프레임은 점 A에서 핀지지된 왼쪽 부재 ABC와 점 G에서 핀지지된 오른쪽 부재 CDEG를 점 C에서 핀(또는 힌지)로 연결하여 제작한 것이다. AB 부분에 선분포하중, 점 D에 집중력이 작용할 경우 다음 물음에 답하시오.

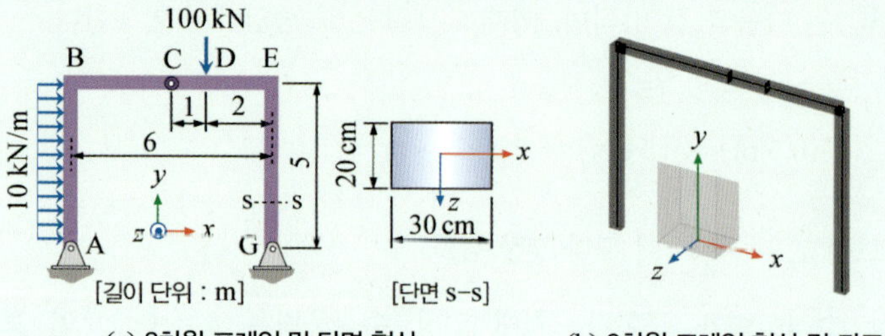

(a) 2차원 프레임 및 단면 형상 (b) 3차원 프레임 형상 및 좌표

그림 10-28 프레임 형상 및 부하조건

Q1. 프레임 지지점 A와 G에서의 반력들을 모두 구하시오.

> • 2차원 문제
> : 미지수가 4개 이상이 되면 부정정문제가 됨
> • 재료역학 문제 해결 과정
> - 3단계 과정
> - 절충법
> • 프레임 및 기계 해석 과정
> : 5단계 과정
> • 핀지지 : 반작용 모멘트 없음

풀이

지지점에서의 반력을 구하기 위해 전체 프레임에 대해 자유물체도를 그리면 [그림 10-29(a)]와 같지만, 점 A와 점 G에서 핀지지되어 있으므로 미지 반력이 4개가 되어 이 상태에서는 반력들을 모두 구할 수 없다. 편의상 모든 반력들을 양의 방향으로 설정하였고, AB 부분에 작용하는 선분포하중은 50 kN의 집중력으로 치환해 고려한다.

먼저 점 A에 대한 모멘트 평형 조건을 적용한 뒤 y 방향 힘 평형을 고려하면 G_y와 A_y를 구할 수 있다(모멘트 평형 적용 시 길이 단위는 m, 힘 단위는 kN으로 통일한다).

$$\Sigma M_A = 6G_y - 2.5\times 50 - 4\times 100 = 0$$
$$G_y = 87.5\ \text{kN}$$
$$\Sigma F_y = A_y + G_y - 100 = A_y + 87.5 - 100 = 0$$
$$A_y = 12.5\ \text{kN}$$

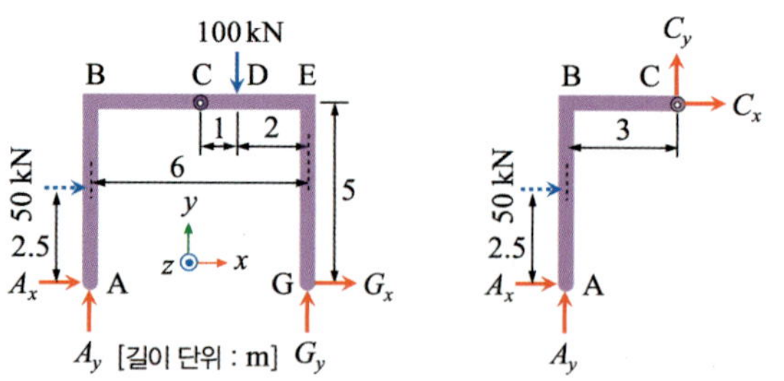

(a) 프레임 전체에 대한 자유물체도 (b) 부재 ABC의 자유물체도

그림 10-29 프레임 형상 및 부하조건

전체 프레임에 대한 자유물체도만으로는 반력을 모두 결정할 수 없지만 [그림 10-29(b)]와 같이 부재 ABC에 대해 자유물체도를 그린 뒤 점 C에 대한 모멘트 평형을 적용하면 A_x를 결정할 수 있다. A_x를 결정한 후 전체 프레임에 대한 x 방향 힘 평형을 적용해 G_x를 구하면 된다.

$$\begin{aligned}\Sigma M_C &= 5A_x + 2.5\times 50 - 3A_y = 5A_x + 125 - 3\times 12.5 = 0\\ A_x &= (-)17.5\text{ kN}\\ \Sigma F_x &= 50 + A_x + G_x = 50 - 17.5 + G_x = 0\\ G_x &= (-)32.5\text{ kN}\end{aligned}$$

Q2. [그림 10-28(a)]에 나타낸 보의 단면에 대한 면적 2차 모멘트 I_x와 I_z를 구하시오.

• **면적 2차 모멘트** : 7장 참조

풀이

사각 단면의 면적 2차 모멘트는 다음과 같다(7장 참조).

$$I_x = \frac{0.3\times 0.2^3}{12} = 2\times 10^{-4}\text{ m}^4$$

$$I_z = \frac{0.2\times 0.3^3}{12} = 45\times 10^{-5}\text{ m}^4$$

Q3. 부재 ABC와 부재 CDEG에 대해 자유물체도를 그리고, 모든 반력들을 구하시오.

풀이

[그림 10-29(b)], x 및 y 방향 힘 평형 및 작용-반작용 법칙을 적용해 두 부재에 대해 자유물체도를 그리면 [그림 10-30]과 같이 된다(세부 계산 과정 생략).

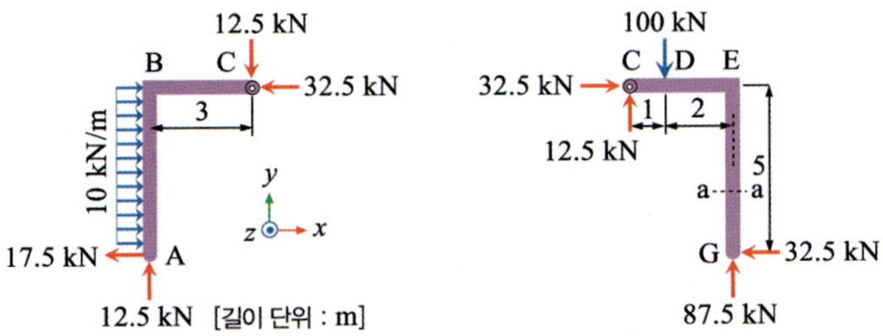

(a) 부재 ABC의 자유물체도 (b) 부재 CDEG의 자유물체도

그림 10-30 개별 부재들에 대한 자유물체도

Q4. 부재 CDEG의 EG 부분에서의 굽힘 모멘트 선도를 그리고, 최대 굽힘 모멘트의 크기를 구하시오. 점 G를 $y = 0$으로 두고 선도를 작성한다.

• 선도
- 하중
- 축력
- 전단력
- 굽힘 모멘트
- 토크(3차원)

풀이

[그림 10-30(b)]에서 EG 부분에 대해 파선 a-a를 따라 절단한 후 그 아래 부분을 [그림 10-31(a)]에 나타내었고, 절단면에 내력과 저항 모멘트를 표시하였다. 이 문제의 경우 저항 모멘트만 구하면 되므로 절단면에 대해 모멘트 평형을 적용해 M_r을 구하면 아래와 같고, 이를 선도로 나타내면 [그림 10-31(b)]와 같다. 최대 굽힘 모멘트는 $y = 5$ m에서 발생하며 162.5 kN · m가 된다.

$$\Sigma M_a = M_r - 32.5y = 0 \quad \rightarrow \quad M_r(y) = 32.5y \text{ [kN} \cdot \text{m]}$$

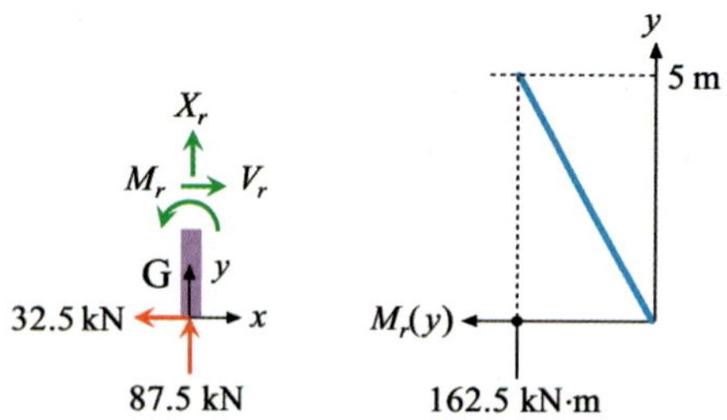

(a) 가상절단부의 자유물체도 (b) 굽힘 모멘트 선도

그림 10-31 EG 부분에 대한 가상절단부 및 굽힘 모멘트 선도

Q5. 굽힘 모멘트로부터 수직응력을 계산할 수 있는 식 (10.27)을 [그림 10-28]과 [그림 10-31(a)]의 좌표계에 맞춰 수정하시오.

• 수직응력 식

$$\sigma_{xx} = (-)\frac{M_z y}{I_z} \qquad (10.27)$$

풀이

문제에 주어진 좌표계 상에서 굽힘 모멘트에 의해서 발생하는 수직응력 성분은 σ_{yy}가 되고 양의 M_z 및 양의 x인 경우 양의 수직응력이 발생하므로 식 (10.27)은 다음과 같이 수정하여 사용해야 한다.

$$\sigma_{yy} = \frac{M_z x}{I_z}$$

Q6. 부재 CDEG의 EG 부분에서의 최대 수직응력 값을 구하시오.

풀이

최대 수직응력은 $y = 5$ m, $x = 0.15$ m인 위치에서 발생하며, **Q2**, **Q4**, **Q5**에서 얻은 결과들을 활용하여 계산하면 다음과 같다.

$$\sigma_{yy,\,\max} = \frac{M_{z,\,\max}\, x_{\max}}{I_z} = \frac{(162{,}500 \text{ N} \cdot \text{m}) \times (0.15 \text{ m})}{45 \times 10^{-5} \text{ m}^4} \approx 54.2 \times 10^6 \frac{\text{N}}{\text{m}^2} = 54.2 \text{ MPa}$$

고찰

- 재료역학 문제를 해결하기 위해서는 정역학에 대한 이해가 필수적이다.
- 본 문제에서 사용한 z축에 대한 면적 2차 모멘트 $I_z(=45\times10^{-5}\,\mathrm{m}^4)$는 7장에서 소개한 면적 극관성 모멘트인 $I_z(=J)$와 다른 것이다. 본 문제에서의 극관성 모멘트는 I_y이다. 이처럼 공학적 수식은 좌표를 어떻게 설정하는지에 따라 관련된 기호와 첨자들이 같이 바뀌므로 수식의 유도 과정과 의미를 정확히 이해한 다음 사용해야 한다.
- 문제의 프레임에 발생하는 변형 양상과 수직응력 분포를 [그림 10-32(b)]에 나타내었다. 핀지지되는 위치에서는 굽힘 모멘트가 0이 되어 수직응력도 0이 됨을 알 수 있고, 점 E 부근에서 응력이 크게 발생함을 알 수 있다.

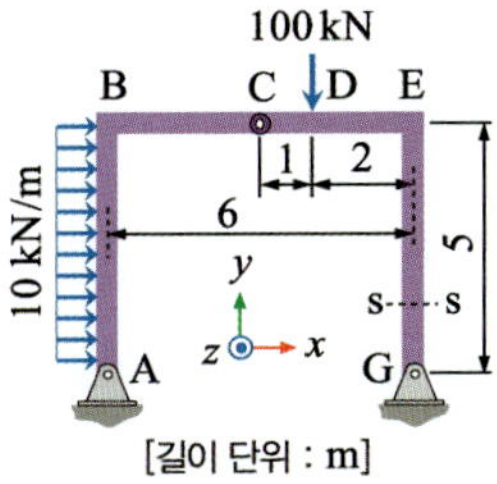

(a) 프레임 문제

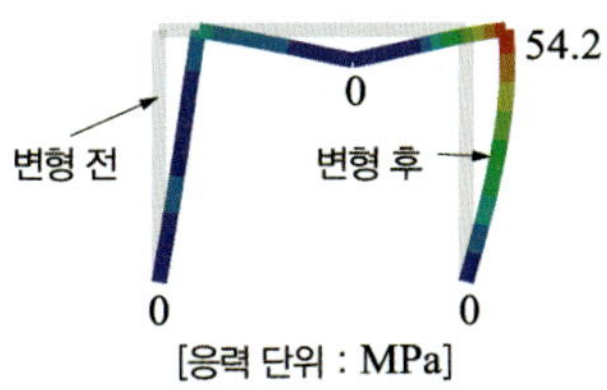

(b) 수직응력 분포

그림 10-32 전체 프레임에 발생하는 수직응력

CHAPTER 10 | 연습문제

10.1 동일한 무게(W)인 액자를 [그림 10–33]에서와 같이 서로 다른 각도로 벽에 매달아 놓았다. 어느 끈에 더 큰 장력이 걸릴지 예측해 본 뒤, 두 장력의 비 T_A / T_B를 구하시오. 단, 모든 재료는 강체 rigid body로 가정한다. 10.1절

10.2 [그림 10–34]의 4각 단면 인장 시험편 중앙부의 폭은 $12.5\ \mathrm{mm}$, 두께는 $4\ \mathrm{mm}$이다. 중앙부에 발생하는 인장 수직응력의 최댓값이 $200\ \mathrm{MPa}$을 초과하지 않는 범위 안에서 가할 수 있는 인장 축력(P)의 최댓값을 구하시오. 10.1절

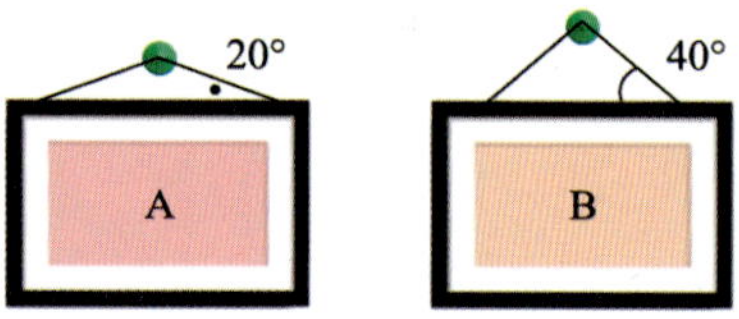

그림 10-33

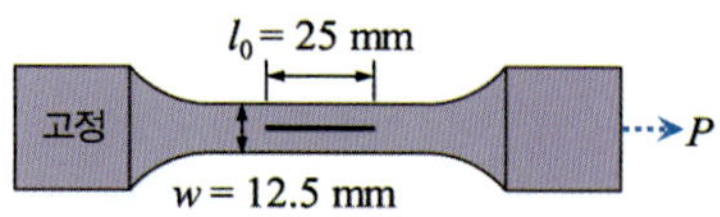

그림 10-34

10.3 [그림 10–34]의 4각 단면 인장 시험편 중앙부에 길이 방향으로 $25\ \mathrm{mm}$ 길이 표시를 하고 인장 축력을 가한 결과 $25.025\ \mathrm{mm}$가 되었다. 이때 발생한 평균 수직 변형률$[\mu\epsilon]$을 구하시오. 10.1절

10.4 길이가 $1\ \mathrm{m}$이고 지름이 $10\ \mathrm{mm}$인 원형 단면 봉 rod의 한쪽을 고정한 뒤 다른 한쪽에 $10\ \mathrm{kN}$의 축력을 인가하였을 때 $1\ \mathrm{mm}$만큼 늘어났다. 이 재료의 영률 Young's modulus$[\mathrm{GPa}]$을 정수 자리까지만 구하시오. 10.1절

***10.5** 자중 dead weight W인 봉을 [그림 10–35(a)]와 같이 매달아 놓았을 때의 변형량 δ_A와 [그림 10–35(b)]와 같이 자중을 무시하고 봉 아래쪽 끝에 자중과 같은 크기의 집중력 W를 가하였을 때의 변형량 δ_B와의 비(δ_A / δ_B)를 구하시오. 두 봉의 단면적(A), 변형 전 길이(L), 영률 (E)은 모두 동일하다고 가정한다. 10.1절

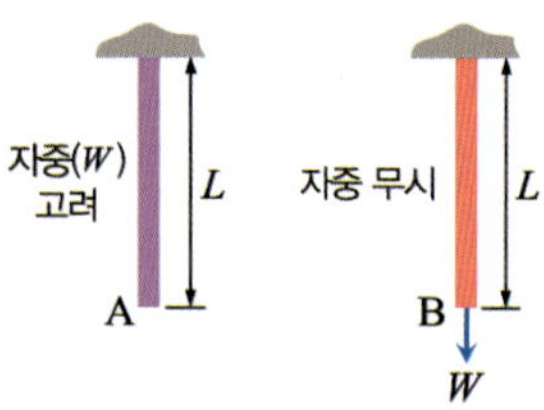

(a) 자중 고려 (b) 자중 무시

그림 10-35

10.6* 두 명의 작업자가 [그림 10-36(a)]에서와 같이 굴착기 excavator를 이용해 보강토옹벽 mechanically stabilized earth wall 공사를 진행하고 있다. 굴착기 후크 아래 부분을 [그림 10-36(b)]와 같이 모델링하였고, 길이 $0.8\ \mathrm{m}$인 케이블 AB와 AC는 [그림 10-36(c)]와 같은 인장 축력과 변형 곡선을 따른다. 옹벽(D) 하나의 무게는 $2\ \mathrm{kN}$이고 강체로 가정한다. 이때 케이블 AB(또는 AC)에 발생하는 인장력[kN]을 절충법을 이용해 구하고, 모든 재료들을 강체로 가정했을 경우와 비교하시오. 10.1절

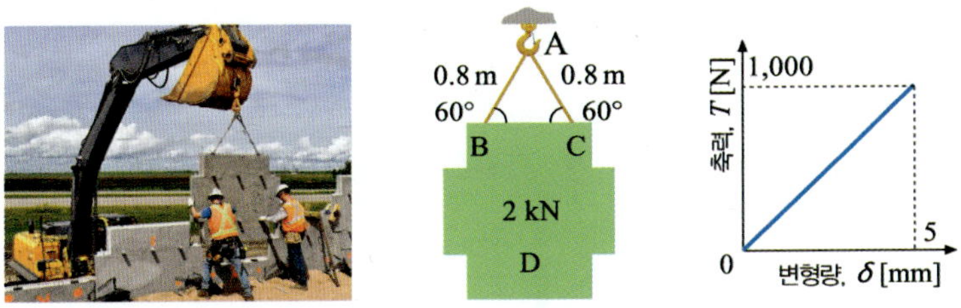

(a) 보강토옹벽 공사　(b) 굴착기 부하 모델　(c) 케이블 축력–변형 관계

그림 10-36

10.7 [그림 10-37]과 같은 단순 프레임 ABC의 BC 부분에 $2\ \mathrm{kN/m}$의 선분포하중이 가해지고 있다. 지지점 A와 C에서의 반력을 구하시오. 모든 부재는 강체 rigid body로 가정한다. 10.2절

10.8 세 부재 AD, BE, CG의 교차점을 핀 조인트로 연결한 [그림 10-38]과 같은 구조물의 점 D에 x 방향 힘 $1\ \mathrm{kN}$과 z축에 대한 모멘트 $M_{zD} = (-)2\ \mathrm{kN \cdot m}$를 가하였다. 지지점 A와 G에서의 반력을 구하고, 부재 BE에 대한 자유물체도를 그리시오. 그림에 나타낸 숫자는 해당 부분의 길이 [m]를 의미한다. 10.2절

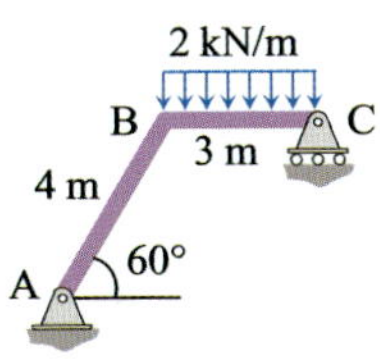

그림 10-37

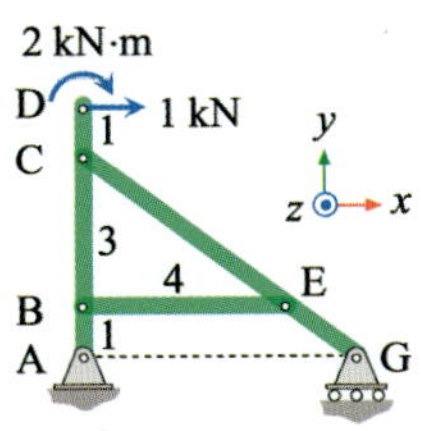

그림 10-38

10.9 두 강체 부재 AD와 BC가 [그림 10-39]에서와 같이 점 C에서 핀으로 연결되어 있다. 점 D에 $(-)y$ 방향으로 1 kN의 힘을 가했을 때 지지점 A와 B에서의 반력을 구하고, 부재 BC에 대한 자유물체도를 그리시오. 반력을 구할 수 없다면 그 이유를 기술하시오. 10.2절

10.10 세 부재 AB, BCD, AD로 구성된 [그림 10-40]에 나타낸 정사각형 구조물의 부재 AB에 대해 전단력 선도와 굽힘 모멘트 선도를 그리시오. 부재 AB의 점 A를 원점으로 한다. 10.2절

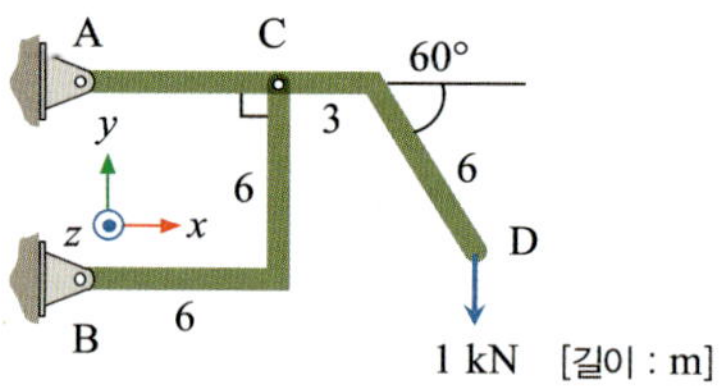

그림 10-39

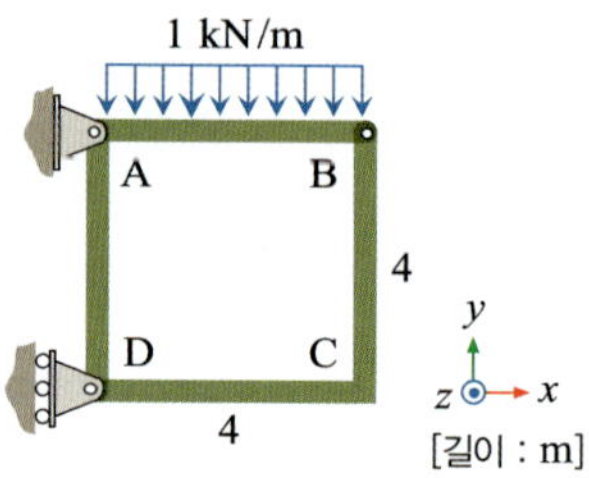

그림 10-40

10.11 [그림 10-41]과 같이 보(또는 구조물)의 양 끝을 핀과 롤러로 지지하고 중앙 부분에 롤러를 이용해 힘을 가하면서 보(또는 구조물)의 굽힘 저항성을 시험하는 방법을 3점 굽힘 시험 3 point bending test이라고 한다. 이 경우 보 AB에 대해 전단력 선도와 굽힘 모멘트 선도를 작성하시오. 10.2절

10.12 [그림 10-42]와 같이 보(또는 구조물)의 양 끝을 핀과 롤러로 지지하고 중앙 부분에 2개의 롤러를 이용해 힘을 가하면서 보(또는 구조물)의 굽힘 저항성을 시험하는 방법을 4점 굽힘 시험 4 point bending test이라고 한다. 이 경우 보 AB에 대해 전단력 선도와 굽힘 모멘트 선도를 작성하시오. 그리고 [문제 10.11]의 결과와 비교할 때 가장 두드러진 차이는 무엇인지 기술하시오. 10.2절

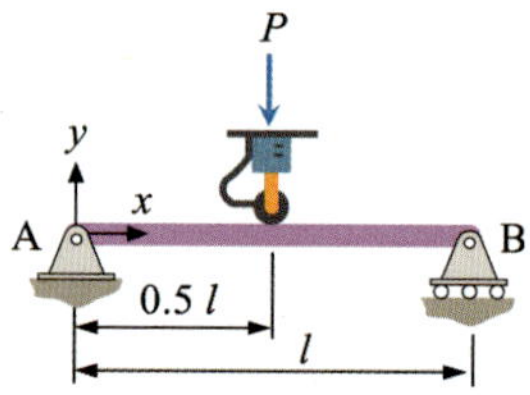

그림 10-41

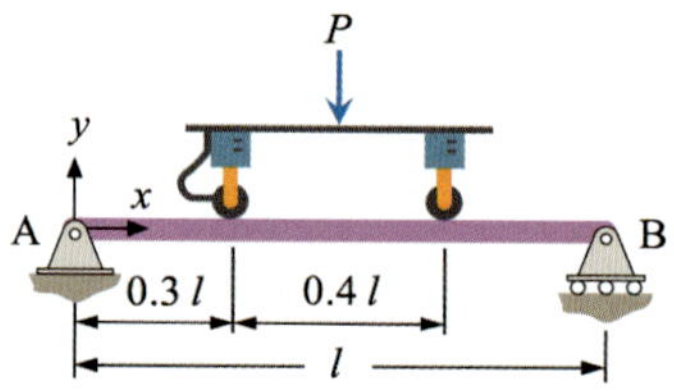

그림 10-42

10.13 직선 부재 AB와 1/4 원형 부재 BC로 구성된 [그림 10–43]에 나타낸 구조물의 지지점 A와 C에서의 반력을 구하시오. 10.2절

10.14 [그림 10–43]에서 1/4 원형 부재 BC만을 확대하여 [그림 10–44]에 나타내었다. [문제 10.13]의 결과를 활용하여 부재 BC에 대한 전단력 선도와 굽힘 모멘트 선도를 각 θ $(0° \sim 90°)$에 대해 그리시오.

10.2절

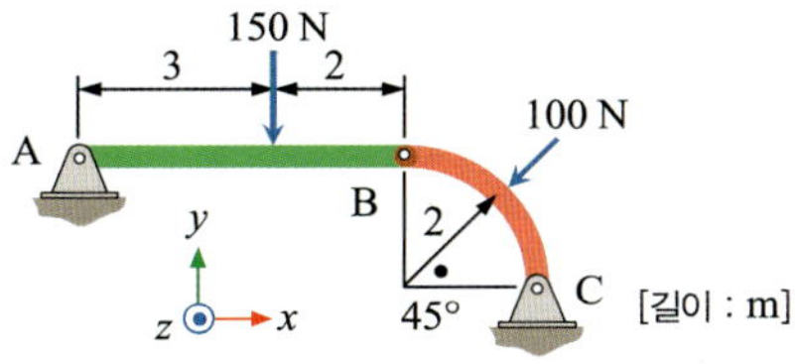

그림 10-43

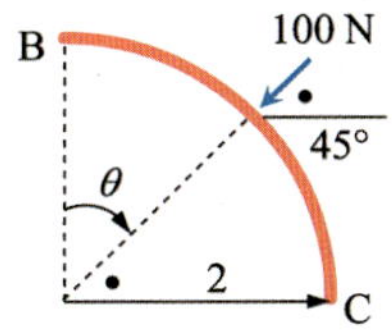

그림 10-44

*__10.15__ 접이식 테이블 folding tray 위에 [그림 10–45]와 같이 무게 200 N인 TV가 올려져 있다. 접이식 테이블은 3개의 부재 AB, AC, BD로 구성되어 있고 부재들은 모두 핀으로 연결되어 있다. TV 무게가 상판 AB에 균일하게 분포된다고 가정했을 때 부재 AC에 대한 자유물체도를 그리고 발생하는 모든 반력을 결정하시오. 테이블과 바닥면 사이의 마찰은 무시한다. 10.2절

*__10.16__ 단면적 $100\ \mathrm{mm}^2$, 길이 0.5 m 인 알루미늄($E_A = 70$ GPa)과 구조용강($E_S = 210$ GPa)으로 만들어진 봉을 [그림 10–46]과 같이 강체 부재 BE로 연결한 뒤 점 E에 $(-)y$ 방향으로 10 kN 의 힘을 가하였다. 절충법을 이용해 부재 AB와 CD에 발생하는 응력과 점 E의 y 방향 변위를 구하시오.

10.1~10.2절

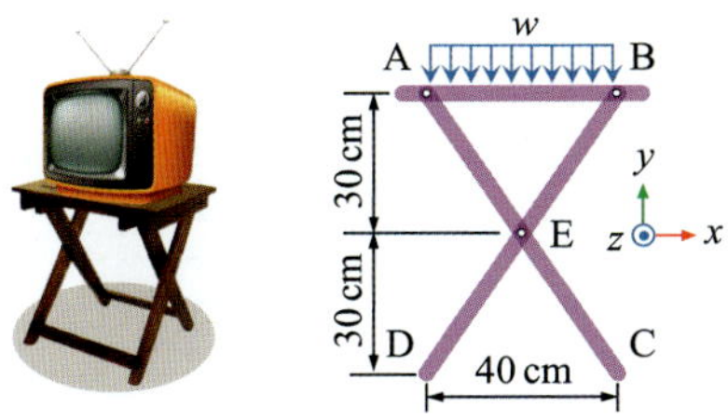

그림 10-45

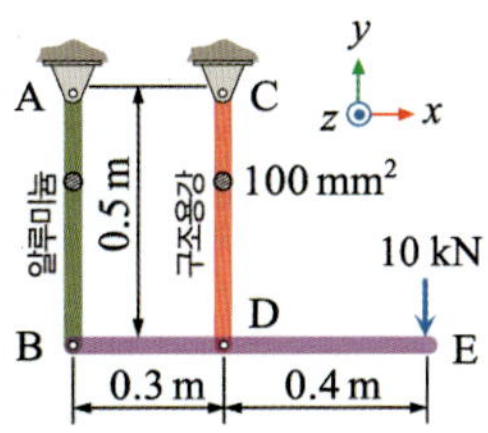

그림 10-46

10.17 단면적이 $50.0\ \mathrm{mm}^2$ 인 인장시험편에 [그림 10–47(a)]에서와 같이 $5\ \mathrm{kN}$의 인장 축력을 가하였을 때 수직 단면에는 그림 (b)와 같이 $100\ \mathrm{MPa}$의 수직응력이 발생한다. 그림 (b)의 단면을 그림 (c)와 같이 $45°$ 회전시킨 경사면에서의 응력 성분을 평면응력 변환식을 이용해 구하고, 이를 단면에 나타내보시오. 10.3절

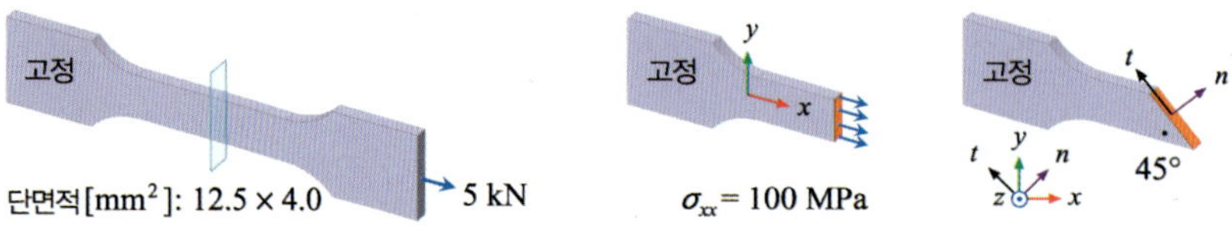

(a) 인장시험편 및 무하 소건 (b) 수직 단면의 응력 (c) 45° 경사면

그림 10-47

***10.18** 주라프스키 Jourawski의 해에 의하면 사각 단면의 경우 [그림 10–48(a)]에서와 같이 최대 전단응력은 평균 전단응력의 1.5 배가 된다. 만약 단면이 사각에서 [그림 10–48(b)]와 같이 원형으로 바뀔 경우 평균 전단응력이 100 이라면 최대 전단응력은 얼마가 되는지 계산하시오. 응력의 단위는 생략한다. 10.3절

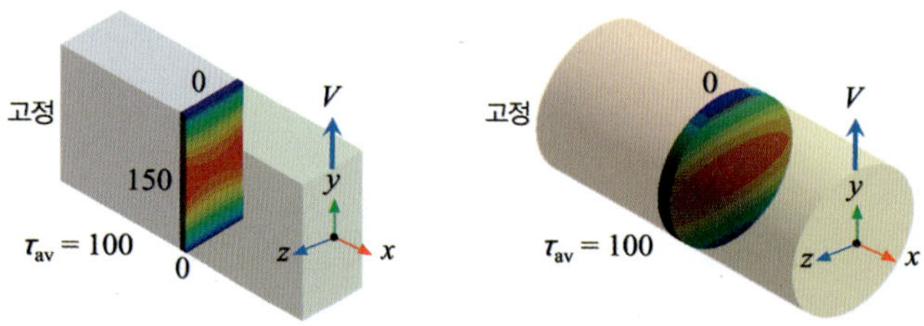

(a) 사각 단면의 전단응력[그림 10–24] (b) 원형 단면의 전단응력

그림 10-48

10.19 [그림 10–49]와 같이 왼쪽을 고정한 상태에서 오른쪽 끝에 $(-)\,y$ 방향으로 $100\ \mathrm{kN}$의 힘을 가할 때 이를 외팔보 cantilever beam라고 한다. 길이가 $400\ \mathrm{mm}$인 외팔보 중앙 윗면(지점 A)과 아랫면(지점 B)에서의 수직응력 $\sigma_{xx}\,[\mathrm{MPa}]$를 구하시오. 10.2~10.3절

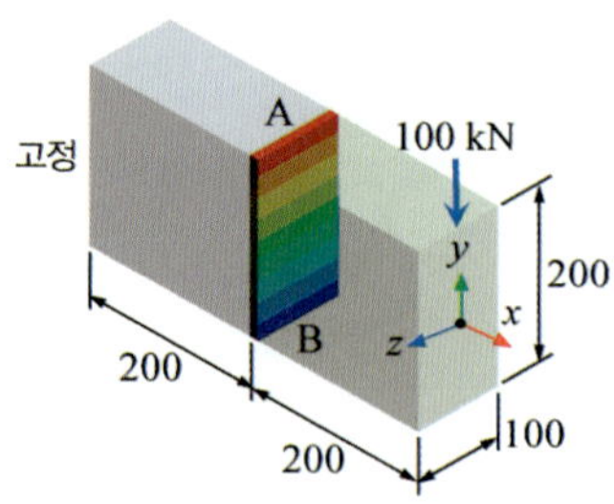

그림 10-49

10.20 [그림 10–50]과 같은 3 점 굽힘 시험 시 중앙에서의 최대 처짐량[mm]을 구하시오. 보의 단면은 그림과 같이 I형 형상을 가지며, 단면의 외곽 치수는 그림과 같고, 나머지 모든 두께 치수는 10 mm로 두고 계산한다. 보는 영률 70 GPa인 알루미늄 합금으로 제작되어 있다. 10.3절

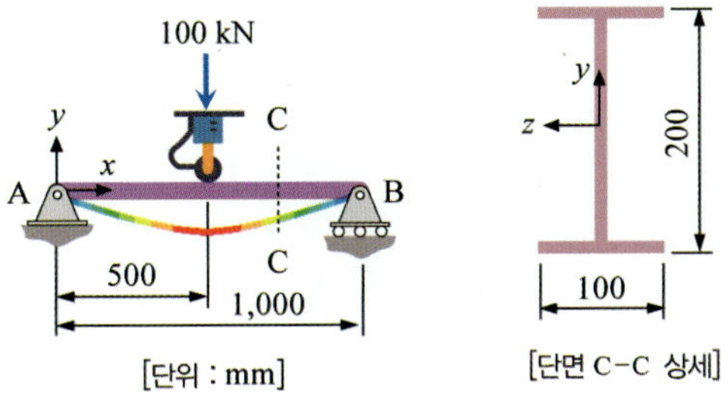

그림 10-50

10.21 자동차의 왼쪽과 오른쪽 바퀴의 안정성을 위해 연결하는 [그림 10–51(a)]에 나타낸 부재의 두 지지점 사이에는 주로 비틀림 토크만 작용하도록 설계되어 있으며, 이를 토션바 torsion bar, anti-roll bar라고 한다. [그림 10–51(b)]와 같은 토션바에 토크 1,000 N · m가 작용할 때, 지름 50 mm의 토션바에 발생하는 최대 전단응력[MPa]을 구하시오. 10.3절

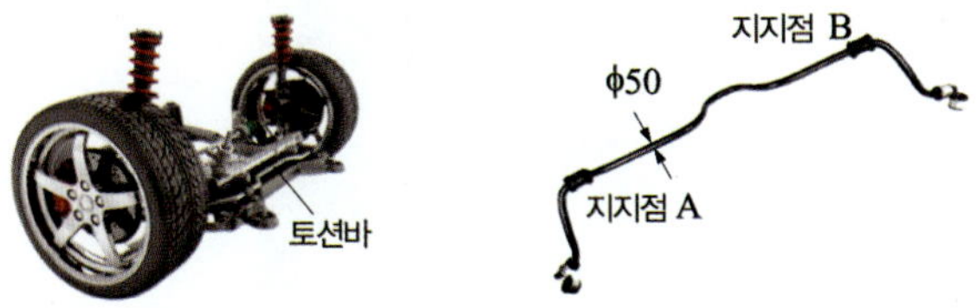

(a) 자동차 토션바　　(b) 토션바 치수

그림 10-51

시속 100 킬로미터가 넘는 롤러코스터를 경험해 본 사람이라면 그 역동적인 느낌을 잊을 수 없을 것이다. 숨 쉴 새 없이 경로를 바꿔가며 빠르게 이동하는 롤러코스터를 타면서 위험을 느끼는 사람이 많지 않은 것은 지지 구조물이 강건하게 구성되었고, 롤러코스터가 탈선하지 않도록 동역학을 고려해 설계되었기 때문이다. 롤러코스터 탑승을 끝내고 출구에서 자신의 표정을 담은 사진을 보았다면 동역학과 정역학의 관계를 이미 몸소 체험한 것이다.

CHAPTER 11

동역학

Dynamics

질점의 동역학 11.1
2차원 동역학 11.2
종합예제
연습문제

학습목표

- 정역학과 동역학의 공통점과 차이점을 이해한다.
- 달랑베르의 원리를 이용해 동역학 문제를 정역학적으로 풀이한다.
- 일-에너지 원리를 이해하고 동역학 문제 풀이에 적용한다.
- 중력 위치에너지, 운동에너지, 탄성에너지 관련 식을 유도하고 물리적 의미를 이해한다.
- 질점과 강체의 (각)변위, (각)속도 및 (각)가속도를 계산할 수 있다.

SECTION 11.1

질점의 동역학

- ✔ 달랑베르의 원리를 통해 정역학과 동역학에 대한 공통점과 차이점을 이해한다.
- ✔ 병진운동과 회전운동에서의 (각)변위, (각)속도, (각)가속도 사이의 관계를 유도한다.
- ✔ 일-에너지 원리를 이용해 질점의 운동을 해석한다.

농구경기에서 3 점 슛 적중률이 높은 선수들은 농구공의 운동궤적이 일정해질 때까지 부단한 연습을 한다. 농구공은 직경이 크기 때문에 상대적으로 회전이 적어 하나의 질점으로 간주해 해석할 수 있다. 움직이는 농구공의 궤적을 정역학을 활용해 계산해보자.

11.1.1 동역학과 정역학

세상에 움직이지 않고 완전히 정지해 있는 물체는 없다. 정지해 있는 것처럼 보이는 물체라도 고유진동을 하고 있고, 우리가 살고 있는 지구 자체도 돌고 있기 때문이다. **동역학** Dynamics[1]에서는 한 물체나 구조물에 부하(입력)가 작용했을 때의 효과(출력)를 다루지만, 일차적으로는 변형을 고려하지 않은 채 해당 물체의 운동[2]에만 관심을 갖는다. 포신 내에서의 화약 폭발로 얻은 압력에 의해 포환은 [그림 11-1(a)]와 같은 궤적을 그리며 운동하고, 제트 엔진에서 생성된 추력 thrust을 이용해 비행기는 [그림 11-1(b)]와 같이 운동한다. 이 경우, 임의의 시간에서의 운동 궤적인 $h(t)$와 $s(t)$를 예측하기 위해서는 동역학이 필요하고, 특정 시간에서 해당 물체의 평형은 정역학으로도 해석이 가능하다. 다시 말해, **정역학** Statics은 정지해 있는 물체만 다루는 것이 아니고 정지해 있거나 운동 중인 물체의 특정 순간 instantaneous moment에서의 거동을 다룬다고 보면 된다. 정역학과 동역학의 공통점과 차이점을 [표 11-1]에 정리하였으며, 가장 큰 차이점은 (각)가속도 항의 유무로 보면 된다.

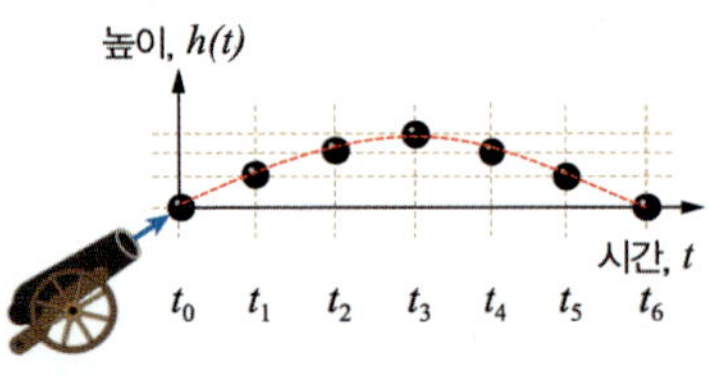

(a) 포환의 운동 궤적

(b) 비행기의 운항 궤적

그림 11-1 포환과 비행기의 운동

1 무게(重)를 갖는 물체에 힘(力)을 가하면 정지해 있던 물체는 움직이게(動) 되고, 움직이고 있던 물체는 가속되는 등의 운동 변화가 생긴다. 이를 다루는 역학의 한 분야가 동역학(動力學)이다.

2 이러한 이유로 동역학을 운동학(Kinetics)이라고도 부른다.

표 11-1 정역학과 동역학의 공통점 및 차이점

역학	공통점	차이점	예
정역학	변형을 고려하지 않음 • 질점 • 강체 • 힘 : 미끄럼 벡터 • 모멘트 : 자유 벡터	• **뉴턴의 제3법칙** 중심 • 면적 2차 모멘트 • $\Sigma F = 0$ • $\Sigma M = 0$	정속주행 $(a = 0)$ 
동역학		• **뉴턴의 제2법칙** 중심 • 시간 항 관여 • 질량(무게) 2차 모멘트 • $\Sigma F = ma \neq 0$ • $\Sigma M = I\alpha \neq 0$	가속 $(a \neq 0)$

11.1.2 변위, 속도, 가속도

동역학의 경우 물리량들의 상태가 **시간** time에 따라 바뀐다. 농구 선수가 [그림 11–2]에서와 같이 농구공에 순간적으로 힘(P_0)을 가해 초기 속도 initial velocity v_0로 던졌다고 가정해보자. 이때 농구공을 하나의 **질점** particle으로 간주하면,[3] 농구공은 공간상에서 시간에 따라 위치 변화 position change가 일어난다. 이러한 위치 변화를 **변위** displacement[4]라고 하며, 직각좌표계상에서는 식 (11.1)과 같이 나타낸다. 그림에서 x 방향의 변위는 지속적으로 증가하는 반면, y 방향 변위는 시간 t_4에서 정점(y_{max})에 다다른 후 다시 감소한다. 변위를 기술하기 위해서는 기준점이 필요하며, 농구공을 던진 지점(좌표의 원점)을 기준으로 했을 때 시간 t_2에서의 변위는 그림 오른쪽에 벡터로 나타낸 것처럼 $s_2 = x_2 i + y_2 j$와 같이 된다. 즉 변위를 기술함에 있어서는 실제 이동한 거리 distance는 중요하지 않고, 기준 위치와 관심 위치만 고려하면 된다.

$$s(t) = x(t)i + y(t)j \tag{11.1}$$

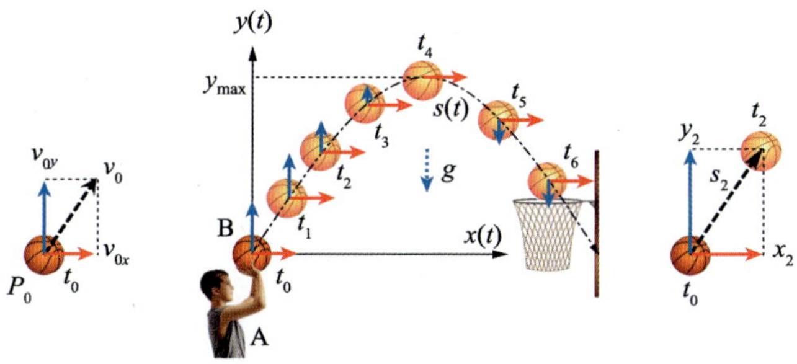

그림 11-2 시간에 따른 농구공의 궤적

3 질점은 1.3절에서 설명하였듯이 물체를 질량을 갖는 하나의 점으로 간주하는 것이다.

4 변위를 기술하려면 크기와 방향 모두 필요하므로 벡터량이다.

초기 속도 v_0로 던진 농구공의 높이가 시간 t_4 이후 감소하는 것은 시간 t_4에서 y 방향의 속도가 0이 되고 이후 방향이 바뀌기 때문이다. **속도** velocity는 변위(s)의 시간 변화율이며, 식 (11.2)와 같이 나타낸다. [그림 11−2]에 x, y 방향의 속도 변화를 함께 나타내었다. 시간에 따른 속도 변화를 **가속도** acceleration라고 하고, 식 (11.3)과 같이 나타낸다. 또한 식 (11.2)와 식 (11.3)을 조합하면(즉, 시간 항을 소거하면) 특정 방향의 변위(s), 속도(v) 및 가속도(a) 사이의 관계인 식 (11.4)를 얻을 수 있다. 이상의 변위, 속도, 가속도의 정의 및 단위 예를 [표 11−2]에 정리하였다.

$$\mathrm{v}(t) = \frac{d\mathrm{s}(t)}{dt} = \frac{dx(t)}{dt}\mathrm{i} + \frac{dy(t)}{dt}\mathrm{j} = v_x(t)\mathrm{i} + v_y(t)\mathrm{j} \tag{11.2}$$

$$\mathrm{a}(t) = \frac{d\mathrm{v}(t)}{dt} = \frac{dv_x(t)}{dt}\mathrm{i} + \frac{dv_y(t)}{dt}\mathrm{j} = a_x(t)\mathrm{i} + a_y(t)\mathrm{j} \tag{11.3}$$

$$\frac{v}{a} = \frac{\frac{ds}{dt}}{\frac{dv}{dt}} = \frac{ds}{dv} \quad \rightarrow \quad a\,ds = v\,dv \tag{11.4}$$

표 11-2 변위, 속도, 가속도(x-y 평면 기준)

물리량	미분 기준 정의	벡터 표현	단위 예	
			SI	US 상용
변위	$\mathrm{s}(t)$	$\mathrm{s}(t) = x(t)\mathrm{i} + y(t)\mathrm{j}$	mm, cm, m	in, ft
속도	$\mathrm{v}(t) = \frac{d\mathrm{s}(t)}{dt}$	$\mathrm{v}(t) = v_x(t)\mathrm{i} + v_y(t)\mathrm{j}$	m/s, kph	ft/s, mph
가속도	$\mathrm{a}(t) = \frac{d\mathrm{v}(t)}{dt} = \frac{d^2\mathrm{s}}{dt^2}$	$\mathrm{a}(t) = a_x(t)\mathrm{i} + a_y(t)\mathrm{j}$	$\mathrm{m/s^2}$	$\mathrm{ft/s^2}$

[그림 11−2]에서와 같이 초속 v_0로 던진 농구공의 경우 $a_x = 0$, $a_y = (-)g$가 되므로, 시간에 따른 속도와 변위는 각각 식 (11.2)와 식 (11.3)을 이용하여 가속도와 속도를 관심 시간 구간에 대해 적분함으로써 얻을 수 있다. 이렇게 구하는 과정은 각각 식 (11.5), 식 (11.6)과 같다. $y(t)$에 관한 식 (11.6)으로부터 농구공의 높이는 포물선 운동 parabolic motion을 하고 있음을 알 수 있다.

$$\begin{aligned} \int_0^t dv_x &= v_x(t) - v_{0x} = \int_{t=0}^t a_x\,dt = \int_{t=0}^t 0\,dt = 0 \\ \int_0^t dv_y &= v_y(t) - v_{0y} = \int_{t=0}^t a_y\,dt = \int_{t=0}^t (-g)\,dt = (-)gt \end{aligned} \tag{11.5}$$

$$\begin{aligned} \int_0^t dx &= x(t) - x_0 = \int_{t=0}^t v_x\,dt = \int_{t=0}^t v_{0x}\,dt = v_{0x}t \\ \int_0^t dy &= y(t) - y_0 = \int_{t=0}^t v_y\,dt = \int_{t=0}^t (v_{0y} - gt)\,dt = v_{0y}t - \frac{gt^2}{2} \end{aligned} \tag{11.6}$$

11.1.3 달랑베르의 원리

정지해 있는 트럭(A, 질량 m_A)에 가구(B, 질량 m_B)가 실려 있는 경우,[5] 정지해 있던 트럭이 갑자기 출발하면 [그림 11-3(a)]에서와 같이 정지해 있던 가구가 [그림 11-3(b)]와 같이 순간적으로 트럭의 진행 방향과 반대로 움직인다. 이와 같은 현상을 1.5절(**뉴턴의 법칙**)에서 설명한 바와 같이 **관성** inertia이라고 하며, [그림 11-3(b)]에서와 같이 질량과 가속도의 곱으로 표현된다.

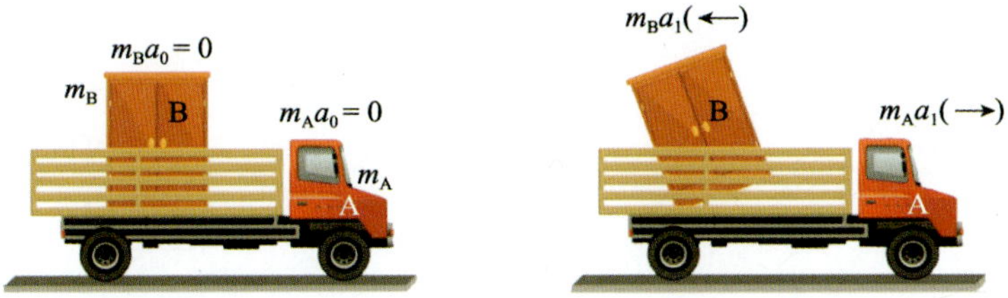

(a) 정지해 있는 트럭과 가구($a_0 = 0$) (b) 순간 가속한 트럭과 가구($a_1 \neq 0$)

그림 11-3 트럭과 가구의 운동

Static Think_ 01

자동차 안전벨트 seat belt가 충돌사고에서 운전자를 어떻게 보호해 줄 수 있는지 관성의 관점에서 생각해보시오.

뉴턴 사망 시 9 세에 불과하던 장 달랑베르[6]는 20 대 중반에 **뉴턴의 제1법칙**과 **뉴턴의 제2법칙**을 결합하여 **뉴턴의 법칙**을 새로운 시각으로 해석하였다. [그림 11-4(a)]와 같이 어떤 물체(비행기)에 가해진 작용력[7]의 합(ΣF)은 그에 상당하는 가속도(a)를 생성시키며, 이는 식 (1.4)[8]와 같다. 달랑베르는 [그림 11-3(b)]에서와 같이 물체의 운동 방향과 반대로 작용하는 **관성력** inertial force을 하나의 작용력으로 간주함으로써 [그림 11-4(a)]와 같은 동역학 문제를 [그림 11-4(b)]와 같은 정역학적 평형 문제로 바꿔 생각할 수 있음을 보였다. 이를 **달랑베르의 원리** D'Alembert's principle라고 하고, 식 (11.7)[9]과 같이 나타낼 수 있다. 이 원리를 통해 9.1.4절에서 소개한 **가상일의 원리**와 같은 역학 이론의 전개가 가능해졌다.

$$\Sigma \mathrm{F} - m\mathrm{a} = 0 \tag{11.7}$$

(a) 힘과 가속도(ΣF $= m$a) (b) 힘과 관성력(ΣF $- m$a $= 0$)

그림 11-4 힘, 가속도, 관성력

5 일정한 속도(a = 0)로 달리던 트럭이 속도를 올리기 위해 가속하는 경우도 해당된다.

6 Jean-Baptiste Le Rond d'Alembert(1717~1783) : 프랑스의 수학자이자 물리학자로서 해석역학의 기초를 마련하였으며, 1743년 『역학편』을 저술하여 학계의 주목을 받았다.

7 달랑베르의 원리를 설명하기 위해 수평 방향 힘만을 도시하였다.

8 ΣF $= m$a

9 식 (2.10) $\Sigma F_x = 0$, $\Sigma F_y = 0$, 식 (8.12) ΣF $= 0$ 등과 같은 형태의 정적 힘 평형식이 된다.

질량 m_1, m_2인 두 물체(1, 2)를 질점으로 보고 [그림 11-5(a)]와 같이 줄 A로 연결한 뒤, 2번 물체에 힘 P를 가해 두 물체가 함께 운동하는 경우의 가속도와 줄 A에 발생하는 인장력을 구해보자. **달랑베르의 원리**를 적용해 두 물체에 [그림 11-5(b)]와 같이 관성력 m_1a, m_2a를 점선과 같은 방향으로 작용시킨 후, 각각의 물체에 대해 힘 평형을 적용하면 식 (11.8)과 같이 나타낼 수 있다. 이 두 식을 더해 인장력 T를 소거하면, 식 (11.9)와 같이 가속도를 얻을 수 있고, 이 가속도 값을 식 (11.8)의 첫 번째 식에 대입하면 인장력 T는 식 (11.10)과 같이 된다. 이와 같이 자유물체도와 **달랑베르의 원리**를 이용하면 정역학적 평형을 이용해 동역학 문제를 해석할 수 있다.

$$\begin{aligned} \sum F_{x1} &= T - m_1 a = 0 \quad \rightarrow \quad T = m_1 a \\ \sum F_{x2} &= P - T - m_2 a = 0 \quad \rightarrow \quad P - T = m_2 a \end{aligned} \tag{11.8}$$

$$a = \frac{P}{m_1 + m_2} \tag{11.9}$$

$$T = m_1 a = \frac{m_1}{m_1 + m_2} P \tag{11.10}$$

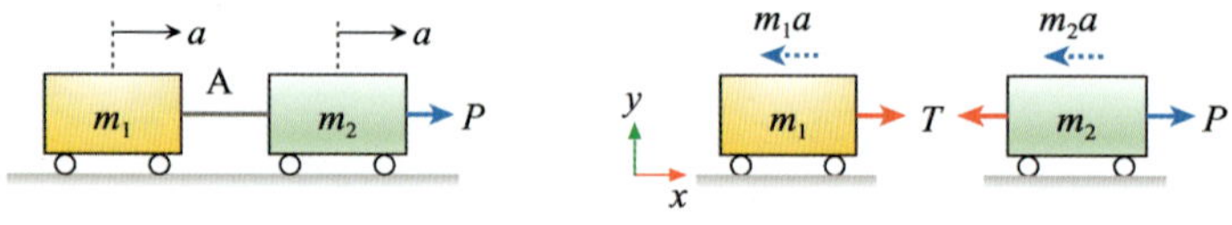

(a) 힘에 의한 물체의 운동 (b) 두 물체에 대한 자유물체도

그림 11-5 달랑베르의 원리 적용

Static Think_ 02

[그림 11-5]를 열차로 생각하면 m_1은 객차, m_2는 동력차로 볼 수 있다. 객차와 동력차의 관계에 대해 생각해보시오.

예제 11-1 세 질량계에 대한 달랑베르의 원리 적용

수평면에 놓인 질량 2 kg 및 3 kg인 두 물체가 케이블 A에 의해 연결되어 있고, 물체 2는 도르래와 케이블 B를 이용해 5 kg인 물체 3과 연결되어 있다. 각 질량들의 가속도[$\mathrm{m/s^2}$]를 구하고, 케이블 A와 B에 발생하는 인장력[N]을 구하시오. 단, 마찰은 모두 무시한다.

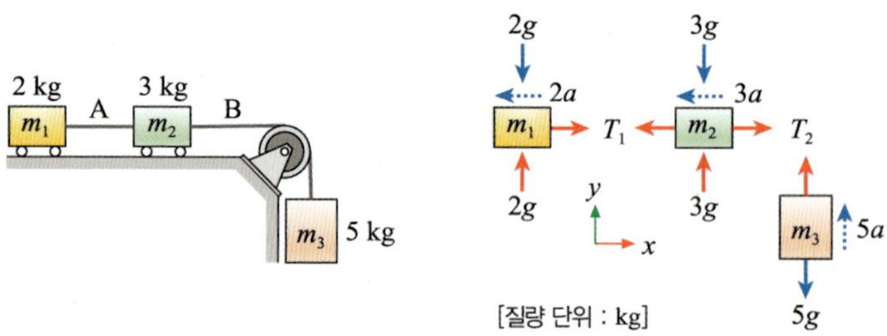

(a) 케이블로 연결되어 있는 세 질량 (b) 세 질량에 대한 자유물체도

그림 11-6 세 질량(질점)의 운동

Analyze

- 마찰을 무시할 수 있으므로, 물체 1과 2는 우측으로, 물체 3은 아래로 이동한다.
- 물체의 운동(가속) 방향과 반대의 관성력을 작용시켜 **달랑베르의 원리**를 적용한다.
- 세 물체가 늘어나지 않는 케이블로 연결되어 있으므로 세 물체들의 가속도는 같다.

Compute

- 물체 1과 2에 대해 x 방향의 힘 평형을 적용하면 다음과 같은 관계를 얻는다.

$$\sum F_{x1} = T_1 - 2a = 0, \ \sum F_{x2} = T_2 - T_1 - 3a = 0$$

- 물체 3에 대해 y 방향의 힘 평형을 적용하면 다음과 같은 관계를 얻는다.

$$\sum F_{y3} = T_2 + 5a - 5g = 0$$

- 미지수(T_1, T_2, a)가 3개이고 식이 3개이므로, 식들을 연립해 풀면 다음과 같은 결과를 얻게 된다.

$$a = 0.5g = 4.9 \text{ m/s}^2$$
$$T_1 = 2a = 1g = (1 \text{ kg}) \times (9.81 \text{ m/s}^2) = 9.81 \text{ N}$$
$$T_2 = 5a = 2.5g = (2.5 \text{ kg}) \times (9.81 \text{ m/s}^2) = 24.5 \text{ N}$$

Think

- 동역학 문제 해결 과정은 정역학에서와 큰 차이가 없다.
- 중력가속도(g)는 중간 계산과정에서 9.81 대신 9.80665 m/s^2으로 두고 계산하는 것이 계산 오차를 줄일 수 있다.

예제 11-2 질점의 위치, 속도, 가속도 변화

자동차의 주행성능을 평가하기 위해 100 m 거리를 [그림 11-7(a)]의 주행기록계 odometer와 속력계 speedometer 데이터를 기록해 [그림 11-7(b)]와 같은 그래프를 얻었다. 이 그래프를 이용하여 거리[s, m]에 따른 가속력[a, m/s^2] 변화 그래프를 그리시오.

(a) 자동차 및 속력계

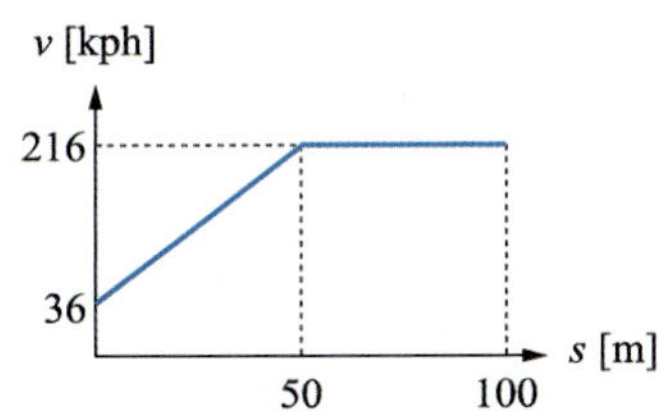

(b) 이동 거리에 따른 속력 변화

그림 11-7 자동차의 속력 변화

Analyze

- 이동 방향이 확정된 경우 벡터(속도) 대신 스칼라(속력)로 계산하는 것이 편리하다.
- 시간이 주어지지 않은 경우 식 (11.4) ($a\,ds = v\,dv$)를 이용한다.

Compute

- 속력 단위를 v_1[kph]에서 $v_2\ [\text{m/s}] = \dfrac{v_1\ [\text{kph}]}{3.6}$의 관계를 이용해 변환한다.
- 50 m까지는 속력이 거리에 비례하여 증가하므로, 거리에 따른 속력 변화는 다음과 같다.

$$v = \frac{3.6s + 36}{3.6} = s + 10\ [\text{m/s}]$$

- 거리, 속력 및 가속력 사이의 관계인 식 (11.4)를 이용하여 가속력을 구하면 다음과 같고, 이를 그래프로 나타내면 [그림 11-8]과 같다. 50 m 이후는 속력이 일정하므로 가속력은 0이 된다.

$$a = v\frac{dv}{ds} = (s+10) \times \frac{d}{ds}(s+10)$$
$$= s + 10\ [\text{m/s}^2]$$

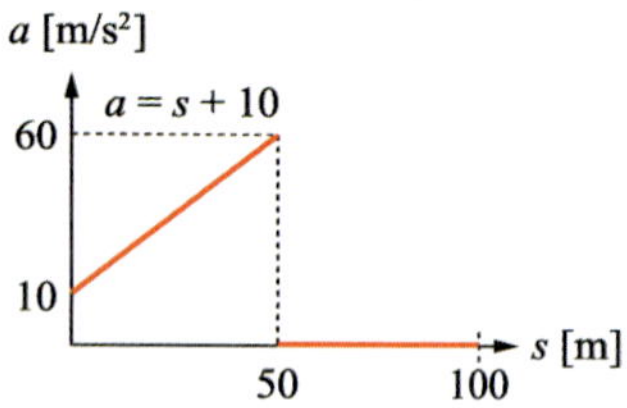

그림 11-8 거리에 따른 가속력 변화

Think

- 1 m/s = 3.6 kph의 관계를 알고 있으면 속력 단위 변환에 유용하다. 예를 들어, 강풍 경보 발령 기준이 순간풍속 26 m/s인데, 이를 [kph] 단위로 변환하면 93.6 kph가 되어 물리적으로 좀 더 이해하기 쉽다.
- 식들을 문제 해석에 적합하게 바꿔 사용하는 것이 좋다.
- 풀이 과정에서 사용한 $v = s + 10$이나 $a = s + 10$과 같은 관계식의 경우 왼쪽 변수와 오른쪽 변수 사이에 단위가 일치하지 않는 것처럼 보이는 문제가 발생하는데 이는 거리(s)를 속력(v)이나 가속력(a)으로 쉽게 변환하기 위한 임시방편으로 보면 된다. 이 변환식을 사용할 경우 거리(s)는 반드시 [m] 값을 사용해야 한다.

11.1.4 일-에너지 원리

시간 t_1에서 속도 v_1인 자동차가 [그림 11-9(a)]에서와 같이 일정한 가속도(a)로 가속하여 시간 t_2에서 속도 v_2가 되었고, 이 시간 동안($t_2 - t_1$) 거리 s 만큼 움직인 경우를 고려하자. 이 경우 차의 전체 질량(m)이 무게중심에 집중되어 있다고 가정하면, 차의 운동을 [그림 11-9(b)]와 같은 질점으로 모델링할 수 있다. 이 등가속도 질점 모델에 대해 변위, 속도 및 가속도에 관한 식 (11.4)를 이용해 상태 1과 상태 2에 대해 적분하면 식 (11.11)이 된다. 또한 이 과정에서 차에 행해진 일($W_{1\text{-}2}$)은 일정한 힘($F = ma$)에 힘과 같은 방향의 이동 거리(s)를 곱해 얻을 수 있으며, 이를 식 (11.12)와 같이 나타낼 수 있다. 식에서 $\frac{1}{2}mv^2$을 질량 m인 물체가 속도 v로 운동할 때의 **운동에너지** kinetic energy (E_k)라고 한다.

$$\int_{s_1}^{s_2} a\,ds = a\int_{s_1}^{s_2} ds = a(s_2 - s_1) = as = \int_{v_1}^{v_2} v\,dv = \frac{1}{2}\left(v_2^2 - v_1^2\right)$$
$$s = \frac{1}{2a}\left(v_2^2 - v_1^2\right) \tag{11.11}$$

$$W_{1\text{-}2} = Fs = (ma) \times s = (ma) \times \frac{1}{2a}\left(v_2^2 - v_1^2\right)$$
$$= \frac{1}{2}m\left(v_2^2 - v_1^2\right) = \Delta E_k \tag{11.12}$$

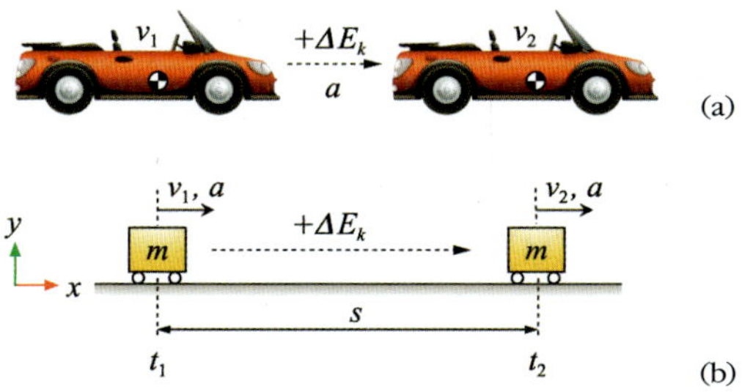

그림 11-9 에너지와 속도 변화

식 (11.12)를 정리하여 식 (11.13)과 같이 나타낼 수도 있다. 이로부터 질점에 가해진 모든 힘에 의해 행해진 일($W_{1\text{-}2}$)은 그 질점의 운동에너지 변화(ΔE_k)와 같게 되는데, 이를 **일-에너지 원리** work-energy principle라고 한다.

$$E_{k1} + W_{1\text{-}2} = E_{k2} \quad \text{또는} \quad W_{1\text{-}2} = E_{k2} - E_{k1} = \Delta E_k \tag{11.13}$$

Static Think_03

마찰이나 공기저항 등을 무시할 때 동일한 자동차가 100 kph와 150 kph로 주행 시 소요되는 에너지의 비를 계산해보시오.

예제 11-3 일-에너지 원리

[그림 11-10(a)]에서와 같이 20 kph의 속력으로 18 %(≈ 10°) 경사진 내리막길을 달리던 1,600 kgf 의 차 앞에 사슴이 출몰해 운전자가 브레이크를 100 % 밟았다. 이 차의 제동거리[m]를 구하시오. 노면과 타이어 사이의 동마찰계수는 0.5 로 가정한다.

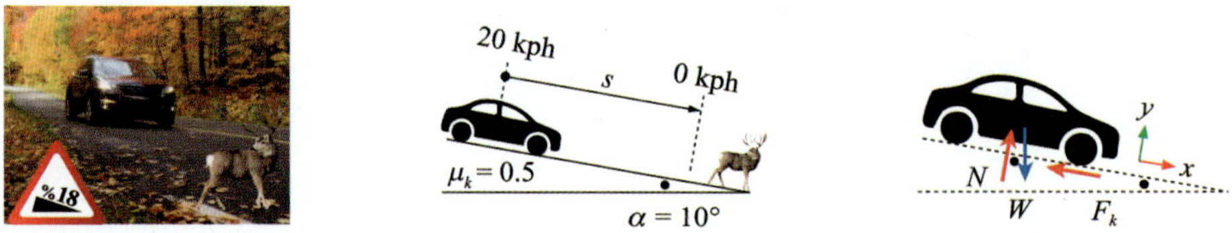

(a) 언덕을 내려가는 자동차 (b) 제동거리 (c) 차에 대한 간략 자유물체도

그림 11-10 자동차의 제동거리

Analyze

- **일-에너지 원리**를 이용하면 질점의 운동을 효율적으로 계산할 수 있다.
- 질점에 가해지는 모든 일을 고려해야 한다.

Compute

- 문제를 그림 (b)와 같이 질점으로 모델링한다.
- 좌표축을 그림 (c)와 같이 설정하고 차 전체를 하나의 질점으로 간주해 자유물체도를 그린 뒤, 수직항력을 구해 마찰력을 계산하면 다음과 같다.

$$\sum F_y = N - W\cos 10° = 0$$
$$N = (1{,}600 \times 9.80665\ \text{N})\cos 10° = 15{,}452.3\ \text{N}$$
$$F_k = \mu_k N = 0.5 \times (15{,}452.3\ \text{N}) = 7{,}726.1\ \text{N}$$

- 차의 진행 방향인 x 방향에 대해 **일-에너지 원리**를 적용해 제동거리를 구한다. x 방향으로 차에 일을 행하는 힘은 무게의 x 성분과 마찰력이다. 식 (11.12)나 식 (11.13)을 적용하여 차의 제동거리를 구하면 다음과 같다. 수식에서 사용한 질량의 단위는 [kg], 속도는 [m/s], 가속도는 [m/s^2], 힘은 [N], 거리는 [m]이다.

$$E_{k1} + W_{1\text{-}2} = E_{k2}$$
$$\frac{1}{2}mv_1^2 + s \times (mg\sin\alpha) - s \times F_k = \frac{1}{2}mv_2^2 = 0$$
$$\frac{1{,}600}{2} \times \left(\frac{20}{3.6}\right)^2 + s \times (1{,}600 \times 9.80665 \times \sin 10°) - s \times 7{,}726.1 = 0$$
$$s \approx 4.94\ \text{m}$$

Think

- 일과 에너지는 스칼라량이므로 상대적으로 계산이 수월하다.
- 일 계산 시 힘의 방향과 이동 방향이 같으면 (+)일, 그렇지 않으면 (−)일로 계산한다.
- 도로 경사도(s %)는 수직 방향 이동 거리를 수평 방향 이동 거리로 나눈 값을 백분율로 나타낸 것이므로, 경사도[%]와 경사각(α) 사이에는 $\tan\alpha = s\,[\%]/100$의 관계가 있다. 예를 들어, 18 % 경사도의 경우 $\alpha = \tan^{-1}(18/100) \approx 10.2°$가 된다.

SECTION 11.2

2차원 동역학

- ✔ 병진운동과 회전운동에서의 (각)변위, (각)속도, (각)가속도 사이의 관계를 유도한다.
- ✔ 병진운동과 회전운동에서의 상대운동과 운동방정식을 이해한다.
- ✔ 일반적인 평면운동 시 일과 에너지를 활용해 문제를 해석한다.

공중으로 던진 부메랑이 자체적으로 회전하면서 큰 원호를 그리며 운동하다가 자신에게 되돌아오는 것에 흥미를 가졌다면 이미 동역학의 세계에 빠져든 것이다. 현재 동역학 학습에 투자한 노력은 언젠가 달콤한 부메랑이 되어 돌아올 것이다.

11.2.1 2차원 운동

물체를 질점으로 모델링할 경우 물체의 직선운동 rectilinear motion이나 곡선운동 curvilinear motion은 모사할 수 있으나, 물체 자체의 **회전운동** rotational motion은 모사할 수 없다. [그림 11-11(a)] 기구의 경우 랙의 직선운동을 원판의 회전운동으로 바꾸는 과정에서 물체들은 자체적으로 회전하고, [그림 11-11(b)]의 4 행정 내연기관의 경우 **병진운동** translational motion과 회전운동이 모두 발생한다. 따라서 [그림 11-11]에서와 같은 물체들은 회전운동을 고려할 수 있는 강체로 모델링해야 한다.

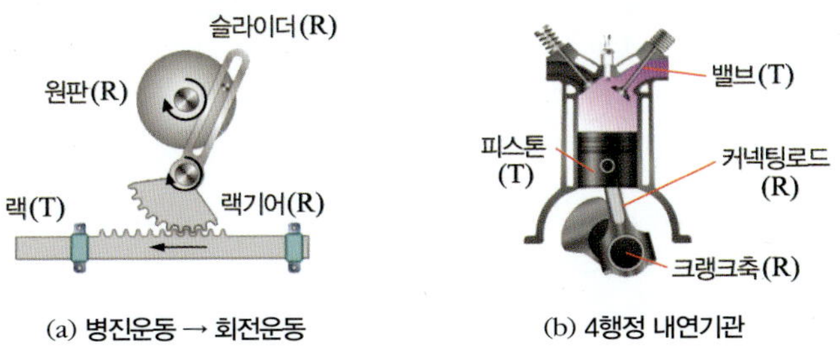

그림 11-11 병진운동(T로 표시)과 회전운동(R로 표시)

[그림 11-12(a)]에 나타낸 풍력발전기 wind power plant 날개 blade의 운동을 기술해보자. 날개 전체가 [그림 11-12(b)]와 같이 반시계방향[10]으로 θ 만큼 회전하면 날개 B_1 상에 위치한(중심에서 R 만큼 떨어진) 한 점 A_0는 A_1으로 회전하고, 이 과정에서 원주길이($s = R\theta$)만큼 곡선이동하게 된다. 이 상태에서 미소각($d\theta$)만큼 더 회전시키면 점 A_1은 점 A_2로 원주길이 ds 만큼 곡선이동하게 되는데, 이 경우는 미소길이 변화이므로 직선운동으로 간주할 수 있어 직선운동에 관한 식 (11.2)~(11.4)를

10 모멘트 방향에 대한 약속과의 일관성을 위해 반시계방향의 각 변화를 (+) 각으로 약속한다.

적용[11]하면 식 (11.14)~ (11.16)[12]을 얻을 수 있다. 식에서 **각변위** angular displacement θ 의 시간 변화율($d\theta/dt$)을 **각속도** angular velocity, 각속도의 시간 변화율($d\omega/dt$)을 **각가속도** angular acceleration라고 한다. 또한 그림 (b)로부터 선속도(파란색 화살표)는 회전 운동 시 접선 방향으로 발생한다. 각변위, 각속도, 각가속도의 정의 및 단위 예를 [표 11-3]에 정리하였다.

$$v = \frac{ds}{dt} = \frac{Rd\theta}{dt} = R\frac{d\theta}{dt} = R\omega \tag{11.14}$$

$$a = \frac{dv}{dt} = \frac{d(R\omega)}{dt} = R\frac{d\omega}{dt} = R\alpha \tag{11.15}$$

$$\frac{v}{a} = \frac{ds/dt}{dv/dt} = \frac{ds}{dv} \rightarrow \frac{R\omega}{R\alpha} = \frac{Rd\theta}{Rd\omega} \rightarrow \alpha\, d\theta = \omega\, d\omega \tag{11.16}$$

(a) 풍력발전기

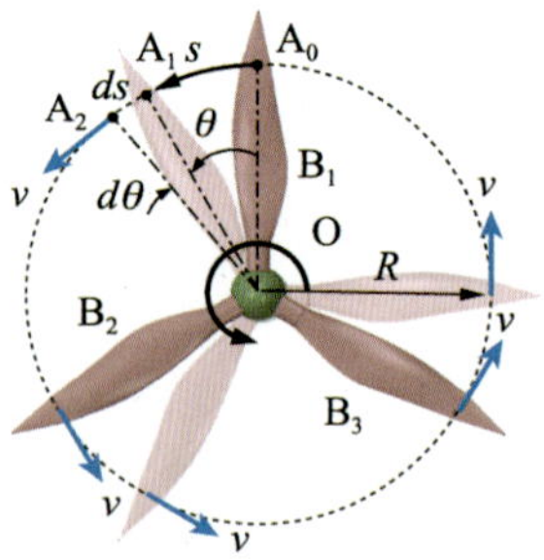

(b) 풍력발전기 날개의 회전

그림 11-12 날개의 회전운동 기술

표 11-3 각변위, 각속도, 각가속도

물리량	미분 기준 정의	벡터 표현[13]	단위 예	
각변위	θ	$\boldsymbol{\theta} = \theta_z \mathbf{k}$	rad	°
각속도	$\omega = \frac{d\theta}{dt} = \dot{\theta}$	$\boldsymbol{\omega} = \omega_z \mathbf{k}$	rad/s	°/s
각가속도	$\alpha = \frac{d\omega}{dt} = \frac{d^2\theta}{dt^2} = \ddot{\theta}$	$\boldsymbol{\alpha} = \alpha_z \mathbf{k}$	rad/s^2	°/s^2

11 동역학에서는 대부분의 경우 시간이 관여되므로 지금부터는 시간 함수 표현을 생략하고 나타낸다. 즉 $v(t)$ 대신 v로 나타내기로 한다.

12 2차원 동역학 문제의 경우 항상 평면에 수직한 축을 중심으로 회전이 발생하므로 벡터 대신 스칼라로 나타내기로 한다.

13 평면 운동이 $x-y$ 평면에서 일어난다고 가정하면, 회전은 항상 $x-y$ 평면에 수직한 z축을 중심으로만 발생한다.

예제 11-4 각변위와 각속도

[그림 11-13]과 같이 정지 상태에서 풀리 A에 연결되어 있는 모터를 구동하여 등각가속도 $\alpha_A = 2\ \mathrm{rad/s^2}$로 5 회전했을 때, 피동풀리 driven pulley B의 각속도와 점 C에서의 선속도를 구하시오. 기어벨트를 사용하여 미끄럼은 없다고 가정한다.

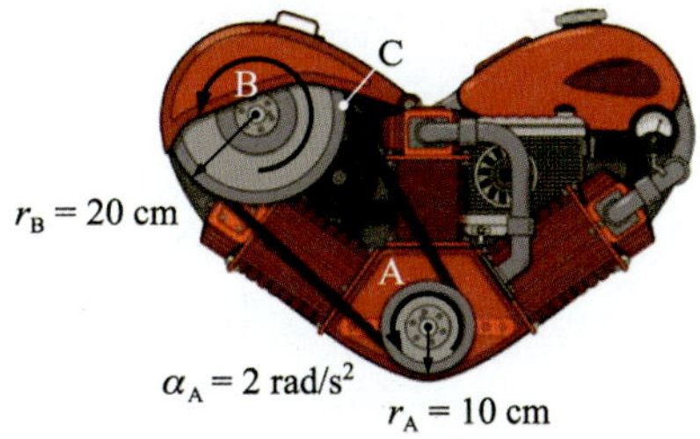

그림 11-13 벨트와 풀리를 이용한 동력 전달

Analyze

- 시간에 대한 정보가 없으므로, 각변위, 각속도, 각가속도 간의 관계식인 식 (11.16)을 이용한다.
- 선속도는 식 (11.14)에서와 같이 회전축에서의 거리에 각속도를 곱하여 구한다.

Compute

- 구동풀리 drive pulley A의 각변위는 다음과 같다.

$$\theta_A = (5\ \text{회전}) \times \frac{2\pi\ \mathrm{rad}}{1\ \text{회전}} = 10\pi\ \mathrm{rad}$$

- 등각가속도 운동이므로 식 (11.16)의 양변을 적분하면 구동풀리 A의 각속도(ω_A)를 구할 수 있다.

$$\int_0^{10\pi} \alpha_A d\theta = (2\ \mathrm{rad/s^2}) \times (10\pi\ \mathrm{rad}) = \int_0^{\omega_A} \omega\, d\omega = \frac{\omega_A^2}{2}$$

$$\omega_A = \sqrt{40\pi} = 11.210\ \mathrm{rad/s}$$

- 미끄럼이 없는 벨트의 선속도는 어디에서나 같으므로 두 풀리의 반경과 각속도 사이에는 다음과 같은 관계가 성립한다. 이를 통해 피동풀리 B의 각속도(ω_B)를 구할 수 있다.

$$v_A = r_A\omega_A = v_B = r_B\omega_B$$

$$\omega_B = \frac{r_A}{r_B}\omega_A = \frac{10\ \mathrm{cm}}{20\ \mathrm{cm}}\omega_A = \sqrt{10\pi} = 5.605\ \mathrm{rad/s}$$

- 점 C의 선속도(v_C)는 피동풀리 B의 회전축으로부터의 거리에 각속도를 곱해 구한다.

$$v_C = r_B\omega_B = (0.2\ \mathrm{m}) \times (\sqrt{10\pi}\ \mathrm{rad/s}) = 1.121\ \mathrm{m/s}$$

Think

- 각변위는 가능한 한 [rad] 단위로 바꿔 생각하는 것이 좋다.
- 직결되어 있는 풀리의 경우 반경이 큰 풀리의 각속도가 더 느리다.

11.2.2 상대운동

세 사람(A, B, C)이 동일한 출발점에서 출발하여 10 분간 걸은 거리를 [그림 11-14(a)]에 나타내었다. 이와 같이 동일한 기준점으로부터 측정한 위치를 **절대위치** absolute position라고 한다. 출발 10 분 후 A가 제자리에 서서 나머지 두 사람을 바라보면 B는 3 km 뒤(−3 km)에, C는 2 km 앞(+2 km)에 위치해 있게 된다. 이와 같이 운동 중인 두 물체(사람)의 경우 기준점을 어디로 잡는지에 따라 위치를 기술하는 방법이 달라지며, 이를 **상대위치** relative position라고 한다. 상대위치는 그림 (a)에서 알 수 있듯이, 관심을 갖는 점(B)의 위치(r_B)에서 기준점(A)의 위치(r_A)를 빼면 되고, 이를 $r_{B/A}$로 나타낸다. 이러한 스칼라 관계는 2 차원 평면상에서의 벡터량에도 그대로 적용된다. 상대위치 벡터는 식 (11.17)과 같고, 이를 벡터 화살표[14]를 이용해 나타내면 그림 (b)와 같이 된다.

$$\begin{aligned} \mathbf{r}_{B/A} &= \mathbf{r}_B - \mathbf{r}_A \\ \mathbf{r}_B &= \mathbf{r}_A + \mathbf{r}_{B/A} \end{aligned} \tag{11.17}$$

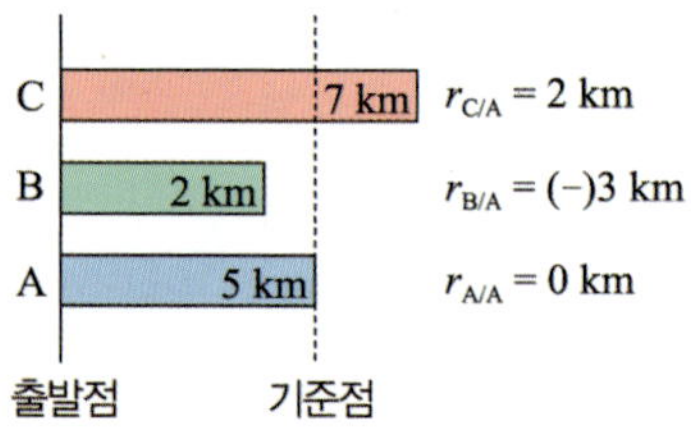

(a) 절대위치 및 상대위치

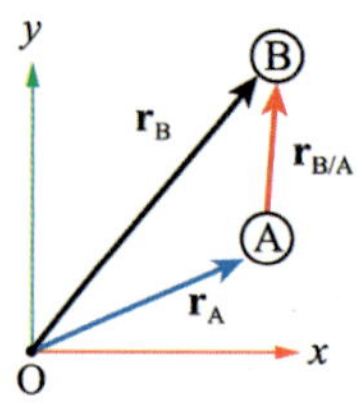

(b) 벡터의 상대위치

그림 11-14 상대 위치

식 (11.17)은 평면상에서 강체의 운동을 기술하는 데 유용하게 사용되는데, 먼저 식의 양변에 대해 유한한 변분 variation량을 고려하면 식 (11.18)이 된다. 평면상에서 [그림 11-15(a)]와 같이 강체 AB가 A′B′으로 이동하였을 때, 이 운동은 먼저 AB가 A′B″으로 $\delta\mathbf{r}_A$ 만큼 병진운동한 다음, 점 A′을 중심으로 $\delta\theta$ 만큼 회전하여 최종 상태인 A′B′으로 이동한 것으로 생각할 수 있다. 즉 식 (11.18)에서 점 B의 위치변화 $\delta\mathbf{r}_B$는 점 A의 위치변화 $\delta\mathbf{r}_A$에 점 A를 기준으로 회전한 상대 위치변화 $\delta\mathbf{r}_{B/A}$를 더한 것과 같으며, 이는 [그림 11-15(a)]에 해칭 hatching으로 나타낸 벡터합 삼각형(BB′B″)과 같다. 여기서 $\delta\mathbf{r}_A$, $\delta\mathbf{r}_B$를 점 A와 B의 **변위** displacement라고 하고, $\delta\mathbf{r}_{B/A}$는 점 A에 대한 점 B의 **상대변위** relative displacement라고 한다. 다음으로 변분량으로 표현된 식 (11.18)을 미분량으로 바꾼 뒤, 시간으로 미분하면 식 (11.19)와 같이 나타낼 수 있으며, 이를 벡터합을 이용해 나타내면 [그림 11-15(b)]에 해칭으로 나타낸 벡터합 삼각형(BB′B″)과 같다. 여기서 $\mathbf{v}_A$, $\mathbf{v}_B$를 점 A와 B의 **속도**라고 하고, $\mathbf{v}_{B/A}$를 점 A에 대한 점 B의 **상대속도** relative velocity라고 한다.

---

14 벡터의 가감 연산은 3.1절(힘 벡터 및 힘의 성분)에서 다루었다.

$$\delta \mathbf{r}_B = \delta \mathbf{r}_A + \delta \mathbf{r}_{B/A} \tag{11.18}$$

$$\frac{d\mathbf{r}_B}{dt} = \frac{d\mathbf{r}_A}{dt} + \frac{d\mathbf{r}_{B/A}}{dt}$$
$$\mathbf{v}_B = \mathbf{v}_A + \mathbf{v}_{B/A} \tag{11.19}$$

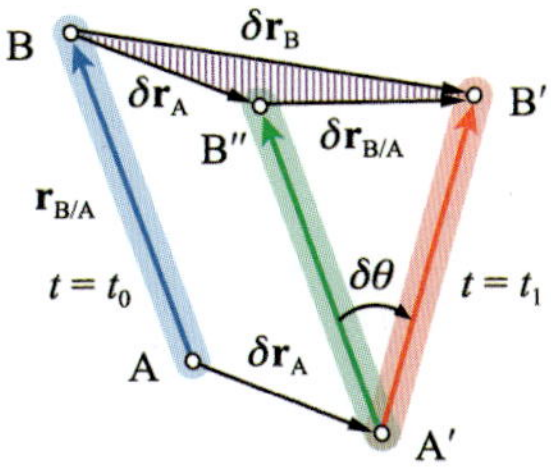

(a) 상대변위

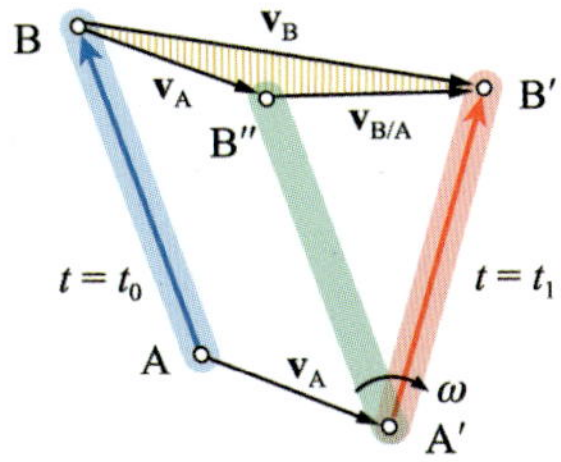

(b) 상대속도

그림 11-15 상대변위와 상대속도

11.2.3 운동방정식

실제 자동차는 [그림 11-16]의 (a)에서와 같이 여러 가지 부품들로 조립되어 있기 때문에 주행 중 개별 부품들의 운동이 모두 다르고 직선 및 회전 운동을 하지만, 그림 (b)에서와 같이 질점으로 모델링함으로써 기본적인 직선운동을 해석할 수 있다. 반면에 그림 (c)와 같이 자동차 전체를 하나의 균질 homogeneous 재료로 간주하고, 모든 질량이 질량중심점 center of mass[15]에 작용하는 강체모델을 사용하면 기본적인 회전운동까지도 해석할 수 있다. 이 경우 그림 (c)에 대한 **뉴턴의 제2법칙**은 식 (11.20)과 같이 벡터 및 스칼라로 나타낼 수 있다.

$$\Sigma \mathbf{F} = m\mathbf{a}_G$$
$$\Sigma F_x = m(a_G)_x, \ \Sigma F_y = m(a_G)_y \tag{11.20}$$

(a) 실제 자동차

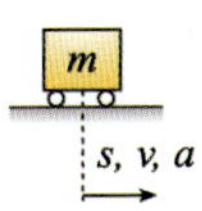

(b) 질점 모델

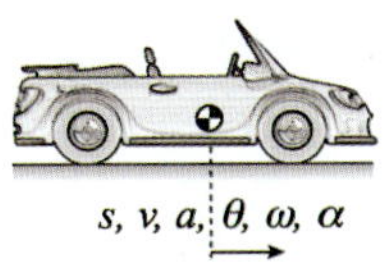

(c) 강체 모델

그림 11-16 자동차의 질점 모델과 강체 모델

[그림 11-17(a)]에 나타낸 캠과 캠종동자 cam follower의 운동을 기술하기 위해서는 식 (11.20)의 직선운동 방정식(캠종동자)과 더불어 캠의 **회전운동** rotational motion을 기술할 수 있는 방법이 필요하다. [그림 11-17(a)]의 캠과 같이 질량이 분포되어 있는 물체에 여러 힘(F_i)과 모멘트(M_i)가 작용하여 한 점 O를 중심으로 일정 각가속도(α)로 회전하는 경우를 [그림 11-17(b)]에 나타내었다. 이 경우

15 질량중심에 대해서는 1장과 6장에서 다루었다.

물체에 미소질량(dm)을 설정하고 기준축에서의 거리를 r 이라고 하면, **뉴턴의 제2법칙**에 의해 미소질량에 작용하는 힘은 $dF = (dm)a_{dm} = (dm)(r\alpha)$가 되고, 이 미소힘에 의해 기준축 O에 대해 발생하는 미소모멘트는 식 (11.21)과 같이 된다. 이 미소모멘트를 전체 질량에 대해 적분하면 모든 힘(F_i)과 모멘트(M_i)에 의해 가해진 모멘트와 평형을 이뤄야 하며, 이를 식 (11.22)에 나타내었다.

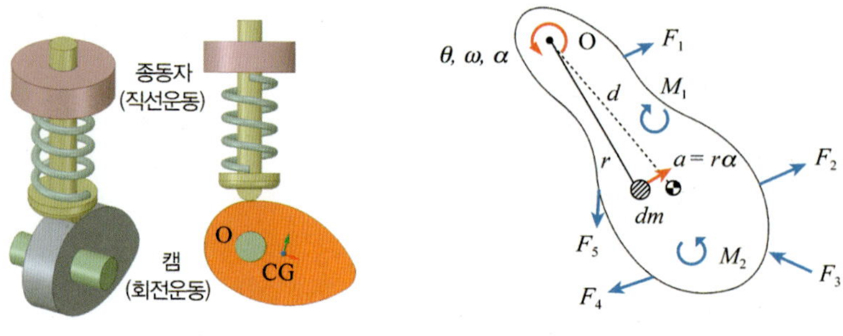

(a) 캠과 종동자　　(b) 일반적인 축 회전운동

그림 11-17 물체의 회전운동

$$dM_O = rdF = r \times (r\alpha dm) = \alpha r^2 dm \tag{11.21}$$

$$\Sigma M_O = \int_m \alpha r^2 dm = \alpha \int_m r^2 dm = I_O \alpha \tag{11.22}$$

식 (11.22)에서 $I_O (= \int r^2 dm)$는 7.1.3절(질량 관성모멘트)에서 설명한 식 (7.4)와 동일하며 기준점 O에 대한 **질량 관성모멘트**라고 부른다. [표 11-2], [표 11-3], 식 (11.20), 식 (11.22)를 비교하여 [표 11-4]에 정리하였다. 직선운동에서의 질량(m)과 가속도(a)는 각각 회전운동에서의 질량 2차 관성모멘트(I)와 각가속도(α)에 대응된다. 6장과 7장에서는 주로 면적에 대한 도심과 2차 모멘트를 설명하였으나, [그림 1-22]에서 설명하였듯이 중력가속도(g), 밀도(ρ), 두께(t)가 일정하면 질량중심과 질량 2차 관성모멘트 및 회전반경 계산에도 동일하게 적용할 수 있다.

표 11-4 물체의 $x-y$ 평면 운동 시 직선운동과 회전운동 비교

운동	(각)변위	(각)속도	(각)가속도	질량(관성모멘트)	운동방정식
직선	x, y	v_x, v_y	a_x, a_y	m	$\Sigma F = ma_G$
회전	θ_z	ω_z	α_z	I_O, I_G	$\Sigma M_O = I_O \alpha_z$

예제 11-5 직선 운동방정식과 가속도

몸무게 600 N(카트포함)의 남성을 카트에 태운 채로 여성이 300 N의 힘을 가해 [그림 11-18(a)]와 같이 수평과 15° 각도로 밀고 있다. 카트의 가속도와 앞바퀴와 뒷바퀴에 발생하는 수직항력을 구하시오. 카트는 마찰 없이 자유롭게 구른다고 가정한다. [길이 단위 : cm]

(a) 사람이 탄 카트를 미는 여인

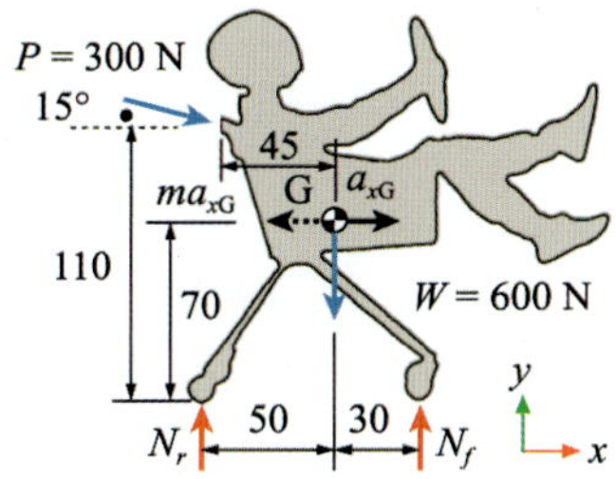

(b) 움직이는 카트에 대한 자유물체도

그림 11-18 카트의 직선운동과 가속도

Analyze

- 가속도는 **달랑베르의 원리**인 식 (11.7)이나 식 (11.20)을 사용해 구한다.
- 동역학의 경우도 자유물체도를 정확하게 그리는 것이 중요하다.

Compute

- 식 (11.7)을 이용해 카트의 가속도를 구한다.

$$\sum F_x = P\cos 15° - ma_{xG} = 0$$

$$a_{xG} = \frac{300\cos 15°}{600/9.80665} = 4.736\ \mathrm{m/s^2}$$

- **달랑베르의 원리**에 따라 [그림 11-18(b)]에 점선 화살표로 나타낸 방향으로 관성력(ma_{xG})이 작용하는 것으로 보고 뒷바퀴에 대한 모멘트 평형을 적용하면 앞바퀴의 수직항력(N_f)을 알 수 있다.

$$\sum M_r = 80\times N_f - 50\times 600 - 110\times(300\cos 15°) - 5\times(300\sin 15°) + 70\times\frac{600}{9.80665}\times 4.736$$
$$= 0$$

$$N_f = 524.8\ \mathrm{N}$$

- y 방향의 힘 평형($a_{yG} = 0$)을 적용하면 뒷바퀴의 수직항력(N_r)을 구할 수 있다.

$$\sum F_y = N_r + 524.8 - 600 - 300\sin 15° = 0$$

$$N_r = 152.8\ \mathrm{N}$$

Think

- 가속도가 0인 방향(정지 또는 등속 운동)은 정역학과 동일한 정적 평형을 적용한다.
- 관성력은 작용력과 동일하게 취급하므로 [그림 11-18(b)]의 점선 화살표 방향으로 작용시켜야 한다.

예제 11-6 사각 평판의 회전운동

[그림 11-19]의 점 O에서 무마찰 핀으로 지지되어 있는 질량 12 kg 인 정사각 평판을 고정하고 있던 줄 A를 절단한 순간, 평판의 각가속도와 점 O에서의 반력을 구하시오.

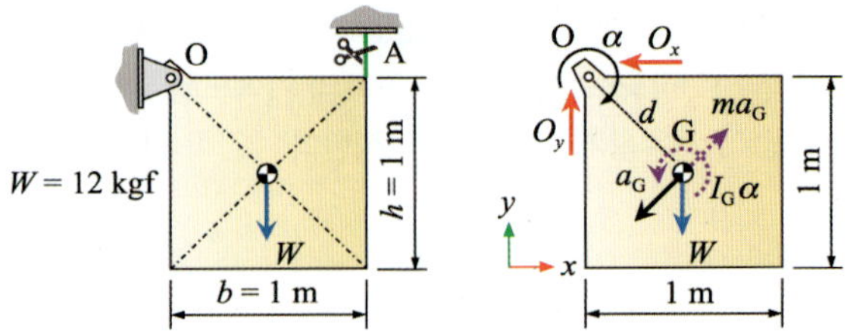

(a) 정사각 평판의 회전운동 (b) 평판의 자유물체도

그림 11-19 정사각 평판의 회전운동 및 자유물체도

Analyze

- 정지된 상태($\omega = 0$)에서 운동을 시작한 것이므로 접선방향 가속도만 존재한다.
- 회전운동의 경우에도 **달랑베르의 원리**는 유효하다.

Compute

- 사각 단면의 (질량)중심축 G에 대한 질량 2차모멘트는 면적에 관한 극관성모멘트 식 (7.11) $I_z = \dfrac{A}{12}(b^2 + h^2)$에서 면적 A를 질량 m으로만 변경하면 된다. 정사각형의 경우 폭(b)과 높이(h)가 같으므로 $b = h$를 대입하면 다음과 같이 나타낼 수 있다.

$$I_G = \frac{m}{12}(b^2 + h^2) = \frac{mb^2}{6} = \frac{(12\ \text{kg}) \times (1\ \text{m})^2}{6} = 2\ \text{kg} \cdot \text{m}^2$$

- [그림 11-19(b)]의 자유물체도에서 접선 방향 가속도 $a_G = \alpha d$가 된다. 미지 반력이 모여 있는 점 O에 대한 모멘트 평형과 **달랑베르의 원리**를 이용하면 다음과 같이 각가속도를 구할 수 있다.

$$\Sigma M_O = (-)\frac{b}{2} \times W + d \times (ma_G) + I_G\alpha = (-)\frac{bW}{2} + md^2\alpha + I_G\alpha = 0$$

$$\alpha = \frac{bW/2}{md^2 + I_G} = \frac{(0.5\ \text{m}) \times (12 \times 9.80665\ \text{N})}{(12\ \text{kg}) \times (2 \times 0.5^2\ \text{m}^2) + 2\ \text{kg} \cdot \text{m}^2} = 7.355\ \text{rad/s}^2$$

- 점 O에서의 반력은 힘 평형식을 이용하여 구한다.

$$\Sigma F_x = (-)O_x + ma_G \cos 45° = 0,\ \Sigma F_y = O_y - W + ma_G \sin 45° = 0$$

$$O_x = (12\ \text{kg}) \times (\sqrt{0.5^2 + 0.5^2} \times 7.355\ \text{m/s}^2) \times \cos 45° = 44.13\ \text{N}$$

$$O_y = (12 \times 9.80665\ \text{N}) - (44.13\ \text{N}) = 73.55\ \text{N}$$

Think

- **평행축 정리**를 이용해 $I_O = I_G + md^2$으로 하면, 가속도(a_G) 항에 의한 모멘트를 별도로 고려할 필요 없이 각가속도를 구할 수 있다.
- 회전하고 있는 물체의 중심방향 (원심)가속도에 대해서는 동역학을 참조하기 바란다.

11.2.4 에너지와 일

1981년 발사된 미국 우주왕복선 space shuttle과 같은 발사체들은 [그림 11−20(a)]와 같이 수직 방향으로 직선운동을 시작하는데, 발사체 전체의 질량을 m, 속도를 v 라고 할 때, 발사체의 운동에너지는 식 (11.23)과 같다. 반면에, [그림 11−20(b)]와 같이 기준축 O를 중심으로 회전하는 경우에는 병진운동과 회전운동이 동시에 일어나기 때문에, 이에 의한 운동에너지는 식 (11.24)와 같이 표현된다. 회전운동의 경우 운동에너지는 직선운동과의 상사성 analogy인 [표 11−4]를 이용하면 된다. 이때 선속도(v_G)와 각속도(ω) 사이에는 $v_G = r_G\omega$ 의 관계가 있다. 따라서 이를 식 (11.24)에 대입한 후, 7.2.4절(평행축 정리)에서 설명한 **평행축 정리**를 참조하면 $m{r_G}^2 + I_G$는 기준축 O에 대한 질량 관성모멘트 I_O가 되며, 이를 이용하면 운동에너지는 식 (11.25)와 같이 간략하게 나타낼 수 있다.

$$E_{k1} = \frac{1}{2}mv_G^2 \tag{11.23}$$

$$E_{k2} = E_{k,\,\mathrm{tr}} + E_{k,\,\mathrm{ro}} = \frac{1}{2}mv_G^2 + \frac{1}{2}I_G\,\omega^2 \tag{11.24}$$

$$E_{k2} = \frac{1}{2}m(r_G\,\omega)^2 + \frac{1}{2}I_G\,\omega^2 = \frac{1}{2}\left(m{r_G}^2 + I_G\right)\omega^2 = \frac{1}{2}I_O\omega^2 \tag{11.25}$$

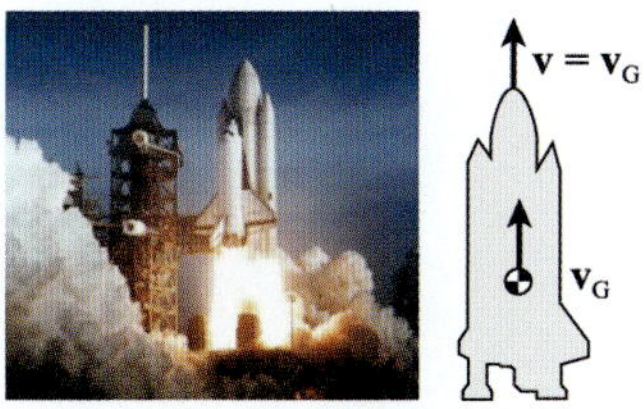

(a) 미국 우주왕복선

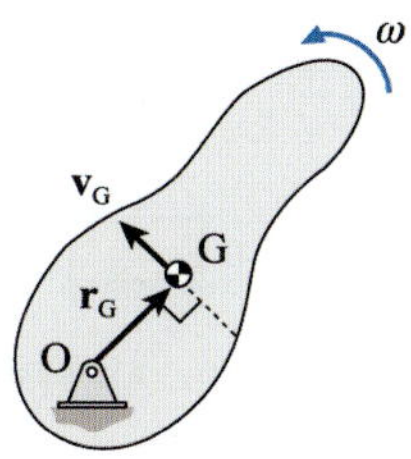

(b) 기준축이 있는 물체의 회전운동

그림 11-20 병진운동과 회전운동

강체에 힘이 작용하는 경우의 일은 식 (9.7)과 같이, $W_F = \int \mathbf{F} \cdot d\mathbf{r}$로 계산할 수 있다. 또 모멘트가 작용하는 경우의 일은 식 (9.9)와 같이 $W_M = \int \mathbf{M} \cdot d\boldsymbol{\theta} = \int M d\theta$[16]로 나타낼 수 있으며, 질점에 대해 설명했던 11.1.4절의 **일−에너지 원리** 또한 그대로 적용된다.

Static Think_04

식 (11.25)의 I_O와 I_G 중에서 어느 것이 더 큰지 생각해보시오.

16 평면운동의 경우 항상 평면에 수직한 방향으로만 회전하므로 스칼라로 표현 가능하다.

놀이기구 중 하나인 [그림 11-21(a)]의 **자유낙하** free fall 기구의 경우 지면에서 높이 h인 곳까지 기구를 끌어올려 자유낙하시키면, 시간이 지남에 따라 속도가 빨라진다. 높이 h인 트러스 구조물에서 질량 m인 사람이 몸에 줄을 묶고 뛰어내리는 그림 (b)와 같은 번지점프 bungee jump도 자유낙하 운동이다. 이 경우, 지면(또는 기준면)에 있던 질량 m인 물체를 높이 h만큼 끌어올리기 위해서는 $W = Fh = mgh$만큼의 일을 행해야 한다. **일-에너지 원리**에 의해 이 일은 에너지로 전환되는데, 이 에너지는 또 다른 일이나 운동을 일으킬 수 있는 잠재적인 에너지이므로 이를 **중력 위치에너지** gravitational potential energy[17]라고 한다. 이러한 자유낙하를 그림 (c)와 같이 모델링했을 때, 즉 질량 m인 물체를 정지 상태($v_A = 0$)에서 자유낙하 시켰을 때, 공기저항에 의한 에너지 손실을 무시하면 지면에 닿기 전의 속도(v_B)는 **에너지 보존법칙**에 의해 식 (11.26)과 같게 된다. 이와 같이 일과 에너지를 이용하면 물체의 운동을 쉽게 예측 및 기술할 수 있다.

$$
\begin{aligned}
E_{p,\mathrm{A}} &= mgh = E_{k,\mathrm{B}} = \frac{1}{2} m v_{\mathrm{B}}^2 \\
v_{\mathrm{B}} &= \sqrt{2gh}
\end{aligned}
\tag{11.26}
$$

(a) 자유낙하 놀이기구 (b) 번지점프 (c) 자유낙하 모델

그림 11-21 위치에너지

3.2절(자유물체도)에서 간략하게 소개한 스프링은 각종 기계나 구조물에 광범위하게 사용된다. [그림 11-22(a)]에는 트램펄린 trampoline에 사용되는 인장 스프링 tension spring의 예를 나타내었으며, 힘을 가하기 전후의 인장 스프링을 [그림 11-22(b)]에 나타내었다. 힘을 가하기 전 무부하 상태에서의 스프링 길이(l_0)를 **자유길이** free length라고 한다. 이 자유길이에서 힘을 가하기 시작하면 힘과 늘어난 길이(변형량) 사이에는 식 (3.6)[18]이 성립하며, 이를 **후크의 법칙** Hooke's law이라고 하고 [그림 11-22(c)]와 같이 나타낼 수 있다. 이 경우 힘에 의해 스프링에 가해진 일은 $W_F = \int \mathbf{F} \cdot d\mathbf{r}$이 되고, 그래프상에서 힘-변형 곡선이 x축과 이루는 면적이 된다. 계에 가해진 일은 에너지로 전환되는데, 스프링의 경우 위치에너지와 마찬가지로 전환된 에너지는 또 다른 일이나 운동을 일으킬 수 있는 잠재적인 에너지이다.

---

17 엄밀하게는 위치에너지보다 잠재에너지로 쓰는 것이 더 정확하지만, 기존 용어와의 혼동을 피하기 위해 위치에너지로 표현한다.

18 $F = k\delta$

따라서 이를 **탄성에너지** elastic potential energy[19]라고 하며, 식 (11.27)과 같이 나타낼 수 있다. 탄성에너지는 인장($\delta > 0$)이나 압축($\delta < 0$)에 관계없이 동일한 변형 시 모두 식 (11.27)과 같이 주어진다.

$$E_{sp} = W = \int_0^{\delta} F\,dx = \int_0^{\delta} kx\,dx = \frac{1}{2}k\delta^2 \tag{11.27}$$

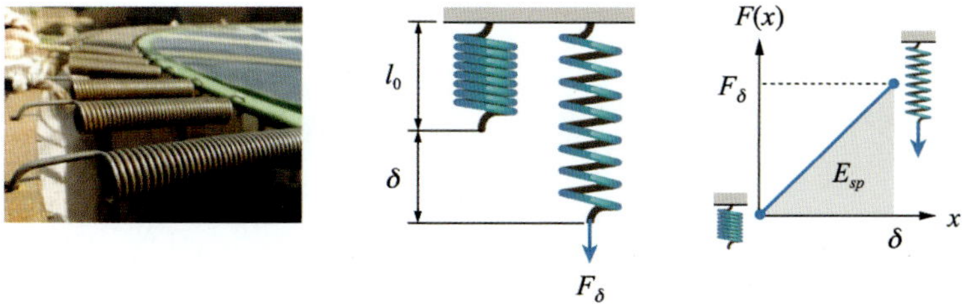

(a) 트램펄린용 스프링 (b) 후크의 법칙 (c) 힘-변형 관계

그림 11-22 선형 스프링의 탄성에너지

[그림 11-23]의 점 A에서 질량 m 인 물체를 마찰을 무시할 수 있는 면을 따라 낙하시키면 가속되어 점 B에서는 식 (11.26)과 같이 $v_B = \sqrt{2gh}$ 가 되고, 이후 등속운동을 하다가 점 C에서 스프링에 모든 에너지를 전달하고 정지할 경우, 스프링은 식 (11.27)에 따라 $\delta = \sqrt{\dfrac{2mgh}{k}}$ 가 될 것이다. 즉 위치에너지가 운동에너지로, 운동에너지가 다시 탄성에너지로 변환되며 보존된다.

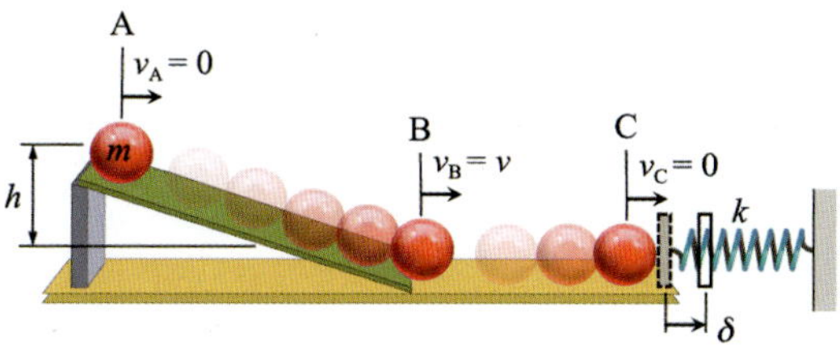

그림 11-23 에너지 변환 및 보존

Static Think_ 05

무게 W인 물체를 거리 δ만큼 이동시켰을 경우의 일과 [그림 11-22(c)]의 일이 다른 이유에 대해 생각해보시오.

---

19 위치에너지와 탄성에너지 모두 다른 에너지나 운동으로 전환될 잠재 에너지인 관계로 영어에서는 동일하게 'potential energy'라고 부른다.

예제 11-7 강체에 대한 일-에너지 원리 적용

[그림 11-24]와 같이 반경 0.5 m인 원판이 자유길이 상태인 선형 인장스프링($k = 200$ N/m)과 연결되어 있다. 정지상태에서 디스크에 100 N · m의 시계방향 모멘트를 가했을 때, 원판은 얼마의 거리만큼 우측으로 이동한 후 정지할지 계산하시오. 원판은 미끄럼 없이 구른다고 가정한다.

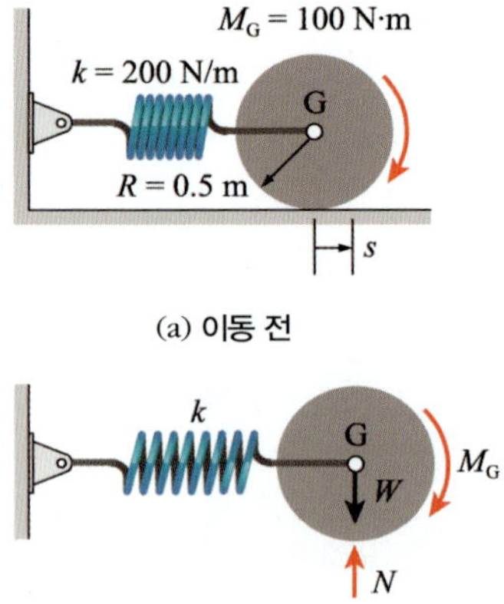

(a) 이동 전

(b) 이동 후

그림 11-24 원판 회전에 따른 스프링 변형

Analyze

- 모멘트가 주어져 있으므로 **일-에너지 원리**를 사용하는 것이 편리하다.
- 양의 일과 음의 일을 구분하고, 스프링의 경우에는 식 (11.27)의 탄성에너지 식을 이용한다.

Compute

- 원판에 모멘트를 가하기 전과 후는 모두 정지 상태이므로 운동에너지는 0이다.
- 원판에 가해진 일만 계산하면 된다. 먼저 모멘트에 의한 일은 모멘트에 원판의 각도 변화를 곱하면 된다. 이동거리(s)와 각변화(θ_1) 사이에는 $s = R\theta_1$의 관계가 있다.

$$W_M = \int_0^{\theta_1} M d\theta = M \times \theta_1 = M \times \frac{s}{R} = (100 \text{ N} \cdot \text{m}) \times \frac{s \text{ m}}{0.5 \text{ m}} = 200s \text{ J}$$

- 스프링이 s만큼 변형될 때 계에 행한 일은 스프링에 저장되는 에너지와 같으며, 작용하는 힘의 방향이 운동을 방해하는 방향이므로 (−)일을 한 것이 된다.

$$W_S = (-)\frac{1}{2}ks^2 = (-)\frac{1}{2} \times (200 \text{ N/m})(s \text{ m})^2 = (-)100s^2 \text{ J}$$

- **일-에너지 원리**를 적용한다.

$$E_{k1} + W_M + W_S = E_{k2}$$
$$0 + 200s - 100s^2 = 0$$
$$s = 2 \text{ m}$$

Think

- 에너지와 일은 스칼라량이므로 계산에 있어서 양(+)과 음(−)만 구분하면 된다.
- 동역학에서는 중력위치에너지, 탄성에너지, 운동에너지가 많이 사용된다.

[Static Think]에 대한
하나의 생각 (11장)

양쪽 끝에 바퀴가 달린 길이(l) 5 m, 질량(m) 50 kg인 가느다란 봉 slender rod이 [그림 11-25(a)]와 같이 정지해 있는 상태에서 점 A에 600 N의 힘을 일정하게 가하면, 점 A는 $(-)x$ 방향으로 직선운동을 계속하다가 [그림 11-25(b)]의 상태가 되면 운동을 멈춘다. 다음 물음에 답하시오. 두 바퀴의 무게는 무시하고, 바퀴는 마찰 없이 수평 및 수직면과 항상 접촉하며 직선운동하는 것으로 가정한다.

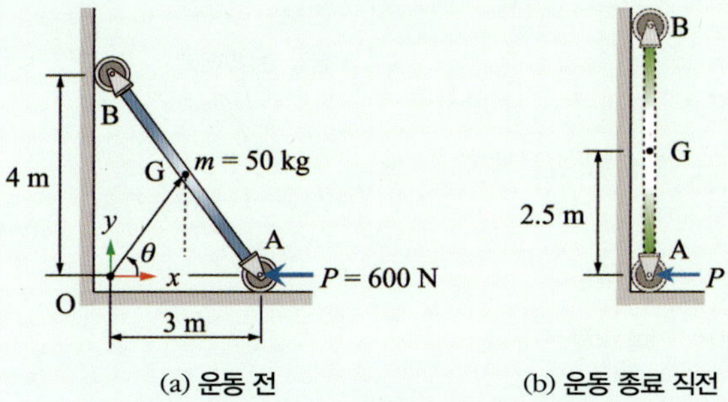

그림 11-25 수평 및 수직면을 따라 움직이는 바퀴 달린 봉

Q1. [그림 11-25(a)]에 나타낸 상태에서 힘(P)을 가하기 시작한 순간의 봉 AB에 대해 달랑베르의 원리를 적용해 정역학적 자유물체도를 그리시오.

> • 달랑베르의 원리
> : 동역학 → 정역학
> • 관성력(모멘트)
> : 운동 방향과 반대의 힘과 모멘트
> • 자유물체도 그리기
> ① 관심 계만 독립
> ② 작용력(모멘트), 반력 및 반작용 모멘트 표시
> ③ 적합한 좌표계 설정
> ④ 관련 치수 등 기입
> ※ 힘(모멘트)의 방향을 예측할 수 있을 때는 실제 방향으로, 그렇지 못할 때는 무조건 양의 방향으로 표시

풀이

수평 및 수직면을 따라 바퀴가 마찰 없이 구르므로, 점 A와 B에는 수직항력(N_A, N_B)만 발생한다. 작용하는 외력으로는 질량중심점 G에 수직 방향으로 작용하는 중력($W = mg$)과 $(-)x$ 방향으로 작용하는 작용력 P가 있으며, 이들을 [그림 11-26]의 자유물체도에 나타내었다.

봉 AB에 작용하는 작용력에 의해 점 G는 시계방향으로 회전하면서 왼쪽 위로 운동하므로, **달랑베르의 원리**를 적용하기 위해 이들 방향과 반대 방향의 관성력(ma_{Gx}, ma_{Gy})과 관성모멘트($I_G\alpha$)로 표시하였다.

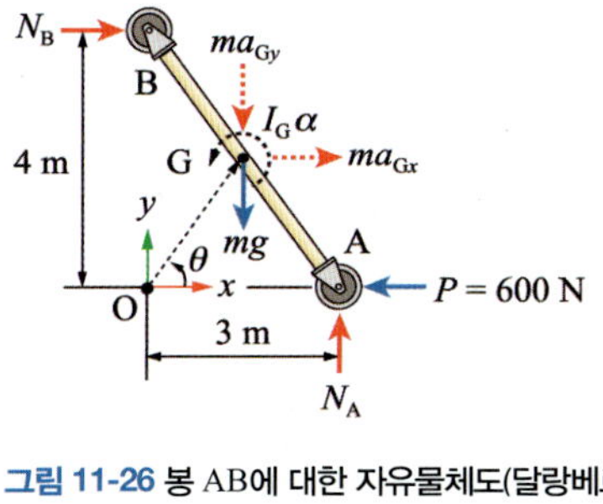

그림 11-26 봉 AB에 대한 자유물체도(달랑베르의 원리 적용)

Q2. 봉 AB의 자유물체도에 대해 x-y 평면 운동에 적용할 수 있는 모든 평형식을 사용하여 3개의 식을 쓰고, 미지수를 모두 결정할 수 있는지 알아보시오.

풀이

가장 먼저 x 및 y 방향의 힘 평형을 적용한다.

$$\Sigma F_x = N_B - P + ma_{Gx} = 0 \quad \cdots ①$$
$$\Sigma F_y = N_A - mg - ma_{Gy} = 0 \quad \cdots ②$$

다음으로 점 G에 대해 모멘트 평형을 적용한다. 아래 식에서 길이 단위는 [m], 힘의 단위는 [N]이며, I_G는 $\frac{ml^2}{12}$이다(연습문제 7.2 참조).

$$\Sigma M_G = 1.5N_A - 2N_B + I_G\alpha = 0 \quad \cdots ③$$
$$I_G = \frac{(50\ \text{kg})(5\ \text{m})^2}{12} = \frac{1,250}{12} \approx 104.17\ \text{kg}\cdot\text{m}^2$$

식은 3개이지만 미지수(N_A, N_B, a_{Gx}, a_{Gy}, α)가 5개이므로 문제를 해결할 수 없다.

- 2차원 동역학
  : 3개의 평형식
- 직선 운동방정식
  $\Sigma \mathbf{F} = m\mathbf{a}_G$ (11.20)
- 회전 운동방정식
  $\Sigma M_O = I_O\alpha$ (11.22)
- 달랑베르의 원리
  $\Sigma \mathbf{F} - m\mathbf{a} = 0$ (11.7)
  $\Sigma \mathbf{M}_G - I_G\boldsymbol{\alpha} = 0$
- 질량 관성모멘트
  $I_{xm} = \int y^2 dm$
  $I_{ym} = \int x^2 dm$
  $I_{zm} = \int r^2 dm$

Q3. **Q2**를 해결하기 위해 필요한 추가 식을 도출하시오.

풀이

추가로 2개의 식이 필요하며, 이는 기하학을 이용해 얻을 수 있다. [그림 11-26]에서 삼각형 AGO는 항상 이등변삼각형이 되고, $\overline{OG}$가 x축과 이루는 반시계방향의 각을 θ로 하면, 점 G의 좌표는 다음과 같다.

$$x_G = \frac{l}{2}\cos\theta,\ y_G = \frac{l}{2}\sin\theta$$

점 G의 변위를 시간에 대해 미분하면 점 G의 속도가 되는데, x_G와 y_G가 θ의 함수로 표현되어 있으므로 연쇄법칙을 적용한다.

$$v_{Gx} = \frac{dx}{dt} = \frac{dx}{d\theta}\frac{d\theta}{dt} = (-)\frac{l}{2}\sin\theta \times \omega$$
$$v_{Gy} = \frac{dy}{dt} = \frac{dy}{d\theta}\frac{d\theta}{dt} = \frac{l}{2}\cos\theta \times \omega$$

점 G의 속도를 시간에 대해 미분하면 점 G의 가속도가 되는데, v_{Gx}와 v_{Gy}가 θ의 함수로 표현되어 있으므로 연쇄법칙을 추가로 적용해 가속도를 계산한다.

$$a_{Gx} = \frac{dv_x}{dt} = \frac{d}{dt}\left(\frac{dx}{d\theta}\frac{d\theta}{dt}\right) = \frac{d}{dt}\left(\frac{dx}{d\theta}\right)\frac{d\theta}{dt} + \frac{dx}{d\theta}\frac{d^2\theta}{dt^2}$$
$$= \left(\frac{d^2x}{d\theta^2}\frac{d\theta}{dt}\right)\frac{d\theta}{dt} + \frac{dx}{d\theta}\frac{d^2\theta}{dt^2} = \frac{d^2x}{d\theta^2}\omega^2 + \frac{dx}{d\theta}\alpha$$
$$a_{Gy} = \frac{d^2y}{d\theta^2}\omega^2 + \frac{dy}{d\theta}\alpha$$

- 변위 벡터
  $\mathbf{s} = x\mathbf{i} + y\mathbf{j}$ (11.1)
- 속도 벡터
  $\mathbf{v} = \frac{dx}{dt}\mathbf{i} + \frac{dy}{dt}\mathbf{j}$ (11.2)
- 연쇄법칙(chain rule)
  $\frac{df}{dt} = \frac{df}{d\theta}\frac{d\theta}{dt}$
  $\frac{d^2f}{dt^2} = \frac{d}{dt}\left(\frac{df}{d\theta}\frac{d\theta}{dt}\right)$
- 가속도 벡터
  $\mathbf{a} = \frac{dv_x}{dt}\mathbf{i} + \frac{dv_y}{dt}\mathbf{j}$ (11.3)
- 각속도
  $\omega = \frac{d\theta}{dt}$ (11.14)
- 각가속도
  $\alpha = \frac{d\omega}{dt} = \frac{d^2\theta}{dt^2}$ (11.15)

초기에 봉 AB는 정지 상태이므로 각속도(ω)는 0이다. 이를 위 식들에 대입하면 가속도에 관한 2개의 식을 얻게 된다.

$$a_{Gx} = \frac{dx}{d\theta}\alpha = (-)\frac{l}{2}\sin\theta \times \alpha \qquad \cdots ④$$

$$a_{Gy} = \frac{dy}{d\theta}\alpha = \frac{l}{2}\cos\theta \times \alpha \qquad \cdots ⑤$$

Q4. 봉 AB에 대한 자유물체도에 나타나는 모든 미지수들을 결정하시오.

- 단위

길이	m
속도	m/s
가속도	m/s²
각	rad, °
각속도	rad/s
각가속도	rad/s²
질량	kg
힘	N
질량관성 모멘트	kg · m²

풀이

식 ④와 ⑤를 식 ①과 ②에 대입하고, 이 두 식들을 식 ③에 대입해 각가속도를 구한다. [그림 11-26]에서 각 θ는 $\tan^{-1}\frac{2}{1.5} = 53.13°$이다.

NOTE [그림 11-26]에서 가속도의 방향을 이미 고려하였으므로, 식 ④와 ⑤의 절댓값을 대입한다.

$$N_B = P - ma_{Gx} = 600 - 50\times(2.5\sin 53.13°)\alpha = 600 - 100\alpha$$

$$N_A = mg + ma_{Gy} = 50\times 9.80665 + 50\times(2.5\cos 53.15°)\alpha$$
$$= 490.3 + 75\alpha$$

$$1.5\times(490.3 + 75\alpha) - 2\times(600 - 100\alpha) + 104.17\alpha = 0$$
$$\alpha = 1.115\ \text{rad/s}^2$$

앞에서 구한 각가속도를 ④와 ⑤ 식에 대입해 가속도를 계산하고, 위에서 구한 식에 대입해 N_A와 N_B도 계산하면 다음과 같다.

$$a_{Gx} = (-)2.5\times\sin 53.13°\times 1.115 = (-)2.230\ \text{m/s}^2$$
$$a_{Gy} = 2.5\times\cos 53.13°\times 1.115 = 1.673\ \text{m/s}^2$$
$$N_A = 490.3 + 75\alpha = 573.9\ \text{N}$$
$$N_B = 600 - 100\alpha = 488.5\ \text{N}$$

Q5. 봉 AB의 A부분 바퀴가 이동하다가 [그림 11-25(b)]와 같이 벽에 막히기 직전의 봉 AB의 각속도와 바퀴 A의 속도를 구하시오.

- 에너지 보존 법칙
  $\Sigma E_{\text{state1}} = \Sigma E_{\text{state2}}$
- 직선 운동에너지
  $E_{kl} = \frac{1}{2} m v_G^2$ (11.23)
- 회전 운동에너지
  $E_{kr} = \frac{1}{2} I_G \omega^2$ (11.24)
- 일-에너지 원리
  $E_{k1} + W_{1-2} = E_{k2}$ (11.13)
- 중력 위치에너지
  $E_p = mgh$ (11.26)
- 후크의 법칙
  $F_s = k\delta$
- 스프링의 탄성에너지
  $E_{sp} = \frac{1}{2} k \delta^2$ (11.27)

풀이

두 가지 상태에서의 물리량 변화를 계산하는 데는 **에너지 보존법칙**을 사용하는 것이 편리하다. 운동을 시작하는 순간인 [그림 11-25(a)]를 상태1로 보고, 바퀴 A가 벽면에 닿기 직전인 [그림 11-25(b)]를 상태2로 본 다음, **에너지 보존법칙**을 사용한다.

표 11-5 상태 변화 전후의 에너지 변화 및 일

에너지	상태 1	행해진 일	상태 2
직선운동	0	$W_{1-2} = Ps_A$	$\frac{1}{2} m v_{G2}^2$
회전운동	0		$\frac{1}{2} I_G \omega_2^2$
중력위치	mgh_{G1}		mgh_{G2}
탄성	0		0

[그림 11-25(b)]에서 바퀴 A가 벽면에 접촉하기 전에 봉 AB는 점 B를 중심으로 회전한다. 따라서 점 B에 대한 점 G의 선속도 $v_{G2} = \frac{l}{2}\omega_2 = 2.5\omega_2$가 된다. [표 11-5]를 이용해 **에너지 보존법칙**을 적용하면 다음과 같은 관계를 얻는다.

$$mgh_{G1} + W_{1-2} = \frac{1}{2} m v_{G2}^2 + \frac{1}{2} I_G \omega_2^2 + mgh_{G2}$$

$$50 \times 9.81 \times 2 + 600 \times 3 = \frac{1}{2} \times 50 \times (2.5\,\omega_2)^2 + \frac{1}{2} \times 104.17 \times \omega_2^2 + 50 \times 9.81 \times 2.5$$

위 식을 풀면 ω_2를 알 수 있고, 바퀴 A의 속도는 봉 AB의 길이에 각속도를 곱해 얻을 수 있다.

$$\omega_2 = 2.732 \text{ rad/s}$$
$$v_{A2} = l\omega_2 = (5 \text{ m}) \times (2.732 \text{ rad/s}) = 13.66 \text{ m/s}$$

고찰

- 동역학 해석은 정역학 해석을 기반으로 하지만 움직이는 물체에 대한 거동을 살펴야 하기 때문에 해석의 난이도가 높다.
- 동역학 해석을 위해서는 정역학에서 다룬 법칙(**뉴턴의 법칙, 에너지 보존법칙**), 원리(**달랑베르의 원리, 가상일의 원리, 일-에너지 원리**), 정리(**평행축 정리, 파푸스 정리**) 등을 필요한 경우 적재적소에 적용할 수 있어야 한다.
- 자유물체도는 동역학 해석을 위해서도 반드시 필요하므로 다양한 문제를 다뤄보면서 정확하게 그릴 수 있도록 노력해야 한다.
- 본 종합예제를 통해서도 알 수 있듯이 공학해석을 위해서는 기본적인 수학 지식(삼각함수, 미분, 적분 등)도 필요하다.

11.1 1372년 완공된 [그림 11-27]에 나타낸 이탈리아 피사의 사탑 Pisa tower의 높이는 $55.86\ \mathrm{m}$로 알려져 있다. 탑의 $44.1\ \mathrm{m}$ 높이에서 물건을 떨어뜨렸을 때 지면에 다다르는 데 걸리는 시간을 구하시오. 중력가속도의 값은 $9.81\ \mathrm{m/s^2}$로 두고, 공기저항은 무시한다. 11.1절

11.2 질량 $144\ \mathrm{g}$인 야구공을 타자가 배트로 맞춘 순간, [그림 11-28]에서와 같이 타구속도 exit velocity는 $165\ \mathrm{kph}$, 발사각도 launch angle는 $35°$이었다. 이 공의 비거리 travel distance[m]를 예측해보시오. 공기저항 등의 기타 요소들은 모두 배제한다. 11.1절

그림 11-27

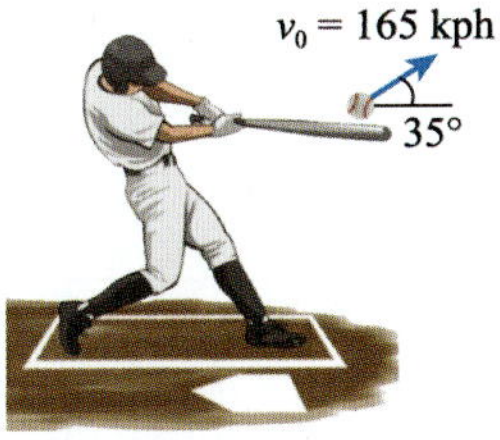

그림 11-28

11.3 질량이 각각 $2\ \mathrm{kg}$, $3\ \mathrm{kg}$, $5\ \mathrm{kg}$인 세 물체를 [그림 11-29]와 같이 케이블로 연결한 후 $5\ \mathrm{kg}$인 물체에 $100\ \mathrm{N}$의 힘을 가하였다. 구름마찰을 무시할 때, 케이블 A와 B에 발생하는 장력[N]을 구하시오. 11.1절

11.4 질량이 각각 $6\ \mathrm{kg}$, $4\ \mathrm{kg}$인 물체 A와 B를 [그림 11-30]과 같이 마찰을 무시할 수 있는 도르래와 케이블을 이용해 연결한 후 운동하게 했을 때, 두 물체의 가속도를 중력가속도(g)를 이용해 나타내시오. 11.1절

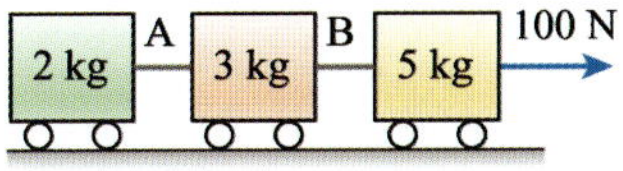

그림 11-29

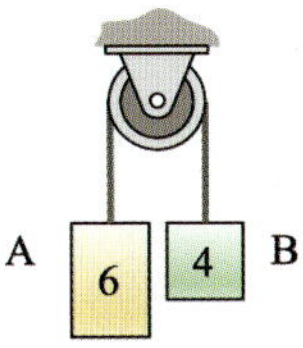

그림 11-30

CHAPTER 11 | 연습문제

11.5 몸무게 30 kgf 인 형이 몸무게 10 kgf (카트 무게 포함)인 동생을 [그림 11-31]과 같은 방향으로 끌고 있다. 형은 카트를 손잡이와 같은 방향으로(즉, 수평면과 55° 각도로) 10 N의 일정한 힘을 가해 2 초간 끌다가, 이후 58 초 동안 등속으로 끌어주었다. 카트와 지면 사이의 마찰을 무시할 때, 1 분간의 총 이동 거리[m]를 구하시오. 11.1절

11.6 동마찰계수 0.2 인 표면에 놓여 있는 질량 50 kg인 물체 1을 질량 40 kg인 물체 2와 도르래를 이용해 [그림 11-32]와 같이 연결하였다. 도르래와 케이블의 동마찰계수를 0.1 이라고 했을 때, 물체 1의 가속도[m/s^2]와 물체 1에 연결된 케이블에 발생하는 장력[N]을 구하시오. 11.1절

그림 11-31

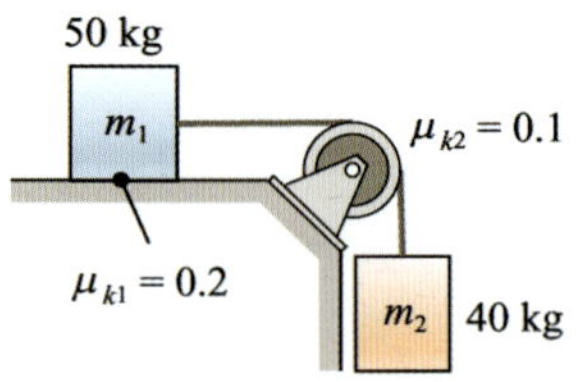

그림 11-32

11.7 질량 20 kg인 물체 A가 [그림 11-33]과 같이 동마찰계수 0.25 인 경사면에 놓여 있으면서 무마찰 도르래와 케이블로 질량 10 kg인 물체 B와 연결되어 있다. 두 물체의 가속도[m/s^2]의 크기와 방향을 구하고, 케이블에 발생하는 장력[N]도 구하시오. 11.1절

***11.8** 질량 15 kg인 물체 A를 마찰을 무시할 수 있는 고정도르래를 거쳐 질량 6 kg인 물체 B와 4 kg인 물체 C가 연결되어 있는 움직도르래와 연결하였다. 세 도르래들 각각의 가속도를 구하시오. 11.1절

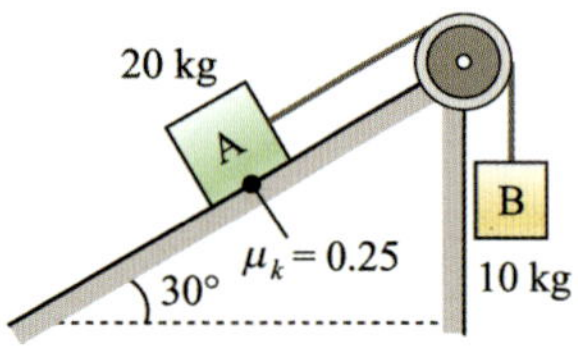

그림 11-33

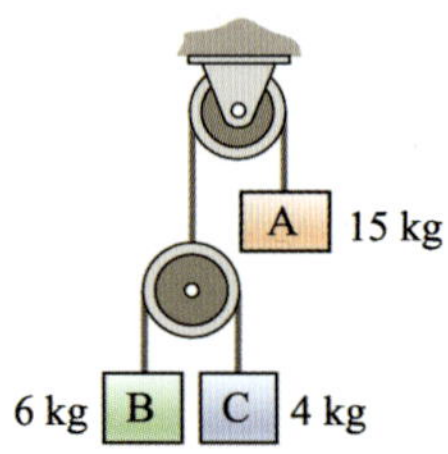

그림 11-34

11.9 질량 $10\ \mathrm{kg}$ 인 제품을 검사하기 위해 일차적으로 [그림 11-35]와 같은 로봇을 이용해 제품을 컨베이어 벨트 conveyor belt에 올릴 때 $2\ \mathrm{m/s^2}$의 가속도가 발생한다. 로봇 손(B)과 제품(A) 사이의 정지마찰계수가 0.5 라고 할 때, 이동 중 제품이 로봇 손에서 미끄러지지 않기 위해 가해줘야 할 최소 힘($P_{\min}$)의 크기를 구하시오. 11.1절

11.10 컨베이어 벨트(C)는 [그림 11-36]과 같이 $5\ \mathrm{m/s}$의 속도로 정속 이동 하는데 제품 검사를 위해 일정 시간 멈춰야 한다. 제품(A)과 벨트 사이의 정마찰계수가 0.3 일 때 제품이 미끄러지지 않게 정지시킬 수 있는 최단 시간을 구하시오. 11.1절

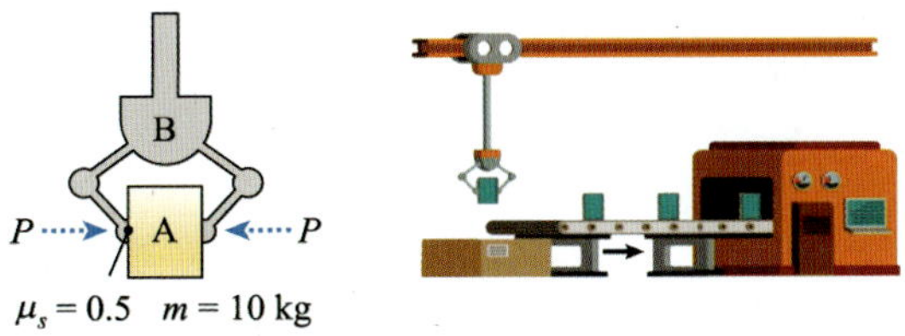

그림 11-35

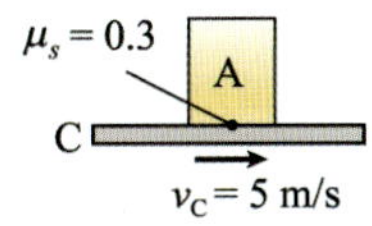

그림 11-36

11.11 질량 $1.5\ \mathrm{Mg}$ 인 차 A로 질량 $2.0\ \mathrm{Mg}$ 인 소형 캠핑 트레일러(B)를 [그림 11-37]과 같이 히치 hitch(H)로 연결해 $70\ \mathrm{kph}$로 정속 주행하는 도중 급제동하여 $15\ \mathrm{m}$를 미끄러진 뒤 정지하였다. 이때 히치에 발생하는 힘의 크기와 방향을 구하시오. 차와 트레일러는 질점으로 모델링한다. 11.1절

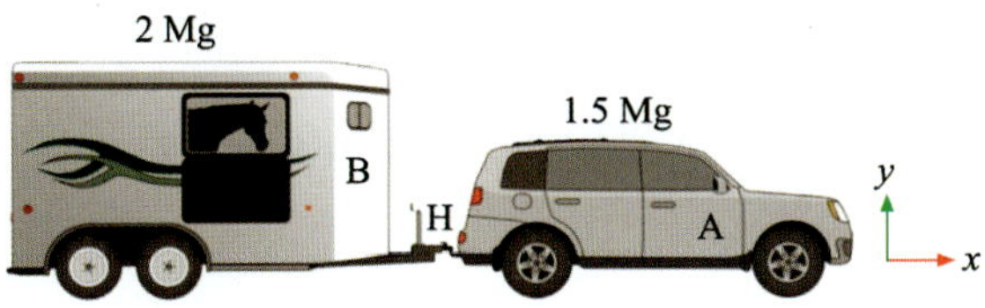

그림 11-37

11.12 모터에 연결된 풀리 A와 V-벨트를 이용해 [그림 11-38]과 같이 풀리 B에 동력을 전달하고 있다. 초기에 $10\ \mathrm{rad/s}$의 각속도로 회전하던 풀리 A가 각가속도 $\alpha_A = (1 + 0.005\theta^2)\ \mathrm{rad/s^2}$로 변화되면서 5 회전했을 때, 풀리 B의 각속도를 구하시오. 11.1절

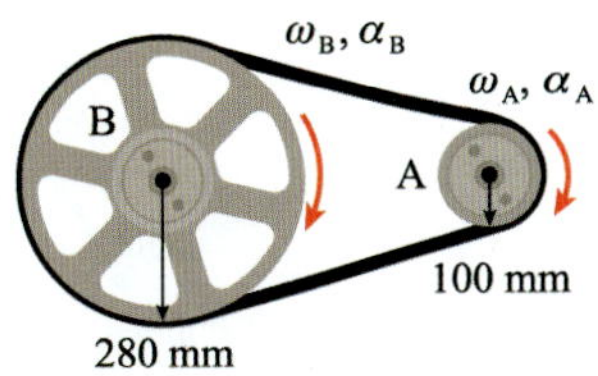

그림 11-38

11.13 자유길이 100 mm인 스프링을 [그림 11-39]와 같이 50 mm로 압축시킨 뒤, 스프링($k = 1$ N/mm) 끝에 달려 있는 용기에 질량 50 g의 금속 구슬을 올려놓은 다음 스프링을 이완시켰다. 금속 구슬은 얼마만큼의 높이[m]까지 올라갈 수 있는지 구하시오. 또한 지면에 다다르기 직전의 속도[m/s]도 구하시오. 11.1절

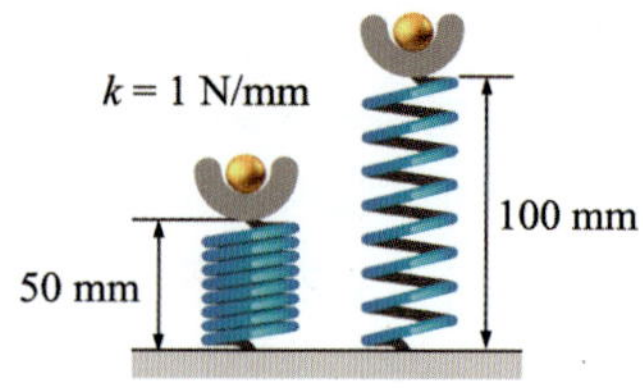

그림 11-39

11.14 가느다란 막대 A(길이 2.2 m, 질량 1 kg)와 금속 원판 B(직경 1 m, 질량 5 kg)로 만들어진 [그림 11-40]과 같은 진자pendulum의 점 O에 대한 질량관성모멘트(I_O) 값을 구하고, 막대(1 kg)와 원판(5 kg)을 그림 오른쪽과 같이 질량을 무시할 수 있는 막대와 하나의 집중 질량(6 kg)으로 간주할 수 있도록 하는 가상의 길이인 회전반경(k_O)을 구하시오. 11.2절

11.15 동마찰계수가 0.1인 표면에서 [그림 11-41]과 같이 각속도 2 rad/s로 회전하고 있는 균일한 금속 원판의 질량중심점 G에서의 가속도[m/s^2]와 원판의 각가속도[rad/s^2]를 구하시오. 11.2절

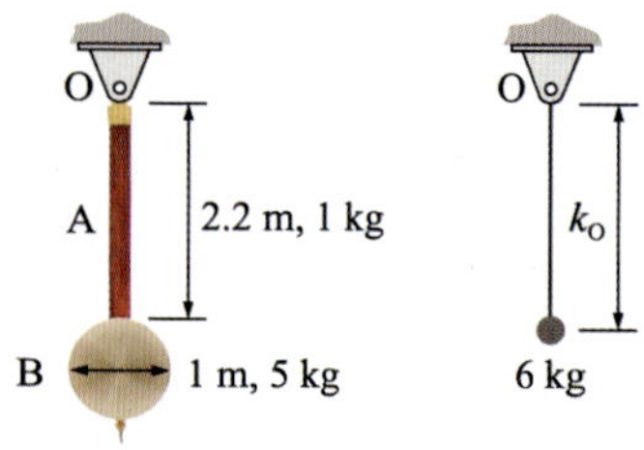

그림 11-40

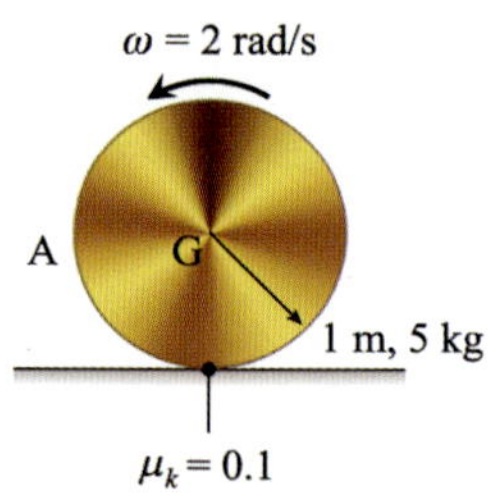

그림 11-41

11.16 [그림 11-42]와 같은 부메랑이 각속도 5 rad/s로 회전하는 동시에 질량중심점은 150 mm/s의 순간속도로 [그림 11-42]와 같은 방향으로 이동한다. 이 순간 점 A의 속도 벡터를 구하시오. 11.2절

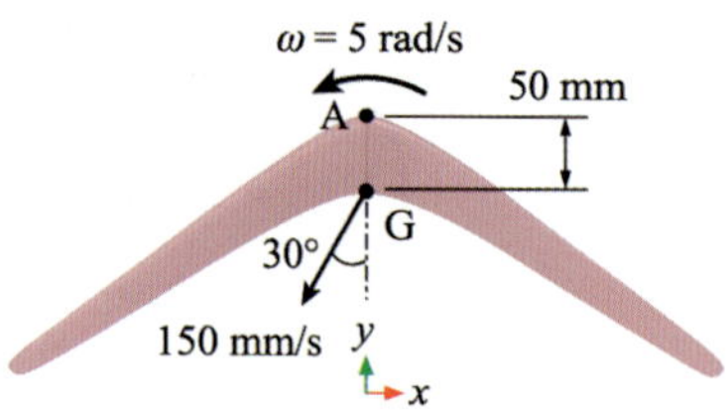

그림 11-42

11.17 질량 100 g, 회전반경(k_O) 18 mm인 [그림 11-43]의 요요를 정지 상태에서 회전시켜 각속도가 초당 10 회전(20π rad/s)에 이르기 위해 아래로 이동시켜야 할 거리(s, mm)를 구하시오. 실은 반경(r_p) 6 mm인 중앙 부분에 감기고, 실의 질량은 무시한다. 11.1~11.2절

11.18 질량 20 kg, 회전반경 300 mm인 휠&타이어가 [그림 11-44]와 같이 정지 상태에서 30° 경사면을 미끄러짐 없이 100 회전하였을 때의 각속도[rad/s]를 구하시오. P235 / 60 / R17 휠&타이어의 외경은 713.8 mm이지만 계산 편의를 위해 700 mm로 가정한다. 11.1~11.2절

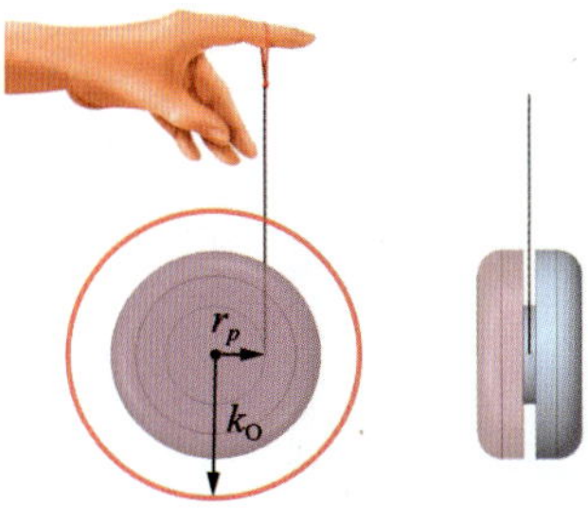

그림 11-43

그림 11-44

***11.19** 질량 5 kg, 길이 2 m인 가느다란 봉이 [그림 11-45]에서와 같이 점 O에서 핀지지 되어 있다. 정지 상태인 봉의 끝단에 봉에 수직한 방향으로 100 N의 힘(P)을 가할 때, 각(θ)이 각각 45°, 90°일 때의 봉의 각속도를 구하시오. 11.2절

***11.20** [그림 11-46]에서와 같이 질량 10 kg, 길이 3 m인 가느다란 봉 A, B의 양 끝에 저항 없이 구를 수 있는 바퀴가 달려있다. 정지 상태에서 자유롭게 운동하도록 놓았을 때, 바퀴 A가 수평면에 닿기 직전의 각속도를 구하시오. 11.1~11.2절

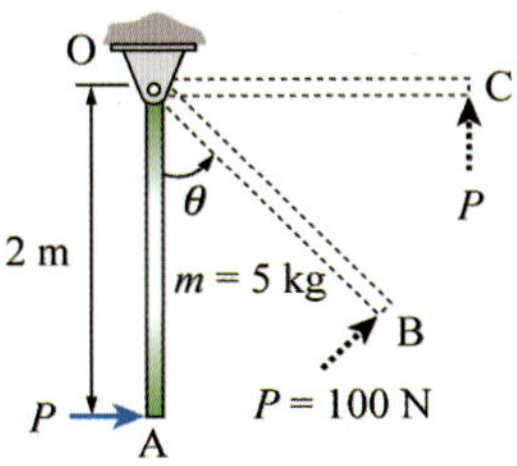

그림 11-45

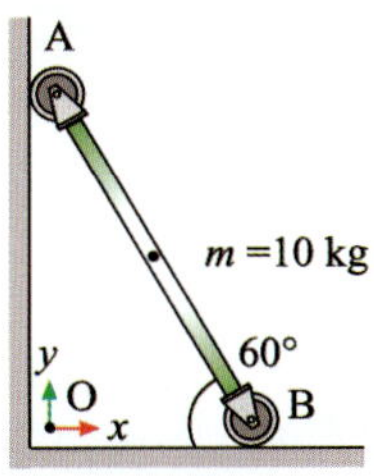

그림 11-46

많은 악기들로 구성된 오케스트라 연주장은 진동의 축제장이라고 해도 과언이 아니다. 현의 진동과 악기의 공명을 이용하는 현악기, 사람의 입을 통해 나오는 바람을 이용해 관을 진동시키는 관악기, 부딪힌 두 물체의 진동을 이용하는 타악기, 거기에 가수의 성대 진동을 통해 나오는 아름다운 노래까지, 모두 진동을 통해 소리로 바뀐 뒤 관객들의 고막에 진동으로 전달된다. 고막으로 전달된 진동이 마음까지 울릴 수 있으면 훌륭한 오케스트라가 된다.

CHAPTER 12

진동학

Vibration

진동학 기초 12.1

1자유도 진동계의 지배방정식 12.2

2자유도 진동계의 지배방정식 12.3

종합예제

연습문제

학습목표

- 진동학의 응용 분야를 파악하고 진동계를 구성하는 기본 요소들의 특징을 이해한다.
- 진동계 해석 과정에서 정역학의 중요성을 인지한다.
- 1자유도 진동계의 지배방정식을 정역학 지식을 활용하여 유도할 수 있다.
- 2자유도 진동계의 지배방정식을 정역학 지식을 활용하여 유도할 수 있다.

SECTION 12.1

진동학 기초

- ✔ 동역학과 진동학의 공통점 및 차이점을 이해하고, 진동학의 응용 분야를 파악한다.
- ✔ 진동계를 구성하는 네 가지 기본 요소와 자유도를 이해한다.
- ✔ 진동계 해석 과정을 파악하고, 정역학이 어느 과정에 주로 활용되는지 이해한다.

반복 운동을 하는 진동계도 스트로보스코프 stroboscope로 보면 정지해있는 것처럼 보인다. 이와 같은 원리로 진동하는 물체에 대한 특정 순간의 자유물체도를 이용하면 진동계 해석에 있어서 필수적인 진동 지배방정식을 유도할 수 있다. 정역학을 활용해 진동학의 기초를 쌓아보자.

12.1.1 동역학과 진동학

동역학 Dynamics에서는 대상 계 system를 질점 particle이나 강체 rigid body로 모델링한 뒤, 계에 힘(또는 모멘트)이 가해졌을 때 계의 운동 Kinematics이나 운동역학 Kinetics을 다룬다. 이러한 관점에서, 계에 힘이 가해졌을 때 계의 반복적인 운동 oscillation이나 진동 vibration, 振動을 주로 다루는 **진동학**은 동역학의 한 분야로 볼 수도 있다. 동역학[1]과 진동학의 공통점 및 차이점을 [표 12-1]에 비교하였다. 진동학은 계의 (비)주기적 반복 운동을 주로 다루는 동역학으로 보면 된다.

표 12-1 동역학과 진동학의 공통점 및 차이점

분류	공통점	차이점	예
동역학	• 부하(힘, 모멘트) 고려 • **뉴턴의 제2법칙** 중심 • 시간 항 관여 • 질량(무게) 관성모멘트	• 일방향 운동 • 질점 / 강체 대상 • $\Sigma F = ma$ • $\Sigma M = I\alpha$	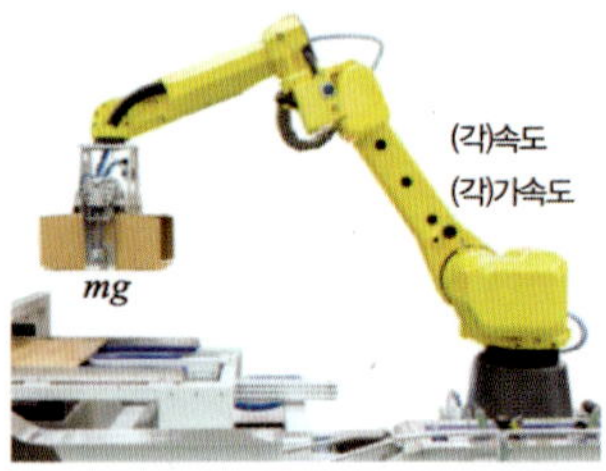
진동학		• (비)주기적 반복 운동 • 강체 / 변형체 대상 • $ma = m\frac{d^2x}{dt^2} = \Sigma F$ • $I\alpha = I\frac{d^2\theta}{dt^2} = \Sigma M$	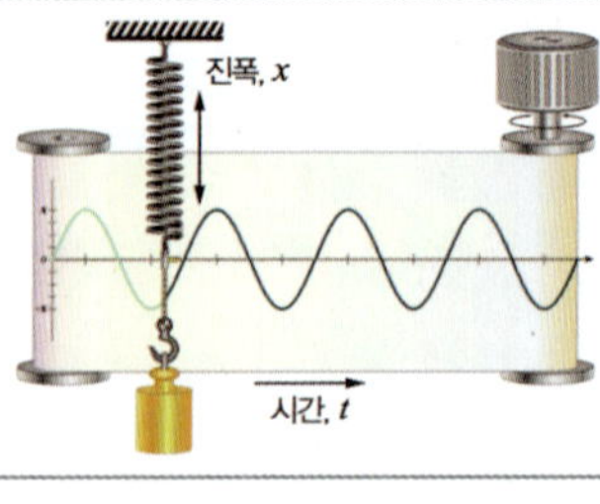

1 동역학에서도 변형체를 다루지만, 이 경우에는 구조동역학(Structural Dynamics) 분야에서 주로 다루므로 동역학에서는 강체만 다루는 것으로 본다.

12.1.2 진동 응용

일상생활 속에서도 진동은 폭넓게 사용되고 있는데, 진동 자체를 이용하는 경우와 진동을 억제하는 경우로 나누어 살펴보기로 한다. 먼저 [그림 12-1]에 진동을 이용하는 경우들을 나타내었다. 그림 (a)는 휴대전화용 진동 모터 vibration motor로서 회전하는 모터 축에 불균형 질량 unbalanced mass을 부착해 전화가 왔을 때 모터를 회전시키면 전화기가 진동하는 원리를 이용한다. 그림 (b)는 디지털시계에 사용되는 수정 발진기 quartz crystal oscillator로서 수정[2]에 전압을 인가해 식 (12.1)과 같이 초당 32,768 회[3] 진동하게 한 뒤, 이를 이용해 1 초에 1 회씩 바늘을 회전시키거나 디지털로 표시하는 방법으로 시간을 알려준다. 식 (12.1)에서 'f'는 **주파수** frequency로서 1 초당 동일한 물리적 현상이 몇 회 반복되는지를 나타내며, 단위로는 헤르츠 Hertz를 사용한다. 그림 (c)의 북 drum과 종 bell은 타격을 했을 때 진동하면서 나는 소리가 아름답고 크게 들리도록 진동[4]을 고려해 설계 및 제작해야 한다. 그림 (d)의 현악기들은 가느다란 줄 string의 진동을 울림통의 진동으로 바꾸는 것이므로 역시 진동을 고려해 제작해야 한다.

$$f_{\text{quartz}} = 2^{15} = 32,768\ \text{cycle/s} = 32,768\ \text{Hz} \tag{12.1}$$

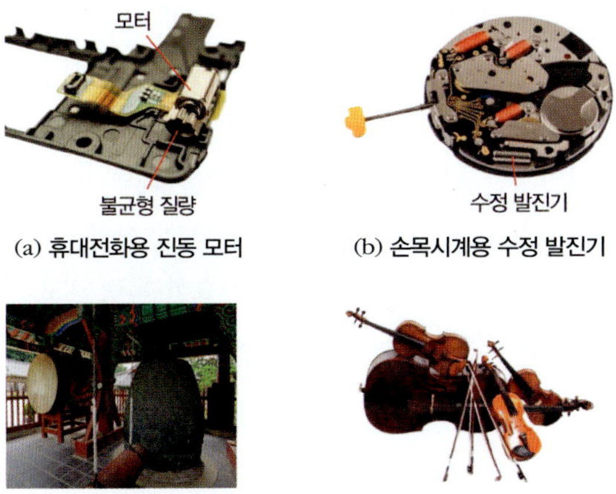

(a) 휴대전화용 진동 모터

(b) 손목시계용 수정 발진기

(c) 북과 종

(d) 현악기

그림 12-1 진동 응용 분야

[그림 12-1]의 예들이 계의 진동을 이용한 경우라면, [그림 12-2]에는 진동을 억제하는 두 가지 예를 나타내었다. 먼저 그림 (a)에는 건물 지반과 건물에 아무런 조치를 하지 않았을 경우(왼쪽), 건물에만 진동 제어 설비를 갖췄을 경우(중간), 내진 설계 seismic resistance design를 했을 경우(오른쪽)의 세 가지에 대해, 지진 발생 시 건물 진동을 비교한 것이다. 발생한 진동을 제어하거나 처음부터 건물에 전달되지

---

2 수정(quartz crystal)에 전압을 인가하면 재료가 변형되는데, 이와 같은 재료를 압전(piezoelectric) 재료라고 한다. 라이터나 가정용 가스레인지 점화장치로도 많이 사용된다.

3 물체는 진동 시 소리가 나게 되는데 시계에서 소리가 들리지 않도록 초당 진동수를 정한다. 사람의 최고 가청 주파수인 20 kHz를 초과하면서 디지털에 적합한 2^n에 해당하는 가장 작은 수가 32,768이다.

4 물체 진동 시의 소리에 중점을 둔 진동학을 특히 음향학(Acoustics)으로 분류한다.

않도록 하는 내진설계를 통해 건물을 지진으로부터 안전하게 만들 수 있다. 그림 (b)에는 자동차 주행 시 지면으로부터 휠&타이어를 통해 전달되는 진동을 승객들이 느끼지 못하도록 줄여주는 진동저감 장치인 맥퍼슨 스트럿 MacPherson strut이다.

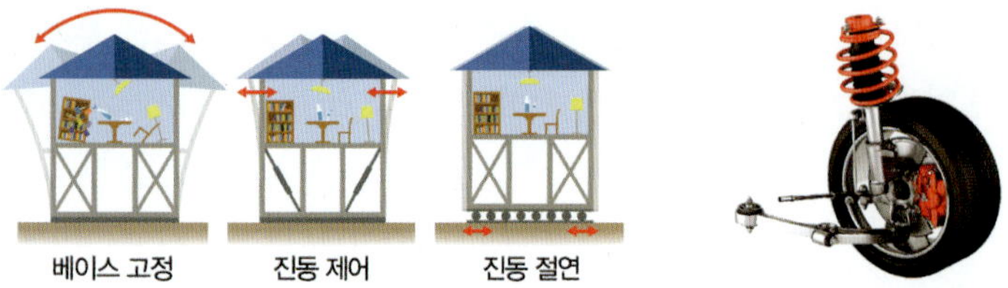

(a) 지진 시 건물 거동 (b) 자동차 스트럿

그림 12-2 진동 억제 분야

12.1.3 자유도

진동학의 주된 관심사는 대상 계에 역학적 부하(힘 또는 모멘트)가 가해졌을 때 계의 떨림(진폭 또는 변위)을 해석하는 것이며, 이를 위해서는 기준 좌표가 필요하다. 예를 들어, [그림 12-3]의 (a)와 같이 스프링과 질량으로 구성된 병진운동 translational motion 계에 힘(P)을 가한 후 자유롭게 운동하도록 놔두면 스프링에 저장되어 있던 탄성에너지에 의해 일정 기간 동안 상하로 진동하게 되며, 이 경우 질량 m_1의 거동은 y 좌표 하나로도 충분히 기술할 수 있다. 그림 (b)에 나타낸 괘종시계 grandfather clock에 사용되는 질량 m_2인 진자 pendulum의 경우 중립위치인 A에서 B까지 올린 다음 놔두면 B−B′ 사이를 진동하게 되며, 그림 (c)에 나타낸 메트로놈 metronome과 함께 각도 θ 하나로 회전운동을 기술할 수 있다. 이와 같이 대상 계에서 모든 요소의 위치를 완전히 결정하는 데 필요한 독립 좌표의 최소 개수를 **자유도** degree of freedom라고 한다. 이러한 관점에서 [그림 12-3]에 나타낸 예들은 모두 **1 자유도 진동계**이다.

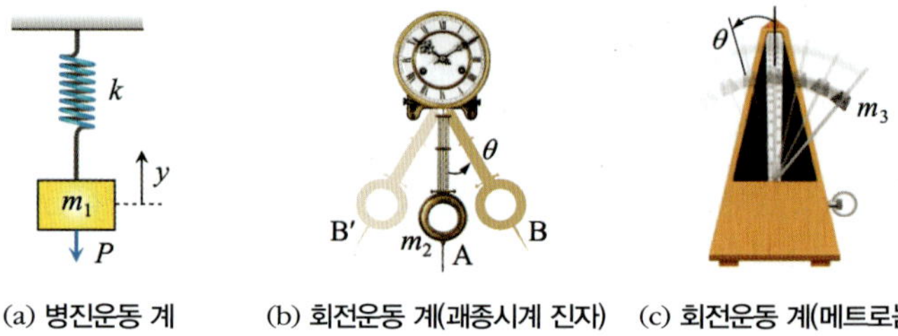

(a) 병진운동 계 (b) 회전운동 계(괘종시계 진자) (c) 회전운동 계(메트로놈)

그림 12-3 1자유도 진동계

반면에 [그림 12-4(a)]의 진동계의 경우 두 질량 m_1과 m_2가 서로 독립적으로 병진운동하기 때문에 이 운동을 정확하게 기술하기 위해서는 최소 2개의 선형 좌표(x_1, x_2)가 필요하다. 그림 (b)의 진동계는 병진운동하는 질량 m_1의 거동을 기술하기 위해 선형 좌표(x) 하나가 필요하며, 회전운동하는 질량 m_2의 거동을 기술하기 위한 회전 좌표(θ) 하나도 추가로 필요하다. 그림 (c)에 나타낸 두 질량 m_1과 m_2는 서로 독립적으로 회전운동하기 때문에 이 운동을 표현하기 위해서는

2 개의 회전 좌표(θ_1, θ_2)가 필요하다. 이와 같이 관심 진동계의 운동을 표현하는 데 최소 2 개의 좌표계가 필요한 진동계를 **2 자유도 진동계**라고 한다.

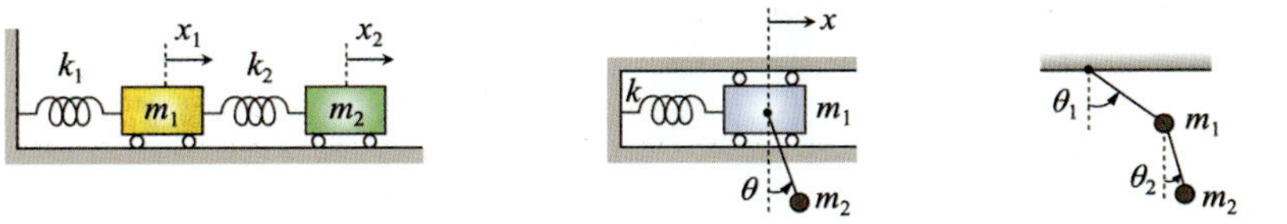

(a) 병진운동 계(x_1, x_2) (b) 병진·회전운동 계(x, θ) (c) 회전운동 계(θ_1, θ_2)

그림 12-4 2자유도 진동계

지금까지 살펴본 예들은 모든 질량들이 한 점에 작용하는 집중 질량 lumped mass으로 간주한 것이며, 관심 대상 집중 질량의 수가 n 개인 경우 n 자유도 진동계라고 한다. 이와 같이 자유도가 유한한 진동계를 **이산계** discrete system[5]라고 부른다.

Static Think_01

[그림 12-3(b)]의 회전운동을 x-y 직각좌표계로 기술하려면 2개의 좌표(x, y)가 필요한데, 이것은 왜 1 자유도계인지 생각해보시오.

12.1.4 진동계의 기본 요소

일반적으로 진동계는 크게 네 가지 기본 요소들로 구성되는데, [그림 12-5]에 나타낸 병진진동계를 대상으로 이들 구성 요소들을 살펴본다. 첫 번째 요소는 대상이 되는 물체의 **질량** mass(①)이며, 기호로는 주로 m 을 사용한다. **일-에너지 원리**에 의해 한 진동계에 가해진 에너지는 운동에너지 kinetic energy 변화로 이어지므로, 질량은 운동에너지 저장요소로 보면 된다. 지구상에 질량이 없는 물체는 없기 때문에 주변에 존재하는 모든 물체들은 진동의 대상이 된다. 두 번째 요소는 진동계에 가해진 일(또는 에너지)을 탄성에너지로 저장하는 **스프링** spring(②)이며, 기호로는 주로 k 를 사용한다. 스프링에는 [그림 12-5]의 왼쪽과 같이 압축력을 주로 받는 압축스프링 compression spring과 인장력을 주로 받는 인장스프링 tension spring이 있으며, 인장과 압축을 모두 받는 스프링도 있다. 11.2절(2차원 동역학)에서 설명한 중력 위치에너지가 탄성에너지를 대신하기도 한다.[6] 세 번째 요소는 진동계에 가해진 에너지를 다른 형태의 에너지(주로, 열에너지)로 변환시켜 진동의 폭을 줄여주는 **감쇠기** damper(③)이며, 기호로는 주로 c 를 사용한다. [그림 12-5]의 오른쪽에 실제 사용하는 감쇠기들의 예를 나타내었다. 마지막 요소는 관심대상 진동계에 진동을 발생시키는 원인인 **가진력** excitation force(또는 외력)(④)으로서 기호로는 F를 주로 사용한다.

5 실제 물체들(예 철자)의 경우 질량이 분포되어 있어 집중 질량으로 볼 수 없다. 이를 연속계(continuous system)라고 하는데 여기서는 설명을 생략한다. 연속계는 무한(∞)개의 자유도를 갖는 진동계로 보면 된다.

6 이러한 이유로 탄성에너지와 중력 위치에너지를 잠재에너지(potential energy)라고 통칭한다.

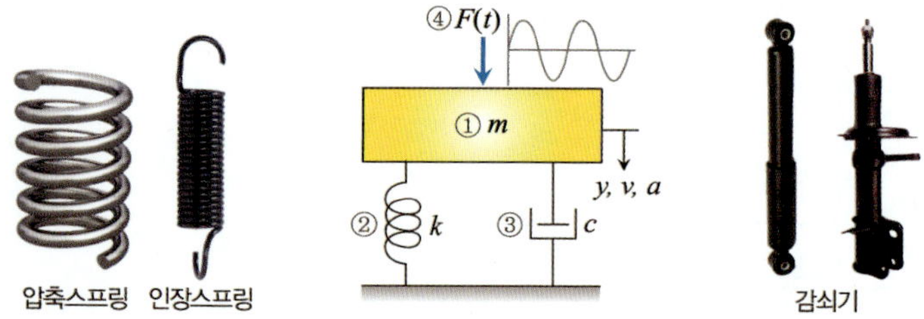

그림 12-5 병진진동계의 기본 요소

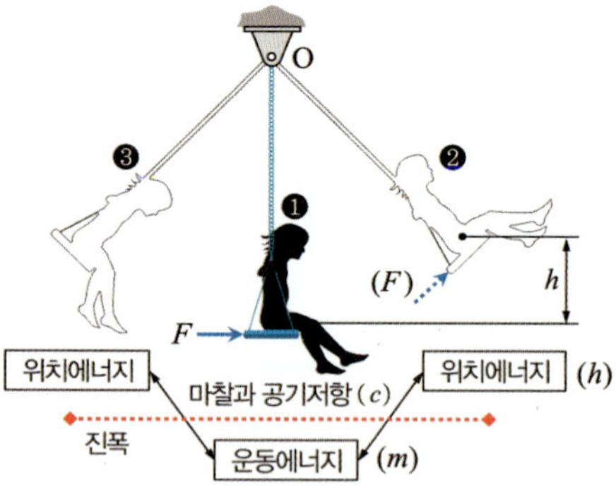

그림 12-6 진동 발생 원인 및 진동 과정

진동계의 네 가지 기본 요소 및 진동 과정을 [그림 12-6]에 나타낸 그네를 타고 있는 사람을 대상으로 살펴보자. 초기에 정지 상태($v_0 = 0$)인 위치 ❶에서 질량 m 인 그네와 사람(대상 진동계)에 누군가(진동 원 vibration source)가 힘 F (가진력)를 가해 위치 ❷까지 밀어 올리면 진동계에 행한 일은 잠재에너지 중의 하나인 중력 위치에너지로 바뀌고, 이 상태에서 힘을 제거하면 중력장에 의해 그네와 사람이 아래로 가속되어 운동에너지로 변환되었다가 위치 ❸까지 이동해 다시 위치에너지로 된다. 이러한 에너지 변환 과정이 반복되면서 일부 에너지가 회전 중심 O에서의 마찰이나 주변 공기에 의한 저항(감쇠기)에 의해 감쇠되어 진폭이 줄어들다가 멈추게 된다. 이와 같이 가진력을 인가한 뒤 제거한 상태에서의 진동을 **자유진동** free vibration이라고 한다. 반면에 자동차 엔진과 같이 힘이 지속적으로 가해지는 경우를 **강제진동** forced vibration[7]이라고 한다.

Static Think_ 02

기타나 바이올린과 같은 현악기 울림통에 손을 대고 연주하면 소리가 잘 나지 않는 이유에 대해 생각해보시오.

12.1.5 진동계 해석 과정

진동계는 크게 네 가지 단계로 나눠 해석할 수 있는데, 정역학은 이 중 처음 두 단계에 주로 활용된다. 진동해석의 1단계는 대상 진동계를 원하는 정도로 단순화시켜 **모델링** modeling하는 것이다. 예를 들어, [그림 12-7(a)]에 주어진 오토바이의 상하 진동만을 해석하고자 할 때, 그림 (b)와 같이 오토바이 전체를 등가 equivalent 질량(m_{eq}), 등가 스프링(k_{eq}), 등가 감쇠기(c_{eq}) 1개씩으로 구성한 1자유도 진동계로 모델링할 수 있다. 반면에, 그림 (c)에서와 같이 앞바퀴와 뒷바퀴를 따로 구분한 뒤 각각에 대해 타이어 tire는 스프링(k_{ft}, k_{rt})으로, 휠은 질량(m_{fw}, m_{rw})으로, 두 바퀴와 차체를 연결하는 스트럿은

7 가진력 $F(t)$가 0이면 자유진동, 0이 아니면 강제진동으로 보면 된다.

스프링(k_{fs}, k_{rs})과 감쇠기(c_{fd}, c_{rd})로, 나머지 차체의 질량을 m_{body}로 하는 3 자유도로 모델링할 수도 있다. 자유도를 높이면 해석결과의 정확도를 높일 수 있지만, 해석의 난이도도 동시에 올라가기 때문에 초기 해석 시에는 단순한 모델을 써서 대략의 거동을 예측하고, 좀 더 높은 정확도가 필요한 경우에 복잡한 모델로 해석하는 것이 효율적이다.

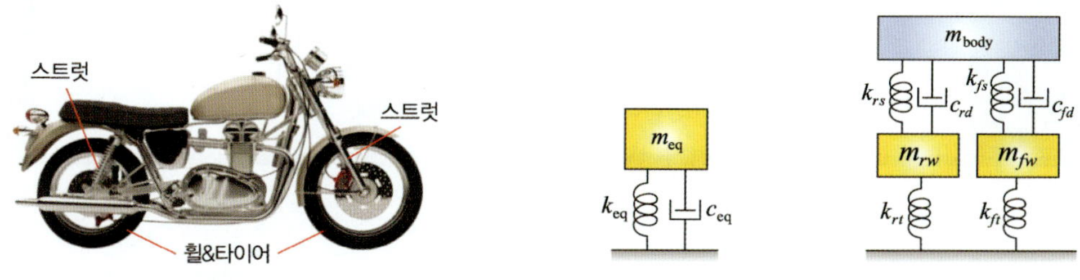

(a) 오토바이 (b) 1자유도 모델 (c) 3자유도 모델

그림 12-7 오토바이 상하 병진진동 모델링

2 단계는 앞에서 세운 진동 모델의 **지배방정식** governing equation[8]을 유도하는 것이다. 이 단계에서 자유물체도, **달랑베르의 원리**(또는 **뉴턴의 제2법칙**), **일-에너지 원리**, **에너지 보존법칙**, **가상일의 원리**가 많이 사용된다. 여기서는 연속계를 제외한 이산계만 다루기로 하고, 스프링은 **후크의 법칙**을 따르는 선형 스프링 linear spring만을 대상으로 한다. 3 단계는 유도된 지배방정식을 수학적으로 **풀이** solving하는 과정[9]이며, 4 단계는 풀이를 통해 얻은 결과를 직관력을 통해 **검토** 및 **분석** interpretation하는 과정이다. 이 장에서는 3 단계와 4 단계는 다루지 않는다. 이상에서 간략하게 설명한 진동계 해석 과정을 [그림 12-8]에 개략적으로 나타내었다.

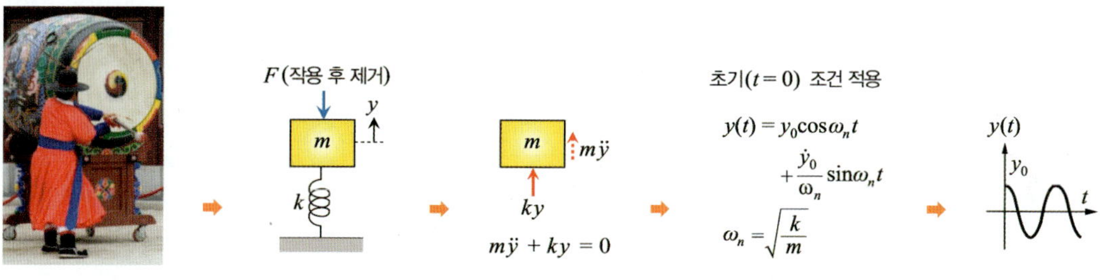

(a) 실제 문제 (b) 1단계 : 모델링 (c) 2단계 : 지배방정식 유도 (d) 3단계 : 풀이[10] (e) 4단계 : 결과분석

그림 12-8 진동계 해석 과정

Static Think_03

첼로와 바이올린의 소리가 다른 이유에 대해 생각해보시오.

8 운동방정식(equation of motion)이라고도 하며, 이를 유도하는 과정에서 정역학적인 지식들이 많이 요구된다.

9 지배방정식은 주로 미분방정식(differential equation) 형태이며, 이를 풀이하는 데 라플라스 변환(Laplace transform), 행렬(matrix) 계산, 수치해석(numerical analysis) 등의 방법이 사용된다.

10 해석 예를 참고로 나타낸 것이므로, 세부 내용에 대한 설명은 생략한다.

SECTION 12.2

1자유도 진동계의 지배방정식

- ✔ 진동계에서 스프링 요소의 역할을 이해하고, 직 · 병렬연결 시 등가 스프링율을 구할 수 있다.
- ✔ 진동계에서 감쇠 요소의 역할 및 힘과 속도 사이의 관계를 이해한다.
- ✔ 1자유도 진동계의 지배방정식을 다양한 방법으로 유도한다.

달랑베르의 원리를 통해 동역학 문제를 정역학적으로 해석할 수 있기 때문에 동역학의 한 분야로 볼 수 있는 진동해석(특히 지배방정식 유도)도 정역학과 자유물체도를 이용해 수행할 수 있다. 1 자유도 진동계의 지배방정식을 유도해보면서 정역학과 진동학의 묘미를 느껴보자.

12.2.1 스프링

스프링 spring은 진동계에 있어서 필수 요소이므로 이에 대한 특성을 먼저 살펴보자. [그림 12-9(a)]에 나타낸 운동 기구의 경우 5 개의 스프링들이 동일한 손잡이에 연결되어 있고, [그림 12-9(b)]에 나타낸 철근콘크리트 기둥 안에는 철근[11]이 12 개 박혀있다. 이와 같이 n 개의 스프링들이 해당 진동계에 가해진 부하를 분담하는 경우를 **병렬** parallel 스프링이라고 하며, 이를 [그림 12-9(c)]와 같이 나타낼 수 있다. 만약 이들 스프링들의 변형량이 같으면 전체를 1 개의 스프링으로 바꿔 해석하면 편리하다. 이를 위해 [그림 12-10(a)]와 같이 병렬로 연결되어 있는 2 개의 스프링을 대상으로 살펴보자. 스프링 자유길이인 [그림 12-10(a)]의 스프링에 힘(F)을 가해 [그림 12-10(b)]와 같이 변형(δ)이 생긴 경우에 대한 자유물체도를 그리면 [그림 12-10(c)]와 같다. 이를 이용해 y 방향의 힘 평형을 고려하면 식 (12.2)를 얻을 수 있고, 이를 n 개의 스프링까지 확장시키면 식 (12.3)과 같이 나타낼 수 있다. 즉 병렬연결된 스프링의 경우 등가 스프링율(k_{eqp})은 각각의 스프링율을 모두 더한 것과 같으며, [그림 12-10]에서 (a)~(c)의 문제는 (d), (e)와 같은 문제로 바꾸어 생각할 수 있다.

$$\begin{aligned} \Sigma F_y &= (k_1 + k_2)\delta - F = 0 \\ F &= (k_1 + k_2)\delta = k_{\text{eqp}}\delta \\ k_{\text{eqp}} &= k_1 + k_2 \end{aligned} \tag{12.2}$$

$$k_{\text{eqp}} = \sum_{i=1}^{n} k_i \tag{12.3}$$

11 철근도 하나의 스프링으로 간주할 수 있다.

(a) 운동기구 (b) 기둥 내의 철근 (c) 병렬 스프링 모델

그림 12-9 병렬연결 스프링

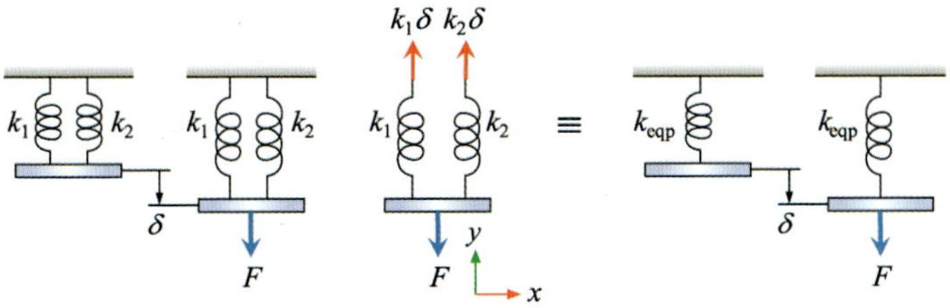

(a) 무부하 (b) 부하 인가 (c) 자유물체도 (d) 무부하 (e) 부하 인가

그림 12-10 병렬연결 스프링의 등가 스프링율

Static Think_ 04

콘크리트 안에 있는 [그림 12-9(b)]의 철근을 스프링으로 간주할 수 있는 이유는 무엇인가? 또 철근을 스프링으로 모델링할 경우 스프링율에 영향을 줄 수 있는 인자들을 두 가지 이상 생각해보시오.

스프링 배열이 [그림 12-11(a)]와 같이 직렬 series 연결되어 있는 경우, 자유길이인 그림 (a)의 스프링에 힘(F)을 가해 그림 (b)와 같이 변형(δ)이 생긴 경우에 대해 자유물체도를 그리면 그림 (c)와 같다. 이 경우 개별 스프링에 발생하는 힘은 모두 같게 되고, 전체 변형(δ)은 개별 스프링 변형을 더한 것과 같으므로 식 (12.4)를 얻을 수 있다. 이를 n 개의 스프링까지 확장시키면 식 (12.5)와 같이 나타낼 수 있다. 즉 직렬연결된 스프링의 경우 등가 스프링율(k_{eqs})의 역수는 각각의 스프링율의 역수의 합과 같다.

$$
\begin{aligned}
F &= k_1\delta_1 = k_2\delta_2 \\
\delta &= \delta_1 + \delta_2 = \left(\frac{1}{k_1} + \frac{1}{k_2}\right)F = \frac{1}{k_{\text{eqs}}}F \\
\frac{1}{k_{\text{eqs}}} &= \frac{1}{k_1} + \frac{1}{k_2}
\end{aligned}
\tag{12.4}
$$

$$
\frac{1}{k_{\text{eqs}}} = \sum_{i=1}^{n} \frac{1}{k_i} \tag{12.5}
$$

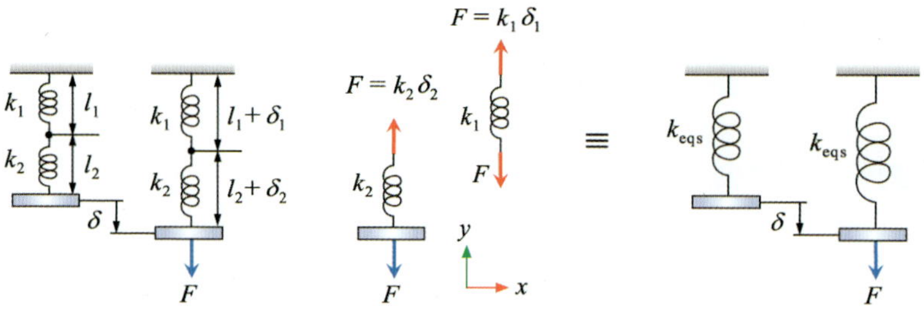

(a) 무부하 (b) 부하 인가 (c) 자유물체도 (d) 무부하 (e) 부하 인가

그림 12-11 직렬연결 스프링의 등가 스프링율

12.2.2 감쇠기

스프링이 진동을 유지시키는 요소라면 감쇠기는 진동계가 가지고 있는 에너지를 열에너지와 같은 형태로 소진시켜 진동계가 받는 충격을 완화시키거나 진폭을 줄여주는 역할을 한다. [그림 12-12(a)]의 스트럿 strut은 스프링과 감쇠기로 이루어져 있는데, 이중 감쇠기는 노면에서 차체로 유입되는 충격을 완화시키는 역할을 수행하기 때문에 완충기 shock absorber라고도 한다. 완충기의 주요 구성 부품을 [그림 12-12(b)]에 나타내었다. 실린더와 피스톤 사이에 점성유체 viscous fluid를 채운 상태에서 축에 힘을 가하면 점성유체가 구멍을 통해 움직이면서 축의 운동을 제한하게 된다. 이 과정에서 유체와 구멍 사이의 마찰로 인해 열이 발생된다. 이러한 감쇠기(또는 완충기)를 기호로 [그림 12-12(c)]와 같이 나타낸다. 이 경우 감쇠기에 작용하는 힘(F_d)은 축의 속도에 비례하며 식 (12.6)[12]과 같이 나타낸다. 식에서 c는 완충기 구조와 유체의 종류에 따라 결정되며, **감쇠계수** damping coefficient라고 한다.

$$F_d = cv \tag{12.6}$$

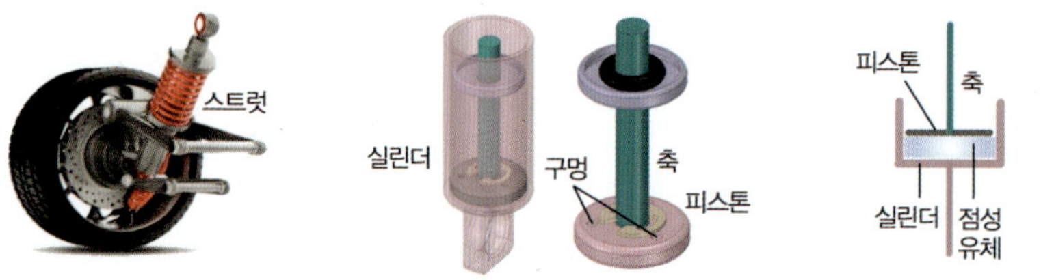

(a) 자동차 스트럿 (b) 완충기 내부 구조 (c) 감쇠기 기호의 의미

그림 12-12 감쇠기의 구조와 표기

12 모든 감쇠기가 식 (12.6)을 따르는 것은 아님에 주의하자. 여기서는 가장 간단한 감쇠기만 다룬다.

예제 12-1 등가 스프링율

[그림 12-13(a)]에 주어진 1개의 질량과 5개의 스프링$(k_1 \sim k_5)$을 [그림 12-13(b)]와 같이 1개의 질량과 1개의 등가 스프링(k_{eq})으로 간략화하시오.

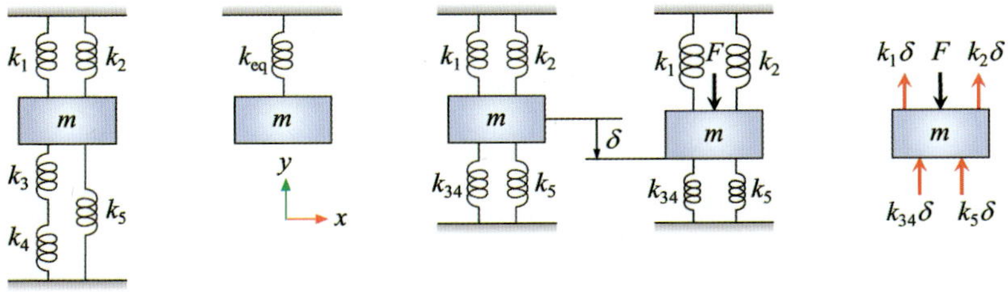

(a) 질량-스프링 계 (b) 등가 스프링 (c) 직렬 대체 (d) 가상 힘 (e) 자유물체도

그림 12-13 등가 스프링

Analyze

- 간략화할 수 있는 스프링부터 먼저 등가 스프링율로 바꾼다.
- 질량-스프링 계에 힘을 가한 뒤 자유물체도를 고려해 등가 스프링율로 바꾼다.

Compute

- [그림 12-13(a)]에서 직렬로 연결되어 있는 k_3과 k_4를 식 (12.4)를 이용해 하나의 등가 스프링 k_{34}로 바꾸면 다음 식과 같으며, 전체 계는 [그림 12-13(c)]와 같이 단순화된다.

$$k_{34} = \frac{k_3 k_4}{k_3 + k_4}$$

- [그림 12-13(c)]의 계에 그림 (d)와 같이 가상의 힘(F)을 가한 뒤, 질량에 대해 자유물체도를 그리면 그림 (e)와 같이 된다. 이에 대해 힘 평형을 고려하면 다음 식을 얻을 수 있다.

$$\Sigma F_y = (k_1 + k_2 + k_{34} + k_5)\,\delta - F = 0$$
$$F = (k_1 + k_2 + k_{34} + k_5)\,\delta = k_{eq}\delta$$
$$k_{eq} = k_1 + k_2 + k_{34} + k_5 = k_1 + k_2 + k_5 + \frac{k_3 k_4}{k_3 + k_4}$$

Think

- 직렬 및 병렬연결이 모두 있는 경우 어느 한 종류를 등가계로 먼저 바꿔 모든 스프링이 직렬(또는 병렬)이 되게 한 뒤 전체를 등가 계로 바꾸는 것이 좋다.
- [그림 12-13(c)]와 같은 스프링 배열은 한 쪽에 4개의 스프링이 있는 병렬 배열과 같은 것임을 알 수 있다.

12.2.3 1자유도 진동계의 지배방정식

[그림 12-8]에 나타낸 해석 과정 중 1 단계를 거쳐 1 자유도 진동계로 모델링된 [그림 12-14(a)]와 같은 자유진동계의 지배방정식을 정역학에서 다룬 여러 가지 원리나 법칙들을 적용해 유도해본다.

■ 뉴턴의 제2법칙

가장 먼저 관심 진동계를 가장 정확하게 기술하기 위한 좌표를 설정한 뒤, [그림 12-14(a)]의 평형 위치 O에서 그림 (b)와 같이 유한한 변위(x)[13]를 설정한다. 질량 요소가 평형 위치에서 설정된 변위까지 움직일 때 질량 요소에 대해 그림 (c)와 같이 자유물체도를 그린 다음 **뉴턴의 제2법칙**을 적용하면 식 (12.7)과 같은 지배방정식을 얻을 수 있다. 식에서 $\ddot{x}$는 변위 x를 시간(t)으로 두 번 미분한 가속도(a)를 나타낸다. 자유물체도에 y 방향의 힘(mg, N)도 표시하였으나 질량 요소의 운동 방향과 무관해 해당 방향에 대한 **뉴턴의 제2법칙**을 추가로 적용할 필요가 없으므로, 앞으로는 운동 방향에 관계된 힘만을 표시하기로 한다.

$$\sum F_x = (-)kx = ma = m\ddot{x}$$
$$m\ddot{x} + kx = 0 \tag{12.7}$$

(a) 관심 진동계

(b) 변위 설정

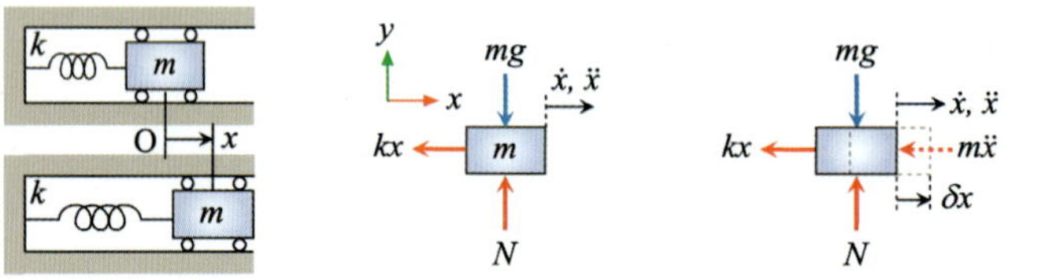

(c) 좌표 및 자유물체도 (d) 달랑베르 및 가상일의 원리

그림 12-14 1자유도 진동계

■ 달랑베르의 원리

뉴턴의 제2법칙과 동일한 과정을 거치되, 자유물체도에 [그림 12-14(d)]와 같이 운동 방향과 반대 방향으로 관성력($m\ddot{x}$)을 작용시킨 다음 정적 평형 조건을 적용하면 식 (12.8)과 같은 지배방정식이 되는데, 이 식은 식 (12.7)과 같다.

$$\sum F_x = (-)kx - m\ddot{x} = 0 \tag{12.8}$$

■ 에너지 보존법칙

정지해 있던 질량이 운동을 시작하면 질량 요소의 운동에너지 kinetic energy와 스프링 요소의 탄성에너지 potential energy 사이의 에너지 변환에 의해 진동이 발생한다. 이 과정에서 에너지 손실이 없고 외부에서 추가로 일이 행해지지 않으면 진동계에 관련된 전체 에너지는 항상 일정하게 된다. 따라서 전체

13 그림 (b)에서와 반대 방향으로 변위를 설정해도 동일한 지배방정식을 얻게 된다.

에너지를 시간으로 미분하면 0이 되어야 하며, 이를 이용하면 식 (12.9)와 같은 과정을 거쳐 지배방정식을 얻을 수 있는데, 이 식 또한 식 (12.7)과 같게 된다.

$$\frac{d}{dt}\left(\frac{1}{2}m\dot{x}^2 + \frac{1}{2}kx^2\right) = m\ddot{x} + kx = 0 \tag{12.9}$$

■ 가상일의 원리

[그림 12−14(d)]와 같이 운동 방향으로의 미소 가상변위를 δx 라고 가정했을 때, 계에 작용하는 힘에 의한 가상일 virtual work은 0 이어야 하고, 이를 식으로 나타내면 식 (12.10)과 같이 된다. 이때 식 (12.10)의 양변을 $(-)\delta x$ 로 나누면 식 (12.7)과 같은 식이 된다.

$$\delta U = (-kx) \times \delta x - (m\ddot{x}) \times \delta x = 0 \tag{12.10}$$

비감쇠계의 병진 자유진동계의 경우 정역학에서 다룬 다양한 법칙과 원리를 사용해 지배방정식을 유도할 수 있음을 알 수 있다. 이 중 **뉴턴의 제2법칙**을 이용해 [그림 12−15(a)]와 같은 진자시계용 **단진자** simple pendulum 진동에 대한 지배방정식을 유도해보자. 먼저 [그림 12−15(b)]와 같이 질량 m 인 진자가 질량을 무시할 수 있는 길이 l 인 줄(또는 봉) 끝에 매달려 있는 것으로 모델링하고, 회전좌표계와 θ 만큼의 각 변위를 설정한 뒤 진자에 대해 자유물체도를 그리면 [그림 12−15(c)]와 같이 된다. 이를 바탕으로 회전운동에 대한 **뉴턴의 제2법칙**을 적용하고 미소각($\sin\theta \approx \theta$) 가정을 적용하면, 식 (12.11)과 같은 지배방정식을 얻을 수 있다.

$$\begin{gathered} \sum M_O = (-mg) \times (l\sin\theta) = I_O\alpha = ml^2\ddot{\theta} \\ l\ddot{\theta} + g\sin\theta \approx l\ddot{\theta} + g\theta = 0 \end{gathered} \tag{12.11}$$

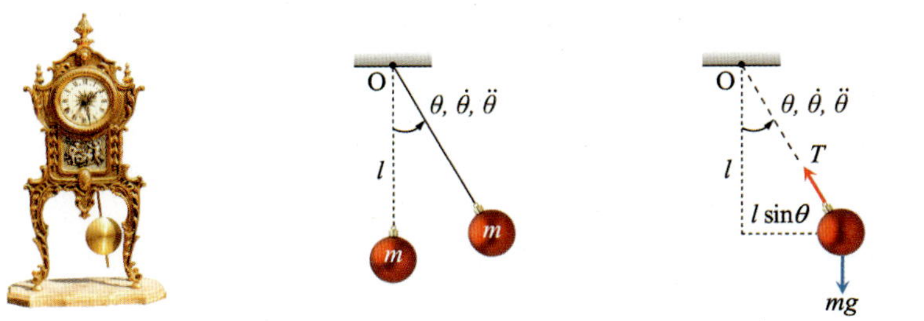

(a) 진자시계 (b) 진자 모델 및 회전좌표 (c) 진자에 대한 자유물체도

그림 12-15 단진자의 진동

이상에서 살펴본 병진 및 회전 진동계에 대한 비감쇠 자유진동을 [표 12−2]에 비교 및 정리하였다. 이를 통해 두 진동계에 대해 상사성 similitude이 있음을 알 수 있다. 표에 표시한 **고유 각속도** natural angular velocity는 진동현상을 이해하는 데 중요한 인자이지만 여기에서는 자세히 설명하지 않는다.

표 12-2 병진계와 회전계의 비감쇠 자유진동 비교

비교 항목	병진계	회전계
모델	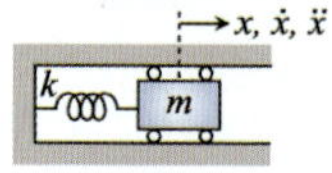	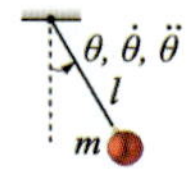
에너지 변환	탄성 ↔ 운동	위치 ↔ 운동
좌표	$x,\ \dot{x},\ \ddot{x}$	$\theta,\ \dot{\theta},\ \ddot{\theta}$
지배방정식	$m\ddot{x} + kx = 0$	$l\ddot{\theta} + g\theta = 0$
고유 각속도(ω_n)	$\sqrt{\dfrac{k}{m}}$	$\sqrt{\dfrac{g}{l}}$
상사성	$m \leftrightarrow l,\ k \leftrightarrow g$	

일반적으로 자동차에 가해지는 주된 가진력은 [그림 12-16(a)]에 나타낸 것처럼 노면으로부터 입력되지만, 이를 역으로 생각하면 그림 (b)와 같이 모델링할 수 있다. 그림 (b)와 같은 진동계를 **감쇠 강제 진동계** damped forced vibration라고 한다. 이 경우 질량요소에 대해 그림 (c)와 같이 좌표와 변위를 설정한 뒤 자유물체도를 그리면 그림 (d)와 같이 나타낼 수 있으며, 이에 대해 **달랑베르의 원리**를 적용하면 식 (12.12)와 같은 일반적인 지배방정식을 얻을 수 있다. 이 식에서 힘이 작용하지 않는 경우($F = 0$)가 자유진동계가 되고, 감쇠요소가 없는 경우($c = 0$)는 비감쇠 진동이 된다.

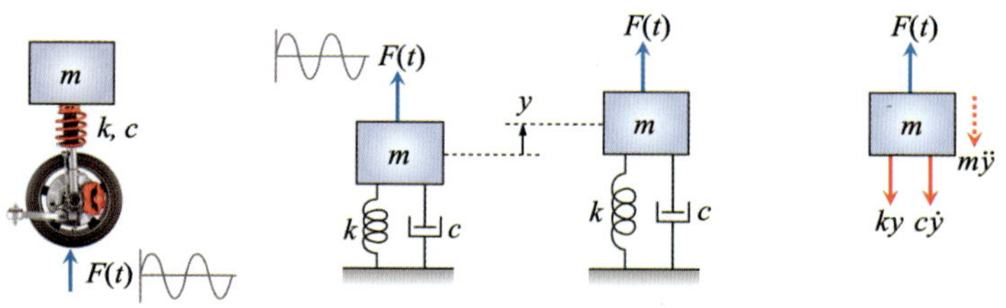

(a) 현가장치 (b) 감쇠 강제진동 모델 (c) 좌표 및 변위 (d) 자유물체도

그림 12-16 감쇠 강제진동

$$\sum F_y = (-)m\ddot{y} - c\dot{y} - ky + F(t) = 0$$
$$m\ddot{y} + c\dot{y} + ky = F(t) \qquad (12.12)$$

예제 12-2 회전계에 대한 달랑베르의 원리 및 에너지 보존법칙

[그림 12-15(b)]에 주어진 단진자의 지배방정식을 **달랑베르의 원리**와 **에너지 보존법칙**을 이용해 유도하시오.

Analyze

- **달랑베르의 원리**는 운동으로 인해 생기는 관성력을 작용력으로 간주하는 것이다.
- 비감쇠계의 경우 해당 계에 존재하는 에너지의 총합은 일정하다.

Compute

- [그림 12-17]과 같이 질량 m 인 진자가 CCW로 각 θ 만큼 회전하는 경우, 회전 방향과 반대 방향으로 회전관성모멘트($I_O\ddot{\theta}$)가 작용하는 것으로 보고 정적 모멘트 평형을 적용하면 다음과 같은 식을 얻을 수 있다. 여기에 미소각 가정($\sin\theta \approx \theta$)을 적용하면 식 (12.11)과 같은 지배방정식이 된다.

$$\Sigma M_O = (-mg) \times (l\sin\theta) - ml^2\ddot{\theta} = 0$$

$$l\ddot{\theta} + g\theta = 0$$

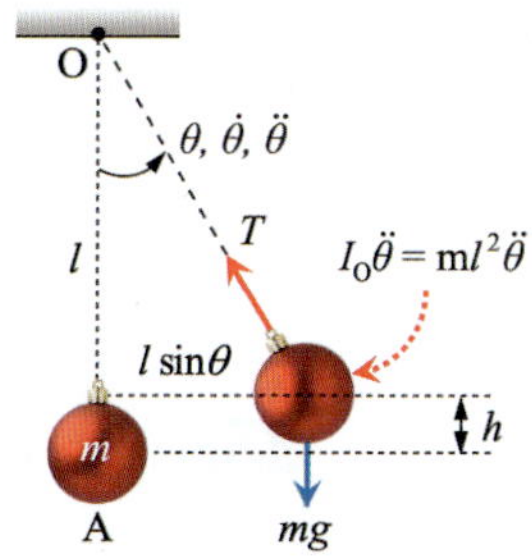

그림 12-17 진자의 진동

- [그림 12-17]과 같은 진동계는 진자의 회전 운동에너지($E_k = \frac{1}{2}I_O\omega^2$)와 위치에너지($E_p = mgh$)의 상호 변환에 의해 진동이 발생하며, 이 에너지의 합은 항상 일정해야 한다. 따라서 이 에너지의 합을 시간에 대해 한 번 미분하면 0이 되어야 하며, 이에 더해 미소각 가정을 적용하면 식 (12.11)과 동일한 지배방정식을 얻을 수 있다.

$$E_k = \frac{1}{2}I_O\omega^2 = \frac{1}{2}ml^2\dot{\theta}^2$$

$$E_p = mgh = mgl(1-\cos\theta)$$

$$\frac{d}{dt}\left\{\frac{1}{2}ml^2\dot{\theta}^2 + mgl(1-\cos\theta)\right\} = ml^2\ddot{\theta} + mgl\sin\theta = 0$$

$$l\ddot{\theta} + g\theta = 0$$

Think

- **달랑베르의 원리**는 **뉴턴의 제2법칙**을 다른 관점에서 본 것이다.
- **에너지 보존법칙**을 이용하면 계의 진동에 관여되는 에너지들(스칼라량)만을 고려해 지배방정식을 쉽게 유도할 수 있다.

SECTION 12.3

2자유도 진동계의 지배방정식

- ✔ 2자유도 진동계의 특징을 이해한다.
- ✔ 2자유도 병진 진동계와 회전 진동계의 지배방정식 유도 시 좌표계 설정의 중요성을 인지한다.
- ✔ 정역학과 자유물체도를 이용해 2자유도 진동계의 지배방정식을 유도한다.

선과 평면에 대한 이해를 바탕으로 입체를 다루듯이, 1 자유도 진동계에 대한 이해를 바탕으로 2 자유도계 진동계, 더 나아가 n 자유노 신동계에 도전해보자.

12.3.1 2자유도 진동계

스프링으로 연결되어 있는 질량 m_1, m_2인 단진자 2 개가 진동할 경우 [그림 12-18]과 같이 여러 가지 모드로 운동하므로, 두 진자의 운동을 정확하게 기술하기 위해서는 최소 2 개의 독립적인 좌표(θ_1, θ_2)가 필요하다. 이와 같은 진동계를 **2 자유도 진동계**라고 한다. 예를 들어, [그림 12-19(a)]에 주어진 실제 차량의 상하 vertical 및 피치 pitch 운동을 해석하고자 할 경우 휠&타이어를 포함한 현가장치를 [그림 12-19(b)]와 같이 전후 2 개의 스프링(k_f, k_r)으로 간주하고 차체를 포함한 나머지 질량을 m 으로 하여 [그림 12-19(c)]와 같이 모델링할 수 있다. 이때 질량은 하나이지만 이 질량의 운동을 기술하는 데 2 개의 좌표가 필요하므로 2 자유도 진동계가 된다.

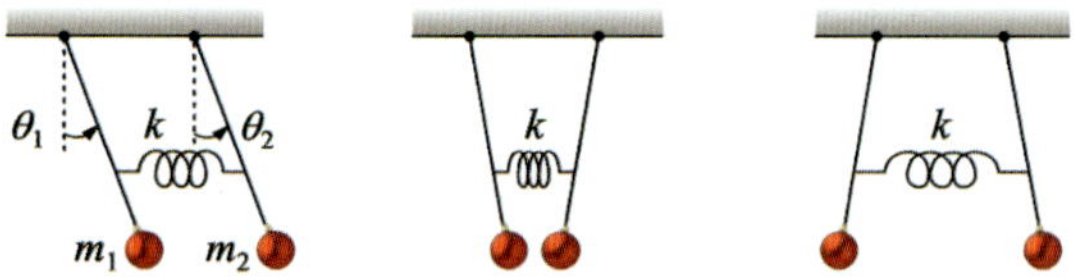

(a) 평행 모드 (b) 수축 모드 (c) 팽창 모드

그림 12-18 독립적으로 진동하는 2개의 단진자

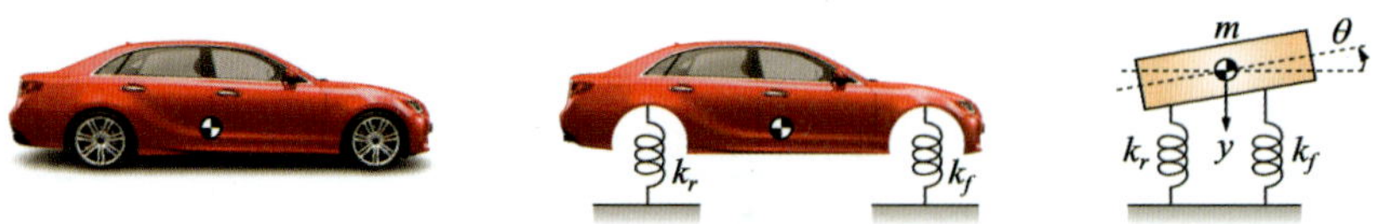

(a) 실제 차량 (b) 현가장치 모델링 (c) 2자유도 모델

그림 12-19 휠&타이어를 포함한 현가장치 모델링

자동차의 진동 거동에 영향을 주는 주요 인자 중 하나는, 스트럿에 의해 지지되지 않는 [그림 12-20(a)]에 나타낸 스프링 하질량(m_{us}) unsprung mass과 스트럿에 의해 지지되는 스프링 상질량(m_s) sprung mas[14]의 비율이다. 따라서 스프링 하질량과 상질량의 효과를 해석하기 위해 차량의 1/4을 [그림 12-20(b)]와 같이 모델링할 수 있으며, 이 또한 2자유도 진동계가 된다. 그림에서 k_t와 c_t는 휠&타이어, k_s와 c_s는 스트럿의 스프링율과 감쇠계수를 각각 나타낸다.

(a) 스프링 하질량 (b) 차량 1/4 모델

그림 12-20 스프링 하질량과 상질량을 구분한 1/4 차량 모델

Static Think_05

자동차 타이어를 스프링과 감쇠기로 모델링하는 이유에 대해 생각해보시오.

12.3.2 2자유도 진동계의 지배방정식

질량 2개, 스프링 3개, 감쇠기 3개로 이루어진 [그림 12-21(a)]와 같은 일반적인 2자유도 감쇠 강제 진동계의 지배방정식을 **달랑베르의 원리**를 이용해 유도해보자. **달랑베르의 원리**를 적용하기 위해 먼저 [그림 12-21(a)]와 같이 2개의 병진 좌표계(x_1, x_2)를 설정하고, 양의 방향으로 이동하는 것으로 생각하자. 그러나 두 좌표를 동시에 변화시킬 경우 계의 물리적인 거동을 정확하게 파악하기 어렵기 때문에 두 가지 경우로 나눠 생각하기로 한다.

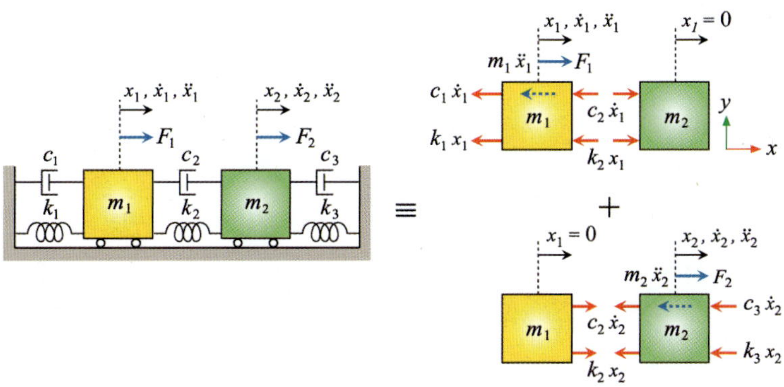

(a) 병진 진동계 (b) 질량 요소에 대한 자유물체도

그림 12-21 2자유도 감쇠 강제 진동계

14 [그림 12-20(a)]에 나타낸 부분을 제외한 나머지 차량 질량의 대부분이 스프링 상질량이다.

먼저, m_2를 고정한($x_2 = 0$) 상태에서 m_1만을 양의 방향으로 x_1만큼 이동시킨 경우에 대해 두 질량에 대한 자유물체도를 그리면 [그림 12-21(b)]의 위쪽과 같다. 그림에서 점선으로 나타낸 $m_1\ddot{x}_1$은 운동 방향과 반대 방향으로 생성되는 관성력이다. 다음으로, m_1을 고정한($x_1 = 0$) 상태에서 m_2만을 양의 방향으로 x_2만큼 이동시킨 경우에 대해 두 질량에 대한 자유물체도를 그리면 그림 (b)의 아래쪽과 같다. 그림에서 점선 화살표로 나타낸 $m_2\ddot{x}_2$는 관성력이다. 실제로는 두 질량이 동시에 운동하므로 각 질량에 작용하는 힘들은 그림 (b)의 위쪽과 아래쪽을 더한 것과 같게 되고, 이를 이용해 두 질량에 대해 힘 평형을 적용하고 정리하면 식 (12.13)과 식 (12.14)를 얻을 수 있다.

$$\begin{aligned}\Sigma F_{x,\,m_1} &= (-)m_1\ddot{x}_1 - (c_1 + c_2)\dot{x}_1 + c_2\dot{x}_2 - (k_1 + k_2)x_1 + k_2x_2 + F_1 = 0\\ &m_1\ddot{x}_1 + (c_1 + c_2)\dot{x}_1 - c_2\dot{x}_2 + (k_1 + k_2)x_1 - k_2x_2 = F_1\end{aligned} \tag{12.13}$$

$$\begin{aligned}\Sigma F_{x,\,m_2} &= (-)m_2\ddot{x}_2 + c_2\dot{x}_1 - (c_2 + c_3)\dot{x}_2 + k_2x_1 - (k_2 + k_3)x_2 + F_2 = 0\\ &m_2\ddot{x}_2 - c_2\dot{x}_1 + (c_2 + c_3)\dot{x}_2 - k_2x_1 + (k_2 + k_3)x_2 = F_2\end{aligned} \tag{12.14}$$

식 (12.13)과 식 (12.14)의 경우 다수의 항들로 구성되어 있어 식의 규칙성이나 경향성을 파악하기 어려운 단점이 있다. 이 두 식들을 행렬 matrix을 이용해 나타내면 식 (12.15)와 같이 일목요연하게 정리할 수 있으며, 이를 행렬 표기를 이용해 간략히 나타내면 진동계의 지배방정식은 식 (12.16)과 같이 나타낼 수 있다. 식 (12.16)에서 $[\mathrm{M}]$은 **질량행렬** mass matrix, $[\mathrm{D}]$는 **감쇠행렬** damping matrix, $[\mathrm{K}]$는 **강성행렬** stiffness matrix, $\{\ddot{\mathrm{x}}(t)\}$는 **가속도벡터** acceleration vector, $\{\dot{\mathrm{x}}(t)\}$는 **속도벡터** velocity vector, $\{\mathrm{x}(t)\}$는 **변위벡터** displacement vector, $\{\mathrm{F}(t)\}$는 **힘벡터** force vector이다. 식 (12.15)를 통해 질량행렬은 행렬의 대각선 항만 존재하고 나머지는 모두 0 인 대각행렬 diagonal matrix이 되고, 감쇠행렬과 강성행렬은 대칭행렬 symmetric matrix이 됨을 알 수 있다.

$$\begin{bmatrix} m_1 & 0 \\ 0 & m_2 \end{bmatrix}\begin{Bmatrix} \ddot{x}_1 \\ \ddot{x}_2 \end{Bmatrix} + \begin{bmatrix} c_1 + c_2 & -c_2 \\ -c_2 & c_2 + c_3 \end{bmatrix}\begin{Bmatrix} \dot{x}_1 \\ \dot{x}_2 \end{Bmatrix} + \begin{bmatrix} k_1 + k_2 & -k_2 \\ -k_2 & k_2 + k_3 \end{bmatrix}\begin{Bmatrix} x_1 \\ x_2 \end{Bmatrix} = \begin{Bmatrix} F_1 \\ F_2 \end{Bmatrix} \tag{12.15}$$

$$[\mathrm{M}]\{\ddot{\mathrm{x}}(t)\} + [\mathrm{D}]\{\dot{\mathrm{x}}(t)\} + [\mathrm{K}]\{\mathrm{x}(t)\} = \{\mathrm{F}(t)\} \tag{12.16}$$

예제 12-3 병진 및 회전 혼합 진동계

[그림 12-22(a)]에 나타낸 2 자유도 진동계의 지배방정식을 유도하시오.

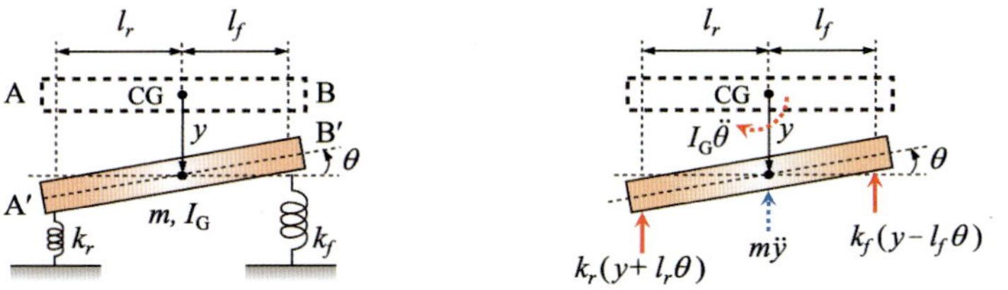

(a) 병진 및 회전 진동계 (b) 질량(관성 모멘트)에 대한 자유물체도

그림 12-22 2자유도 병진 및 회전 혼합 진동계

Analyze

- 자유물체도는 정역학과 진동학 해석에 있어서 필수적으로 요구된다.
- 질량중심점에서 아래 방향을 $(+)y$, 반시계방향 회전을 $(+)\theta$로 설정한다.

Compute

- 무부하 상태인 AB에서 부하 상태인 A′B′으로 이동할 때 질량요소에 대해 자유물체도를 그리면 [그림 12-22(b)]와 같이 되며, 이에 대해 y 방향의 힘 평형을 고려하면 다음 식을 얻을 수 있다.

$$\sum F_y = (-)m\ddot{y} - k_f(y - l_f\theta) - k_r(y + l_r\theta) = 0$$

$$m\ddot{y} + (k_f + k_r)y + (k_r l_r - k_f l_f)\theta = 0$$

- [그림 12-22(b)]의 무게중심점에 대해 모멘트 평형을 적용하면 다음 식을 추가로 얻을 수 있다.

$$\sum M_G = (-)I_G\ddot{\theta} + k_f l_f(y - l_f\theta) - k_r l_r(y + l_r\theta) = 0$$

$$I_G\ddot{\theta} + (k_r l_r - k_f l_f)y + (k_f l_f^2 + k_r l_r^2)\theta = 0$$

- 위의 두 식을 행렬 형태로 정리하면 계의 지배방정식은 다음과 같이 된다.

$$\begin{bmatrix} m & 0 \\ 0 & I_G \end{bmatrix}\begin{Bmatrix} \ddot{y} \\ \ddot{\theta} \end{Bmatrix} + \begin{bmatrix} k_f + k_r & k_r l_r - k_f l_f \\ k_r l_r - k_f l_f & k_f l_f^2 + k_r l_r^2 \end{bmatrix}\begin{Bmatrix} y \\ \theta \end{Bmatrix} = \begin{Bmatrix} 0 \\ 0 \end{Bmatrix}$$

Think

- 유도한 지배방정식은 병진 및 회전 좌표계가 연성된 coupled 형태이다.
- 지배방정식에서 질량행렬은 대각행렬, 강성행렬은 대칭행렬임을 알 수 있다.

[Static Think]에 대한 하나의 생각 (12장)

[그림 12−23]에 나타낸 진동계는 1개의 병진운동 질량(m_1)과 이에 연결되어 있는 4개의 스프링, 그리고 m_1의 중심점에 무게를 무시할 수 있는 길이 l인 봉으로 연결한 질량 m_2인 진자로 구성되어 있다. 다음 물음에 답하시오. 진자 m_2의 각 변화는 미소각으로 가정한다.

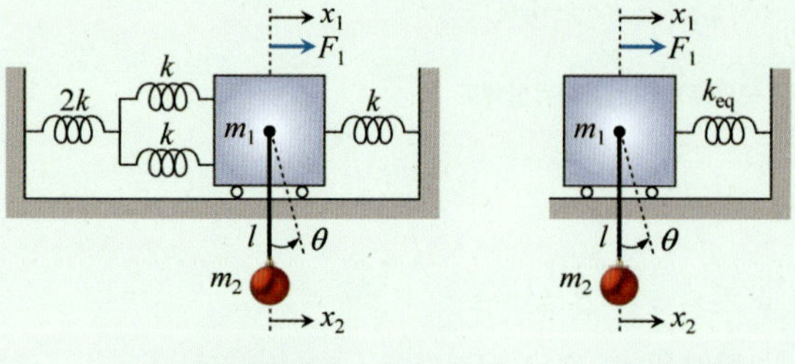

(a) 대상 진동계　(b) 등가 진동계

그림 12-23 병진 및 회전 혼합 진동계

Q1. [그림 12−23(a)]에 주어진 진동계는 몇 자유도계인가?

풀이

주어진 진동계를 정확하게 기술하기 위해서는 질량 m_1의 병진운동을 설명하기 위한 좌표 x_1과 진자 m_2의 회전운동을 설명하기 위한 좌표 θ(또는 x_2)가 필요하기 때문에 2자유도계이다.

> • 자유도
> = (질량요소의 수) ×
> (진동 기술에 필요한 최소 좌표 수)

Q2. [그림 12−23(a)]의 진동계에 포함되어 있는 4개의 스프링을 하나의 등가 스프링(k_{eq})으로 치환해 [그림 12−23(b)]와 같이 간략하게 나타내시오.

풀이

질량 m_1에 연결되어 있는 스프링들만을 [그림 12−24(a)]에 나타내었다. 먼저 스프링 k_2와 k_3는 병렬연결되어 있으므로 이 두 스프링의 등가 스프링은 $k_{23} = k_2 + k_3 = 2k$가 된다. 이를 [그림 12−24(b)]에 나타내었다.

> • 등가 스프링
> : 다수 개의 스프링을 해석이 용이하도록 동일한 효과를 내는 하나의 스프링으로 치환하는 개념
>
> • 병렬 스프링
>
> $$k_{eqp} = \sum_{i=1}^{n} k_i \quad (12.3)$$
>
> • 직렬 스프링
>
> $$\frac{1}{k_{eqs}} = \sum_{i=1}^{n} \frac{1}{k_i} \quad (12.5)$$

스프링 k_1과 k_{23}은 직렬연결되어 있고, 이들의 등가 스프링율은 다음과 같은 계산을 통해 $k_{123} = k$가 된다. 이를 [그림 12−24(c)]에 나타내었다.

$$\frac{1}{k_{123}} = \frac{1}{k_1} + \frac{1}{k_{23}} = \frac{1}{2k} + \frac{1}{2k} = \frac{2}{2k} = \frac{1}{k}$$

[그림 12-24(c)]에서 질량 m_1의 양쪽에 연결되어 있는 스프링 k_{123}과 k_4는 병렬연결되어 있는 것이므로, 최종적인 등가 스프링율은 $k_{eq} = k_{123} + k_4 = 2k$가 된다. 이를 [그림 12-24(d)]에 나타내었다. [그림 12-24(a)]와 같이 복잡한 계를 [그림 12-24(d)]와 같은 단순한 등가 계로 치환함으로써 해석을 보다 쉽게 할 수 있다.

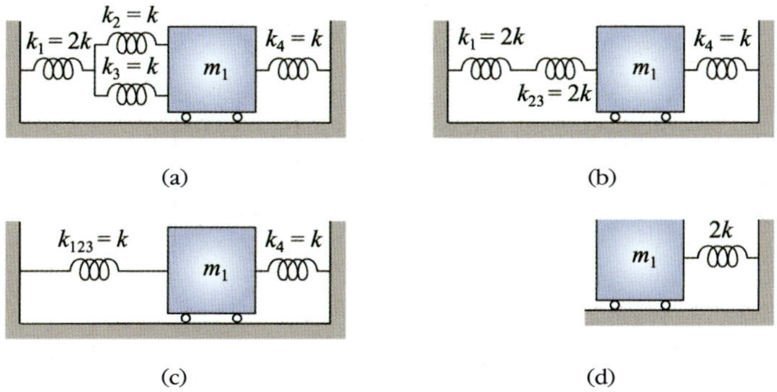

그림 12-24 질량-스프링 계의 등가 계

Q3. [그림 12-23(b)]에 나타낸 진동계의 지배방정식을 좌표 x_1과 θ를 이용해 구하시오. 단, 질량 m_2 회전 시의 각속도(ω)는 무시한다.

> • **지배방정식 유도**
> ① 뉴턴의 제2법칙 (12.7)
> ② 달랑베르의 원리 (12.8)
> ③ 에너지 보존법칙 (12.9)
> ④ 가상일의 원리 (12.10)
>
> • **달랑베르의 원리**
> : 진동학(동역학) → 정역학
>
> • **미소각 가정**
> $\sin\theta \approx \theta$
> $\cos\theta \approx 1$
> $\tan\theta \approx \theta$

풀이

지배방정식은 여러 가지 방법으로 유도할 수 있지만 여기서는 **달랑베르의 원리**를 이용한다. 두 질량의 운동을 동시에 고려하는 것보다 각각의 운동을 따로따로 살펴본 뒤 합치는 방법을 사용하기로 한다.

- **경우 1 : $x_1 \neq 0$, $\theta = 0$**

질량 m_1과 m_2가 하나의 물체처럼 병진운동하며, 이 경우 두 질량들에 대해 자유물체도를 그리면 [그림 12-25(a)]와 같다. 그림에서 $m_1\ddot{x}_1$과 $m_2\ddot{x}_1$은 관성력 항이다. 편의상 y 방향의 힘들은 제외하였다.

- **경우 2 : $x_1 = 0$, $\theta \neq 0$**

질량 m_1이 고정된 상태에서 질량 m_2만 회전하므로 두 질량에 대해 자유물체도를 그리면 [그림 12-25(b)]와 같게 된다. 이때, 질량 m_2의 각속도에 의한 원심력은 무시하였다. 그림에서 질량 m_2에 대해 y 방향 힘 평형을 적용해 인장력 T를 구하면 다음과 같다.

$$\Sigma F_{y,\, m_2} = T\cos\theta - m_2 g = 0$$
$$T = m_2 g \;\; (\because \cos\theta \approx 1)$$

■ **실제 : $x_1 \neq 0$, $\theta \neq 0$(경우 1 + 경우 2)**

질량 m_1의 운동은 x_1 방향으로만 발생하므로 이에 대한 힘 평형을 적용하면 다음 지배방정식을 얻게 된다.

$$\Sigma F_{x,\, m_1} = F_1 + T\sin\theta - m_1\ddot{x}_1 - k_{eq}x_1 = 0$$
$$m_1\ddot{x}_1 + k_{eq}x_1 - m_2 g\theta = F_1 \quad (\because\ T = m_2 g)$$

질량 m_2는 병진운동과 회전운동을 동시에 하며, m_1의 중심점 O에 대해 모멘트 평형을 적용한 뒤 양변을 $m_2 l$로 나누면 다음 지배방정식을 얻을 수 있다.

$$\Sigma M_O = (-)m_2\ddot{x}_1 \times l - m_2 l^2\ddot{\theta} - m_2 g \times l\sin\theta = 0$$
$$\ddot{x}_1 + l\ddot{\theta} + g\theta = 0$$

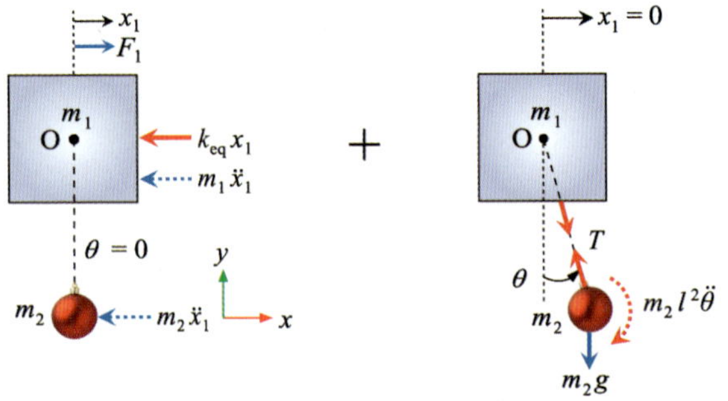

(a) $x_1 \neq 0,\ \theta = 0$ (b) $x_1 = 0,\ \theta \neq 0$

그림 12-25 두 질량에 대한 자유물체도

Q4. [그림 12-23(b)]에 나타낸 진동계의 지배방정식을 좌표 x_1과 x_2를 이용해 유도하시오.

풀이

[그림 12-26]과 같이 두 가지 경우로 나누어 고려한 뒤, 전체 계에 대해 **달랑베르의 원리**를 이용해 지배방정식을 유도한다. 두 질량 모두에 대해 x 방향의 힘 평형만 고려하면 되며, 지배방정식은 다음과 같다. 그림 (b)에서 $T = m_2 g$가 되고, $\sin\theta$는 두 직선 좌표의 차인 $x_2 - x_1$을 진자의 길이 l로 나눈 값이 된다.

$$\Sigma F_{x,\, m_1} = F_1 + T\sin\theta - m_1\ddot{x}_1 - k_{eq}x_1 = 0$$
$$m_1\ddot{x}_1 + k_{eq}x_1 - m_2 g \times \frac{x_2 - x_1}{l} = F_1$$
$$\Sigma F_{x,\, m_2} = (-)m_2\ddot{x}_2 - T\sin\theta = 0$$
$$\ddot{x}_2 + g \times \frac{x_2 - x_1}{l} = 0$$

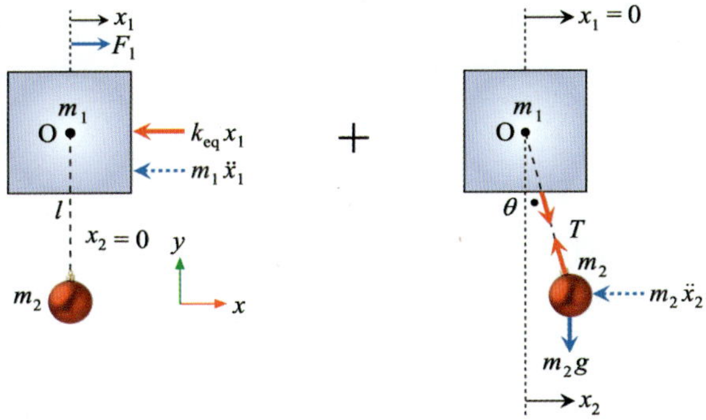

(a) $x_1 \neq 0,\ x_2 = 0$ (b) $x_1 = 0,\ x_2 \neq 0$

그림 12-26 두 질량에 대한 자유물체도

고찰

- 지배방정식 $\ddot{x}_1 + l\ddot{\theta} + g\theta = 0$의 양변에 m_2를 곱한 뒤 또 다른 지배방정식 $m_1\ddot{x}_1 + k_{eq}x_1 - m_2g\theta = F_1$과 더하면 $(m_1+m_2)\ddot{x}_1 + m_2l\ddot{\theta} + k_{eq}x_1 = F_1$이 되고, m_2가 회전하지 않는 경우$(\theta = 0)$ $(m_1+m_2)\ddot{x}_1 + k_{eq}x_1 = F_1$과 같은 1 자유도 진동계가 된다.
- 진동계의 지배방정식을 유도할 때는 질량 요소에 대한 힘(또는 모멘트) 평형을 고려하면 된다.
- 자유물체도와 **달랑베르의 원리**를 사용하면 2 자유도 진동계의 운동방정식을 유도할 수 있음을 알 수 있다.

12.1 일정 회전속도로 돌고 있는 모터 축의 회전속도를 [그림 12-27]과 같은 접촉식 회전속도계 tachometer로 측정한 결과 분당 3,250회전(RPM) revolutions per minute하고 있음을 알게 되었다. 이 모터 축의 회전 주파수[Hz]는 얼마인지 계산하시오. 12.1절

12.2 어떤 감쇠 진동계의 시간에 따른 진폭을 측정한 결과 [그림 12-28]과 같은 결과를 얻었다. 이 진동계의 주기 period[s]와 주파수[Hz]를 구하시오. 12.1절

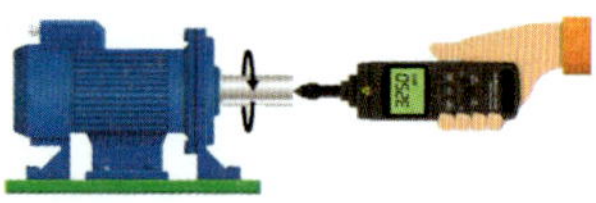

그림 12-27

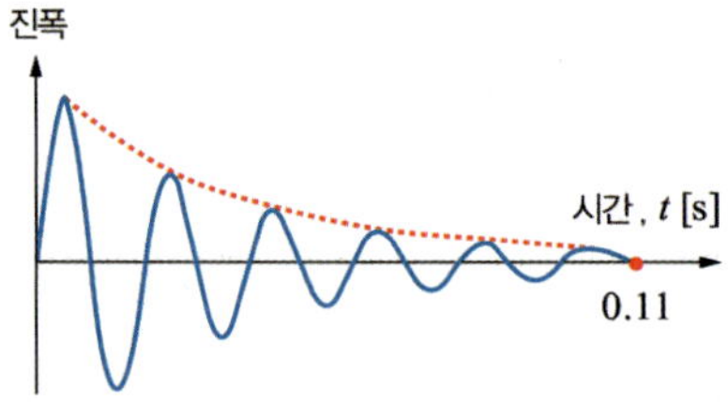

그림 12-28

12.3 스프링과 감쇠기가 [그림 12-29]와 같이 병렬연결되어 있을 때 스프링율을 측정하려고 한다. 10 kg 분동을 올려놓은 다음 분동이 움직이지 않을 때 측정한 x 값은 11 mm이고, 5 kg 분동을 추가로 올려놓은 다음 측정한 x 값은 17.1 mm이다. 이 진동계의 스프링율[N/m]을 구하시오. 중력가속도(g)는 9.81 m/s^{2}로 두고 계산한다. 12.2절

12.4 [그림 12-30]에 나타낸 완충기 shock absorber의 왼쪽을 고정한 후 오른쪽 완충기 로드 rod를 1.5 m/s의 속도로 잡아당겼을 때 3,000 N의 힘이 측정되었다. 이 완충기의 감쇠계수[N · s/m] 값을 구하시오. 12.2절

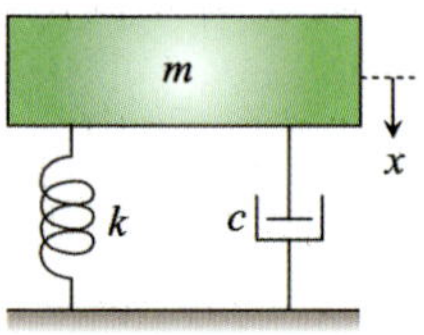

그림 12-29

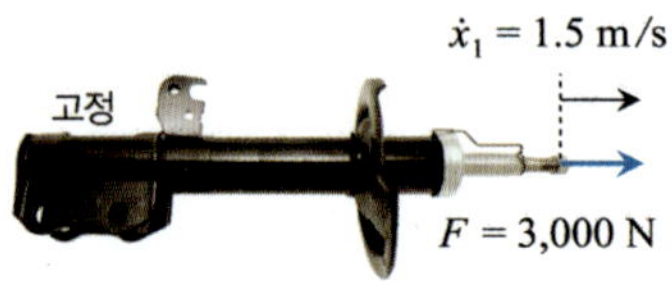

그림 12-30

12.5 [그림 12-31]과 같은 여객열차용 대차 bogie에 스프링율 $k = 20$ kN/cm인 코일 스프링이 좌우에 각각 4개씩 총 8개 설치되어 있다. 승객을 포함한 무게가 35 tonf인 객차를 대차 위에 올렸을 때 스프링의 변형량 [mm]을 구하시오. 무게는 좌우 스프링에 동일하게 작용하는 것으로 가정한다. 12.2절

그림 12-31

12.6 [그림 12-32]와 같이 하나의 질량 m에 스프링율 k인 스프링 8개가 연결되어 있다. 이 질량-스프링 계의 등가 스프링율을 구하시오. 12.2절

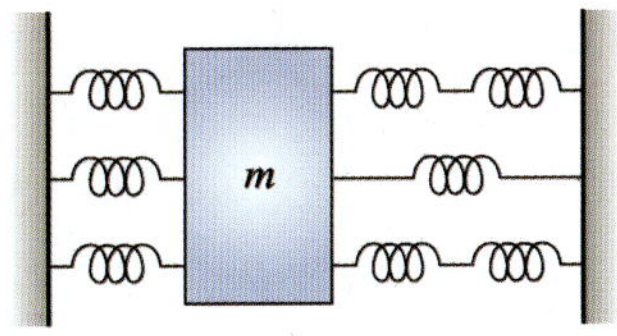

그림 12-32

12.7 수평면과 θ만큼 기울어진 경사면에 [그림 12-33]과 같이 스프링 k에 연결된 질량 m이 놓여있다. 중력가속도(g)가 작용하는 상태에서 질량 m을 놓으면 일정량의 정적 변형이 생기는데, 이를 고려하여 이 진동계에 대한 지배방정식을 유도하시오. 좌표는 문제 해결에 적합하도록 설정한다. 12.2절

12.8 질량 m인 진자가 [그림 12-34]와 같이 스프링율 k인 스프링과 무게를 무시할 수 있는 길이 l인 봉에 연결되어 있다. 스프링은 벽면에 고정되어 있고 봉은 마찰이 없는 회전축 O에 연결되어 있을 경우 이 진동계의 지배방정식을 유도하시오. 그림에서 진자의 회전 각 θ는 충분히 작다고 가정한다. 12.2절

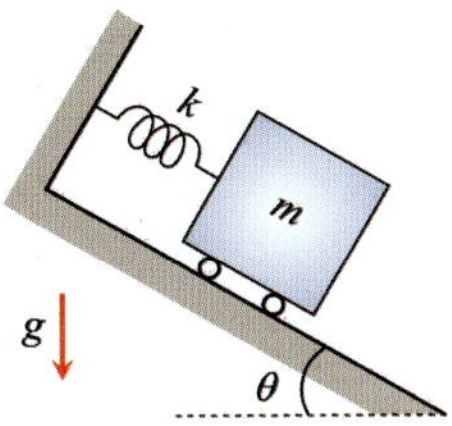

그림 12-33

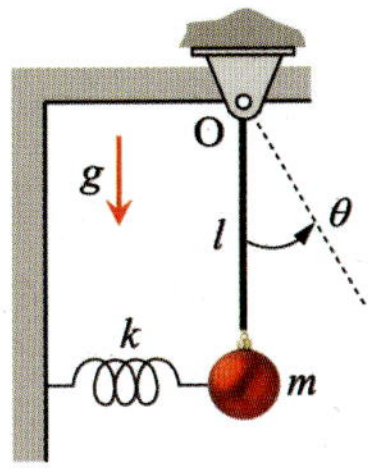

그림 12-34

12.9 [그림 12-35]와 같이 무게를 무시할 수 있는 봉 AO의 점 O는 자유롭게 회전할 수 있도록 아래에 핀 지지를 한 다음, 왼쪽에 스프링 k_1과 k_2를 연결하고 점 A에 힘 F_A를 가하는 진동계가 있다. 이를 $F_A = k_{eq}x$로 간략 모델링하고자 할 때, 등가 스프링율 k_{eq}를 구하시오. 봉 AO의 회전각 θ는 충분히 작다고 가정한다. 12.2절

12.10 [그림 12-36]에 나타낸 진동계의 진동 지배방정식을 유도하시오. 질량 m인 봉 AO의 회전각 θ는 충분히 작다고 가정한다. 12.2절

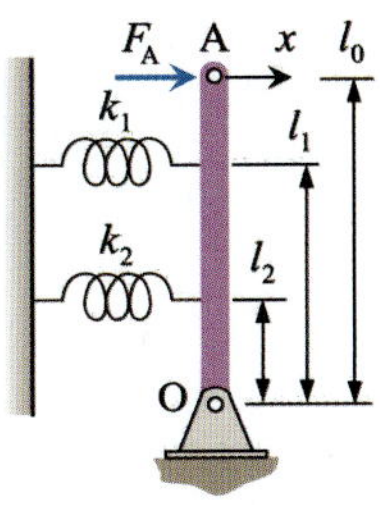

그림 12-35

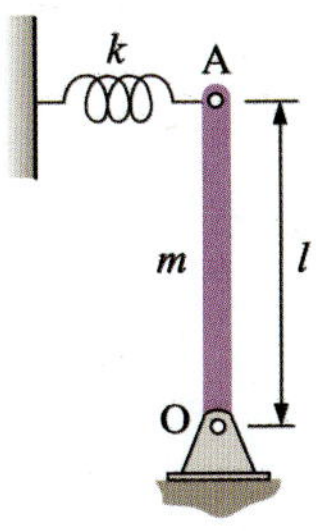

그림 12-36

12.11 고압 송전선의 경우 높은 위치에 설치되어 있어 비행기 운항에 위험을 초래할 수 있으므로 [그림 12–37(a)]와 같이 비행 경고볼 aircraft warning sphere을 설치하도록 되어 있다. 질량 m 인 경고볼에 그림 (b)와 같이 독수리가 앉았다가 떠나면 볼은 상하(y 방향)로 자유진동하게 되며, 이를 그림 (c)와 같이 모델링하였다. 고압선에는 인장력 T 가 작용하고 있을 때 이 진동계의 지배방정식을 유도하시오. 12.2절

(a) 송전탑과 고압선

(b) 고압선 경고볼

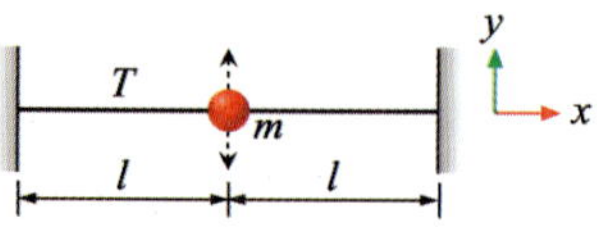

(c) 고압선과 볼 모델

그림 12-37

12.12 냉각 펌프와 콘크리트 베이스를 스프링율 k 인 4개의 스프링 위에 [그림 12–38(a)]와 같이 설치하였다. 이를 [그림 12–38(b)]와 같이 모델링하였을 때, 이 진동계의 지배방정식을 유도하시오. 12.2절

***12.13** 질량 m 인 추가 2개의 스프링(k_1, k_2)에 연결되어 있는 2개의 움직도르래를 통해 [그림 12–39]와 같이 연결되어 있으며, 아래쪽은 감쇠계수 c 인 감쇠기에 연결되어 있다. 이 진동계의 자유진동 지배방정식을 유도하시오. 12.2절

(a)

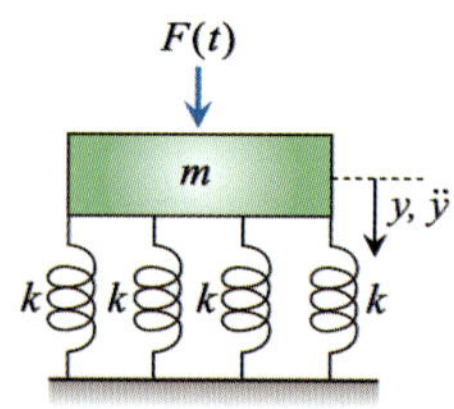

(b)

그림 12-38

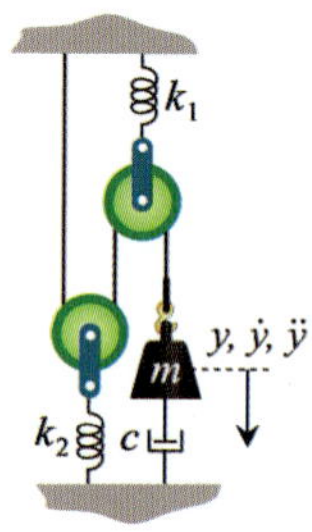

그림 12-39

12.14 [그림 12–40]과 같은 병진 진동계의 지배방정식을 유도해 행렬 형태로 나타내시오. 12.3절

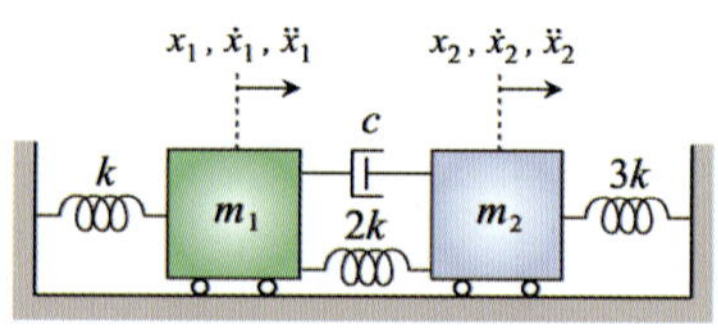

그림 12-40

***12.15** [그림 12-41]의 회전 진동계에서 두 질량 m_1, m_2가 무게를 무시할 수 있는 길이 l_1 및 l_2인 가느다란 봉에 연결되어 있다. m_1, m_2가 점 O 및 m_1을 중심으로 자유롭게 회전한다고 가정할 때, 이 회전 진동계의 자유진동 지배방정식을 유도하시오. 12.3절

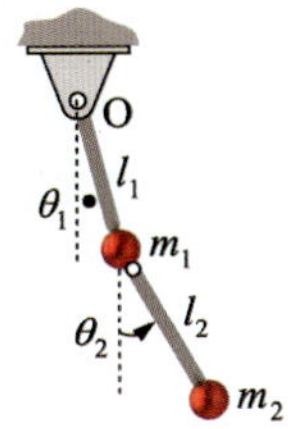

그림 12-41

***12.16** 장력 T인 케이블의 한쪽에 [그림 12-42(a)]와 같이 질량 m_1, m_2인 두 대의 케이블카가 매달려 있다. 케이블카 기둥, 케이블, 케이블카를 [그림 12-42(b)]와 같이 모델링할 경우 상하방향의 자유 진동 지배방정식을 유도해 행렬 형태로 나타내시오. 단, 케이블의 자중은 무시한다. 12.3절

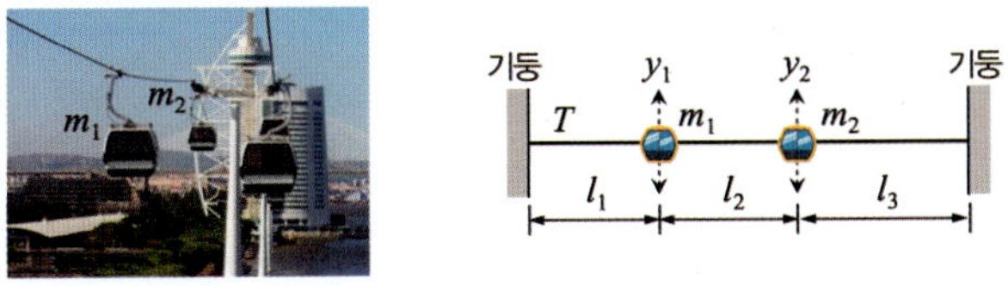

(a) (b)

그림 12-42

***12.17** 질량 m_1, m_2가 [그림 12-43]에서와 같이 무게를 무시할 수 있는 길이 l_1, l_2인 봉으로 회전축 A, B에 연결되어 있고, 이 두 봉은 회전축으로부터 a만큼 떨어진 위치에서 스프링으로 서로 연결되어 있다. 이 진동계의 자유 진동 지배방정식을 유도하시오. 회전각은 미소각으로 가정한다. 12.3절

12.18 [그림 12-44]와 같은 강제 진동계에 대해 적합한 좌표계를 설정한 뒤 계의 지배방정식을 유도하시오. 12.3절

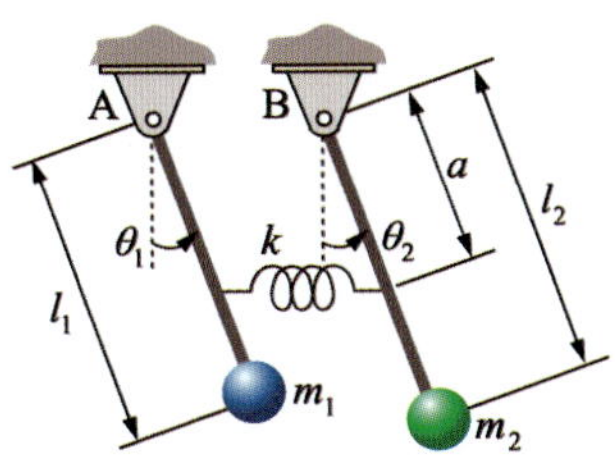

그림 12-43

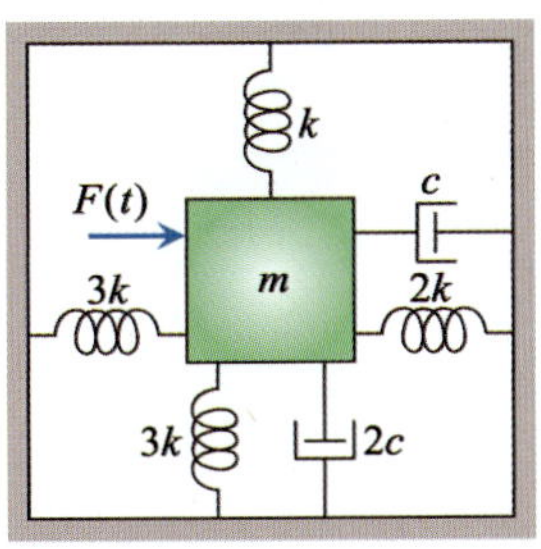

그림 12-44

***12.19** 질량 m_1인 휴대전화를 스프링율 k_1인 케이스에 넣은 뒤 질량 m_2인 박스로 포장한 뒤 스프링율 k_2인 포장재 안에 넣었다. 이 진동계를 [그림 12-45(c)]와 같이 모델링했을 때, 이 계의 자유진동 지배방정식을 유도하시오. 12.3절

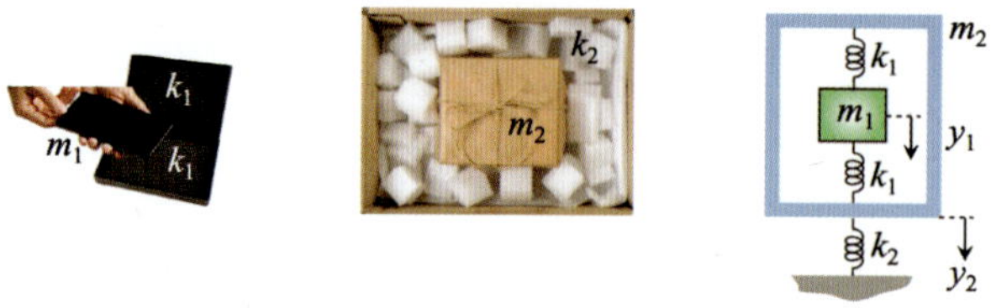

(a) (b) (c)

그림 12-45

***12.20** 질량 m_2인 승용차를 질량 m_1인 견인트럭 tow truck 위에 [그림 12-46(a)]와 같이 실었다. 트럭과 승용차의 상하진동만을 해석하기 위해 이 계의 진동을 [그림 12-46(b)]와 같이 모델링했을 때, 이 계의 자유진동 지배방정식을 유도하시오. 12.3절

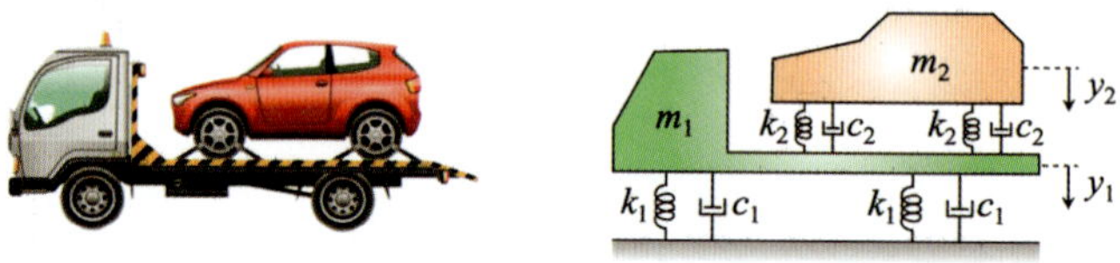

(a) 견인 트럭 위에 실린 승용차 (b) 진동계 모델

그림 12-46

***12.21** [그림 12-47]에 주어진 병진 진동계의 진동 지배방정식을 유도한 뒤 행렬 형태로 나타내시오. 12.3절

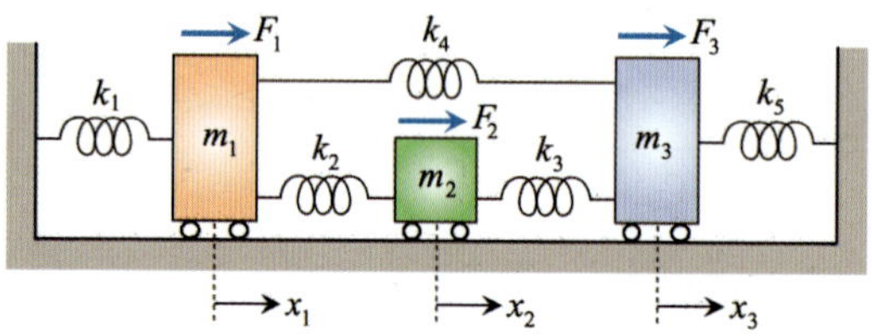

그림 12-47

찾아보기

숫자

1자유도 324
1자유도 진동계 432
1종 지레 150
1차원(1D) 59
2자유도 진동계 433, 444
2종 지레 151
2차원(2D) 91
3종 지레 151
6분력계 288

ㄱ

가상변위 324
가상일 324
가상일의 원리 324
가상절단 193
가속도 30, 400
가속도벡터 446
가속도의 법칙 40
가진력 433
각가속도 408
각변위 408
각속도 408
감쇠 강제 진동계 442
감쇠계수 438
감쇠기 433
감쇠행렬 446
강성행렬 446
강제진동 434
거리 27
건식마찰 103, 329
경첩 296
계 46
고유 각속도 441
고정도르래 76
고체역학 362
공간트러스 301
공선력계 59
공점력계 91
관성 39
관성력 401
관성의 법칙 39
굴딘의 제1정리 234
굴딘의 제2정리 235
굽힘 모멘트 141
굽힘 모멘트 선도 375
균일 선 분포하중 64
극 면적 2차 모멘트 252
기계 369
기둥 143, 384
기호 21
길이의 1차 모멘트 225

ㄴ

나사 345
나선각 346
내력 66, 194, 373
내부마찰 329
내진 설계 431
뉴턴의 제1법칙 39
뉴턴의 제2법칙 40
뉴턴의 제3법칙 41

ㄷ

다력부재 369
단면법 193, 304
단순 입체트러스 302
단순트러스 174
단위 20
단위 변환 23
단위벡터 30, 283
단진자 441
달랑베르의 원리 401, 442
대변형 363
도르래의 원리 77
도심 38, 216
동마찰계수 103
동역학 398
등가 스프링율 436

ㄹ

라미의 정리 114
롤 283
리드 346

ㅁ

마모 340
마찰 329
마찰계수 330
마찰력 63
마찰클러치 339
면적 2차 관성모멘트 251
면적 2차 모멘트 251
면적 2차 모멘트 변환식 266
면적 분포하중 64
면적 상승 모멘트 265
면적의 1차 모멘트 217
모델링 263, 434
모멘트 130, 214
모멘트 평형 144
모멘트의 전달성 원리 137
무게 29
무게중심 36
무게중심(CG) 211
무력부재 169, 181
미끄럼 벡터 71
미소각 가정 336
미소면적 218

ㅂ

바리뇽의 정리 293
반력 66
반작용 모멘트 144
받침점 148
방향 28
방향코사인 266, 283
벡터 283
벡터곱 289
벡터량 28
벡터의 내적 286

찾아보기

벨트 335
변분 325
변압기 149
변위 322, 399, 410
변위벡터 446
변형 32
변환계수 24
변환기 149
병렬 스프링 436
병진운동 407
보 143
복합지레 149
볼-소켓 조인트 296
볼티모어 트러스 178
봉 143
부력 63
부벽식 댐 249
부재 179
부정정 문제 172, 364
부하 선도 375
불균일 분포하중 64
브래킷 296
비공점력계 128
비접촉력 63
비중량 248
비틀림 모멘트 141

ㅅ

사각나사 345
사면체 302
사인 법칙 114
상대변위 410
상대속도 410
상대위치 410
생브낭의 원리 33
선 분포하중 63
성분 283
소변형 363
속도 29, 400, 410
속도벡터 446
속력 28
수직항력 101, 295
스칼라곱 286
스칼라량 27
스트럿 438
스프링 433
스프링 상질량 445
스프링 저울 102
스프링 하질량 445
스프링력 63
스프링율 102
슬라이더 102
쐐기 342
쐐기각 342

ㅇ

압력 27, 64
양력 62
에너지 320
에너지 변환 321
에너지 보존법칙 321
영률 368
오른손 직각좌표계 73
완충기 438
외력 66
외팔보 트러스 189, 191
요 283
우력 136
운동량 30
운동마찰력 331
운동에너지 405
움직도르래 76
워런 트러스 174
원심력 63
유체 압력 전달원리 109
유체마찰 329
이력부재 67, 165
이산계 433
인장력 66
인장시험 368
인장시험편 368
일 321
일-에너지 원리 405
일반 변위 324
임계좌굴하중 384
입체트러스 301

ㅈ ~ ㅊ

자기력 63
자동잠김 343, 347
자유 벡터 137
자유길이 416
자유도 432
자유물체도 46, 97
자유진동 434
자중 62
작용-반작용의 법칙 41
작용력 66
작용선 69
작용점 148
재료역학 362
저널 베어링 296
저항 모멘트 373
저항 전단력 373
저항 축력 373
전단력 367
전단력 선도 375
절대위치 410
절점 179
절점법 184, 304
절충법 364
점곱 286
접두어 25
접촉각 336
접촉력 63
정마찰계수 103
정수압 248
정역학 58
정적 평형 144
정적 힘 평형식 73
정정 문제 172
정지마찰각 331
정지마찰력 331

좌표변환식 266
주관성각 268
주관성모멘트 268
주응력각 381
주파수 431
중력 62
중력 위치에너지 416
지레 148
지레의 원리 148
지배방정식 435
지붕 트러스 301
직각 면적 2차 모멘트 252
직렬연결 437
진동학 430
질량 28, 433
질량 2차 관성모멘트 250
질량 관성모멘트 250
질량중심 37
질량행렬 446
질점 33
집중 질량 433
집중력 63
짝힘 136
체적 235
체적중심 38
최대 처짐 384
추진력 62
축력 선도 375

ㅋ~ㅌ

쿨롱마찰 330
크기 283
타워 크레인 302
탄성에너지 417
토크 141
트러스 174
트러스 다리 174
트러스 해석 179

ㅍ

파손 안전 설계 181
파스칼의 원리 109
파이프 143
파커 트러스 177
파푸스의 제1정리 234
파푸스의 제2정리 235
평균 수직 변형률 367
평균 수직 응력 366
평균 전단 응력 367
평면력계 128
평면응력 379
평면응력 변환식 380
평면트러스 174
평행사변형 법칙 92
평행축 정리 257, 265
표면마찰 329
표면적 233
프래트 트러스 177
프레임 369
피치 283, 346
피치직경 345
피타고라스의 정리 284
핀 조인트 102
핑크 지붕트러스 189

ㅎ

하우 트러스 177
합력 93
항력 62
회전반경 263
회전운동 407
후크의 법칙 368, 416
힘 성분 92
힘벡터 446
힘의 전달성 원리 69, 137
힘점 148

A

acceleration 400
applied force 66
average normal 367
average normal stress 366
average shear stress 367

B

ball–socket joint 296
Baltimore 178
beam 143
belt 335
bracket 296

C

center of gravity 211
centroid 38
column 143, 384
component 283
compound lever 149
conversion factor 24
couple 136
cross product 289

D

degree of freedom 324, 432
direction 28
displacement 399
distance 27
dry friction 103
D'Alembert's principle 401
Dynamics 398

E

effort point 148
energy 320
energy conservation law 321
energy conversion 321
external force 66

찾아보기

F

fail–safe design 181
flexural/bending moment 141
FPS 단위계 23
frame 369
free body diagram 46, 97
free vector 137
frequency 431
friction 329

G ~ H

Guldin 234
Hooke's law 368, 416
Howe 177
hybrid method 364
hydrostatic pressure 248

I ~ K

inertia 39
inertial force 401
internal force 194
joint 179
journal bearing 296
K–트러스 178
kinetic energy 405
kinetic FC 103

L ~ N

Lami's theorem 114
lead 346
lever 148
machine 369
magnitude 283
mass moment of inertia 250
mechanics of materials 362
member 179
method of sections 193
MKS 단위계 22
modeling 263
moment 130
moment equilibrium 144
nner product 286
normal force 101
normal reaction force 295

P ~ R

parallel axis theorem 257
Parker 177
pin joint 102
pipe 143
pitch 283, 346
plane stress 379
Pratt 177
prefix 25
principal angle 381
radius of gyration 263
rod, bar 143
roll, 283
roof truss 301

S

Saint–Venant's principle 33
scalar quantity 27
screw 345
shear force 367
SI 단위계 22
slider 102
space truss 301
specific gravity 248
spring balance 102
spring rate 102
static equilibrium 144
static friction coefficient 103
statically determinate problem 172
statically indeterminate problem 172, 364
Statics 58
strut 438
symbol 21
system 46

T

tensile test 368
tension force 66
tetrahedron 302
torque 141
tower crane 302
truss 174
truss analysis 179
truss bridge 174
twisting moment 141
two force member 67

U ~ Y

unit 20
unit vector 283
US 상용단위계 23
Varignon's theorem 293
vector 283
vector quantity 28
velocity 29, 400
virtual work 324
Warren truss 174
wedge 342
weight 29
work 321
work–energy principle 405
yaw 283
Young's modulus 368